今すぐ使える

かんたん

Excel 2019

Imasugu Tsukaeru Kantan Series : Excel 2019

技術評論社

本書の使い方

- 画面の手順解説だけを読めば、操作できるようになる！
- もっと詳しく知りたい人は、両端の「側注」を読んで納得！
- これだけは覚えておきたい機能を厳選して紹介！

特長2

やわらかい上質な紙を使っているので、開いたら閉じにくい！

補足説明

操作の補足的な内容を「側注」にまとめているので、よくわからないときに活用すると、疑問が解決！

メモ
補足説明

ヒント
便利な機能

キーワード
用語の解説

ステップアップ
応用操作解説

新機能
新しい機能

注意
注意事項

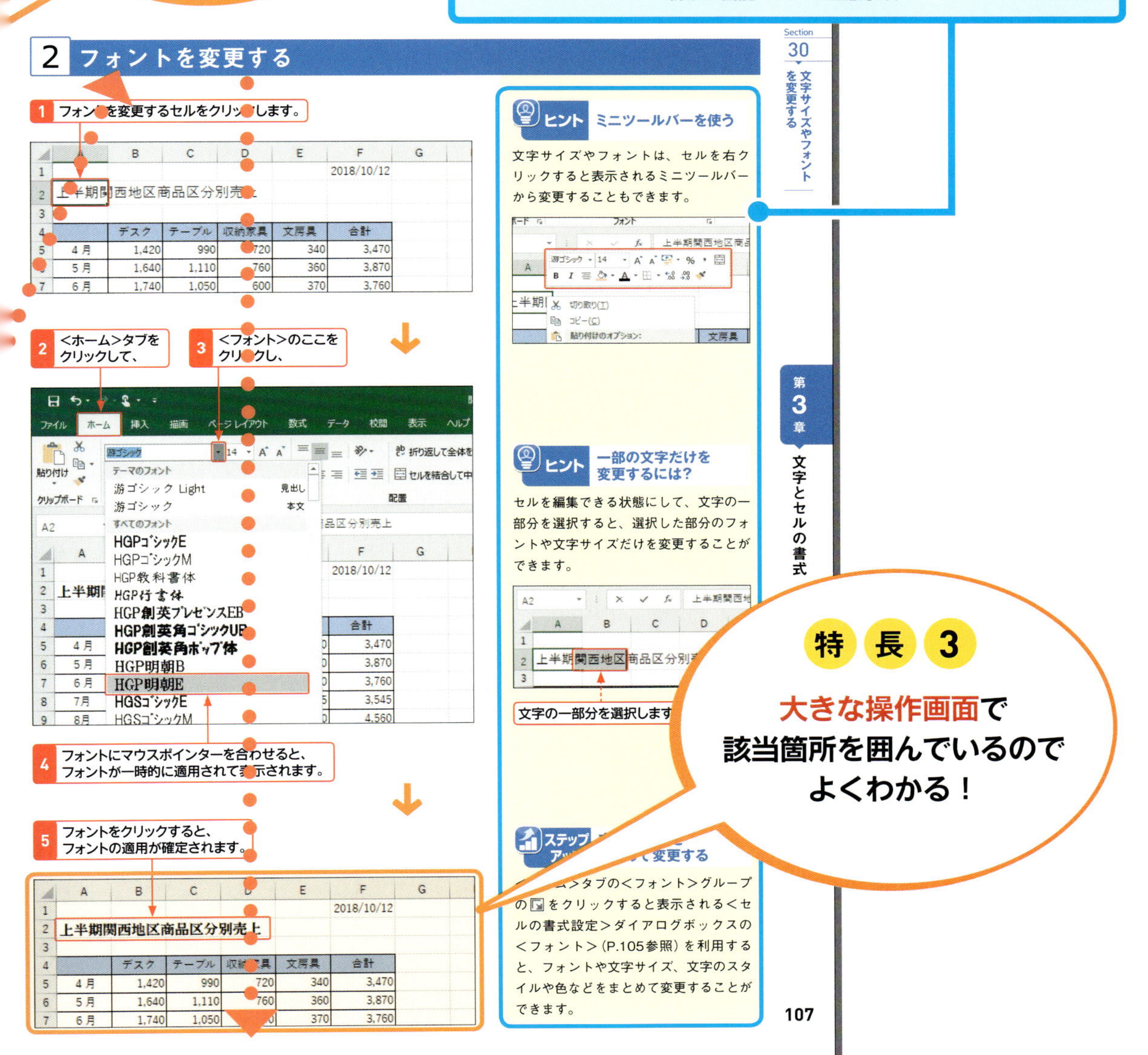
2 フォントを変更する
1 フォントを変更するセルをクリックします。
2 <ホーム>タブをクリックして、
3 <フォント>のここをクリックし、
4 フォントにマウスポインターを合わせると、フォントが一時的に適用されて表示されます。
5 フォントをクリックすると、フォントの適用が確定されます。
ヒント ミニツールバーを使う
文字サイズやフォントは、セルを右クリックすると表示されるミニツールバーから変更することもできます。
ヒント 一部の文字だけを変更するには？
セルを編集できる状態にして、文字の一部分を選択すると、選択した部分のフォントや文字サイズだけを変更することができます。
文字の一部分を選択しま
ステップアップ
と、フォントや文字サイズ、文字のスタイルや色などをまとめて変更することができます。
Section 30 文字サイズやフォントを変更する
第3章 文字とセルの書式
107

特長3

大きな操作画面で該当箇所を囲んでいるのでよくわかる！

Excel 2019の新機能

●Excel 2019では、SVG形式の画像を挿入したり、3Dモデルを挿入することができるようになりました。また、選択したセルの一部を解除したり、下付き・上付きコマンドを追加したりすることもできます。関数やグラフの種類も増えました。

1 SVG形式の画像を挿入できる

ベクターデータで作られたSVG形式の画像やアイコンを挿入して、ワークシートに視覚的な効果を追加できるようになりました。挿入した画像やアイコンを図形に変換すると、個々のパーツごとに位置や大きさ、色を変更するなど、より自由な編集が行えます。

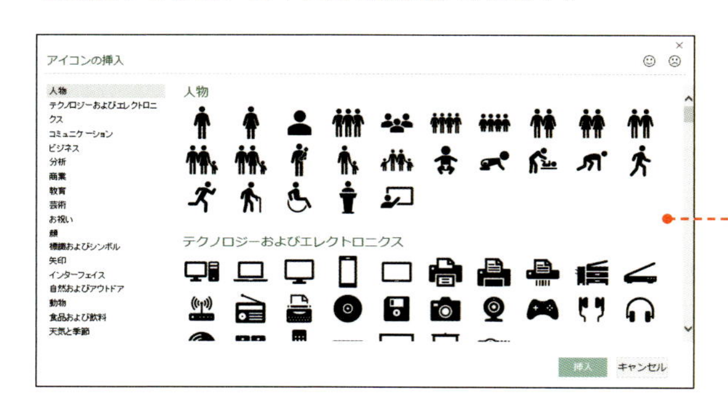

人物、コミュニケーション、ビジネスなどのカテゴリ別に分類されたSVG形式のアイコンが大量に用意されており、かんたんに挿入できます。

2 3Dモデルを挿入できる

3Dモデルをワークシートに挿入できるようになりました。パソコンに保存してある3D画像やオンラインソースからダウンロードして挿入し、任意の方向に回転させたり傾けたりと、さまざまな視点で表示させることができます。

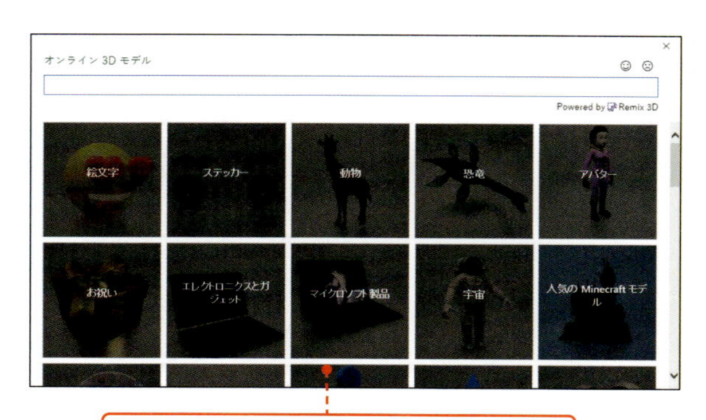

<オンラインソース>を利用すると、インターネット上の共有サイトから3Dモデルをダウンロードすることができます。

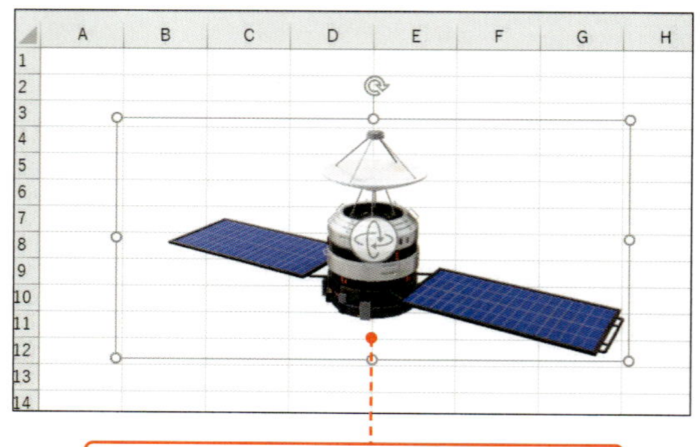

挿入した3Dモデルは、任意の方向に回転させたり傾けたりと、さまざまな視点で表示が可能です。

3 選択したセルの一部を解除できる

セルを複数選択したあとで特定のセルだけ選択を解除したい場合、従来では始めから選択し直す必要がありました。Excel 2019では、Ctrlを押しながらクリックあるいはドラッグすることで、解除できるようになりました。

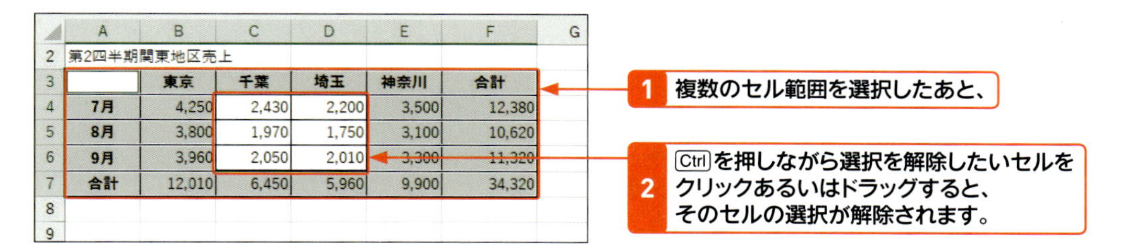

第2四半期関東地区売上
1 複数のセル範囲を選択したあと、
2 Ctrlを押しながら選択を解除したいセルをクリックあるいはドラッグすると、そのセルの選択が解除されます。

4 グラフの種類が増えた

「マップ」と「じょうご」の2つのグラフが追加されました。マップグラフは、国や都道府県別の値や分類項目を地図上に表示できるグラフです。じょうごグラフは、データセット内の複数の段階で値が表示されるグラフです。一般的に値が段階的に減少し「じょうご」に似た形になります。

塗り分けマップ

「マップ」と「じょうご」の2つのグラフが追加されました。

新機能

Excel 2019のそのほかの新機能

新機能	概　要
言語の翻訳（Microsoft Translator）	＜校閲＞タブの＜翻訳＞をクリックすると、マイクロソフトの自動翻訳サービスを利用できます。
デジタルペンを利用したスケッチ機能	＜描画＞タブのペンを利用して、手書き入力やテキストの強調表示、図形の描画などができます。
手書きの描画を図形に変換	＜描画＞タブの＜インクを図形に変換＞をクリックして図形を描画すると、対応するOffice図形に自動的に変換されます。
CSVでUTF-8をサポート	UTF-8のCSVファイルがサポートされるようになりました。
＜上付き＞＜下付き＞の登録	クイックアクセスツールバーに＜上付き＞や＜下付き＞コマンドを登録できるようになりました。
関数の追加	CONCAT、TEXTJOIN、IFS、SWITCH、MAXIFS、MINIFSの6つの関数が追加されました。

※＜描画＞タブが表示されていない場合は、＜Excelのオプション＞ダイアログボックスの＜リボンのユーザー設定＞で＜描画＞をオンすると表示されます。

サンプルファイルのダウンロード

● サンプルファイルをダウンロードするには

本書では操作手順の理解に役立つサンプルファイルを用意しています。
サンプルファイルは、Microsoft Edgeなどのブラウザーを利用して、以下のURLのサポートページからダウンロードすることができます。ダウンロードしたときは圧縮ファイルの状態なので、展開してから使用してください。

https://gihyo.jp/book/2019/978-4-297-10083-4/support/

● サンプルファイルの構成とサンプルファイルについて

サンプルファイルのファイル名には、Section番号が付いています。
「sec20.xlsx」というファイル名はSection 20のサンプルファイルであることを示しています。
通常サンプルファイルは、そのSectionの開始する時点の状態になっています。なお、Sectionの内容によってはサンプルファイルがない場合もあります。

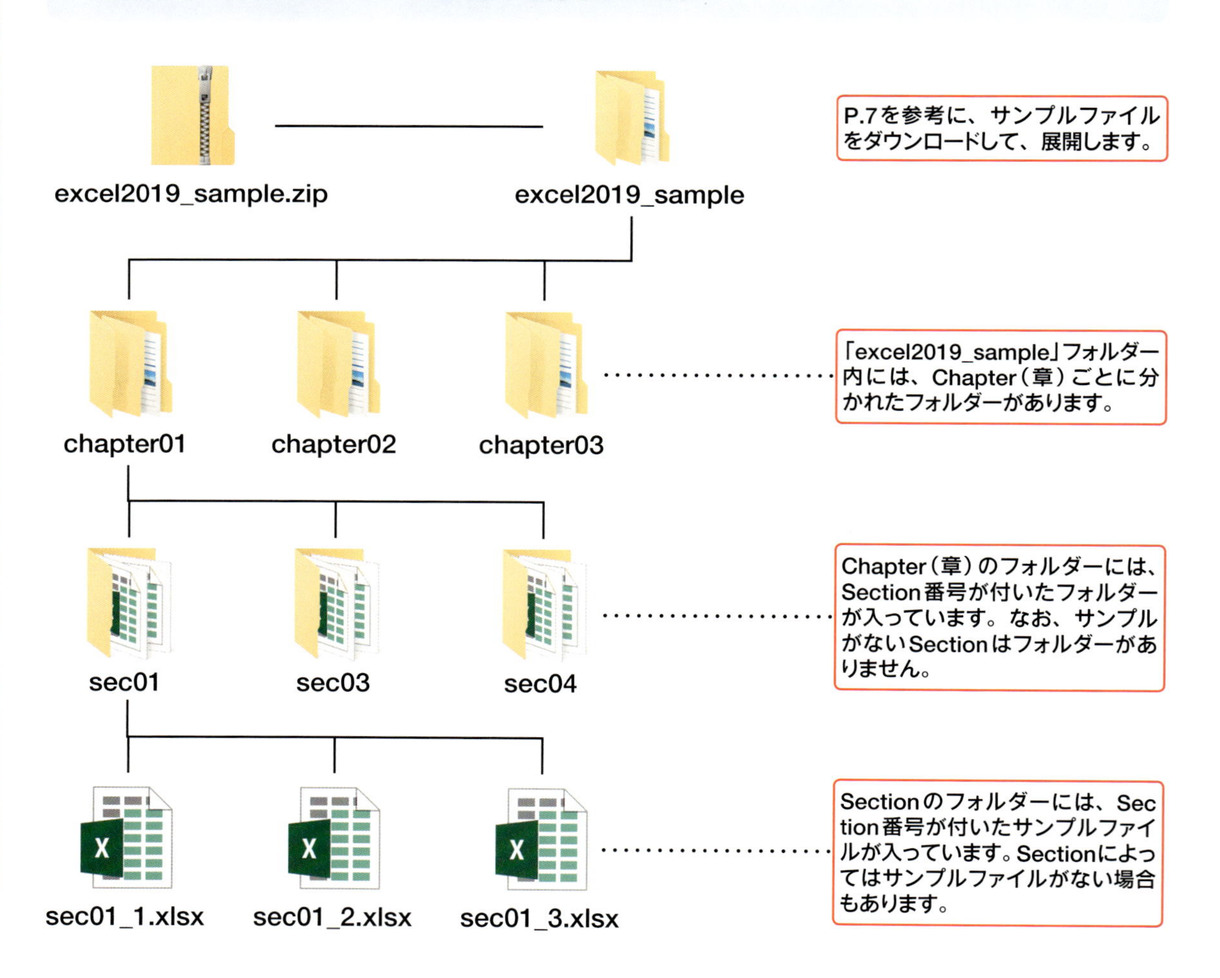

▼サンプルファイルをダウンロードする

1 ブラウザーを起動します。

2 ここをクリックしてURLを入力し、Enterを押します。

3 表示された画面をスクロールして、

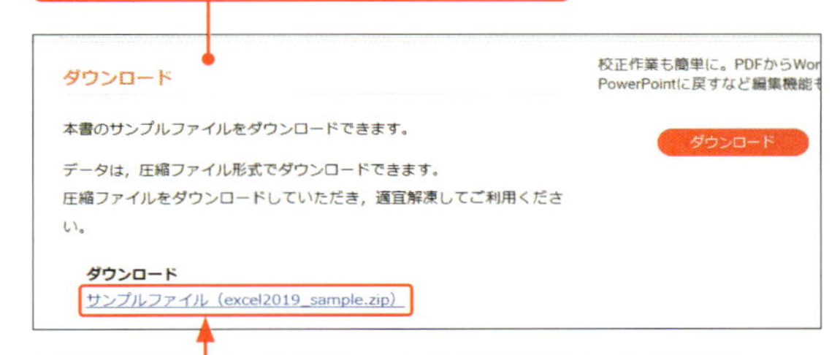

ダウンロード
本書のサンプルファイルをダウンロードできます。
データは，圧縮ファイル形式でダウンロードできます。
圧縮ファイルをダウンロードしていただき，適宜解凍してご利用ください。
ダウンロード
ダウンロード
サンプルファイル（excel2019_sample.zip）

4 <ダウンロード>にある<サンプルファイル>をクリックします。

5 ファイルがダウンロードされるので、<開く>をクリックします。

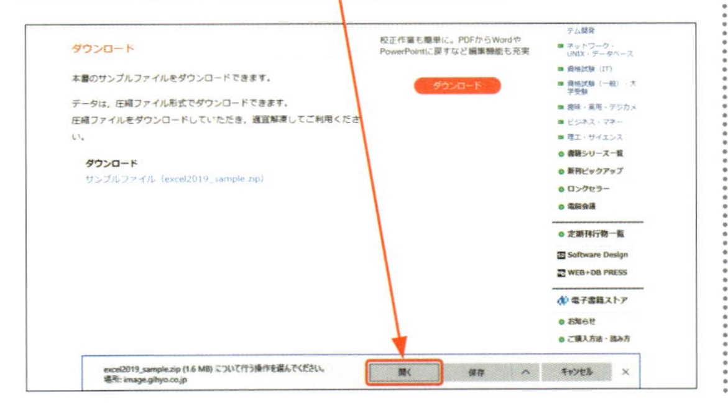

▼ダウンロードした圧縮ファイルを展開する

1 エクスプローラー画面でファイルが開くので、

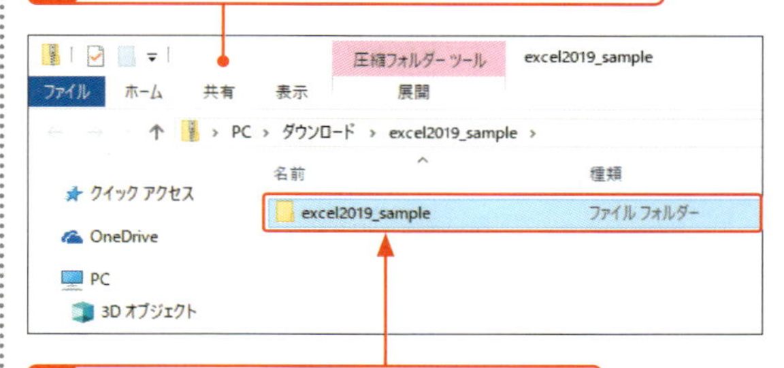

2 表示されたフォルダーをクリックします。

3 <展開>タブをクリックして、

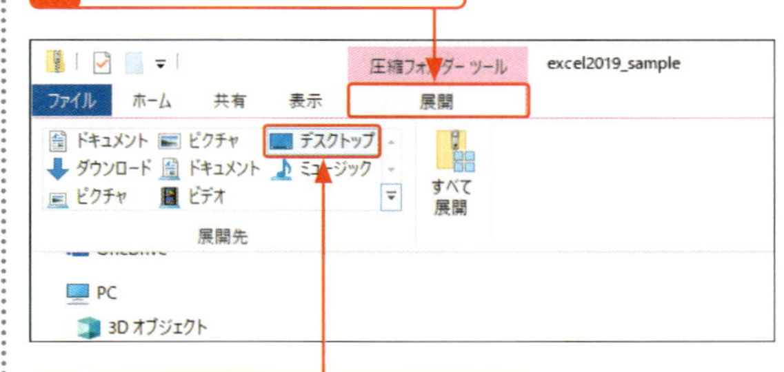

4 <デスクトップ>をクリックすると、

5 ファイルが展開されます。

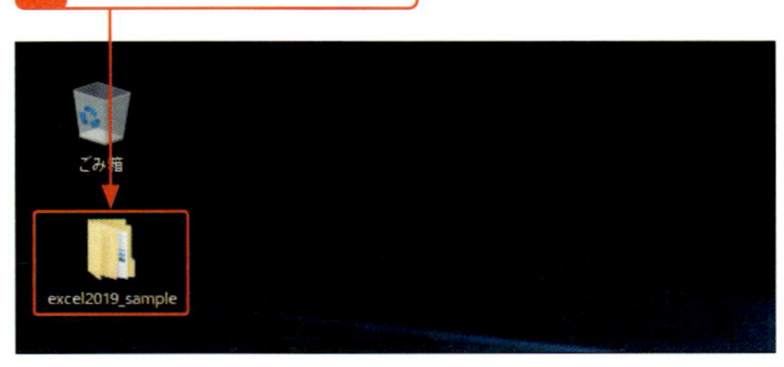

メモ 保護ビューが表示された場合

サンプルファイルを開くと、図のようなメッセージが表示されます。<編集を有効にする>をクリックすると、本書と同様の画面表示になり、操作を行うことができます。

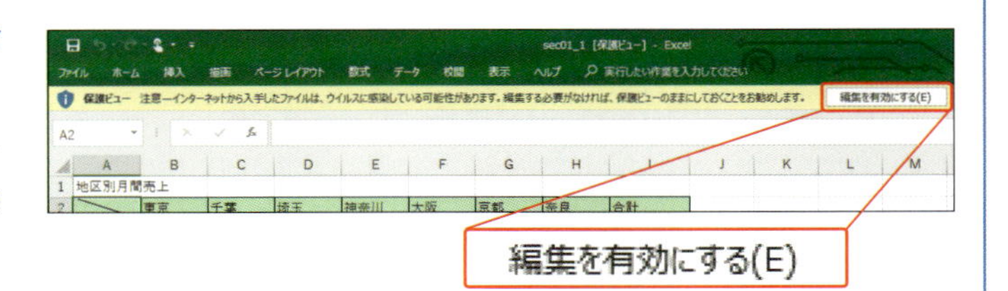

Contents

目次

第1章 Excel 2019の基本操作

第2章 表作成の基本

目次

Contents

目次

Contents

目次

Contents

第6章 表の印刷

目次

目次

ご注意：ご購入・ご利用の前に必ずお読みください。

- 本書に記載された内容は、情報提供のみを目的としています。したがって、本書を用いた運用は、必ずお客様自身の責任と判断によって行ってください。これらの情報の運用の結果について、技術評論社および著者はいかなる責任も負いません。

- ソフトウェアに関する記述は、特に断りのない限り、2019年1月現在での最新情報をもとにしています。これらの情報は更新される場合があり、本書の説明とは機能内容や画面図などが異なってしまうことがあり得ます。あらかじめご了承ください。

- 本書の内容は、以下の環境で制作し、動作を検証しています。使用しているパソコンによっては、機能内容や画面図が異なる場合があります。
  - ・Windows 10 Pro
  - ・Excel 2019

- インターネットの情報については、URLや画面などが変更されている可能性があります。ご注意ください。

以上の注意事項をご承諾いただいた上で、本書をご利用願います。これらの注意事項をお読みいただかずに、お問い合わせいただいても、技術評論社および著者は対応しかねます。あらかじめご承知おきください。。

パソコンの基本操作

●本書の解説は、基本的にマウスを使って操作することを前提としています。
●お使いのパソコンのタッチパッド、タッチ対応モニターを使って操作する場合は、各操作を次のように読み替えてください。

1 マウス操作

▼クリック（左クリック）

クリック（左クリック）の操作は、画面上にある要素やメニューの項目を選択したり、ボタンを押したりする際に使います。

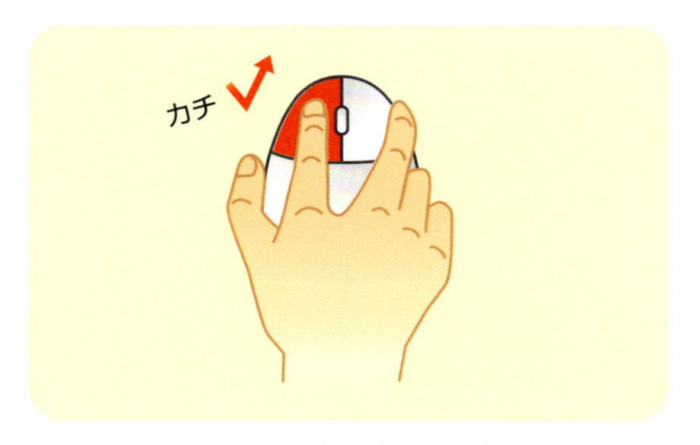

マウスの左ボタンを1回押します。

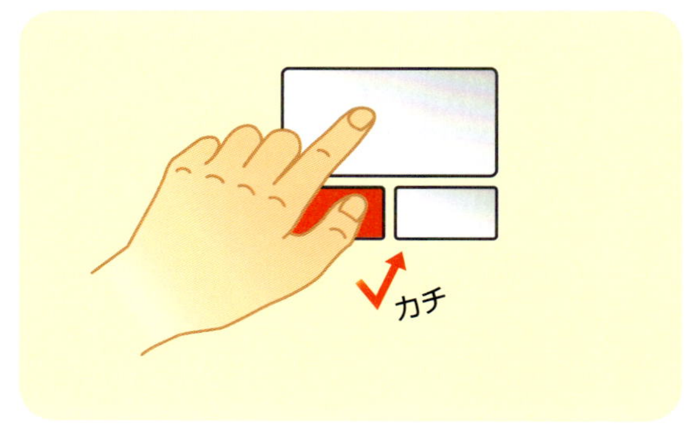

タッチパッドの左ボタン（機種によっては左下の領域）を1回押します。

▼右クリック

右クリックの操作は、操作対象に関する特別なメニューを表示する場合などに使います。

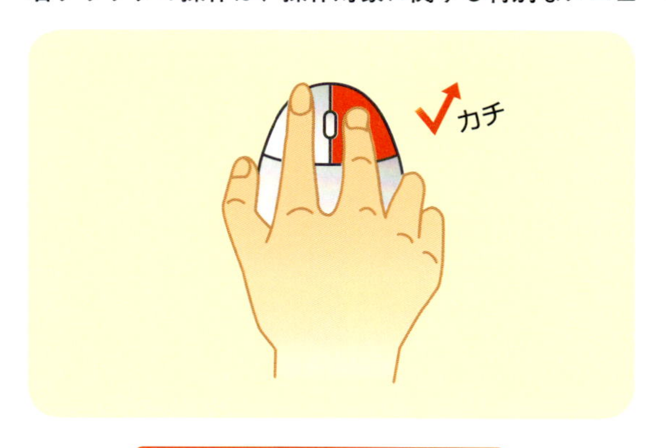

マウスの右ボタンを1回押します。

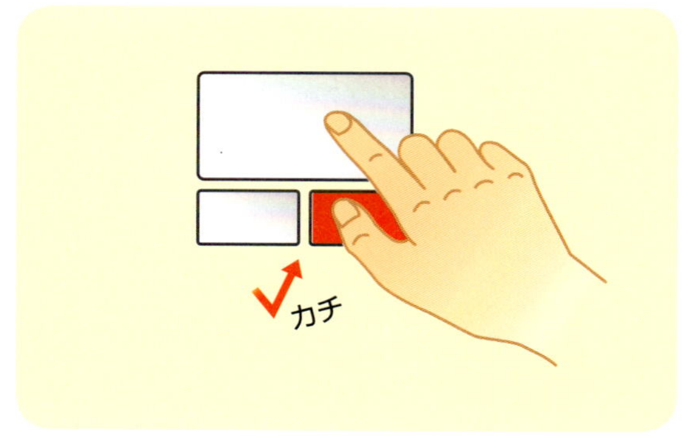

タッチパッドの右ボタン（機種によっては右下の領域）を1回押します。

▼ダブルクリック

ダブルクリックの操作は、各種アプリを起動したり、ファイルやフォルダーなどを開く際に使います。

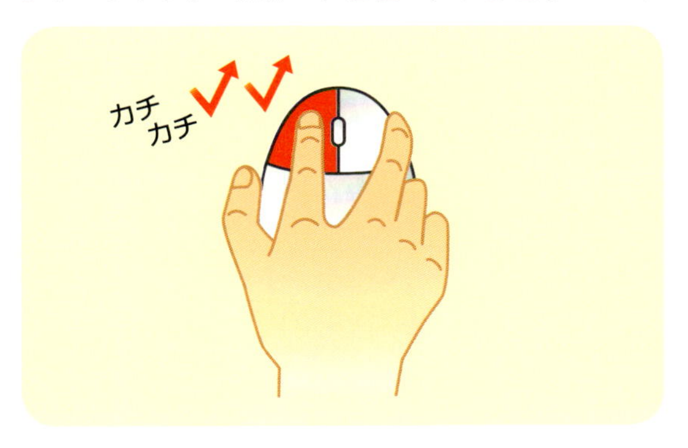

マウスの左ボタンをすばやく2回押します。

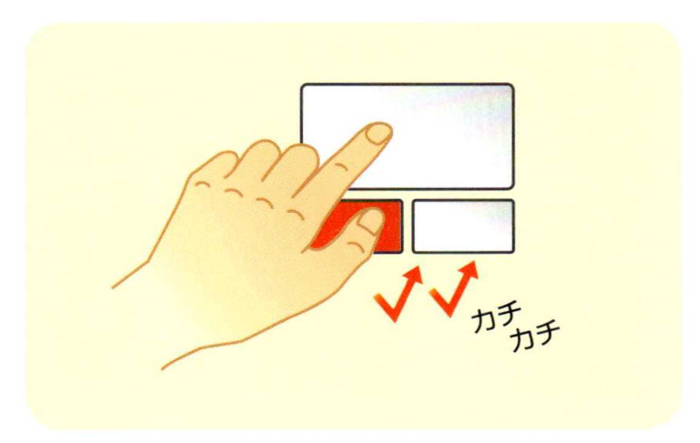

タッチパッドの左ボタン（機種によっては左下の領域）をすばやく2回押します。

▼ドラッグ

ドラッグの操作は、画面上の操作対象を別の場所に移動したり、操作対象のサイズを変更する際などに使います。

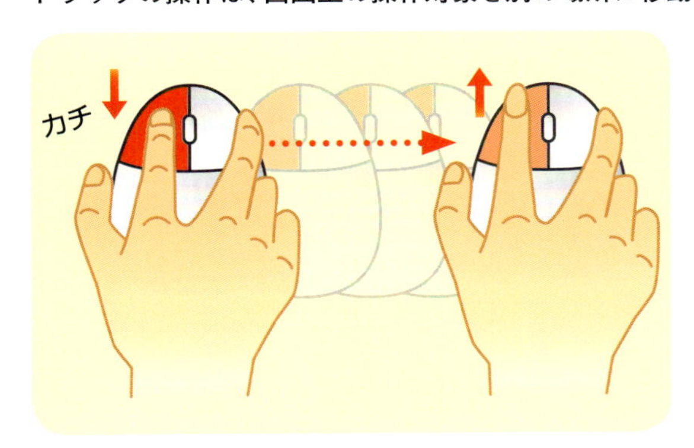

マウスの左ボタンを押したまま、マウスを動かします。目的の操作が完了したら、左ボタンから指を離します。

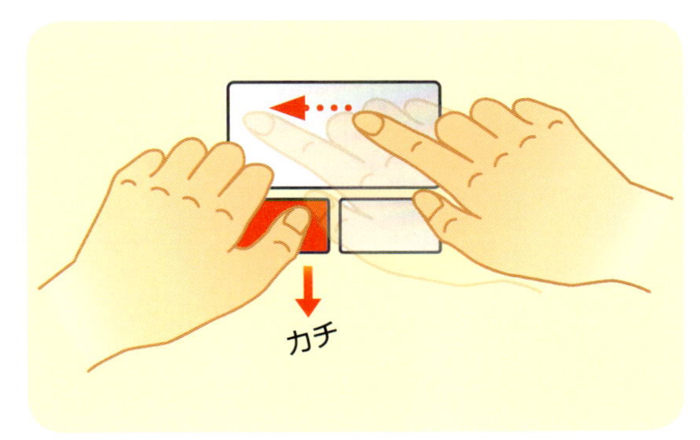

タッチパッドの左ボタン（機種によっては左下の領域）を押したまま、タッチパッドを指でなぞります。目的の操作が完了したら、左ボタンから指を離します。

メモ　ホイールの使い方

ほとんどのマウスには、左ボタンと右ボタンの間にホイールが付いています。ホイールを上下に回転させると、Webページなどの画面を上下にスクロールすることができます。そのほかにも、Ctrlを押しながらホイールを回転させると、画面を拡大／縮小したり、フォルダーのアイコンの大きさを変えることができます。

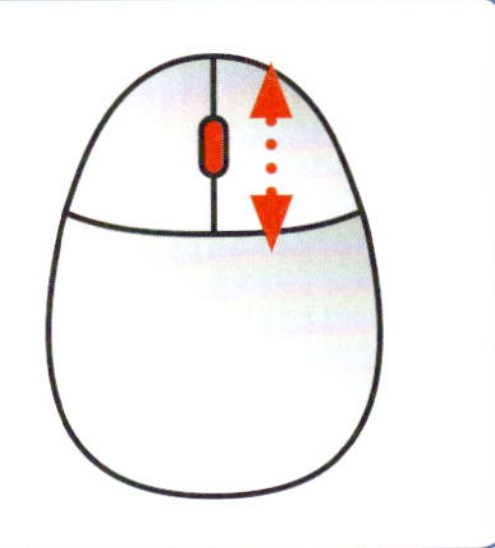

2 利用する主なキー

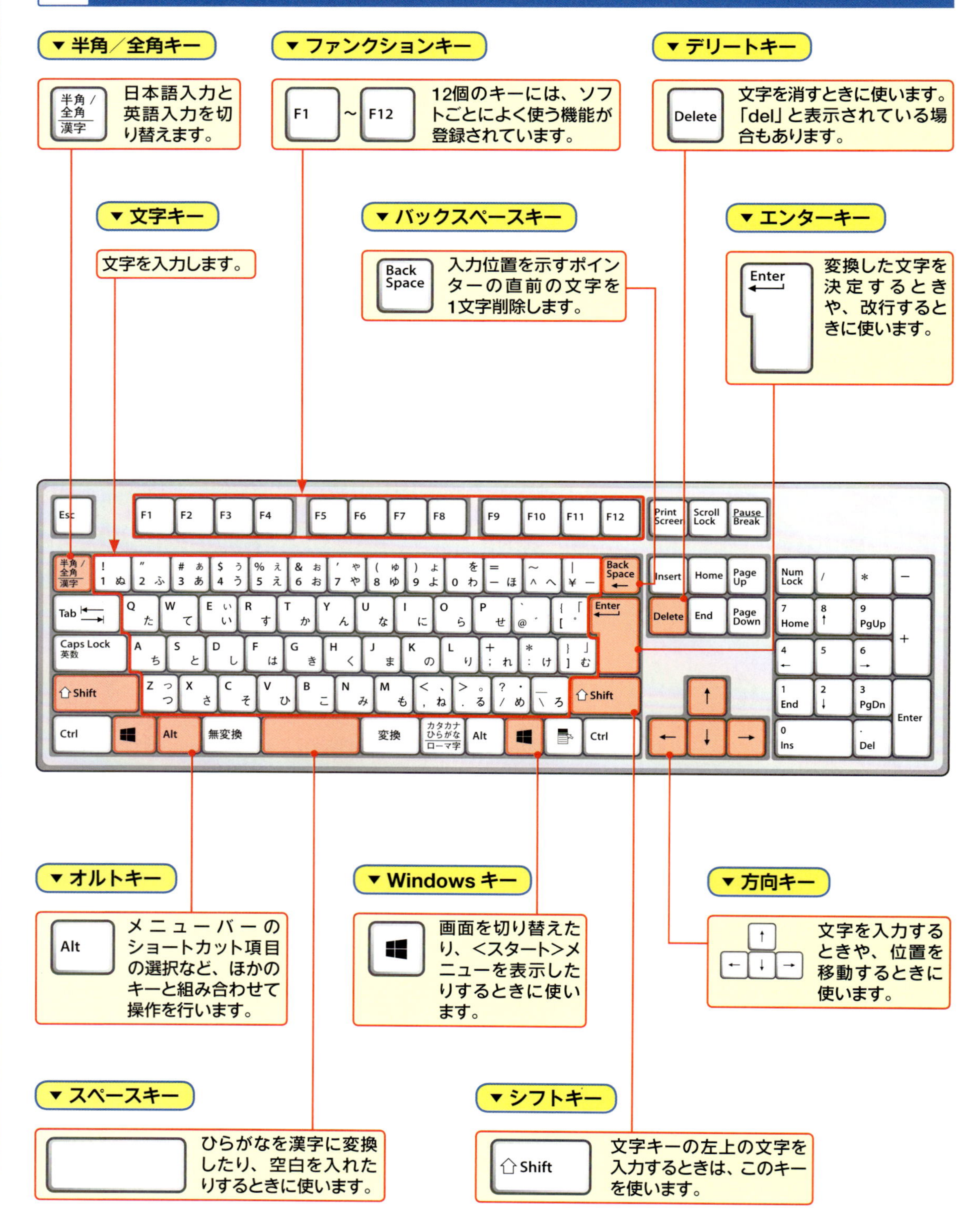

▼半角／全角キー
半角／全角 漢字
日本語入力と英語入力を切り替えます。
▼ファンクションキー
F1 〜 F12
12個のキーには、ソフトごとによく使う機能が登録されています。
▼デリートキー
Delete
文字を消すときに使います。「del」と表示されている場合もあります。
▼文字キー
文字を入力します。
▼バックスペースキー
Back Space
入力位置を示すポインターの直前の文字を1文字削除します。
▼エンターキー
Enter
変換した文字を決定するときや、改行するときに使います。
▼オルトキー
Alt
メニューバーのショートカット項目の選択など、ほかのキーと組み合わせて操作を行います。
▼Windows キー
画面を切り替えたり、<スタート>メニューを表示したりするときに使います。
▼方向キー
文字を入力するときや、位置を移動するときに使います。
▼スペースキー
ひらがなを漢字に変換したり、空白を入れたりするときに使います。
▼シフトキー
Shift
文字キーの左上の文字を入力するときは、このキーを使います。

Chapter 01

第1章

Excel 2019の基本操作

Section 01 Excelとは?

覚えておきたいキーワード
☑ Excel 2019
☑ 表計算ソフト
☑ Microsoft Office

Excelは、簡単な四則演算から複雑な関数計算、グラフの作成、データベースとしての活用など、さまざまな機能を持つ表計算ソフトです。文字や罫線を修飾したり、表にスタイルを適用したり、画像を挿入したりして、見栄えのする文書を作成することもできます。

1 表計算ソフトとは?

キーワード Excel 2019

Excel 2019は、代表的な表計算ソフトの1つです。ビジネスソフトの統合パッケージである最新の「Microsoft Office」に含まれています。

キーワード 表計算ソフト

表計算ソフトは、表のもとになるマス目(セル)に数値や数式を入力して、データの集計や分析をしたり、表形式の書類を作成したりするためのアプリです。

メモ Webアプリケーション版とアプリ版

Office 2019は、従来と同様にパソコンにインストールして使うもののほかに、Webブラウザー上で使えるWebアプリケーション版と、スマートフォンやタブレット向けのアプリ版が用意されています。

地区別月間売上

1月	東京	3250
	千葉	1780
	埼玉	1650
	神奈川	2580
	大阪	2870
	京都	1930
	奈良	1340

表計算ソフトがないと、計算は手作業で行わなければなりませんが…

	A	B	C	D	E	F	G	H	I
1	地区別月間売上								
2		東京	千葉	埼玉	神奈川	大阪	京都	奈良	合計
3	1月	3,250	1,780	1,650	2,580	2,870	1,930	1,340	15,400
4	2月	2,980	1,469	1,040	2,190	2,550	1,660	1,100	12,989
5	3月	3,560	1,980	1,580	2,730	2,990	1,990	1,430	16,260
6	4月	3,450	2,050	1,780	2,840	3,010	2,020	1,560	16,710
7	5月	3,680	1,850	1,350	2,980	3,220	2,150	1,220	16,450
8	6月	3,030	1,540	1,140	2,550	2,780	1,850	1,980	14,870
9	7月	4,250	2,430	2,200	3,500	3,550	2,350	1,890	20,170
10	8月	3,800	1,970	1,750	3,100	3,120	2,120	1,560	17,420
11	9月	3,960	2,050	2,010	3,300	3,400	2,550	1,780	19,050
12	合計	31,960	17,119	14,500	25,770	27,490	18,620	13,860	149,319
13	月平均	3,551	1,902	1,611	2,863	3,054	2,069	1,540	16,591
14	売上目標	30,000	17,000	15,000	25,000	28,000	18,000	14,000	147,000
15	差額	1,960	119	-500	770	-510	620	-140	2,319
16	達成率	106.53%	100.70%	96.67%	103.08%	98.18%	103.44%	99.00%	101.58%
17									

表計算ソフトを使うと、膨大なデータの集計を簡単に行うことができます。データをあとから変更しても、自動的に再計算されます。

2 Excelではこんなことができる!

ワークシートにデータを入力して、Excelの機能を利用すると…

上半期売上実績 - Excel

	A	B	C	D	E	F	G	H	I
1		関東地区				関西地区			合計
2		東京	千葉	埼玉	神奈川	大阪	京都	奈良	
3	4月	3450	2050	1780	2840	3010	2020	1560	16710
4	5月	3680	1850	1350	2980	3220	2150	1220	16450
5	6月	3030	1540	1140	2550	2780	1850	1980	14870
6	7月	4250	2430	2200	3500	3550	2350	1890	20170
7	8月	3800	1970	1750	3100	3120	2120	1560	17420
8	9月	3960	2050	2010	3300	3400	2550	1780	19050
9	合計								
10	月平均								
11	売上目標	20000	12000	10000	18000	20000	12000	10000	102000
12	差額								
13	達成率								
14	売上推移								
15									

このような報告書もかんたんに作成することができます。

スーパーバイザー各位

2018年10月12日

販売管理部
技術 太郎

上半期地区別売上実績

2018年上半期の地区別売上実績を下記のとおりご報告いたします。

見栄えのする表が作成できます。

(単位:万円)

	関東地区				関西地区			合計
	東京	千葉	埼玉	神奈川	大阪	京都	奈良	
4月	3,450	2,050	1,780	2,840	3,010	2,020	1,560	16,710
5月	3,680	1,850	1,350	2,980	3,220	2,150	1,220	16,450
6月	3,030	1,540	1,140	2,550	2,780	1,850	1,980	14,870
7月	4,250	2,430	2,200	3,500	3,550	2,350	1,890	20,170
8月	3,800	1,970	1,750	3,100	3,120	2,120	1,560	17,420
9月	3,960	2,050	2,010	3,300	3,400	2,550	1,780	19,050
合計	22,170	11,890	10,230	18,270	19,080	13,040	9,990	104,670
月平均	3,695	1,982	1,705	3,045	3,180	2,173	1,665	17,4[illegible]
売上目標	20,000	12,000	10,000	18,000	20,000	12,000	10,000	102,000
差額	2,170	-110	230	270	-920	1,040	-10	2,670
達成率	110.85%	99.08%	102.30%	101.50%	95.40%	108.67%	99.90%	102.62%
売上推移								

面倒な計算がかんたんにできます。

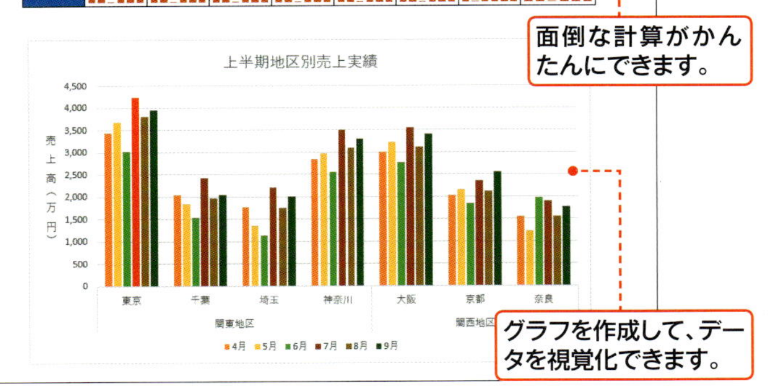

グラフを作成して、データを視覚化できます。

メモ 数式や関数の利用

数式や関数を使うと、数値の計算だけでなく、条件によって処理を振り分けたり、表を検索して特定のデータを取り出したりといった、面倒な処理もかんたんに行うことができます。Excelには、大量の関数が用意されています。

メモ 表のデータをもとにグラフを作成

表のデータをもとに、さまざまなグラフを作成することができます。グラフのレイアウトやデザインも豊富に揃っています。もとになったデータが変更されると、グラフも自動的に変更されます。

メモ デザインパーツの利用

図形やイラスト、画像などを挿入してさまざまな効果を設定したり、SmartArtを利用して複雑な図解をかんたんに作成したりすることができます。Excel 2019では、アイコンや3Dモデルも挿入できるようになりました。

メモ データベースソフトとしての活用

大量のデータが入力された表の中から条件に合うものを抽出したり、並べ替えたり、項目別にデータを集計したりといったデータベース機能が利用できます。

Section 02

Excel 2019を起動する／終了する

覚えておきたいキーワード
- 起動
- スタート画面
- 終了

Excel 2019を起動するには、Windows 10の＜スタート＞をクリックして、＜Excel＞をクリックします。Excelが起動するとスタート画面が表示されるので、そこから目的の操作を選択します。作業が終わったら、＜閉じる＞をクリックしてExcelを終了します。

1 Excel 2019を起動して空白のブックを開く

メモ Excelを起動する

Windows 10で＜スタート＞をクリックすると、スタートメニューが表示されます。左側にはアプリのメニューが、右側にはよく使うアプリのアイコンが表示されています。メニューから＜Excel＞をクリックすると、Excelが起動します。

メモ Excel 2019の動作環境

Excel 2019は、Windows 10のみに対応しています。Windows 8.1やWindows 7では利用できません。

1 Windows 10を起動して、

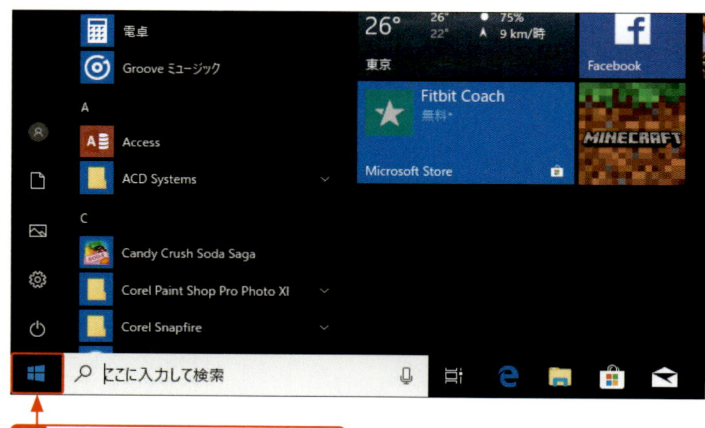

2 ＜スタート＞をクリックします。

3 ＜Excel＞をクリックすると、

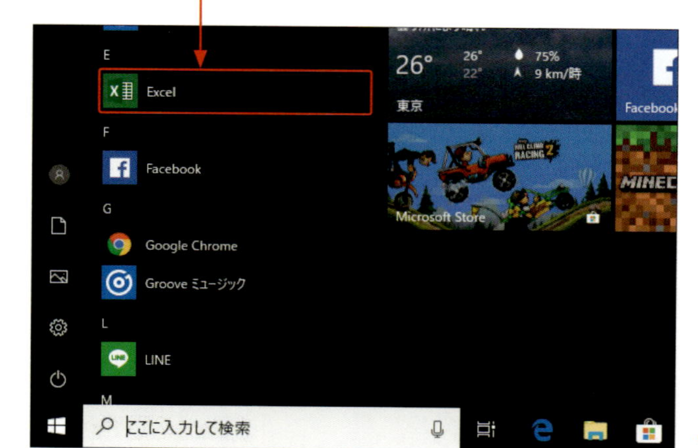

4 Excel 2019が起動して、スタート画面が開きます。

5 ＜空白のブック＞をクリックすると、

6 新しいブックが作成されます。

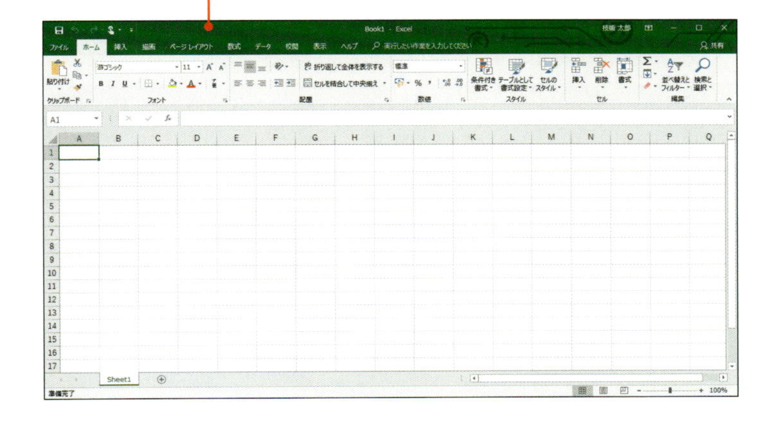

メモ Excel起動時の画面

Excelを起動すると、最近使ったファイルやExcelの使い方、テンプレートなどが表示される「スタート画面」が表示されます。スタート画面から空白のブックを作成したり、最近使ったブックを開いたりします。

キーワード ブック

「ブック」とは、Excelで作成したファイルのことです。ブックは、1つあるいは複数のワークシートから構成されます。

ステップアップ タッチモードに切り替える

パソコンがタッチスクリーンに対応している場合は、クイックアクセスツールバーに＜タッチ／マウスモードの切り替え＞が表示されています。このコマンドでタッチモードとマウスモードを切り替えることができます。タッチモードに切り替えると、コマンドの間隔が広がってタッチ操作がしやすくなります。

1 ＜タッチ／マウスモードの切り替え＞をクリックすると、

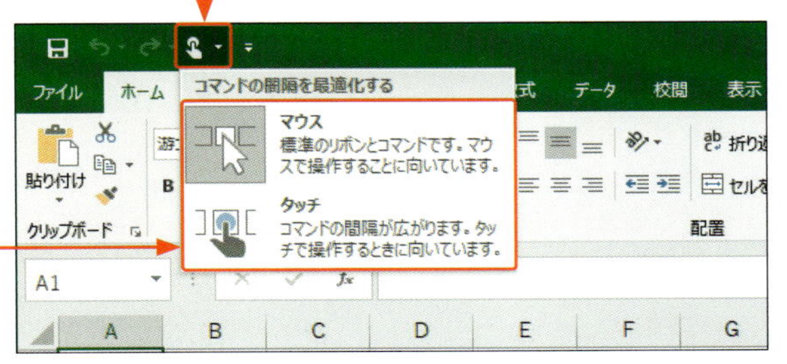

2 マウスモードとタッチモードを切り替えることができます。

2 Excel 2019を終了する

メモ 複数のブックを開いている場合

Excelを終了するには、右の手順で操作します。ただし、複数のブックを開いている場合は、クリックしたウィンドウのブックだけが閉じます。

1 <閉じる>をクリックすると、

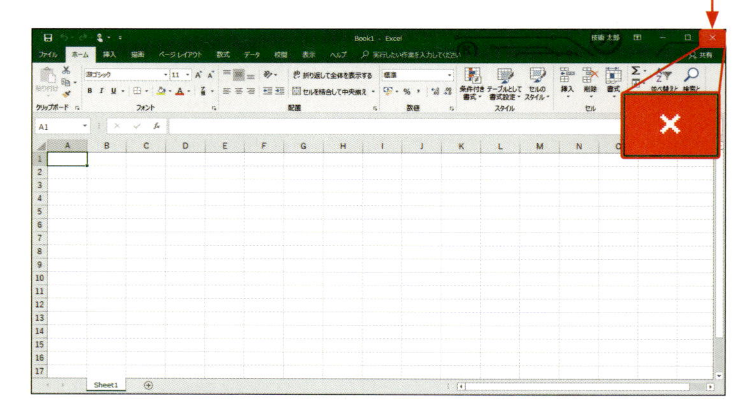

2 Excel 2019が終了し、デスクトップ画面が表示されます。

ヒント ブックを閉じる

Excel自体を終了するのではなく、開いているブックでの作業を終了する場合は、「ブックを閉じる」操作を行います（Sec.08参照）。

メモ ブックを保存していない場合

ブックの作成や編集をしていた場合に、ブックを保存しないでExcelを終了しようとすると、右図のダイアログボックスが表示されます。Excelでは、文書を保存せずに閉じた場合、4日以内であればブックを回復できます（P.43参照）。

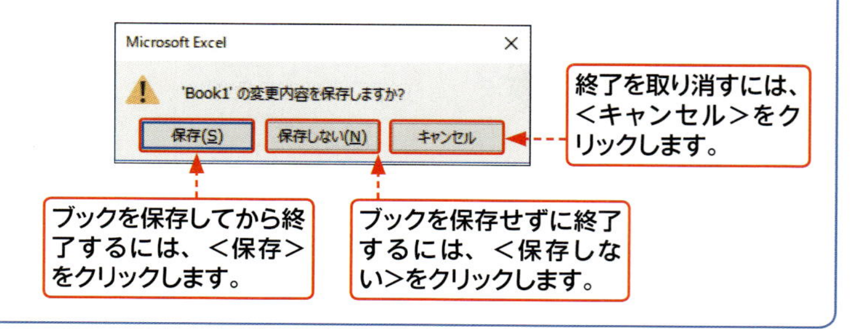
Microsoft Excel
'Book1' の変更内容を保存しますか?
保存(S)
保存しない(N)
キャンセル
終了を取り消すには、<キャンセル>をクリックします。
ブックを保存してから終了するには、<保存>をクリックします。
ブックを保存せずに終了するには、<保存しない>をクリックします。

ステップアップ スタートメニューやタスクバーにExcelのアイコンを登録する

スタートメニューやタスクバーにExcelのアイコンを登録（ピン留め）しておくと、アプリの一覧からExcelのアイコンを探す手間が省けるため、Excelをすばやく起動することができます。
＜スタート＞をクリックして、＜Excel＞を右クリックし、＜スタートにピン留めする＞をクリックすると、スタートメニューのタイルにExcelのアイコンが登録されます。また、＜その他＞にマウスポインターを合わせて、＜タスクバーにピン留めする＞をクリックすると、タスクバーに登録されます。
Excelを起動するとタスクバーに表示されるExcelのアイコンを右クリックして、＜タスクバーにピン留めする＞をクリックしても、登録できます。アイコンの登録を解除するには、登録したExcelのアイコンを右クリックして、＜タスクバーからピン留めを外す＞をクリックします。

スタートメニューから登録する

1 ＜スタート＞をクリックします。

2 ＜Excel＞を右クリックして、

3 ＜スタートにピン留めする＞をクリックすると、

＜その他＞から＜タスクバーにピン留めする＞をクリックすると、タスクバーに登録されます（右下図参照）。

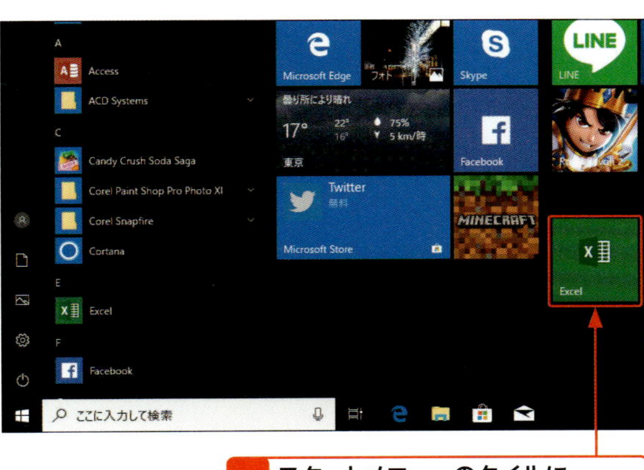

4 スタートメニューのタイルにExcelのアイコンが登録されます。

起動したExcelのアイコンから登録する

1 Excelのアイコンを右クリックして、

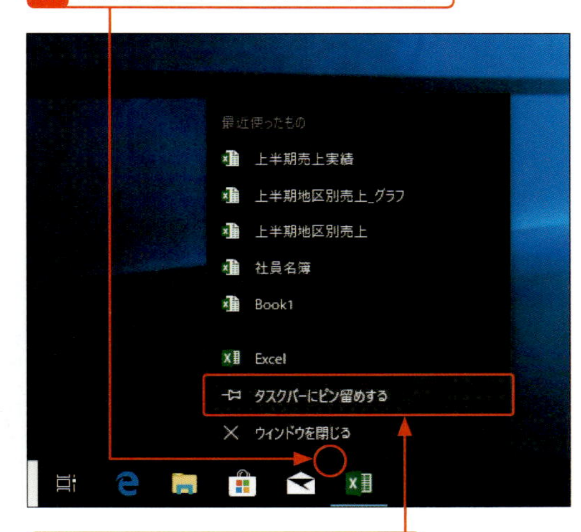

2 ＜タスクバーにピン留めする＞をクリックすると、

3 タスクバーにExcelのアイコンが登録されます。

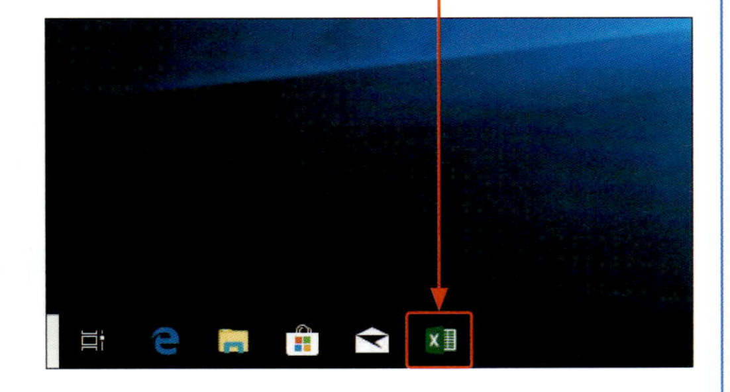

Section 03 Excelの画面構成とブックの構成

覚えておきたいキーワード
- タブ
- コマンド
- ワークシート

Excel 2019の画面は、機能を実行するためのタブと、各タブにあるコマンド、表やグラフなどを作成するためのワークシートから構成されています。画面の各部分の名称とその機能は、Excelを使っていくうえでの基本的な知識です。ここでしっかり確認しておきましょう。

1 基本的な画面構成

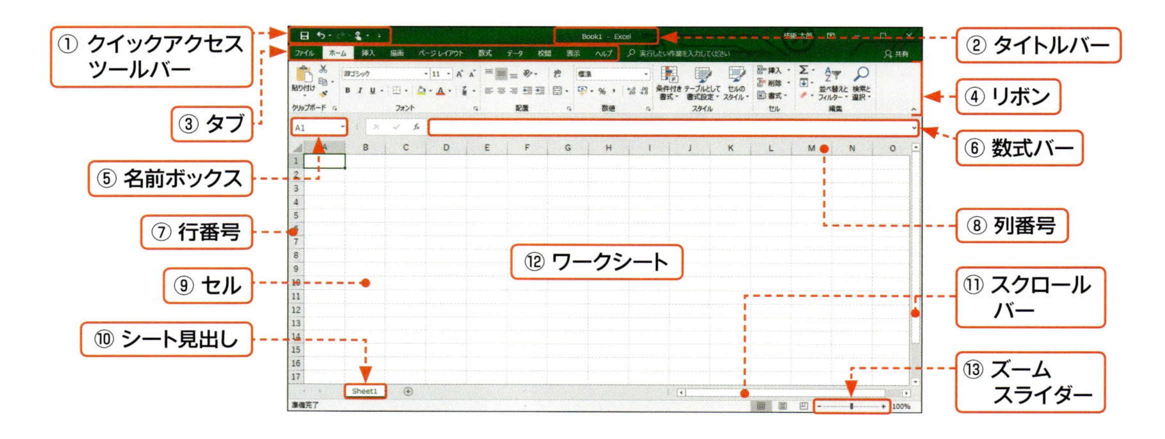

名　称	機　能
① クイックアクセスツールバー	頻繁に使うコマンドが表示されています。コマンドの追加や削除などもできます。
② タイトルバー	作業中のファイル名を表示しています。
③ タブ	初期状態では10個（あるいは9個）※のタブが用意されています。名前の部分をクリックしてタブを切り替えます。
④ リボン	コマンドを一連のタブに整理して表示します。コマンドはグループ分けされています。
⑤ 名前ボックス	現在選択されているセルの位置（列番号と行番号によってセルの位置を表したもの）、またはセル範囲の名前を表示します。
⑥ 数式バー	現在選択されているセルのデータまたは数式を表示します。
⑦ 行番号	行の位置を示す数字を表示しています。
⑧ 列番号	列の位置を示すアルファベットを表示しています。
⑨ セル	表のマス目です。操作の対象となっているセルを「アクティブセル」といいます。
⑩ シート見出し	シートを切り替える際に使用します。
⑪ スクロールバー	シートを縦横にスクロールする際に使用します。
⑫ ワークシート	Excelの作業スペースです。
⑬ ズームスライダー	シートの表示倍率を変更します。

※＜描画＞タブは、お使いのパソコンによっては初期設定では表示されていない場合があります。
＜Excelのオプション＞ダイアログボックスの＜リボンのユーザー設定＞で＜描画＞をオンにすると表示されます。

2 ブック・シート・セル

「ブック」(=ファイル)は、1つまたは複数の「ワークシート」や「グラフシート」から構成されています。

ワークシート

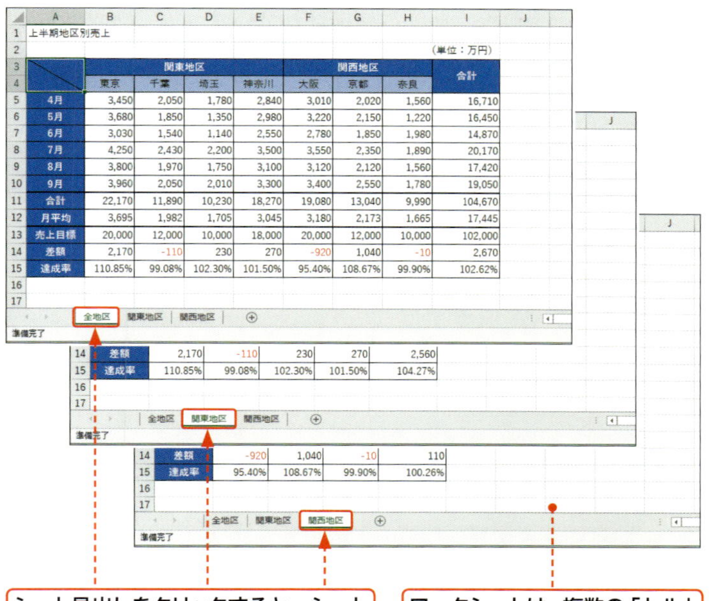

上半期地区別売上

(単位：万円)

	関東地区				関西地区			合計
	東京	千葉	埼玉	神奈川	大阪	京都	奈良	
4月	3,450	2,050	1,780	2,840	3,010	2,020	1,560	16,710
5月	3,680	1,850	1,350	2,980	3,220	2,150	1,220	16,450
6月	3,030	1,540	1,140	2,550	2,780	1,850	1,980	14,870
7月	4,250	2,430	2,200	3,500	3,550	2,350	1,890	20,170
8月	3,800	1,970	1,750	3,100	3,120	2,120	1,560	17,420
9月	3,960	2,050	2,010	3,300	3,400	2,550	1,780	19,050
合計	22,170	11,890	10,230	18,270	19,080	13,040	9,990	104,670
月平均	3,695	1,982	1,705	3,045	3,180	2,173	1,665	17,445
売上目標	20,000	12,000	10,000	18,000	20,000	12,000	10,000	102,000
差額	2,170	-110	230	270	-920	1,040	-10	2,670
達成率	110.85%	99.08%	102.30%	101.50%	95.40%	108.67%	99.90%	102.62%

差額	2,170	-110	230	270	2,560
達成率	110.85%	99.08%	102.30%	101.50%	104.27%

差額	-920	1,040	-10	110
達成率	95.40%	108.67%	99.90%	100.26%

シート見出しをクリックすると、シートを切り替えることができます。

ワークシートは、複数の「セル」から構成されています。

グラフシート

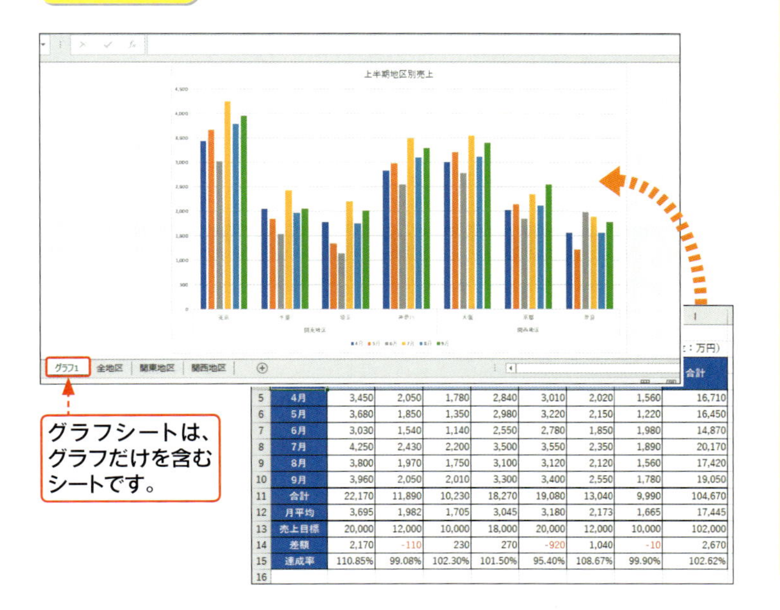

4月	3,450	2,050	1,780	2,840	3,010	2,020	1,560	16,710
5月	3,680	1,850	1,350	2,980	3,220	2,150	1,220	16,450
6月	3,030	1,540	1,140	2,550	2,780	1,850	1,980	14,870
7月	4,250	2,430	2,200	3,500	3,550	2,350	1,890	20,170
8月	3,800	1,970	1,750	3,100	3,120	2,120	1,560	17,420
9月	3,960	2,050	2,010	3,300	3,400	2,550	1,780	19,050
合計	22,170	11,890	10,230	18,270	19,080	13,040	9,990	104,670
月平均	3,695	1,982	1,705	3,045	3,180	2,173	1,665	17,445
売上目標	20,000	12,000	10,000	18,000	20,000	12,000	10,000	102,000
差額	2,170	-110	230	270	-920	1,040	-10	2,670
達成率	110.85%	99.08%	102.30%	101.50%	95.40%	108.67%	99.90%	102.62%

グラフシートは、グラフだけを含むシートです。

キーワード ワークシート

「ワークシート」とは、Excelでさまざまな作業を行うためのスペースのことです。単に「シート」とも呼ばれます。

キーワード セル

「セル」とは、ワークシートを構成する一つ一つのマス目のことです。ワークシートは、複数のセルから構成されており、このセルに文字や数値データを入力していきます。

キーワード グラフシート

「グラフシート」とは、グラフ(第7章参照)だけを含むシートのことです。グラフは、通常のワークシートに作成することもできます。

Section 04 リボンの基本操作

覚えておきたいキーワード
- リボン
- タブ
- ダイアログボックス

Excelでは、ほとんどの機能をリボンで実行することができます。Excelの初期設定では、10個（あるいは9個）のタブが表示されていますが、作業内容に応じて表示されるタブもあります。作業スペースが狭く感じるときは、リボンを折りたたんで、必要なときだけ表示させることもできます。

1 リボンを操作する

メモ Excel 2019のリボン

Excel 2019のリボンには、初期の状態で10個（あるいは9個）のタブが表示されており、コマンドが用途別の「グループ」に分かれています。各グループにあるコマンドをクリックすることによって、直接機能を実行したり、メニューやダイアログボックス、作業ウィンドウなどを表示して機能を実行します。

ヒント メニューの表示

コマンドの右側や下側に ▼ が表示されているときは、さらに詳細な機能が実行できることを示しています。▼ をクリックすると、ドロップダウンメニュー（プルダウンメニューともいいます）が表示されます。

フォントや文字配置を変更するときは<ホーム>タブ、グラフを作成するときは<挿入>タブというように、作業に応じてタブを切り替えて使用します。

1 たとえば、グラフを作成するときは<挿入>タブをクリックして、

2 目的のグラフのコマンドをクリックします。

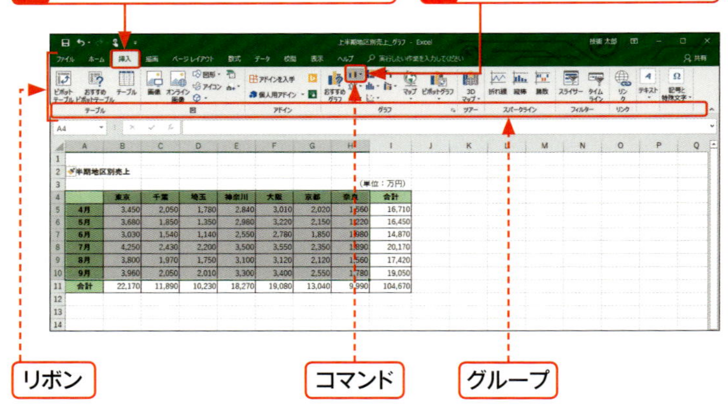

3 コマンドをクリックしてドロップダウンメニューが表示されたときは、

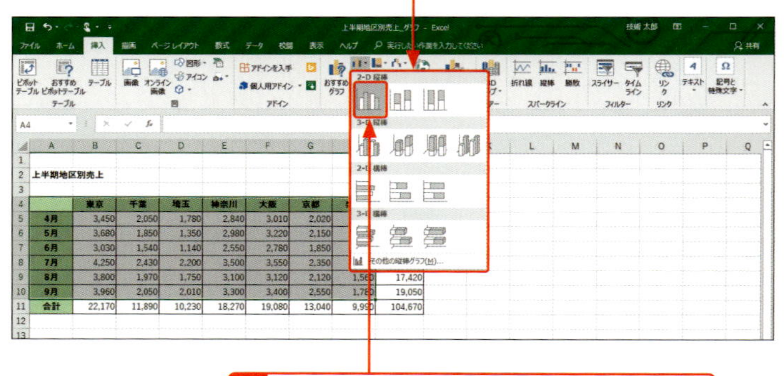

4 メニューから目的の機能をクリックします。

2 リボンの表示／非表示を切り替える

1 <リボンを折りたたむ>をクリックすると、

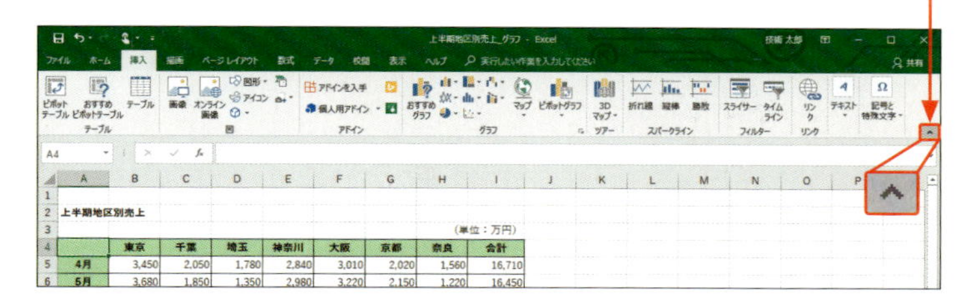

2 リボンが折りたたまれ、タブの名前の部分のみが表示されます。

3 目的のタブの名前の部分をクリックすると、

4 リボンが一時的に表示され、クリックしたタブの内容が表示されます。

5 <リボンの固定>をクリックすると、リボンが常に表示された状態になります。

メモ リボンの表示／非表示

リボンの右下にある<リボンを折りたたむ>をクリックすると、タブの名前の部分のみが表示されます。目的のタブをクリックすると、一時的にリボンが表示されます。非表示にしたリボンをもとに戻すには、<リボンの固定>をクリックします。

ヒント リボンを表示／非表示にするそのほかの方法

いずれかのタブを右クリックして、<リボンを折りたたむ>をクリックしても、リボンを非表示にできます。再度タブをクリックして、<リボンを折りたたむ>をクリックすると、リボンが表示されます。

ステップアップ リボンの表示オプションを使って切り替える

画面右上にある<リボンの表示オプション>をクリックして、<タブの表示>をクリックすると、タブの名前の部分のみの表示になります。再度<リボンの表示オプション>をクリックして、<タブとコマンドの表示>をクリックすると、リボンが表示されます。

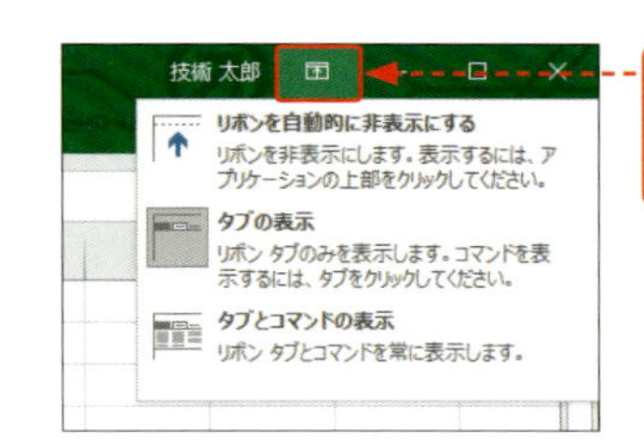

<リボンの表示オプション>でも、リボンの表示／非表示を切り替えることができます。

3 リボンからダイアログボックスを表示する

追加のオプションがある場合

グループの右下に□(ダイアログボックス起動ツール)が表示されているときは、そのグループに追加のオプションがあることを示しています。

コマンドの機能を確認する

コマンドにマウスポインターを合わせると、そのコマンドの名称と機能を文章や画面のプレビューで確認することができます。

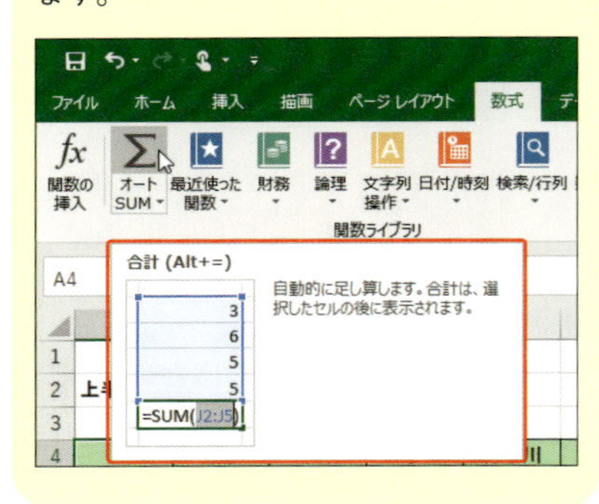

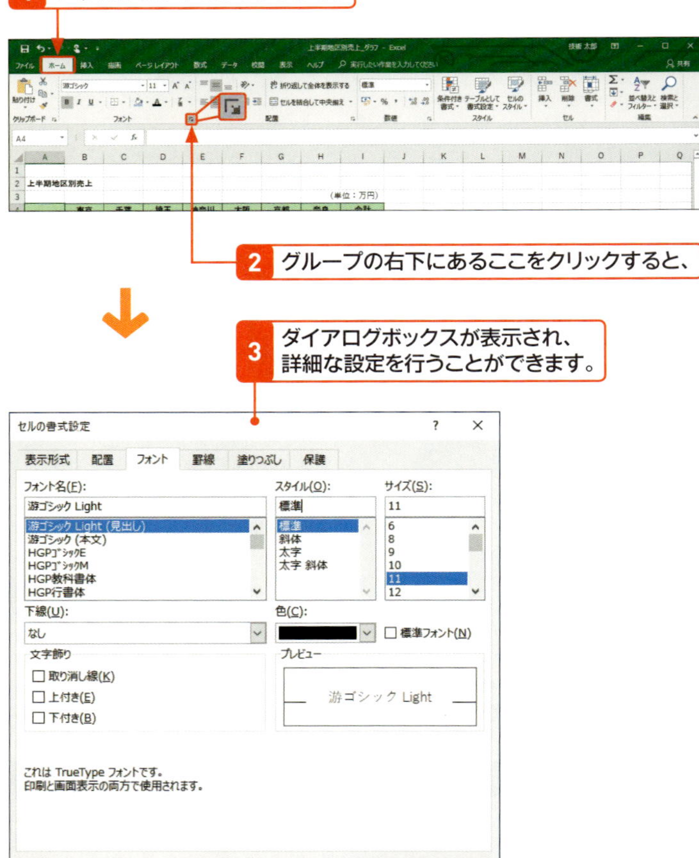

ヒント コマンドの表示は画面サイズによって変わる

タブのグループとコマンドの表示は、画面のサイズによって変わります。画面のサイズを小さくしている場合は、リボンが縮小してグループだけが表示されることがあります。この場合は、グループをクリックすると、そのグループ内のコマンドが表示されます。

画面のサイズが大きい場合

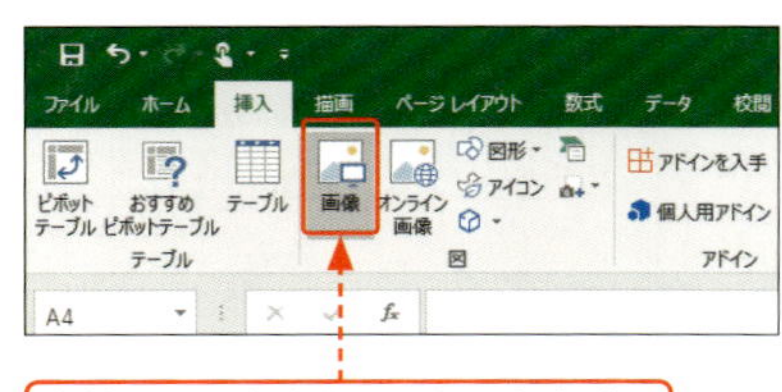

直接コマンドをクリックできます。

画面のサイズが小さい場合

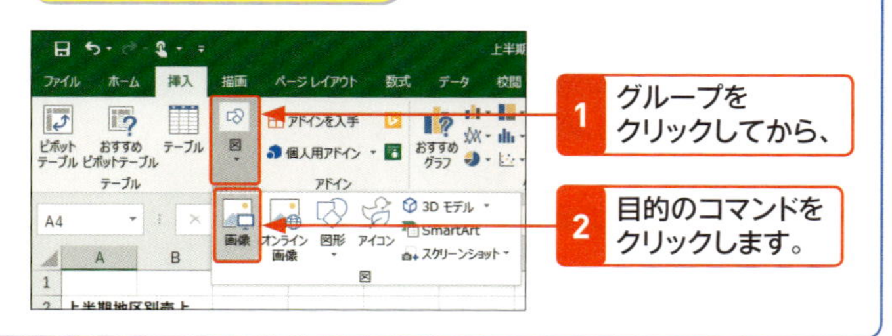

4 作業に応じたタブが表示される

1 グラフを作成します（Sec.79参照）。

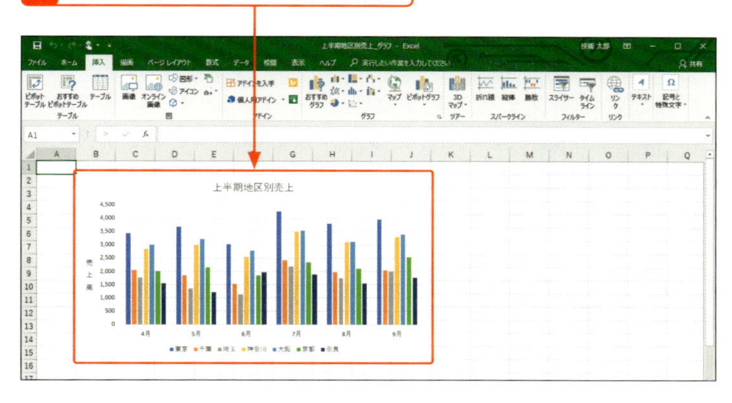

2 グラフをクリックすると、

グラフ ツール
デザイン　書式

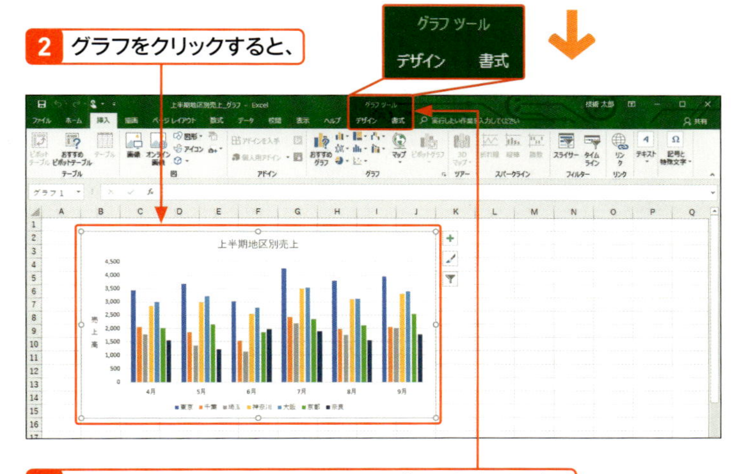

3 <グラフツール>の<デザイン>タブと<書式>タブが追加表示されます。

4 <デザイン>タブをクリックすると、

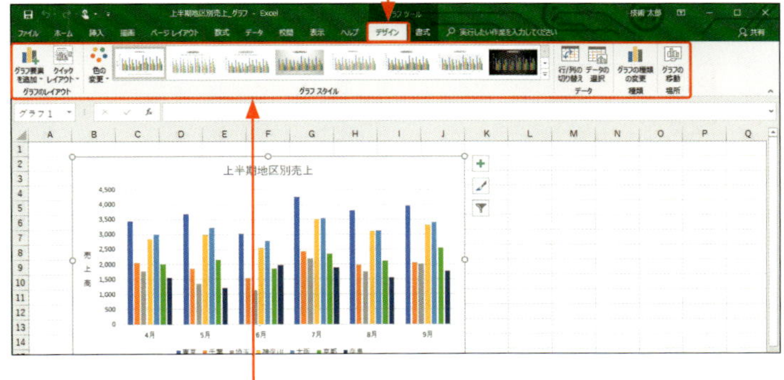

5 <デザイン>タブの内容が表示されます。

ヒント　タブは作業に応じて変化する

Excel 2019の初期の状態では、10個（あるいは9個）のタブのみが配置されています。そのほかのタブは、作業に応じて新しいタブとして表示されます。

メモ　作業に応じて表示されるタブ

作業に応じて表示されるタブには、<グラフツール>のほかに、ピボットテーブルを作成すると表示される<ピボットテーブルツール>の<分析>タブ、<デザイン>タブ（Sec.95参照）、画像を挿入すると表示される<図ツール>の<書式>タブ（Sec.101参照）などがあります。

Section 05 操作をもとに戻す／やり直す

覚えておきたいキーワード
- 元に戻す
- やり直し
- 繰り返し

操作をやり直したい場合は、クイックアクセスツールバーの<元に戻す>や<やり直し>を使います。直前の操作だけでなく、複数の操作をまとめてもとに戻すこともできます。クイックアクセスツールバーに<繰り返し>を追加しておくと、直前に行った操作を繰り返し実行することもできます。

1 操作をもとに戻す

間違えてデータを削除してしまった操作を例にします。

1 セル範囲を選択して、

2		東京	千葉	埼玉	神奈川	合計
3	7月	4,250	2,430	2,200	3,500	12,380
4	8月	3,800	1,970	1,750	3,100	10,620
5	9月	3,960	2,050	2,010	3,300	11,320
6	合計	12,010	6,450	5,960	9,900	34,320

2 Deleteを押して削除します。

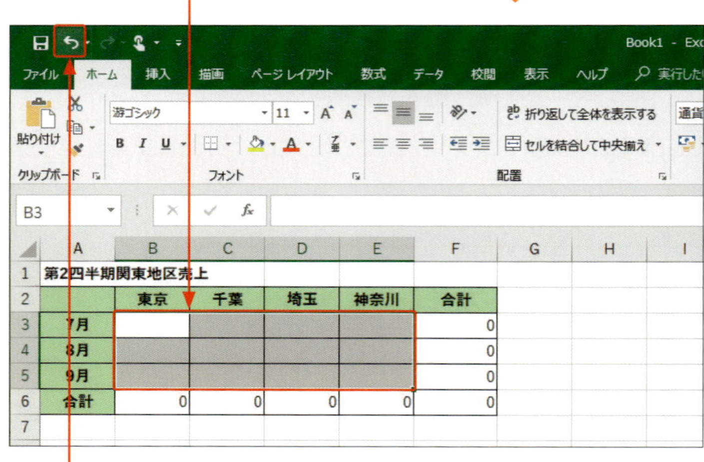

3 <元に戻す>をクリックすると、

4 直前に行った操作（データの削除）が取り消されます。

2		東京	千葉	埼玉	神奈川	合計
3	7月	4,250	2,430	2,200	3,500	12,380
4	8月	3,800	1,970	1,750	3,100	10,620
5	9月	3,960	2,050	2,010	3,300	11,320
6	合計	12,010	6,450	5,960	9,900	34,320

メモ 操作をもとに戻す

クイックアクセスツールバーの<元に戻す>をクリックすると、直前に行った操作を最大100ステップまで取り消すことができます。ただし、ファイルをいったん終了すると、もとに戻すことはできなくなります。

ステップアップ 複数の操作をもとに戻す

直前の操作だけでなく、複数の操作をまとめて取り消すことができます。<元に戻す>のをクリックし、表示される一覧から戻したい操作を選択します。やり直す場合も、同様の操作が行えます。

1 <元に戻す>のここをクリックすると、

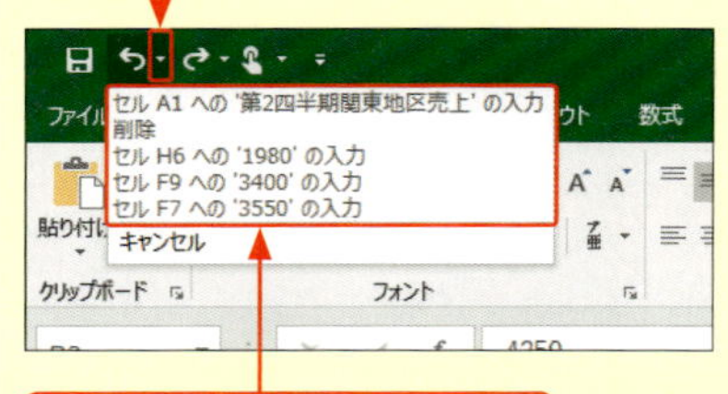

2 複数の操作をまとめて取り消すことができます。

2 操作をやり直す

前ページの直前に行った操作が取り消された状態から実行します。

1 <やり直し>をクリックすると、

	A	B	C	D	E	F
1	第2四半期関東地区売上					
2		東京	千葉	埼玉	神奈川	合計
3	7月	4,250	2,430	2,200	3,500	12,380
4	8月	3,800	1,970	1,750	3,100	10,620
5	9月	3,960	2,050	2,010	3,300	11,320
6	合計	12,010	6,450	5,960	9,900	34,320

2 取り消した操作がやり直され、データが削除されます。

	A	B	C	D	E	F
2		東京	千葉	埼玉	神奈川	合計
3	7月					0
4	8月					0
5	9月					0
6	合計	0	0	0	0	0

メモ 操作をやり直す

クイックアクセスツールバーの<やり直し>をクリックすると、取り消した操作を順番にやり直すことができます。ただし、ファイルをいったん終了すると、やり直すことはできなくなります。

ステップアップ 直前の操作を繰り返す

クイックアクセスツールバーに<繰り返し>コマンドを追加すると（P.308参照）、直前に行った操作を繰り返し実行することができます。ただし、データ入力や計算など、操作によっては繰り返しができないものがあります。

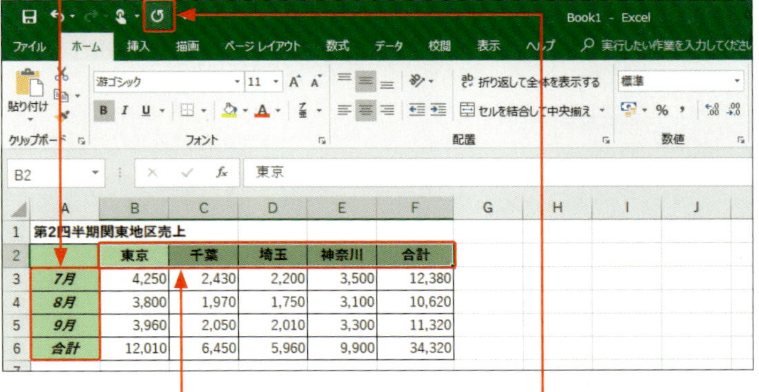
1 セルの文字列に斜体を設定します。
2 セル範囲を選択して、
3 <繰り返し>をクリックすると、
4 直前に行った操作（斜体の設定）が繰り返されます。

Section 06 表示倍率を変更する

覚えておきたいキーワード
- ☑ 表示倍率
- ☑ ズーム
- ☑ 全画面表示モード

ワークシートの文字が小さすぎて読みにくい場合や、表が大きすぎて全体が把握できない場合は、画面右下のズームスライダーや<表示>タブの<ズーム>を利用して、表示倍率を変更することができます。表示倍率の変更は画面上の表示が変わるだけで、印刷には反映されません。

1 ワークシートを拡大／縮小表示する

メモ 表示倍率は印刷に反映されない

表示倍率は印刷には反映されません。ワークシートを拡大／縮小して印刷したい場合は、Sec.71 を参照してください。

ヒント <ズーム>ダイアログボックスを利用する

ワークシートの表示倍率は、<表示>タブの<ズーム>を利用して変更することもできます。<ズーム>をクリックし、表示される<ズーム>ダイアログボックスを利用します。

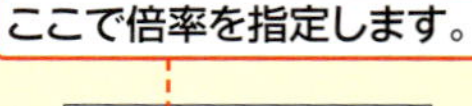

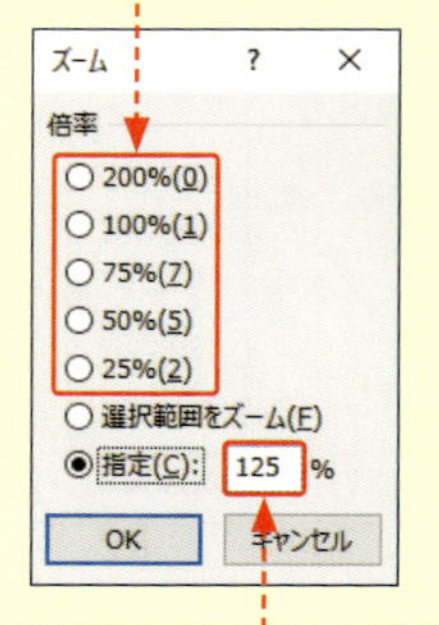

10～400の数値を直接入力することもできます。

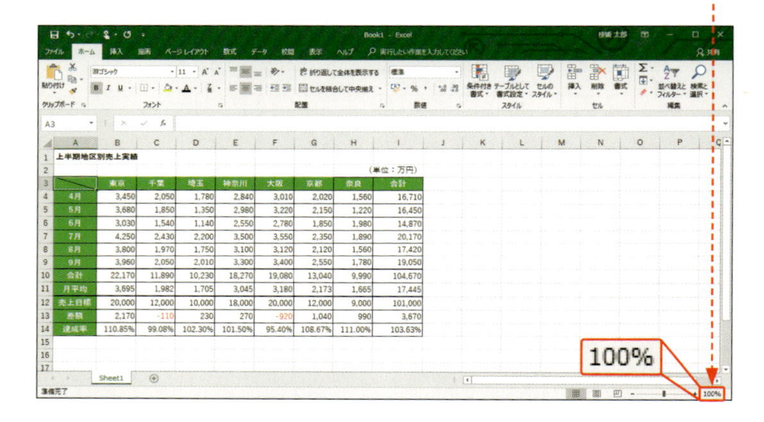

上半期地区別売上実績

（単位：万円）

	東京	千葉	埼玉	神奈川	大阪	京都	奈良	合計
4月	3,450	2,050	1,780	2,840	3,010	2,020	1,560	16,710
5月	3,680	1,850	1,350	2,980	3,220	2,150	1,220	16,450
6月	3,030	1,540	1,140	2,550	2,780	1,850	1,980	14,870
7月	4,250	2,430	2,200	3,500	3,550	2,350	1,890	20,170
8月	3,800	1,970	1,750	3,100	3,120	2,120	1,560	17,420
9月	3,960	2,050	2,010	3,300	3,400	2,550	1,780	19,050
合計	22,170	11,890	10,230	18,270	19,080	13,040	9,990	104,670
月平均	3,695	1,982	1,705	3,045	3,180	2,173	1,665	17,445
売上目標	20,000	12,000	10,000	18,000	20,000	12,000	9,000	101,000
差額	2,170	-110	230	270	-920	1,040	990	3,670
達成率	110.85%	99.08%	102.30%	101.50%	95.40%	108.67%	111.00%	103.63%

1 <ズーム>を左方向にドラッグすると、

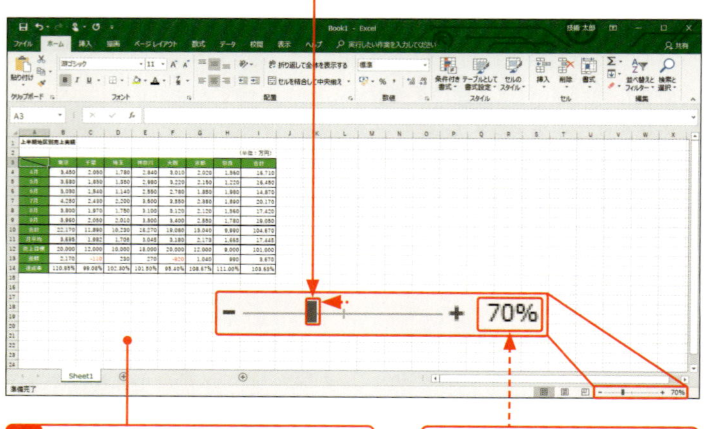

2 ワークシートが縮小表示されます。

ここに倍率が表示されます。

2 選択したセル範囲をウィンドウ全体に表示する

1 拡大表示したいセル範囲を選択します。

2 <表示>タブをクリックして、

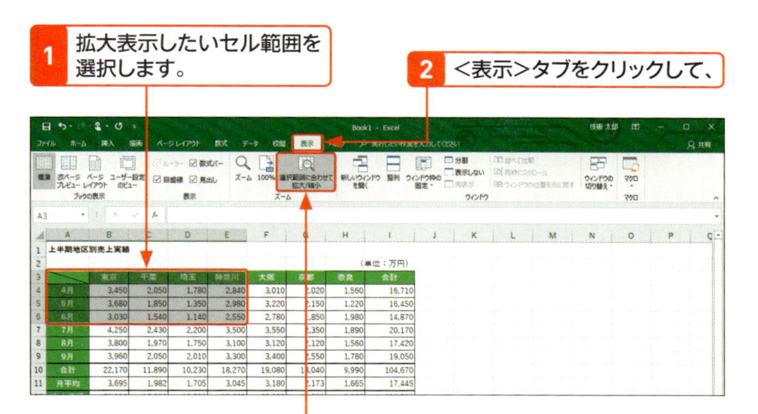

3 <選択範囲に合わせて拡大/縮小>をクリックすると、

4 選択したセル範囲が、画面全体に表示されます。

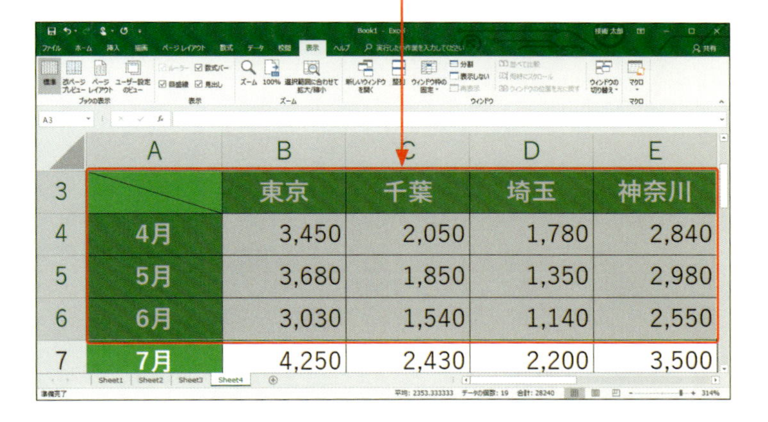

ヒント 標準の倍率に戻すには?

倍率を標準の100%に戻すには、<表示>タブの<100%>をクリックします。

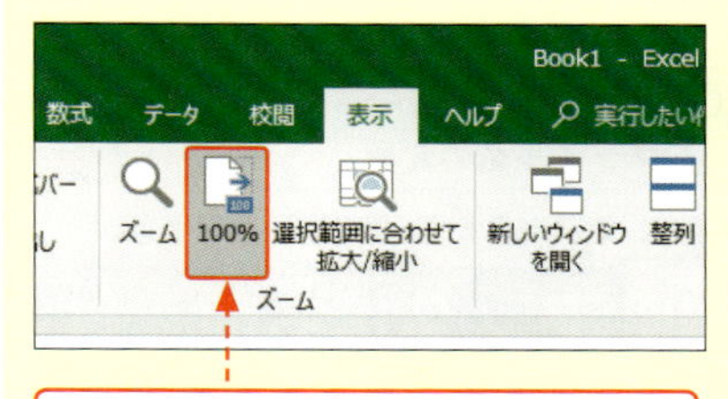

標準の倍率に戻すには、<100%>をクリックします。

ステップアップ 全画面表示モードの利用

Excelの画面を「全画面表示モード」にすると、タイトルバーやリボンが非表示になり、その分、ワークシートの表示領域が広くなります。全画面表示にするには、画面の右上にある<リボンの表示オプション>をクリックして、<リボンを自動的に非表示にする>をクリックします。全画面表示モードを解除するには、画面上部をクリックしてリボンを表示し、<元のサイズに戻す>をクリックします。

1 <リボンの表示オプション>をクリックして、

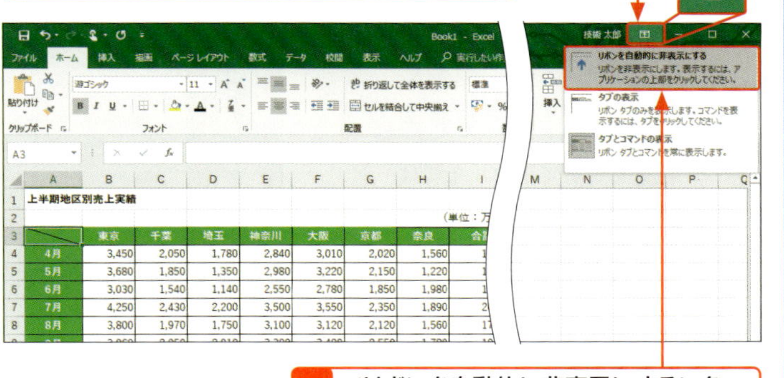

2 <リボンを自動的に非表示にする>をクリックすると、全画面表示になります。

Section 07

ブックを保存する

覚えておきたいキーワード
- ☑ 名前を付けて保存
- ☑ 上書き保存
- ☑ ファイル名の変更

ブックの保存には、新規に作成したブックや編集したブックにファイル名を付けて保存する「名前を付けて保存」と、ファイル名を変更せずに内容を更新する「上書き保存」があります。ブックに名前を付けて保存するには、保存場所を先に指定します。

1 ブックに名前を付けて保存する

メモ 名前を付けて保存する

作成したブックをExcelブックとして保存するには、右の手順で操作します。一度保存したファイルを違う名前で保存することも可能です。また、保存したあとで名前を変更することもできます（次ページの「ステップアップ」参照）。

1 ＜ファイル＞タブをクリックして、

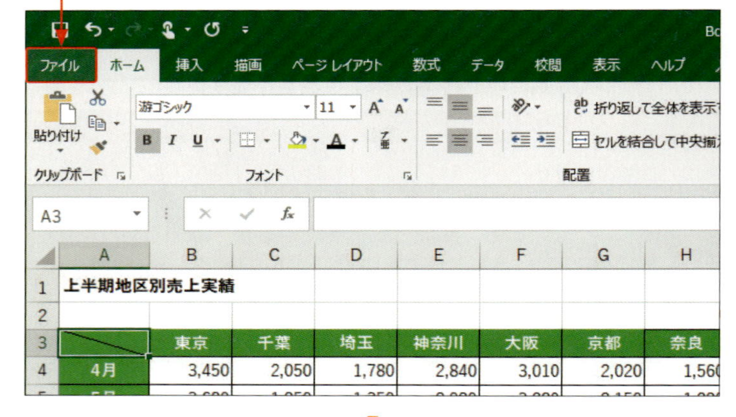

2 ＜名前を付けて保存＞をクリックします。

3 ＜このPC＞をクリックして、

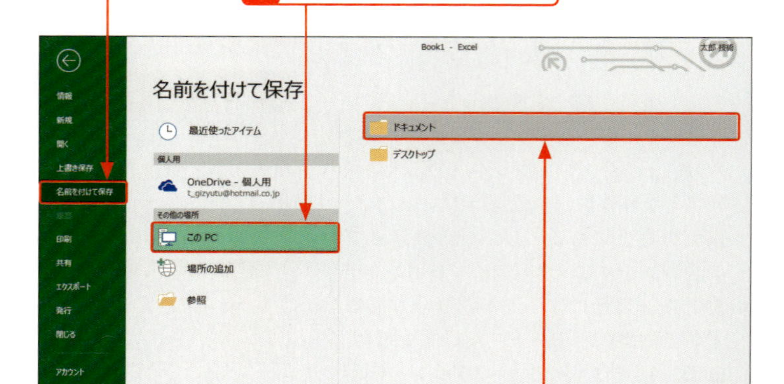

4 ＜ドキュメント＞をクリックします。

メモ 保存場所を指定する

ブックに名前を付けて保存するには、保存場所を先に指定します。パソコンに保存する場合は、＜このPC＞をクリックします。OneDrive（インターネット上の保存場所）に保存する場合は、＜OneDrive－個人用＞をクリックします。また、＜参照＞をクリックして、保存先を指定することもできます。

ここで保存先を選ぶこともできます。

5 ファイル名を入力して、

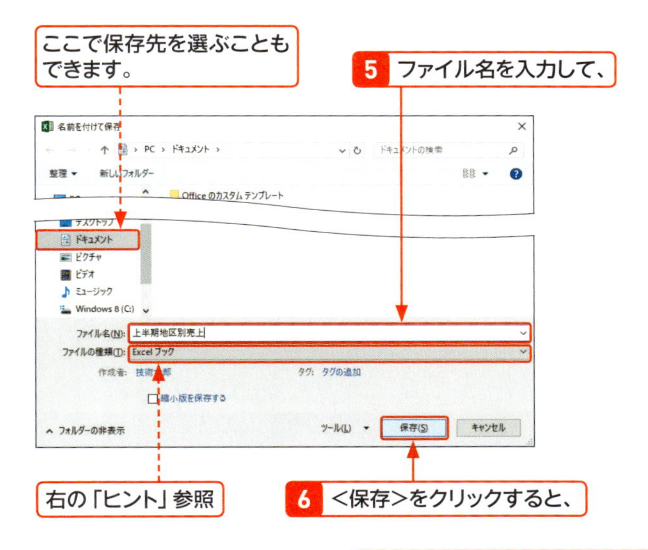

右の「ヒント」参照

6 <保存>をクリックすると、

7 ブックが保存され、タイトルバーにファイル名が表示されます。

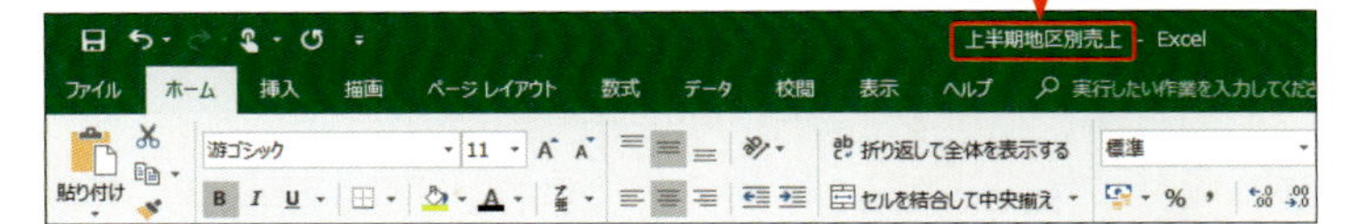

ヒント 保存形式を変更する場合は?

Excel 2019で作成したブックは、「Excel ブック」形式で保存されます。そのほかの形式で保存したい場合は、<名前を付けて保存>ダイアログボックスの<ファイルの種類>から保存形式を選択します。

2 ブックを上書き保存する

1 <上書き保存>をクリックすると、

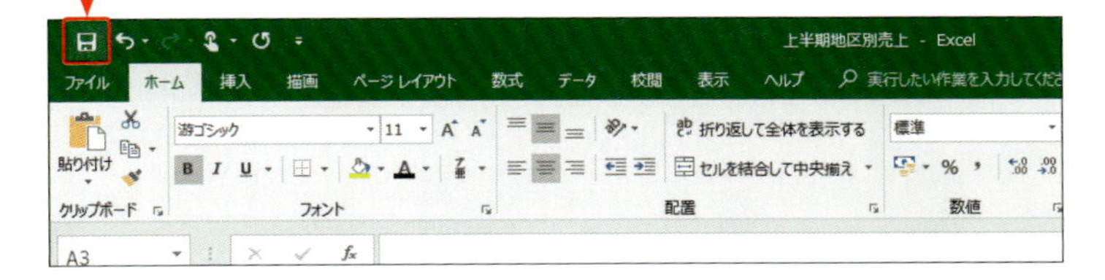

2 ブックが上書き保存されます。

メモ 上書き保存

保存済みのファイルを開いて編集したあと、同じ場所に同じファイル名で保存する場合は、左の手順で操作します。上書き保存は、<ファイル>タブをクリックして、<上書き保存>をクリックしても行うことができます。

ステップアップ 保存後にファイル名を変更する

保存したファイル名を変更するには、タスクバーの<エクスプローラー>をクリックして、保存先のフォルダーを開き、変更したいファイルをクリックします。続いて、<ホーム>タブの<名前の変更>をクリックするか、ファイルを右クリックして<名前の変更>をクリックすると、名前を入力し直すことができます。ただし、開いているブックのファイル名を変更することはできません。

1 <ホーム>タブの<名前の変更>をクリックして、

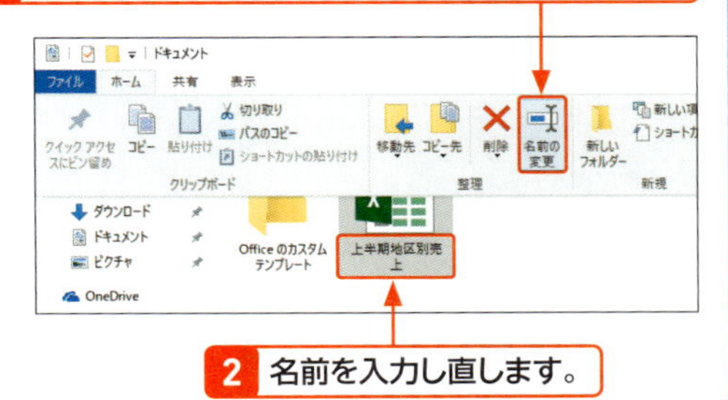

2 名前を入力し直します。

Section 08 ブックを閉じる

覚えておきたいキーワード
- 閉じる
- 保存していないブックの回復
- 自動保存

作業が終了してブックを保存したら、ブックを閉じます。ブックを閉じてもExcel自体は終了しないので、新規のブックを作成したり、保存したブックを開いたりして、すぐに作業を始めることができます。また、ブックを保存せずに閉じてしまった場合でも、4日以内であれば復元することができます。

1 保存したブックを閉じる

複数のブックが開いている場合

複数のブックを開いている場合は、右の操作を行うと、現在作業中のブックだけが閉じます。

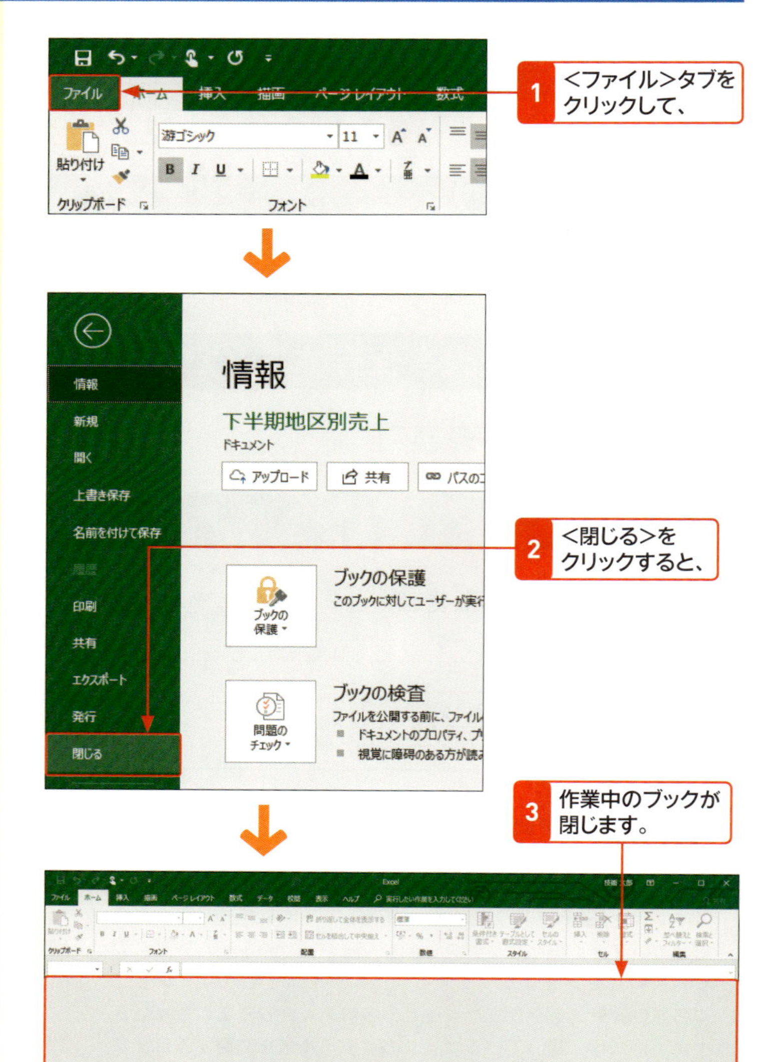

変更を保存していない場合

変更を加えたブックを上書き保存しないで閉じようとすると、下図のようなダイアログボックスが表示されます。ブックの変更を保存して閉じる場合は<保存>を、変更を保存しないで閉じる場合は<保存しない>を、閉じずに作業に戻る場合は<キャンセル>をそれぞれクリックします。

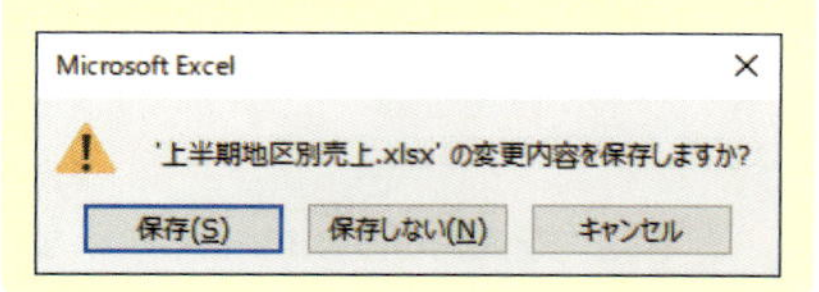

ステップアップ 保存せずに閉じたブックを回復する

Excelでは、10分ごとに自動保存を行う機能があるため、作成したブックや編集内容を保存せずに閉じてしまっても、4日以内であれば右の方法で回復することができます。もし、自動保存が行われていない場合は、＜ファイル＞タブから＜オプション＞をクリックし、表示される＜Excelのオプション＞ダイアログボックスの＜保存＞をクリックします。続いて、＜次の間隔で自動回復用データを保存する＞をオンにして保存する間隔を指定し、＜保存しないで終了する場合、最後に自動回復されたバージョンを残す＞をオンにします。

保存せずに閉じたブックを回復する

1 ＜ファイル＞タブをクリックして、＜開く＞をクリックし、

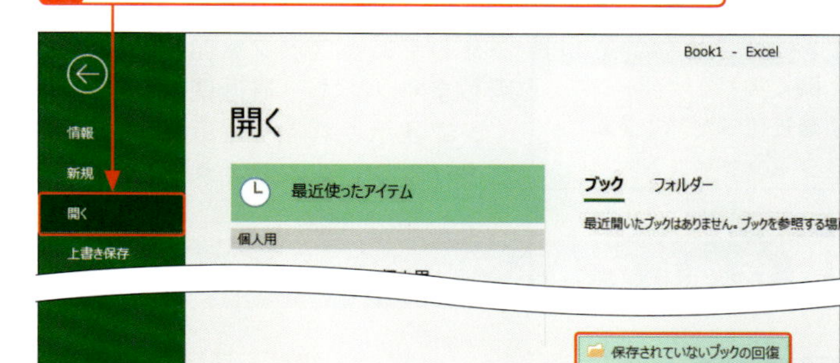

2 ＜保存されていないブックの回復＞をクリックします。

3 回復したいブックをクリックして、

4 ＜開く＞をクリックし、

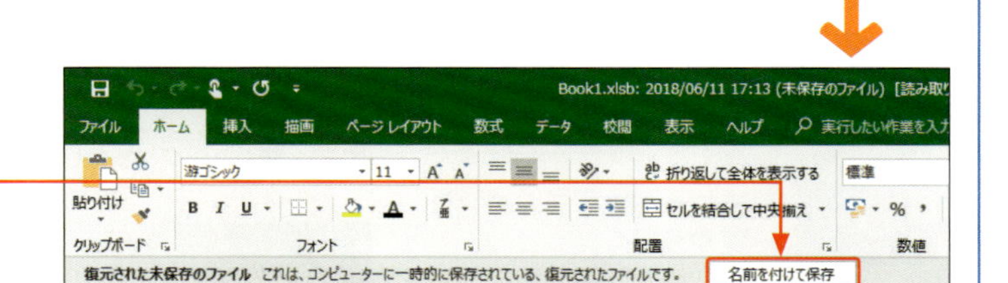

5 ＜名前を付けて保存＞をクリックして、名前を付けて保存します。

ブックを自動保存されたときの状態に戻す

1 編集内容を戻したいブックを開き、＜ファイル＞タブをクリックします。

2 ＜情報＞をクリックし、

3 （保存しないで終了）と表示されているブックをクリックします。

4 ブックが自動保存されたときの状態に戻り、＜復元＞をクリックすると上書きされます。

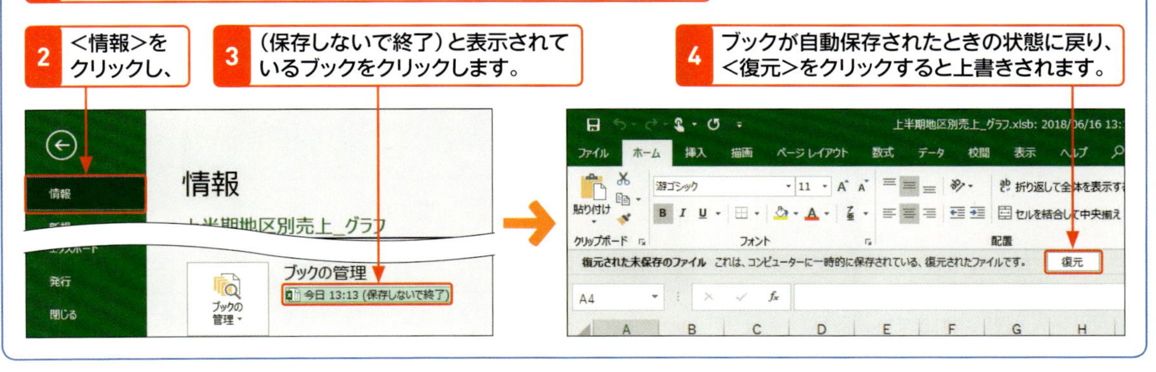

Section 09

ブックを開く

覚えておきたいキーワード
- 開く
- 最近使ったアイテム
- ジャンプリスト

保存してあるブックを開くには、<ファイルを開く>ダイアログボックスを利用します。また、最近使用したブックを開く場合は、<ファイル>タブの<開く>で表示される<最近使ったアイテム>や、タスクバーのExcelアイコンを右クリックして表示されるジャンプリストから開くこともできます。

1 保存してあるブックを開く

ヒント ブックのアイコンから開く

デスクトップ上やフォルダーの中にあるExcel 2019のブックを直接開いて作業を行いたい場合は、ブックのアイコンをダブルクリックします。

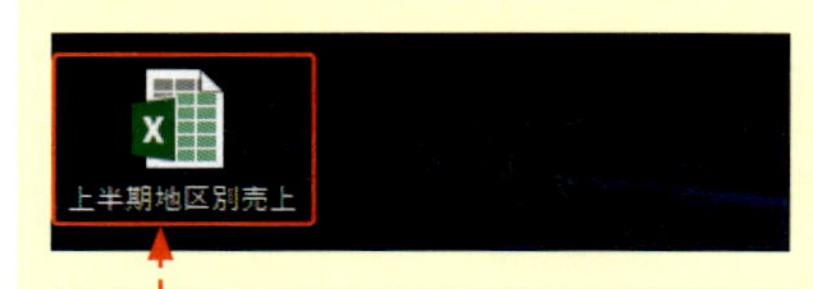

メモ 最近使ったアイテムの一覧から開く

<ファイル>タブをクリックして、<開く>をクリックすると、最近使ったアイテムの一覧が表示されます。この中から目的のブックをクリックしても開くことができます。

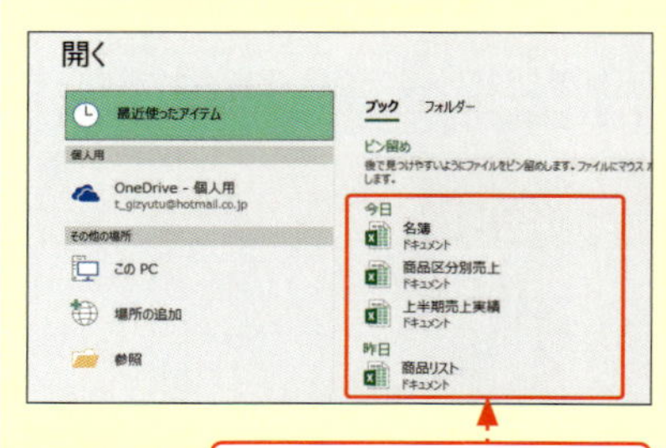

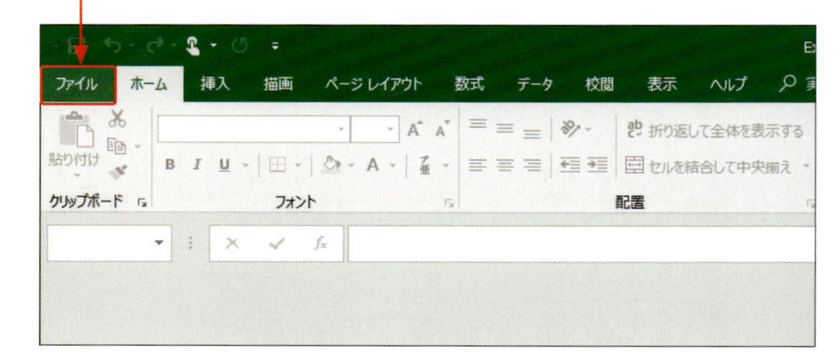

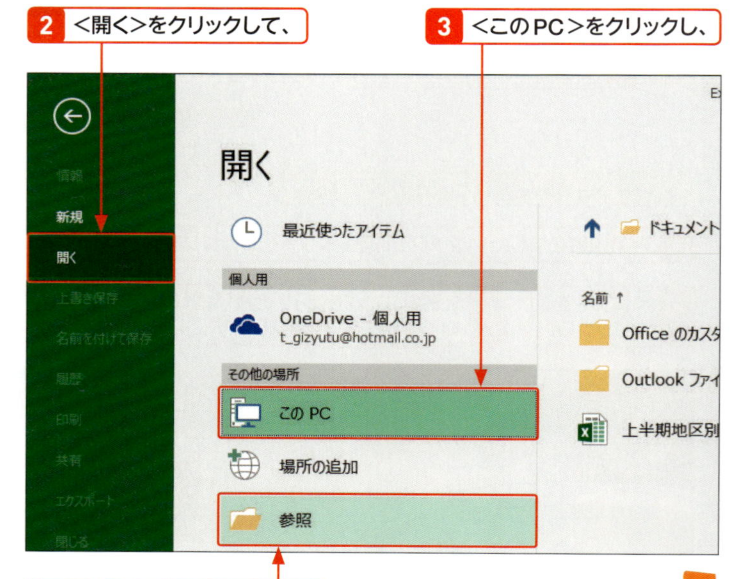

5 ブックが保存されているフォルダーを指定し、

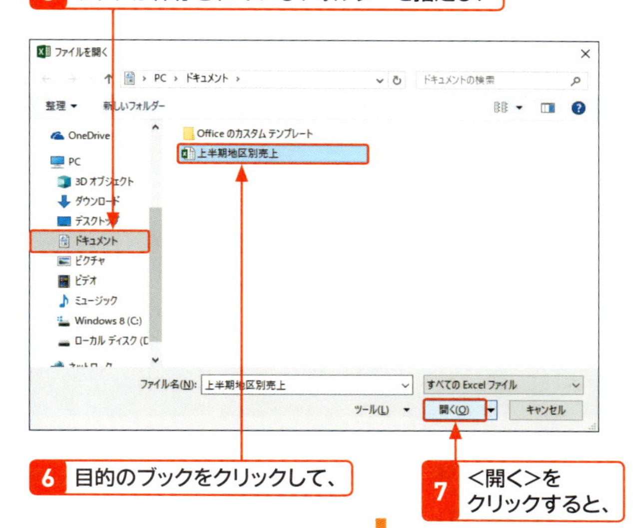

6 目的のブックをクリックして、

7 <開く>を クリックすると、

8 目的のブックが開きます。

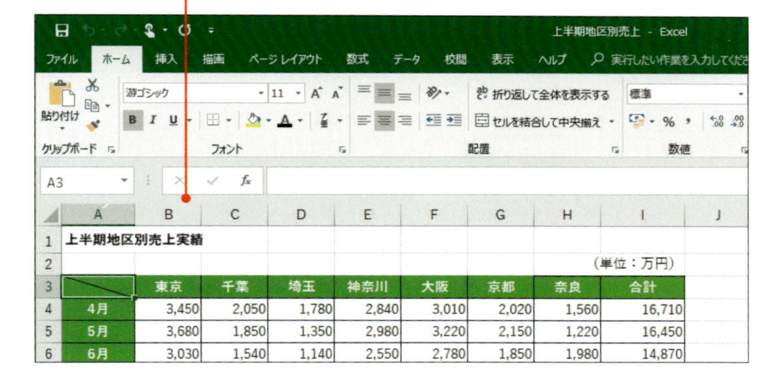

メモ <OneDrive>に保存した場合

ブックを<OneDrive>に保存した場合は、手順**3**で<OneDrive-個人用>をクリックして、保存先を指定します。

ヒント 保存したブックを削除するには?

保存してあるブックを削除するには、エクスプローラーで保存先のフォルダーを開いて、削除したいブックを<ごみ箱>へドラッグするか、ブックを右クリックして<削除>をクリックします。ただし、開いているブックは削除できません。

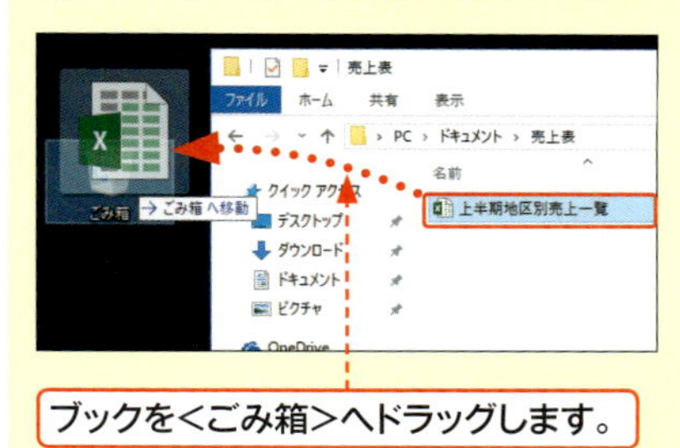

ブックを<ごみ箱>へドラッグします。

ステップアップ タスクバーのジャンプリストからブックを開く

Excelを起動すると、タスクバーにExcelのアイコンが表示されます。そのアイコンを右クリックすると最近編集/保存したブックの一覧が表示されるので、そこから目的のブックを開くこともできます。

また、Excelのアイコンをタスクバーに登録しておくと(P.29の「ステップアップ」参照)、Excelが起動していなくても、ジャンプリストを開くことができます。

1 タスクバーのアイコンを右クリックして、

2 目的のブックを クリックします。

Section 10 ヘルプを表示する

覚えておきたいキーワード
- 操作アシスト
- 詳細情報
- ヘルプ

Excelの操作方法などがわからないときは、ヘルプを利用します。ヘルプを表示するには、<操作アシスト>ボックスで検索されるメニューを利用する、コマンドにマウスポインターを合わせて<詳細情報>をクリックする、<ヘルプ>タブの<ヘルプ>をクリックする、F1を押す、などの方法があります。

1 ヘルプを利用する

メモ <詳細情報>からヘルプを表示する

調べたいコマンドにマウスポインターを合わせると表示されるポップアップ画面に<詳細情報>と表示されている場合は、<詳細情報>をクリックすると、そのコマンドのヘルプが表示されます。

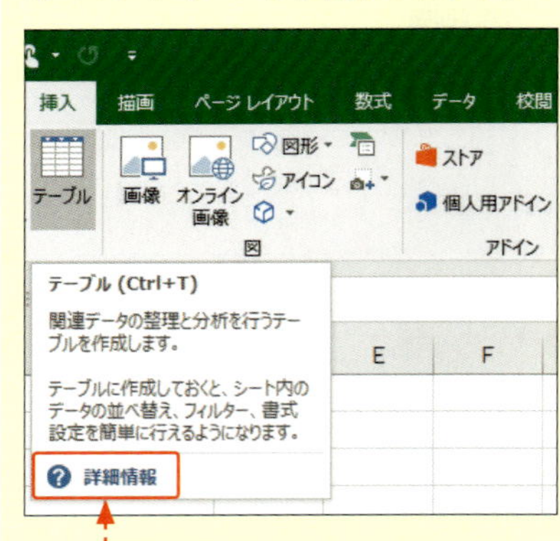
テーブル (Ctrl+T)
関連データの整理と分析を行うテーブルを作成します。
テーブルに作成しておくと、シート内のデータの並べ替え、フィルター、書式設定を簡単に行えるようになります。
詳細情報
<詳細情報>をクリックすると、ヘルプが表示されます。

ヒント <ヘルプ>作業ウィンドウで検索する

<ヘルプ>タブの<ヘルプ>をクリックするか、F1を押すと、<ヘルプ>作業ウィンドウが表示されます。検索ボックスに調べたい項目を入力して、右横の<検索>をクリックするかEnterを押すと、調べたい項目を検索できます。

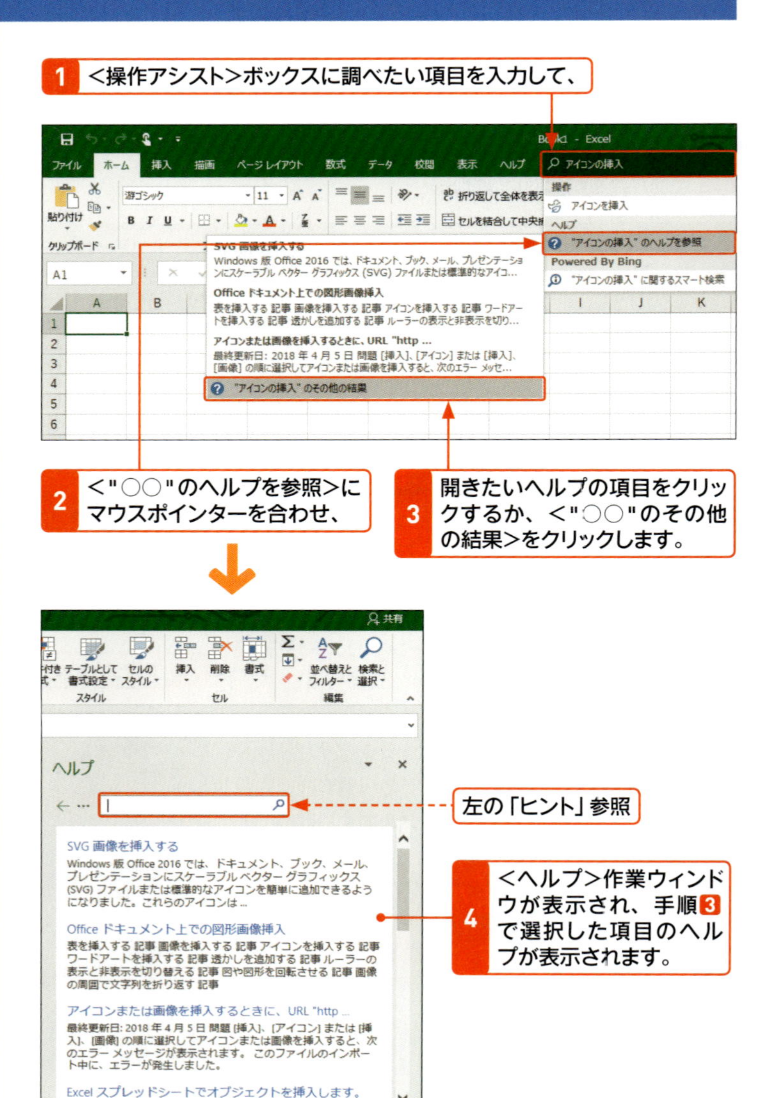
1 <操作アシスト>ボックスに調べたい項目を入力して、
2 <"○○"のヘルプを参照>にマウスポインターを合わせ、
3 開きたいヘルプの項目をクリックするか、<"○○"のその他の結果>をクリックします。
左の「ヒント」参照
4 <ヘルプ>作業ウィンドウが表示され、手順3で選択した項目のヘルプが表示されます。

Chapter 02

第2章

表作成の基本

Section 11 表作成の基本を知る

覚えておきたいキーワード
- データの入力
- 計算
- 罫線

Excelで表を作成するには、まず、必要なデータを用意し、どのような表を作成するかをイメージします。準備ができたらデータを入力し、必要に応じて編集や計算を行います。データの入力が済んだら、文字やセルに色を付けたり、罫線を引いたりして、表を完成させます。

1 表作成の流れ

新しいブックを作成する

最初に新しいブックを作成します。新しいブックを白紙の状態から作成するには、<ファイル>タブをクリックして<新規>をクリックし、<空白のブック>をクリックします。

<空白のブック>をクリックして、新しいブックを作成します。

データを入力する／編集する

データを入力し、必要に応じて編集します。Excelではデータを入力すると、ほかの表示形式を設定していない限り、適切な表示形式が自動的に設定されます。データを自動で入力したり、連続したデータをすばやく入力するための機能も用意されています。

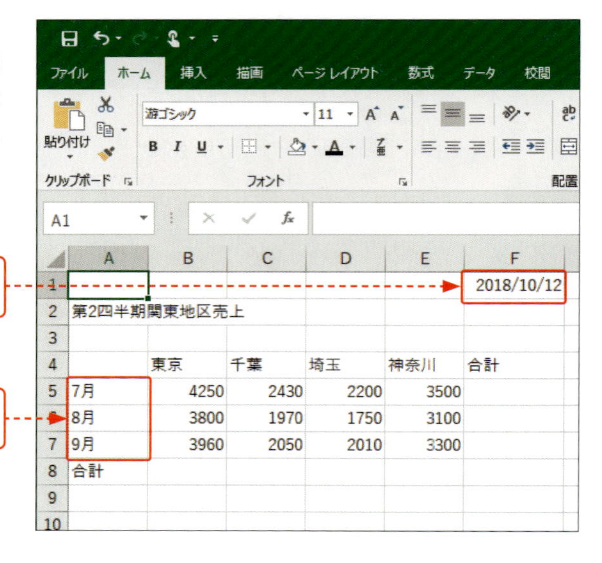

西暦の日付スタイルが自動的に設定されます。

連続するデータはドラッグ操作で入力できます。

第2章 表作成の基本

必要な計算をする

合計や平均など、必要な計算を行います。Excelでは、同じ列や行に数値が連続して入力されている場合、<ホーム>タブや<数式>タブの<オートSUM>を利用すると、合計や平均などの計算をかんたんに求めることができます。

A1

	A	B	C	D	E	F
1						2018/10/12
2	第2四半期関東地区売上					
3						
4		東京	千葉	埼玉	神奈川	合計
5	7月	4250	2430	2200	3500	12380
6	8月	3800	1970	1750	3100	10620
7	9月	3960	2050	2010	3300	11320
8	合計	12010	6450	5960	9900	34320
9	月平均	4003.333	2150	1986.667	3300	11440
10						
11						
12						
13						

合計や平均など、必要な計算を行います。

文字書式や背景色を設定する

文字に色を付けたり、セルの背景に色を付けたりして、表の見栄えをよくします。あらかじめ用意されているセルのスタイルを利用して、タイトルや文字色、背景色などを設定することもできます。

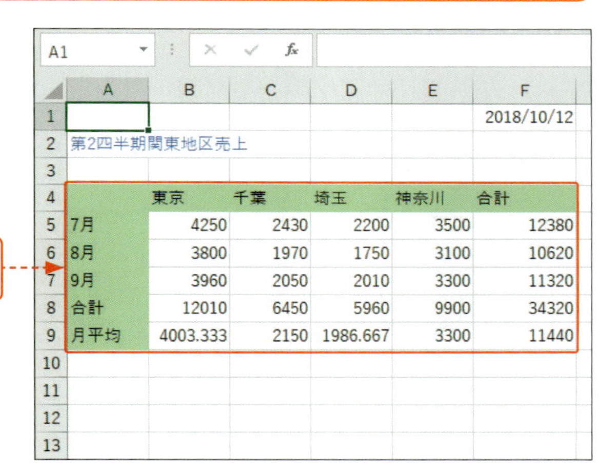

A1

	A	B	C	D	E	F
1						2018/10/12
2	第2四半期関東地区売上					
3						
4		東京	千葉	埼玉	神奈川	合計
5	7月	4250	2430	2200	3500	12380
6	8月	3800	1970	1750	3100	10620
7	9月	3960	2050	2010	3300	11320
8	合計	12010	6450	5960	9900	34320
9	月平均	4003.333	2150	1986.667	3300	11440
10						
11						
12						
13						

文字やセルに色を付けて、表の見栄えをよくします。

セルに罫線を引く

表が見やすいようにセルに罫線を引きます。<ホーム>タブの<罫線>を利用すると、罫線をかんたんに引くことができます。罫線のスタイルや色も任意に設定できます。

A1

	A	B	C	D	E	F
1						2018/10/12
2	第2四半期関東地区売上					
3						
4		東京	千葉	埼玉	神奈川	合計
5	7月	4250	2430	2200	3500	12380
6	8月	3800	1970	1750	3100	10620
7	9月	3960	2050	2010	3300	11320
8	合計	12010	6450	5960	9900	34320
9	月平均	4003.333	2150	1986.667	3300	11440
10						
11						
12						
13						

罫線を引いて表を見やすくします。

Section 12 新しいブックを作成する

覚えておきたいキーワード
- 空白のブック
- Backstage ビュー
- サムネイル

Excelの起動画面で<空白のブック>をクリックすると、新しいブックが作成できます。すでにExcelを開いている状態から新しいブックを作成するには、<ファイル>タブをクリックして<新規>をクリックし、<空白のブック>をクリックします。

1 ブックを新規作成する

メモ Excelの起動画面

Excelを起動した直後のスタート画面では、<空白のブック>をクリックすると、新規ブックが作成されます（Sec.02参照）。

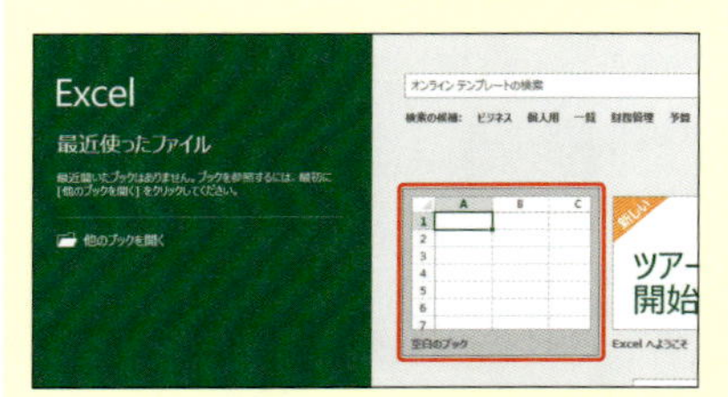

メモ 新しいブックの名前

新しく作成したブックには、「Book2」「Book3」のような仮の名前が付けられます。ブックに名前を付けて保存すると、その名前に変更されます。

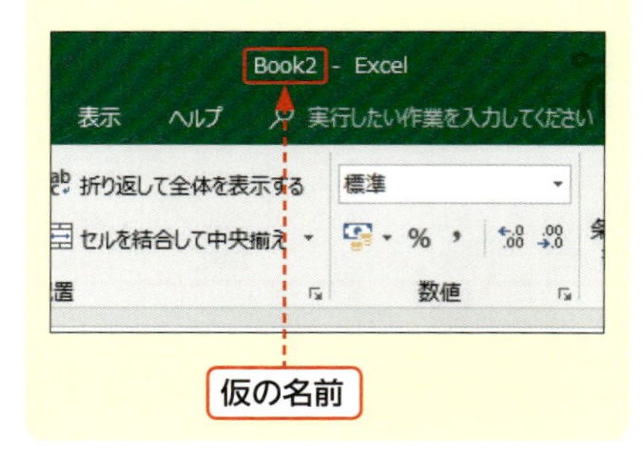

すでにExcelを使っている状態から新しいブックを作成します。

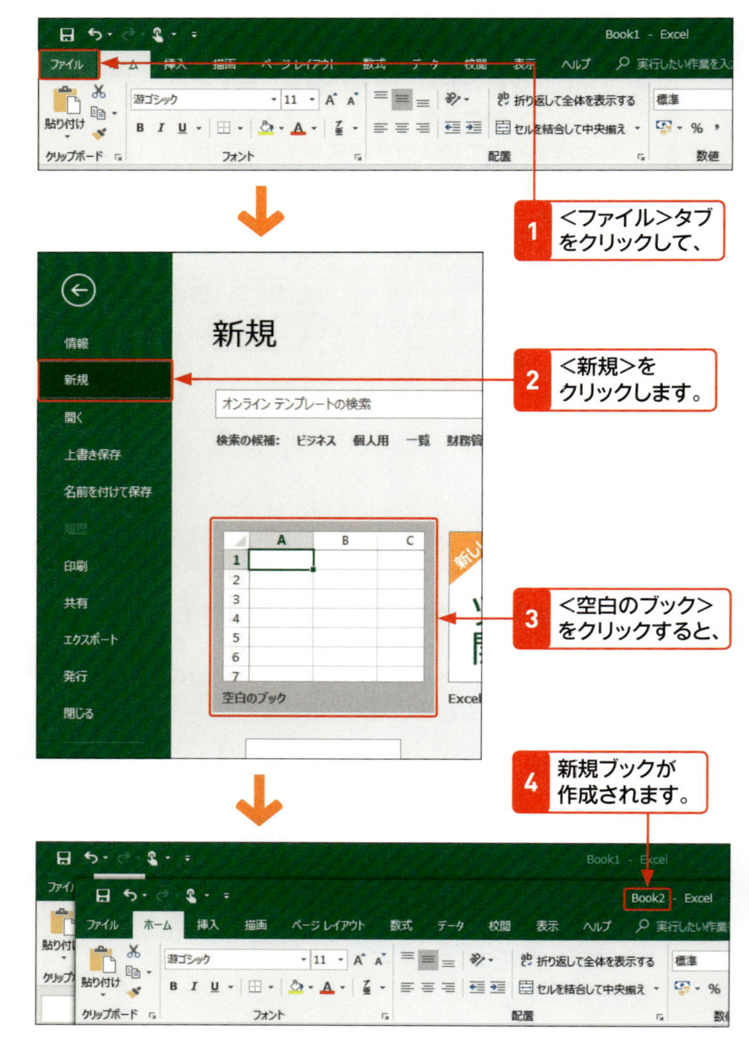

メモ Backstageビュー

＜ファイル＞タブをクリックすると、「Backstageビュー」と呼ばれる画面が表示されます。Backstageビューには、新規、開く、保存、印刷、閉じるなどのファイルに関する機能や、Excelの操作に関するさまざまなオプションが設定できる機能が搭載されています。

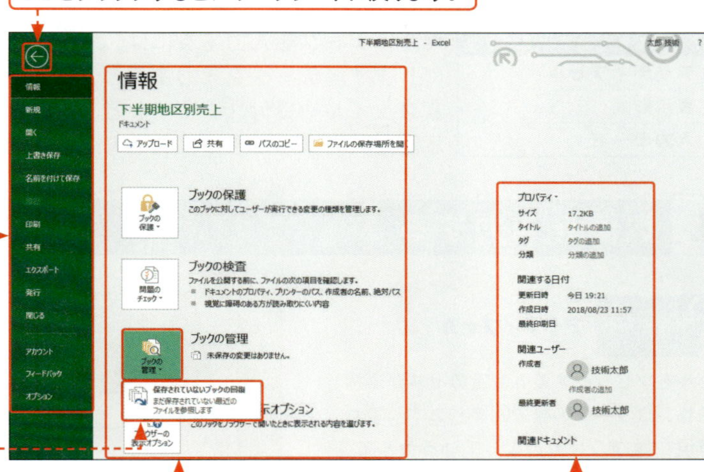

ここでは＜情報＞を表示しています。
ここをクリックすると、ワークシートに戻ります。
＜ファイル＞タブから設定できる機能が表示されます。
▼の付いた項目をクリックすると、設定できるメニューが表示されます。
さまざまな機能や設定項目が表示されます。
現在開いているブックの詳細情報が表示されます。
情報
下半期地区別売上
ブックの保護
ブックの検査
ブックの管理
プロパティ

ステップアップ ブックを切り替える

複数のブックを開いた状態で、タスクバーのExcelアイコンにマウスポインターを合わせると、開いているブックがサムネイル（画面の縮小版）で表示されます。そのなかの1つにマウスポインターを合わせると、その画面がプレビュー表示されます。開きたいブックのサムネイルをクリックすると、ブックを切り替えることができます。また、サムネイルの右上に表示される ☒ をクリックすると、そのブックが閉じます。

1 Excelアイコンにマウスポインターを合わせると、
2 開いているブックがサムネイルで表示されます。
3 サムネイルにマウスポインターを合わせると、
4 そのブックがプレビュー表示されます。
ここをクリックすると、そのブックが閉じます。
上半期地区別売上

Section 13

データ入力の基本を知る

覚えておきたいキーワード
- アクティブセル
- 表示形式
- 入力モード

セルにデータを入力するには、セルをクリックして選択状態(アクティブセル)にします。データを入力すると、ほかの表示形式が設定されていない限り、通貨スタイルや日付スタイルなど、適切な表示形式が自動的に設定されます。日本語を入力するときは、入力モードを切り替えます。

1 数値を入力する

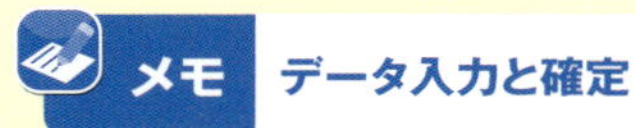

キーワード アクティブセル

セルをクリックすると、そのセルが選択され、グリーンの枠で囲まれます。これが現在操作の対象となっているセルで、「アクティブセル」といいます。

メモ データ入力と確定

データを入力すると、セル内にカーソルが表示されます。入力を確定するには、Enter を押してアクティブセルを移動します。確定する前に Esc を押すと、入力がキャンセルされます。

メモ <標準>の表示形式

新規にワークシートを作成したとき、セルの表示形式は<標準>に設定されています。現在選択しているセルの表示形式は、<ホーム>タブの<数値の書式>に表示されます。

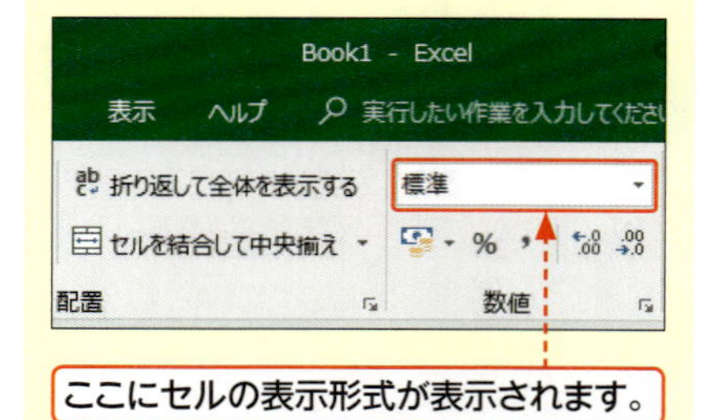
Book1 - Excel
表示
ヘルプ
実行したい作業を入力してくださ
折り返して全体を表示する
セルを結合して中央揃え
標準
配置
数値
ここにセルの表示形式が表示されます。

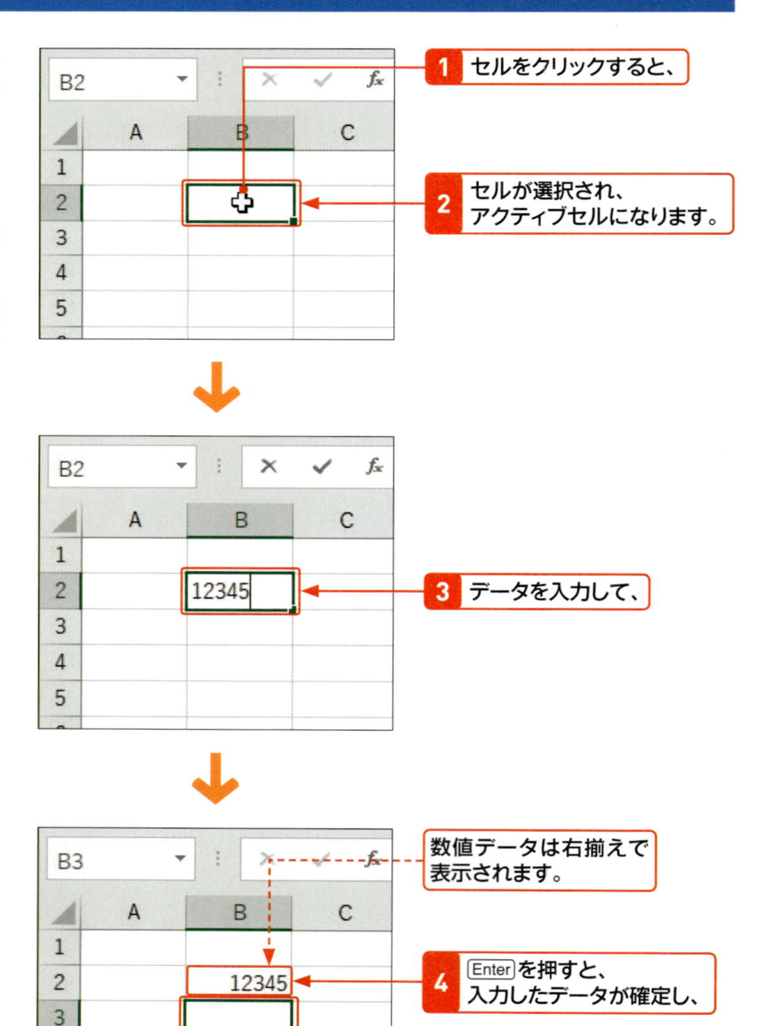
B2
A
B
C
1 セルをクリックすると、
2 セルが選択され、
アクティブセルになります。
12345
3 データを入力して、
B3
数値データは右揃えで
表示されます。
4 Enter を押すと、
入力したデータが確定し、
5 アクティブセルが
下に移動します。

2 「,」や「¥」、「%」付きの数値を入力する

「,」(カンマ)付きで数値を入力する

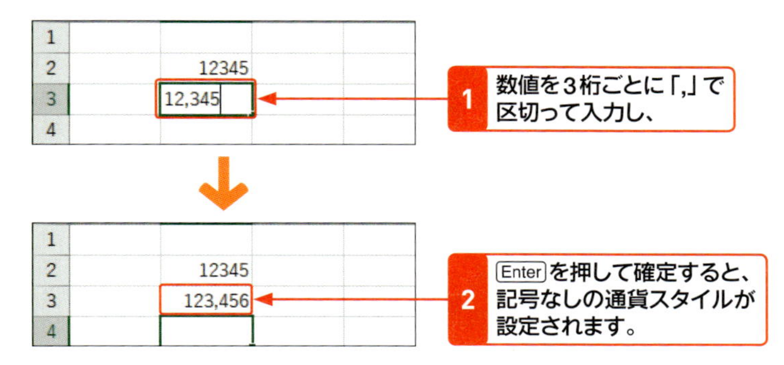

「¥」付きで数値を入力する

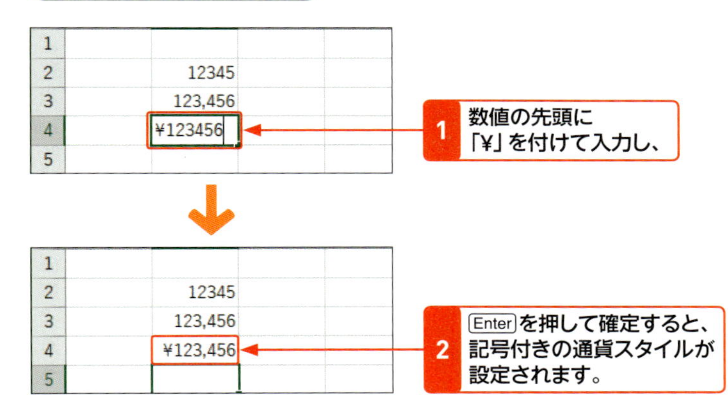

「%」付きで数値を入力する

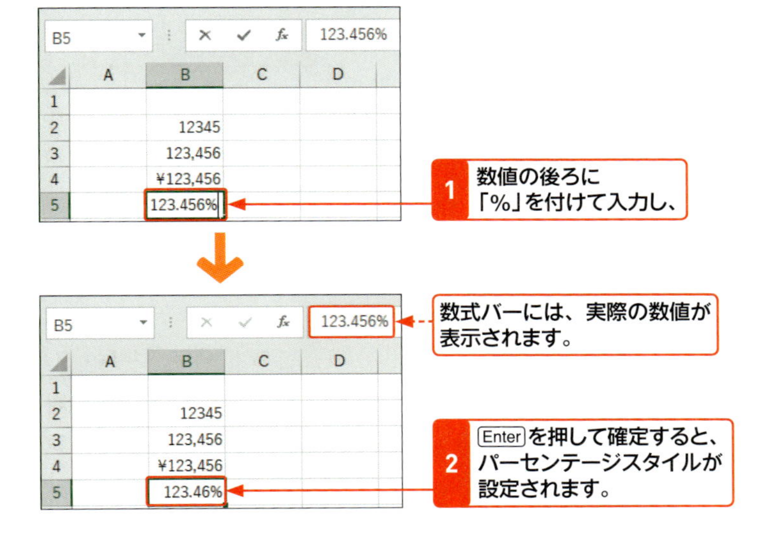

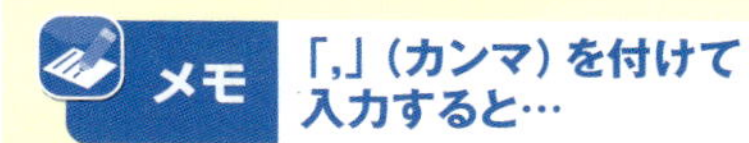

「,」(カンマ)を付けて入力すると…

数値を3桁ごとに「,」(カンマ)で区切って入力すると、記号なしの通貨スタイルが自動的に設定されます。

「¥」を付けて入力すると…

数値の先頭に「¥」を付けて入力すると、記号付きの通貨スタイルが自動的に設定されます。

「%」を付けて入力すると…

数値の末尾に「%」を付けて入力すると、自動的にパーセンテージスタイルが設定され、「%の数値」の入力になります。初期設定では、小数点以下第3位が四捨五入されて表示されます。

3 日付と時刻を入力する

メモ 日付や時刻の入力

「年、月、日」を表す数値を、西暦の場合は「/」（スラッシュ）や「-」（ハイフン）で区切って入力すると、自動的に日付スタイルが設定されます。
なお、「時、分、秒」を表す数値を「:」（コロン）で区切って入力した場合は、時刻スタイルではなく、ユーザー定義スタイルの時刻表示が設定されます。

ヒント 「####」が表示される場合は?

列幅をユーザーが変更していない場合には、データを入力すると自動的に列幅が調整されますが、すでに列幅を変更しており、その列幅が不足している場合は、下図のような表示が現れます。列幅を手動で調整すると、データが正しく表示されます（Sec.31 参照）。

西暦の日付を入力する

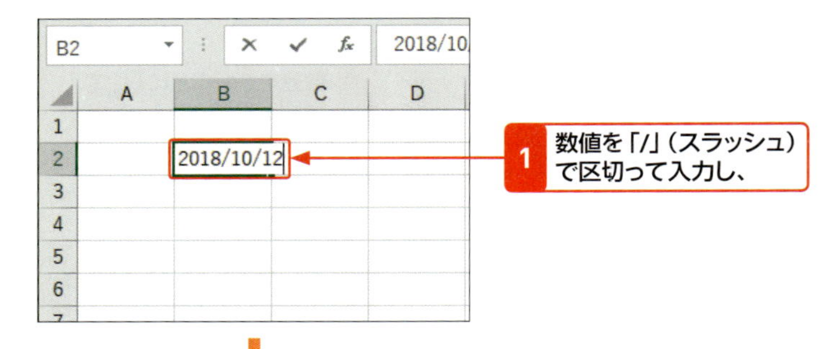

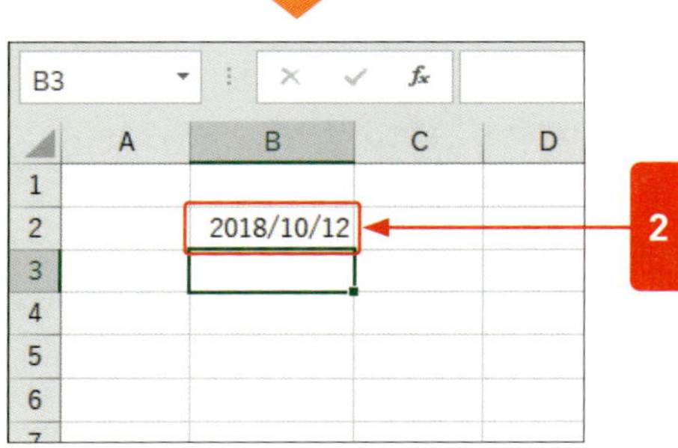

2 Enterを押して確定すると、西暦の日付スタイルが設定されます。

時刻を入力する

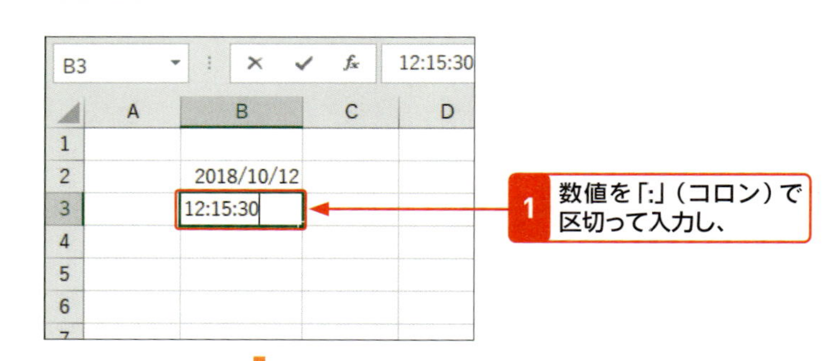

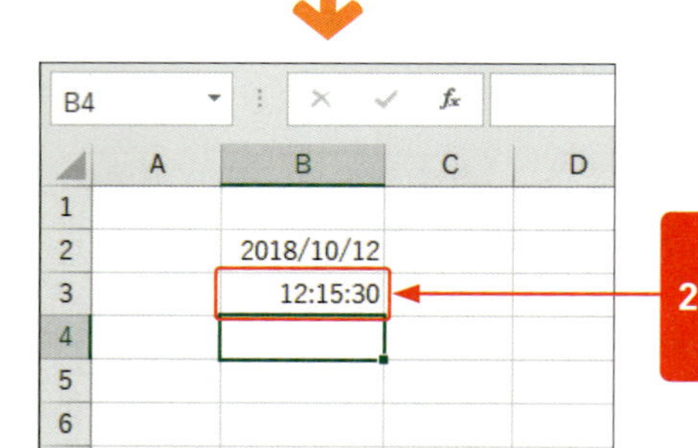

2 Enterを押して確定すると、ユーザー定義スタイルの時刻表示が設定されます。

4 文字を入力する

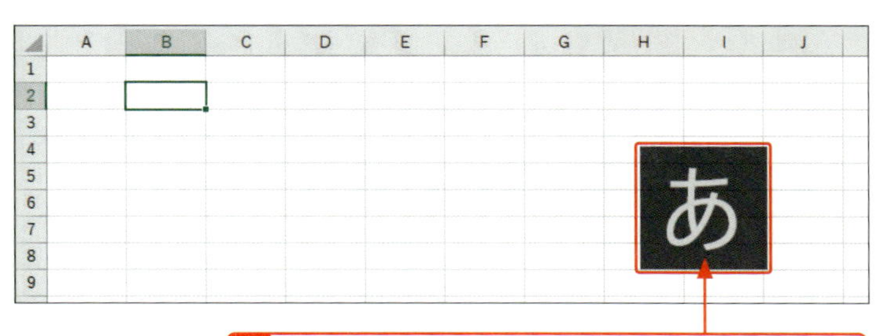

1 半角/全角を押して、入力モードを<ひらがな>に切り替えます（右の「ヒント」参照）。

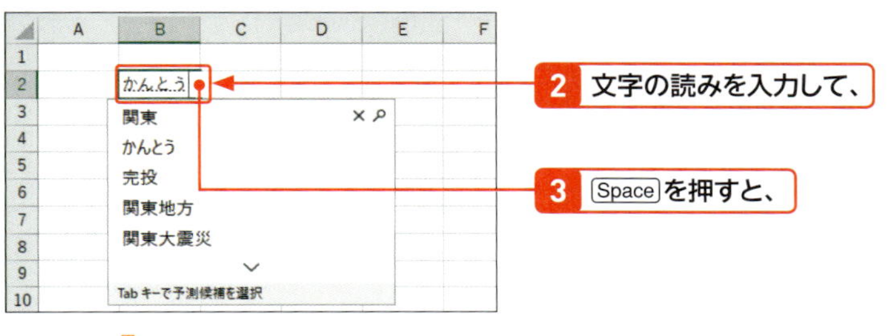

2 文字の読みを入力して、

3 Spaceを押すと、

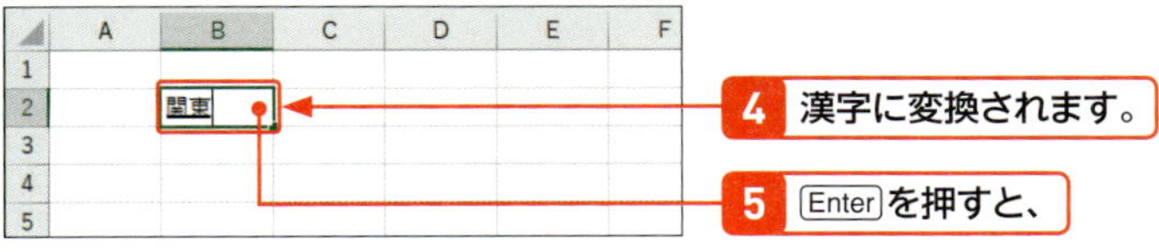

4 漢字に変換されます。

5 Enterを押すと、

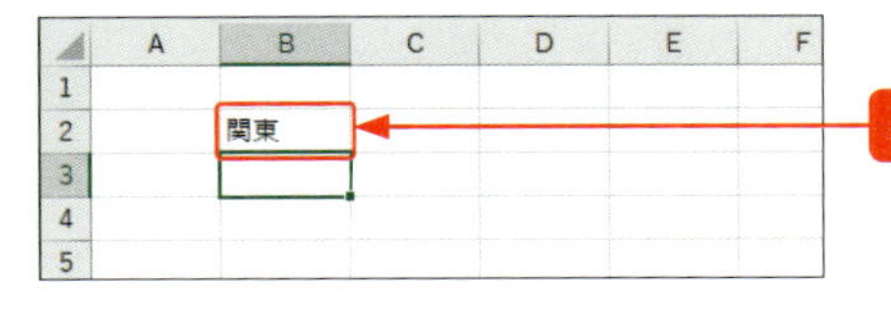

6 文字が確定されます。

ヒント 入力モードの切り替え

Excel を起動したときは、入力モードが<半角英数>になっています。日本語を入力するには、入力モードを<ひらがな>に切り替えてから入力します。入力モードを切り替えるには、半角/全角を押します。なお、Windows 10では入力モードの切り替え時、画面中央に あ や A が表示されます。

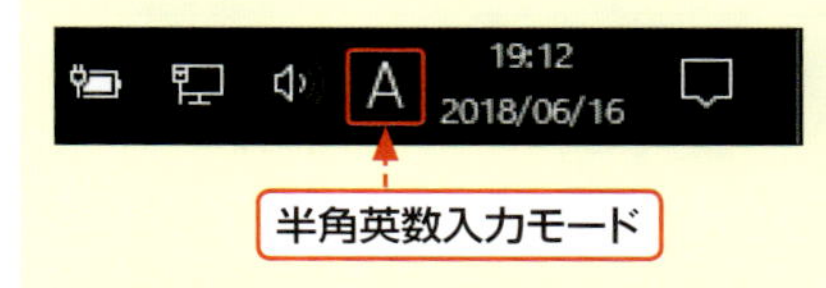

半角英数入力モード

ひらがな入力モード

メモ 違う漢字に変換する

上の手順では、Spaceを押すとすぐに目的の漢字に変換されましたが、違う漢字に変換したいときは、もう一度Spaceを押します。漢字の変換候補が一覧で表示されるので、Spaceまたは↓を押して、目的の漢字を選択します。

1 文字の読みを入力して、Spaceを2回押すと、変換候補が表示されるので、

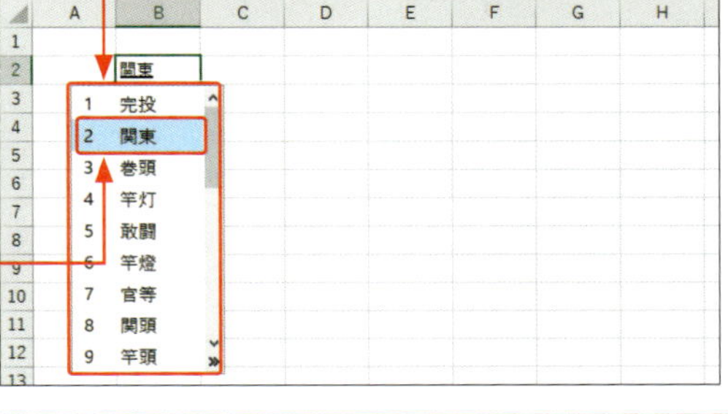

2 Spaceまたは↓を押して、目的の漢字に移動し、Enterを押します。

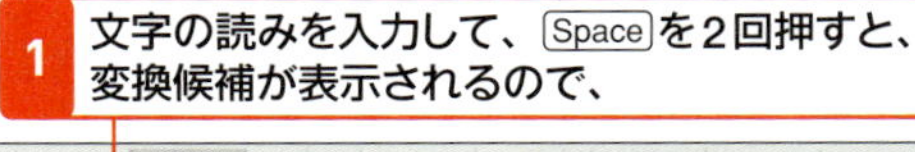

Section 14

データを続けて入力する

覚えておきたいキーワード
- アクティブセルの移動
- セル内改行
- Excel のオプション

データを続けて入力するには、Enter や Tab、→ を押して、アクティブセルを移動しながら必要なデータを入力していきます。Enter を押すとアクティブセルが下に、Tab や → を押すと右に移動します。また、マウスでクリックしてアクティブセルを移動することもできます。

1 必要なデータを入力する

メモ キーボード操作によるアクティブセルの移動

アクティブセルの移動は、マウスでクリックする方法のほかに、キーボード操作でも行うことができます。データを続けて入力する場合は、キーボード操作で移動するほうが便利です。

移動先	キーボード操作
下のセル	Enter または ↓ を押す
上のセル	Shift ＋ Enter または ↑ を押す
右のセル	Tab または → を押す
左のセル	Shift ＋ Tab または ← を押す

ヒント 数値を全角で入力すると?

数値は全角で入力しても、自動的に半角に変換されます。ただし、文字列の一部として入力した数値は、そのまま全角で入力されます。

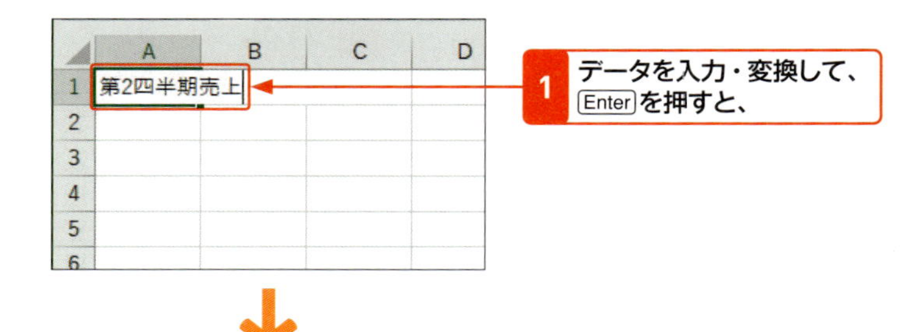

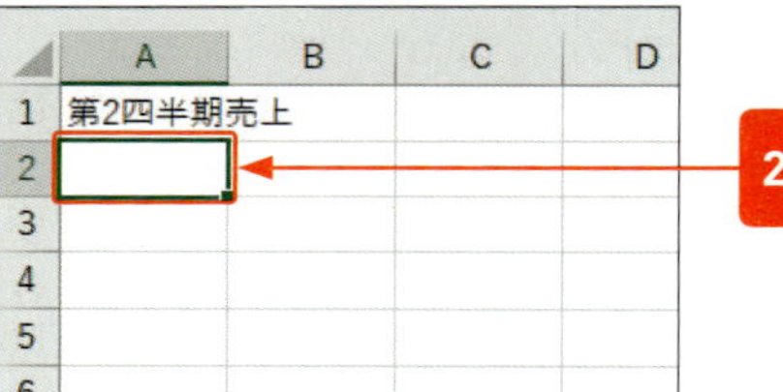

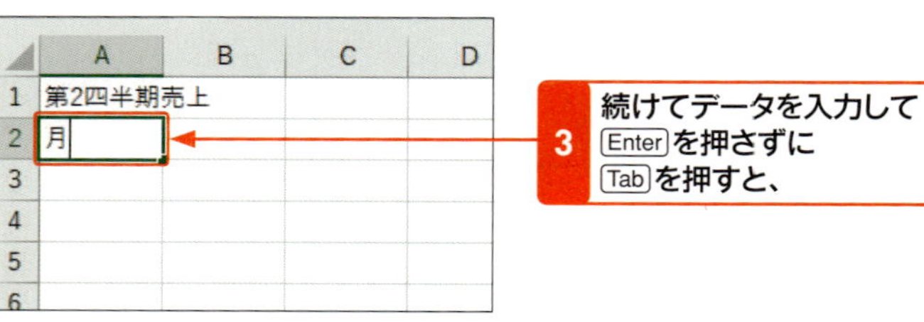

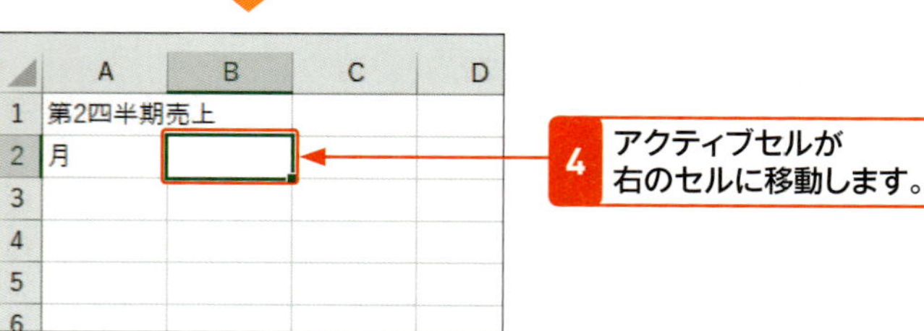

5 続けてEnterを押さずにTabを押しながらデータを入力し、

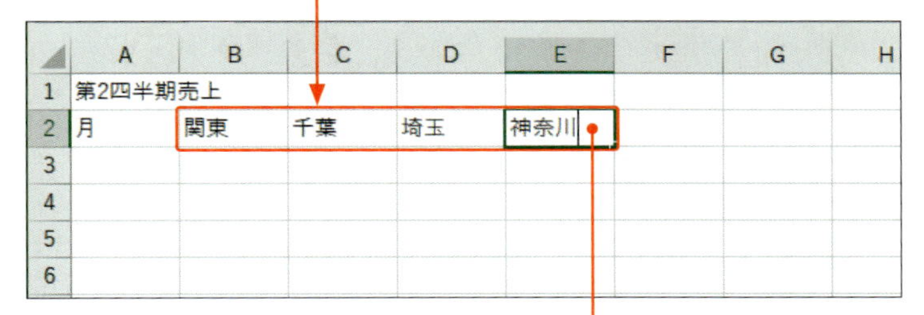

6 行の末尾でEnterを押すと、

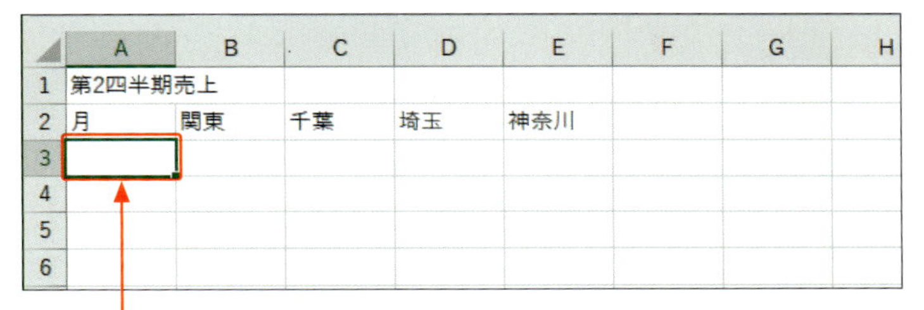

7 アクティブセルが、入力を開始したセルの直下に移動します。

8 同様にデータを入力していきます。

	A	B	C	D	E	F	G	H
1	第2四半期売上							
2	月	関東	千葉	埼玉	神奈川			
3	7月	4250	2430	2200	3500			
4	8月	3800	1970	1750	3100			
5	9月	3960	2050	2010	3300			
6								

ヒント セル内で改行する

セル内で文字を改行したいときは、セルをダブルクリックして、改行したい位置にカーソルを移動し、Altを押しながらEnterを押します。なお、改行を解除するには、1行目の行末にカーソルを移動してDeleteを押すか、2行目の先頭でBackSpaceを押します。このとき、セル幅が狭いと文字列が折り返された状態で表示されますが、列幅を広げると1行に表示されます。

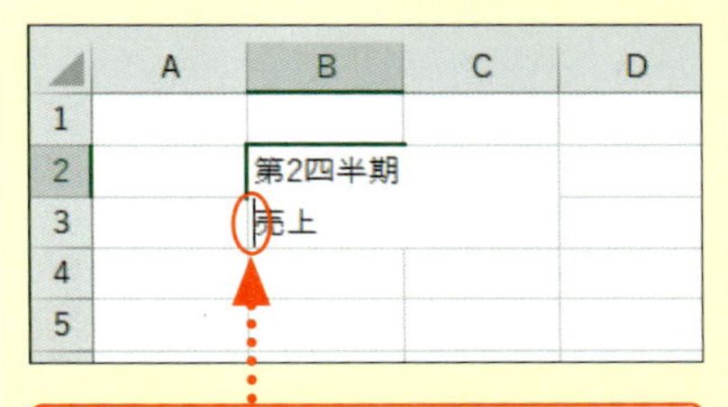

改行したい位置にカーソルを移動して、Alt＋Enterを押します。

ステップアップ アクティブセルの移動方向を変更する

Enterを押して入力を確定したとき、初期設定ではアクティブセルが下に移動しますが、この方向は＜Excelのオプション＞ダイアログボックスで変更できます。＜ファイル＞タブから＜オプション＞をクリックして、＜詳細設定＞をクリックし、＜方向＞でセルの移動方向を指定します。

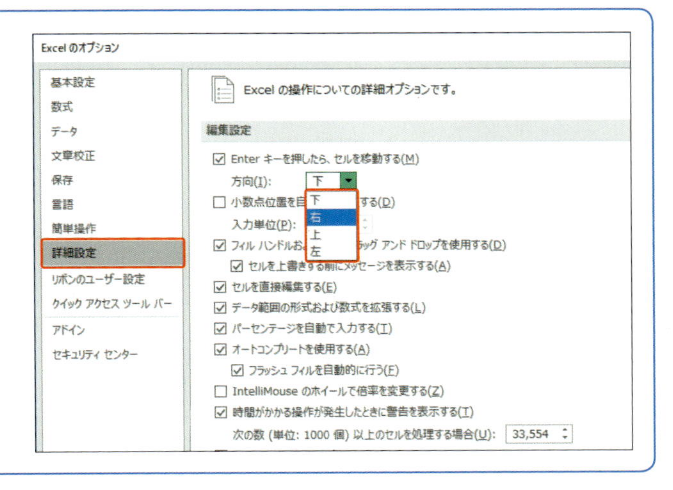

Section 15

データを自動で入力する

覚えておきたいキーワード
- オートコンプリート
- 予測入力
- 文字列をリストから選択

Excelでは、同じ列に入力されている文字と同じ読みの文字を何文字か入力すると、読みが一致する文字が自動的に表示されます。これをオートコンプリート機能と呼びます。また、同じ列に入力されている文字列をドロップダウンリストで表示し、リストから同じデータを入力することもできます。

1 オートコンプリート機能を使って入力する

キーワード オートコンプリート

「オートコンプリート」とは、文字の読みを何文字か入力すると、同じ列にある読みが一致する文字が入力候補として自動的に表示される機能のことです。ただし、数値、日付、時刻だけを入力した場合は、オートコンプリートは機能しません。

ヒント 予測候補の表示

Windowsに付属の日本語入力ソフト「Microsoft IME」では、読みを数文字入力すると、その読みに該当する候補が表示されます。また、同じ文字列を何度か入力して確定させると、その文字列が履歴として記憶され、変換候補として表示されます。この機能を「予測入力」といいます。

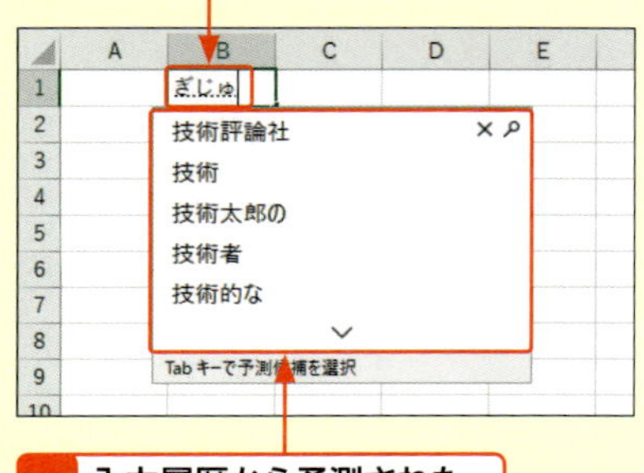
1 最初の数文字を入力すると、
A
B
C
D
E
ぎじゅ
技術評論社
技術
技術太郎の
技術者
技術的な
Tabキーで予測候補を選択
2 入力履歴から予測された変換候補が表示されます。

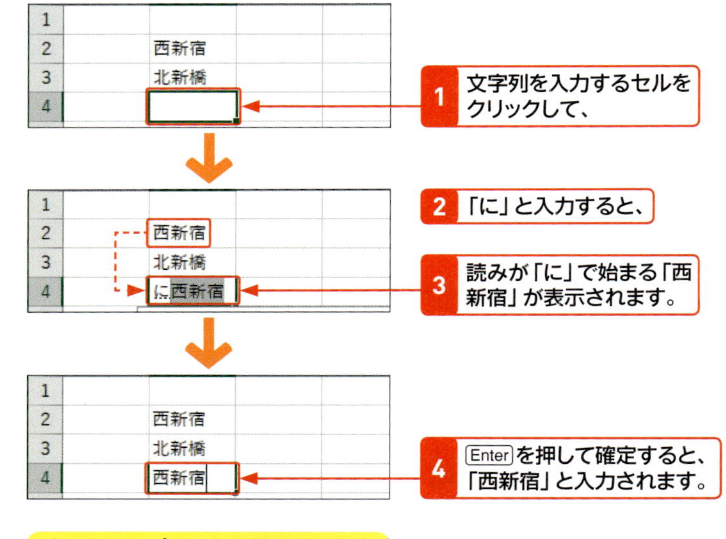
西新宿
北新橋
1 文字列を入力するセルをクリックして、
2 「に」と入力すると、
に西新宿
3 読みが「に」で始まる「西新宿」が表示されます。
4 Enterを押して確定すると、「西新宿」と入力されます。

オートコンプリートを無視する場合

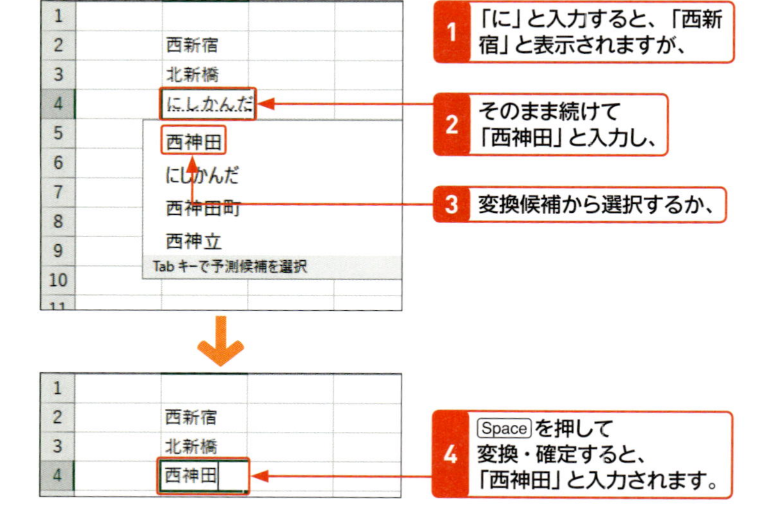
1 「に」と入力すると、「西新宿」と表示されますが、
にしかんだ
2 そのまま続けて「西神田」と入力し、
西神田
にしかんだ
西神田町
西神立
Tabキーで予測候補を選択
3 変換候補から選択するか、
4 Spaceを押して変換・確定すると、「西神田」と入力されます。

2 一覧からデータを選択して入力する

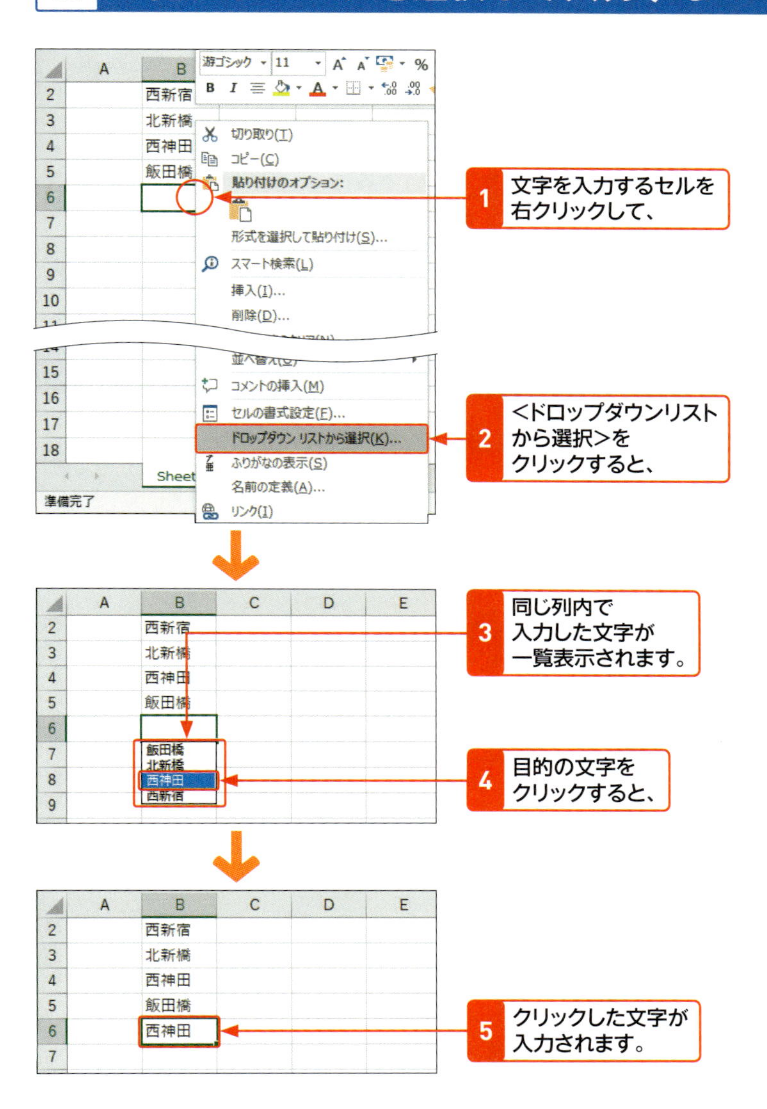

メモ リストを表示するそのほかの方法

文字を入力するセルをクリックして、Alt を押しながら ↓ を押しても、手順4のリストが表示されます。

ヒント 書式や数式が自動的に引き継がれる

連続したセルのうち、3つ以上に太字や文字色などの同じ書式が設定されている場合、それに続くセルにデータを入力すると、上のセルの罫線以外の書式が自動的にコピーされます。

	A	B	C	D	E
1					
2		西新宿			
3		北新橋			
4		西神田			
5		西銀座			

ヒント オートコンプリートをオフにするには？

オートコンプリートを使用したくない場合は、<ファイル>タブをクリックして<オプション>をクリックし、<Excelのオプション>ダイアログボックスを表示します。続いて、<詳細設定>をクリックして、<オートコンプリートを使用する>をクリックしてオフにします。

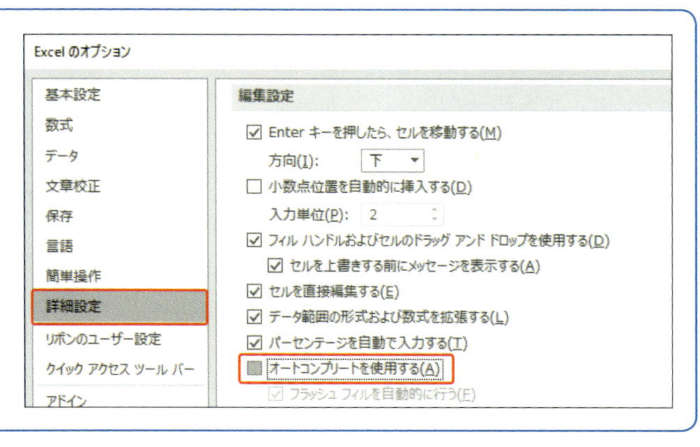

Section 16 連続したデータをすばやく入力する

覚えておきたいキーワード
- フィルハンドル
- オートフィル
- 連続データ

同じデータや連続するデータをすばやく入力するには、オートフィル機能を利用すると便利です。オートフィルは、セルのデータをもとにして、同じデータや連続するデータをドラッグやダブルクリック操作で自動的に入力する機能です。

1 同じデータをすばやく入力する

キーワード オートフィル

「オートフィル」とは、セルのデータをもとにして、同じデータや連続するデータをドラッグやダブルクリック操作で自動的に入力する機能です。

メモ オートフィルによるデータのコピー

連続データとみなされないデータや、数字だけが入力されたセルを1つだけ選択して、フィルハンドルを下方向かに右方向にドラッグすると、データをコピーすることができます。「オートフィル」を利用するには、連続データの初期値やコピーもととなるデータの入ったセルをクリックして、「フィルハンドル」(セルの右下隅にあるグリーンの四角形)をドラッグします。

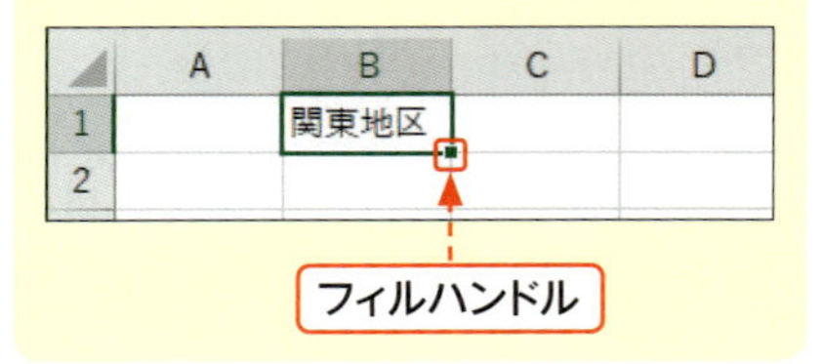

A
B
C
D
関東地区
フィルハンドル

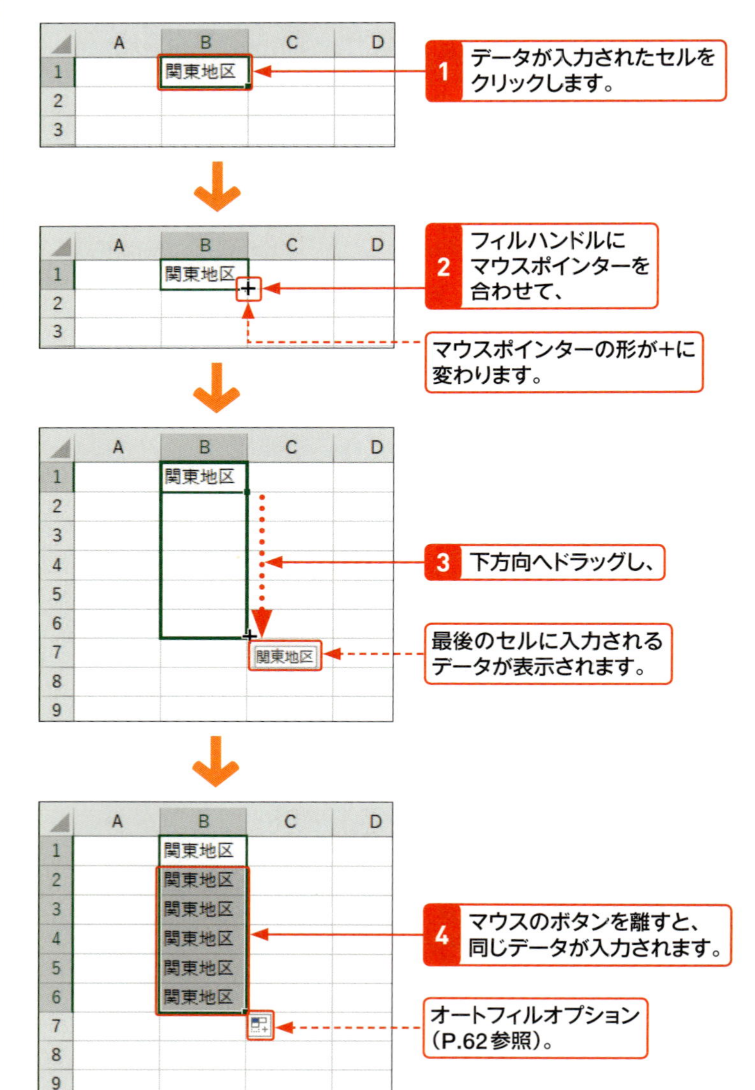

関東地区
1 データが入力されたセルをクリックします。
2 フィルハンドルにマウスポインターを合わせて、
マウスポインターの形が+に変わります。
3 下方向へドラッグし、
最後のセルに入力されるデータが表示されます。
4 マウスのボタンを離すと、同じデータが入力されます。
オートフィルオプション(P.62参照)。

2 連続するデータをすばやく入力する

曜日を入力する

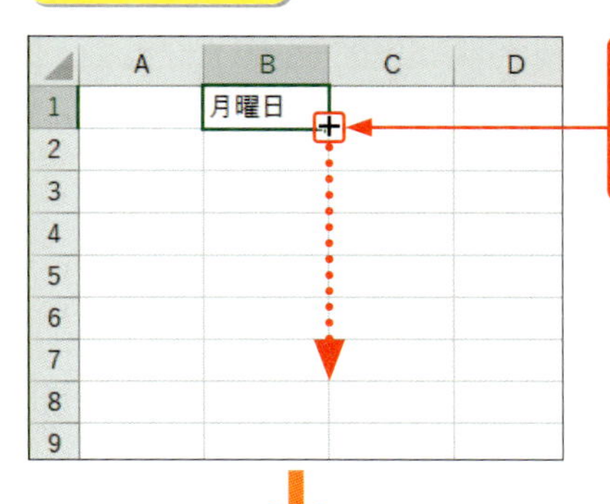

1 「月曜日」と入力されたセルをクリックして、フィルハンドルを下方向へドラッグします。

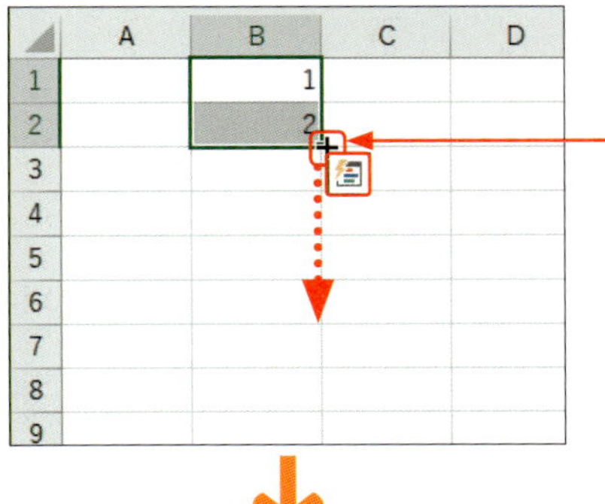

2 マウスのボタンを離すと、曜日の連続データが入力されます。

連続する数値を入力する

1 連続するデータが入力されたセルを選択し、フィルハンドルを下方向へドラッグします。

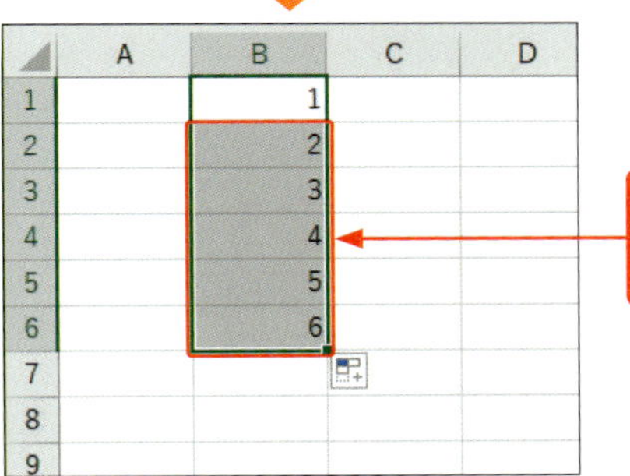

2 マウスのボタンを離すと、数値の連続データが入力されます。

ヒント こんな場合も連続データになる

オートフィルでは、<ユーザー設定リスト>ダイアログボックス(P.63の下の「ヒント」参照)に登録されているデータが連続データとして入力されますが、それ以外にも、連続データとみなされるものがあります。

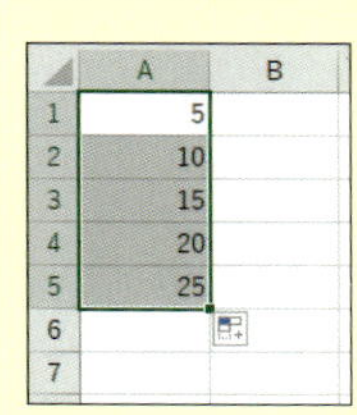

間隔を空けた2つ以上の数字

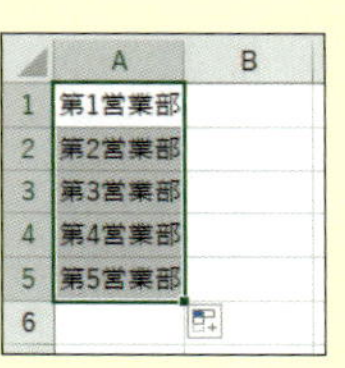

数字と数字以外の文字を含むデータ

ステップアップ 連続する数値を入力するそのほかの方法

左の方法のほかに、数値を入力したセルを選択して、Ctrlを押しながらフィルハンドルをドラッグしても、数値の連続データを入力できます。

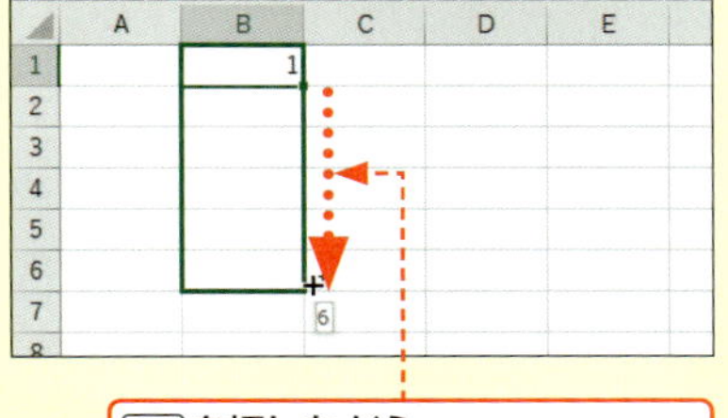

Ctrlを押しながらフィルハンドルをドラッグします。

3 間隔を指定して日付データを入力する

キーワード オートフィルオプション

オートフィルの動作は、右の手順4のように、<オートフィルオプション>をクリックすることで変更できます。オートフィルオプションに表示されるメニューは、入力したデータの種類によって異なります。

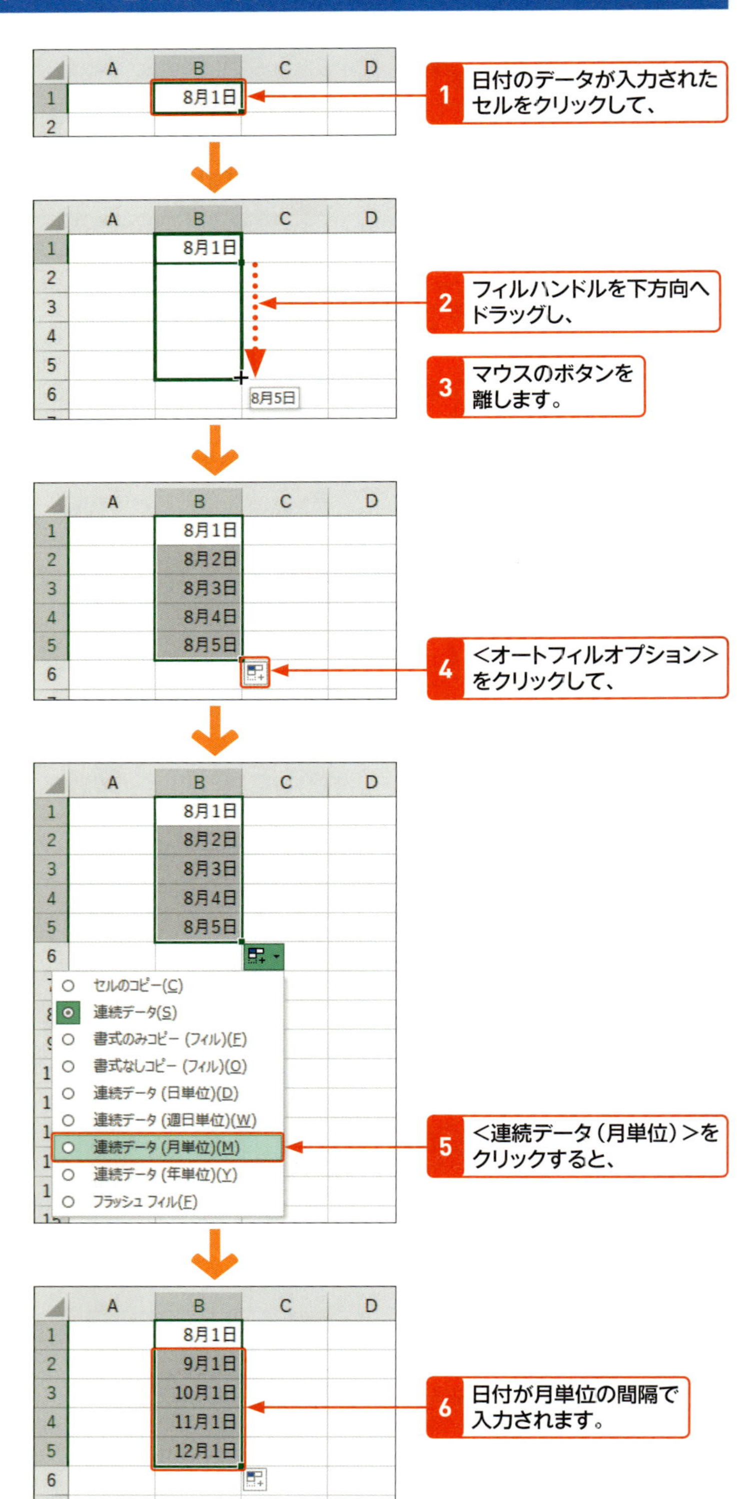

メモ 日付の間隔の選択

オートフィルを利用して日付の連続データを入力した場合は、<オートフィルオプション>をクリックして表示される一覧から日付の間隔を指定することができます。

①日単位
日付が連続して入力されます。

②週日単位
土日を除いた日付が連続して入力されます。

③月単位
「1月1日」「2月1日」「3月1日」…のように、月が連続して入力されます。

④年単位
「2018/1/1」「2019/1/1」「2020/1/1」…のように、年が連続して入力されます。

4 ダブルクリックで連続するデータを入力する

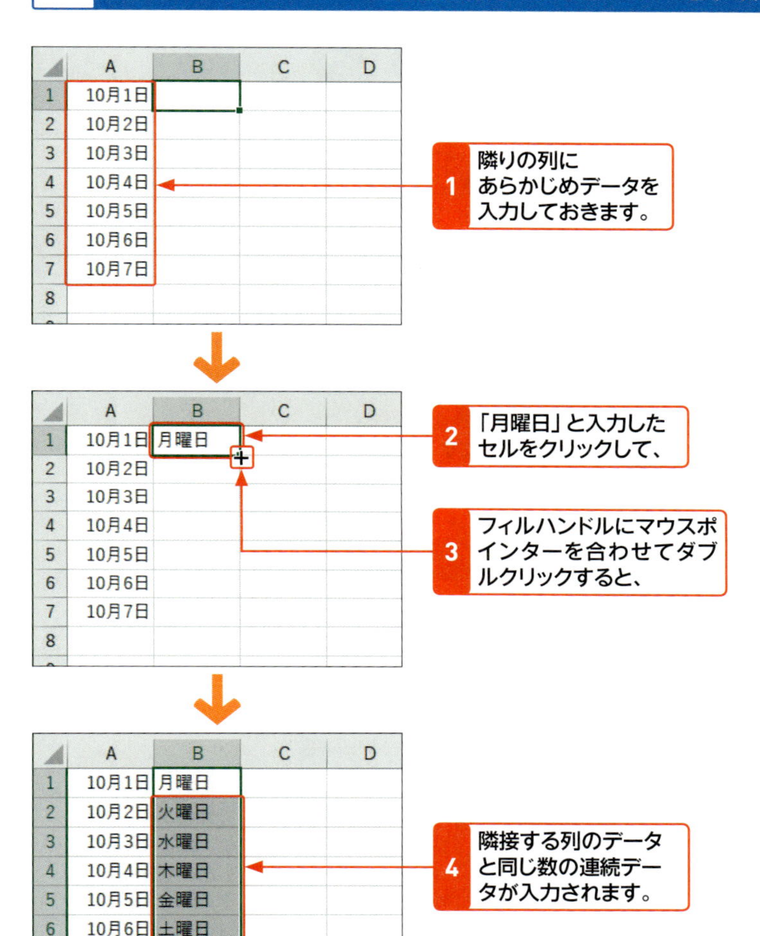

1 隣りの列にあらかじめデータを入力しておきます。
2 「月曜日」と入力したセルをクリックして、
3 フィルハンドルにマウスポインターを合わせてダブルクリックすると、
4 隣接する列のデータと同じ数の連続データが入力されます。

メモ ダブルクリックで入力できるデータ

ダブルクリックで連続データを入力するには、隣接した列にデータが入力されている必要があります。また、入力できるのは下方向に限られます。

ヒント <オートフィルオプション>をオフにするには?

<オートフィルオプション>が表示されないように設定することもできます。<ファイル>タブから<オプション>をクリックして、<Excelのオプション>ダイアログボックスを表示します。続いて、<詳細設定>をクリックして、<コンテンツを貼り付けるときに[貼り付けオプション]ボタンを表示する>と<[挿入オプション]ボタンを表示する>をクリックしてオフにします。

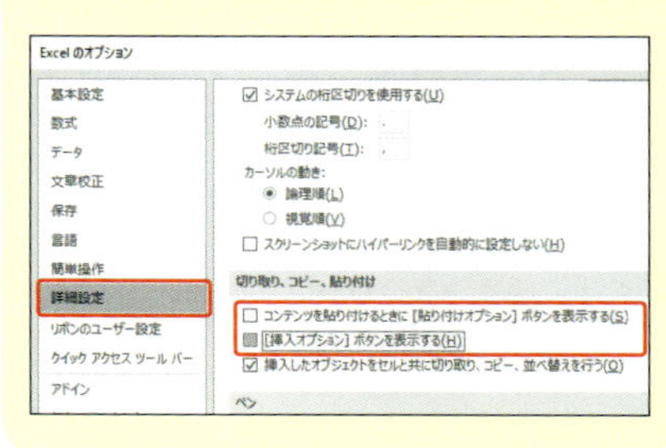

ヒント 連続データとして扱われるデータ

連続データとして入力されるデータのリストは、<ユーザー設定リスト>ダイアログボックスで確認することができます。<ユーザー設定リスト>ダイアログボックスは、<ファイル>タブから<オプション>をクリックし、<詳細設定>をクリックして、<全般>グループの<ユーザー設定リストの編集>をクリックすると表示されます。

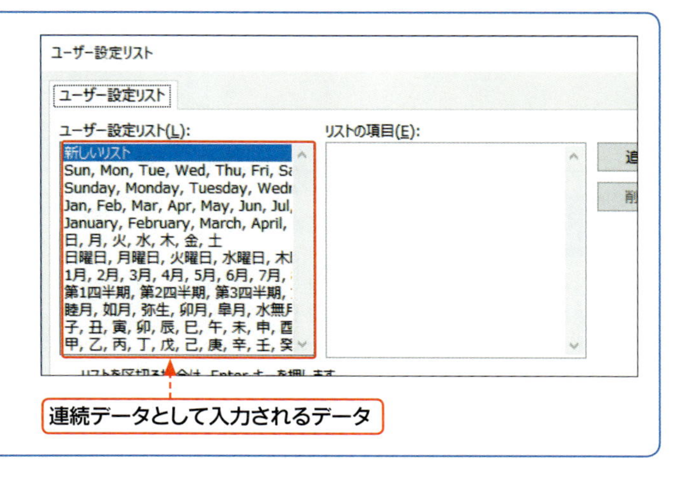

Section 17

データを修正する

覚えておきたいキーワード
- データの書き換え
- データの挿入
- 文字の置き換え

セルに入力した数値や文字を修正することはよくあります。セルに入力したデータを修正するには、セル内のデータをすべて書き換える方法とデータの一部を修正する方法があります。それぞれ修正方法が異なるので、ここでしっかり確認しておきましょう。

1 セルのデータを修正する

ヒント データの修正をキャンセルするには?

入力を確定する前に修正をキャンセルしたい場合は、Esc を数回押すと、もとのデータに戻ります。また、入力を確定した直後に、<元に戻す>をクリックしても、入力を取り消すことができます。

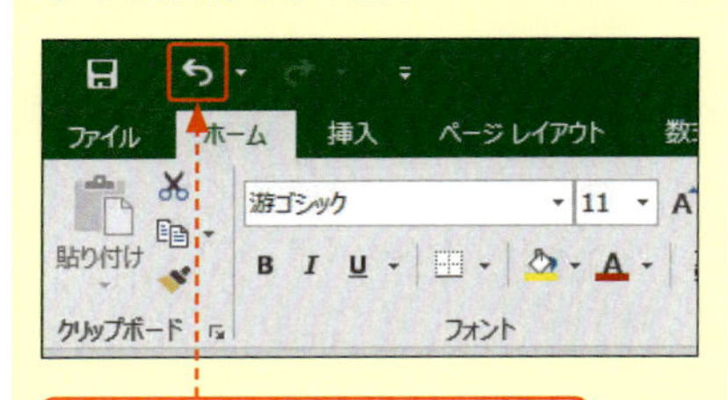

<元に戻す>をクリックすると、入力を取り消すことができます。

「関東」を「東京」に修正します。

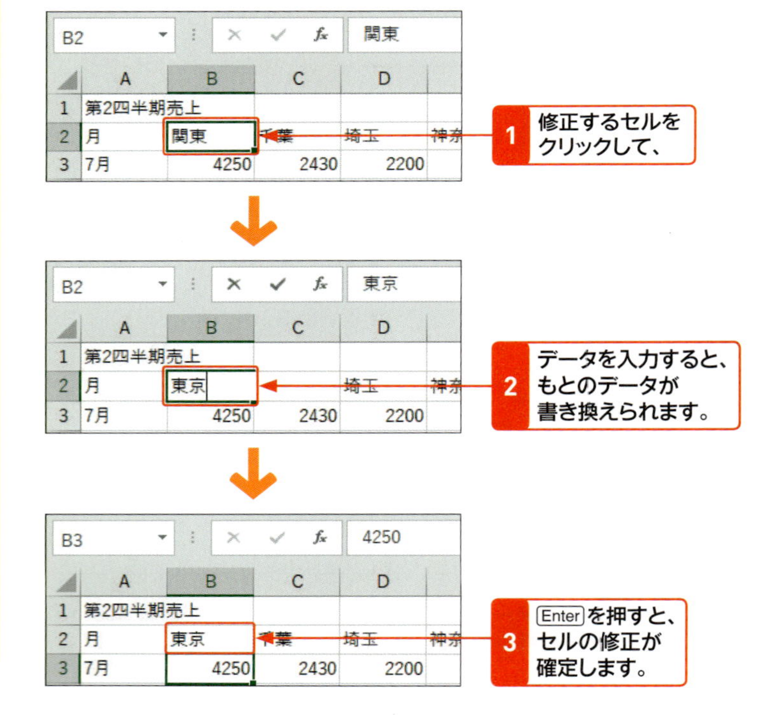

ステップアップ 数式バーを利用して修正する

セル内のデータの修正は、数式バーを利用して行うこともできます。目的のセルをクリックして数式バーをクリックすると、数式バー内にカーソルが表示され、データが修正できるようになります。

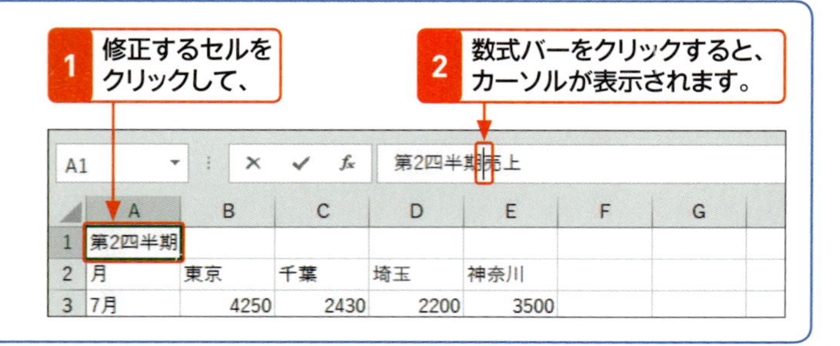

2 セルのデータの一部を修正する

文字を挿入する

1 修正したいデータの入ったセルをダブルクリックすると、

2 セル内にカーソルが表示されます。

A1 第2四半期売上

	A	B	C	D	E	F	G	H
1	第2四半期売上							
2	月	東京	千葉	埼玉	神奈川			
3	7月	4250	2430	2200	3500			
4	8月	3800	1970	1750	3100			

3 修正したい文字の後ろにカーソルを移動して、

A1 第2四半期地域別売上

	A	B	C	D	E	F	G	H
1	第2四半期地域別売上							
2	月	東京	千葉	埼玉	神奈川			
3	7月	4250	2430	2200	3500			
4	8月	3800	1970	1750	3100			

4 データを入力すると、カーソルの位置にデータが挿入されます。

5 Enter を押すと、セルの修正が確定します。

文字を上書きする

1 修正したいデータの入ったセルをダブルクリックして、

2 データの一部をドラッグして選択します。

A1 第2四半期地域別売上

	A	B	C	D	E	F	G	H
1	第2四半期地域別売上							
2	月	東京	千葉	埼玉	神奈川			
3	7月	4250	2430	2200	3500			
4	8月	3800	1970	1750	3100			

3 データを入力すると、選択した部分が置き換えられます。

A1 第2四半期関東地区売上

	A	B	C	D	E	F	G	H
1	第2四半期関東地区売上							
2	月	東京	千葉	埼玉	神奈川			
3	7月	4250	2430	2200	3500			
4	8月	3800	1970	1750	3100			

4 Enter を押すと、セルの修正が確定します。

メモ データの一部の修正

セル内のデータの一部を修正するには、目的のセルをダブルクリックして、セル内にカーソルを表示します。目的の位置にカーソルが表示されていない場合は、セル内をクリックするか、←や→を押して、カーソルを移動します。なお、セルの枠をダブルクリックすると、一番上や一番下の列までジャンプしてしまうので、注意が必要です。

ヒント セル内にカーソルを表示しても修正できない

セル内にカーソルを表示してもデータを修正できない場合は、そのセルにデータがなく、いくつか左側のセルに入力されている長い文字列が、セルの上にまたがって表示されています。この場合は、文字列の左側のセルをダブルクリックして修正します。

このセルには何も入力されていません。

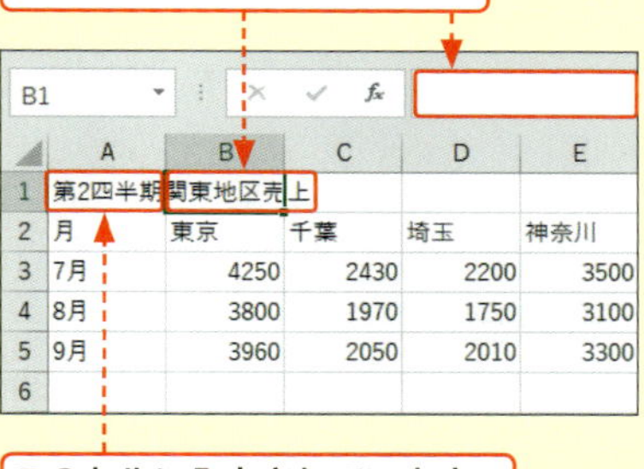

このセルに入力されています。

Section 18

データを削除する

覚えておきたいキーワード
- 削除
- クリア
- 数式と値のクリア

セル内のデータを削除するには、データを削除したいセルをクリックして、＜ホーム＞タブの＜クリア＞をクリックし、＜数式と値のクリア＞をクリックします。複数のセルのデータを削除するには、データを削除するセル範囲をドラッグして選択し、同様に操作します。

1 セルのデータを削除する

メモ セルのデータを削除するそのほかの方法

右の手順のほか、削除したいセルをクリックして、Delete を押すか、セルを右クリックして＜数式と値のクリア＞をクリックしても同様に削除することができます。

1 データを削除するセルをクリックします。

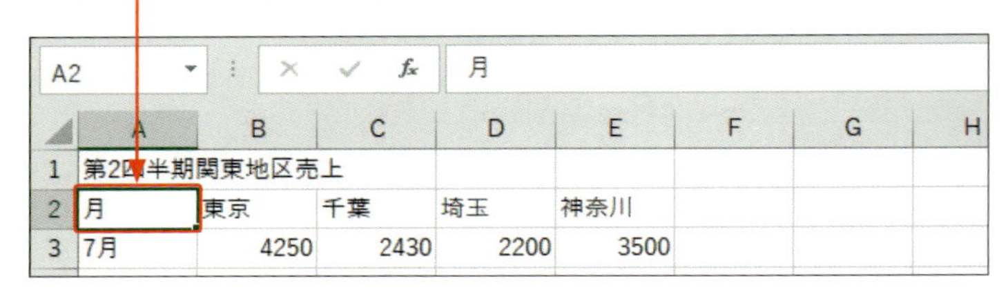

2 ＜ホーム＞タブをクリックして、

3 ＜クリア＞をクリックし、

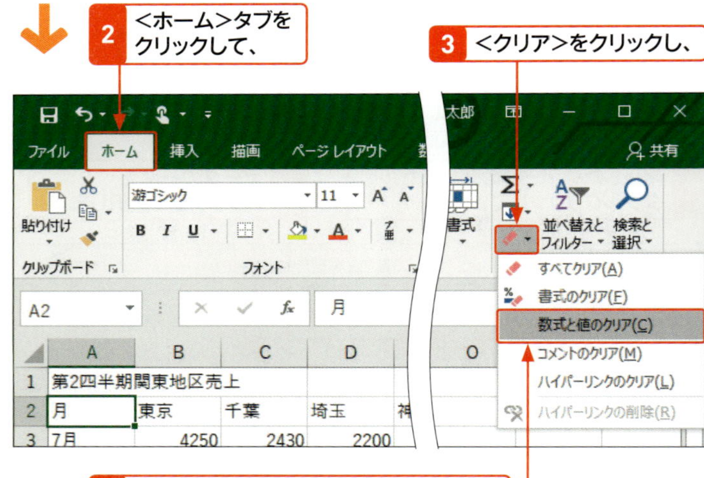

4 ＜数式と値のクリア＞をクリックすると、

5 セルのデータが削除されます。

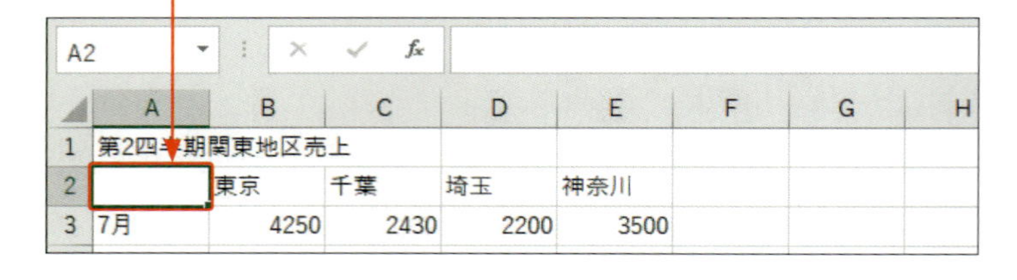

メモ 削除したデータをもとに戻す

削除した直後にクイックアクセスツールバーの＜元に戻す＞をクリックすると、データをもとに戻すことができます。

2 複数のセルのデータを削除する

1 データをクリアするセル範囲の始点となるセルにマウスポインターを合わせ、

	A	B	C	D	E	F	G	H
1	第2四半期関東地区売上							
2		東京	千葉	埼玉	神奈川			
3	7月	4250	2430	2200	3500			
4	8月	3800	1970	1750	3100			
5	9月	3960	2050	2010	3300			
6								

2 そのまま終点となるセルまでをドラッグして、セル範囲を選択します。

3 <ホーム>タブをクリックして、

4 <クリア>をクリックし、

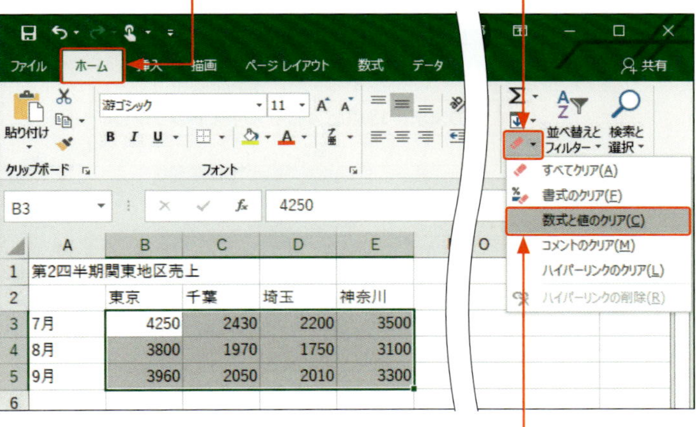

5 <数式と値のクリア>をクリックすると、

6 選択したセル範囲のデータが削除されます。

	A	B	C	D	E	F	G	H
1	第2四半期関東地区売上							
2		東京	千葉	埼玉	神奈川			
3	7月							
4	8月							
5	9月							
6								

キーワード クリア

「クリア」とは、セルの数式や値、書式を消す操作です。行や列、セルはそのまま残ります。

ヒント <すべてクリア>と<書式のクリア>

手順**4**のメニュー内の<すべてクリア>は、データだけでなく、セルに設定されている書式も同時にクリアしたいときに利用します。<書式のクリア>は、セルに設定されている書式だけをクリアしたいときに利用します。

Section 19

セル範囲を選択する

覚えておきたいキーワード
- セル範囲の選択
- アクティブセル領域
- 行や列の選択

データのコピーや移動、書式設定などを行う際には、操作の対象となるセルやセル範囲を選択します。複数のセルや行・列などを選択しておけば、1回の操作で書式などをまとめて変更できるので効率的です。セル範囲の選択には、マウスのドラッグ操作やキーボード操作など、いくつかの方法があります。

1 複数のセル範囲を選択する

メモ 選択方法の使い分け

セル範囲を選択する際は、セル範囲の大きさによって選択方法を使い分けるとよいでしょう。選択する範囲がそれほど大きくない場合はマウスでドラッグし、セル範囲が広い場合はマウスとキーボードで選択すると効率的です。

ヒント セル範囲が選択できない?

ドラッグ操作でセル範囲を選択するときは、マウスポインターの形が ✥ の状態で行います。セル内にカーソルが表示されているときや、マウスポインターの形が ✥ でないときは、セル範囲を選択することができません。

B2 東京

	A	B	C	D	E
1	第2四半期関東地区売上				
2		東京	千葉	埼玉	神奈川
3	7月	4250	2430	2200	3500
4	8月	3800	1970	1750	3100
5	9月	3960	2050	2010	3300

この状態ではセル範囲を選択できません。

マウス操作だけでセル範囲を選択する

1 選択範囲の始点となるセルにマウスポインターを合わせて、

	A	B	C	D	E	F	G
1	第2四半期関東地区売上						
2		東京	千葉	埼玉	神奈川		
3	7月	4250	2430	2200	3500		
4	8月	3800	1970	1750	3100		
5	9月	3960	2050	2010	3300		
6							

2 そのまま、終点となるセルまでドラッグし、

	A	B	C	D	E	F	G
1	第2四半期関東地区売上						
2		東京	千葉	埼玉	神奈川		
3	7月	4250	2430	2200	3500		
4	8月	3800	1970	1750	3100		
5	9月	3960	2050	2010	3300		
6							

3 マウスのボタンを離すと、セル範囲が選択されます。

	A	B	C	D	E	F	G
1	第2四半期関東地区売上						
2		東京	千葉	埼玉	神奈川		
3	7月	4250	2430	2200	3500		
4	8月	3800	1970	1750	3100		
5	9月	3960	2050	2010	3300		
6							

マウスとキーボードでセル範囲を選択する

1 選択範囲の始点となるセルをクリックして、

1	第2四半期関東地区売上				
2		東京	千葉	埼玉	神奈川
3	7月	4250	2430	2200	3500
4	8月	3800	1970	1750	3100
5	9月	3960	2050	2010	3300
6					

2 Shift を押しながら、終点となるセルをクリックすると、

3 セル範囲が選択されます。

1	第2四半期関東地区売上				
2		東京	千葉	埼玉	神奈川
3	7月	4250	2430	2200	3500
4	8月	3800	1970	1750	3100
5	9月	3960	2050	2010	3300
6					

マウスとキーボードで選択範囲を広げる

1 選択範囲の始点となるセルをクリックします。

1	第2四半期関東地区売上				
2		東京	千葉	埼玉	神奈川
3	7月	4250	2430	2200	3500
4	8月	3800	1970	1750	3100
5	9月	3960	2050	2010	3300

2 Shift を押しながら → を押すと、右のセルに範囲が拡張されます。

1	第2四半期関東地区売上				
2		東京	千葉	埼玉	神奈川
3	7月	4250	2430	2200	3500
4	8月	3800	1970	1750	3100
5	9月	3960	2050	2010	3300

3 Shift を押しながら ↓ を押すと、下の行にセル範囲が拡張されます。

1	第2四半期関東地区売上				
2		東京	千葉	埼玉	神奈川
3	7月	4250	2430	2200	3500
4	8月	3800	1970	1750	3100
5	9月	3960	2050	2010	3300

ヒント 選択を解除するには？

選択したセル範囲を解除するには、ワークシート内のいずれかのセルをクリックします。

ステップアップ ワークシート全体を選択する

ワークシート左上の行番号と列番号が交差している部分をクリックすると、ワークシート全体を選択することができます。ワークシート内のすべてのセルの書式を一括して変更する場合などに便利です。

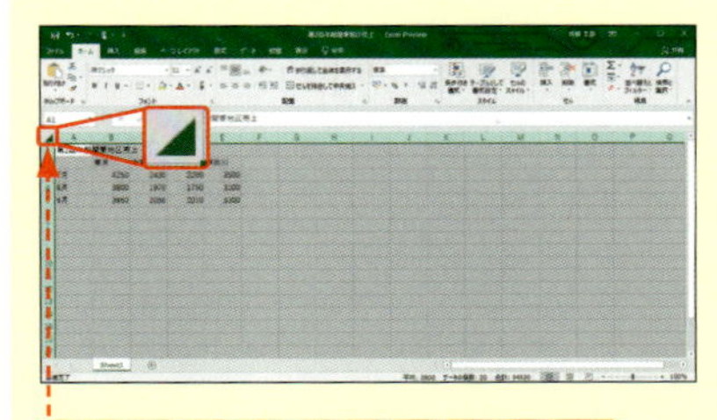

この部分をクリックすると、ワークシート全体が選択されます。

2 離れた位置にあるセルを選択する

メモ 離れた位置にあるセルの選択

離れた位置にある複数のセルを同時に選択したいときは、最初のセルをクリックしたあと、Ctrl を押しながら選択したいセルをクリックしていきます。

1 最初のセルをクリックして、

	A	B	C	D	E	F	G
1	第2四半期関東地区売上						
2		東京	千葉	埼玉	神奈川		
3	7月	4250	2430	2200	3500		
4	8月	3800	1970	1750	3100		
5	9月	3960	2050	2010	3300		

2 Ctrl を押しながら別のセルをクリックすると、離れた位置にあるセルが追加選択されます。

	A	B	C	D	E	F	G
1	第2四半期関東地区売上						
2		東京	千葉	埼玉	神奈川		
3	7月	4250	2430	2200	3500		
4	8月	3800	1970	1750	3100		
5	9月	3960	2050	2010	3300		

3 アクティブセル領域を選択する

キーワード アクティブセル領域

「アクティブセル領域」とは、アクティブセルを含む、データが入力された矩形（長方形）のセル範囲のことをいいます。ただし、間に空白の行や列があると、そこから先のセル範囲は選択されません。アクティブセル領域の選択は、データが入力された領域にだけ書式を設定したい場合などに便利です。

1 表内のいずれかのセルをクリックして、

	A	B	C	D	E	F	G
1	第2四半期関東地区売上						
2		東京	千葉	埼玉	神奈川		
3	7月	4250	2430	2200	3500		
4	8月	3800	1970	1750	3100		
5	9月	3960	2050	2010	3300		

2 Ctrl を押しながら Shift と : を押すと、

3 アクティブセル領域が選択されます。

	A	B	C	D	E	F	G
1	第2四半期関東地区売上						
2		東京	千葉	埼玉	神奈川		
3	7月	4250	2430	2200	3500		
4	8月	3800	1970	1750	3100		
5	9月	3960	2050	2010	3300		
6							

4 行や列を選択する

1 行番号にマウスポインターを合わせて、

	A	B	C	D	E	F	G	H	I	J
1	第2四半期関東地区売上									
2		東京	千葉	埼玉	神奈川					
3	7月	4250	2430	2200	3500					
4	8月	3800	1970	1750	3100					
5	9月	3960	2050	2010	3300					
6										

2 クリックすると、行全体が選択されます。

	A	B	C	D	E	F	G	H	I	J
1	第2四半期関東地区売上									
2		東京	千葉	埼玉	神奈川					
3	7月	4250	2430	2200	3500					
4	8月	3800	1970	1750	3100					
5	9月	3960	2050	2010	3300					
6										

3 Ctrl を押しながら別の行番号をクリックすると、

	A	B	C	D	E	F	G	H	I	J
1	第2四半期関東地区売上									
2		東京	千葉	埼玉	神奈川					
3	7月	4250	2430	2200	3500					
4	8月	3800	1970	1750	3100					
5	9月	3960	2050	2010	3300					
6										

4 離れた位置にある行が追加選択されます。

メモ 列の選択

列を選択する場合は、列番号をクリックします。離れた位置にある列を同時に選択する場合は、最初の列番号をクリックしたあと、Ctrl を押しながら別の列番号をクリックまたはドラッグします。

列番号をクリックすると、列全体が選択されます。

	A	B	C	D	E
1	第2四半期関東地区売上				
2		東京	千葉	埼玉	神奈川
3	7月	4250	2430	2200	3500
4	8月	3800	1970	1750	3100
5	9月	3960	2050	2010	3300
6					

Ctrl を押しながら別の列番号をクリックすると、離れた位置にある列が追加選択されます。

5 行や列をまとめて選択する

1 行番号の上にマウスポインターを合わせて、

	A	B	C	D	E	F	G	H	I
1	第2四半期関東地区売上								
2		東京	千葉	埼玉	神奈川				
3	7月	4250	2430	2200	3500				
4	8月	3800	1970	1750	3100				
5	9月	3960	2050	2010	3300				
6									

2 そのままドラッグすると、

	A	B	C	D	E	F	G	H	I
1	第2四半期関東地区売上								
2		東京	千葉	埼玉	神奈川				
3	7月	4250	2430	2200	3500				
4	8月	3800	1970	1750	3100				
5	9月	3960	2050	2010	3300				
6									

3 複数の行が選択されます。

メモ 列をまとめて選択する

複数の列をまとめて選択する場合は、列番号をドラッグします。行や列をまとめて選択することによって、行／列単位でのコピーや移動、挿入、削除などを行うことができます。

列番号をドラッグすると、複数の列が選択されます。

1048576R x 3C	B	C	D	E
1	第2四半期関東地区売上			
2	東京	千葉	埼玉	神奈川
3	7月 4250	2430	2200	3500
4	8月 3800	1970	1750	3100
5	9月 3960	2050	2010	3300
6				

6 選択範囲から一部のセルを解除する

新機能 選択セルの一部解除

セルを複数選択したあとで、特定のセルだけ選択を解除したい場合、従来では始めから選択し直す必要がありました。Excel 2019では、、Ctrl を押しながら選択を解除したいセルをクリック、あるいはドラッグすることで、解除できるようになりました。

ヒント 行や列をまとめて選択した場合

行や列をまとめて選択した場合に、一部の行や列の選択を解除するには、選択を解除したい行や列番号を Ctrl を押しながらクリックします。

セルの選択を1つずつ解除する

1 離れた位置にある複数のセル範囲を選択します（P.70参照）。

	A	B	C	D	E	F	G	H	I
1	第2四半期関東地区売上								
2		東京	千葉	埼玉	神奈川				
3	7月	4250	2430	2200	3500				
4	8月	3800	1970	1750	3100				
5	9月	3960	2050	2010	3300				
6									

2 Ctrl を押しながら選択を解除したいセルをクリックすると、

	A	B	C	D	E	F	G	H	I
1	第2四半期関東地区売上								
2		東京	千葉	埼玉	神奈川				
3	7月	4250	2430	2200	3500				
4	8月	3800	1970	1750	3100				
5	9月	3960	2050	2010	3300				
6									

3 クリックしたセルの選択が解除されます。

複数のセルの選択をまとめて解除する

1 複数のセル範囲を選択します。

	A	B	C	D	E	F	G	H	I
1	第2四半期関東地区売上								
2		東京	千葉	埼玉	神奈川				
3	7月	4250	2430	2200	3500				
4	8月	3800	1970	1750	3100				
5	9月	3960	2050	2010	3300				
6									

2 Ctrl を押しながら
選択を解除したいセル範囲をドラッグすると、

	A	B	C	D	E	F	G	H	I
1	第2四半期関東地区売上								
2		東京	千葉	埼玉	神奈川				
3	7月	4250	2430	2200	3500				
4	8月	3800	1970	1750	3100				
5	9月	3960	2050	2010	3300				
6									

3 ドラッグした範囲のセルの選択が
まとめて解除されます。

	A	B	C	D	E	F	G	H	I
1	第2四半期関東地区売上								
2		東京	千葉	埼玉	神奈川				
3	7月	4250	2430	2200	3500				
4	8月	3800	1970	1750	3100				
5	9月	3960	2050	2010	3300				
6									

7 選択範囲に同じデータを入力する

1 同じデータを入力したいセルを Ctrl を押しながらクリックして選択します。

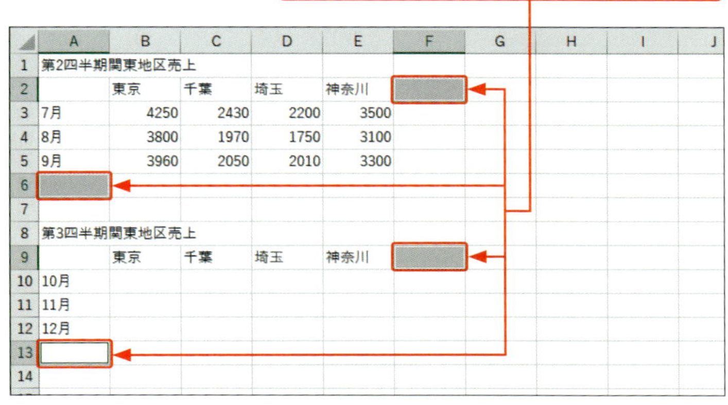

	A	B	C	D	E	F	G	H	I	J
1	第2四半期関東地区売上									
2		東京	千葉	埼玉	神奈川					
3	7月	4250	2430	2200	3500					
4	8月	3800	1970	1750	3100					
5	9月	3960	2050	2010	3300					
6										
7										
8	第3四半期関東地区売上									
9		東京	千葉	埼玉	神奈川					
10	10月									
11	11月									
12	12月									
13										
14										

	A	B	C	D	E	F	G	H	I	J
1	第2四半期関東地区売上									
2		東京	千葉	埼玉	神奈川					
3	7月	4250	2430	2200	3500					
4	8月	3800	1970	1750	3100					
5	9月	3960	2050	2010	3300					
6										
7										
8	第3四半期関東地区売上									
9		東京	千葉	埼玉	神奈川					
10	10月									
11	11月									
12	12月									
13	合計									
14										

2 セルを選択した状態でデータを入力して、Enter を押して確定し、

3 Ctrl を押しながら Enter を押すと、

	A	B	C	D	E	F	G	H	I	J
1	第2四半期関東地区売上									
2		東京	千葉	埼玉	神奈川	合計				
3	7月	4250	2430	2200	3500					
4	8月	3800	1970	1750	3100					
5	9月	3960	2050	2010	3300					
6	合計									
7										
8	第3四半期関東地区売上									
9		東京	千葉	埼玉	神奈川	合計				
10	10月									
11	11月									
12	12月									
13	合計									
14										

4 選択した複数のセルに同じデータが入力されます。

メモ 複数のセルに同じデータを入力する

複数のセルに同じデータを一度に入力するには、Ctrl を押しながらデータを入力するセルをクリックあるいはドラッグして選択します。セルを選択した状態のままデータを入力して、Ctrl を押しながら Enter を押すと、選択した範囲に同じデータが入力されます。

Section 20

データをコピーする／移動する

覚えておきたいキーワード
- コピー
- 切り取り
- 貼り付け

セル内に入力したデータをコピー／移動するには、<ホーム>タブの<コピー>と<貼り付け>を使う、ドラッグ操作を使う、ショートカットキーを使う、などの方法があります。ここでは、それぞれの方法を使ってコピーや移動する方法を解説します。

1 データをコピーする

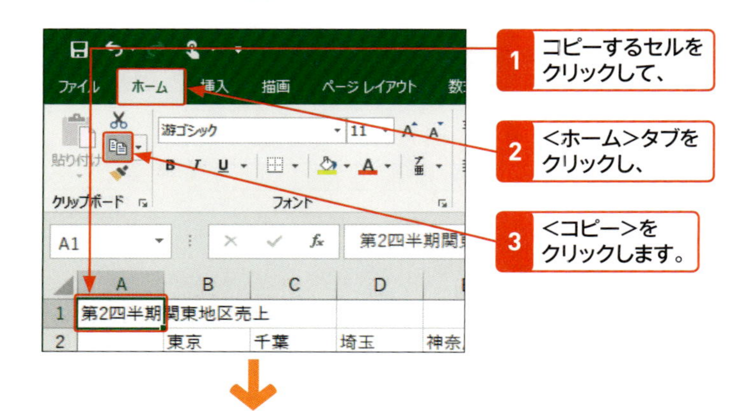

4 貼り付け先のセルをクリックして、

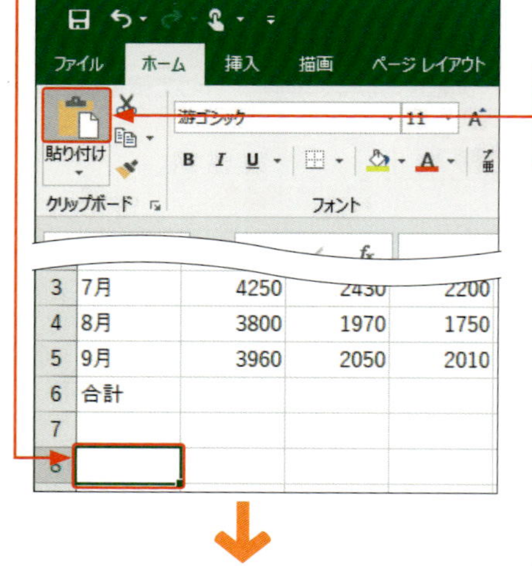

5 <ホーム>タブの<貼り付け>をクリックすると、

6	合計	
7		
8	第2四半期関東地区売上	
9		(Ctrl)
10		

6 選択したセルがコピーされます。

次ページの「ステップ」アップ参照

ヒント セルの書式もコピー・移動される

右の手順のように、データが入力されているセルごとコピー（あるいは移動）すると、セルに入力されたデータだけではなく、セルに設定してある書式や表示形式も含めて、コピー（あるいは移動）されます。

メモ ショートカットキーを使う

ショートカットキーを使ってデータをコピーすることもできます。コピーするセルをクリックして、Ctrlを押しながらCを押します。続いて、貼り付け先のセルをクリックして、Ctrlを押しながらVを押します。

ヒント データの貼り付け

コピーもとのセル範囲が破線で囲まれている間は、データを何度でも貼り付けることができます。また、破線が表示されている状態でEscを押すと、破線が消えてコピーが解除されます。

2 ドラッグ操作でデータをコピーする

1 コピーするセル範囲を選択します。

	A	B	C	D	E	F	G	H
1	第2四半期関東地区売上							
2		東京	千葉	埼玉	神奈川	合計		
3	7月	4250	2430	2200	3500			
4	8月	3800	1970	1750	3100			
5	9月	3960	2050	2010	3300			
6	合計							
7								
8	第2四半期関東地区売上							
9								
10								

2 境界線にマウスポインターを合わせてCtrlを押すと、ポインターの形が変わるので、

3 Ctrlを押しながらドラッグします。

	A	B	C	D	E	F	G	H
1	第2四半期関東地区売上							
2		東京	千葉	埼玉	神奈川	合計		
3	7月	4250	2430	2200	3500			
4	8月	3800	1970	1750	3100			
5	9月	3960	2050	2010	3300			
6	合計							
7								
8	第2四半期関東地区売上							
9								
10				B9:F9				
11								

4 表示される枠を目的の位置に合わせて、マウスのボタンを離すと、

5 選択したセル範囲がコピーされます。

	A	B	C	D	E	F	G	H
1	第2四半期関東地区売上							
2		東京	千葉	埼玉	神奈川	合計		
3	7月	4250	2430	2200	3500			
4	8月	3800	1970	1750	3100			
5	9月	3960	2050	2010	3300			
6	合計							
7								
8	第2四半期関東地区売上							
9		東京	千葉	埼玉	神奈川	合計		
10								

メモ ドラッグ操作によるデータのコピー

選択したセル範囲の境界線上にマウスポインターを合わせてCtrlを押すと、マウスポインターの形が から に変わります。この状態でドラッグすると、貼り付け先の位置を示す枠が表示されるので、目的の位置でマウスのボタンを離すと、セル範囲をコピーできます。

ステップアップ 貼り付けのオプション

データを貼り付けたあと、その結果の右下に表示される＜貼り付けのオプション＞をクリックするか、Ctrlを押すと、貼り付けたあとで結果を修正するためのメニューが表示されます（詳細はSec.37参照）。ただし、ドラッグでコピーした場合は表示されません。

1 ＜貼り付けのオプション＞をクリックすると、

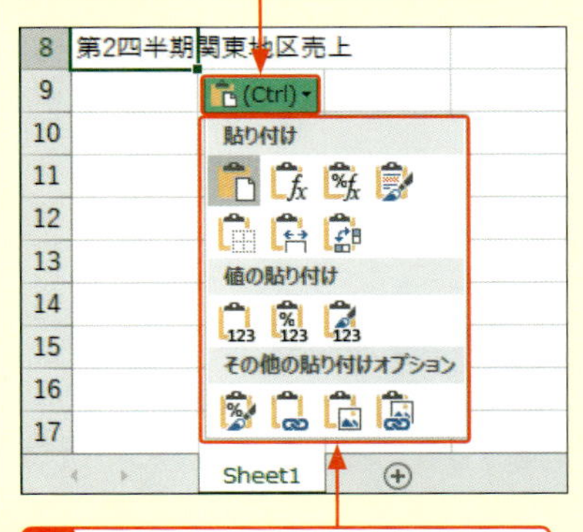

2 結果を修正するためのメニューが表示されます。

3 データを移動する

メモ ショートカットキーを使う

ショートカットキーを使ってデータを移動することもできます。移動するセルをクリックして、Ctrl を押しながら X を押します。続いて、移動先のセルをクリックして、Ctrl を押しながら V を押します。

1 移動するセル範囲を選択して、

2 <ホーム>タブをクリックし、

3 <切り取り>をクリックします。

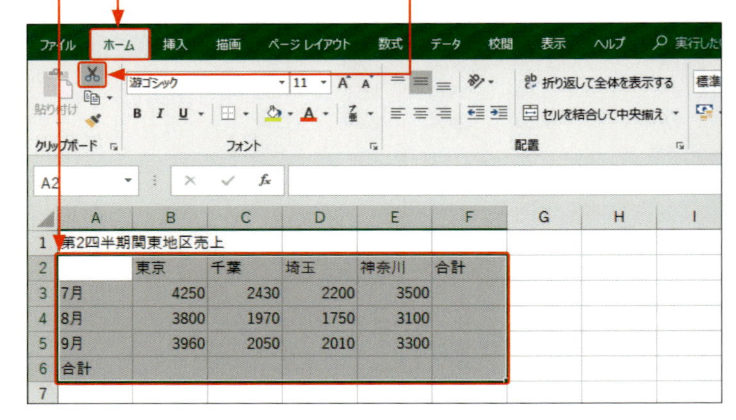

	A	B	C	D	E	F
1	第2四半期関東地区売上					
2		東京	千葉	埼玉	神奈川	合計
3	7月	4250	2430	2200	3500	
4	8月	3800	1970	1750	3100	
5	9月	3960	2050	2010	3300	
6	合計					

4 移動先のセルをクリックして、

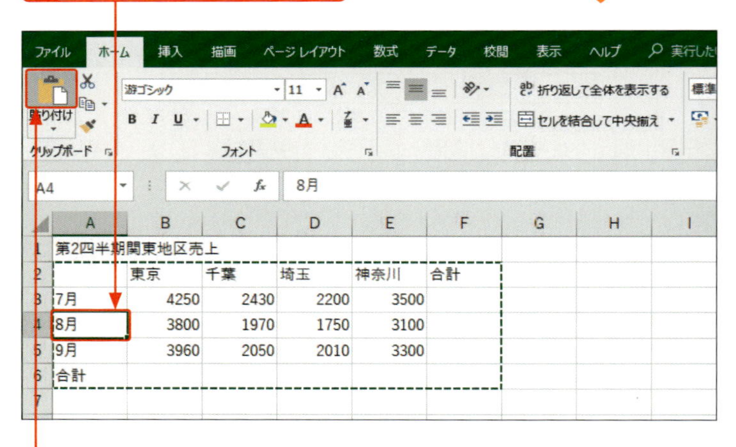

	A	B	C	D	E	F
1	第2四半期関東地区売上					
2		東京	千葉	埼玉	神奈川	合計
3	7月	4250	2430	2200	3500	
4	8月	3800	1970	1750	3100	
5	9月	3960	2050	2010	3300	
6	合計					

5 <ホーム>タブの<貼り付け>をクリックすると、

6 選択したセル範囲が移動されます。

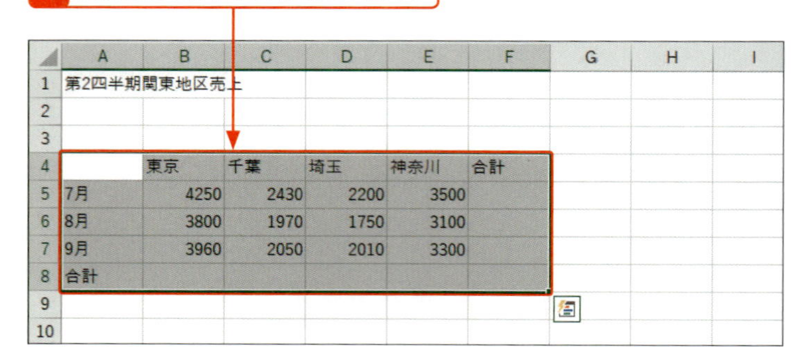

	A	B	C	D	E	F
1	第2四半期関東地区売上					
2						
3						
4		東京	千葉	埼玉	神奈川	合計
5	7月	4250	2430	2200	3500	
6	8月	3800	1970	1750	3100	
7	9月	3960	2050	2010	3300	
8	合計					

ヒント 移動をキャンセルするには?

移動するセル範囲に破線が表示されている間は、Esc を押すと、移動をキャンセルすることができます。移動をキャンセルすると、セル範囲の破線が消えます。

4 ドラッグ操作でデータを移動する

1 移動するセルをクリックして、

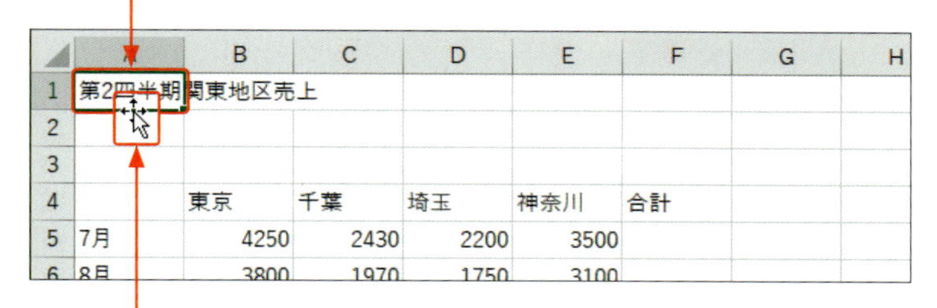

	A	B	C	D	E	F	G	H
1	第2四半期関東地区売上							
2								
3								
4		東京	千葉	埼玉	神奈川	合計		
5	7月	4250	2430	2200	3500			
6	8月	3800	1970	1750	3100			

2 境界線にマウスポインターを合わせると、ポインターの形が変わります。

	A	B	C	D	E	F	G	H
1	第2四半期関東地区売上							
2								
3	A2							
4		東京	千葉	埼玉	神奈川	合計		
5	7月	4250	2430	2200	3500			
6	8月	3800	1970	1750	3100			

3 移動先へドラッグしてマウスのボタンを離すと、

4 選択したセルが移動されます。

	A	B	C	D	E	F	G	H
1								
2	第2四半期関東地区売上							
3								
4		東京	千葉	埼玉	神奈川	合計		
5	7月	4250	2430	2200	3500			
6	8月	3800	1970	1750	3100			

注意 ドラッグ操作でコピー／移動する際の注意

ドラッグ操作でデータをコピーや移動したりすると、クリップボードにデータが保管されないため、データは一度しか貼り付けられず、<貼り付けのオプション>も表示されません。

また、移動先のセルにデータが入力されているときは、内容を置き換えるかどうかを確認するダイアログボックスが表示されます。

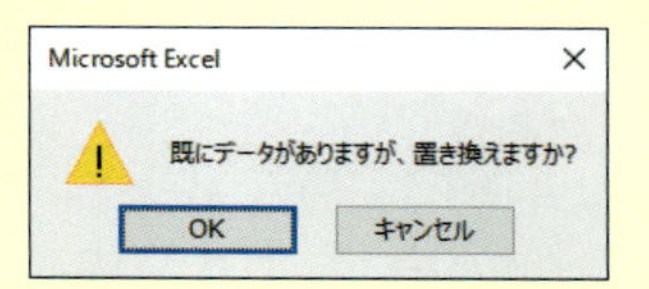

キーワード クリップボード

「クリップボード」とはWindowsの機能の1つで、コピーまたは切り取りの機能を利用したときに、データが一時的に保管される場所のことです。

ステップアップ <クリップボード>作業ウィンドウの利用

<ホーム>タブの<クリップボード>グループの をクリックすると、<クリップボード>作業ウィンドウが表示されます。これはWindowsのクリップボードとは異なる「Officeのクリップボード」です。Officeの各アプリケーションのデータを24個まで保管できます。

ここをクリックすると、<クリップボード>作業ウィンドウが閉じます。

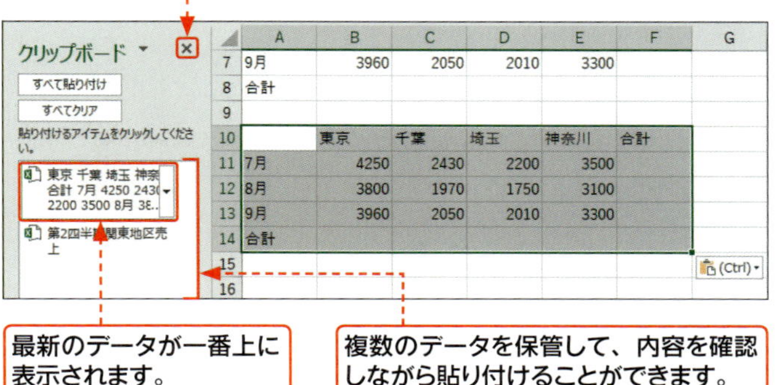

最新のデータが一番上に表示されます。

複数のデータを保管して、内容を確認しながら貼り付けることができます。

Section 21 右クリックからのメニューで操作する

覚えておきたいキーワード
- ショートカットメニュー
- ミニツールバー
- 貼り付けのオプション

Excelでは、セルや列、行、シート見出しなどを右クリックしたときにショートカットメニューやミニツールバーが表示されます。これらのメニューやツールバーを利用すると、タブを切り替えて操作する手間が省けます。メニューに表示される項目は、右クリックした場所に応じて異なります。

1 右クリックで表示されるショートカットメニュー

メモ ミニツールバー

セルを右クリックしたときに表示されるミニツールバーには、書式や表示形式などを設定するためのコマンドが用意されています。表示されるコマンドは、操作する対象によって異なります。

セルを右クリックした場合

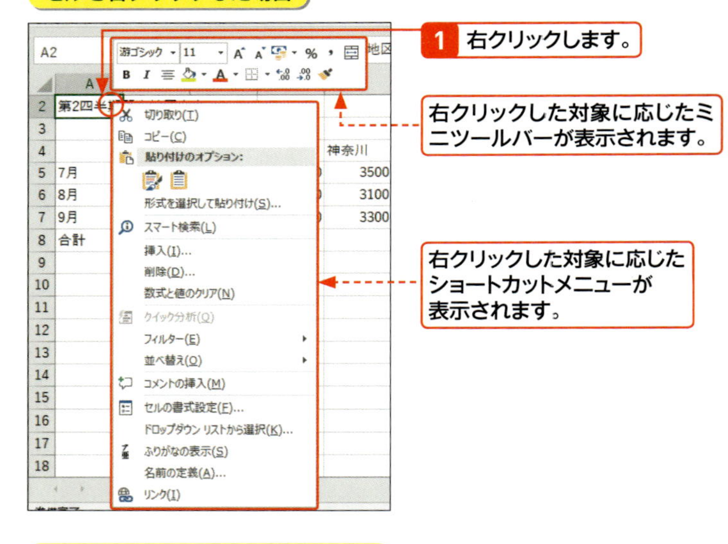

シート見出しを右クリックした場合

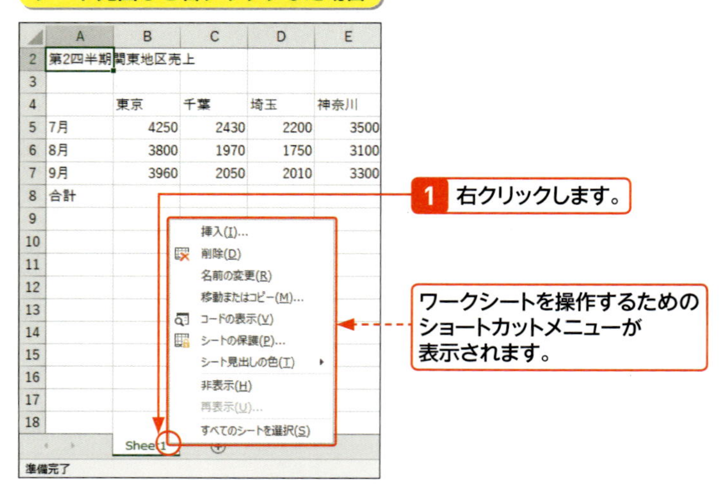

メモ ショートカットメニュー

右クリックしたときに表示されるメニューをショートカットメニューといいます。表示される項目は、右クリックした対象によって異なります。

2 ショートカットメニューでデータをコピーする

1 コピーするセルを右クリックして、

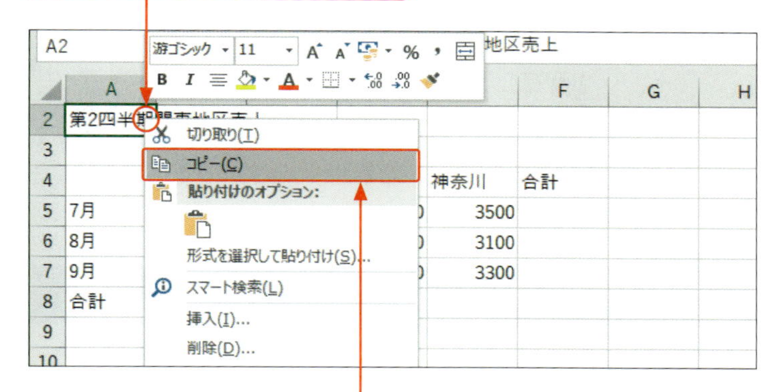

2 表示されるメニューから<コピー>をクリックします。

3 貼り付け先のセルを右クリックして、

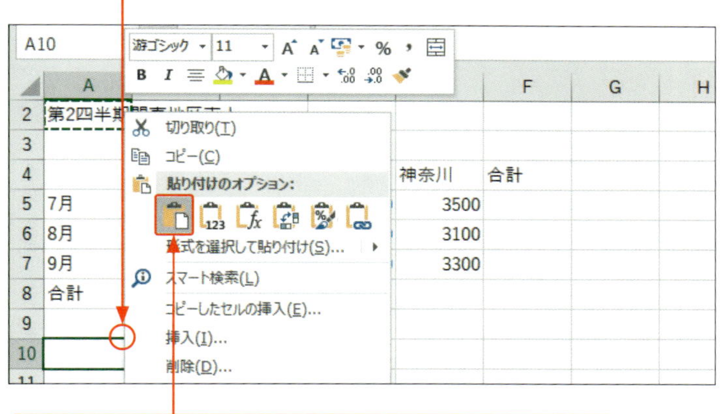

4 <貼り付けのオプション>の<貼り付け>をクリックすると、

5 選択したセルがコピーされます。

	A	B	C	D	E	F	G	H
2	第2四半期関東地区売上							
3								
4		東京	千葉	埼玉	神奈川	合計		
5	7月	4250	2430	2200	3500			
6	8月	3800	1970	1750	3100			
7	9月	3960	2050	2010	3300			
8	合計							
9								
10	第2四半期関東地区売上							
11		(Ctrl)						
12								

ヒント 貼り付けのオプション

ショートカットメニューの<貼り付けのオプション>には、コピーしたデータをどのような形式で貼り付けるかを選択するコマンドが用意されています。<形式を選択して貼り付け>の▶にマウスポインターを合わせると、すべてのコマンドが表示されます。

メモ ショートカットメニューでデータを移動する

ショートカットメニューでデータを移動するには、移動するセルを右クリックして、表示されるメニューから<切り取り>をクリックします。続いて、移動先のセルを右クリックして、<貼り付けのオプション>の<貼り付け>をクリックします。

Section 22

合計や平均を計算する

覚えておきたいキーワード
- オートSUM
- 関数
- クイック分析

表を作成する際は、行や列の合計や平均を求める作業が頻繁に行われます。この場合は＜オートSUM＞を利用すると、数式を入力する手間が省け、計算ミスも防ぐことができます。連続したセル範囲の合計や平均を求める場合は、＜クイック分析＞を利用することもできます。

1 連続したセル範囲の合計を求める

メモ ＜オートSUM＞の利用

＜オートSUM＞は、＜数式＞タブの＜関数ライブラリ＞グループから利用することもできます。

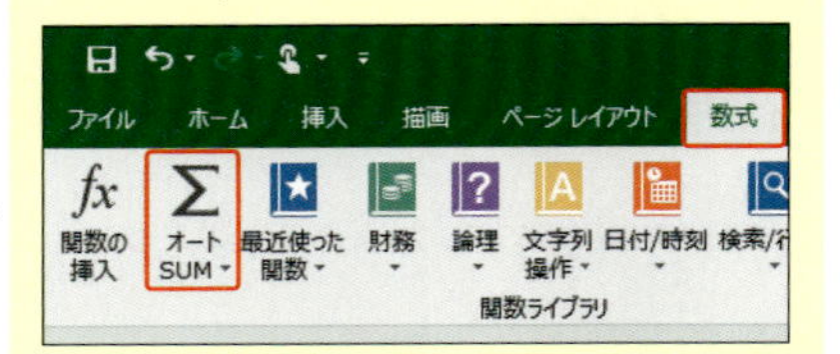

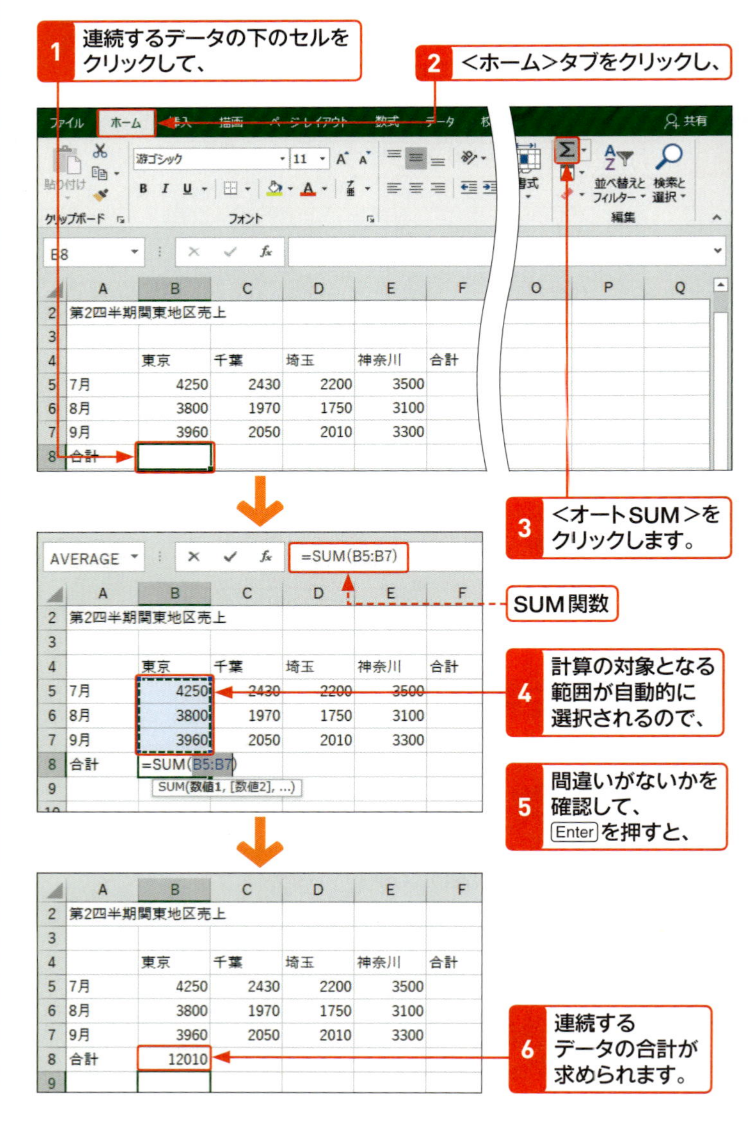

キーワード SUM関数

＜オートSUM＞を利用して合計を求めたセルには、「SUM関数」が入力されています（手順4の図参照）。SUM関数は、指定された数値の合計を求める数式です。関数や数式の詳しい使い方については、第5章で解説します。

2 離れた位置にあるセルに合計を求める

1 合計を表示するセルをクリックして、

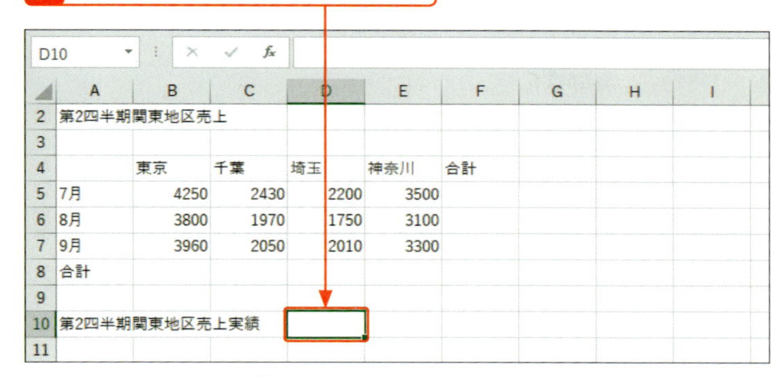

2 <ホーム>タブをクリックし、

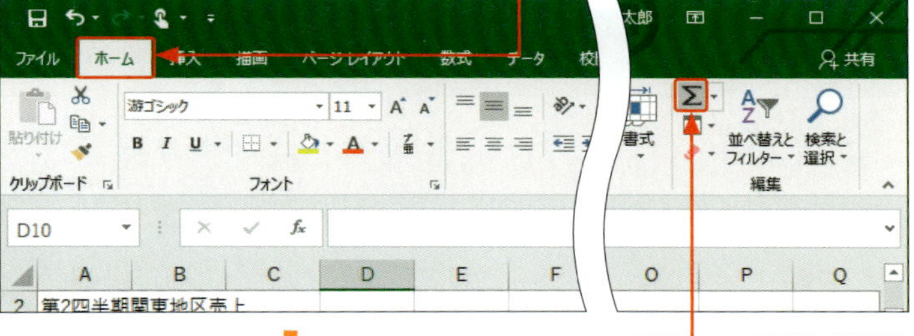

3 <オートSUM>をクリックします。

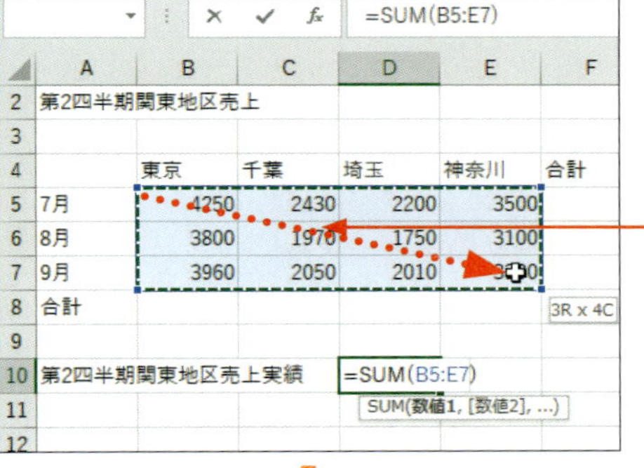

4 合計の対象とするデータのセル範囲をドラッグして、

5 Enter を押すと、

6 指定したセル範囲の合計が求められます。

メモ 離れた位置にあるセル範囲の合計

合計の対象とするデータから離れた位置にあるセルや、別のワークシートなどにあるセルに合計を求める場合は、<オートSUM>を使って対象範囲を自動設定することができません。このようなときは、左の手順のように合計の対象とするセル範囲を指定します。

ヒント セル範囲を指定し直すには？

セル範囲を指定し直す場合は、Esc を押してSUM関数の入力を中止し、再度<オートSUM>をクリックします。

3 複数の行と列、総合計をまとめて求める

複数の行と列、総合計をまとめて求める

複数の行と列の合計、総合計をまとめて求めるには、合計を求めるセルも含めてセル範囲を選択し、＜ホーム＞タブの＜オートSUM＞Σをクリックします。

ヒント 複数の行や列の合計をまとめて求めるには？

複数の列の合計をまとめて求めたり、複数の行の合計をまとめて求めたりするには、行や列の合計を入力するセル範囲を選択して、＜ホーム＞タブの＜オートSUM＞Σをクリックします。

複数の列の合計をまとめて求める場合は、列の合計を表示するセル範囲を選択します。

1 合計を表示するセルも含めてセル範囲を選択します。

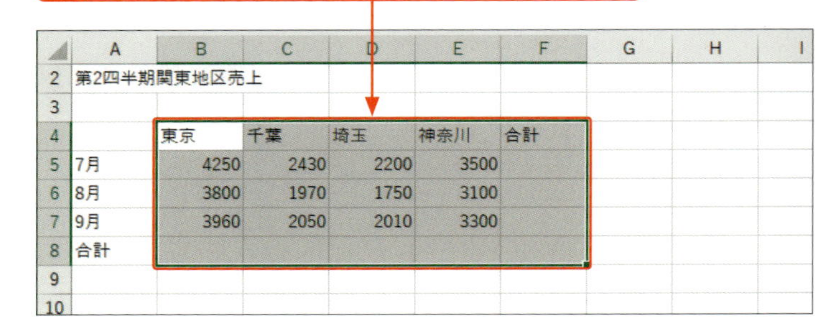

2 ＜ホーム＞タブをクリックして、

3 ＜オートSUM＞をクリックすると、

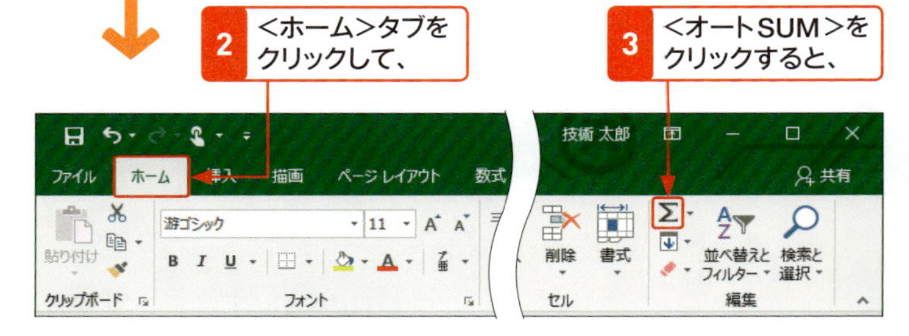

4 列の合計、行の合計、総合計がまとめて求められます。

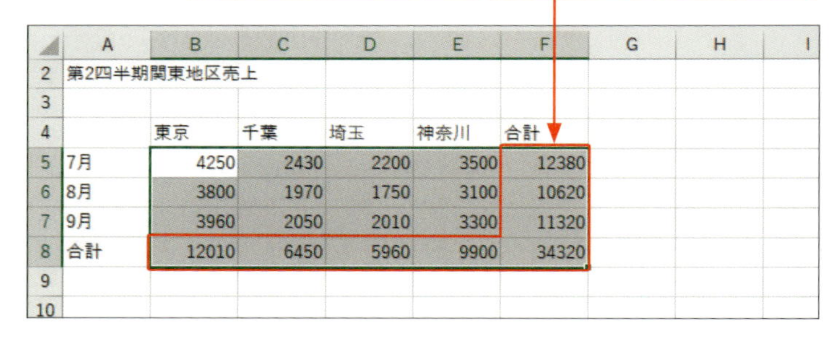

ステップアップ ＜クイック分析＞を利用する

連続したセル範囲の合計や平均を求める場合に、＜クイック分析＞を利用することができます。

目的のセル範囲をドラッグして、右下に表示される＜クイック分析＞をクリックします。メニューが表示されるので、＜合計＞をクリックして、目的のコマンドをクリックします。メニューの左右にある矢印をクリックすると、隠れているコマンドが表示されます。

1 合計の対象とするセル範囲をドラッグして、＜クイック分析＞をクリックします。

2 ＜合計＞をクリックして、

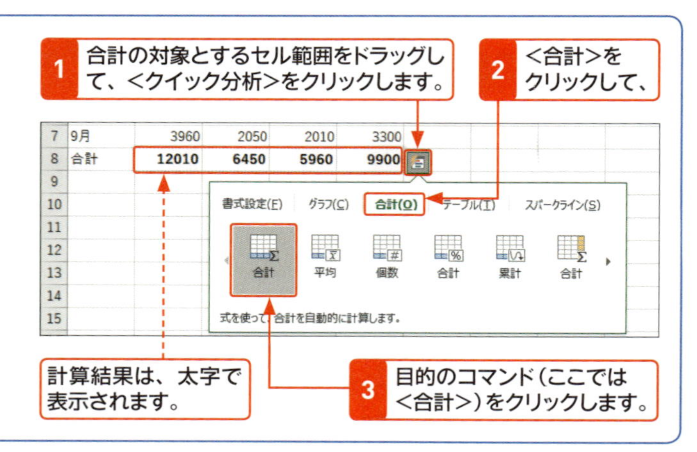

計算結果は、太字で表示されます。

3 目的のコマンド（ここでは＜合計＞）をクリックします。

4 指定したセル範囲の平均を求める

1 平均を表示するセルをクリックします。

2 <ホーム>タブをクリックして、

3 <オートSUM>のここをクリックし、

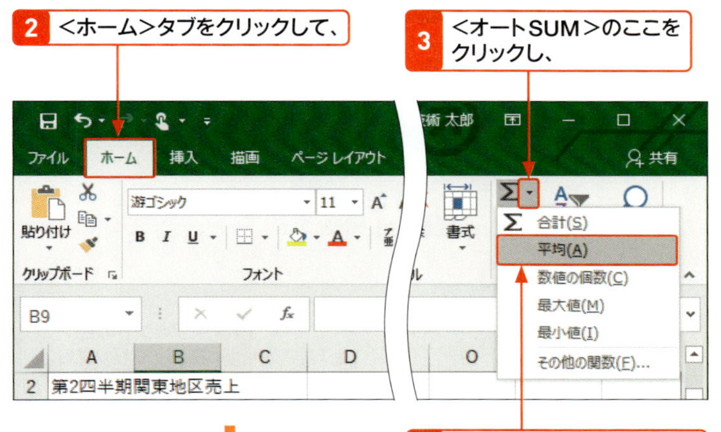

4 <平均>をクリックします。

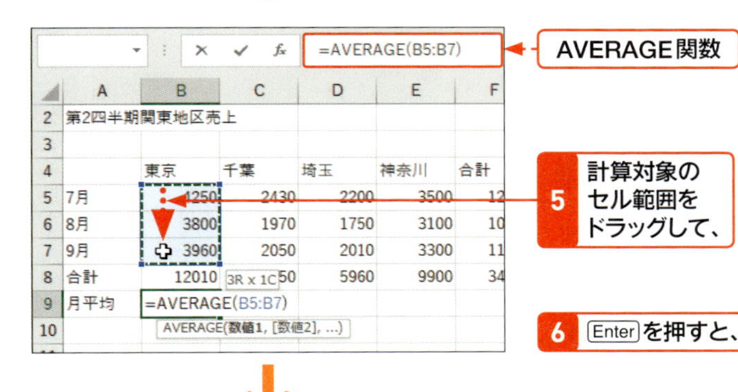

AVERAGE関数

5 計算対象のセル範囲をドラッグして、

6 Enter を押すと、

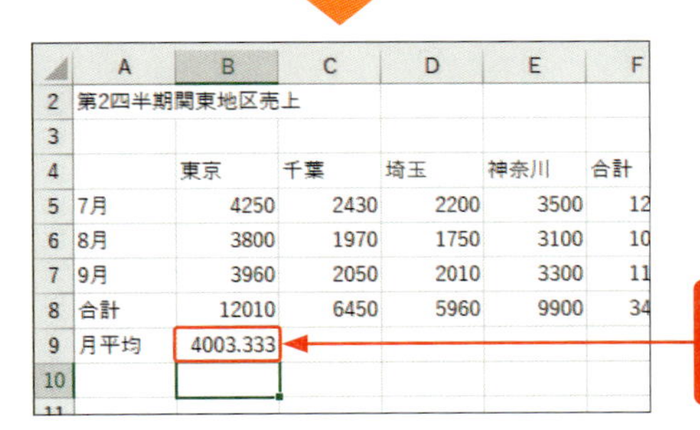

7 指定したセル範囲の平均が求められます。

メモ <オートSUM>で平均を求める

左の手順のように、<オートSUM> Σ の ▾ をクリックして表示される一覧から<平均>をクリックすると、指定したセル範囲の平均を求めることができます。

ヒント 連続したセル範囲の平均を求める

左の手順では、計算対象のセル範囲をドラッグして指定しましたが、連続したセル範囲の平均を求める場合は、計算の対象となる範囲が自動的に選択されるので、間違いがないかを確認して Enter を押します（P.80参照）。

キーワード AVERAGE関数

「AVERAGE関数」（手順5の図参照）は、指定された数値の平均を求める数式です。関数や数式の詳しい使い方については、第5章で解説します。

Section 23 文字やセルに色を付ける

覚えておきたいキーワード
- フォントの色
- 塗りつぶしの色
- セルのスタイル

文字やセルの背景に色を付けると、見やすい表になります。文字に色を付けるには、＜ホーム＞タブの＜フォントの色＞を、セルに背景色を付けるには、＜塗りつぶしの色＞を利用します。Excelにあらかじめ用意された＜セルのスタイル＞を利用することもできます。

1 文字に色を付ける

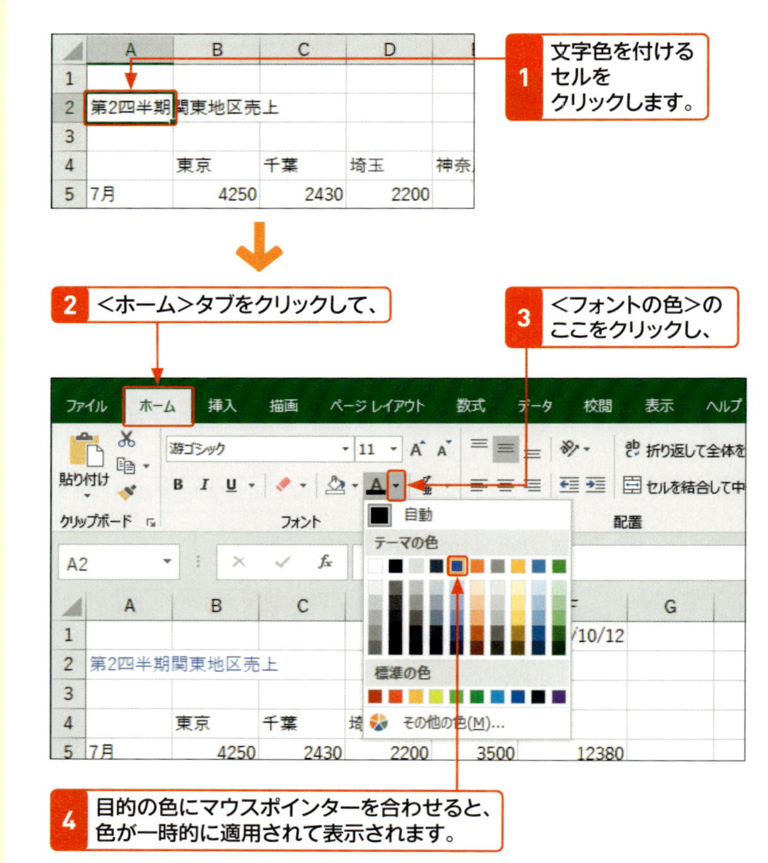

メモ 同じ色を繰り返し設定する

右の手順で色を設定すると、＜フォントの色＞コマンドの色も指定した色に変わります。別のセルをクリックして、＜フォントの色＞をクリックすると、直前に指定した色を繰り返し設定することができます。

ヒント 一覧に目的の色がない場合は？

手順3で表示される一覧に目的の色がない場合は、最下段にある＜その他の色＞をクリックします。＜色の設定＞ダイアログボックスが表示されるので、＜標準＞や＜ユーザー設定＞で使用したい色を指定します。

2 セルに色を付ける

1 色を付けるセル範囲を選択します。

2 <ホーム>タブをクリックして、

3 <塗りつぶしの色>のここをクリックし、

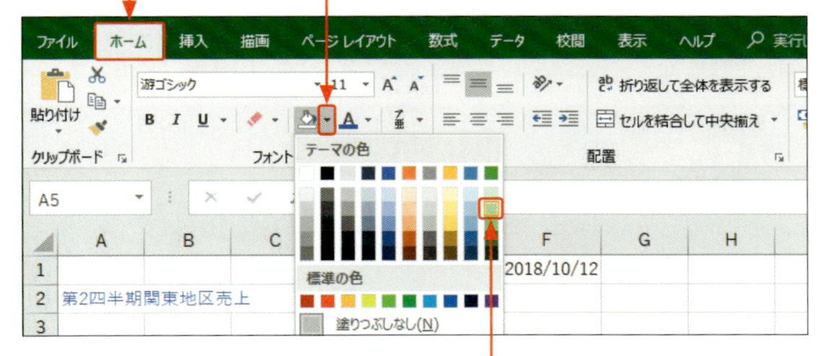

4 目的の色にマウスポインターを合わせると、色が一時的に適用されて表示されます。

5 色をクリックすると、セルの背景に色が付きます。

第2四半期関東地区売上					
	東京	千葉	埼玉	神奈川	合計
7月	4250	2430	2200	3500	12380
8月	3800	1970	1750	3100	10620
9月	3960	2050	2010	3300	11320
合計	12010	6450	5960	9900	34320
月平均	4003.333	2150	1986.667	3300	11440

ヒント テーマの色と標準の色

色の一覧には<テーマの色>と<標準の色>の2種類が用意されています。<テーマの色>で設定する色は、<ページレイアウト>タブの<テーマ>の設定に基づいています(Sec.32参照)。<テーマ>でスタイルを変更すると、<テーマの色>で設定した色を含めてブック全体が自動的に変更されます。それに対し、<標準の色>で設定した色は、<テーマ>の変更に影響を受けません。

ヒント
セルの背景色を消去するには?

セルの背景色を消すには、手順4で<塗りつぶしなし>をクリックします。

<セルのスタイル>を利用する

<ホーム>タブの<セルのスタイル>を利用すると、Excelにあらかじめ用意された書式をタイトルに設定したり、セルにテーマのセルスタイルを設定したりすることができます。

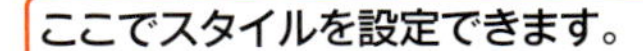

ここでスタイルを設定できます。

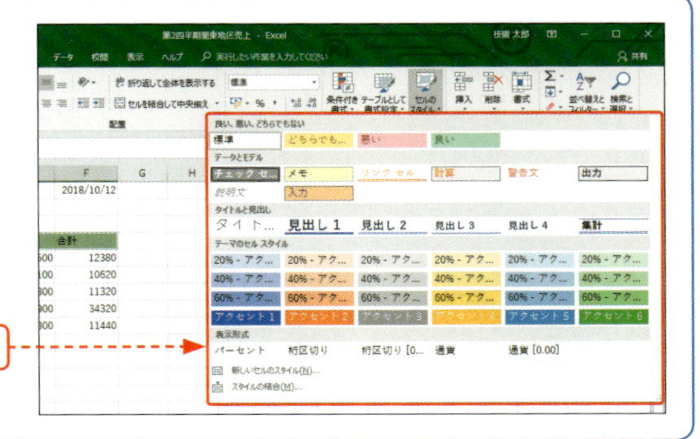

Section 24

罫線を引く

覚えておきたいキーワード
- 罫線
- 格子
- 線のスタイル

ワークシートに必要なデータを入力したら、表が見やすいように罫線を引きます。セル範囲に罫線を引くには、＜ホーム＞タブの＜罫線＞を利用すると便利です。罫線のメニューには、13パターンの罫線の種類が用意されているので、セル範囲を選択するだけで目的の罫線をかんたんに引くことができます。

1 選択した範囲に罫線を引く

メモ 選択した範囲に罫線を引く

手順3で表示される罫線メニューの＜罫線＞欄には、13パターンの罫線の種類が用意されています。右の手順では、表全体に罫線を引きましたが、一部のセルだけに罫線を引くこともできます。はじめに罫線を引きたい位置のセル範囲を選択して、罫線の種類をクリックします。

1 罫線を引くセル範囲を選択して、

2 ＜ホーム＞タブをクリックします。

3 ここをクリックして、

4 罫線の種類をクリックすると（ここでは＜格子＞）、

5 選択したセル範囲に格子の罫線が引かれます。

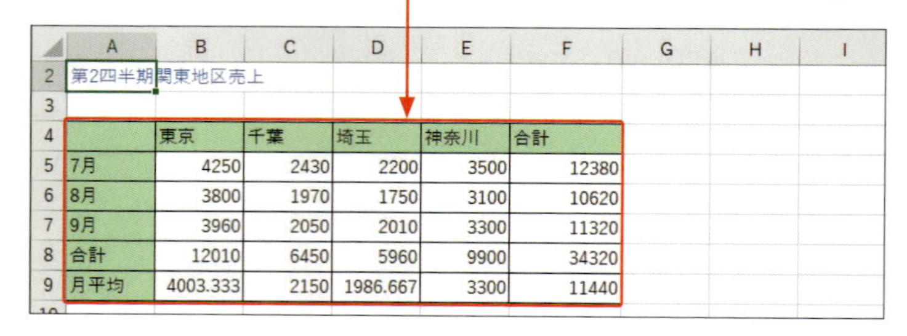

	東京	千葉	埼玉	神奈川	合計
7月	4250	2430	2200	3500	12380
8月	3800	1970	1750	3100	10620
9月	3960	2050	2010	3300	11320
合計	12010	6450	5960	9900	34320
月平均	4003.333	2150	1986.667	3300	11440

ヒント 罫線を削除するには?

罫線を削除するには、罫線を消去したいセル範囲を選択して罫線メニューを表示し、手順4で＜枠なし＞をクリックします。

2 太線で罫線を引く

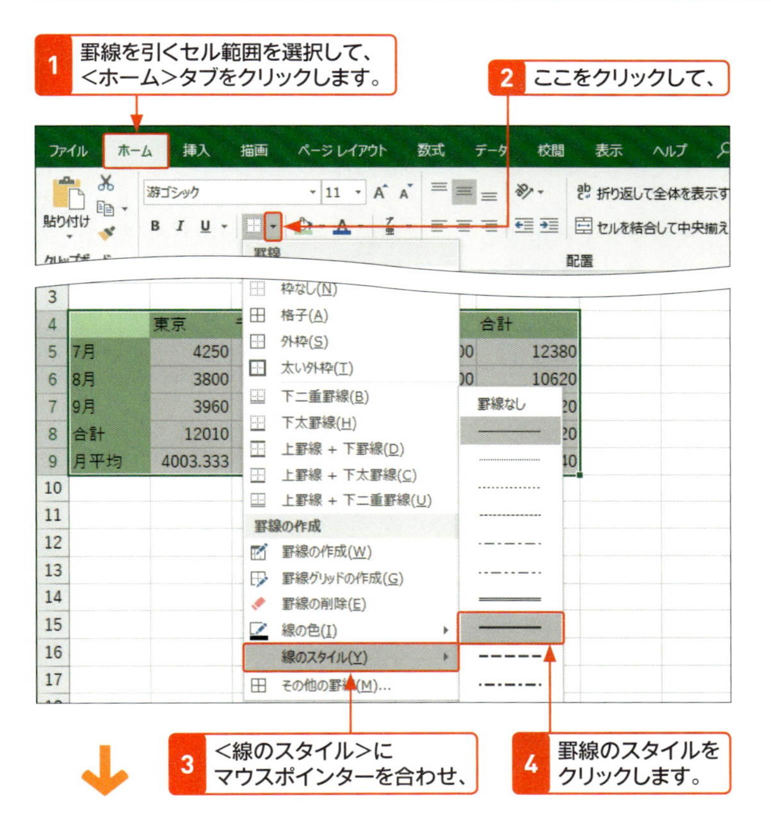

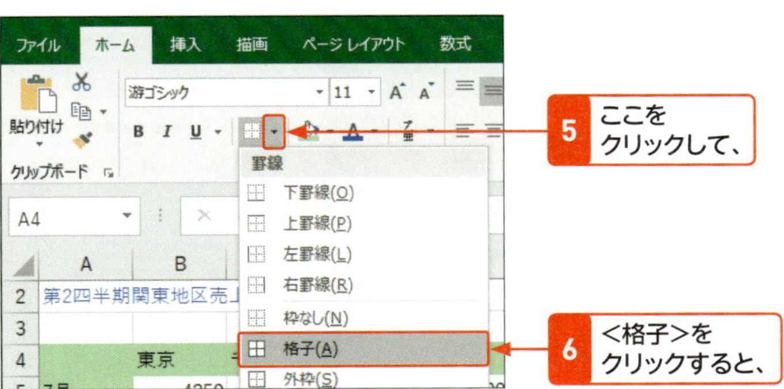

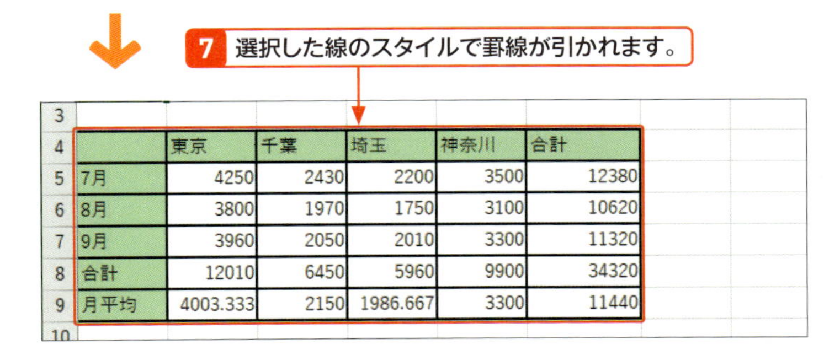

	東京	千葉	埼玉	神奈川	合計
7月	4250	2430	2200	3500	12380
8月	3800	1970	1750	3100	10620
9月	3960	2050	2010	3300	11320
合計	12010	6450	5960	9900	34320
月平均	4003.333	2150	1986.667	3300	11440

メモ 直前の線のスタイルや線の色が適用される

線のスタイルや線の色を選択して罫線を引くと、これ以降、ほかのスタイルを選択するまで、ここで指定したスタイルや色で罫線が引かれます。次回罫線を引く際は、確認してから引くようにしましょう。

ヒント データを入力できる状態に戻すには？

罫線メニューの＜罫線の作成＞欄のいずれかのコマンドをクリックすると、マウスポインターの形が鉛筆の形に変わり、セルにデータを入力することができません。データを入力できる状態にマウスポインターを戻すには、Esc を押します。

Section 25

罫線のスタイルを変更する

覚えておきたいキーワード
- その他の罫線
- セルの書式設定
- 罫線の作成

セル範囲に罫線を引くには、＜ホーム＞タブの＜罫線＞を利用するほかに、＜セルの書式設定＞ダイアログボックスを利用する方法もあります。＜セルの書式設定＞ダイアログボックスを利用すると、罫線の一部を変更したり、罫線のスタイルや色を変更するなど、罫線の引き方を詳細に指定することができます。

1 罫線のスタイルと色を変更する

メモ ＜セルの書式設定＞ダイアログボックスの利用

＜セルの書式設定＞ダイアログボックスの＜罫線＞では、罫線の一部のスタイルや罫線の色を変更するなど、詳細に罫線の引き方を指定することができます。
罫線のスタイルや色を指定したあと、＜プリセット＞や＜罫線＞欄にあるアイコンなどクリックして、罫線を引く位置を指定します。

Sec.24で引いた罫線の内側を点線にして色を変更します。

1 セル範囲を選択します。

3						
4		東京	千葉	埼玉	神奈川	合計
5	7月	4250	2430	2200	3500	12380
6	8月	3800	1970	1750	3100	10620
7	9月	3960	2050	2010	3300	11320
8	合計	12010	6450	5960	9900	34320
9	月平均	4003.333	2150	1986.667	3300	11440
10						

2 ＜ホーム＞タブをクリックして、

3 ここをクリックし、

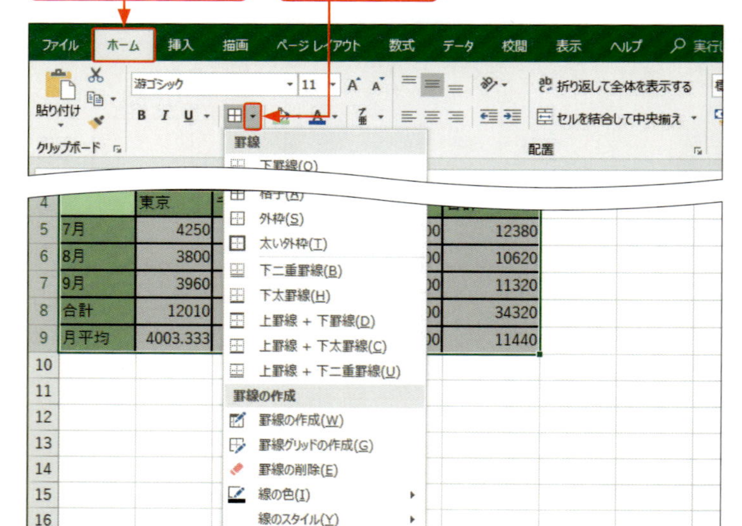

4 ＜その他の罫線＞をクリックします。

5 <スタイル>で罫線のスタイルをクリックして、

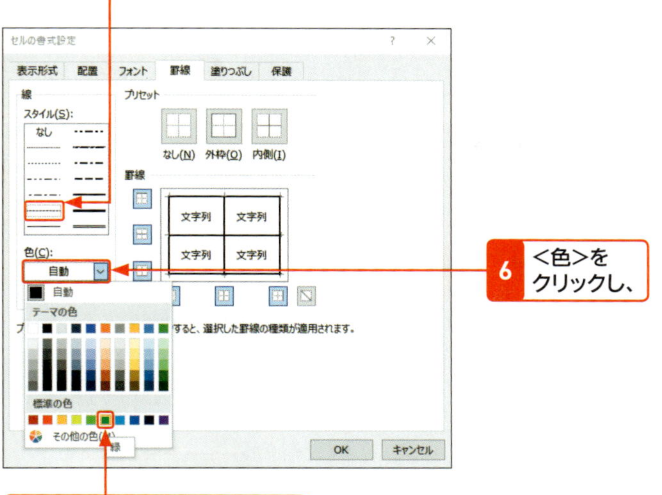

7 目的の色をクリックします。

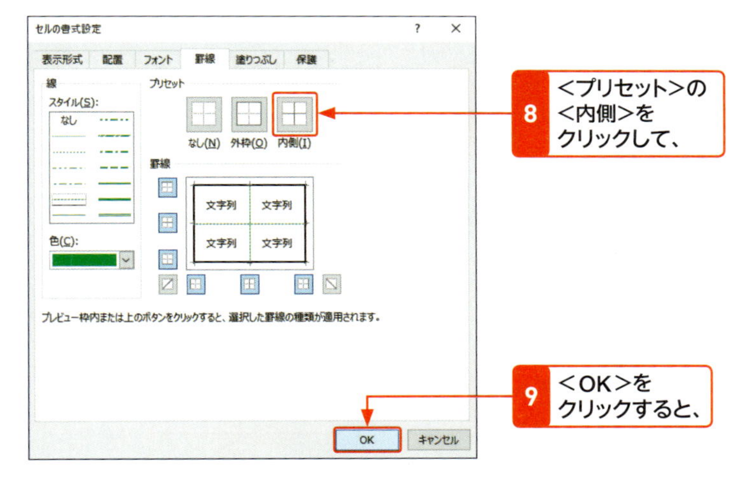

10 内側の罫線のスタイルと色が変更されます。

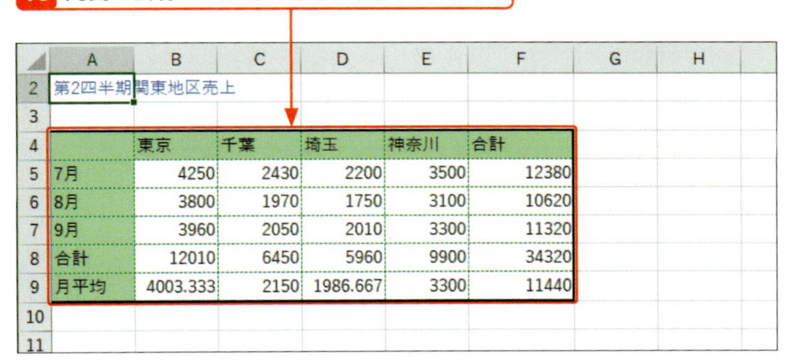

	A	B	C	D	E	F	G	H
2	第2四半期関東地区売上							
3								
4		東京	千葉	埼玉	神奈川	合計		
5	7月	4250	2430	2200	3500	12380		
6	8月	3800	1970	1750	3100	10620		
7	9月	3960	2050	2010	3300	11320		
8	合計	12010	6450	5960	9900	34320		
9	月平均	4003.333	2150	1986.667	3300	11440		
10								
11								

ヒント <罫線>で罫線を削除するには?

<セルの書式設定>ダイアログボックスで罫線を削除するには、<罫線>欄で削除したい箇所をクリックします。すべての罫線を削除するには、<プリセット>欄の<なし>をクリックします。

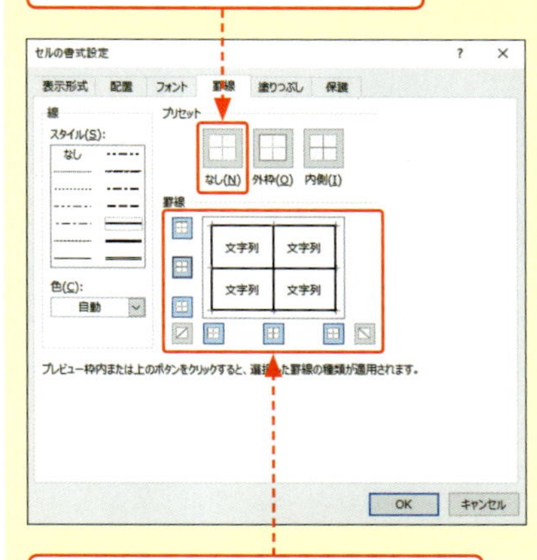

プレビュー枠内や周囲のコマンドの目的の箇所をクリックすると、罫線が個別に削除されます。

2 セルに斜線を引く

メモ ドラッグして罫線を引く

手順2の方法で表示される罫線メニューから＜罫線の作成＞をクリックすると、ワークシート上をドラッグして罫線を引くことができます。なお、線のスタイルを変更する方法は、P.87を参照してください。

ステップアップ ドラッグ操作で格子の罫線を引く

罫線メニューから＜罫線グリッドの作成＞をクリックしてセル範囲を選択すると、ドラッグしたセル範囲に格子の罫線を引くことができます。

	A	B	C	D
1				
2				
3				
4				
5				

ヒント 罫線の一部を削除するには？

罫線の一部を削除するには、罫線メニューから＜罫線の削除＞をクリックします。マウスポインターが消しゴムの形に変わるので、罫線を削除したい箇所をドラッグ、またはクリックします。削除し終わったら Esc を押して、マウスポインターをもとの形に戻します。

	A	B	C	D
1				
2				
3				
4				
5				

1 ＜ホーム＞タブをクリックして、

2 ここをクリックし、

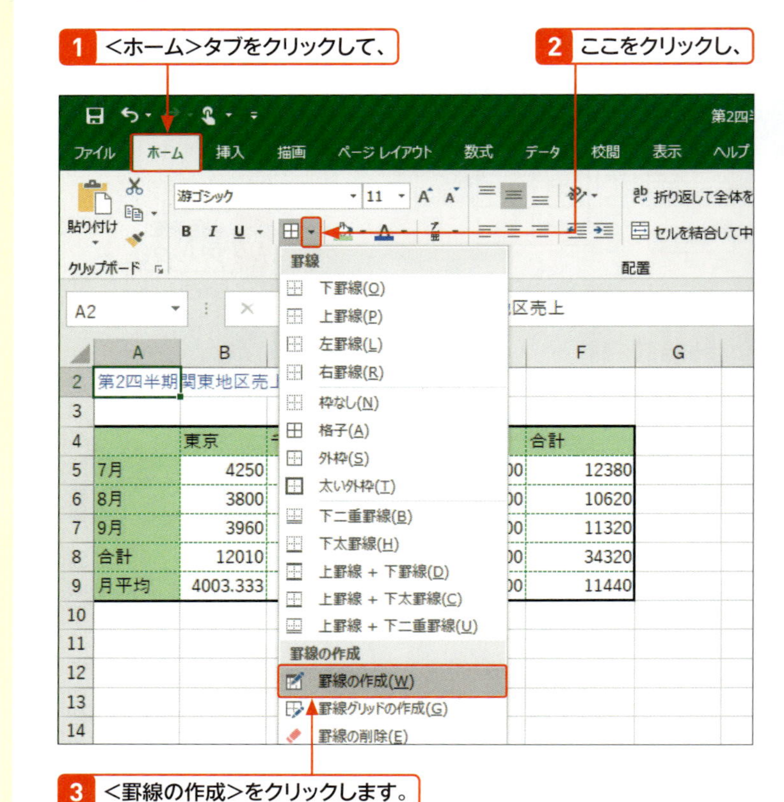

3 ＜罫線の作成＞をクリックします。

4 マウスポインターの形が変わった状態で、セルの角から角までドラッグすると、

2	第2四半期関東地区売上					
3						
4		東京	千葉	埼玉	神奈川	合計
5	7月	4250	2430	2200	3500	12380
6	8月	3800	1970	1750	3100	10620
7	9月	3960	2050	2010	3300	11320

5 斜線が引かれます。

2	第2四半期関東地区売上					
3						
4		東京	千葉	埼玉	神奈川	合計
5	7月	4250	2430	2200	3500	12380
6	8月	3800	1970	1750	3100	10620
7	9月	3960	2050	2010	3300	11320

6 Esc を押して、マウスポインターをもとの形に戻します。

Chapter 03

第3章

文字とセルの書式

Section 26

セルの表示形式と書式の基本を知る

覚えておきたいキーワード
- 表示形式
- 文字の書式
- セルの書式

Excelでは、同じデータを入力しても、表示形式によって表示結果を変えることができます。データが目的に合った形で表示されるように、表示形式の基本を理解しておきましょう。また、文書や表などの見栄えも重要です。表を見やすくするために設定するさまざまな書式についても確認しておきましょう。

1 表示形式と表示結果

Excelでは、セルに対して「表示形式」を設定することで、実際にセルに入力したデータを、さまざまな見た目で表示させることができます。表示形式には、下図のようなものがあります。独自の表示形式を設定することもできます。

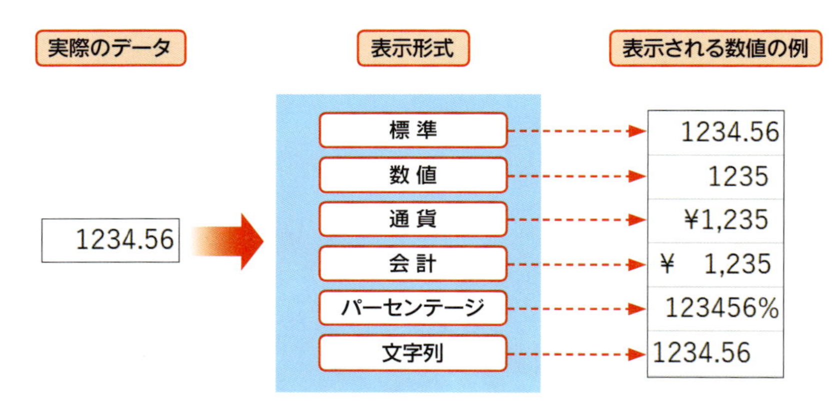

表示形式の設定方法

セルの表示形式を設定するには、<ホーム>タブの<数値>グループの各コマンドやミニツールバーのコマンドを利用するか、<セルの書式設定>ダイアログボックスの<表示形式>を利用します。

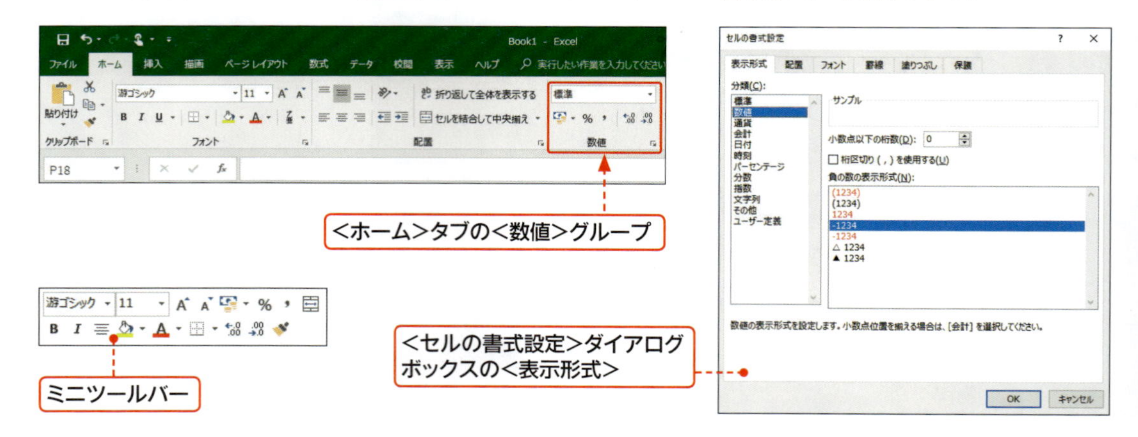

2 書式とは？

Excelで作成した文書や表などの見せ方を設定するのが「書式」です。Excelでは、文字サイズやフォント、色などの文字書式を変更したり、セルの背景色、列幅や行の高さ、セル結合などを設定したりして、表の見栄えを変更することができます。前ページで解説した表示形式も書式の一部です。また、セルの内容に応じて見せ方を変える、条件付き書式を設定することもできます。

書式の設定例

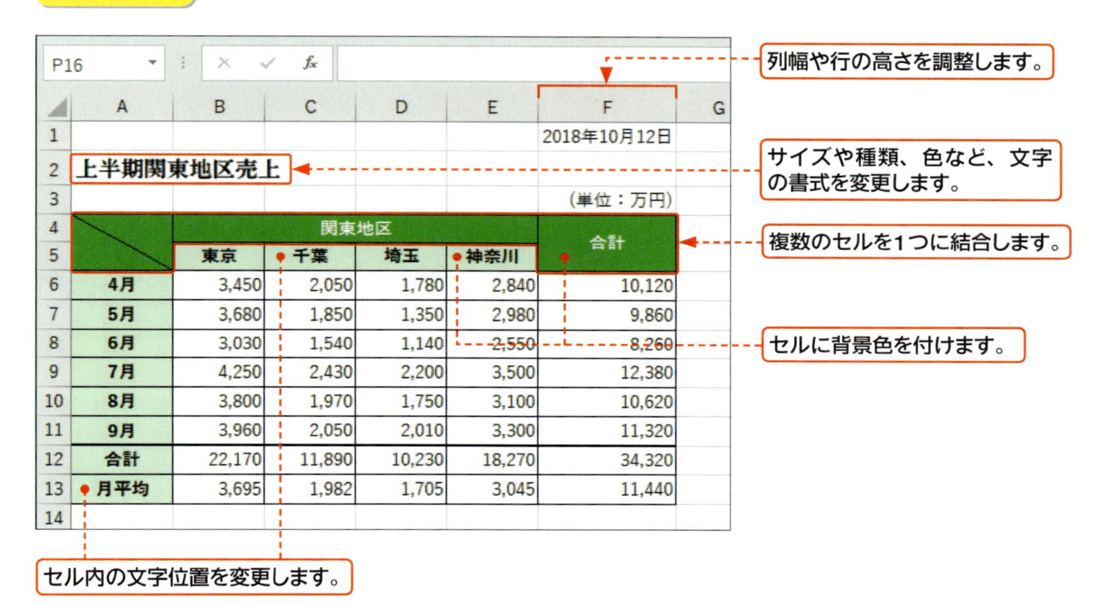

2018年10月12日

上半期関東地区売上

(単位：万円)

	関東地区				合計
	東京	千葉	埼玉	神奈川	
4月	3,450	2,050	1,780	2,840	10,120
5月	3,680	1,850	1,350	2,980	9,860
6月	3,030	1,540	1,140	2,550	8,260
7月	4,250	2,430	2,200	3,500	12,380
8月	3,800	1,970	1,750	3,100	10,620
9月	3,960	2,050	2,010	3,300	11,320
合計	22,170	11,890	10,230	18,270	34,320
月平均	3,695	1,982	1,705	3,045	11,440

条件付き書式の設定例

O17

第2四半期売上比較

	今期	前期	前期比	増減
東京	12,010	12,500	96.1%	-490
千葉	6,450	5,440	118.6%	1,010
埼玉	5,960	4,270	139.6%	1,690
神奈川	9,900	9,950	99.5%	-50
大阪	9,920	9,010	110.1%	910
京都	7,020	6,020	116.6%	1,000
奈良	5,230	3,760	139.1%	1,470

セルの値の上昇や下降を5つの矢印(アイコンセット)で表示します。

セルの値の大小を棒の長さ(データバー)で表示します。

Section 27

セルの表示形式を変更する

覚えておきたいキーワード
- 通貨スタイル
- パーセンテージスタイル
- 桁区切りスタイル

表示形式は、データを目的に合った形式でワークシート上に表示するための機能です。これを利用して数値を通貨スタイル、パーセンテージスタイル、桁区切りスタイルなどで表示したり、日付の表示形式を変えるなどして、表を見やすく使いやすくすることができます。

1 表示形式を通貨スタイルに変更する

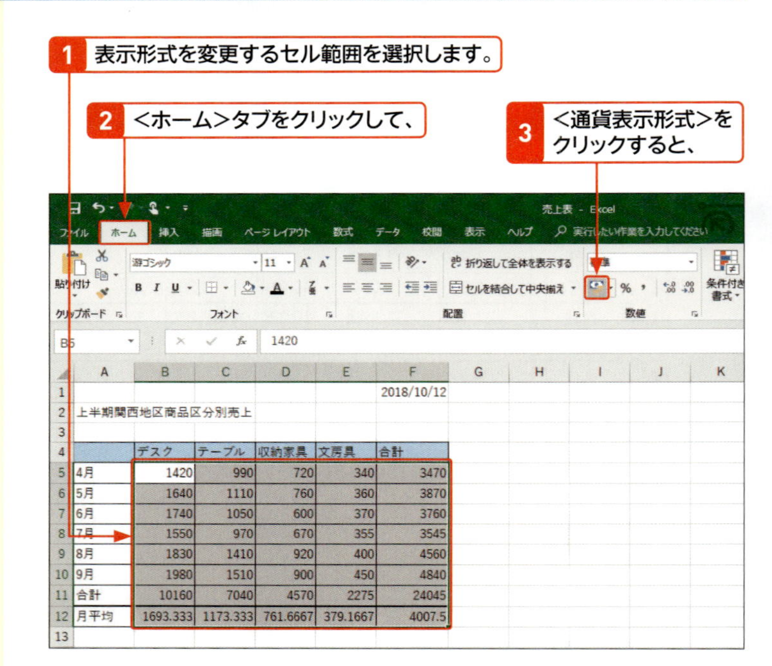

1 表示形式を変更するセル範囲を選択します。
2 <ホーム>タブをクリックして、
3 <通貨表示形式>をクリックすると、

4 選択したセル範囲が通貨スタイルに変更されます。

小数点以下の数値は四捨五入されて表示されます。

メモ 通貨スタイルへの変更

数値の表示形式を通貨スタイルに変更すると、数値の先頭に「¥」が付き、3桁ごとに「,」(カンマ)で区切った形式で表示されます。また、小数点以下の数値がある場合は、四捨五入されて表示されます。

ヒント 別の通貨記号を使うには？

「¥」以外の通貨記号を使いたい場合は、<通貨表示形式>の▾をクリックして表示される一覧から利用したい通貨記号を指定します。メニュー最下段の<その他の通貨表示形式>をクリックすると、<セルの書式設定>ダイアログボックスが表示され、そのほかの通貨記号が選択できます。

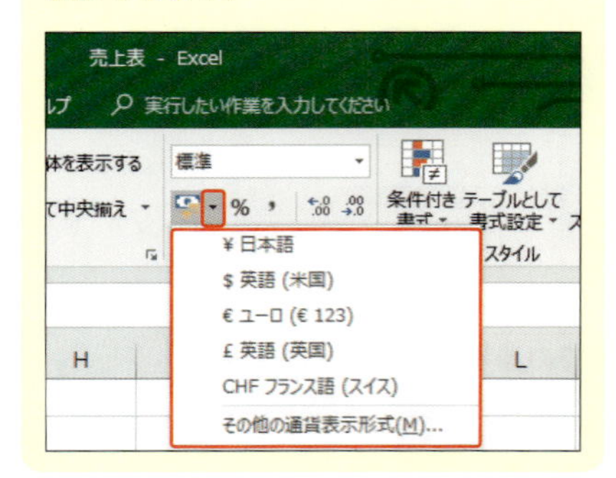

¥ 日本語
$ 英語 (米国)
€ ユーロ (€ 123)
£ 英語 (英国)
CHF フランス語 (スイス)
その他の通貨表示形式(M)...

2 表示形式をパーセンテージスタイルに変更する

1 表示形式を変更するセル範囲を選択します。

2 <ホーム>タブをクリックして、

3 <パーセントスタイル>をクリックすると、

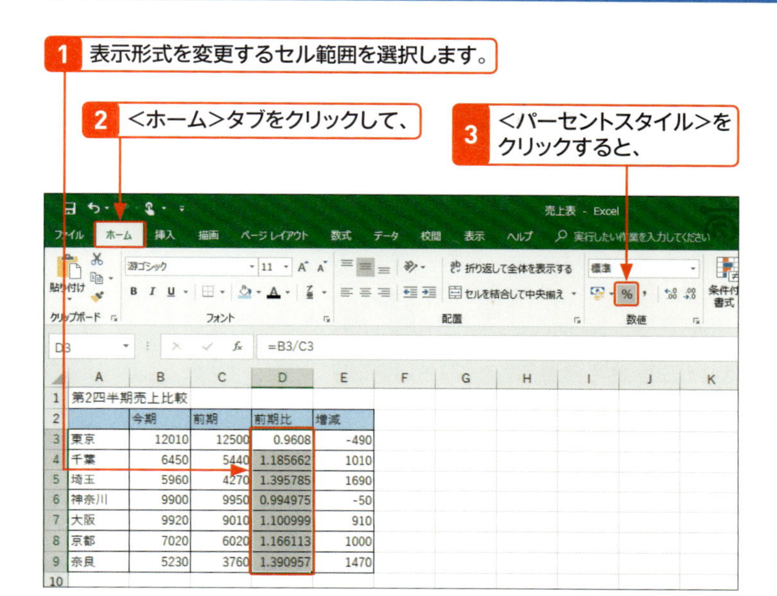

4 選択したセル範囲がパーセンテージスタイルに変更されます。

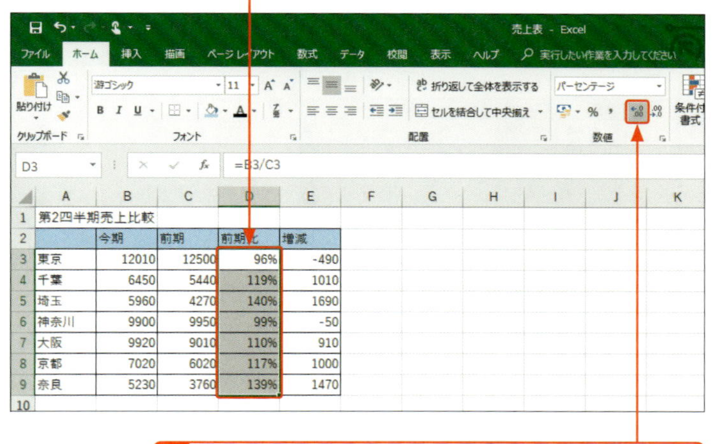

5 <小数点以下の表示桁数を増やす>をクリックすると、

	A	B	C	D	E	F	G
1	第2四半期売上比較						
2		今期	前期	前期比	増減		
3	東京	12010	12500	96.1%	-490		
4	千葉	6450	5440	118.6%	1010		
5	埼玉	5960	4270	139.6%	1690		
6	神奈川	9900	9950	99.5%	-50		
7	大阪	9920	9010	110.1%	910		
8	京都	7020	6020	116.6%	1000		
9	奈良	5230	3760	139.1%	1470		
10							

6 小数点以下の数字が1つ増えます。

メモ パーセンテージスタイルへの変更

数値をパーセンテージスタイルに変更すると、小数点以下の桁数が「0」(ゼロ)のパーセンテージスタイルになります。

ヒント 小数点以下の表示桁数を変更する

<ホーム>タブの<小数点以下の表示桁数を増やす>をクリックすると、小数点以下の桁数が1つ増え、<小数点以下の表示桁数を減らす>をクリックすると、小数点以下の桁数が1つ減ります。この場合、セルの表示上はデータが四捨五入されていますが、実際のデータは変更されません。

小数点以下の表示桁数を増やす

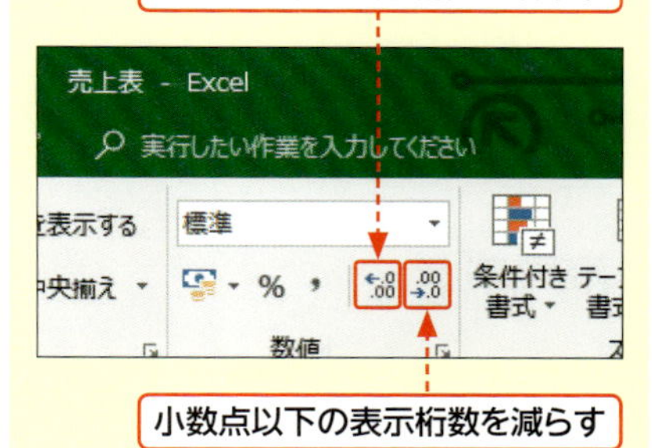

小数点以下の表示桁数を減らす

3 数値を3桁区切りで表示する

メモ 桁区切りスタイルへの変更

数値を桁区切りスタイルに変更すると、3桁ごとに「,」(カンマ)で区切って表示されます。また、小数点以下の数値がある場合は、四捨五入されて表示されます。

1 表示形式を変更するセル範囲を選択します。

	A	B	C	D	E	F	G
1						2018/10/12	
2	上半期関東地区売上						
3							
4		東京	千葉	埼玉	神奈川	合計	
5	4月	3450	2050	1780	2840	10120	
6	5月	3680	1850	1350	2980	9860	
7	6月	3030	1540	1140	2550	8260	
8	7月	4250	2430	2200	3500	12380	
9	8月	3800	1970	1750	3100	10620	
10	9月	3960	2050	2010	3300	11320	
11	合計	22170	11890	10230	18270	34320	
12	月平均	3695	1981.667	1705	3045	11440	
13							

2 <ホーム>タブをクリックして、

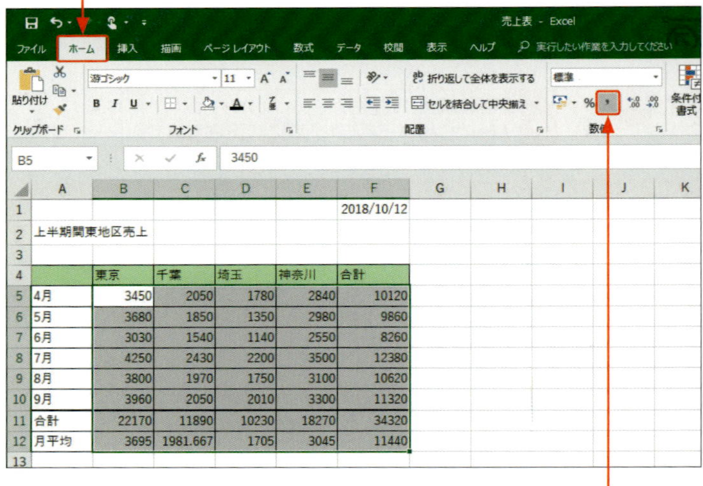

	A	B	C	D	E	F	G
1						2018/10/12	
2	上半期関東地区売上						
3							
4		東京	千葉	埼玉	神奈川	合計	
5	4月	3450	2050	1780	2840	10120	
6	5月	3680	1850	1350	2980	9860	
7	6月	3030	1540	1140	2550	8260	
8	7月	4250	2430	2200	3500	12380	
9	8月	3800	1970	1750	3100	10620	
10	9月	3960	2050	2010	3300	11320	
11	合計	22170	11890	10230	18270	34320	
12	月平均	3695	1981.667	1705	3045	11440	
13							

3 <桁区切りスタイル>をクリックすると、

4 数値が3桁ごとに「,」で区切られて表示されます。

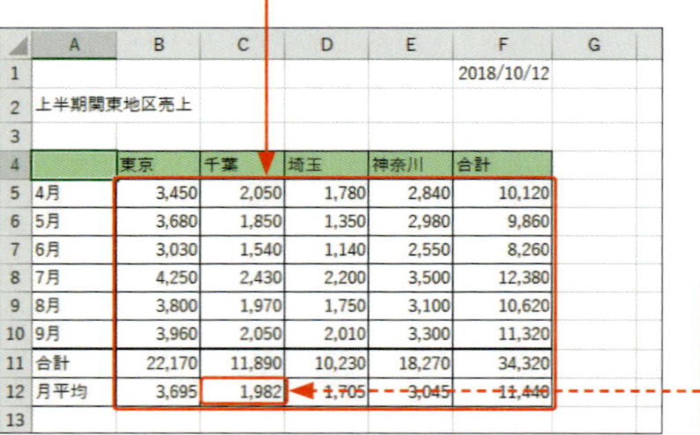

	A	B	C	D	E	F	G
1						2018/10/12	
2	上半期関東地区売上						
3							
4		東京	千葉	埼玉	神奈川	合計	
5	4月	3,450	2,050	1,780	2,840	10,120	
6	5月	3,680	1,850	1,350	2,980	9,860	
7	6月	3,030	1,540	1,140	2,550	8,260	
8	7月	4,250	2,430	2,200	3,500	12,380	
9	8月	3,800	1,970	1,750	3,100	10,620	
10	9月	3,960	2,050	2,010	3,300	11,320	
11	合計	22,170	11,890	10,230	18,270	34,320	
12	月平均	3,695	1,982	1,705	3,045	11,440	
13							

小数点以下の数値は四捨五入されて表示されます。

4 日付の表示形式を変更する

1 日付が入力されたセルをクリックして、

2 <ホーム>タブをクリックし、

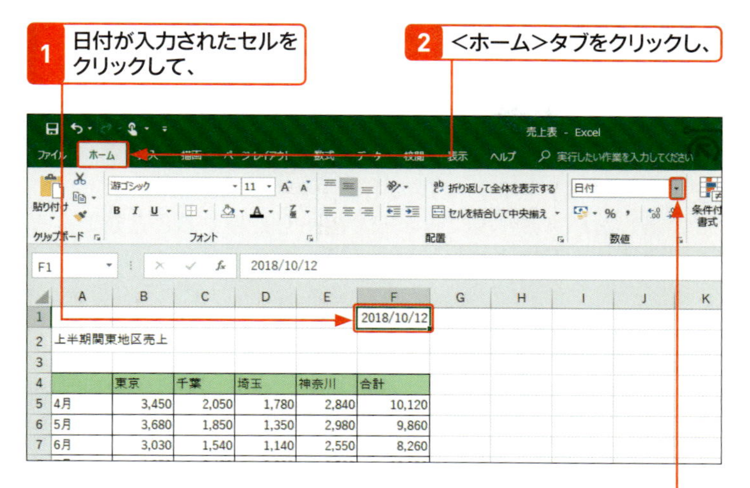

3 <数値の書式>のここをクリックします。

4 <長い日付形式>をクリックすると、

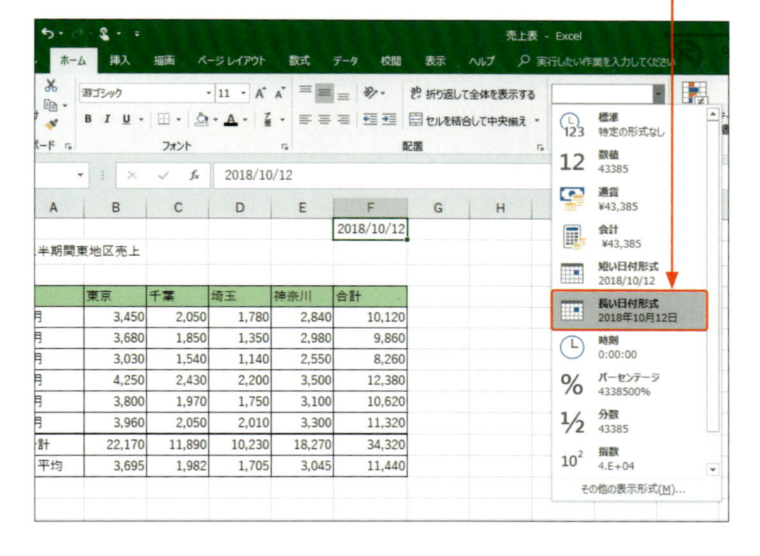

5 日付の表示形式が変更されます。

	A	B	C	D	E	F
1						2018年10月12日
2	上半期関東地区売上					
3						
4		東京	千葉	埼玉	神奈川	合計
5	4月	3,450	2,050	1,780	2,840	10,120
6	5月	3,680	1,850	1,350	2,980	9,860
7	6月	3,030	1,540	1,140	2,550	8,260

列幅は自動的に調整されます。

メモ 日付の表示形式の変更

日付の表示形式は、<ホーム>タブの<数値>グループの をクリックすると表示される<セルの書式設定>ダイアログボックスの<表示形式>で変更することもできます。このダイアログボックスを利用すると、<カレンダーの種類>で<和暦>を指定することもできます。

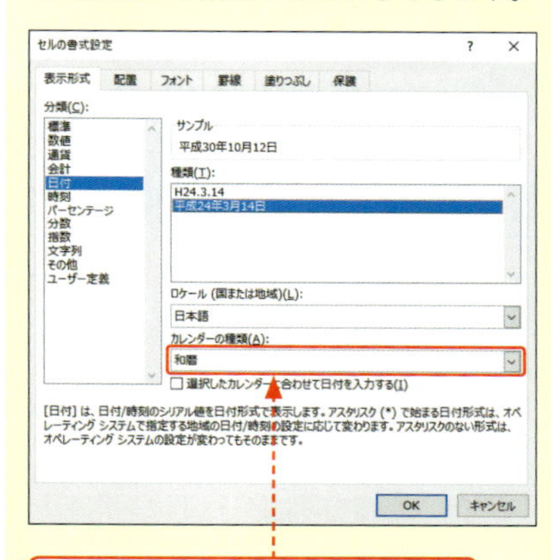

和暦を指定することもできます。

ステップアップ 日付や時刻のデータ

Excelでは、日付や時刻のデータは、「シリアル値」という数値で扱われます。日付スタイルや時刻スタイルのセルの表示形式を標準スタイルに変更すると、シリアル値が表示されます。たとえば、「2019/1/1 12:00」の場合は、シリアル値の「43466.5」が表示されます。

Section 28 文字の配置を変更する

覚えておきたいキーワード
- 中央揃え
- 折り返して全体を表示
- 縦書き

文字を入力した直後は、数値は右揃えに、文字は左揃えに配置されますが、この配置は任意に変更できます。また、セルの中に文字が入りきらない場合は、文字を折り返して表示したり、セル幅に合わせて縮小したりすることができます。文字を縦書きにすることも可能です。

1 文字をセルの中央に揃える

メモ 文字の左右の配置

<ホーム>タブの<配置>グループで以下のコマンドを利用すると、セル内の文字を左揃えや中央揃え、右揃えに設定できます。

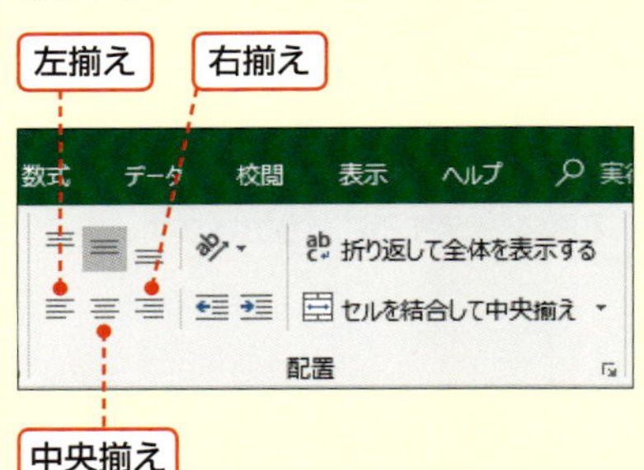

ステップアップ 文字の上下の配置

<ホーム>タブの<配置>グループで以下のコマンドを利用すると、セル内の文字を上揃えや上下中央揃え、下揃えに設定できます。

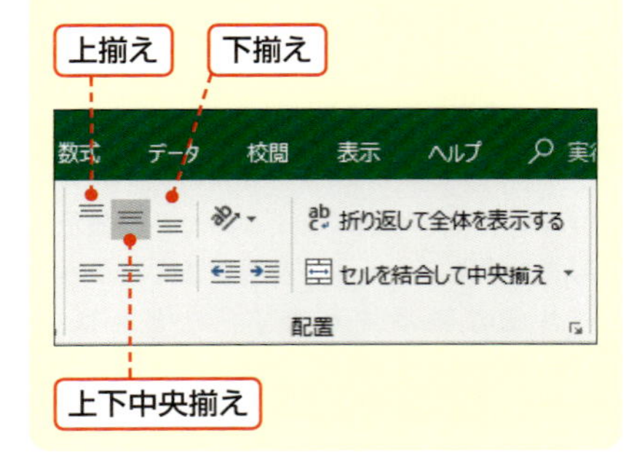

1 文字配置を変更するセル範囲を選択します。

2 <ホーム>タブをクリックして、

3 <中央揃え>をクリックすると、

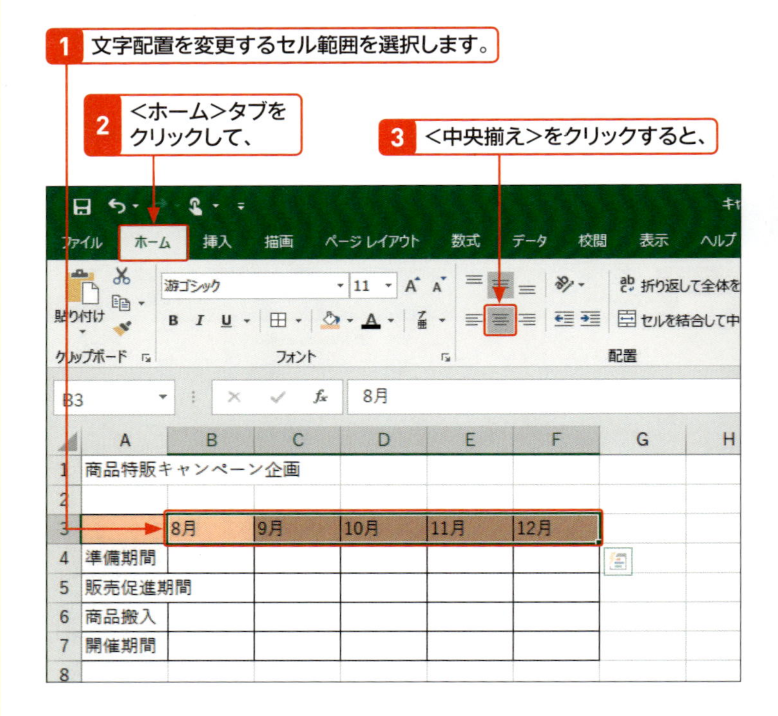

4 文字が中央揃えに設定されます。

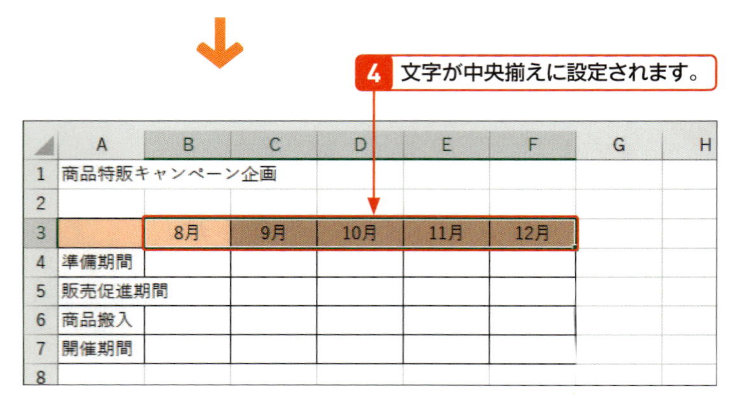

2 セルに合わせて文字を折り返す

1 セル内に文字が収まっていないセルをクリックします。

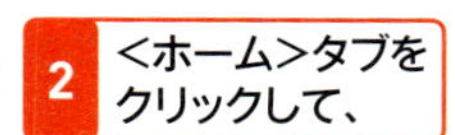
2 <ホーム>タブをクリックして、

3 <折り返して全体を表示する>をクリックすると、

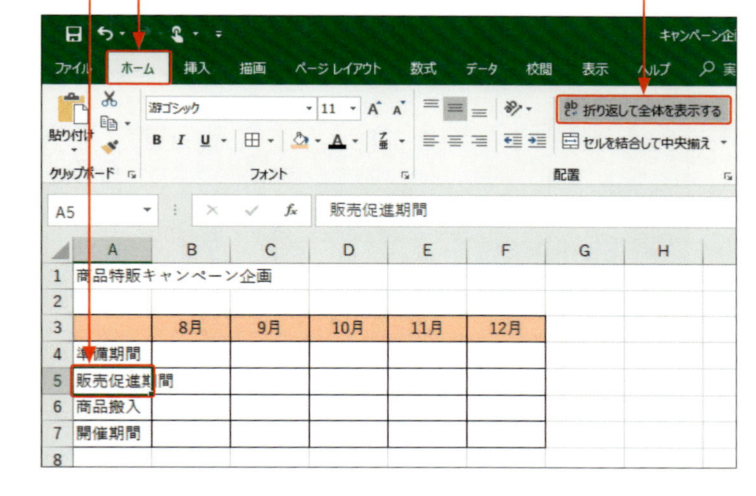

4 セル内で文字が折り返され、文字全体が表示されます。

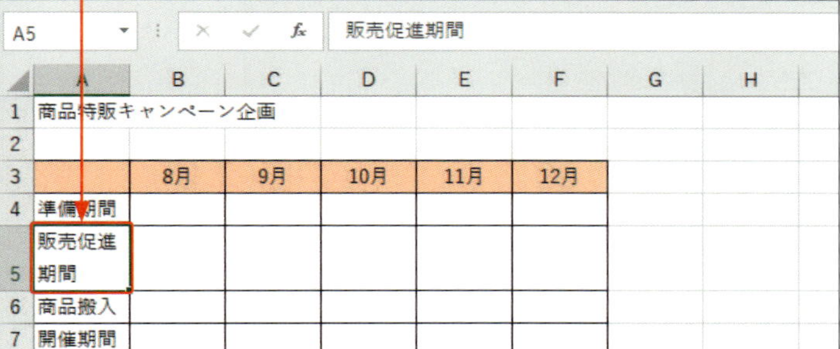

メモ 文字を折り返す

左の手順で操作すると、セルに合わせて文字が自動的に折り返されて表示されます。文字の折り返し位置は、セル幅に応じて自動的に調整されます。折り返した文字列をもとに戻すには、<折り返して全体を表示する>を再度クリックします。

ヒント 行の高さは自動調整される

文字を折り返すと、折り返した文字に合わせて、行の高さが自動的に調整されます。

ステップアップ 指定した位置で文字を折り返す

指定した位置で文字を折り返したい場合は、改行を入力します。セル内をダブルクリックして、折り返したい位置にカーソルを移動し、Alt＋Enterを押すと、指定した位置で改行されます。

ステップアップ インデントを設定する

「インデント」とは、文字とセル枠線との間隔を広くする機能のことです。インデントを設定するには、セル範囲を選択して、<ホーム>タブの<インデントを増やす>をクリックします。クリックするごとに、セル内のデータが1文字分ずつ右へ移動します。インデントを解除するには、<インデントを減らす>をクリックします。

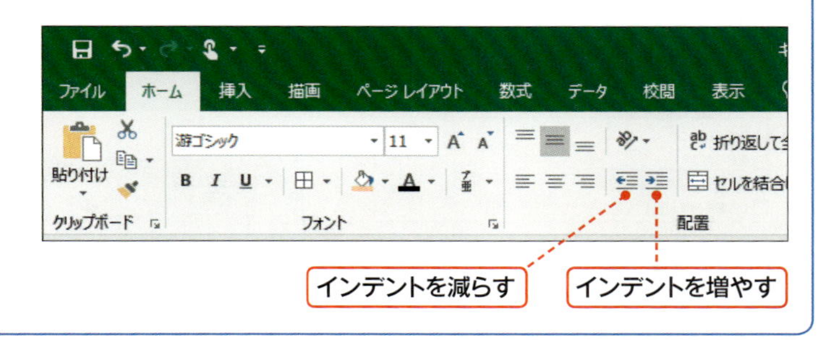

3 文字の大きさをセルの幅に合わせる

メモ 縮小して全体を表示する

右の手順で操作すると、セル内に収まらない文字がセルの幅に合わせて自動的に縮小して表示されます。セルの幅を変えずに文字全体を表示したいときに便利な機能です。セル幅を広げると、文字の大きさはもとに戻ります。

1 文字の大きさを調整するセルをクリックして、

2 <ホーム>タブをクリックし、

3 <配置>グループのここをクリックします。

4 <縮小して全体を表示する>をクリックしてオンにし、

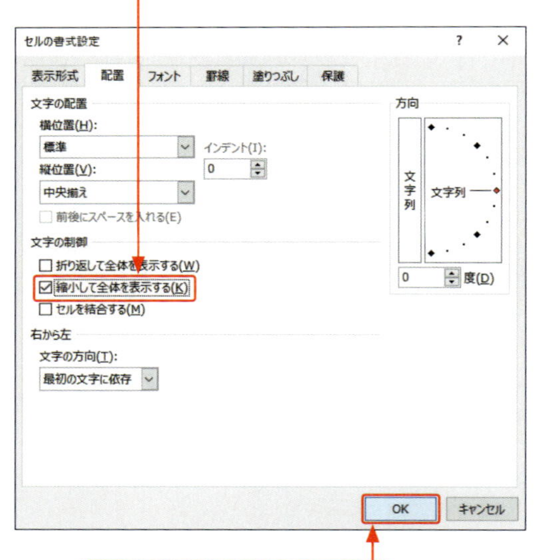

5 <OK>をクリックすると、

6 文字がセルの幅に合わせて、自動的に縮小されます。

ステップアップ 文字の縦位置の調整

<セルの書式設定>ダイアログボックスの<文字の配置>グループの<縦位置>を利用すると、<上詰め>や<下詰め>など、文字の縦位置を設定できます。

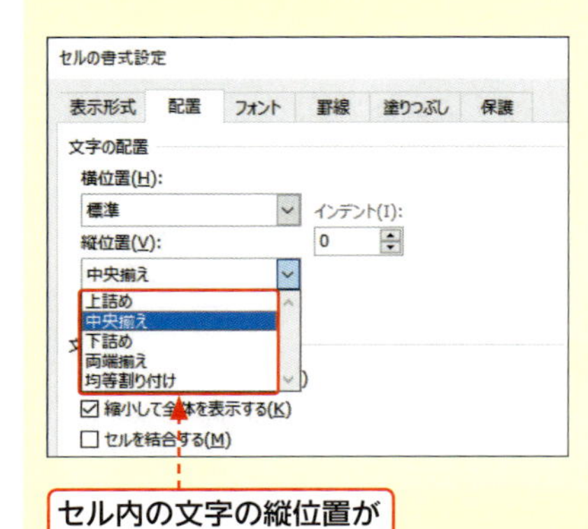

セル内の文字の縦位置が設定できます。

4 文字を縦書きで表示する

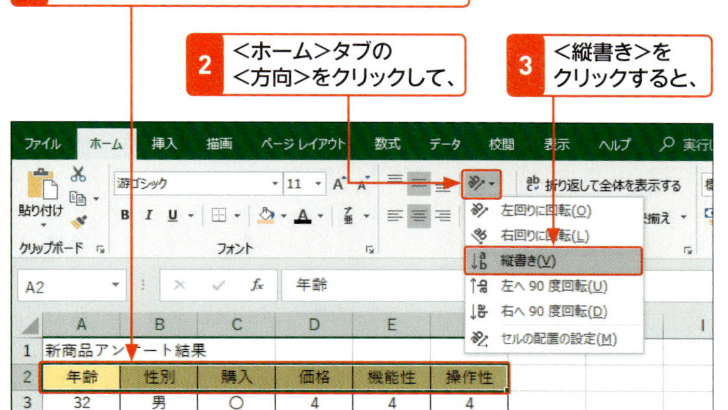

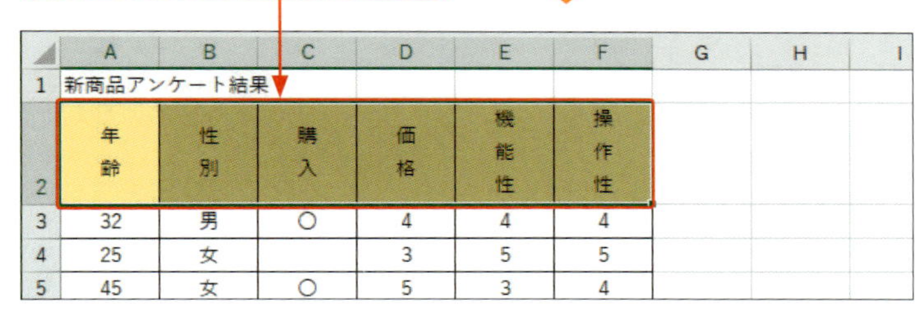

メモ 文字の方向

左の手順では文字を縦書きに設定しましたが、<左回りに回転><右回りに回転>をクリックすると、それぞれの方向に45度回転させることができます。

ステップアップ 文字の角度を自由に設定する

<セルの書式設定>ダイアログボックスの<配置>の<方向>を利用すると（前ページ参照）、文字列の角度を任意に設定することができます。

ステップアップ 均等割り付けを設定する

「均等割り付け」とは、セル内の文字をセル幅に合わせて均等に配置する機能のことです。均等割り付けは、セル範囲を選択して<セルの書式設定>ダイアログボックスの<配置>を表示し、<文字の配置>グループの<横位置>で設定します。

なお、セル幅を超える文字が入力されているセルで均等割り付けを設定すると、その文字は折り返されます。

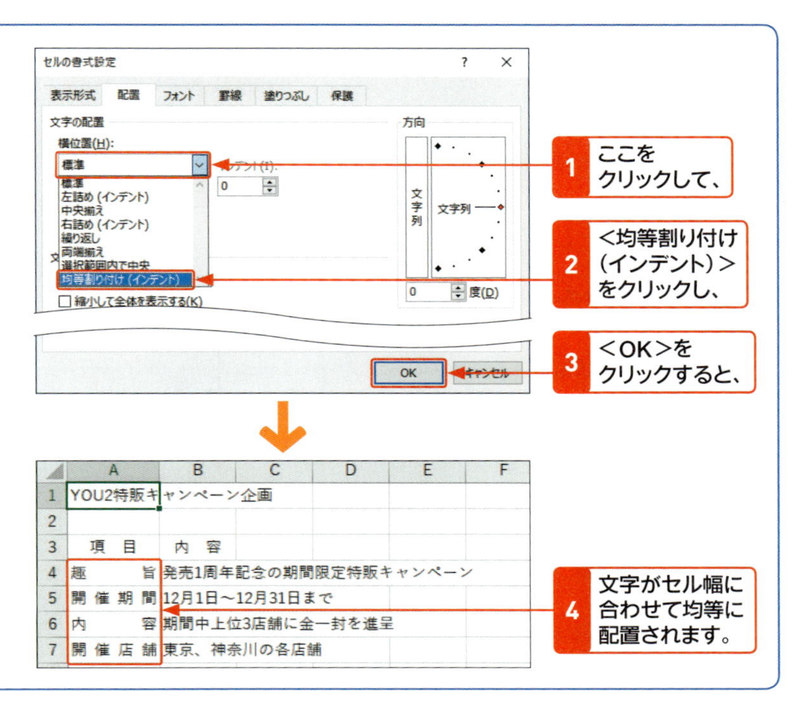

Section 29 文字のスタイルを変更する

覚えておきたいキーワード
- ☑ 太字
- ☑ 斜体／下線
- ☑ 上付き／下付き

文字を太字や斜体にしたり、下線を付けたりすると、特定の文字を目立たせることができ、表にメリハリが付きます。また、文字を上付きや下付きにすることもできます。文字にさまざまなスタイルを設定するには、<ホーム>タブの<フォント>グループの各コマンドを利用します。

1 文字を太字にする

1 文字を太字にするセルをクリックします。

2 <ホーム>タブをクリックして、

3 <太字>をクリックすると、

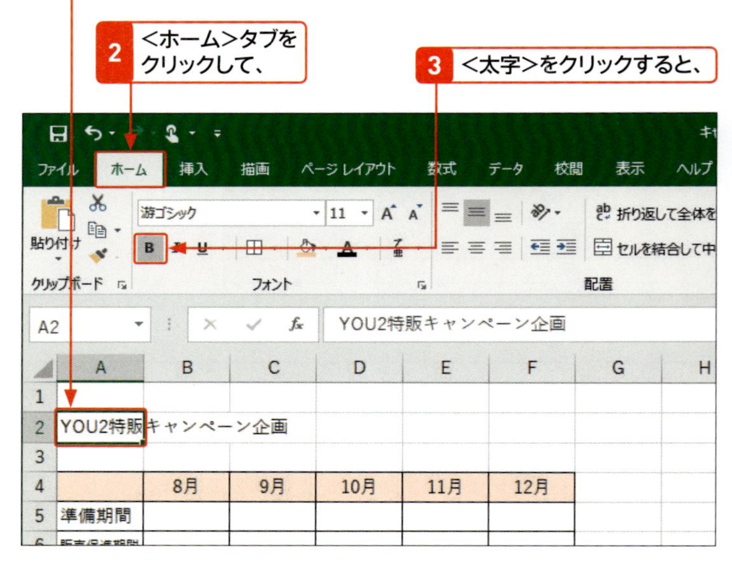

4 文字が太字に設定されます。

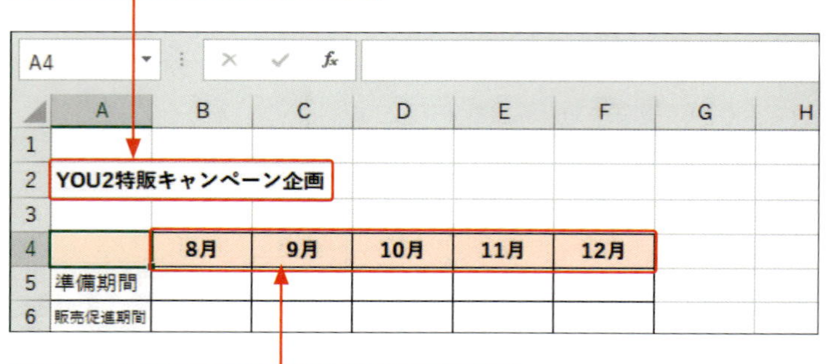

5 同様にこれらの文字も太字に設定します。

ヒント 太字を解除するには？

太字の設定を解除するには、セルをクリックして、<ホーム>タブの<太字> B を再度クリックします。

ヒント 文字の一部分に書式を設定するには？

セルを編集できる状態にして、文字の一部分を選択してから書式を設定すると、選択した部分の文字だけに書式を設定することができます。

	A	B	C	D
1				
2	YOU2特販キャンペーン企画			
3				

文字の一部分を選択します。

2 文字を斜体にする

1 文字を斜体にするセル範囲を選択します。

	A	B	C	D	E	F	G	H
1								
2	YOU2特販キャンペーン企画							
3								
4		8月	9月	10月	11月	12月		
5	準備期間							
6	販売促進期間							
7	商品搬入							
8	開催期間							
9								

2 ＜ホーム＞タブをクリックして、

3 ＜斜体＞をクリックすると、

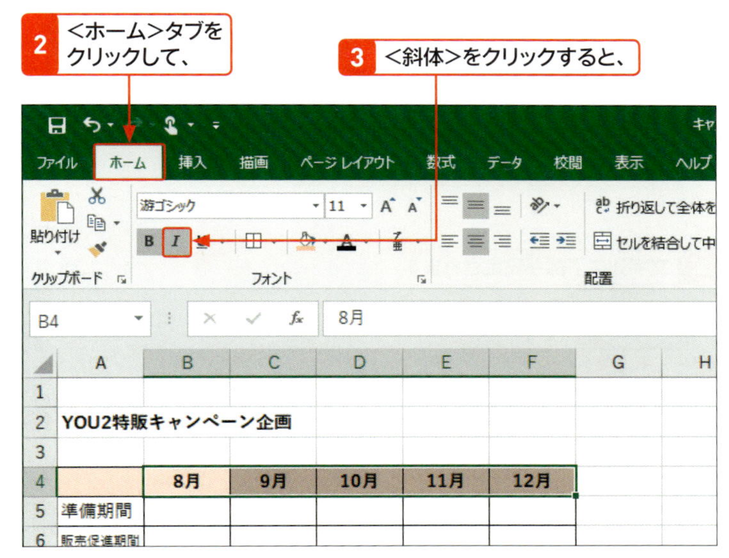

4 文字が斜体に設定されます。

	A	B	C	D	E	F	G	H
1								
2	YOU2特販キャンペーン企画							
3								
4		*8月*	*9月*	*10月*	*11月*	*12月*		
5	準備期間							
6	販売促進期間							
7	商品搬入							
8	開催期間							
9								

ヒント 斜体を解除するには

斜体の設定を解除するには、セルをクリックし、＜ホーム＞タブの＜斜体＞ I を再度クリックします。

ステップアップ 文字のスタイルを変更する

文字を太字や斜体にしたり、下線を付けたりするには、＜ホーム＞タブのコマンドを利用するほかに、＜セルの書式設定＞ダイアログボックスの＜フォント＞（P.105参照）で設定することもできます。このダイアログボックスを利用すると、これらの書式をまとめて設定することができます。

3 文字に下線を付ける

メモ 二重下線を付ける

＜下線＞ U の ▾ をクリックすると表示されるメニューを利用すると、二重下線を引くことができます。なお、下線を解除するには、下線が付いているセルをクリックして、＜下線＞ U を再度クリックします。

ステップアップ 会計用の下線を付ける

＜セルの書式設定＞ダイアログボックスの＜フォント＞（次ページ参照）の＜下線＞を利用すると、会計用の下線を付けることができます。

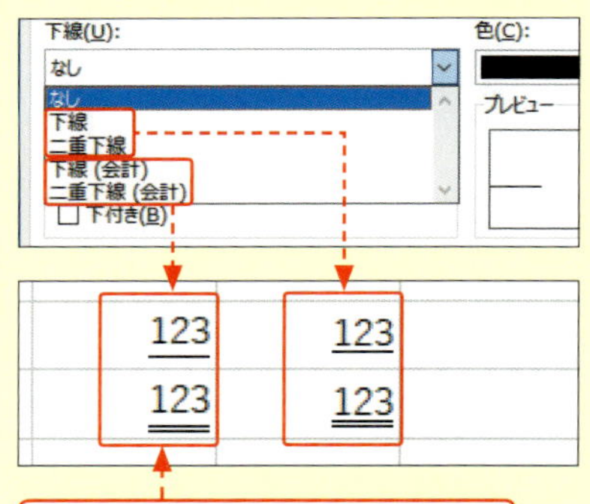

会計用の下線は文字と重ならないため、文字列が見やすくなります。

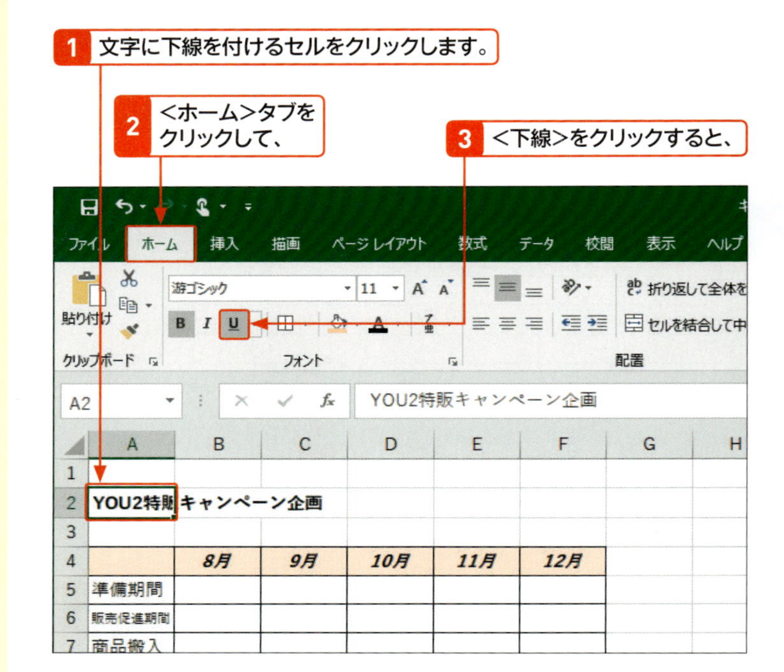

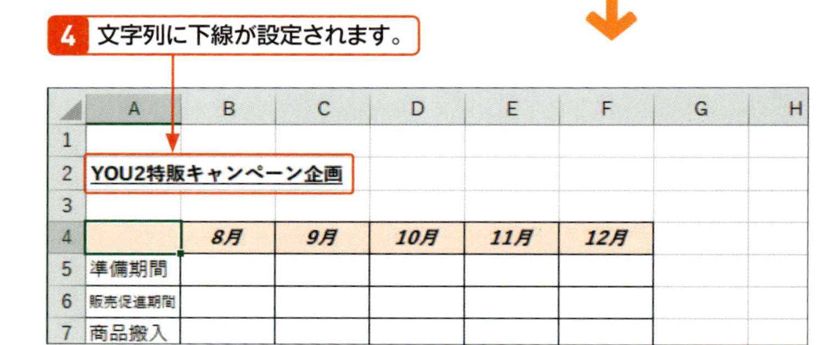

ヒント 文字色と異なる色で下線を引きたい場合は？

上記の手順で引いた下線は、文字色と同色になります。文字色と異なる色で下線を引きたい場合は、文字の下に直線を描画して、線の色を目的の色に設定するとよいでしょう。図形の描画と編集については、Sec.102、Sec.103を参照してください。

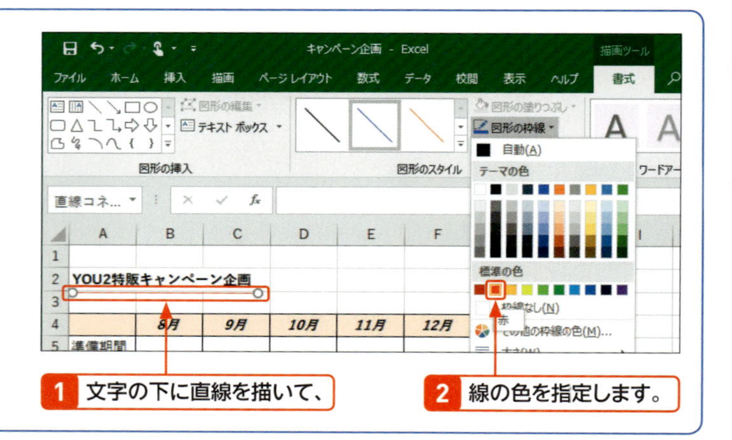

4 上付き／下付き文字にする

1 上付き（あるいは下付き）にする文字を選択して、

2 <ホーム>タブをクリックし、

3 <フォント>グループのここをクリックします。

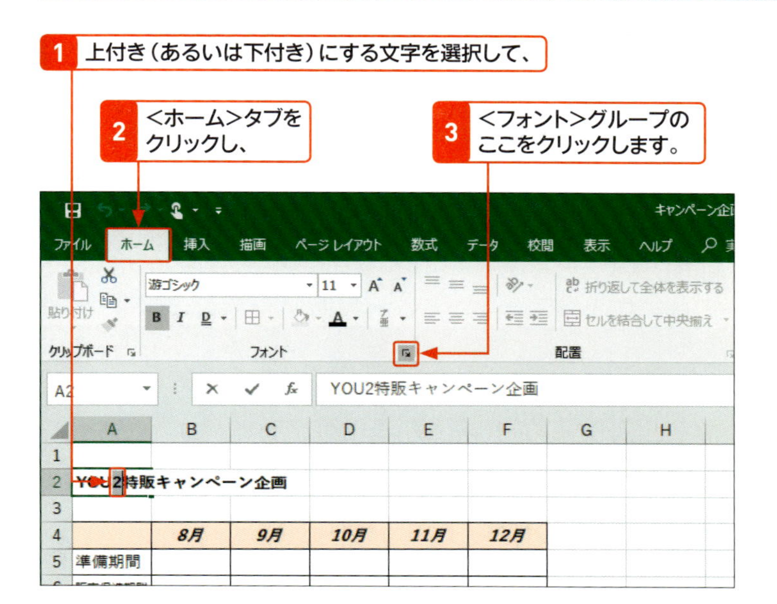

4 <上付き>をクリックして、

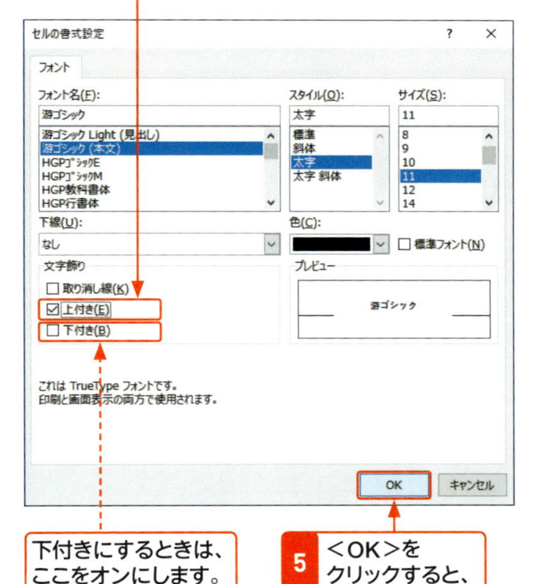

下付きにするときは、ここをオンにします。

5 <OK>をクリックすると、

6 文字が上付きに設定されます。

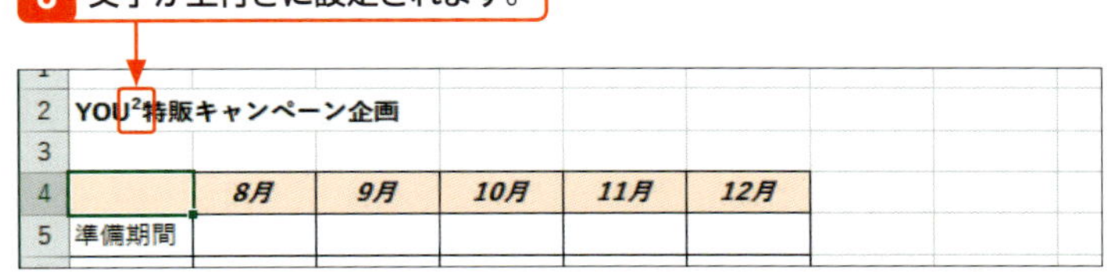

新機能 クイックアクセスツールバーに登録する

Excel 2019では、<上付き>や<下付き>を、クイックアクセスツールバーにコマンドとして登録することもできます。頻繁に使用する場合は、登録しておくとよいでしょう（P.308参照）。

ステップアップ 取り消し線を引く

<セルの書式設定>ダイアログボックスの<文字飾り>で<取り消し線>をクリックしてオンにすると、文字に取り消し線を引くことができます。

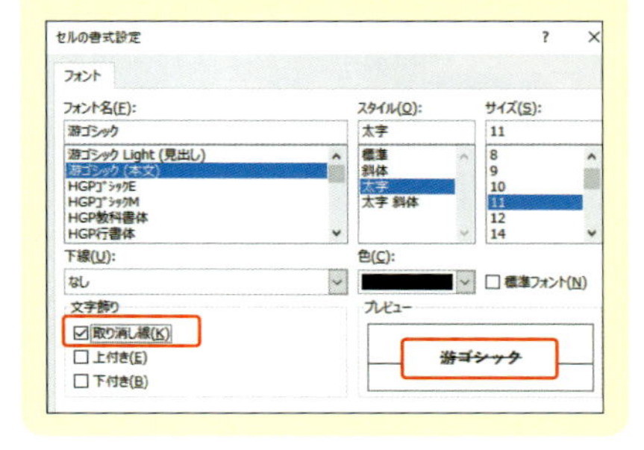

Section 30 文字サイズやフォントを変更する

覚えておきたいキーワード
- 文字サイズ
- フォント
- フォントサイズ

文字サイズやフォントは、任意に変更することが可能です。表のタイトルや項目などを目立たせたり、重要な箇所を強調したりすることができます。文字サイズやフォントを変更するには、<ホーム>タブの<フォントサイズ>と<フォント>を利用します。

1 文字サイズを変更する

メモ Excelの既定のフォント

Excelの既定のフォントは「游ゴシック」、スタイルは「標準」、サイズは「11」ポイントです。なお、「1pt」は1/72インチで、およそ0.35mmです。

ステップアップ 文字サイズを直接入力する

<フォントサイズ>は、文字サイズの数値を直接入力して設定することもできます。この場合、一覧には表示されない「9.5pt」や「96pt」といった文字サイズを指定することも可能です。

1 文字サイズを変更するセルをクリックします。

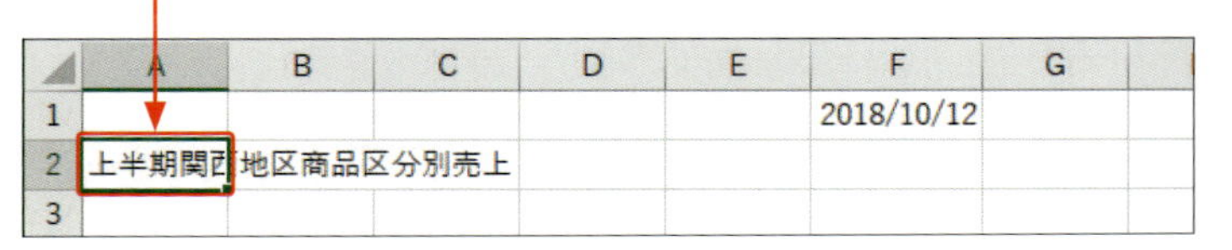

2 <ホーム>タブをクリックして、

3 <フォントサイズ>のここをクリックし、

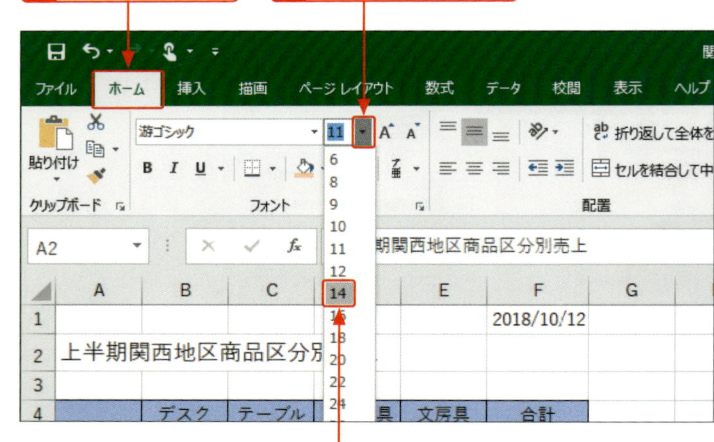

4 文字サイズにマウスポインターを合わせると、文字サイズが一時的に適用されて表示されます。

5 文字サイズをクリックすると、文字サイズの適用が確定されます。

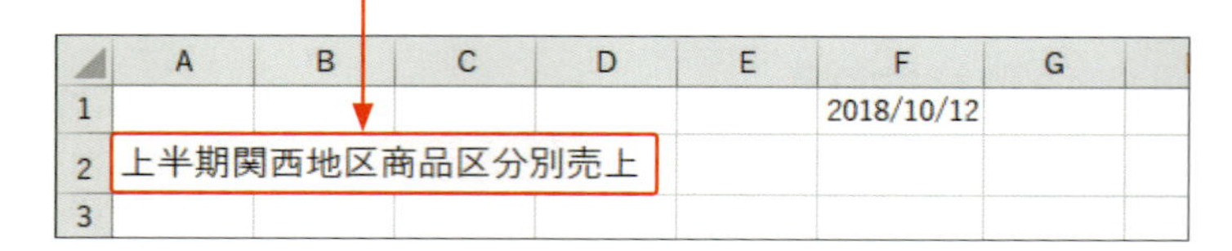

第3章 文字とセルの書式

2 フォントを変更する

1 フォントを変更するセルをクリックします。

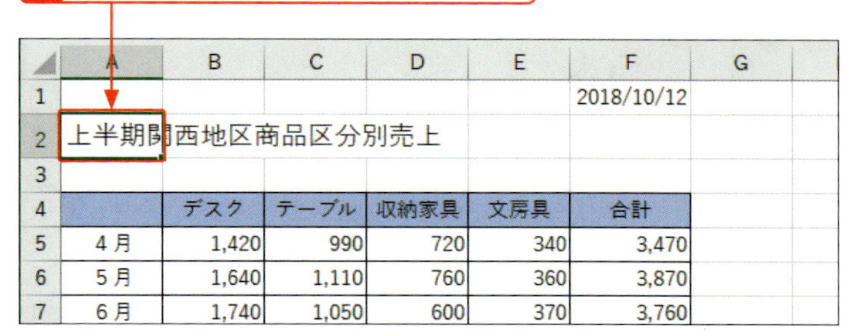

	A	B	C	D	E	F	G
1						2018/10/12	
2	上半期関西地区商品区分別売上						
3							
4		デスク	テーブル	収納家具	文房具	合計	
5	4月	1,420	990	720	340	3,470	
6	5月	1,640	1,110	760	360	3,870	
7	6月	1,740	1,050	600	370	3,760	

2 <ホーム>タブをクリックして、

3 <フォント>のここをクリックし、

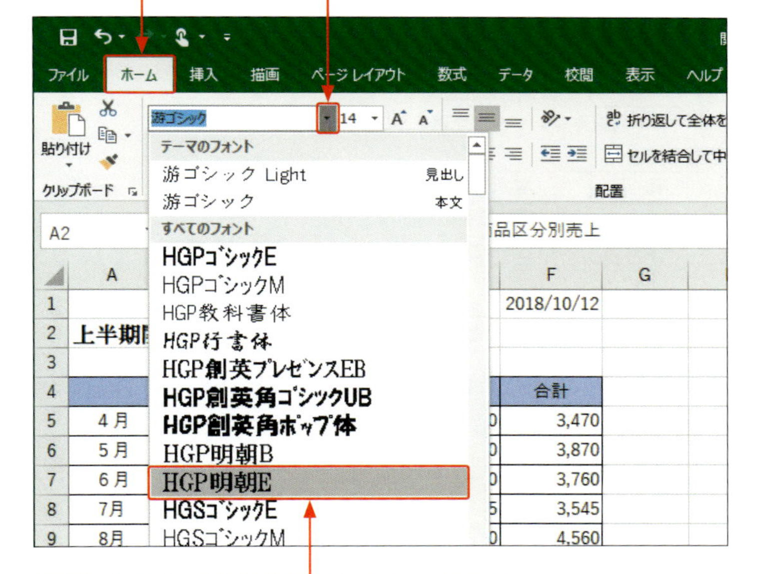

4 フォントにマウスポインターを合わせると、フォントが一時的に適用されて表示されます。

5 フォントをクリックすると、フォントの適用が確定されます。

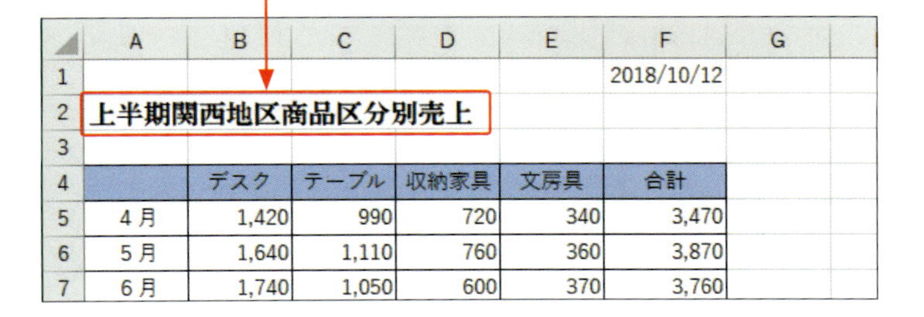

	A	B	C	D	E	F	G
1						2018/10/12	
2	上半期関西地区商品区分別売上						
3							
4		デスク	テーブル	収納家具	文房具	合計	
5	4月	1,420	990	720	340	3,470	
6	5月	1,640	1,110	760	360	3,870	
7	6月	1,740	1,050	600	370	3,760	

ヒント ミニツールバーを使う

文字サイズやフォントは、セルを右クリックすると表示されるミニツールバーから変更することもできます。

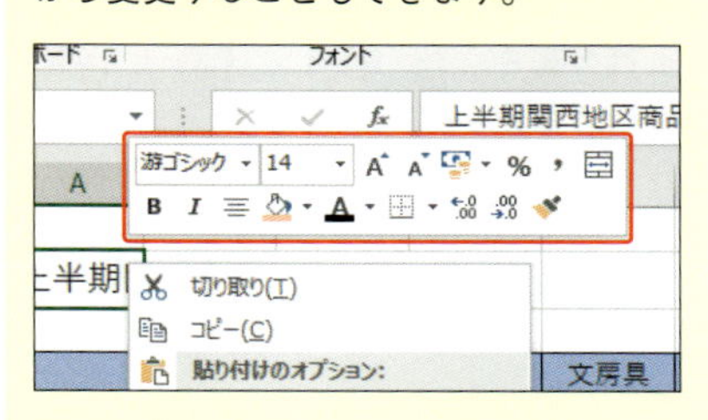

ヒント 一部の文字だけを変更するには？

セルを編集できる状態にして、文字の一部分を選択すると、選択した部分のフォントや文字サイズだけを変更することができます。

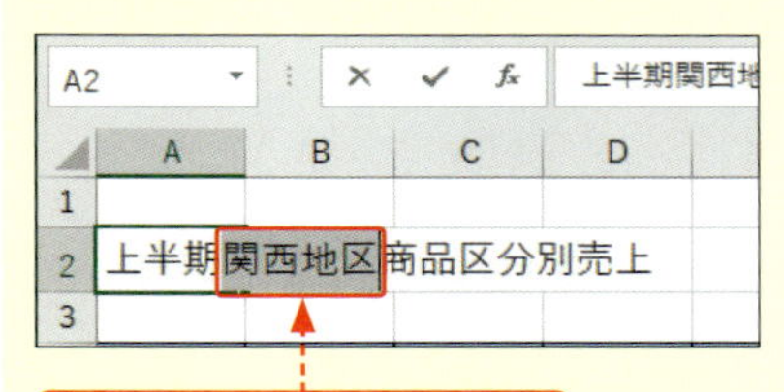

文字の一部分を選択します。

ステップアップ 文字の書式をまとめて変更する

<ホーム>タブの<フォント>グループの をクリックすると表示される<セルの書式設定>ダイアログボックスの<フォント>（P.105参照）を利用すると、フォントや文字サイズ、文字のスタイルや色などをまとめて変更することができます。

Section 31

列の幅や行の高さを調整する

覚えておきたいキーワード
- 列の幅
- 行の高さ
- 列の幅の自動調整

数値や文字がセルに収まりきらない場合や、表の体裁を整えたい場合は、列の幅や行の高さを変更します。列の幅や行の高さは、列番号や行番号の境界をマウスでドラッグしたり、数値で指定したりして変更します。また、セルのデータに合わせて列の幅を調整することもできます。

1 ドラッグして列の幅を変更する

メモ ドラッグ操作による列の幅や行の高さの変更

列番号や行番号の境界にマウスポインターを合わせ、ポインターの形が ✣ や ✣ に変わった状態でドラッグすると、列の幅や行の高さを変更できます。

列の幅を変更する場合は目的の列番号の右側に、行の高さを変更する場合は目的の行番号の下側に、マウスポインターを合わせます。

ヒント 列の幅や行の高さの表示単位

変更中の列の幅や行の高さは、マウスポインターの右上に数値で表示されます（手順2の図参照）。列の幅は、Excelの既定のフォント（11ポイント）で入力できる半角文字の「文字数」で、行の高さは、入力できる文字の「ポイント数」で表されます。カッコの中にはピクセル数が表示されます。

1 幅を変更する列番号の境界にマウスポインターを合わせ、ポインターの形が ✣ に変わった状態で、

	A	B	C	D	E	F	G
1							
2	YOU²特販キャンペーン企画						
3							
4	項　目	内　容					
5	趣旨	発売1周年記念の期間限定特販キャンペーン					
6	開催期間	12月1日～12月31日まで					

2 右方向にドラッグすると、

A1　幅: 15.25 (127 ピクセル)

	A	B	C	D	E	F
1						
2	YOU²特販キャンペーン企画					
3						
4	項　目	内　容				
5	趣旨	発売1周年記念の期間限定特販キャンペーン				
6	開催期間	12月1日～12月31日まで				

3 列の幅が変更されます。

	A	B	C	D	E	F
1						
2	YOU²特販キャンペーン企画					
3						
4	項　目	内　容				
5	趣旨	発売1周年記念の期間限定特販キャンペーン				
6	開催期間	12月1日～12月31日まで				

2 セルのデータに列の幅を合わせる

1 幅を変更する列番号の境界にマウスポインターを合わせ、形が ✛ に変わった状態で、

	A	B ✛	C	D	E	F
1						
2	YOU²特販キャンペーン企画					
3						
4	項　目	内　容				
5	趣旨	発売1周年記念の期間限定特販キャンペーン				
6	開催期間	12月1日～12月31日まで				
7	キャンペーン内容	期間中上位3店舗に金一封を進呈				
8	開催店舗	東京、神奈川の各店舗				
9						

2 ダブルクリックすると、

3 セルのデータに合わせて、列の幅が変更されます。

	A	B	C
1			
2	YOU²特販キャンペーン企画		
3			
4	項　目	内　容	
5	趣旨	発売1周年記念の期間限定特販キャンペーン	
6	開催期間	12月1日～12月31日まで	
7	キャンペーン内容	期間中上位3店舗に金一封を進呈	
8	開催店舗	東京、神奈川の各店舗	
9			

対象となる列内のセルで、もっとも長いデータに合わせて列の幅が自動的に調整されます。

ヒント 複数の行や列を同時に変更するには?

複数の行または列を選択した状態で境界をドラッグするか、<行の高さ>ダイアログボックスまたは<列の幅>ダイアログボックス(下の「ステップアップ」参照)を表示して数値を入力すると、複数の行の高さや列の幅を同時に変更できます。

	A	B ✛	C	D	E	F	G
1						2018/10/12	
2	上半期関西地区商品区分別売上						
3							
4		デスク	テーブル	収納家具	文房具	合計	
5	4月	1,420	990	720	340	3,470	
6	5月	1,640	1,110	760	360	3,870	
7	6月	1,740	1,050	600	370	3,760	
8	7月	1,550	970	670	355	3,545	
9	8月	1,830	1,410	920	400	4,560	
10	9月	1,980	1,510	900	450	4,840	
11	合計	10,160	7,040	4,570	2,275	24,045	
12	月平均	1,693	1,173	762	379	4,008	
13							

複数の列を選択して境界をドラッグすると、列の幅を同時に変更できます。

ステップアップ 列の幅や行の高さを数値で指定する

列の幅や行の高さは、数値で指定して変更することもできます。
列の幅は、調整したい列をクリックして、<ホーム>タブの<セル>グループの<書式>から<列の幅>をクリックして表示される<列の幅>ダイアログボックスで指定します。行の高さは、同様の方法で<行の高さ>をクリックして表示される<行の高さ>ダイアログボックスで指定します。

<列の幅>ダイアログボックス

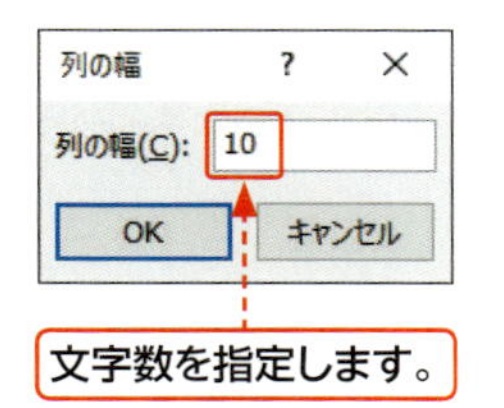

文字数を指定します。

<行の高さ>ダイアログボックス

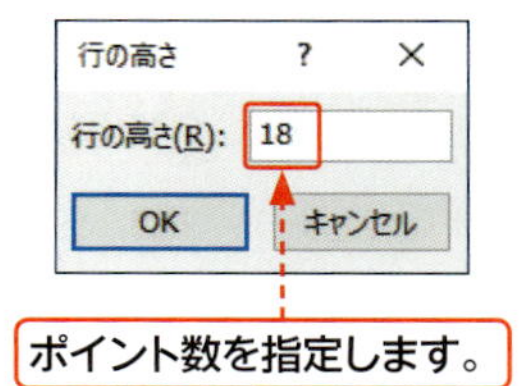

ポイント数を指定します。

Section 32

テーマを使って表の見た目を変更する

覚えておきたいキーワード
- テーマ
- 配色
- フォント

表の見た目をまとめて変更したいときは、テーマを利用すると便利です。テーマを利用すると、ブック全体のフォントやセルの背景色、塗りつぶしの効果などの書式をまとめて変更することができます。テーマの配色やフォントを個別にカスタマイズすることもできます。

1 テーマを変更する

	A	B
1		
2	YOU²特販キャンペーン企画	
3		
4	項　目	内　容
5	趣　旨	発売1周年記念の期間限定特販キャンペーン
6	開催期間	12月1日～12月31日まで
7	内　容	期間中売上上位3店舗に特別ボーナスを進呈
8	開催店舗	東京、神奈川の各店舗
9		
10		

テーマを設定する前の表です。

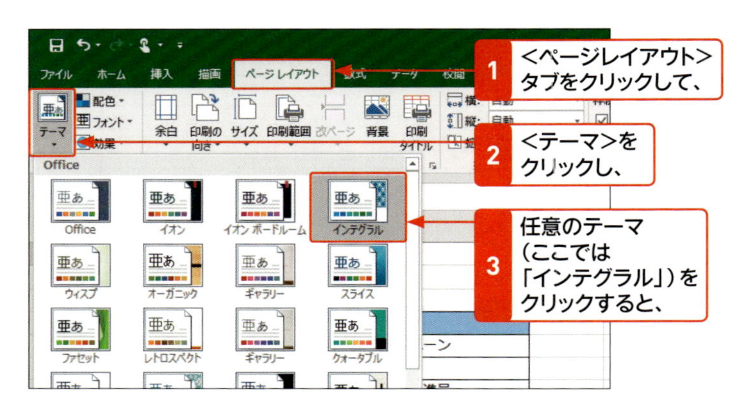

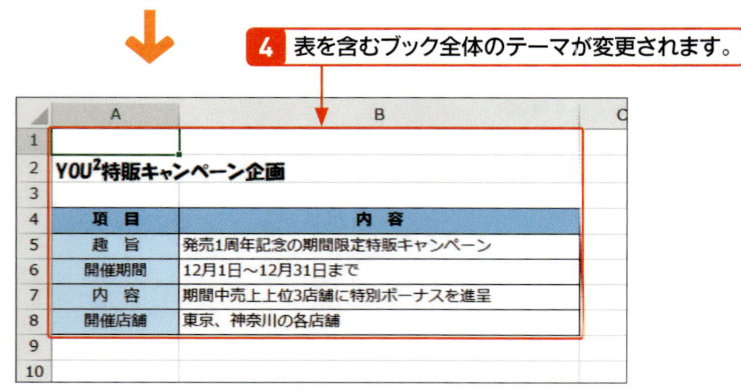

キーワード テーマ

「テーマ」とは、フォントやセルの背景色、塗りつぶしの効果などの書式をまとめたもので、ブック全体の書式をすばやくかんたんに設定できる機能です。設定したテーマは、ブック内のすべてのワークシートに適用されます。

ヒント テーマを変更しても設定が変わらない？

＜ホーム＞タブの＜塗りつぶしの色＞や＜フォントの色＞で＜標準の色＞を設定したり、＜フォント＞を＜すべてのフォント＞の一覧から設定したりした場合は、テーマは適用されません。

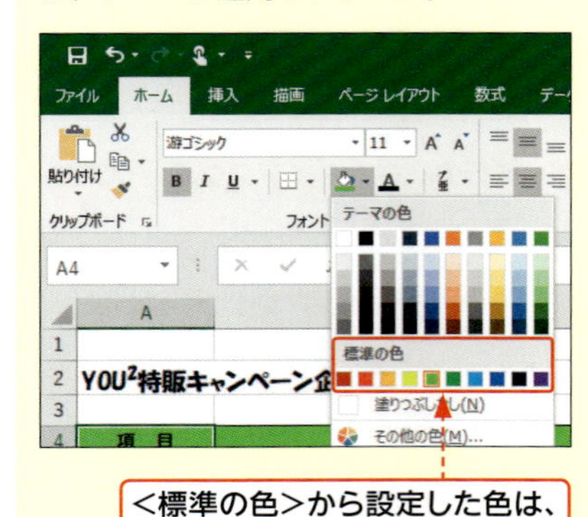

2 テーマの配色やフォントを変更する

1 <ページレイアウト>タブをクリックして、

2 <配色>をクリックし、

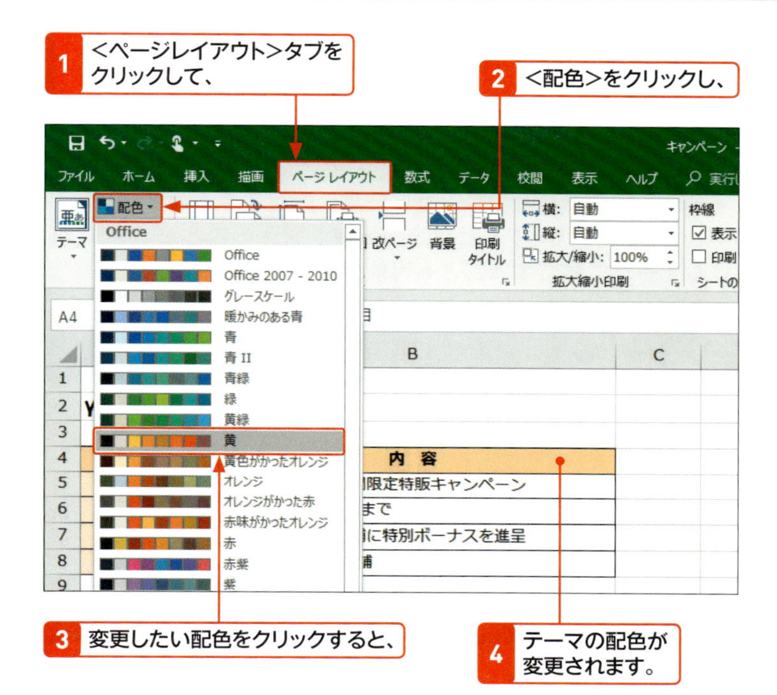

3 変更したい配色をクリックすると、

4 テーマの配色が変更されます。

5 <ページレイアウト>タブの<フォント>をクリックして、

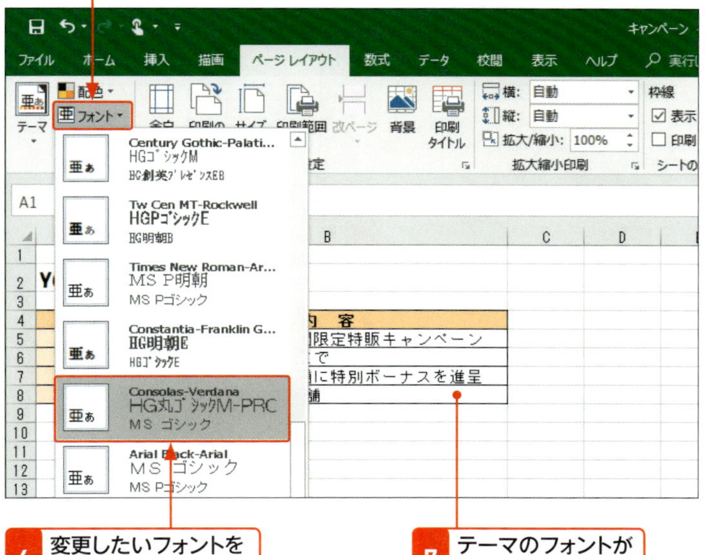

6 変更したいフォントをクリックすると、

7 テーマのフォントが変更されます。

メモ テーマの色

テーマを変更すると、<ホーム>タブの<塗りつぶしの色>や<フォントの色>に表示される<テーマの色>も、設定したテーマに合わせて変更されます。

<テーマの色>も、設定したテーマに合わせて変更されます。

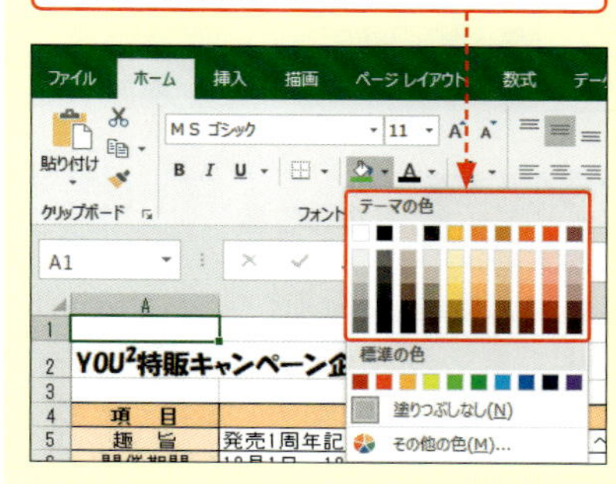

メモ テーマのフォント

テーマを変更すると、<ホーム>タブの<フォント>から選択できるフォントも、設定したテーマに合わせて変更されます。

<テーマのフォント>も、設定したテーマに合わせて変更されます。

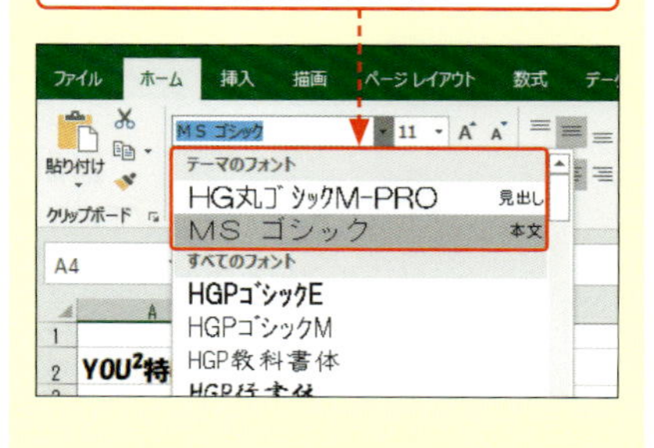

ヒント テーマをもとに戻すには?

既定では「Office」というテーマが設定されています。テーマをもとに戻すには、前ページの手順3で<Office>をクリックします。

Section 33

セルを結合する

覚えておきたいキーワード
- セルの結合
- セルを結合して中央揃え
- セル結合の解除

隣り合う複数のセルは、結合して1つのセルとして扱うことができます。結合したセル内の文字は、通常のセルと同じように任意に配置できるので、複数のセルにまたがる見出しなどに利用すると、表の体裁を整えることができます。同じ行のセルどうしを一気に結合することも可能です。

1 セルを結合して文字を中央に揃える

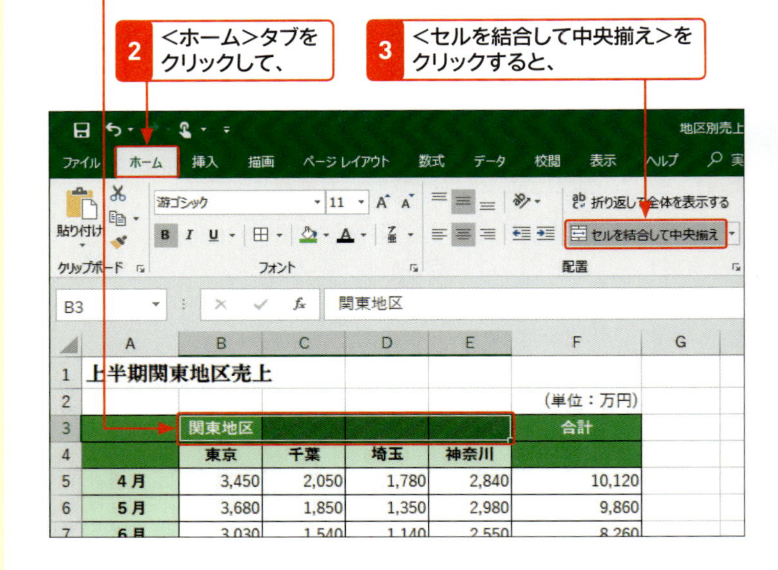

1 セル [B3] から [E3] までを選択します。
2 <ホーム>タブをクリックして、
3 <セルを結合して中央揃え>をクリックすると、
セルを結合して中央揃え
関東地区
上半期関東地区売上
(単位：万円)
合計

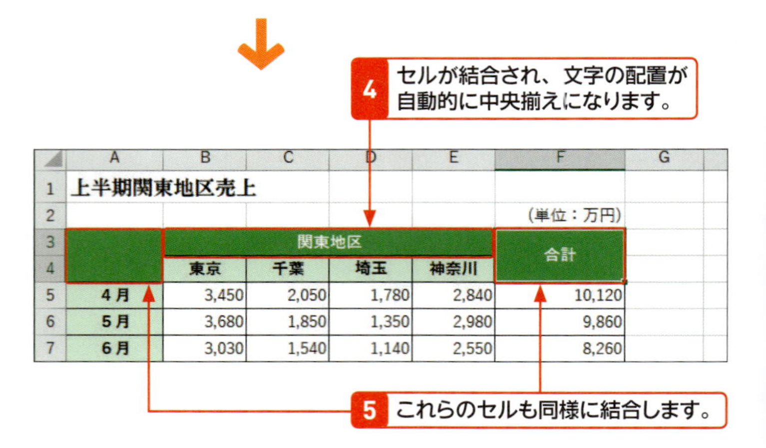

4 セルが結合され、文字の配置が自動的に中央揃えになります。
上半期関東地区売上
(単位：万円)
関東地区
合計
5 これらのセルも同様に結合します。

メモ セルの位置

セルの位置は、列番号と行番号を組み合わせて表します。手順1のセル[B3]は、列番号 [B] と行番号 [3] の交差するセルの位置を、セル [E3] は、列番号 [E] と行番号 [3] の交差するセルの位置を表します。「セル参照」ともいいます。

ヒント 結合するセルにデータがある場合は？

結合するセルの選択範囲に複数のデータが存在する場合は、左上端のセルのデータのみが保持されます。ただし、空白のセルは無視されます。

2 文字を左揃えのままセルを結合する

1 セル[B3]から[D3]までを選択します。

2 <ホーム>タブをクリックして、

3 <セルを結合して中央揃え>のここをクリックし、

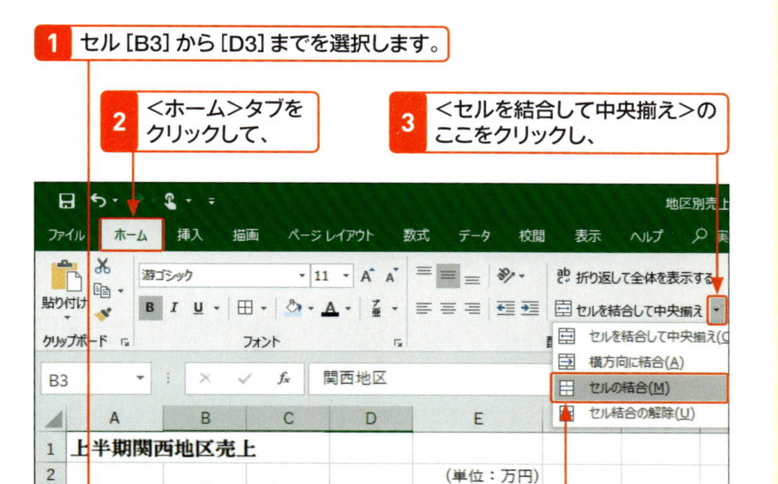

4 <セルの結合>をクリックすると、

5 文字の配置が左揃えのままセルが結合されます。

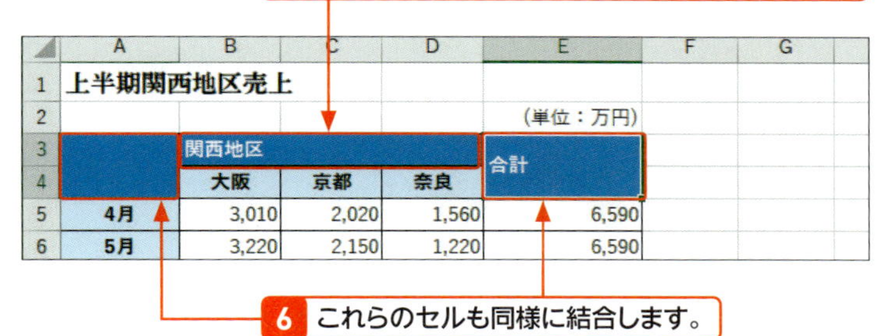

6 これらのセルも同様に結合します。

メモ 文字配置を維持したままセルを結合する

<ホーム>タブの<セルを結合して中央揃え>をクリックすると、セルに入力されていた文字が中央に配置されます。セルを結合したときに、文字配置を維持したい場合は、左の手順で操作します。

ヒント セルの結合を解除するには

セルの結合を解除するには、結合されたセルを選択して、<セルを結合して中央揃え>をクリックするか、下の手順で操作します。

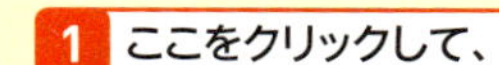

1 ここをクリックして、

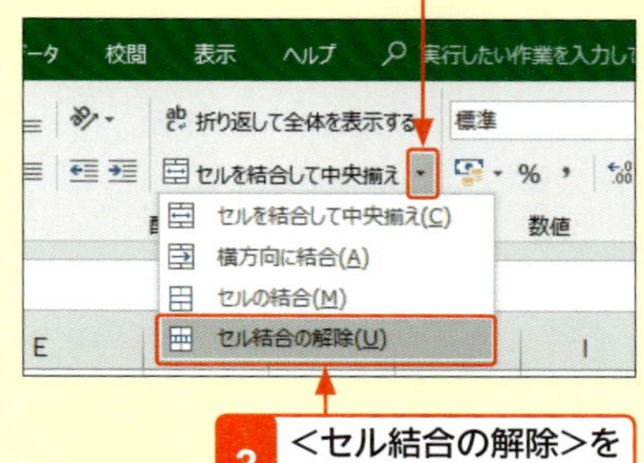

2 <セル結合の解除>をクリックします。

ステップアップ セルを横方向に結合する

結合したいセルを選択して、上記の手順 **4** で<横方向に結合>をクリックすると、同じ行のセルどうしを一気に結合することができます。

1 <横方向に結合>をクリックすると、

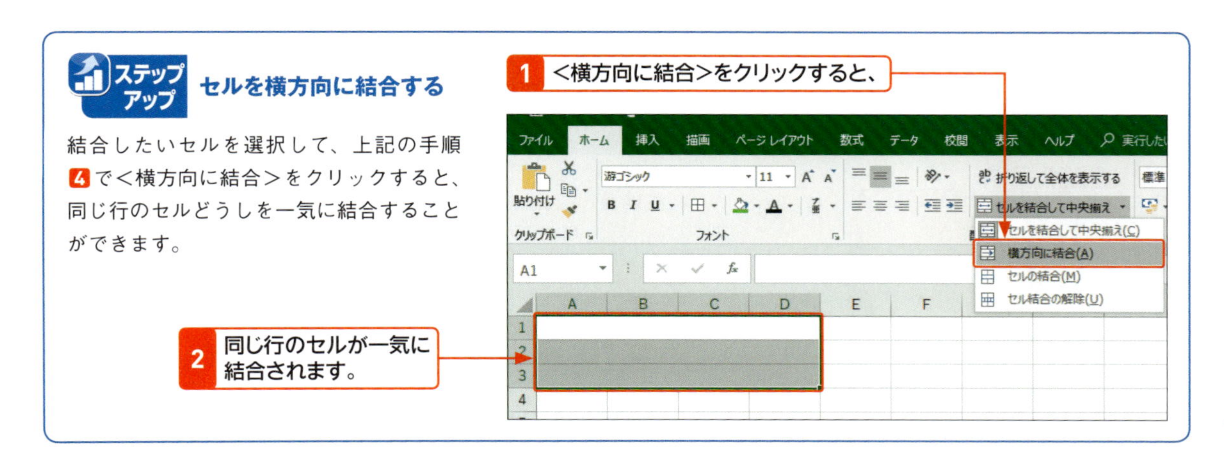

2 同じ行のセルが一気に結合されます。

Section 34 セルにコメントを付ける

覚えておきたいキーワード
- ☑ コメント
- ☑ 新しいコメント
- ☑ コメントの編集

セルに入力されているデータとは別に、確認や補足事項などをメモとして残しておきたいときは、コメント機能を利用すると便利です。コメントを付けたセルには右上に赤い三角マークが表示されます。コメントは表示／非表示を切り替えることができます。

1 セルにコメントを付ける

キーワード コメント

「コメント」は、セルにメモを追加する機能です。コメントを利用すると、表に影響を与えずにかんたんな説明文を付けることができます。コメントを追加したセルには、右上に赤い三角マークが表示されます。このマークやコメントは印刷されません。

1 コメントを追加するセルをクリックして、

2 <校閲>タブをクリックし、

3 <新しいコメント>をクリックします。

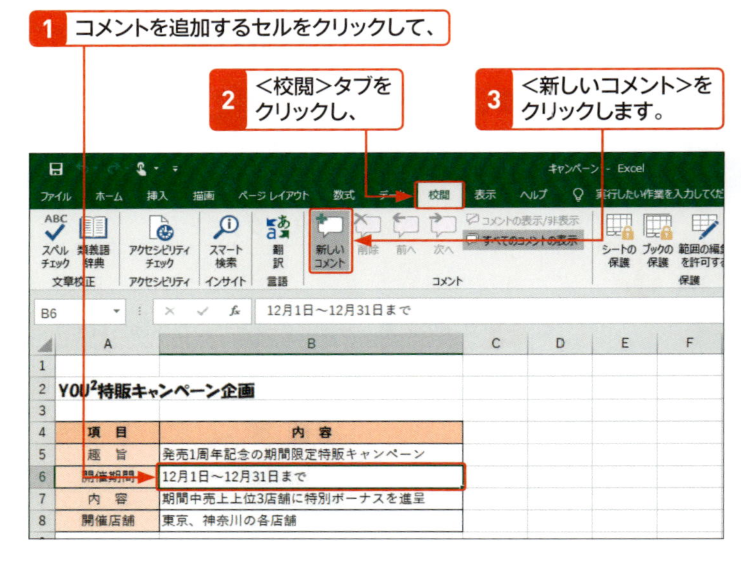

4 コメントを入力する枠が表示されるので、コメントの内容を入力します。

項　目	内　容
趣　旨	発売1周年記念の期間限定特販キャンペーン
開催期間	12月1日～12月31日まで
内　容	期間中売上上位3店舗に特別ボーナスを進呈
開催店舗	東京、神奈川の各店舗

技術太郎:
期間中の休みは、各店舗の判断に任せる

5 コメント枠の外をクリックすると、コメントが挿入されます。

項　目	内　容
趣　旨	発売1周年記念の期間限定特販キャンペーン
開催期間	12月1日～12月31日まで
内　容	期間中売上上位3店舗に特別ボーナスを進呈
開催店舗	東京、神奈川の各店舗

技術太郎:
期間中の休みは、各店舗の判断に任せる

コメントを付けたセルの右上には赤い三角マークが表示されます。

ヒント コメントを編集する

コメントを編集するには、コメントを付けたセルをクリックして、<校閲>タブの<コメントの編集>をクリックします（次ページの手順2の図参照）。コメントの枠が表示され、枠内にカーソルが表示されるので、内容を編集します。

2 コメントを削除する

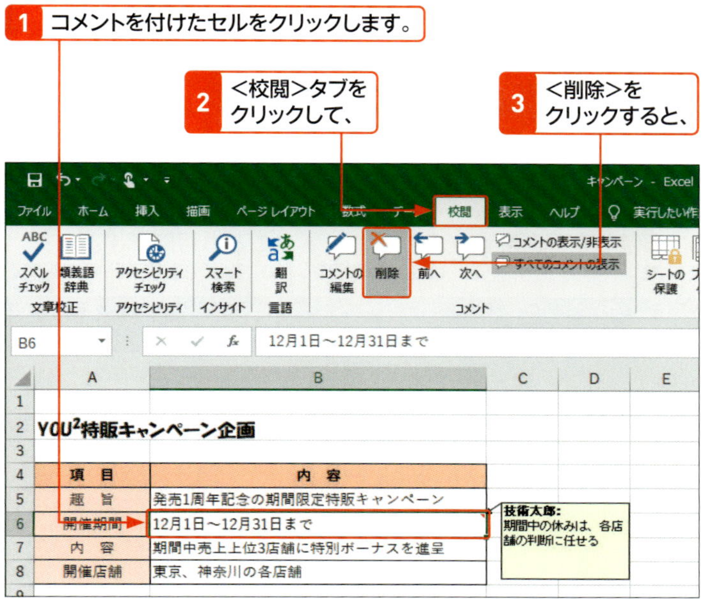
1 コメントを付けたセルをクリックします。
2 <校閲>タブをクリックして、
3 <削除>をクリックすると、
YOU²特販キャンペーン企画
技術太郎:
期間中の休みは、各店舗の判断に任せる

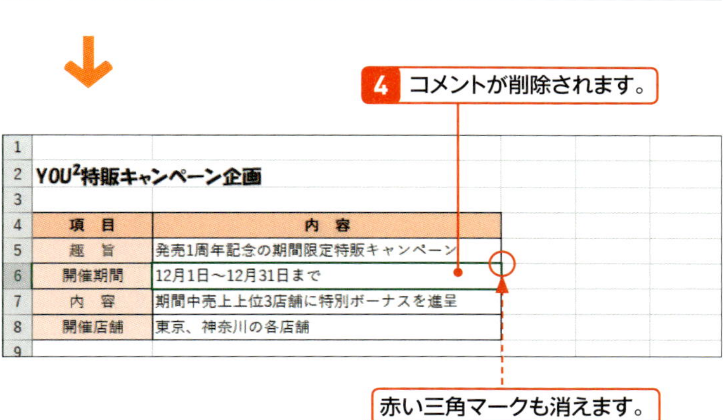
4 コメントが削除されます。
YOU²特販キャンペーン企画
赤い三角マークも消えます。

ヒント コメントの表示／非表示を切り替える

コメントの表示／非表示は、<校閲>タブの<コメントの表示／非表示>あるいは<すべてのコメントの表示>で切り替えることができます。前者は、選択したセルのコメントの表示／非表示を切り替えます。後者は、シート内のすべてのコメントの表示／非表示を切り替えます。

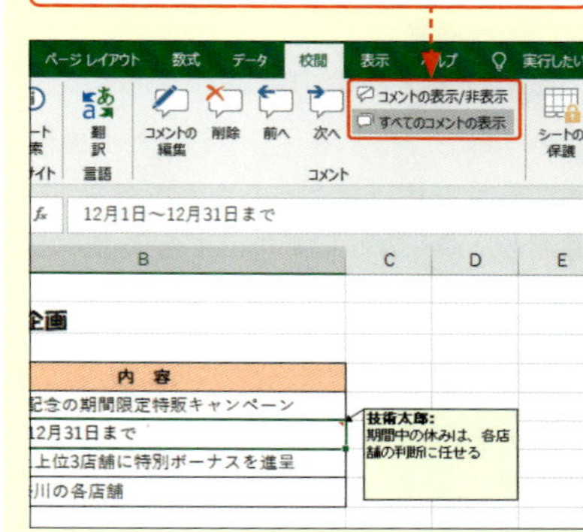
クリックすると、コメントの表示／非表示を切り替えることができます。

ステップアップ コメントのサイズや位置を変えるには

コメントを付けたセルをクリックして、<校閲>タブの<コメントの編集>をクリックすると、コメントの周囲に枠とハンドルが表示されます。サイズを変更するには、いずれかのハンドルをドラッグします。コメントを移動するには、枠をドラッグします。ただし、セルにマウスポインターを合わせたときには、常に同じ位置に表示されます。

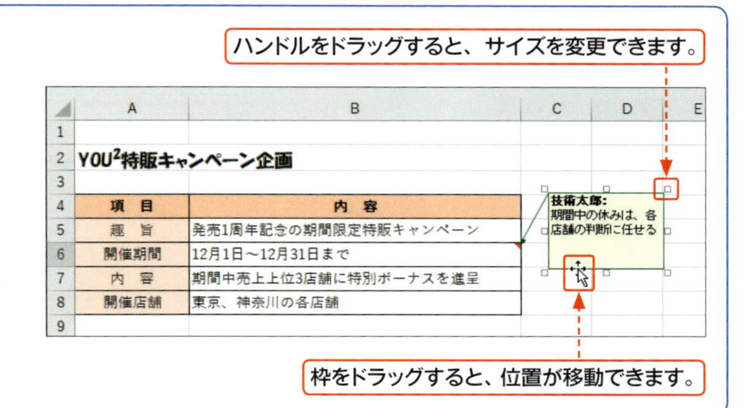
ハンドルをドラッグすると、サイズを変更できます。
枠をドラッグすると、位置が移動できます。

Section 35

文字にふりがなを表示する

覚えておきたいキーワード
- ふりがなの表示
- ふりがなの編集
- ふりがなの設定

セルに入力した文字には、かんたんな操作でふりがなを表示させることができます。表示したふりがなが間違っていた場合は、通常の文字と同様の操作で修正することができます。また、ふりがなは初期状態ではカタカナで表示されますが、ひらがなで表示したり、配置を変更したりすることも可能です。

1 文字にふりがなを表示する

メモ　ふりがなを表示するための条件

右の手順で操作すると、ふりがなの表示／非表示を切り替えることができます。ただし、ふりがな機能は文字を入力した際に保存される読み情報を利用しているため、ほかの読みで入力した場合は修正が必要です。また、ほかのアプリケーションで入力したデータをセルに貼り付けた場合などは、ふりがなが表示されません。

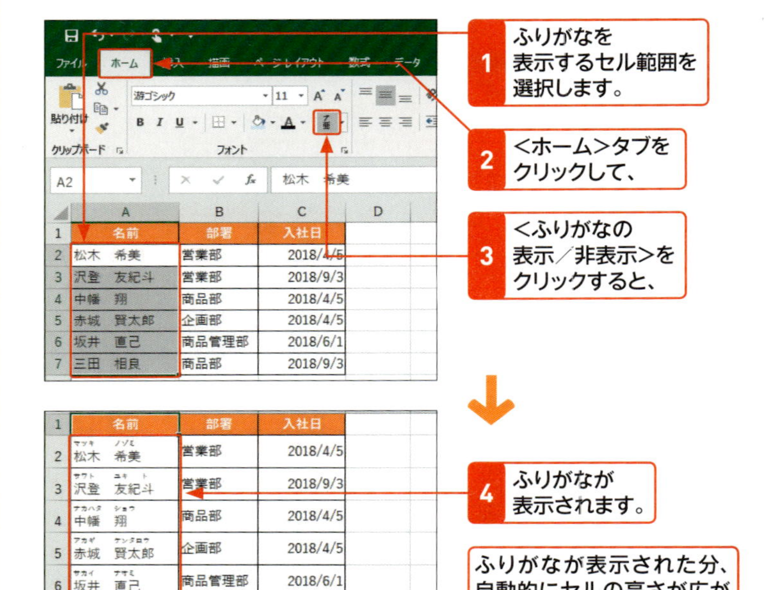

1 ふりがなを表示するセル範囲を選択します。
2 <ホーム>タブをクリックして、
3 <ふりがなの表示／非表示>をクリックすると、
4 ふりがなが表示されます。
ふりがなが表示された分、自動的にセルの高さが広がります。

2 ふりがなを編集する

ヒント　ふりがな編集のそのほかの方法

ふりがなの編集は、<ホーム>タブの<ふりがなの表示／非表示>の▼をクリックし、<ふりがなの編集>をクリックしても行うことができます（次ページの手順2の図参照）。

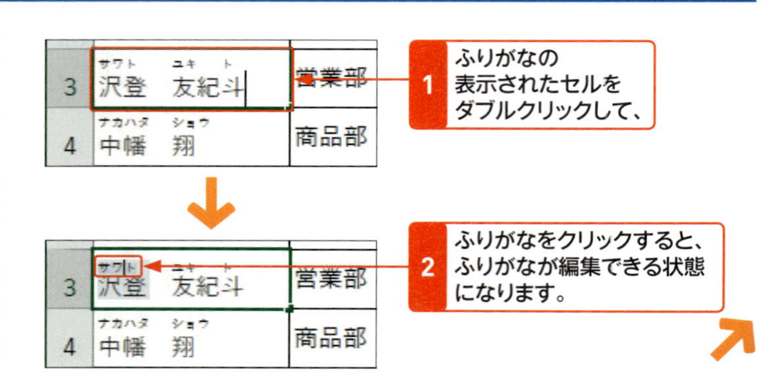

1 ふりがなの表示されたセルをダブルクリックして、
2 ふりがなをクリックすると、ふりがなが編集できる状態になります。

第3章 文字とセルの書式

ステップアップ 関数を利用する

PHONETIC関数を利用すると、別のセルにふりがなを取り出すことができます。

	A	B	C
1	名前		部署
2	松木 希美	マツキ ノゾミ	営業部
3	沢登 友紀斗	サワノボリ ユキト	営業部
4	中幡 翔	ナカハタ ショウ	商品部

B2 =PHONETIC(A2)

3 ふりがなの種類や配置を変更する

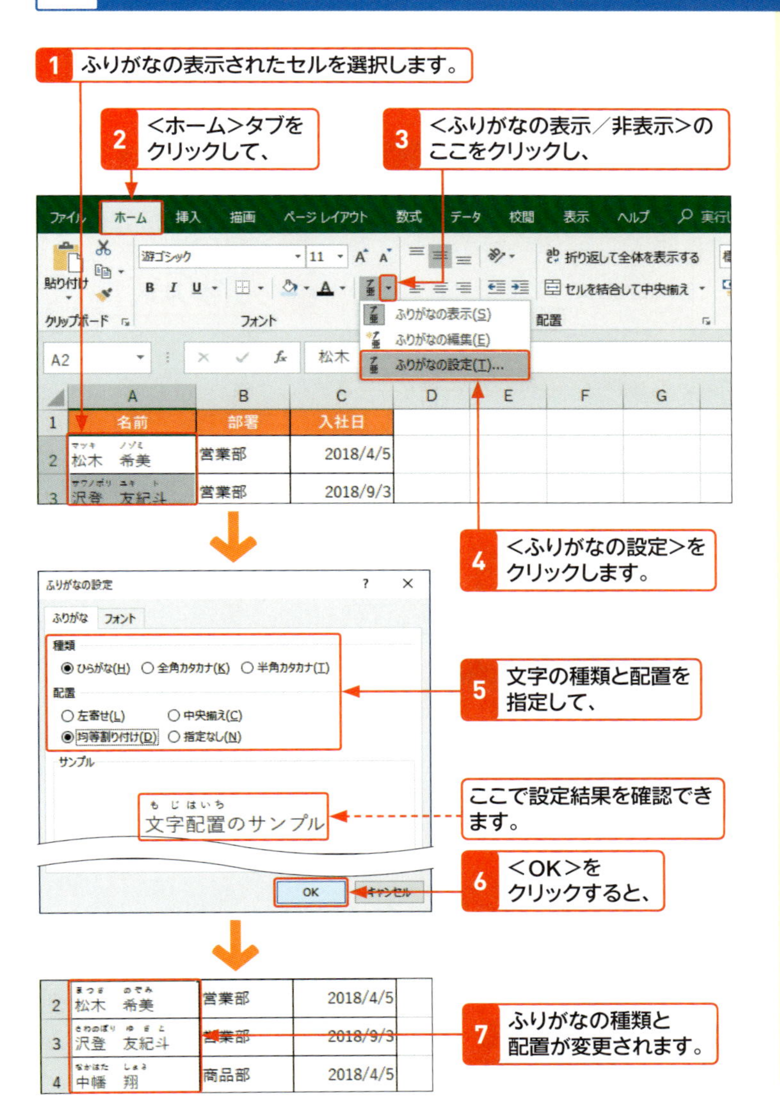

ステップアップ ふりがなのフォントや文字サイズの変更

左の手順で表示される<ふりがなの設定>ダイアログボックスの<フォント>では、ふりがなのフォントやスタイル、文字サイズなどを変更することができます。

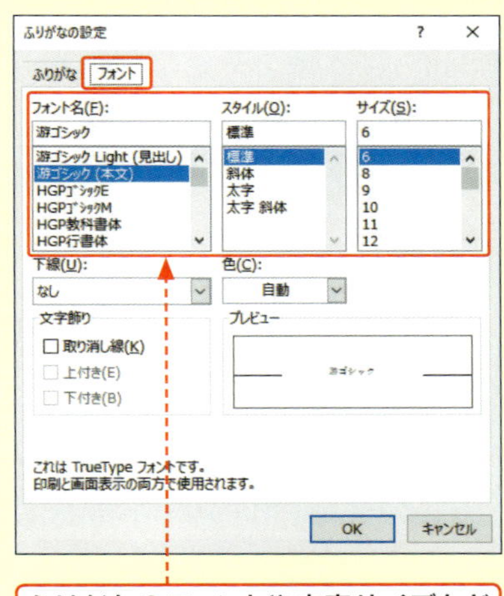

ふりがなのフォントや文字サイズなどを変更できます。

Section 36

セルの書式をコピーする

覚えておきたいキーワード
- 書式のコピー
- 書式の貼り付け
- 書式の連続貼り付け

セルに設定した罫線や色、配置などの書式を、別のセルに繰り返し設定するのは手間がかかります。このようなときは、もとになる表の書式をコピーして貼り付けることで、同じ形式の表をかんたんに作成することができます。書式は連続して貼り付けることもできます。

1 書式をコピーして貼り付ける

メモ 書式のコピー

書式のコピー機能を利用すると、書式だけをコピーして別のセルに貼り付けることができます。同じ書式を何度も設定したい場合に利用すると便利です。

ヒント 書式をコピーするそのほかの方法

書式のみをコピーするには、右の手順のほかに、<貼り付け>の下部をクリックすると表示される<その他の貼り付けオプション>の<書式設定>を利用する方法もあります（Sec.37参照）。

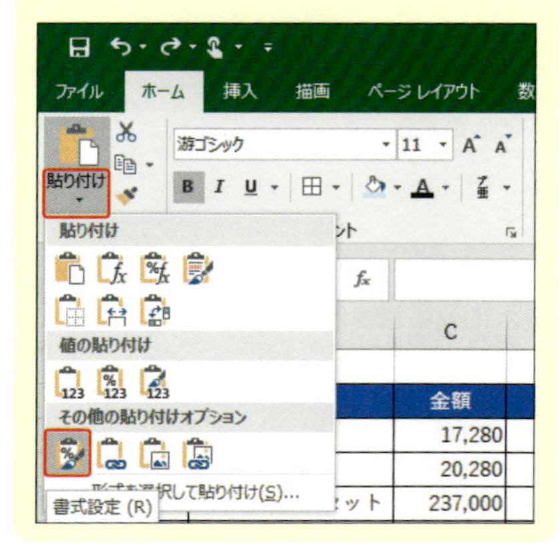

セルに設定している背景色と文字色、文字配置をコピーします。

1 書式をコピーするセルをクリックして、

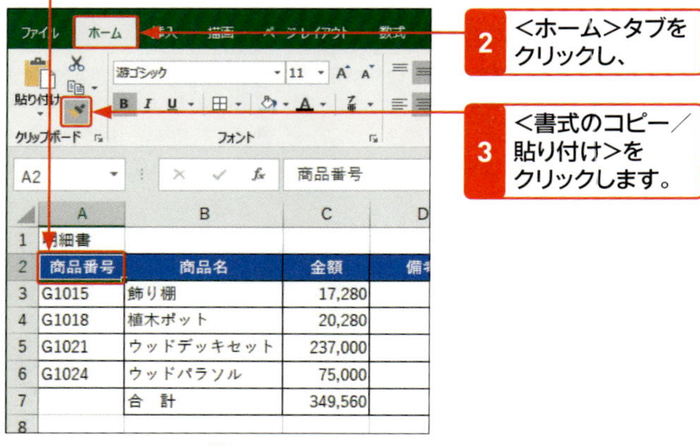

2 <ホーム>タブをクリックし、

3 <書式のコピー／貼り付け>をクリックします。

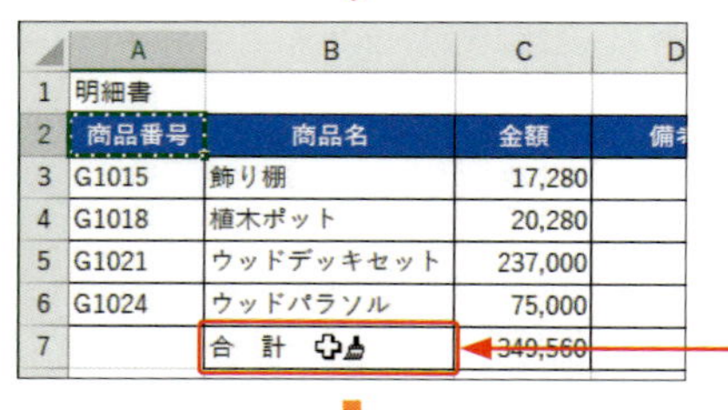

4 貼り付ける位置でクリックすると、

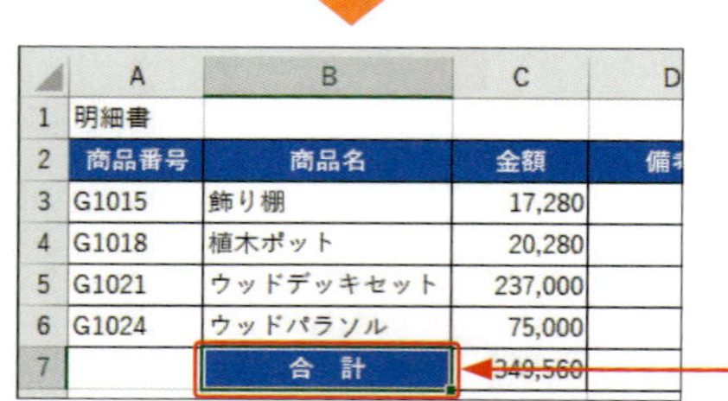

5 書式だけが貼り付けられます。

2 書式を連続して貼り付ける

セルに設定している背景色を連続してコピーします。

1 書式をコピーするセル範囲を選択して、

2 <ホーム>タブをクリックし、

3 <書式のコピー／貼り付け>をダブルクリックします。

	A	B	C	D	E
1	明細金額				
2	商品番号	商品名	単価	数量	金額
3	G1011	プランター（大）	5,500	6	33,000
4	G1012	プランター（中）	3,250	12	39,000
5	G1013	壁掛けプランター	2,480	10	24,800
6	G1014	野菜プランター	1,450	15	21,750
7	G1019	水耕栽培キット	6,690	24	160,560
8	G1020	ランタン	3,890	12	46,680
9	G1022	ウッドデッキパネル	14,500	5	72,500

4 貼り付ける位置でクリックすると、

5 書式だけが貼り付けられます。

6 マウスポインターの形が ✚🖌 のままなので、

7 続けて書式を貼り付けることができます。

メモ 書式の連続貼り付け

書式を連続して貼り付けるには、<書式のコピー／貼り付け> をダブルクリックし、左の手順に従います。<書式のコピー／貼り付け>では、次の書式がコピーできます。

①表示形式
②文字の配置、折り返し、セルの結合
③フォント
④罫線の設定
⑤文字の色やセルの背景色
⑥文字サイズ、スタイル、文字飾り

ヒント 書式の連続貼り付けを中止するには?

書式の連続貼り付けを中止して、マウスポインターをもとに戻すには、Esc を押すか、<書式のコピー／貼り付け> を再度クリックします。

Section 37 値や数式のみを貼り付ける

覚えておきたいキーワード
- ☑ 貼り付け
- ☑ 貼り付けのオプション
- ☑ 形式を選択して貼り付け

計算式の結果だけをコピーしたい、表の列幅を保持してコピーしたい、表の縦と横を入れ替えたい、といったことはよくあります。この場合は、＜貼り付け＞のオプションを利用すると値だけ、数式だけ、書式設定だけといった個別の貼り付けが可能となります。

1 貼り付けのオプション

＜貼り付け＞の下部をクリックすると表示されるメニューを利用すると、コピーしたデータをさまざまな形式で貼り付けることができます。それぞれのアイコンにマウスポインターを合わせると、適用した状態がプレビューされるので、結果をすぐに確認できます。

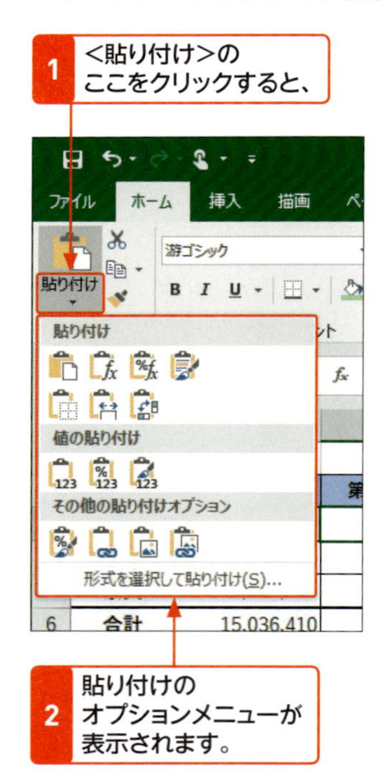

グループ	アイコン	項 目	概 要
貼り付け		貼り付け	セルのデータすべてを貼り付けます。
		数式	セルの数式だけを貼り付けます(P.122参照)。
		数式と数値の書式	セルの数式と数値の書式を貼り付けます。
		元の書式を保持	もとの書式を保持して貼り付けます。
		罫線なし	罫線を除く、書式や値を貼り付けます。
		元の列幅を保持	もとの列幅を保持して貼り付けます(P.123参照)。
		行列を入れ替える	行と列を入れ替えてすべてのデータを貼り付けます。
値の貼り付け		値	セルの値だけを貼り付けます(P.121参照)。
		値と数値の書式	セルの値と数値の書式を貼り付けます。
		値と元の書式	セルの値ともとの書式を貼り付けます。
その他の貼り付けオプション		書式設定	セルの書式のみを貼り付けます。
		リンク貼り付け	もとのデータを参照して貼り付けます。
		図	もとのデータを図として貼り付けます。
		リンクされた図	もとのデータをリンクされた図として貼り付けます。
形式を選択して貼り付け	形式を選択して貼り付け(S)...		＜形式を選択して貼り付け＞ダイアログボックスが表示されます(P.123参照)。

2 値のみを貼り付ける

1 コピーするセル範囲を選択して、

2 <ホーム>タブをクリックし、

3 <コピー>をクリックします。

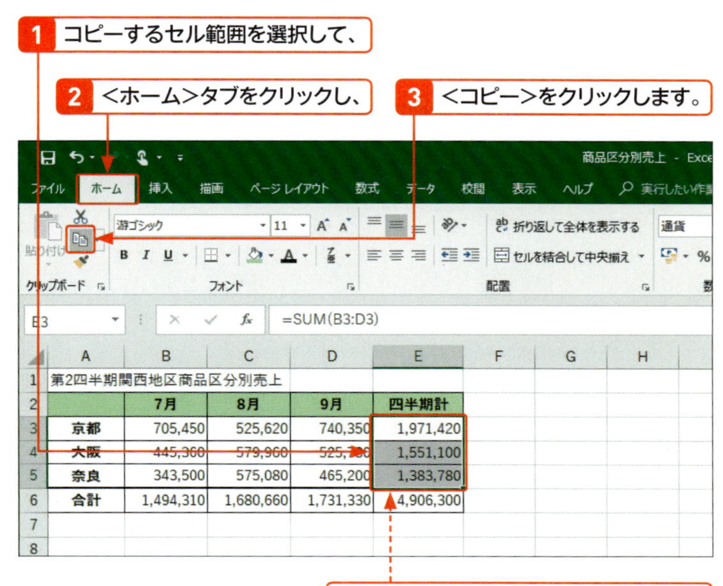

コピーするセルには、数式と通貨形式が設定されています。

4 別シートの貼り付け先のセル[C3]をクリックして、

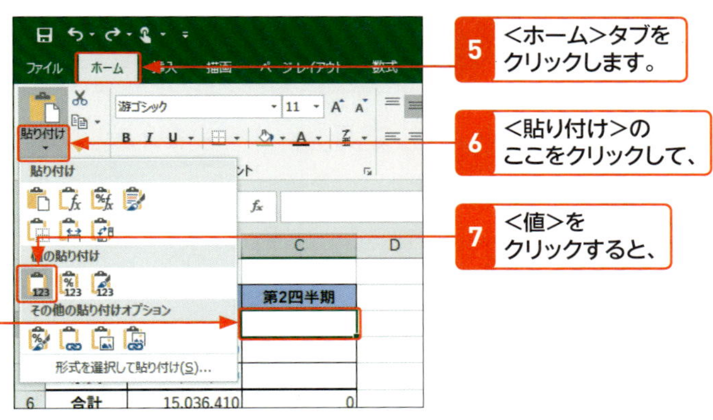

5 <ホーム>タブをクリックします。

6 <貼り付け>のここをクリックして、

7 <値>をクリックすると、

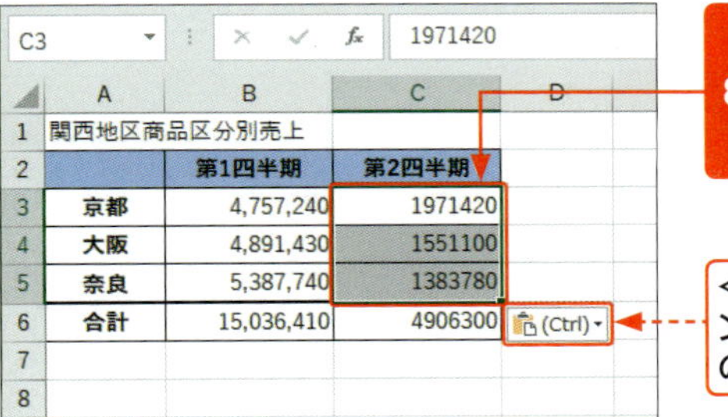

8 数式と数値の書式が取り除かれて、値だけが貼り付けられます。

<貼り付けのオプション>が表示されます(右の「ヒント」参照)。

メモ 値の貼り付け

<貼り付け>のメニューを利用すると、必要なものだけを貼り付ける、といったことがかんたんにできます。ここでは「値だけの貼り付け」を行います。貼り付ける形式を<値>にすると、数式や数値の書式が設定されているセルをコピーした場合でも、表示されている計算結果の数値や文字だけを貼り付けることができます。

メモ ほかのブックへの値の貼り付け

セル参照を利用している数式の計算結果をコピーし、別のワークシートに貼り付けると、正しい結果が表示されません。これは、セル参照が貼り付け先のワークシートのセルに変更されて、正しい計算が行えないためです。このような場合は、値だけを貼り付けると、計算結果だけを利用できます。なお、シートの切り替え方法は、Sec.48を参照してください。

ヒント <貼り付けのオプション>の利用

貼り付けたあと、その結果の右下に<貼り付けのオプション> (Ctrl) が表示されます。これをクリックすると、貼り付けたあとで結果を手直しするためのメニューが表示されます。メニューの内容は、前ページの貼り付けのオプションメニューと同じものです。

3 数式のみを貼り付ける

数式のみの貼り付け

手順6のように貼り付ける形式を＜数式＞にすると、「¥」や桁区切り、罫線、背景色を除いて、数式だけを貼り付けることができます。なお、数式ではなく値が入力されたセルは、値が貼り付けられます。

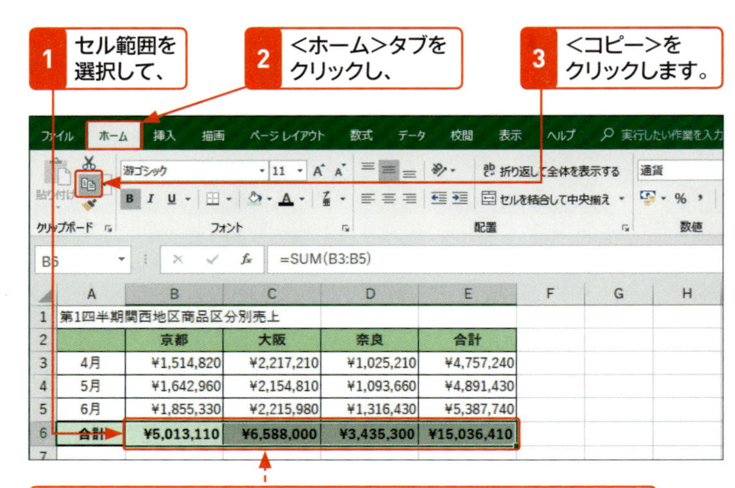

	A	B	C	D	E
1	第1四半期関西地区商品区分別売上				
2		京都	大阪	奈良	合計
3	4月	¥1,514,820	¥2,217,210	¥1,025,210	¥4,757,240
4	5月	¥1,642,960	¥2,154,810	¥1,093,660	¥4,891,430
5	6月	¥1,855,330	¥2,215,980	¥1,316,430	¥5,387,740
6	合計	¥5,013,110	¥6,588,000	¥3,435,300	¥15,036,410

セルに背景色を付けて、数値に太字と通貨形式を設定しています。

4 別シートの貼り付け先のセル［B6］をクリックして、

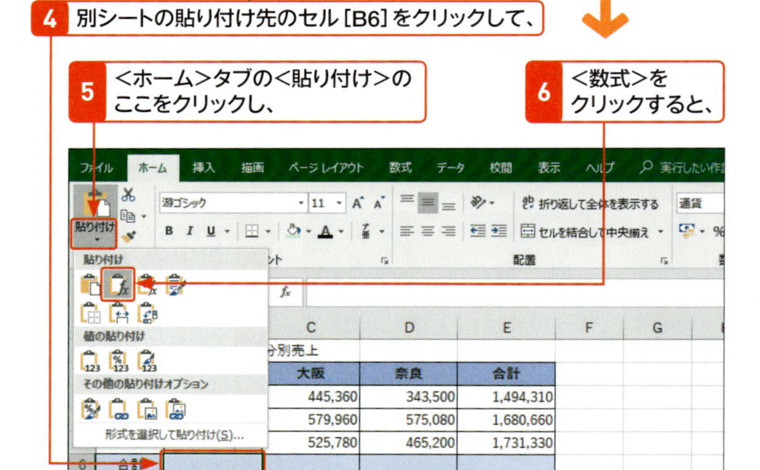

数式と数値の書式の貼り付け

右の手順6で＜数式と数値の書式＞をクリックすると、表の罫線や背景色などを除いて、数式と数値の書式だけが貼り付けられます。なお、「数値の書式」とは、数値に設定した表示形式のことです。

7 背景色と数値の書式が解除されて、数式だけが貼り付けられます。

数式が正しく貼り付けられています。

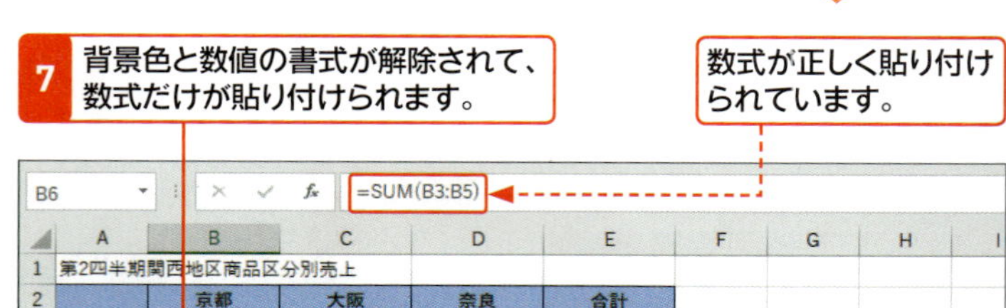

	A	B	C	D	E
1	第2四半期関西地区商品区分別売上				
2		京都	大阪	奈良	合計
3	7月	705,450	445,360	343,500	1,494,310
4	8月	525,620	579,960	575,080	1,680,660
5	9月	740,350	525,780	465,200	1,731,330
6	合計	1,971,420	1,551,100	1,383,780	4,906,300

数式の参照セルは自動的に変更される

貼り付ける形式を＜数式＞や＜数式と数値の書式＞にした場合、通常の貼り付けと同様に、数式のセル参照(Sec.55参照)は自動的に変更されます。

4 もとの列幅を保ったまま貼り付ける

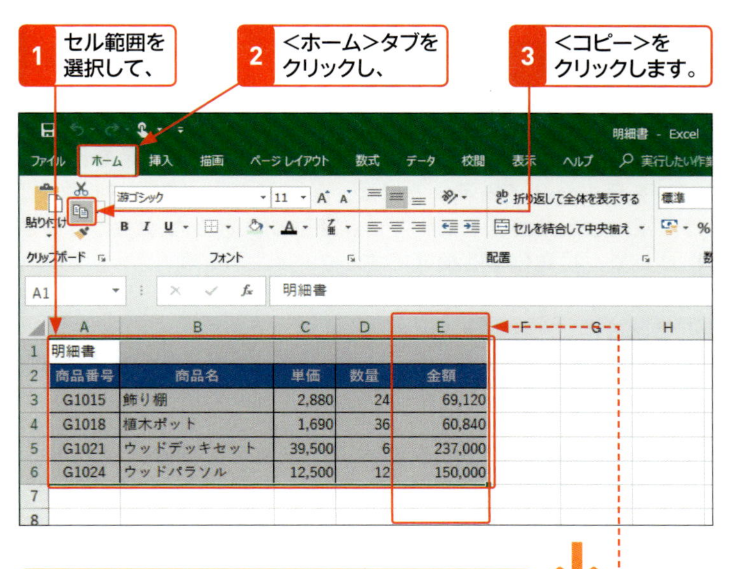

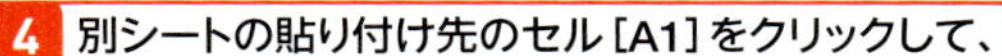

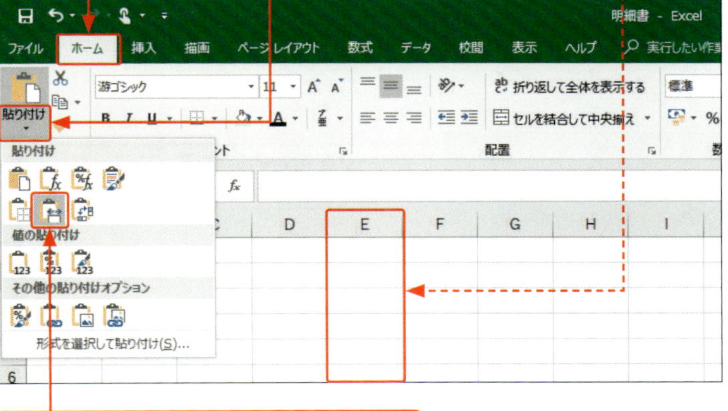

7 <元の列幅を保持>をクリックすると、

8 コピーしたセル範囲と同じ列幅で表が貼り付けられます。

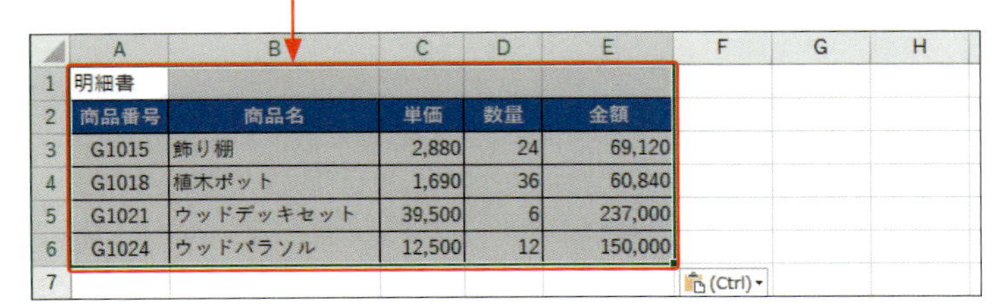

メモ 列の幅を保持した貼り付け

コピーもとと貼り付け先の列幅が異なる場合、単なる貼り付けでは列幅が不足して数値が正しく表示されないことがあります。左の手順で操作すると、列幅を保持して貼り付けることができるので、表を調整する手間が省けます。

ステップアップ <形式を選択して貼り付け>ダイアログボックス

<貼り付け>の下部をクリックして表示される一覧から<形式を選択して貼り付け>をクリックすると、<形式を選択して貼り付け>ダイアログボックスが表示されます。このダイアログボックスを利用すると、さらに詳細な条件を設定して貼り付けを行うことができます。

貼り付けの形式を選択することができます。

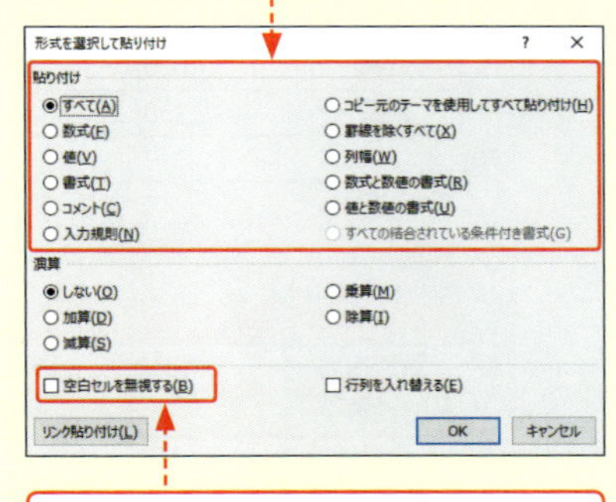

ここをクリックしてオンにすると、データが入力されていないセルは貼り付けられません。

Section 38

条件に基づいて書式を変更する

覚えておきたいキーワード
- 条件付き書式
- 相対評価
- ルールのクリア

条件を指定して、条件に一致するセルの背景色を変えたり、数値に色を付けたりして、特定のセルを目立たせて表示するには、条件付き書式を設定します。条件付き書式とは、指定した条件に基づいてセルを強調表示したり、データを相対的に評価したりして、視覚化する機能です。

1 条件付き書式とは？

条件付き書式とは、指定した条件に基づいてセルを強調表示したり、データを相対的に評価したりして、視覚化する機能です。条件付き書式を利用すると、条件に一致するセルに書式を設定して特定のセルを目立たせたり、データを相対的に評価してデータバーやカラースケール、アイコンを表示させたりすることができます。

	A	B	C	D	E	F
1	第2四半期関西地区売上					
2		京都	大阪	奈良	合計	
3	7月	705,450	445,360	343,500	1,494,310	
4	8月	525,620	579,960	575,080	1,680,660	
5	9月	740,350	525,780	465,200	1,731,330	
6	四半期計	1,971,420	1,551,100	1,383,780	4,906,300	
7						

条件に一致するセルに書式を設定して特定のセルを目立たせます。

	A	B	C	D	E
1	第2四半期売上比較				
2		今期	前期	前期比	増減
3	東京	12,010	12,500	96%	-490
4	千葉	6,450	5,440	119%	1,010
5	埼玉	5,960	4,270	140%	1,690
6	神奈川	9,900	9,950	99%	-50
7	大阪	9,920	9,010	110%	910
8	京都	7,020	6,020	117%	1,000
9	奈良	5,230	3,760	139%	1,470
10					

データを相対的に評価してデータバーやアイコンなどを表示させせます。

	A	B	C	D	E	F
2		今期	前期	前期比	増減	
3	西新宿店	17,840	16,700	1.07	1,140	
4	恵比寿店	9,700	9,750	0.99	-50	
5	目黒店	11,500	10,300	1.12	1,200	
6	北新橋店	12,450	12,750	0.98	-300	
7	西神田店	8,430	7,350	1.15	1,080	
8	飯田橋店	6,160	5,810	1.06	350	

数式を使用して書式を設定することもできます。この例では、前期比が「1.00」より小さい行に背景色を設定しています。

第3章 文字とセルの書式

2 特定の値より大きい数値に色を付ける

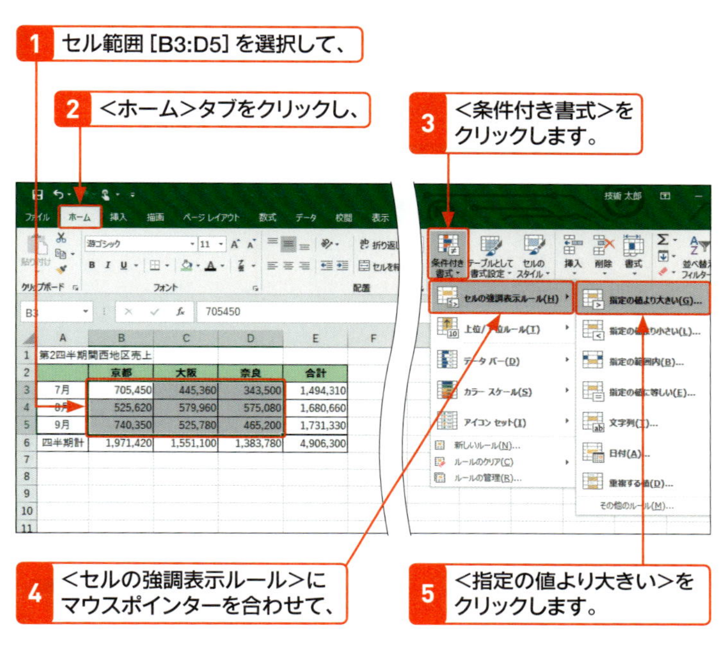
1 セル範囲［B3:D5］を選択して、
2 <ホーム>タブをクリックし、
3 <条件付き書式>をクリックします。
4 <セルの強調表示ルール>にマウスポインターを合わせて、
5 <指定の値より大きい>をクリックします。

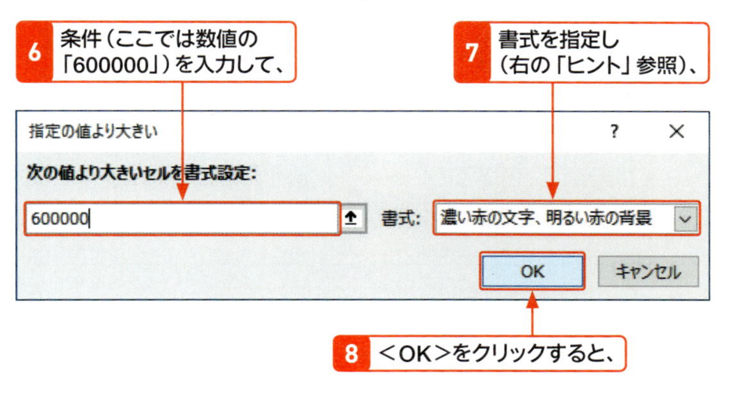
6 条件（ここでは数値の「600000」）を入力して、
7 書式を指定し（右の「ヒント」参照）、
指定の値より大きい
次の値より大きいセルを書式設定:
600000
書式:
濃い赤の文字、明るい赤の背景
OK
キャンセル
8 <OK>をクリックすると、

9 指定した値より大きい数値のセルに書式が設定されます。

	A	B	C	D	E
1	第2四半期関西地区売上				
2		京都	大阪	奈良	合計
3	7月	705,450	445,360	343,500	1,494,310
4	8月	525,620	579,960	575,080	1,680,660
5	9月	740,350	525,780	465,200	1,731,330
6	四半期計	1,971,420	1,551,100	1,383,780	4,906,300

メモ セル範囲

複数のセルをまとめてセル範囲といいます。セル範囲［B3:D5］は、セル［B3］とセル［D5］を対角線上の頂点とする連続したセルを表します。

メモ 値を指定して評価する

条件付き書式の＜セルの強調表示ルール＞では、ユーザーが指定した値をもとに、指定の値より大きい／小さい、指定の範囲内、指定の値に等しい、などの条件でセルを強調表示することで、データを評価することができます。

ヒント 既定値で用意されている書式

条件付き書式の＜セルの強調表示ルール＞と＜上位／下位ルール＞では、あらかじめいくつかの書式が用意されています。これら以外の書式を利用したい場合は、メニュー最下段の＜ユーザー設定の書式＞をクリックして、個別に書式を設定します。

1 <書式>のここをクリックして、

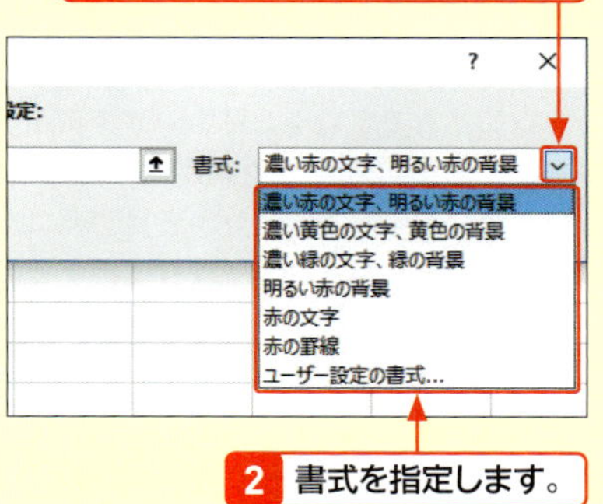
書式:
濃い赤の文字、明るい赤の背景
濃い黄色の文字、黄色の背景
濃い緑の文字、緑の背景
明るい赤の背景
赤の文字
赤の罫線
ユーザー設定の書式...
2 書式を指定します。

3 数値の大小に応じて色やアイコンを付ける

メモ 条件付き書式による相対評価

条件付き書式の＜データバー＞＜カラースケール＞＜アイコンセット＞では、ユーザーが値を指定しなくても、選択したセル範囲の最大値・最小値を自動計算し、データを相対評価して、以下のいずれかの方法で書式が表示されます。これらの条件付き書式は、データの傾向を粗く把握したい場合に便利です。

①データバー
値の大小に応じて、セルにグラデーションや単色で「カラーバー」を表示します。右の例のようにプラスとマイナスの数値がある場合は、マイナス、プラス間に境界線が適用されたカラーバーが表示されます。

②カラースケール
値値の大小に応じて、セルのカラーを切り替えます。

③アイコンセット
値の大小に応じて、3段階から5段階で評価して、対応するアイコンをセルの左端に表示します。

セルにデータバーを表示する

1 セル範囲［E3:E9］を選択して、

2 ＜ホーム＞タブをクリックし、

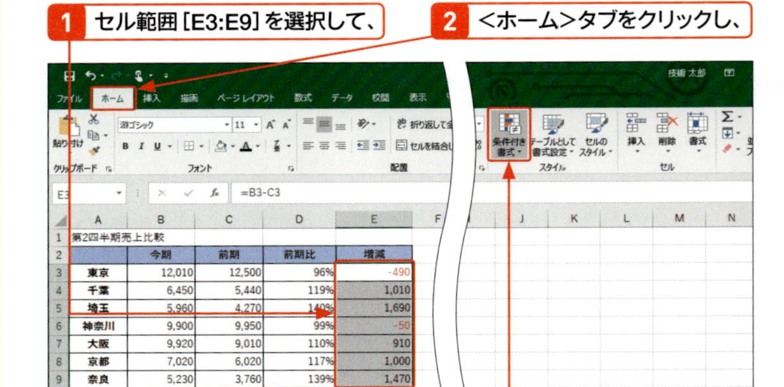

3 ＜条件付き書式＞をクリックします。

4 ＜データバー＞にマウスポインターを合わせて、

5 目的のデータバー（ここでは＜緑のデータバー＞）をクリックすると、

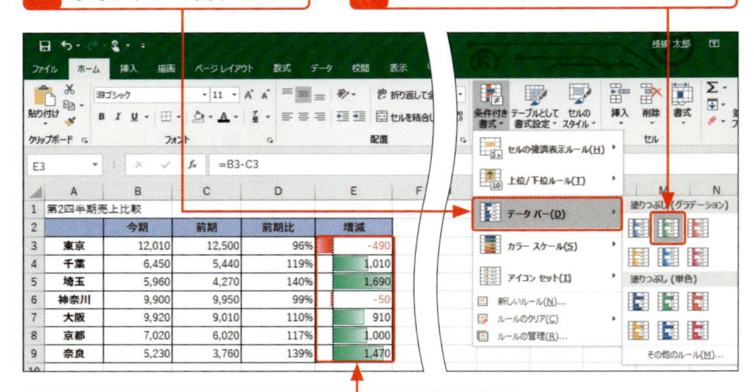

6 値の大小に応じたカラーバーが表示されます。

ヒント ＜クイック分析＞を利用する

条件付き書式は、＜クイック分析＞を使って設定することもできます。目的のセル範囲をドラッグして、右下に表示される＜クイック分析＞をクリックし、＜書式設定＞から目的のコマンドをクリックします。メニューから選択するよりかんたんに設定できますが、選択できるコマンドの種類が限られます。

1 セル範囲［B3:D5］を選択して、

2 ＜クイック分析＞をクリックし、

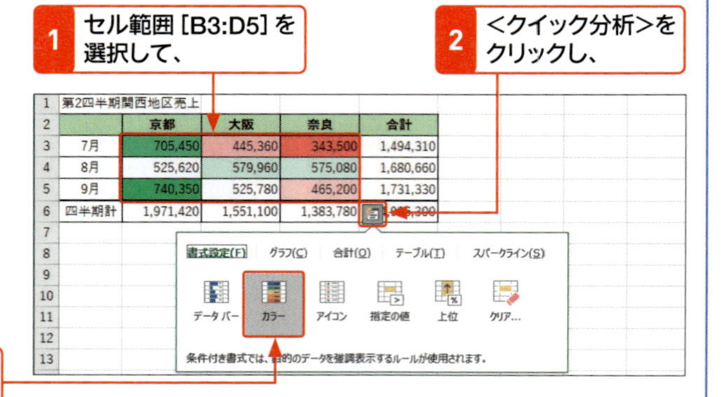

3 ＜書式設定＞から目的のコマンドをクリックします。

セルにアイコンセットを表示する

1 セル範囲［D3:D9］を選択して、

2 ＜ホーム＞タブをクリックし、

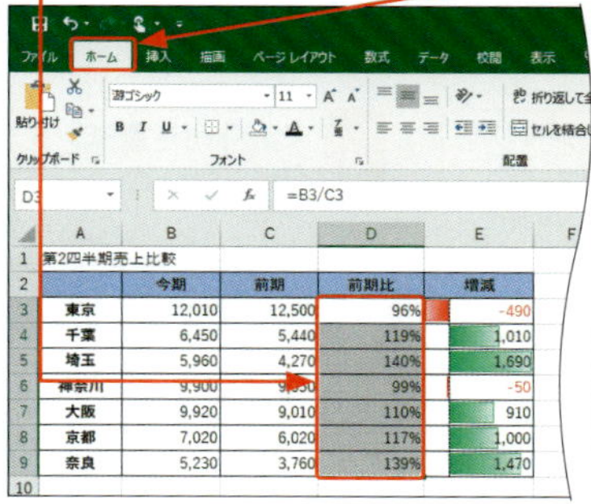

3 ＜条件付き書式＞をクリックします。

4 ＜アイコンセット＞にマウスポインターを合わせて、

5 目的のアイコンセット（ここでは＜5つの矢印（色分け）＞）をクリックすると、

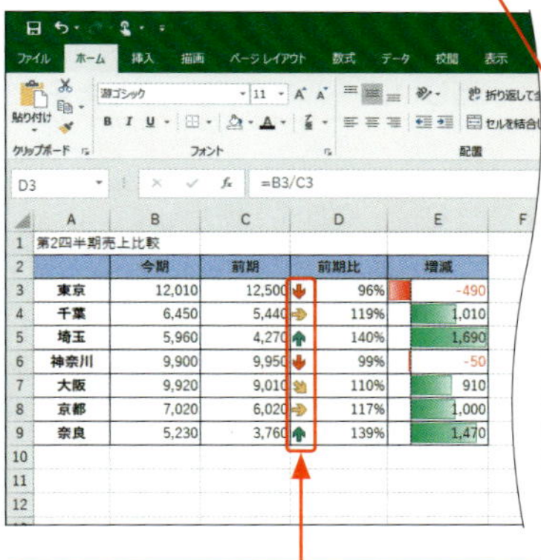

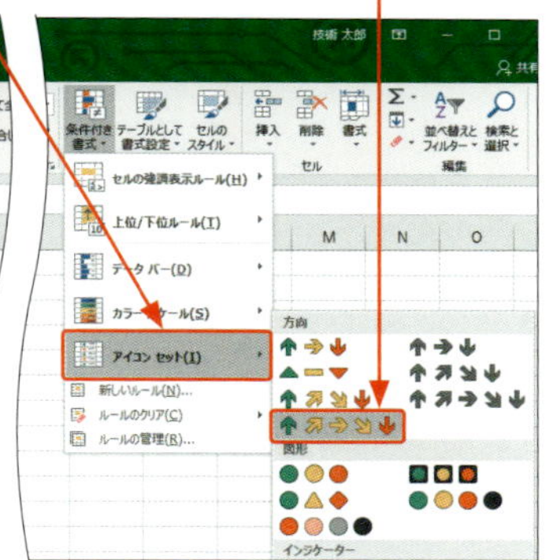

6 値の大小に応じて5種類の矢印が表示されます。

ステップアップ 条件付き書式の設定を編集する

設定を編集したいセル範囲を選択して、＜条件付き書式＞をクリックし、＜ルールの管理＞をクリックします。＜条件付き書式ルールの管理＞ダイアログボックスが表示されるので、編集したいルールをクリックし、＜ルールの編集＞をクリックして編集します。

1 編集するルールをクリックして、

2 ＜ルールの編集＞をクリックします。

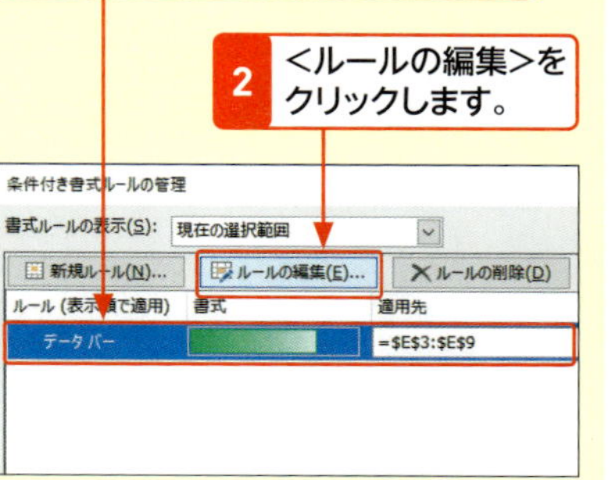

ヒント 条件付き書式の設定を解除するには？

設定を解除したいセル範囲を選択して、右下に表示される＜クイック分析＞をクリックし、＜書式設定＞から＜クリア＞をクリックします。
また、＜条件付き書式＞をクリックして、＜ルールのクリア＞から＜選択したセルからルールをクリア＞をクリックしても解除できます。

1 設定を解除したいセル範囲を選択して、

2 ＜クイック分析＞をクリックし、

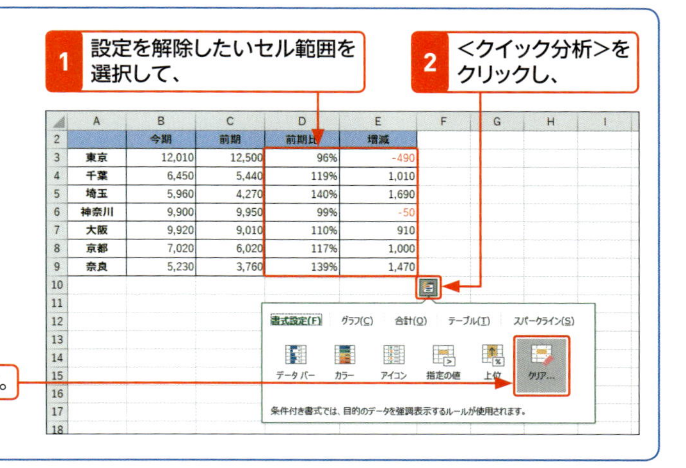

3 ＜書式設定＞の＜クリア＞をクリックします。

4 数式を使って条件を設定する

ヒント 数式を使った条件付き書式の設定

右の手順では、ほかのセルを参照して計算した結果をもとに書式設定を行うため、<新しい書式ルール>ダイアログボックスを利用します。条件を数式で指定する場合は、次の点に注意してください。

- 冒頭に「=」を入力します。
- セル参照を指定すると、最初は絶対参照で入力されるので、必要に応じて相対参照や複合参照に変更します（第5章参照）。

メモ 書式の設定

手順7で<書式>をクリックすると、<セルの書式設定>ダイアログボックスが表示されます。右の手順では、<塗りつぶし>でセルの背景色を設定しています。

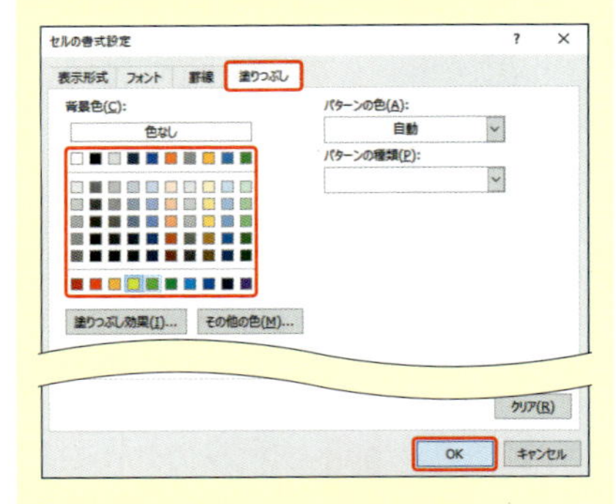

ヒント 式の意味

手順6で入力している「=$D3<1.00」は、セル[D3]の前期比が1.00より小さいという条件式です。関数の内容は、アクティブセルの位置を基準に指定しますが、アクティブセル以外のセルでも目的の条件が正しく設定されるように列[D]を絶対参照で指定します。

前月比が「1」より小さい行に書式を設定します。

1 セル範囲[A3:E8]を選択して、

2 <ホーム>タブをクリックし、

3 <条件付き書式>をクリックして、

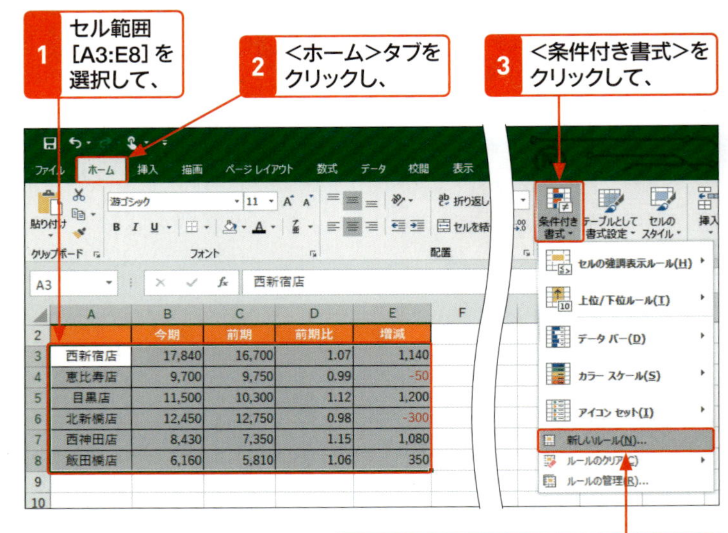

4 <新しいルール>をクリックします。

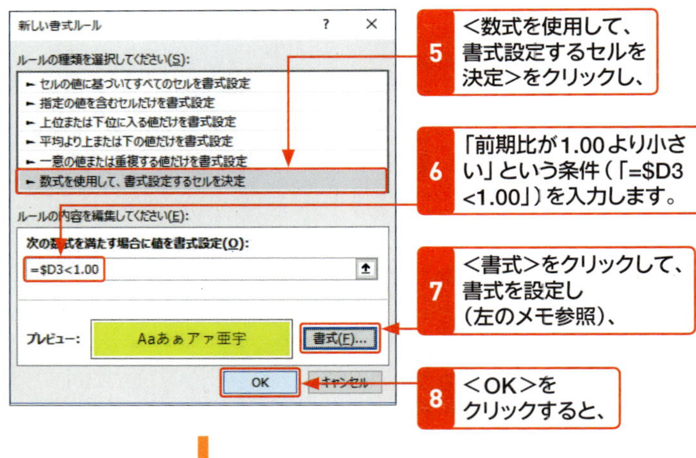

5 <数式を使用して、書式設定するセルを決定>をクリックし、

6 「前期比が1.00より小さい」という条件（「=$D3<1.00」）を入力します。

7 <書式>をクリックして、書式を設定し（左のメモ参照）、

8 <OK>をクリックすると、

9 前期比が1以下の行に背景色が設定されます。

	A	B	C	D	E
2		今期	前期	前期比	増減
3	西新宿店	17,840	16,700	1.07	1,140
4	恵比寿店	9,700	9,750	0.99	-50
5	目黒店	11,500	10,300	1.12	1,200
6	北新橋店	12,450	12,750	0.98	-300
7	西神田店	8,430	7,350	1.15	1,080
8	飯田橋店	6,160	5,810	1.06	350

Chapter 04

第4章

セル・シート・ブックの操作

Section 39 セル・シート・ブック操作の基本を知る

覚えておきたいキーワード
- セル
- ワークシート
- ブック

Excelを使ううえで、セルやワークシート、ブックの操作は欠かせません。表に行や列、セルを挿入、削除する方法やシートを追加、移動、コピーする方法、データを勝手に変更や削除されたりしないようにブックやシートを保護する方法など、セルやシート、ブックに関する操作を確認しておきましょう。

1 行や列、セル、シートを挿入する／削除する

表を作成したあとで新しい項目が必要になった場合は、行や列、セルを挿入してデータを追加します。また、不要になった項目は、行や列、セル単位で削除できます。

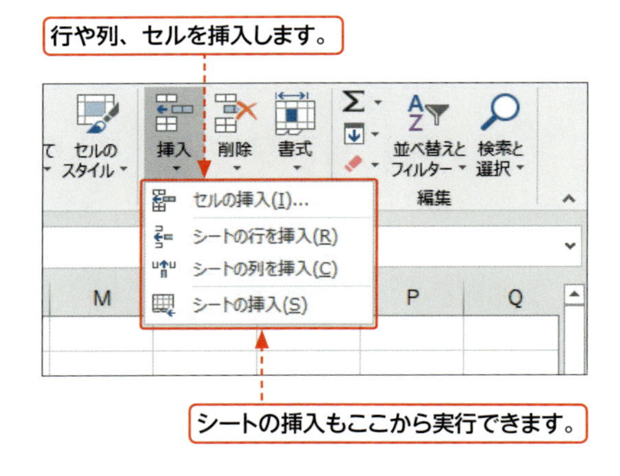

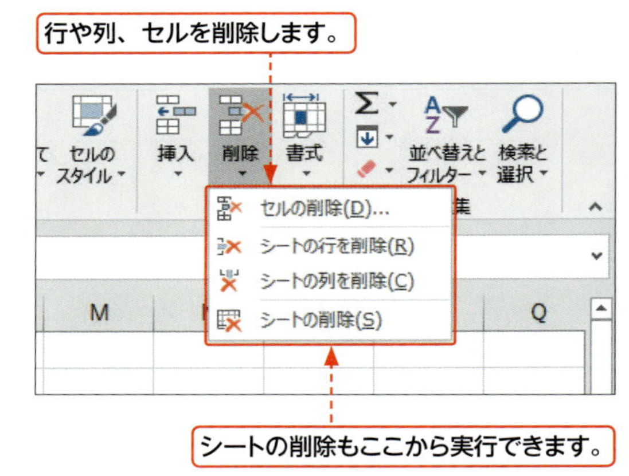

2 行や列、セルをコピーする／移動する

データを入力して書式を設定した行や列を、ほかの表でも利用したいときは、行や列、セルをコピーしたり、移動したりすると効率的です。行や列を移動した場合、数式のセルの位置も自動的に変更されるので、計算し直す必要はありません。

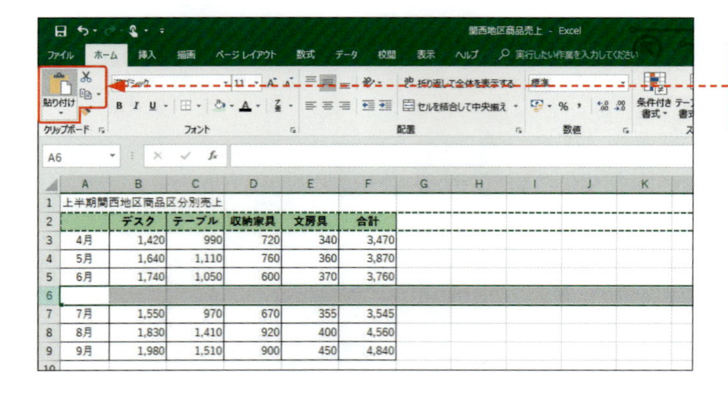

<ホーム>タブの<切り取り><コピー><貼り付け>を利用して、行や列、セルをコピーしたり、移動したりします。

3 見出しの行や列を固定する

大きな表の場合、下方向や右方向にスクロールすると見出しが見えなくなり、セルに入力したデータが何を表すのか、わからなくなることがあります。見出しの行や列を固定しておくと、スクロールしても、常に必要な行や列を表示させておくことができます。

	A	B	E	F	G	H	I
1	顧客No.	名前	都道府県	市区町村	建物	電話番号	メールアドレス
11	10	大田 正己	東京都	千代田区三番町x		03-4334-0000	mayuoota@example.com
12	11	小海　隼也	東京都	江戸川区葛西x-x		03-5275-0000	ue-zyun@example.com
13	12	尾形 慶子	東京都	杉並区西荻窪x-x		03-5678-0000	k-ogata@example.com
14	13	緒川　新一	東京都	新宿区水道町x-x		03-4567-0000	sinookawa@example.com
15	14	小川 慎一	東京都	渋谷区仙田川x-x-x	小川ビル	03-5268-0000	sinoga@example.com
16	15	尾崎 圭子	東京都	渋谷区宇田川町x-x		03-3780-0000	keiozaki@example.com
17	16	小田 真琴	神奈川県	横浜市都筑区早渕xx		045-678-0000	makoto-o@example.com
18	17	籠宮 清司	千葉県	鎌ケ谷市うれし野xx	三ツ和601	047-441-0000	kiyokago@example.com
19	18	片柳 満ちる	東京都	千代田区神田錦町x-x	立花ビル6F	03-5283-0000	katayanagi@example.com
20	19	加藤 美優	東京都	千代田区神田神保町x		03-3518-0000	miyuka@example.com
21	20	川崎 祐樹	東京都	江東区辰巳x-x-x		090-8502-0000	yukikawa@example.com
22	21	河田 愛	神奈川県	鎌倉市岡本x	岡本ビル1002	090-1234-0000	aikawada@example.com
23	22	神田 秋生	埼玉県	新座市新堀xx	欅工房	0424-50-0000	kanndaaki@example.com
24	23	北野 美樹	東京都	世田谷区桜谷x-x-x		090-8502-0000	kitanomi@example.com

行や列だけでなく、行と列を同時に固定することもできます。

4 ワークシートを操作する

新規に作成したブックには1枚のワークシートが表示されていますが、必要に応じて追加したり、不要になった場合は削除したりすることができます。また、コピーや移動したり、シート名やシート見出しの色を変更したりすることもできます。

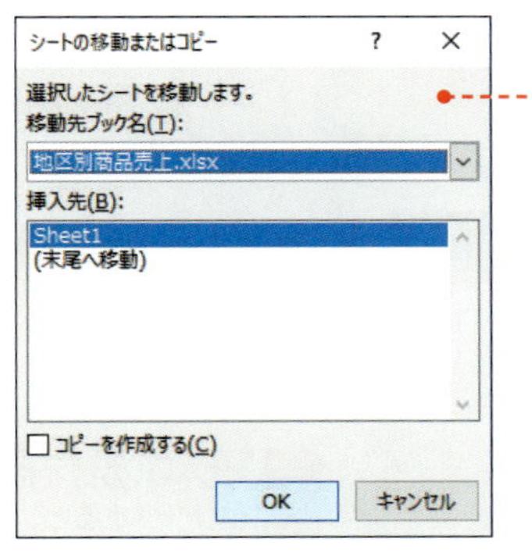

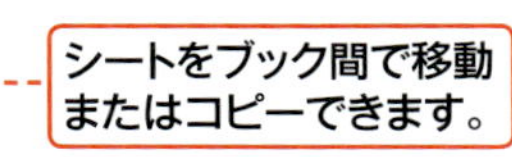

シートをブック間で移動またはコピーできます。

シート名やシート見出しの色を変更できます。

5 ワークシートやブックを保護する

ブックを他人に勝手に見られたり変更されたりしないように、パスワードを設定することができます。また、特定のワークシートやブックをパスワード付きまたはパスワードなしで保護することもできます。

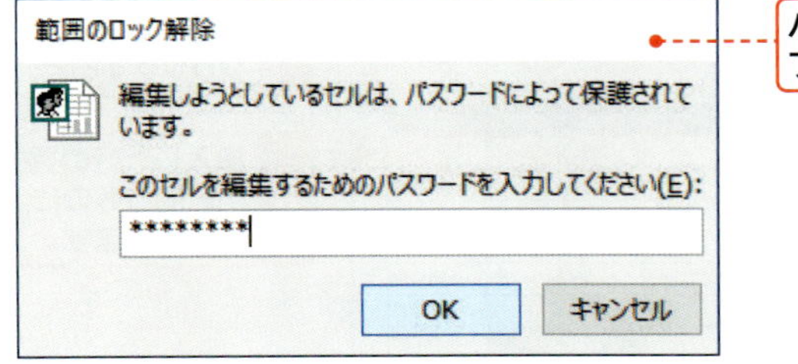

パスワードを付けてブックを保護します。

Section 40

行や列を挿入する／削除する

覚えておきたいキーワード
- 行／列の挿入
- 行／列の削除
- 挿入オプション

表を作成したあとで新しい項目が必要になった場合は、行や列を挿入してデータを追加します。また、不要になった項目は、行単位や列単位で削除することができます。挿入した行や列には上の行や左の列の書式が適用されますが、不要な場合は書式を解除することができます。

1 行や列を挿入する

メモ 行を挿入する

行を挿入すると、選択した行の上に新しい行が挿入され、選択した行以下の行は1行分下方向に移動します。挿入した行には上の行の書式が適用されるので、下の行の書式を適用したい場合は、右の手順で操作します。書式が不要な場合は、手順7で<書式のクリア>をクリックします。

ヒント 複数の行や列を挿入する

複数の行を挿入するには、行番号をドラッグして、挿入したい行数分の行を選択してから、手順2以降の操作を実行します。複数の列を挿入する場合は、挿入したい列数分の列を選択してから列を挿入します。

メモ 列を挿入する

列を挿入する場合は、列番号をクリックして列を選択します。右の手順4で<シートの列を挿入>をクリックすると、選択した列の左に列が挿入され、選択した列以降の列は1列分右方向に移動します。

行を挿入する

1 行番号をクリックして行を選択し、

2 <ホーム>タブをクリックします。

3 <挿入>のここをクリックして、

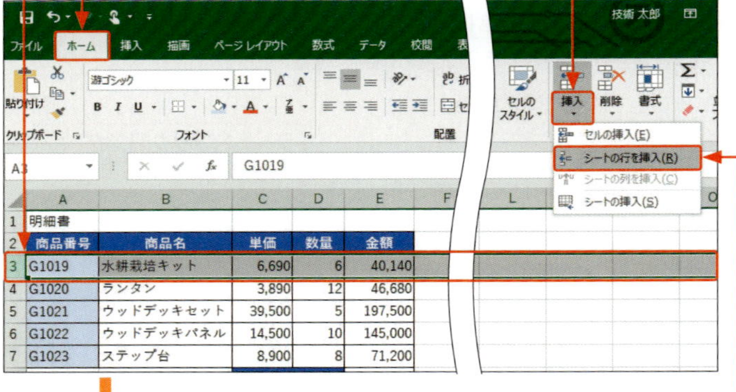

	A	B	C	D	E
1	明細書				
2	商品番号	商品名	単価	数量	金額
3	G1019	水耕栽培キット	6,690	6	40,140
4	G1020	ランタン	3,890	12	46,680
5	G1021	ウッドデッキセット	39,500	5	197,500
6	G1022	ウッドデッキパネル	14,500	10	145,000
7	G1023	ステップ台	8,900	8	71,200

4 <シートの行を挿入>をクリックすると、

	A	B	C	D	E
1	明細書				
2	商品番号	商品名	単価	数量	金額
3					
4	G1019	水耕栽培キット	6,690	6	40,140
5			3,890	12	46,680
6		ウッドデッキセット	39,500	5	197,500
7		ウッドデッキパネル	14,500	10	145,000
8	G1023	ステップ台	8,900	8	71,200
9			合計金額		500,520

上と同じ書式を適用(A)
下と同じ書式を適用(B)
書式のクリア(C)

5 選択した行の上に新しい行が挿入されます。

6 <挿入オプション>をクリックして、

7 <下と同じ書式を適用>をクリックすると、

	A	B	C	D	E
1	明細書				
2	商品番号	商品名	単価	数量	金額
3					
4	G1019	水耕栽培キット	6,690	6	40,140
5	G1020	ランタン	3,890	12	46,680
6	G1021	ウッドデッキセット	39,500	5	197,500
7	G1022	ウッドデッキパネル	14,500	10	145,000
8	G1023	ステップ台	8,900	8	71,200
9			合計金額		500,520

8 挿入した行の書式が下と同じものに変更されます。

2 行や列を削除する

列を削除する

1 列番号をクリックして、削除する列を選択します。

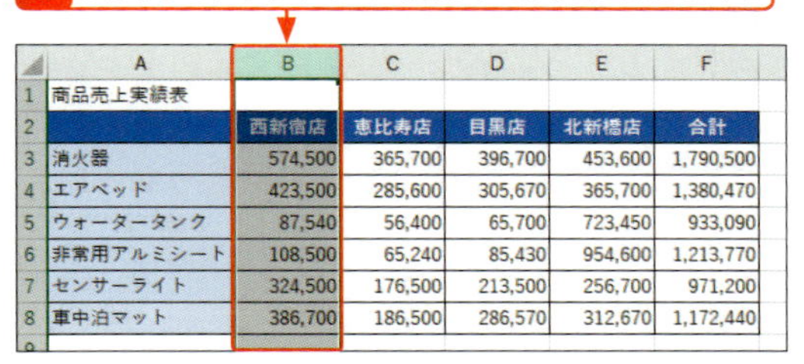

	A	B	C	D	E	F
1	商品売上実績表					
2		西新宿店	恵比寿店	目黒店	北新橋店	合計
3	消火器	574,500	365,700	396,700	453,600	1,790,500
4	エアベッド	423,500	285,600	305,670	365,700	1,380,470
5	ウォータータンク	87,540	56,400	65,700	723,450	933,090
6	非常用アルミシート	108,500	65,240	85,430	954,600	1,213,770
7	センサーライト	324,500	176,500	213,500	256,700	971,200
8	車中泊マット	386,700	186,500	286,570	312,670	1,172,440

2 ＜ホーム＞タブをクリックして、

3 ＜削除＞のここをクリックし、

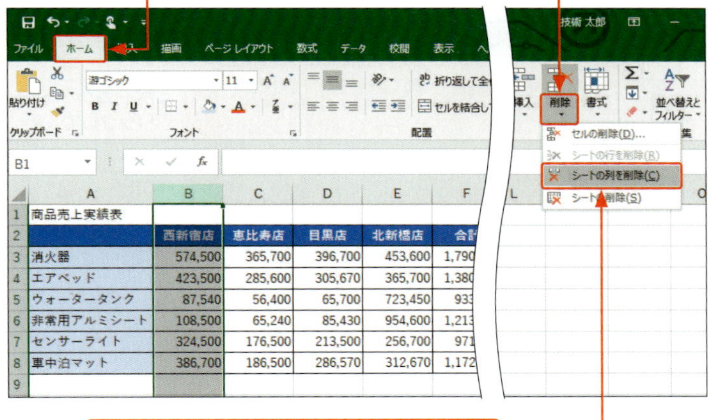

4 ＜シートの列を削除＞をクリックすると、

5 列が削除されます。

6 数式が入力されている場合は、自動的に再計算されます。

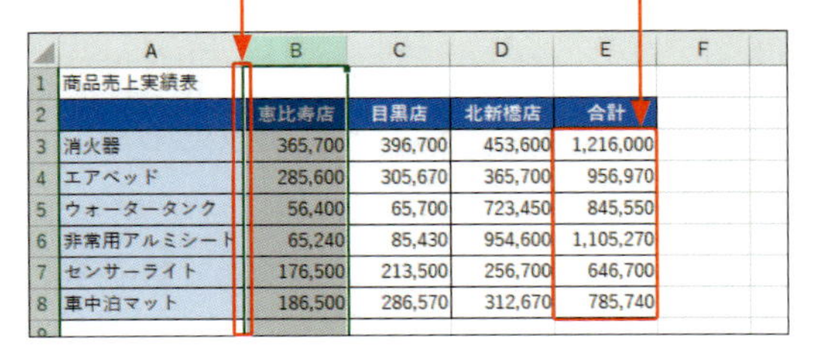

	A	B	C	D	E	F
1	商品売上実績表					
2		恵比寿店	目黒店	北新橋店	合計	
3	消火器	365,700	396,700	453,600	1,216,000	
4	エアベッド	285,600	305,670	365,700	956,970	
5	ウォータータンク	56,400	65,700	723,450	845,550	
6	非常用アルミシート	65,240	85,430	954,600	1,105,270	
7	センサーライト	176,500	213,500	256,700	646,700	
8	車中泊マット	186,500	286,570	312,670	785,740	

メモ 行を削除する

行を削除する場合は、行番号をクリックして削除する行を選択します。左の手順 4 で＜シートの行を削除＞をクリックすると、選択した行が削除され、下の行がその位置に移動してきます。

ヒント 挿入した行や列の書式を設定できる

挿入した行や列には、上の行（または左の列）の書式が適用されます。上の行（左の列）の書式を適用したくない場合は、行や列を挿入すると表示される＜挿入オプション＞をクリックし、挿入した行や列の書式を下の行（または右の列）と同じ書式にしたり、書式を解除したりすることができます（前ページ参照）。

列を挿入して＜挿入オプション＞をクリックした場合

	A	B	C	D
1	明細書			
2			商品名	単価
3				
4			栽培キット	6,690

左側と同じ書式を適用(L)
右側と同じ書式を適用(R)
書式のクリア(C)

メモ 行や列を挿入・削除するそのほかの方法

行や列の挿入と削除は、選択した行や列を右クリックすると表示されるショートカットメニューからも行うことができます。

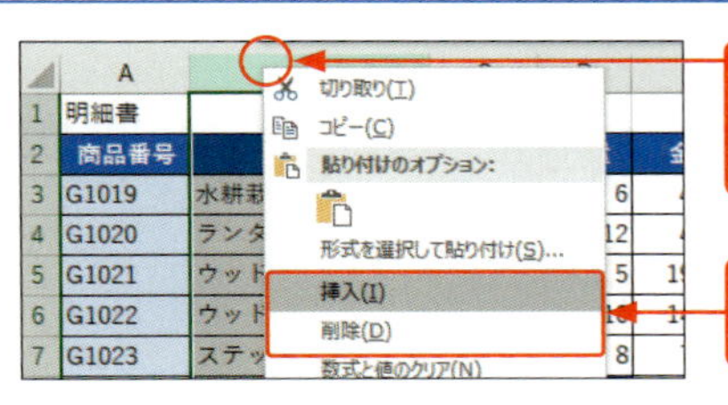

1 選択した列（あるいは行）を右クリックして、

2 ＜挿入＞や＜削除＞をクリックします。

Section 41 行や列をコピーする／移動する

覚えておきたいキーワード
- コピー
- 切り取り
- 貼り付け

データを入力して書式を設定した行や列を、ほかの表でも利用したいことはよくあります。この場合は、行や列をコピーすると効率的です。また、行や列を移動することもできます。行や列を移動すると、数式のセルの位置も自動的に変更されるので、計算し直す必要はありません。

1 行や列をコピーする

メモ 列をコピーする

列をコピーする場合は、列番号をクリックして列を選択し、右の手順でコピーします。列の場合も行と同様に、セルに設定している書式も含めてコピーされます。

ヒント コピー先にデータがある場合は？

行や列をコピーする際、コピー先にデータがあった場合は上書きされてしまうので、注意が必要です。

ヒント マウスのドラッグ操作でコピー／移動する

行や列のコピーや移動は、マウスのドラッグ操作で行うこともできます。コピー／移動する行や列を選択してセルの枠にマウスポインターを合わせ、ポインターの形が に変わった状態でドラッグすると移動されます。Ctrl を押しながらドラッグするとコピーされます。

	A	B	C	D	E
1	上半期関西地区商品区分別売上				
2		デスク	テーブル	収納家具	文房具
3	4月	1,420	990	720	340
4	5月	1,640	1,110	760	360
5	6月	1,740	1,050	600	370
6					
7	7月	1,550	6:6 70	670	355
8	8月	1,830	1,410	920	400

Ctrlを押しながらドラッグすると、コピーされます。

行をコピーする

1 行番号をクリックして行を選択し、
2 <ホーム>タブをクリックして、
3 <コピー>をクリックします。

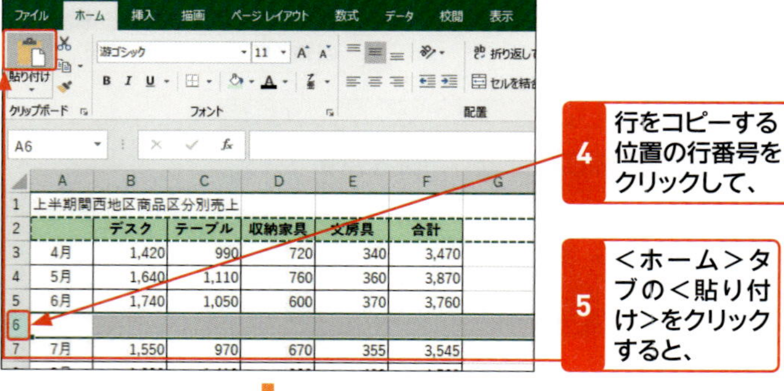
4 行をコピーする位置の行番号をクリックして、
5 <ホーム>タブの<貼り付け>をクリックすると、

	A	B	C	D	E	F	G
1	上半期関西地区商品区分別売上						
2		デスク	テーブル	収納家具	文房具	合計	
3	4月	1,420	990	720	340	3,470	
4	5月	1,640	1,110	760	360	3,870	
5	6月	1,740	1,050	600	370	3,760	
6		デスク	テーブル	収納家具	文房具	合計	
7	(Ctrl)	1,550	970	670	355	3,545	

6 選択した行が書式も含めてコピーされます。

2 行や列を移動する

列を移動する

1 列番号をクリックして、移動する列を選択し、

2 <ホーム>タブをクリックして、

3 <切り取り>をクリックします。

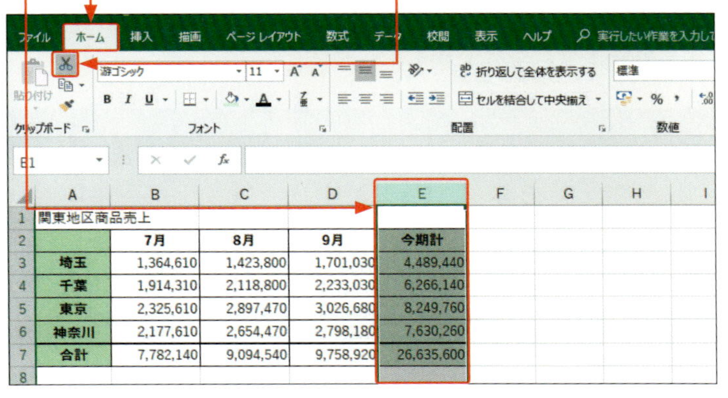

4 列を移動する位置の列番号をクリックして、

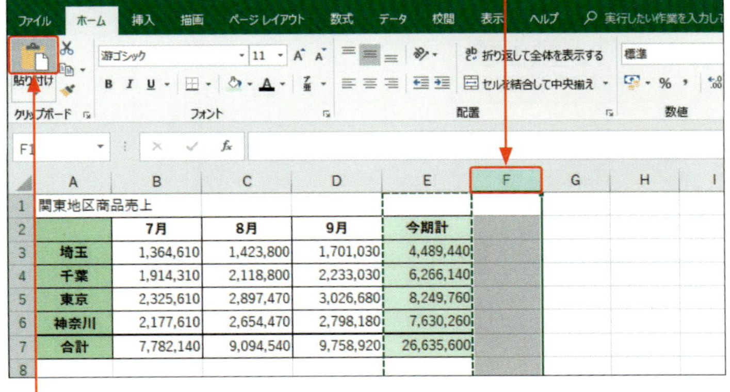

5 <ホーム>タブの<貼り付け>をクリックすると、

6 列が移動されます。

7 数式が入力されている場合、セルの位置も自動的に変更されます。

F7 =SUM(F3:F6)

	A	B	C	D	E	F	G	H
1	関東地区商品売上							
2		7月	8月	9月		今期計		
3	埼玉	1,364,610	1,423,800	1,701,030		4,489,440		
4	千葉	1,914,310	2,118,800	2,233,030		6,266,140		
5	東京	2,325,610	2,897,470	3,026,680		8,249,760		
6	神奈川	2,177,610	2,654,470	2,798,180		7,630,260		
7	合計	7,782,140	9,094,540	9,758,920		26,635,600		
8								

メモ 行を移動する

行を移動する場合は、行番号をクリックして移動する行を選択し、左の手順で移動します。行や列を移動する場合も、貼り付け先にデータがあった場合は、上書きされるので注意が必要です。

ステップアップ 上書きせずにコピー／移動する

現在のセルを上書きせずに、行や列をコピーしたり移動したりすることもできます。マウスの右クリックで対象をドラッグし、コピーあるいは移動したい位置でマウスのボタンを離し、<下へシフトしてコピー>あるいは<下へシフトして移動>をクリックします。この操作を行うと、指定した位置に行や列が挿入あるいは移動されます。

1 マウスの右クリックでドラッグし、

2 マウスのボタンを離して、

	A	B	C	D	E
1		デスク	テーブル	収納家具	文房具
2	4月	1,420	990	720	340
3	5月	1,640	1,110	760	360
4	6月	1,740	1,050	600	370
5	7月	1,550	970	670	355
6	8月	1,830			
7	9月	1,980			

ここに移動(M)
ここにコピー(C)
ここに値のみをコピー(V)
ここに書式のみをコピー(F)
ここにリンク(L)
ここにハイパーリンクを作成(H)
下へシフトしてコピー(S)
右へシフトしてコピー(T)
下へシフトして移動(D)
右へシフトして移動(R)
キャンセル(A)

3 <下へシフトしてコピー>あるいは<下へシフトして移動>をクリックします。

Section 42

セルを挿入する／削除する

覚えておきたいキーワード
- セルの挿入
- セルの削除
- セルの移動方向

行単位や列単位で挿入や削除を行うだけではなく、セル単位でも挿入や削除を行うことができます。セルを挿入や削除する際は、挿入や削除後のセルの移動方向を指定します。挿入したセルには上や左のセルの書式が適用されますが、不要な場合は書式を解除することができます。

1 セルを挿入する

メモ　セルを挿入するそのほかの方法

セルを挿入するには、右の手順のほかに、選択したセル範囲を右クリックすると表示されるショートカットメニューの<挿入>を利用する方法があります。

ヒント　挿入後のセルの移動方向

セルを挿入する場合は、右の手順のように<セルの挿入>ダイアログボックスで挿入後のセルの移動方向を指定します。指定できる項目は次の4とおりです。

①右方向にシフト
選択したセルとその右側にあるセルが、右方向へ移動します。

②下方向にシフト
選択したセルとその下側にあるセルが、下方向へ移動します。

③行全体
行を挿入します。

④列全体
列を挿入します。

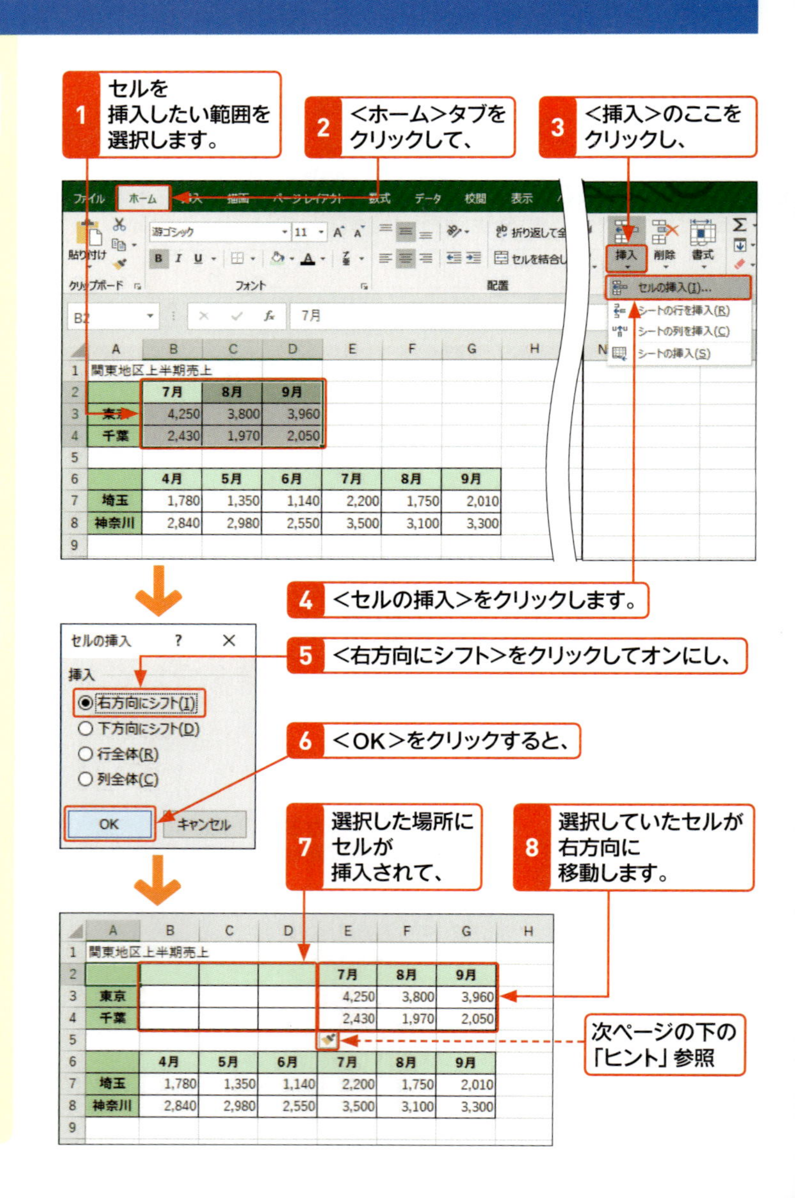

1 セルを挿入したい範囲を選択します。
2 <ホーム>タブをクリックして、
3 <挿入>のここをクリックし、
4 <セルの挿入>をクリックします。
5 <右方向にシフト>をクリックしてオンにし、
6 <OK>をクリックすると、
7 選択した場所にセルが挿入されて、
8 選択していたセルが右方向に移動します。
次ページの下の「ヒント」参照

2 セルを削除する

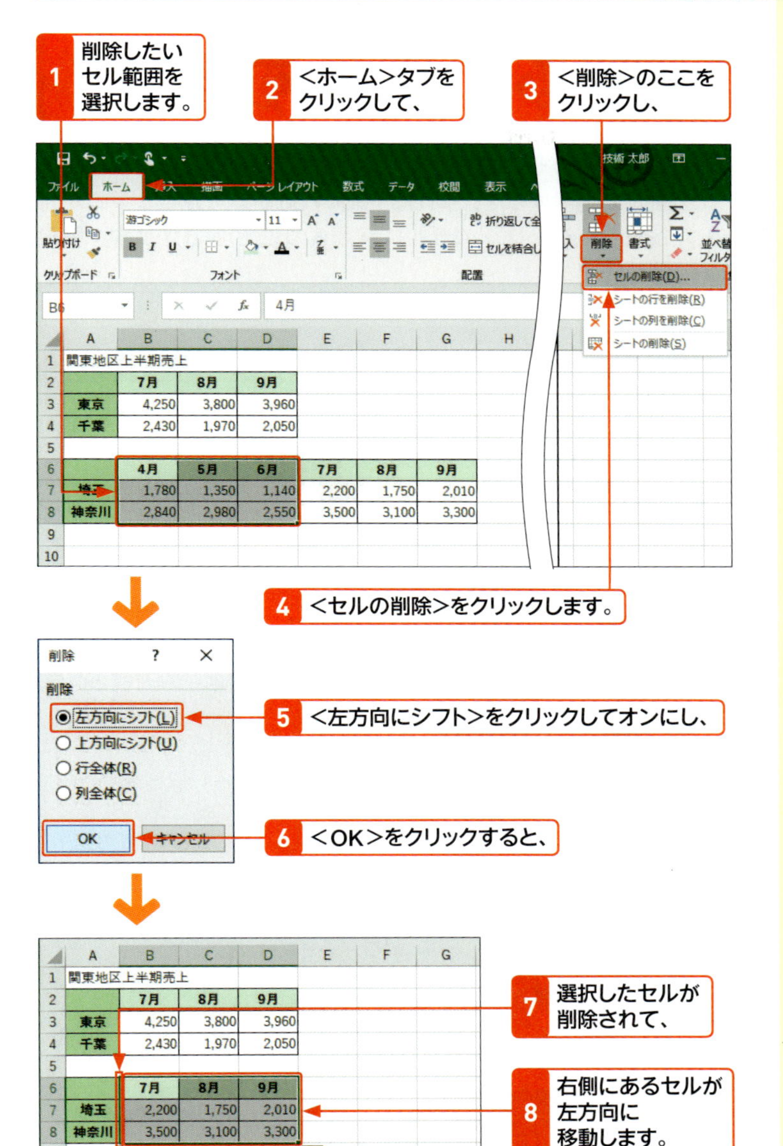
1 削除したいセル範囲を選択します。
2 <ホーム>タブをクリックして、
3 <削除>のここをクリックし、
4 <セルの削除>をクリックします。
5 <左方向にシフト>をクリックしてオンにし、
6 <OK>をクリックすると、
7 選択したセルが削除されて、
8 右側にあるセルが左方向に移動します。

メモ セルを削除するそのほかの方法

セルを削除するには、左の手順のほかに、選択したセル範囲を右クリックすると表示されるショートカットメニューの<削除>を利用する方法があります。

ヒント 削除後のセルの移動方向

セルを削除する場合は、左の手順のように<削除>ダイアログボックスで削除後のセルの移動方向を選択します。選択できる項目は次の4とおりです。

①左方向にシフト
削除したセルの右側にあるセルが左方向へ移動します。

②上方向にシフト
削除したセルの下側にあるセルが上方向へ移動します。

③行全体
行を削除します。

④列全体
列を削除します。

ヒント 挿入したセルの書式を設定できる

挿入したセルの上のセル（または左のセル）に書式が設定されていると、<挿入オプション>が表示されます。これを利用すると、挿入したセルの書式を左右または上下のセルと同じ書式にしたり、書式を解除したりすることができます。

	A	B	C	D	E	F	G	H
1	関東地区上半期売上							
2					7月	8月	9月	
3	東京				4,250	3,800	3,960	
4	千葉				2,430	1,970	2,050	
5								
6		4月				8月	9月	
7	埼玉	1,7			200	1,750	2,010	
8	神奈川	2,8			500	3,100	3,300	

◉ 左側と同じ書式を適用(L)
○ 右側と同じ書式を適用(R)
○ 書式のクリア(C)

Section 43

セルをコピーする／移動する

覚えておきたいキーワード
- コピー
- 切り取り
- 貼り付け

セルに入力したデータをほかのセルでも使用したいことはよくあります。この場合は、セルをコピーして利用すると、同じデータを改めて入力する手間が省けます。また、入力したデータをほかのセルに移動することもできます。削除して入力し直すより効率的です。

1 セルをコピーする

メモ　セルをコピーするそのほかの方法

セルをコピーするには右の手順のほかに、セルを右クリックすると表示されるショートカットメニューの<コピー>と<貼り付け>を利用する方法があります。

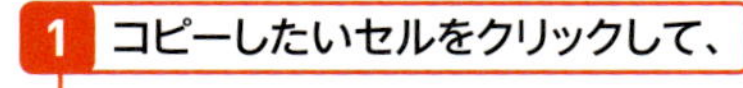

1 コピーしたいセルをクリックして、

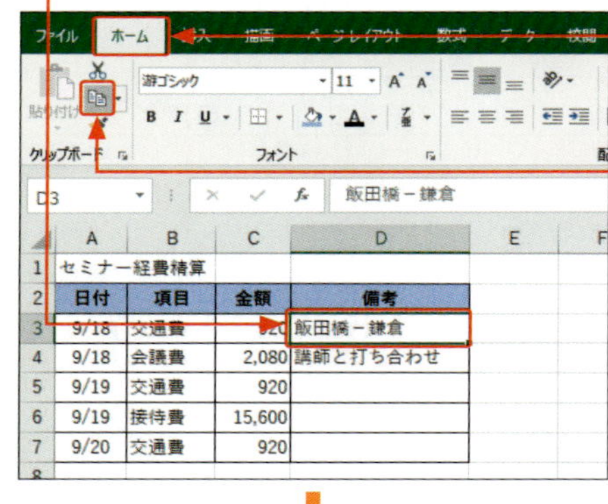

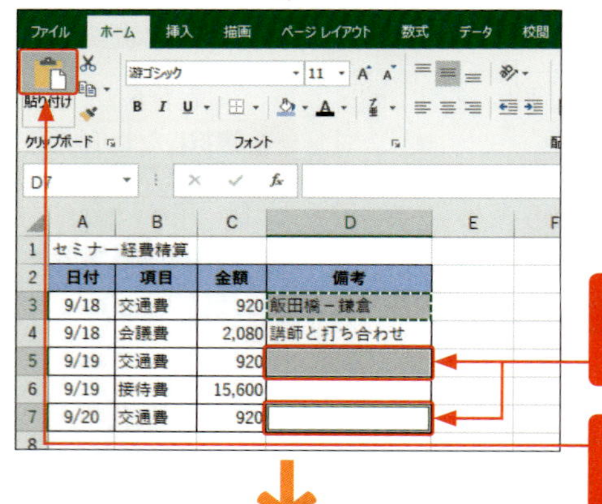

ヒント　離れた位置にあるセルを同時に選択するには？

離れた位置にあるセルを同時に選択するには、最初のセルをクリックしたあと、Ctrl を押しながら別のセルをクリックします。

第4章 セル・シート・ブックの操作

2 セルを移動する

1 移動したいセルをクリックして、

2 <ホーム>タブをクリックし、

3 <切り取り>をクリックします。

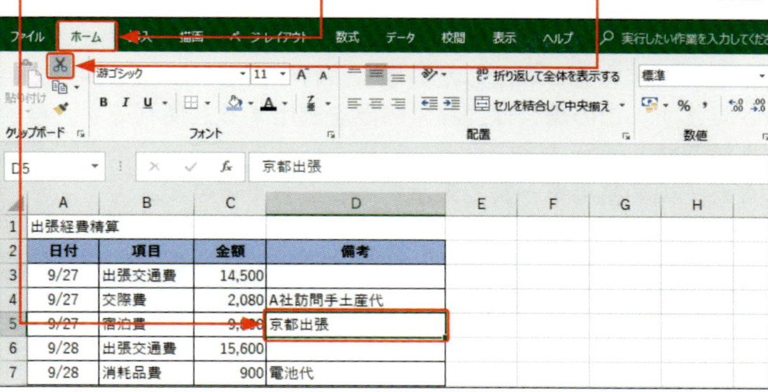

4 移動先のセルをクリックして、

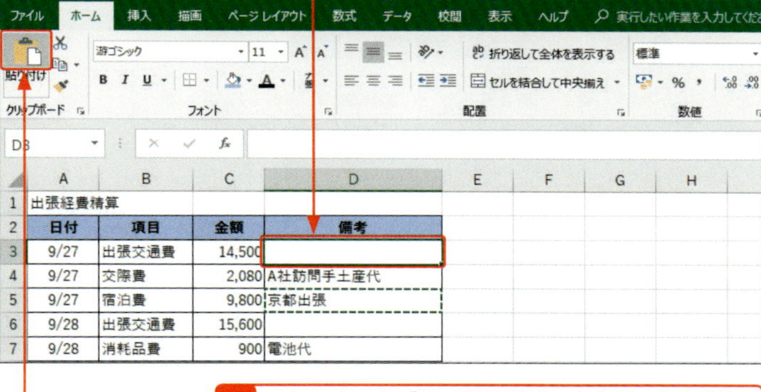

5 <ホーム>タブの<貼り付け>をクリックすると、

6 セルが移動されます。

	A	B	C	D
1	出張経費精算			
2	日付	項目	金額	備考
3	9/27	出張交通費	14,500	京都出張
4	9/27	交際費	2,080	A社訪問手土産代
5	9/27	宿泊費	9,800	
6	9/28	出張交通費	15,600	
7	9/28	消耗品費	900	電池代

メモ　セルのコピーや移動

セルをコピーしたり移動したりする場合、貼り付け先のデータは上書きされるので注意が必要です。

メモ　罫線も切り取られる

セルに罫線を設定してある場合は、セルを移動すると罫線も移動してしまいます。罫線を引く前に移動をするか、移動したあとに罫線を設定し直します。

ヒント　マウスのドラッグ操作でコピー／移動する

セルのコピーや移動は、マウスのドラッグ操作で行うこともできます。コピー／移動するセルをクリックしてセルの枠にマウスポインターを合わせ、ポインターの形が ✥ に変わった状態でドラッグすると移動されます。Ctrl を押しながらドラッグするとコピーされます。

	A	B	C	D
1	出張経費精算			
2	日付	項目	金額	備考
3	9/27	出張交通費	14,500	
4	9/27	交際費	2,080	A社訪問手土産代
5	9/27	宿泊費	9,800	京都出張
6	9/28	出張交通費	15,600	

ポインターの形が変わった状態でドラッグするとセルが移動されます。

Section 44

文字列を検索する

覚えておきたいキーワード
- 検索
- 検索範囲
- ワイルドカード

データの中から特定の文字を見つけ出したい場合、行や列を一つ一つ探していくのは手間がかかります。この場合は、検索機能を利用すると便利です。検索機能では、文字を検索する範囲や方向など、詳細な条件を設定して検索することができます。また、検索結果を一覧で表示することもできます。

1 <検索と置換>ダイアログボックスを表示する

メモ 検索範囲を指定する

文字の検索では、アクティブセルが検索の開始位置になります。また、あらかじめセル範囲を選択して右の手順で操作すると、選択したセル範囲だけを検索できます。

ヒント 検索から置換へ

<検索と置換>ダイアログボックスの<検索>で検索を行ったあとに<置換>に切り替えると、検索結果を利用して文字列の置換を行うことができます（Sec.45参照）。

ステップアップ ワイルドカード文字の利用

検索文字列には、ワイルドカード文字「*」（任意の長さの任意の文字）と「?」（任意の1文字）を使用できます。たとえば「第一*」と入力すると「第一」や「第一営業部」「第一事業部」などが検索されます。「第?研究室」と入力すると「第一研究室」や「第二研究室」などが検索されます。

1 表内のいずれかのセルをクリックします。

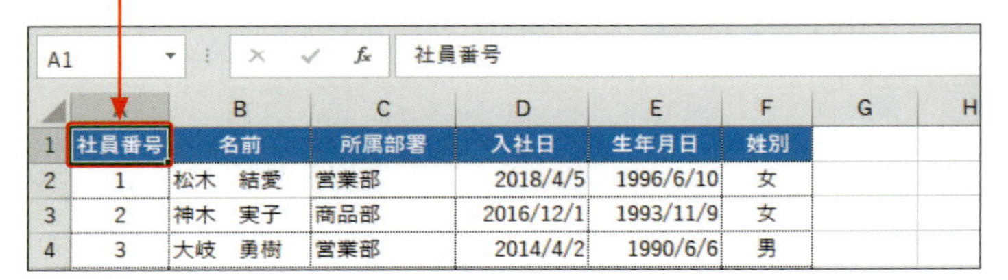

2 <ホーム>タブをクリックして、

3 <検索と選択>をクリックし、

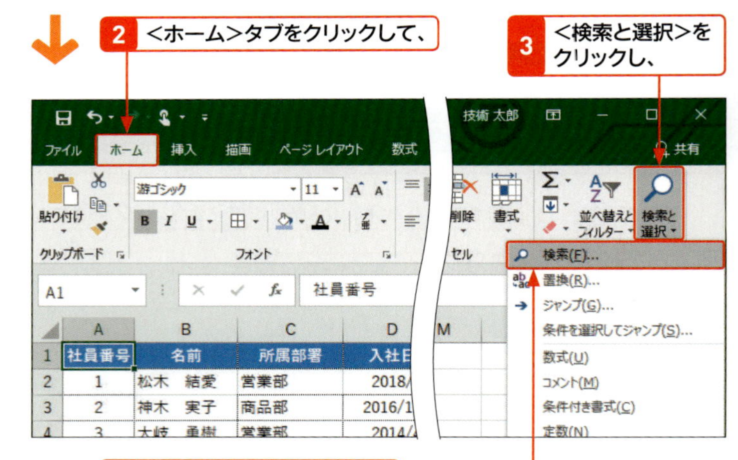

4 <検索>をクリックすると、

5 <検索と置換>ダイアログボックスの<検索>が表示されます。

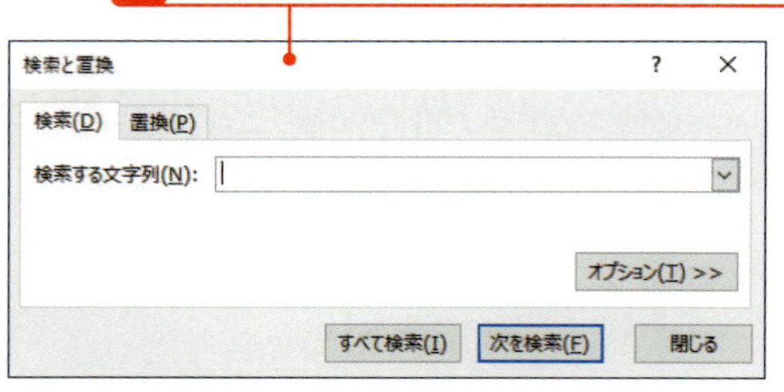

2 文字列を検索する

1 検索したい文字を入力し、

2 <次を検索>をクリックすると、

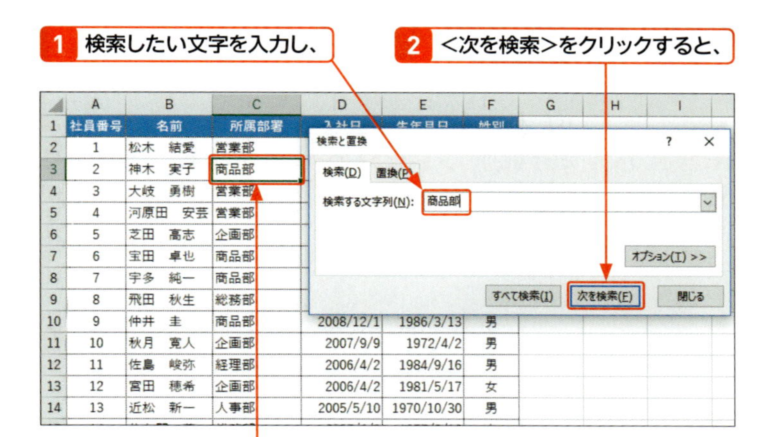

3 文字が検索されます。

4 再度<次を検索>をクリックすると、

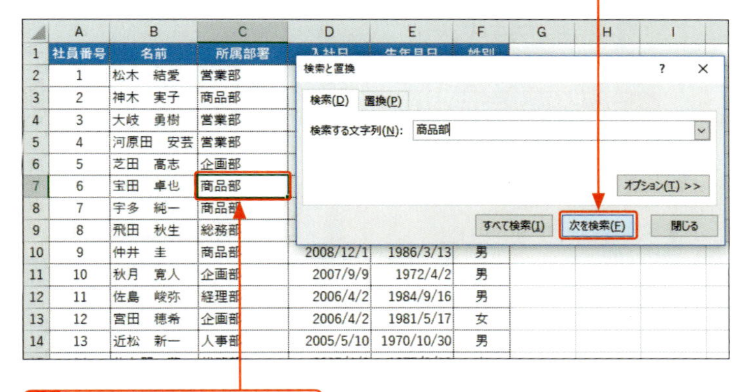

5 次の文字が検索されます。

ヒント 検索文字が見つからない場合は?

検索する文字が見つからない場合は、検索の詳細設定(下の「ステップアップ」参照)で検索する条件を設定し直して、再度検索します。

メモ 検索結果を一覧表示する

手順2で<すべて検索>をクリックすると、検索結果がダイアログボックスの下に一覧で表示されます。

ステップアップ 検索の詳細設定

<検索と置換>ダイアログボックスで<オプション>をクリックすると、右図のように検索条件を細かく設定することができます。

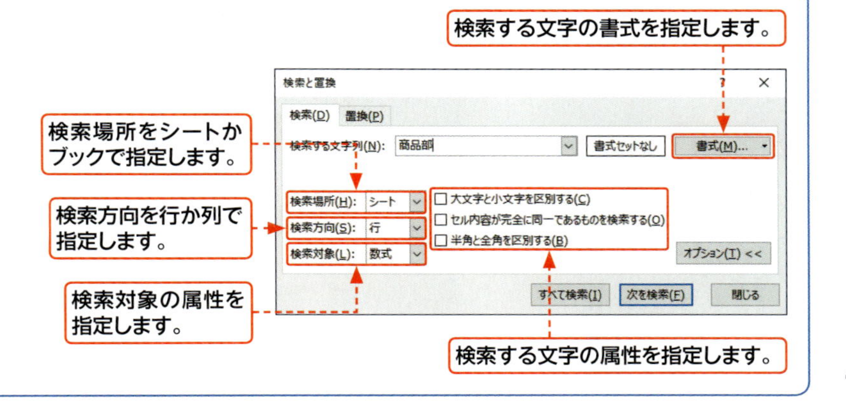

Section 45

文字列を置換する

覚えておきたいキーワード
- 置換
- 置換範囲
- すべて置換

データの中にある特定の文字だけを別の文字に置き換えたい場合、一つ一つ見つけて修正するのは手間がかかります。この場合は、置換機能を利用すると便利です。置換機能を利用すると、検索条件に一致するデータを個別に置き換えたり、すべてのデータをまとめて置き換えたりすることができます。

1 <検索と置換>ダイアログボックスを表示する

メモ 置換範囲を指定する

文字の置換では、ワークシート上のすべての文字が置換の対象となります。特定の範囲の文字を置換したい場合は、あらかじめ目的のセル範囲を選択してから、右の手順で操作します。

1 表内のいずれかのセルをクリックします。

A1 社員番号

	A	B	C	D	E	F	G	H
1	社員番号	名前	所属部署	入社日	生年月日	姓別		
2	1	松木　結愛	営業部	2018/4/5	1996/6/10	女		
3	2	神木　実子	商品部	2016/12/1	1993/11/9	女		
4	3	大岐　勇樹	営業部	2014/4/2	1990/6/6	男		

2 <ホーム>タブをクリックして、

3 <検索と選択>をクリックし、

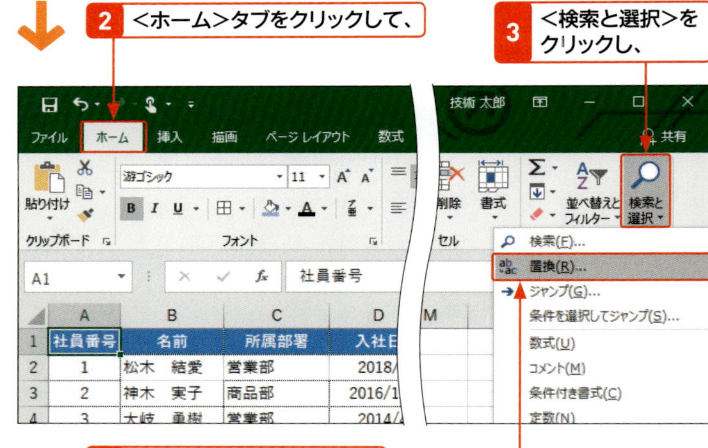

4 <置換>をクリックすると、

5 <検索と置換>ダイアログボックスの<置換>が表示されます。

検索と置換
検索(D)　置換(P)
検索する文字列(N):
置換後の文字列(E):
オプション(T) >>
すべて置換(A)　置換(R)　すべて検索(I)　次を検索(F)　閉じる

ステップアップ 置換の詳細設定

<検索と置換>ダイアログボックスの<オプション>をクリックすると、検索する文字の条件を詳細に設定することができます。設定内容は、<検索>と同様です。P.141の「ステップアップ」を参照してください。

2 文字列を置換する

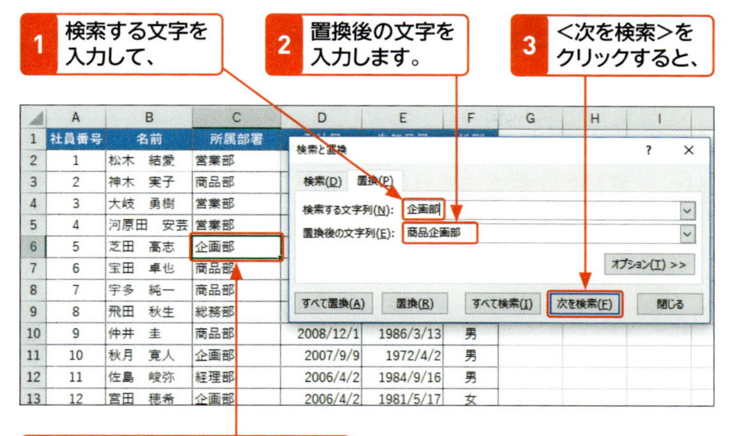

4 置換する文字が検索されます。

5 <置換>をクリックすると、

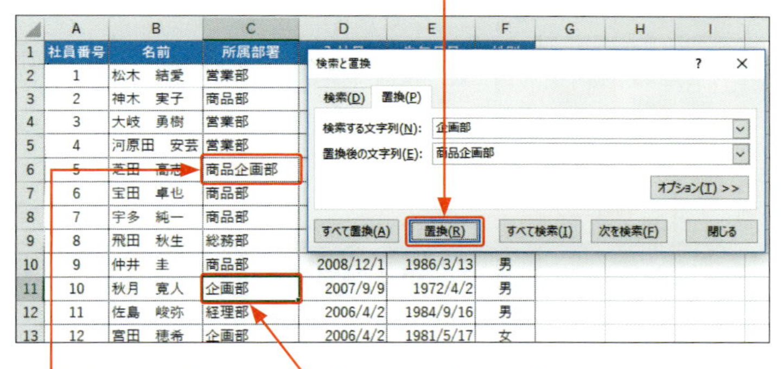

6 指定した文字に置き換えられ、

7 次の文字が検索されます。

8 同様に<置換>をクリックして、文字を置き換えていきます。

左の手順で操作すると、1つずつデータを確認しながら置換を行うことができます。検索された文字を置換せずに次を検索する場合は、<次を検索>をクリックします。置換が終了すると、確認のダイアログボックスが表示されるので<OK>をクリックし、<検索と置換>ダイアログボックスの<閉じる>をクリックします。

ヒント まとめて一気に置換するには?

左の手順3で<すべて置換>をクリックすると、検索条件に一致するすべてのデータがまとめて置き換えられます。

特定の文字を削除する

置換機能を利用すると、特定の文字を削除することができます。たとえば、セルに含まれるスペースを削除したい場合は、<検索する文字列>にスペースを入力し、<置換後の文字列>に何も入力せずに置換を実行します。

1 スペースを削除したい場合は、<検索する文字列>にスペースを入力し、

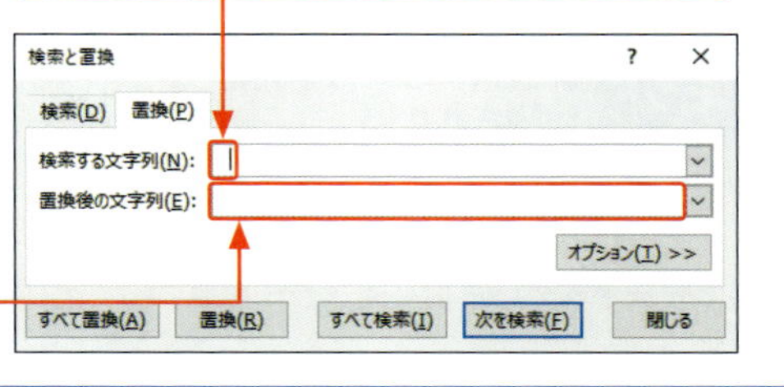

2 <置換後の文字列>に何も入力せずに置換を実行します。

Section 46

行や列を非表示にする

覚えておきたいキーワード
- ☑ 列の非表示
- ☑ 行の非表示
- ☑ 列／行の再表示

特定の行や列を削除するのではなく、一時的に隠しておきたい場合があります。このようなときは、行や列を非表示にすることができます。非表示にした行や列は印刷されないので、必要な部分だけを印刷したいときにも便利できます。非表示にした行や列が必要になったときは再表示します。

1 列を非表示にする

メモ 列を非表示にするそのほかの方法

列を非表示にするには、右の手順のほかに、非表示にする列全体を選択し、右クリックすると表示されるショートカットメニューから<非表示>をクリックする方法があります。

メモ 行を非表示にする

行を非表示にするには、行番号をクリックまたはドラッグして非表示にしたい行全体を選択するか、非表示にしたい行に含まれるセルやセル範囲を選択し、右の手順5で<行を表示しない>をクリックします。

ヒント 非表示にした行や列は印刷されない

行や列を非表示にして印刷を実行すると、非表示にした行や列は印刷されず、画面に表示されている部分だけが印刷されます。

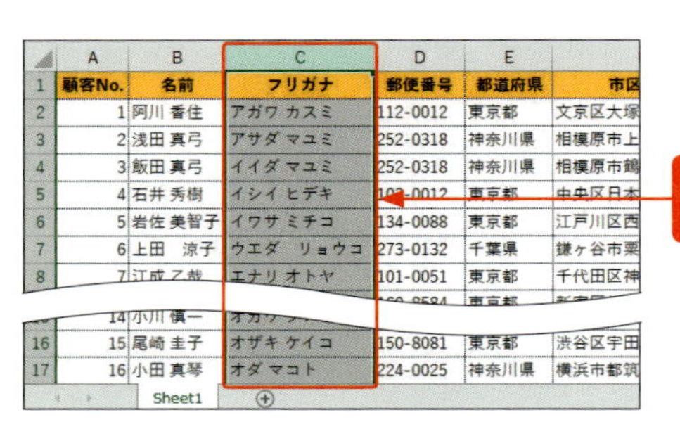

2 <ホーム>タブをクリックします。

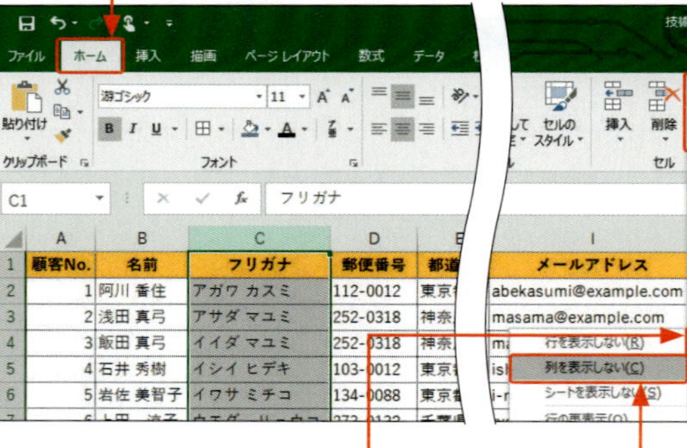

4 <非表示／再表示>にマウスポインターを合わせ、

5 <列を表示しない>をクリックすると、

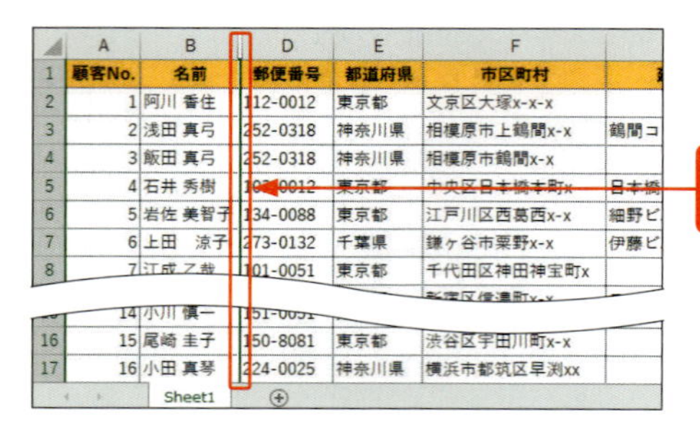

2 非表示にした列を再表示する

前ページで非表示にした列を再表示します。

1 非表示にした列をはさむ左右の列を、列番号をドラッグして選択します。

	A	B	D	E	F	G	H	I
1	顧客No.	名前	郵便番号	都道府県	市区町村	建物	電話番号	メールアドレ
2	1	阿川 香住	112-0012	東京都	文京区大塚x-x-x		03-3944-0000	abekasumi@exampl
3	2	浅田 真弓	252-0318	神奈川県	相模原市上鶴間x-x	鶴間コーブ201	042-123-0000	masama@example.c
4	3	飯田 真弓	252-0318	神奈川県	相模原市鶴間x-x		042-123-0000	mayuito@example.c
5	4	石井 秀樹	103-0012	東京都	中央区日本橋本町x	日本橋ビル	03-5095-0000	ishikawa@example.
6	5	岩佐 美智子	134-0088	東京都	江戸川区西葛西x-x	細野ビル505	03-3804-0000	i-michiko@example.
7	6	上田　涼子	273-0132	千葉県	鎌ヶ谷市粟野x-x	伊藤ビル505	047-441-0000	ryouko@example.co
8	7	江成 乙哉	101-0051	東京都	千代田区神田神宝町x		03-3295-0000	kayoenari@example.
9	8	大城 涼太	160-8584	東京都	新宿区信濃町x-x	スカイタワー	03-5362-0000	oosakiryou@exampl
						プラチナタワー	03-6811-0000	yo-otsuka@exampl
	14	小川 慎一	151-0051	東京都				
16	15	尾崎 圭子	150-8081	東京都	渋谷区宇田川町x-x		03-3780-0000	keiozaki@example.c
17	16	小田 真琴	224-0025	神奈川県	横浜市都筑区早渕xx		045-678-0000	makoto-o@example.

2 <ホーム>タブをクリックして、

3 <書式>をクリックします。

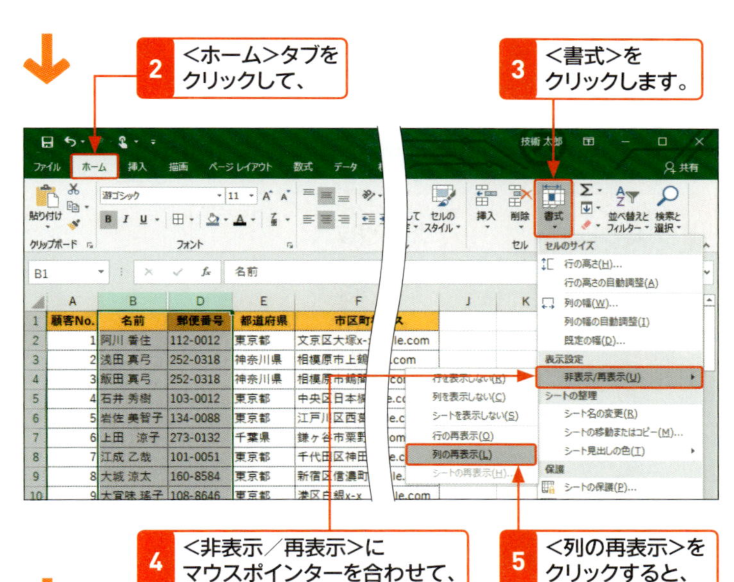

4 <非表示/再表示>にマウスポインターを合わせて、

5 <列の再表示>をクリックすると、

6 非表示にした列が再表示されます。

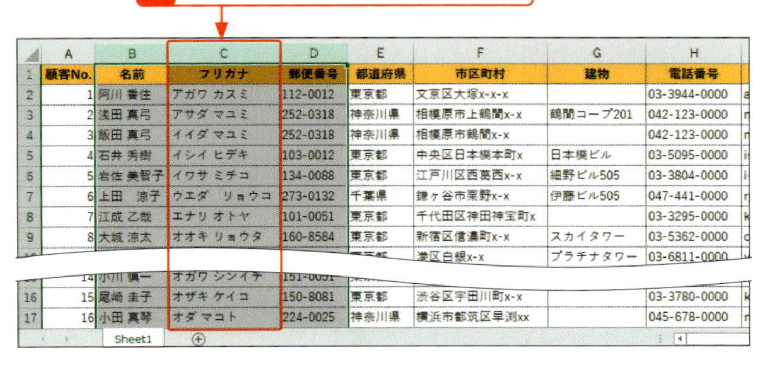

	A	B	C	D	E	F	G	H
1	顧客No.	名前	フリガナ	郵便番号	都道府県	市区町村	建物	電話番号
2	1	阿川 香住	アガワ カスミ	112-0012	東京都	文京区大塚x-x-x		03-3944-0000
3	2	浅田 真弓	アサダ マユミ	252-0318	神奈川県	相模原市上鶴間x-x	鶴間コーブ201	042-123-0000
4	3	飯田 真弓	イイダ マユミ	252-0318	神奈川県	相模原市鶴間x-x		042-123-0000
5	4	石井 秀樹	イシイ ヒデキ	103-0012	東京都	中央区日本橋本町x	日本橋ビル	03-5095-0000
6	5	岩佐 美智子	イワサ ミチコ	134-0088	東京都	江戸川区西葛西x-x	細野ビル505	03-3804-0000
7	6	上田　涼子	ウエダ　リョウコ	273-0132	千葉県	鎌ヶ谷市粟野x-x	伊藤ビル505	047-441-0000
8	7	江成 乙哉	エナリ オトヤ	101-0051	東京都	千代田区神田神宝町x		03-3295-0000
9	8	大城 涼太	オオキ リョウタ	160-8584	東京都	新宿区信濃町x-x	スカイタワー	03-5362-0000
						港区白銀x-x	プラチナタワー	03-6811-0000
	14	小川 慎一	オガワ シンイチ	151-0051				
16	15	尾崎 圭子	オザキ ケイコ	150-8081	東京都	渋谷区宇田川町x-x		03-3780-0000
17	16	小田 真琴	オダ マコト	224-0025	神奈川県	横浜市都筑区早渕xx		045-678-0000

メモ 列を再表示するそのほかの方法

非表示にした列を再表示するには、左の手順のほかに、非表示にした列をはさむように左右の列を選択し、右クリックすると表示されるショートカットメニューから<再表示>をクリックする方法があります。

メモ 非表示にした行を再表示する

非表示にした行を再表示する場合は、非表示にした行をはさむように上下の行を選択したあと、手順5で<行の再表示>をクリックします。

ヒント 左端の列や上端の行を再表示するには?

左端の列や上端の行を非表示にした場合は、もっとも端の列番号か行番号から、ウィンドウの左側あるいは上に向けてドラッグし、非表示の列や行を選択します(下図参照)。続いて、左の手順(左端の列の場合)に従うと、非表示にした左端の列や上端の行を再表示することができます。

もっとも端にある列番号を左側にドラッグして選択します。

	B	C	D
1	名前	フリガナ	郵便番号
2	阿川 香住	アガワ カスミ	112-0012
3	浅田 真弓	アサダ マユミ	252-0318

Section 47

見出しの行を固定する

覚えておきたいキーワード
- ウィンドウ枠の固定
- 行の固定
- 行と列の固定

大きな表の場合、ワークシートをスクロールすると見出しの行が見えなくなり、入力したデータが何を表すのかわからなくなることがあります。このような場合は、見出しの行や列を固定しておくと、スクロールしても、常に必要な行や列を表示させておくことができます。

1 見出しの行を固定する

メモ 見出しの行や列の固定

見出しの行を固定するには、固定する行の1つ下の先頭（いちばん左）のセルをクリックして、右の手順で操作します。見出しの列を固定するには、固定する列の右隣の先頭（いちばん上）のセルをクリックして、同様の操作を行います。

ヒント ウィンドウ枠の固定を解除するには？

ウィンドウ枠の固定を解除するには、<表示>タブをクリックして<ウィンドウ枠の固定>をクリックし、<ウィンドウ枠固定の解除>をクリックします。

1 <ウィンドウ枠の固定>をクリックして、

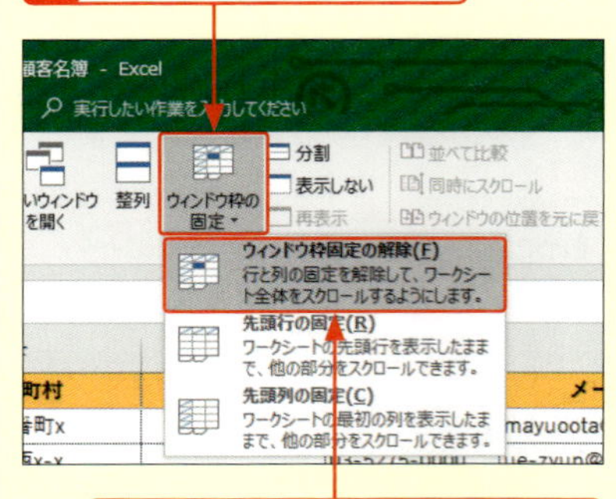

2 <ウィンドウ枠固定の解除>をクリックします。

この見出しの行を固定します。

	A	B	C	D	E	F
1	顧客No.	名前	フリガナ	郵便番号	都道府県	市区町村
2	1	阿川 香住	アガワ カスミ	112-0012	東京都	文京区大塚x-x-x
3	2	浅田 真弓	アサダ マユミ	252-0318	神奈川県	相模原市上鶴間x-x

1 固定する行の1つ下の先頭（いちばん左）のセルをクリックして、

2 <表示>タブをクリックします。

3 <ウィンドウ枠の固定>をクリックして、

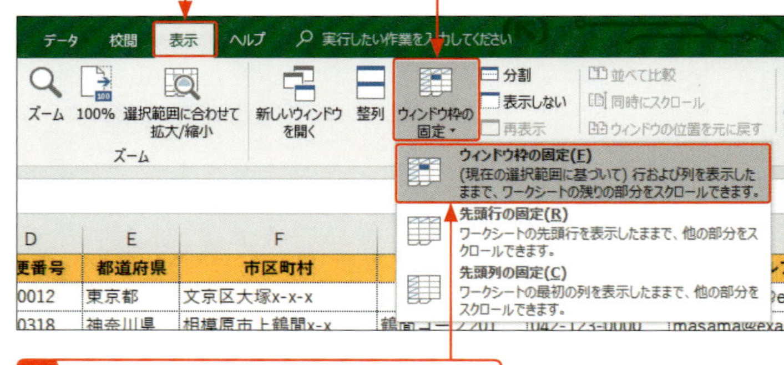

4 <ウィンドウ枠の固定>をクリックすると、

5 見出しの行が固定されて、境界線が表示されます。

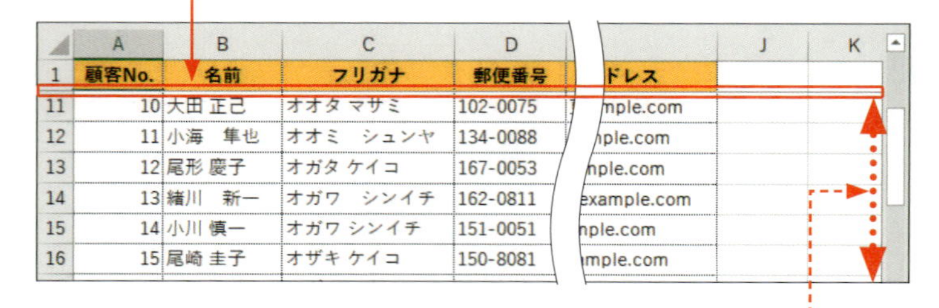

境界線より下のウィンドウ枠内がスクロールします。

2 見出しの行と列を同時に固定する

P.146のヒントを参考にして、
あらかじめウィンドウ枠の固定を解除しておきます。

この2つのセルを固定します。

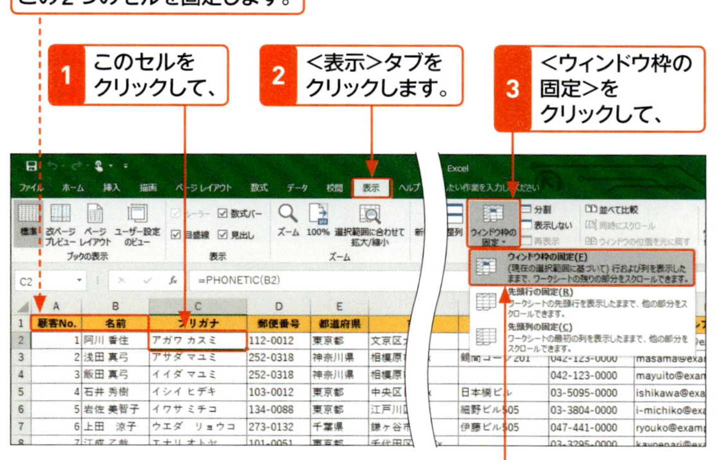
1 このセルをクリックして、
2 <表示>タブをクリックします。
3 <ウィンドウ枠の固定>をクリックして、
ウィンドウ枠の固定(F)
先頭行の固定(R)
先頭列の固定(C)

4 <ウィンドウ枠の固定>をクリックすると、

5 この2つのセルが固定され、

	A	B	C	D	E	F	G	H	メ
1	顧客No.	名前	フリガナ	郵便番号	都道府県	市区町村	建物	電話番号	メ
2	1	阿川 香住	アガワ カスミ	112-0012	東京都	文京区大塚x-x-x		03-3944-0000	abekasu
3	2	浅田 真弓	アサダ マユミ	252-0318	神奈川県	相模原市上鶴間x-x	鶴間コープ201	042-123-0000	masama
4	3	飯田 真弓	イイダ マユミ	252-0318	神奈川県	相模原市鶴間x-x		042-123-0000	mayuito
5	4	石井 秀樹	イシイ ヒデキ	103-0012	東京都	中央区日本橋本町x	日本橋ビル	03-5095-0000	ishikawa
6	5	岩佐 美智子	イワサ ミチコ	134-0088	東京都	江戸川区西葛西x-x	細野ビル505	03-3804-0000	i-michik
7	6	上田　涼子	ウエダ　リョウコ	273-0132	千葉県	鎌ヶ谷市栗野x-x	伊藤ビル505	047-441-0000	ryouko@
8	7	江成 乙哉	エナリ オトヤ	101-0051	東京都	千代田区神田神宝町x		03-3295-0000	kayoena
9	8	大城 涼太	オオキ リョウタ	160-8584	東京都	新宿区信濃町x-x	スカイタワー	03-5362-0000	oosakiry
10	9	大宜味 瑶子	オオギミ ヨウコ	108-8646	東京都	港区白銀x-x	プラチナタワー	03-6811-0000	yo-ootsu
11	10	大田 正己	オオタ マサミ	102-0075	東京都	千代田区三番町x		03-4334-0000	mayuoot
12	11	小海　隼也	オオミ　シュンヤ	134-0088	東京都	江戸川区葛西x-x		03-5275-0000	ue-zyun
13	12	尾形 慶子	オガタ ケイコ	167-0053	東京都	杉並区西荻窪x-x		03-5678-0000	k-ogata
14	13	緒川　新一	オガワ　シンイチ	162-0811	東京都	新宿区水道町x-x		03-4567-0000	sinookav
15	14	小川 慎一	オガワ シンイチ	151-0051	東京都	渋谷区仙田川x-x-x	小川ビル	03-5268-0000	sinoga@
16	15	尾崎 圭子	オザキ ケイコ	150-8081	東京都	渋谷区宇田川町x-x		03-3780-0000	keiozaki

6 選択したセルの上側と左側に境界線が表示されます。

7 このペアの矢印だけが連動してスクロールします。

	A	B	E	F	G	H	I	J
1	顧客No.	名前	都道府県	市区町村	建物	電話番号	メールアドレス	
11	10	大田 正己	東京都	千代田区三番町x		03-4334-0000	mayuoota@example.com	
12	11	小[illegible]　隼也	東京[illegible]	江戸川区葛西x-x		03-5275-0000	ue-zyun@example.com	
13	12	尾形 慶子	東京都	杉並区西荻窪x-x		03-5678-0000	k-ogata@example.com	
14	13	緒川　新一	東京都	新宿区水道町x-x		03-4567-0000	sinookawa@example.com	
15	14	小川 慎一	東京都	渋谷区仙田川x-x-x	小川ビル	03-5268-0000	sinoga@example.com	
16	15	尾崎 圭子	東京都	渋谷区宇田川町x-x		03-3780-0000	keiozaki@example.com	
17	16	小田 真琴	神奈川県	横浜市都筑区早渕xx		045-678-0000	makoto-o@example.com	
18	17	籠宮 清司	千葉県	[illegible]	[illegible]	[illegible]	[illegible]	
19	18	片柳 満ちる	東京都	千代田区神田錦町x-x	立花ビル6F	03-5283-0000	katayanagi@example.com	
20	19	加藤 美優	東京都	千代田区神田神保町x		03-3518-0000	miyuka@example.com	
21	20	川崎 祐樹	東京都	江東区辰巳x-x-x		090-8502-0000	yukikawa@example.com	
22	21	河田 愛	神奈川県	鎌倉市岡本x	岡本ビル1002	090-1234-0000	aikawada@example.com	
23	22	神田 秋生	埼玉県	新座市新堀xx	欅工房	0424-50-0000	kanndaaki@example.com	
24	23	北[illegible]美樹	東京[illegible]	世田谷区糀谷x-x-x		090-8502-0000	kitanomi@example.com	
25	24	鬼頭 裕理	東京都	文京区本郷x-x		03-5800-0000	yuri-kito@example.com	

メモ 行と列を同時に固定する

見出しの行と列を同時に固定するには、固定したいセルの右斜め下のセルをクリックして左の手順で操作します。クリックしたセルの左上のウィンドウ枠が固定されて、残りのウィンドウ枠内をスクロールすることができます。

ヒント 先頭行や先頭列の固定

<ウィンドウ枠の固定>をクリックして、<先頭行の固定>あるいは<先頭列の固定>をクリックすると、先頭行や先頭列を固定することができます。この場合は、事前にセルを選択しておく必要はありません。

Section 48

ワークシートを追加する／削除する

覚えておきたいキーワード
- ワークシートの追加
- ワークシートの削除
- ワークシート名の変更

新規に作成したブックには、1枚のワークシートが表示されています。ワークシートは切り替えて表示することができ、必要に応じて追加したり、不要になった場合は削除したりすることができます。また、ワークシートの名前を変更することもできます。

1 ワークシートを追加する

キーワード　ワークシート

「ワークシート」とは、Excelの作業スペースのことです。単に「シート」とも呼ばれます。Excel 2019の初期設定では、あらかじめ1枚のワークシートが用意されています。

1 <新しいシート>をクリックすると、

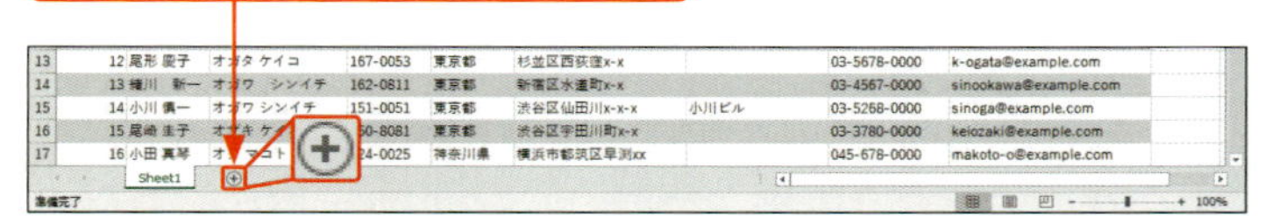

2 新しいワークシートがシートの後ろに追加されます。

2 ワークシートを切り替える

メモ　ワークシートを切り替えるそのほかの方法

ワークシートを切り替えるには、右の手順のほかに、ショートカットキーを利用する方法もあります。Ctrlを押しながらPageDownを押すと次のワークシートに、Ctrlを押しながらPageUpを押すと前のワークシートに切り替わります。

1 切り替えたいワークシートのシート見出し（ここでは「Sheet1」）をクリックすると、

2 ワークシートが「Sheet1」に切り替わります。

5	4	石井 秀樹	イシイ ヒデキ	103-0012	東京都	中央区日本橋本町x	日本橋ビル	03-5095-0000	ishikawa@example.com
6	5	岩佐 美智子	イワサ ミチコ	134-0088	東京都	江戸川区西葛西x-x	細野ビル505	03-3804-0000	i-michiko@example.com
7	6	上田 涼子	ウエダ リョウコ	273-0132	千葉県	鎌ヶ谷市栗野x-x	伊藤ビル505	047-441-0000	ryouko@example.com
8	7	江成 乙哉	エナリ オトヤ	101-0051	東京都	千代田区神田神宝町x		03-3295-0000	kayoenari@example.com
9	8	大城 涼太	オオキ リョウタ	160-8584	東京都	新宿区信濃町x-x	スカイタワー	03-5362-0000	oosakiryou@example.com
10	9	大宜味 瑤子	オオギミ ヨウコ	108-8646	東京都	港区白銀x-x	プラチナタワー	03-6811-0000	yo-ootsuka@example.com
11	10	大田 正己	オオタ マサミ	102-0075	東京都	千代田区三番町x		03-4334-0000	mayuoota@example.com
12	11	小海 隼也	オオミ シュンヤ	134-0088	東京都	江戸川区葛西x-x		03-5275-0000	oe-zyun@example.com
13	12	尾形 慶子	オガタ ケイコ	167-0053	東京都	杉並区西荻窪x-x		03-5678-0000	k-ogata@example.com
14	13	緒川 新一	オガワ シンイチ	162-0811	東京都	新宿区水道町x-x		03-4567-0000	sinookawa@example.com
15	14	小川 慎一	オガワ シンイチ	151-0051	東京都	渋谷区仙田川x-x-x	小川ビル	03-5268-0000	sinoga@example.com
16	15	尾崎 圭子	オザキ ケイコ	150-8081	東京都	渋谷区宇田川町x-x		03-3780-0000	keiozaki@example.com
17	16	小田 真琴	オダ マコト	224-0025	神奈川県	横浜市都筑区早渕xx		045-678-0000	makoto-o@example.com

Sheet1　Sheet2
準備完了　100%

3 ワークシートを削除する

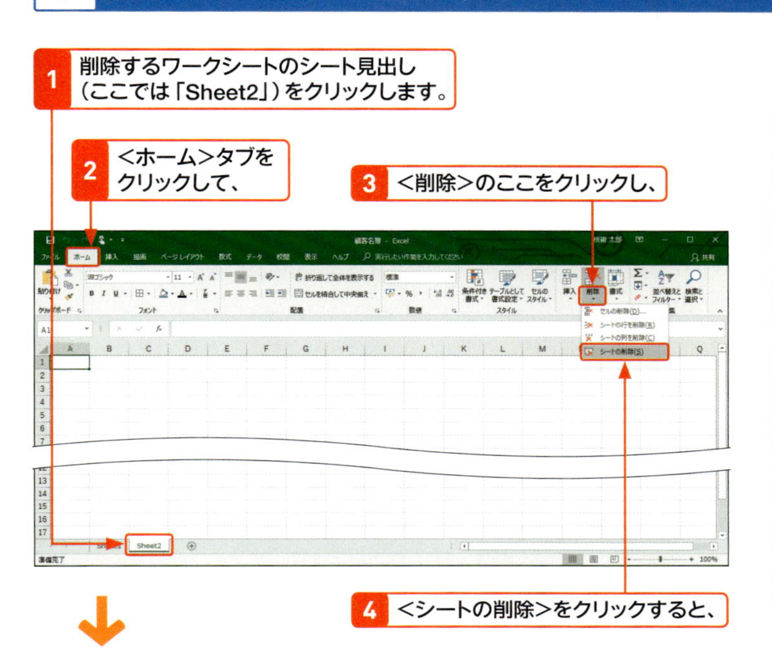

5 選択していたシートが削除されます。

メモ ワークシートを削除するそのほかの方法

ワークシートを削除するには、左の手順のほかに、シート見出しを右クリックすると表示されるショートカットメニューから＜削除＞をクリックする方法があります。

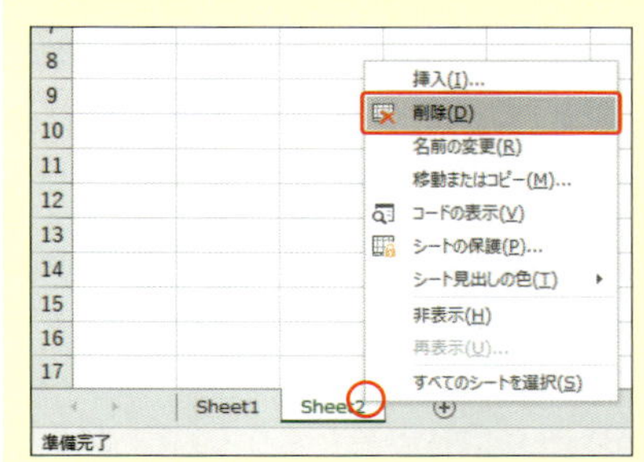

4 ワークシート名を変更する

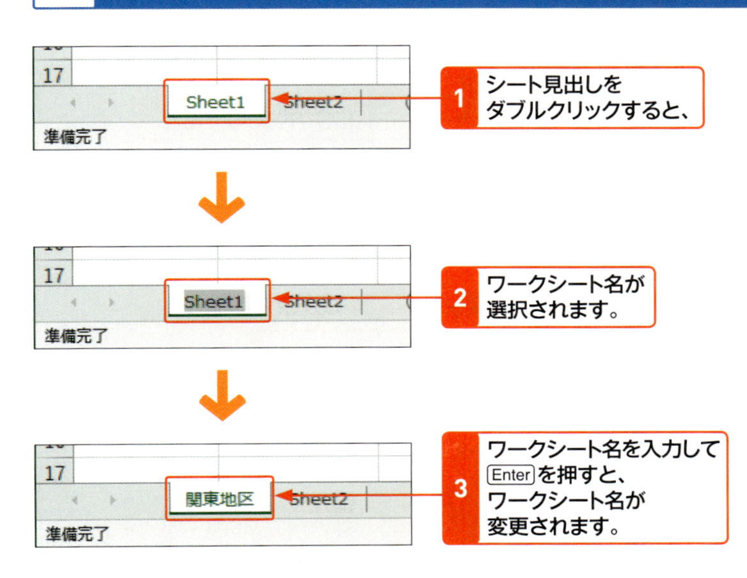

メモ ワークシート名で使える文字

ワークシート名は半角／全角にかかわらず31文字まで入力できますが、半角／全角の「¥」「＊」「？」「：」「'」「／」と半角の「［ ］」は使用できません。また、ワークシート名を空白（なにも文字を入力しない状態）にすることはできません。

Section 49

ワークシートを移動する／コピーする

覚えておきたいキーワード
- ワークシートの移動
- ワークシートのコピー
- シート見出しの色

複数のワークシートに同じような表を作成する場合は、ワークシートをコピーして編集すると効率的です。ワークシートは、同じブック内の別の場所や別のブックに移動したりコピーしたりすることがかんたんにできます。シート見出しに色を付けることもできます。

1 ワークシートを移動する／コピーする

メモ ワークシートを移動する

同じブックの中でワークシートを移動するには、シート見出しをドラッグします。ドラッグすると、見出しの上に▼マークが表示されるので、移動先の位置を確認できます。

ワークシートを移動する

1 シート見出しをドラッグすると、

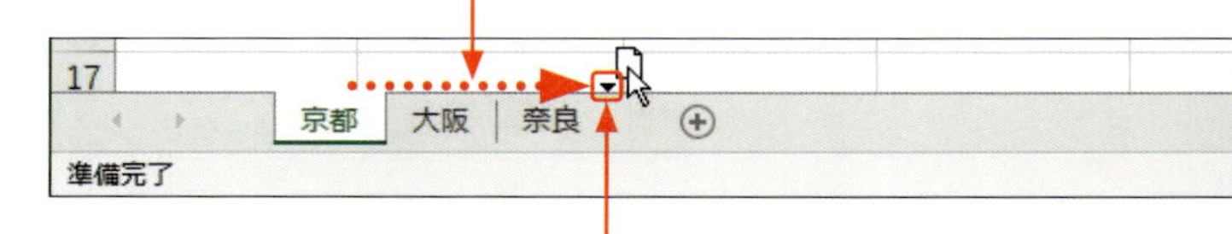

2 移動先に▼マークが表示されます。

3 マウスから指を離すと、その位置にシートが移動します。

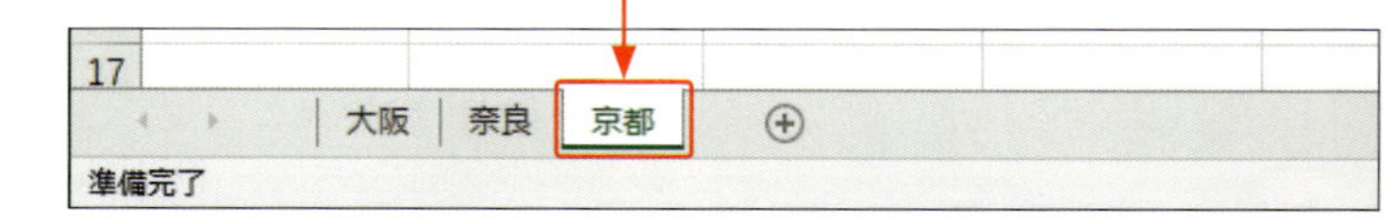

ワークシートをコピーする

1 Ctrl を押しながらシート見出しをドラッグすると、

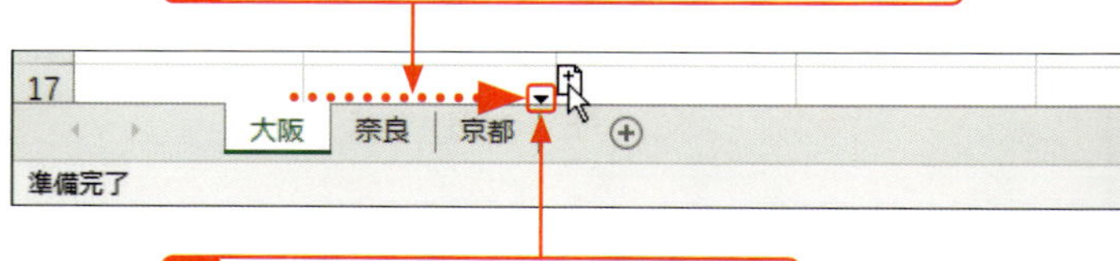

2 コピー先に▼マークが表示されます。

3 マウスから指を離すと、その位置にシートがコピーされます。

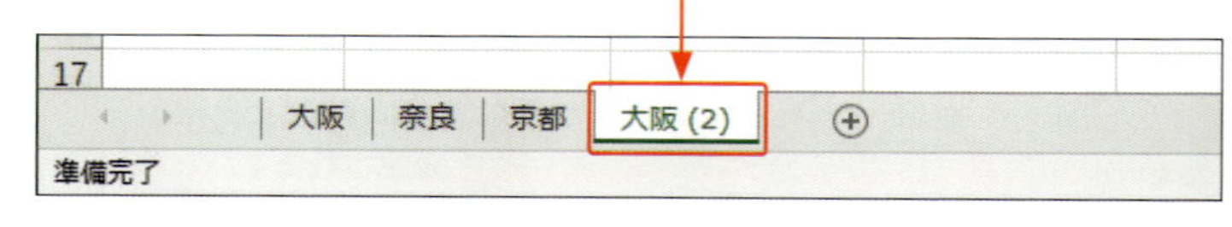

メモ ワークシートをコピーする

ワークシートをコピーするには、Ctrl を押しながらシート見出しをドラッグします。コピーされたシート名には、もとのシート名の末尾に「(2)」「(3)」などの連続した番号が付きます。

第4章 セル・シート・ブックの操作

2 ブック間でワークシートを移動する／コピーする

移動(コピー)もとと、移動(コピー)先のブックを開いておきます。

1 移動(コピー)したいシート見出しをクリックします。

2 <ホーム>タブをクリックして、

3 <書式>をクリックし、

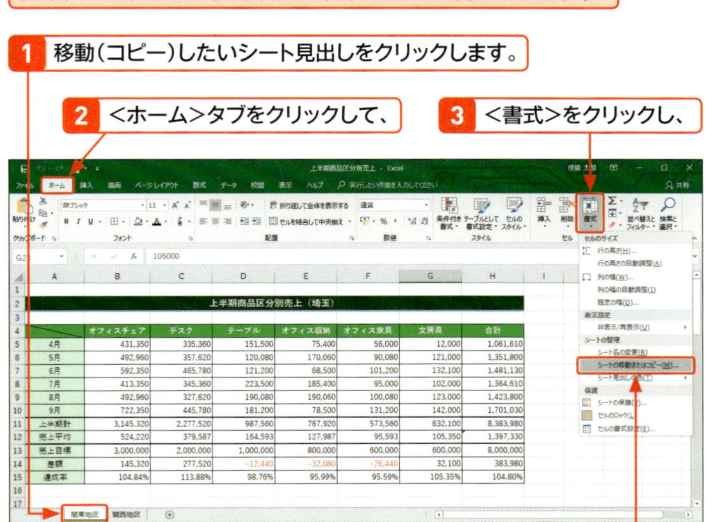

4 <シートの移動またはコピー>をクリックします。

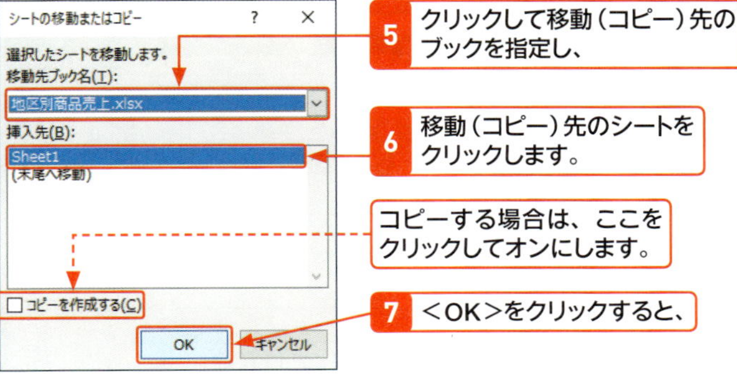

5 クリックして移動(コピー)先のブックを指定し、

6 移動(コピー)先のシートをクリックします。

コピーする場合は、ここをクリックしてオンにします。

7 <OK>をクリックすると、

移動(コピー)先のブック

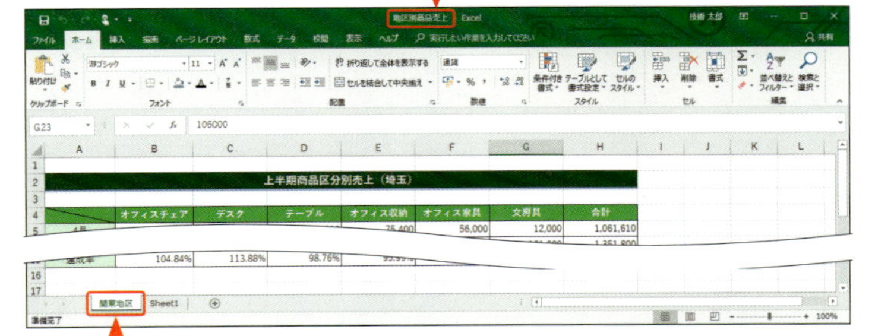

8 指定したブック内のシートの前に、シートが移動(コピー)されます。

メモ ブック間でのシートの移動／コピーの条件

ブック間でワークシートの移動／コピーを行うには、あらかじめ対象となるすべてのブックを開いておきます。サンプルファイルでは、sec49_2.xlsx と sec49_3.xlsx を開いてください。

メモ シートを移動／コピーするそのほかの方法

左の手順のほかに、シート見出しを右クリックすると表示されるショートカットメニューから<移動またはコピー>をクリックしても、手順5の<シートの移動またはコピー>ダイアログボックスが表示されます。

ヒント シート見出しに色を付ける

シート見出しに色を付けることもできます。シート見出しを右クリックして、<シート見出しの色>にマウスポインターを合わせ、表示される一覧で色を指定します。また、シート見出しをクリックして、<ホーム>タブの<書式>からも設定できます。シート見出しの色を取り消すには、一覧で<色なし>を指定します。

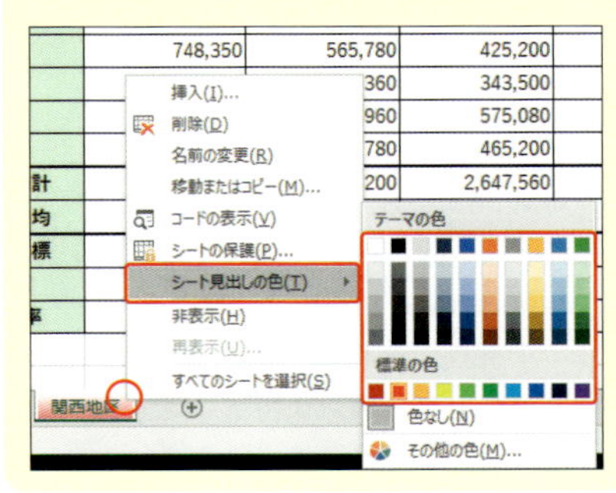

Section 50

ウィンドウを分割する／整列する

覚えておきたいキーワード
- ウィンドウの分割
- 新しいウィンドウを開く
- 左右に並べて表示

ウィンドウを上下や左右に分割して2つの領域に分けて表示させると、ワークシート内の離れた部分を同時に表示することができて便利です。また、1つのブックを複数のウィンドウで表示させると、同じブックにある別々のシートを比較しながら作業を行うことができます。

1 ウィンドウを上下に分割する

ウィンドウの分割

ウィンドウを分割するには、右の手順で操作します。分割したウィンドウは別々にスクロールすることができるので、離れた位置のセル範囲を同時に見ることができます。

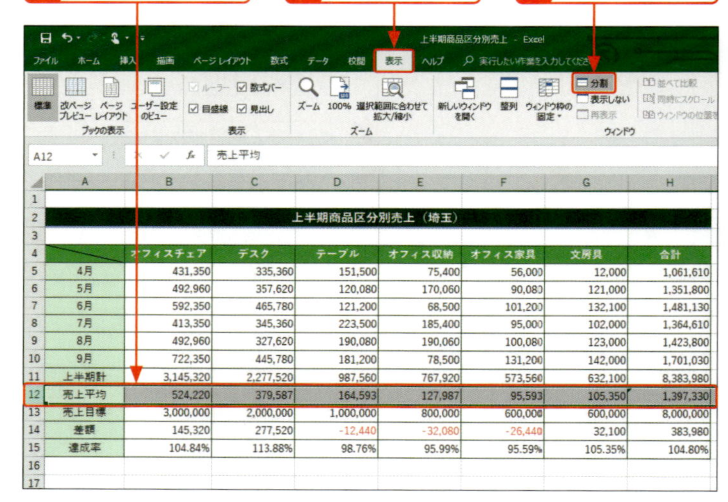

上半期商品区分別売上（埼玉）

	オフィスチェア	デスク	テーブル	オフィス収納	オフィス家具	文房具	合計
4月	431,350	335,360	151,500	75,400	56,000	12,000	1,061,610
5月	492,960	357,620	120,080	170,060	90,080	121,000	1,351,800
6月	592,350	465,780	121,200	68,500	101,200	132,100	1,481,130
7月	413,350	345,360	223,500	185,400	95,000	102,000	1,364,610
8月	492,960	327,620	190,080	190,060	100,080	123,000	1,423,800
9月	722,350	445,780	181,200	78,500	131,200	142,000	1,701,030
上半期計	3,145,320	2,277,520	987,560	767,920	573,560	632,100	8,383,980
売上平均	524,220	379,587	164,593	127,987	95,593	105,350	1,397,330
売上目標	3,000,000	2,000,000	1,000,000	800,000	600,000	600,000	8,000,000
差額	145,320	277,520	-12,440	-32,080	-26,440	32,100	383,980
達成率	104.84%	113.88%	98.76%	95.99%	95.59%	105.35%	104.80%

4 ウィンドウが指定した位置で上下に分割されます。

上半期商品区分別売上（埼玉）

	オフィスチェア	デスク	テーブル	オフィス収納	オフィス家具	文房具	合計
4月	431,350	335,360	151,500	75,400	56,000	12,000	1,061,610
5月	492,960	357,620	120,080	170,060	90,080	121,000	1,351,800
6月	592,350	465,780	121,200	68,500	101,200	132,100	1,481,130
7月	413,350	345,360	223,500	185,400	95,000	102,000	1,364,610
8月	492,960	327,620	190,080	190,060	100,080	123,000	1,423,800
9月	722,350	445,780	181,200	78,500	131,200	142,000	1,701,030
上半期計	3,145,320	2,277,520	987,560	767,920	573,560	632,100	8,383,980
売上平均	524,220	379,587	164,593	127,987	95,593	105,350	1,397,330
売上目標	3,000,000	2,000,000	1,000,000	800,000	600,000	600,000	8,000,000
差額	145,320	277,520	-12,440	-32,080	-26,440	32,100	383,980
達成率	104.84%	113.88%	98.76%	95.99%	95.59%	105.35%	104.80%

分割位置には分割バーが表示されます。

ウィンドウを左右に分割するには？

ウィンドウを左右に分割するには、分割したい位置の右の列をクリックして、右の手順2、3を実行します。

ウィンドウの分割を解除するには？

ウィンドウの分割を解除するには、選択されている<分割>を再度クリックするか、分割バーをダブルクリックします。

2 1つのブックを左右に並べて表示する

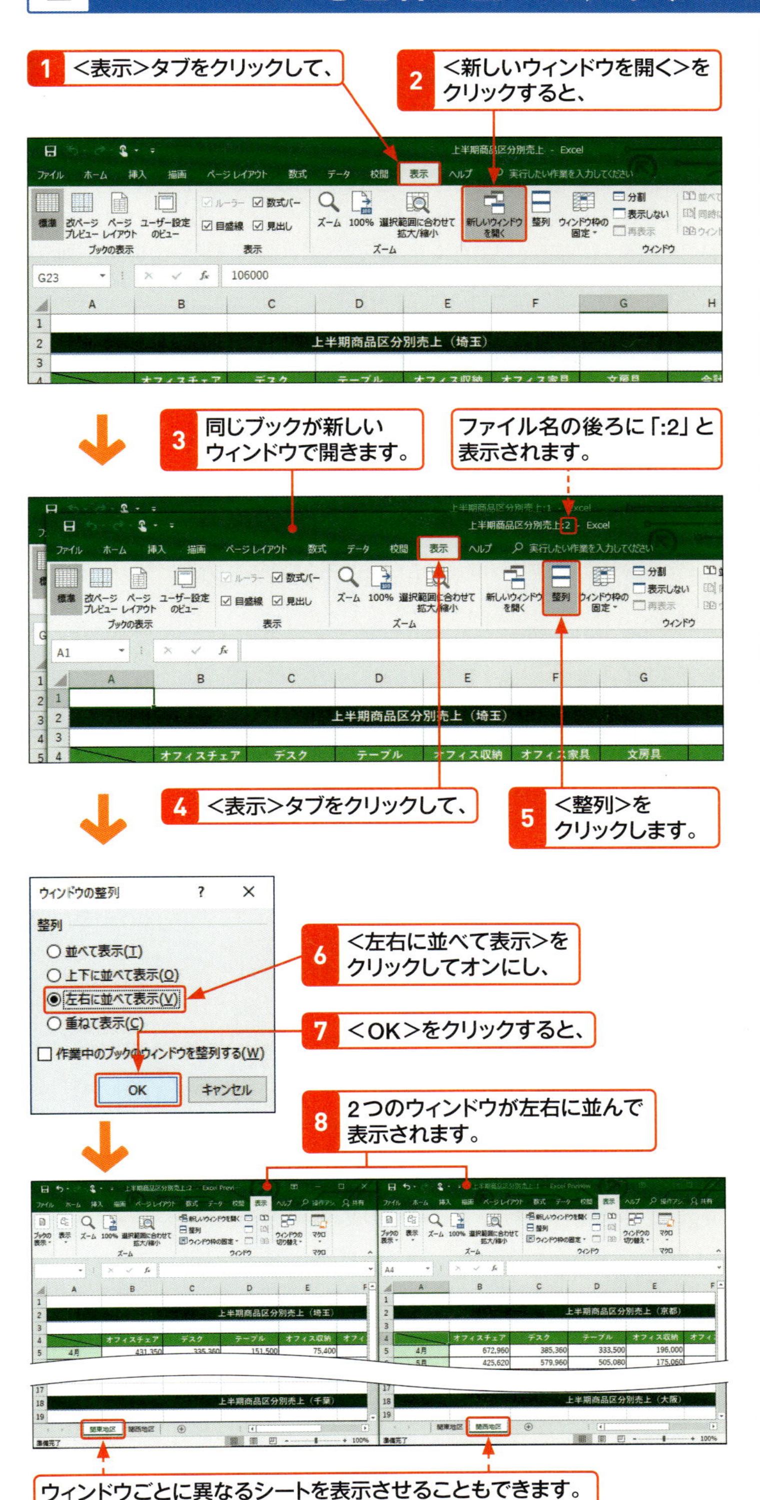

メモ タイトルバーに表示されるファイル名

新しいウィンドウを開くと、タイトルバーに表示されるファイル名の後ろに「:1」「:2」などの番号が表示されます。この番号は、ウィンドウを区別するためのもので、実際にファイル名が変更されたわけではありません。

ヒント ウィンドウを1つだけ閉じるには？

複数のウィンドウが並んで表示されている場合に、ウィンドウを1つだけ閉じるには、閉じたいウィンドウの<閉じる>☒をクリックします。

ステップアップ 複数のブックを並べて表示する

複数のブックを並べて表示することもできます。複数のブックを開いた状態で、手順4～7を実行します。

Section 51

ブックにパスワードを設定する

覚えておきたいキーワード
- 読み取りパスワード
- 書き込みパスワード
- 読み取り専用

作成したブックを他の人に見られたり、変更されたりしないように、ブックにパスワードを設定することができます。パスワードには、「読み取りパスワード」と「書き込みパスワード」があり、目的に応じていずれかを設定します。両方のパスワードを同時に設定することもできます。

1 パスワードを設定する

キーワード パスワード

パスワードには、「読み取りパスワード」と「書き込みパスワード」があります。ブックを開くことができないようにするには、読み取りパスワードを、ブックを上書き保存することができないようにするには、書き込みパスワードを設定します。

メモ パスワードを設定したブックを開く

パスワードを設定したブックを開くときは、パスワードの入力が必要になります。正しいパスワードを入力しないと、ブックを開くことができないので注意が必要です。

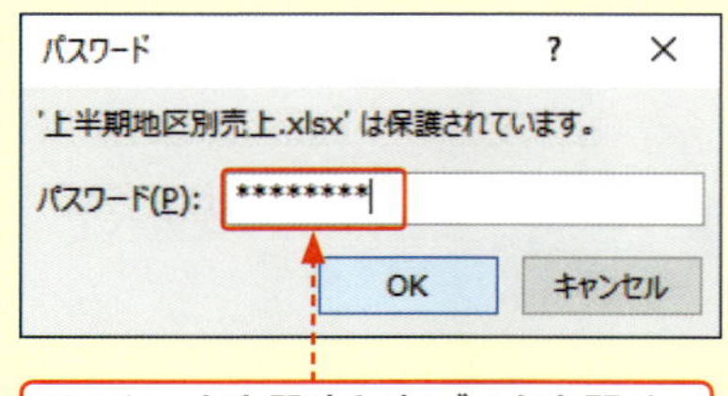

パスワードを設定したブックを開くには、パスワードの入力が必要です。

1 <ファイル>タブをクリックして、<名前を付けて保存>をクリックし、

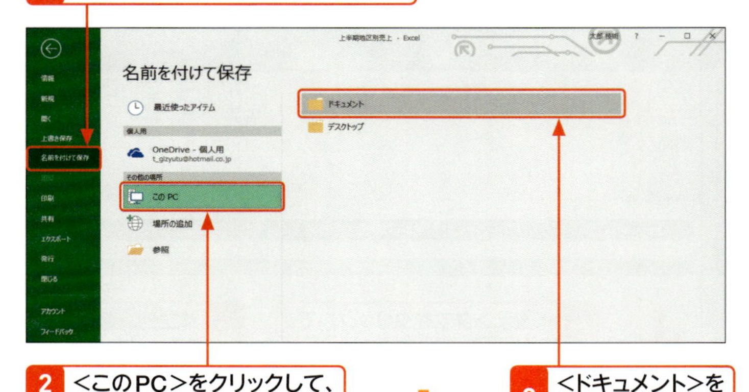

2 <このPC>をクリックして、

3 <ドキュメント>をクリックします。

4 <ツール>をクリックして、

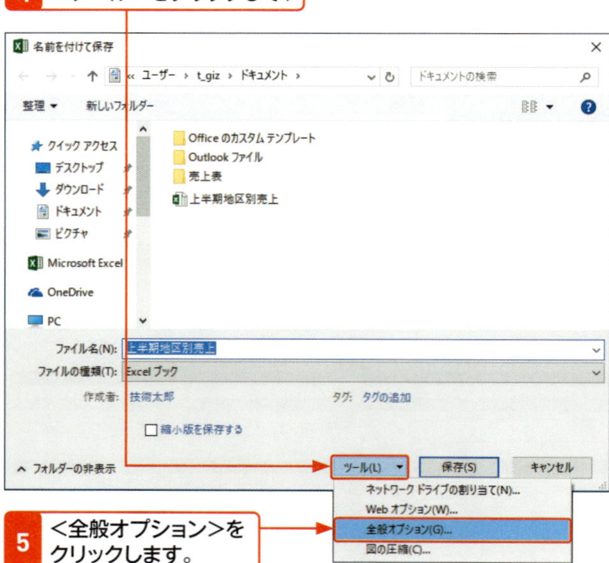

5 <全般オプション>をクリックします。

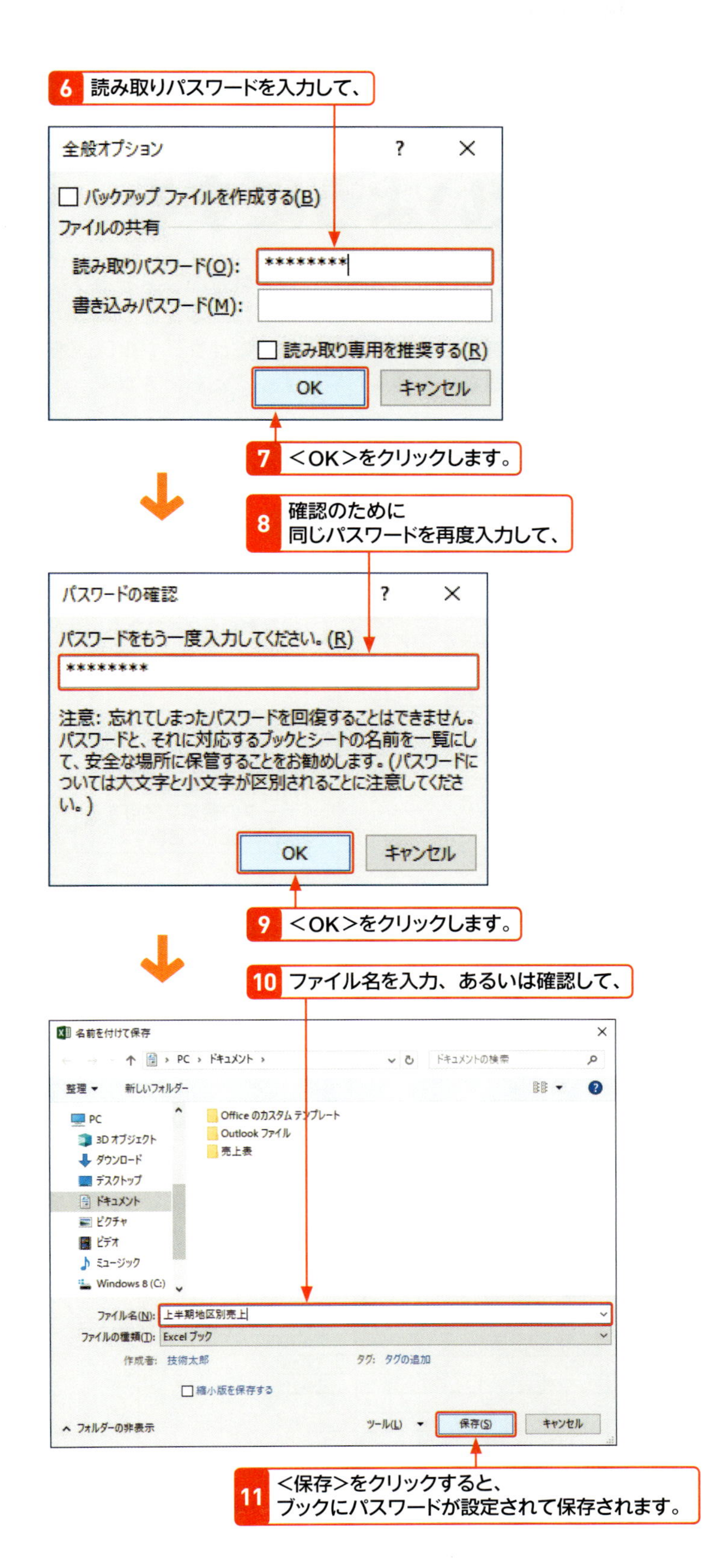

メモ パスワードの設定

左の手順では、「読み取りパスワード」を設定していますが、「書き込みパスワード」を設定する場合は、手順6で書き込みパスワードを入力します。読み取りパスワードと書き込みパスワードの両方を設定することもできます。

ヒント パスワードを解除するには?

パスワードが設定されたブックを開いて、左の方法で<全般オプション>ダイアログボックスを表示します。設定したパスワードを削除し、<OK>をクリックして保存し直すと、パスワードを解除できます。

ステップアップ 書き込みパスワードを設定した場合

書き込みパスワードを設定したブックを開こうとすると、下図のようなダイアログボックスが表示されます。ブックを上書き保存可能な状態で開くには、設定したパスワードを入力して<OK>をクリックします。<読み取り専用>をクリックすると、読み取り専用で開くことができます。この場合は、パスワードの入力は必要ありません。

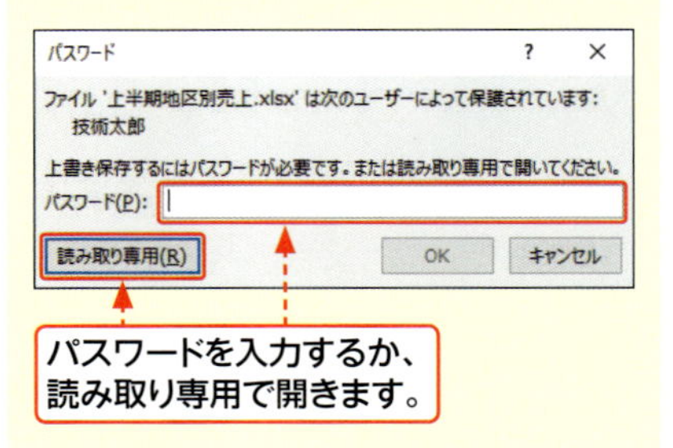

Section 52 シートやブックが編集できないようにする

覚えておきたいキーワード
- 範囲の編集を許可
- シートの保護
- ブックの保護

データが変更されたり、移動や削除されたりしないように、特定のシートやブックを保護することができます。表全体を編集できないようにするにはシートの保護を、ブックの構成に関する変更ができないようにするにはブックの保護を設定します。また、特定のセル範囲だけを編集可能にすることもできます。

1 シートの保護とは？

「シートの保護」とは、ワークシートやブックのデータが変更されたり、移動、削除されたりしないように、特定のワークシートやブックをパスワード付き、またはパスワードなしで保護する機能のことです。

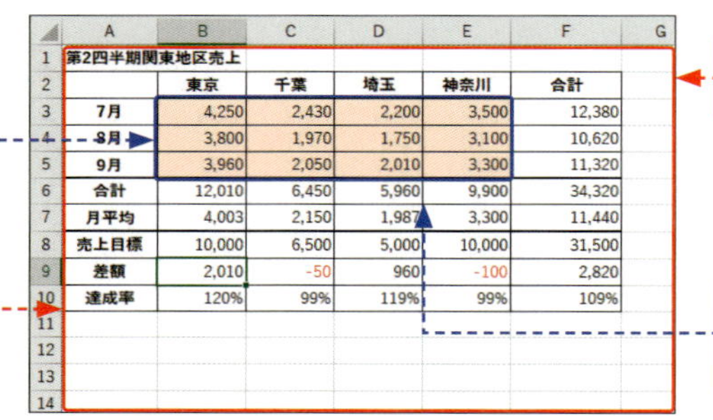

	A	B	C	D	E	F
1	第2四半期関東地区売上					
2		東京	千葉	埼玉	神奈川	合計
3	7月	4,250	2,430	2,200	3,500	12,380
4	8月	3,800	1,970	1,750	3,100	10,620
5	9月	3,960	2,050	2,010	3,300	11,320
6	合計	12,010	6,450	5,960	9,900	34,320
7	月平均	4,003	2,150	1,987	3,300	11,440
8	売上目標	10,000	6,500	5,000	10,000	31,500
9	差額	2,010	-50	960	-100	2,820
10	達成率	120%	99%	119%	99%	109%

2 データの編集を許可するセル範囲を設定する

メモ 編集を許可するセル範囲の設定

シートを保護すると、既定ではすべてのセルの編集ができなくなりますが、特定のセル範囲だけデータの編集を許可することもできます。ここでは、シートを保護する前に、データの編集を許可するセル範囲を指定します。

1 編集を可能にするセル範囲を選択して、

2 <校閲>タブをクリックし、

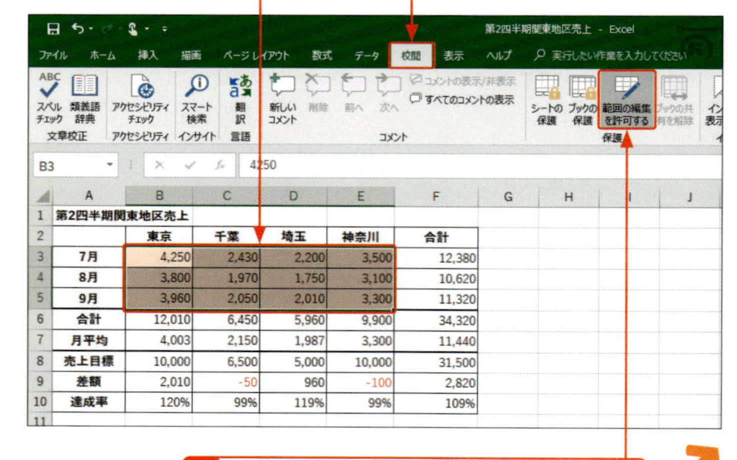

3 <範囲の編集を許可する>をクリックします。

4 <新規>をクリックして、

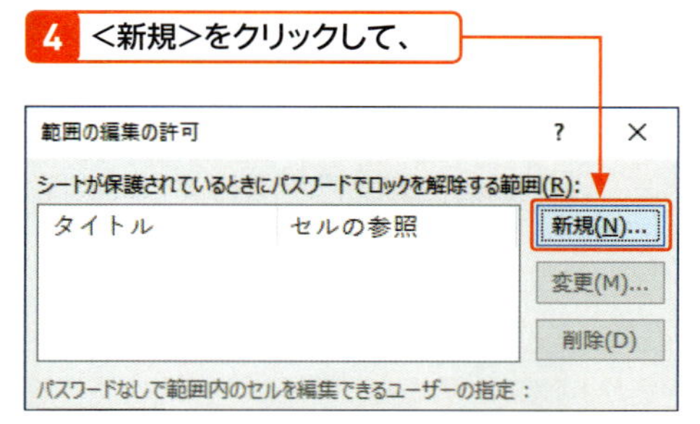

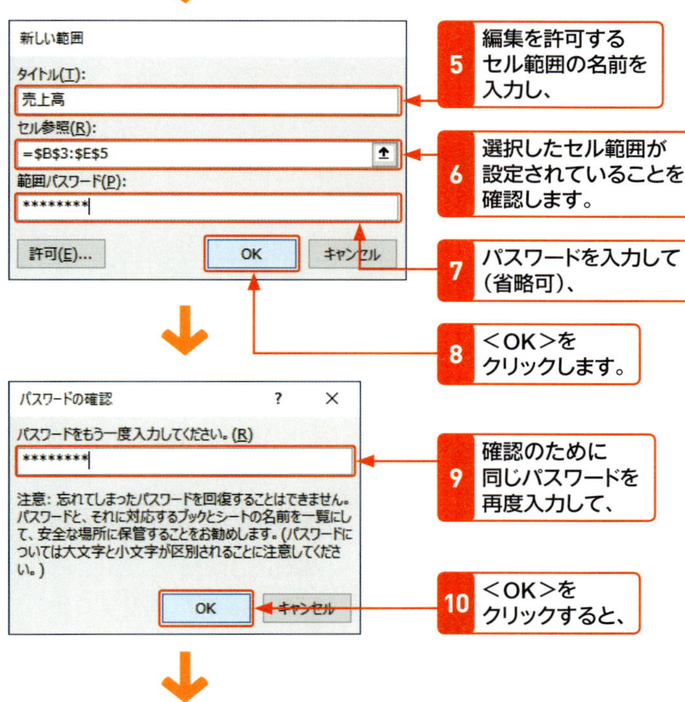

5 編集を許可するセル範囲の名前を入力し、

6 選択したセル範囲が設定されていることを確認します。

7 パスワードを入力して（省略可）、

8 <OK>をクリックします。

9 確認のために同じパスワードを再度入力して、

10 <OK>をクリックすると、

11 編集を許可するセル範囲が設定されるので、

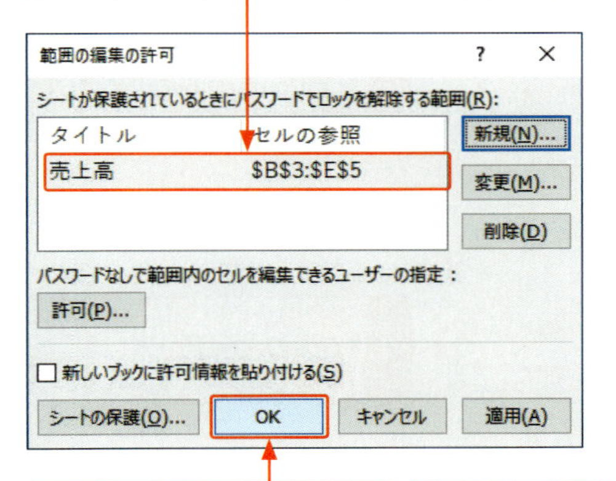

12 <OK>をクリックします。

ここまでの設定が完了したら、次ページの手順でシートを保護します。

メモ　セル範囲のタイトル

手順**5**で入力するタイトルは、編集を許可するセル範囲を簡潔に表す文字列にします。とくに、複数のセル範囲を登録したときには重要になります。

メモ　セル範囲の参照

手順**6**のセル参照には、手順**1**で指定した範囲が絶対参照で入力されます。セル範囲はあらかじめ指定せずに、ワークシート上でドラッグして指定することもできます。

メモ　範囲パスワードの設定

手順**7**で入力するパスワードは、指定した範囲のデータ編集を特定のユーザーに許可するためのパスワードです。パスワードは省略することができますが、省略すると、すべてのユーザーがシートの保護を解除したり、保護された要素を変更したりすることができるようになります。

ヒント　編集可能なセル範囲の設定を削除するには？

編集を許可したセル範囲の設定を削除するには、手順**2**、**3**の操作で<範囲の編集の許可>ダイアログボックスを表示して目的のセル範囲をクリックし、<削除>をクリックします。

3 シートを保護する

メモ シートの保護を解除するパスワード

手順3で入力するパスワードは、シートの保護を解除するためのパスワードです（次ページの「ヒント」参照）。このパスワードは、前ページの手順7で入力したものとは違うパスワードにすることをおすすめします。

ヒント 許可する操作を設定する

<シートの保護>ダイアログボックスでは、保護されたシートでユーザーに許可する操作を設定できます。たとえば、「行や列の挿入は許可するが、削除は許可しない」などのように設定することができます。

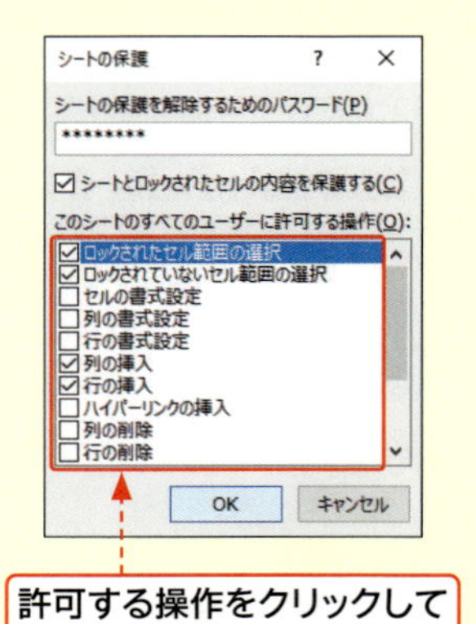

P.156でデータの編集を許可するセル範囲を設定しています。

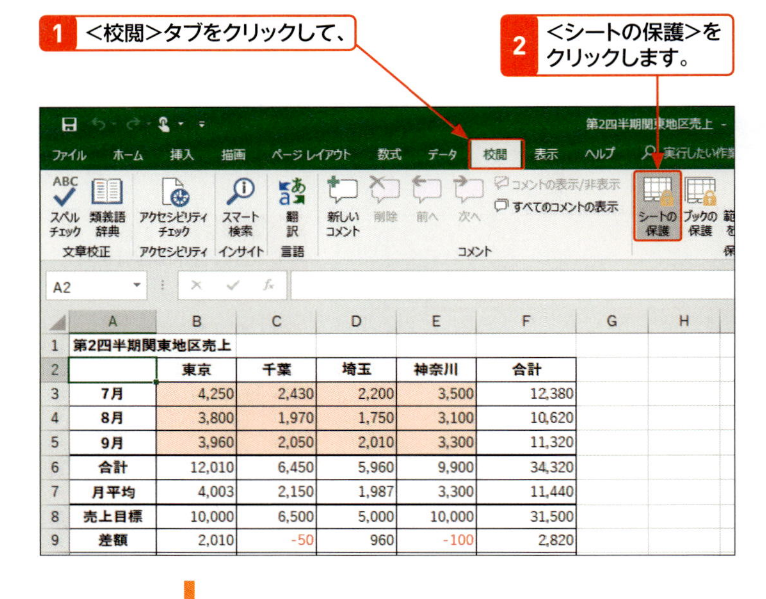

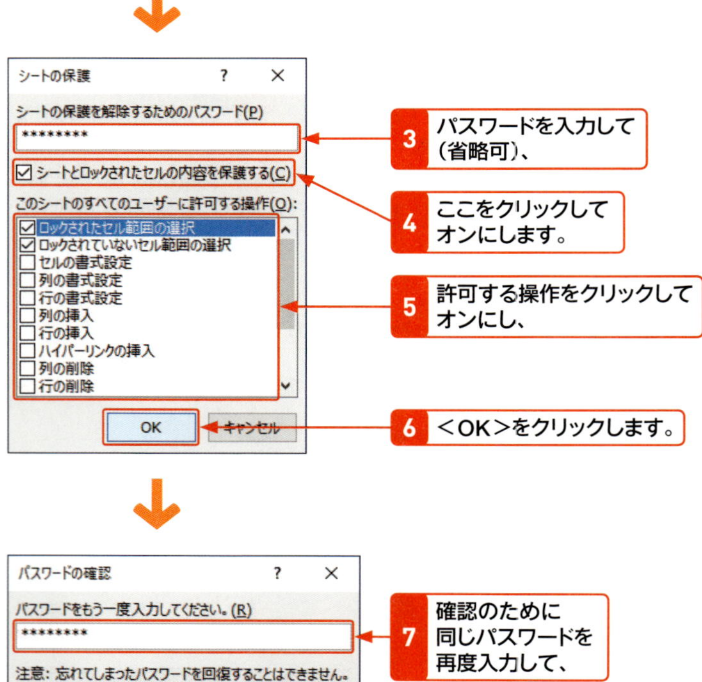

編集が許可されたセルのデータを編集する

1 編集が許可されたセルのデータを編集しようとすると（P.156参照）、

	A	B	C	D	E	F	G	H
1	第2四半期関東地区売上							
2		東京	千葉	埼玉	神奈川	合計		
3	7月	4,250	2,430	2,200	3,500	12,380		
4	8月	3,800	1,970	1,750	3,100	10,620		
5	9月	3,960	2,050	2,010	3,300	11,320		
6	合計	12,010	6,450	5,960	9,900	34,320		
7	月平均	4,003	2,150	1,987	3,300	11,440		
8	売上目標	10,000	6,500	5,000	10,000	31,500		
9	差額	2,010	-50	960	-100	2,820		

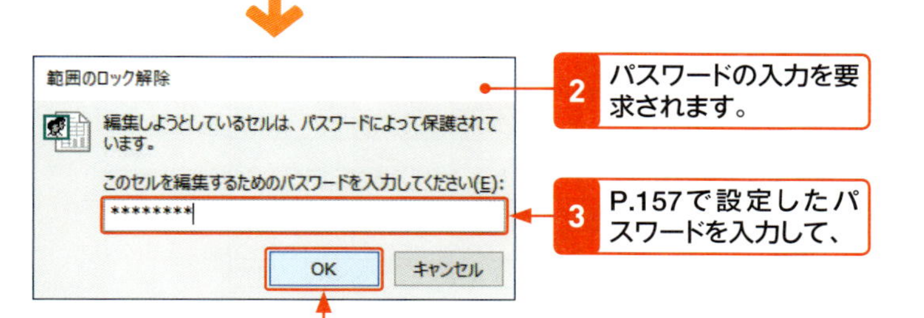

2 パスワードの入力を要求されます。

3 P.157で設定したパスワードを入力して、

4 <OK>をクリックすると、データを編集することができます。

保護されたセルのデータを編集する

1 保護されたシートのデータを編集しようとすると（前ページ参照）、

	A	B	C	D	E	F	G	H
1	第2四半期関東地区売上							
2		東京	千葉	埼玉	神奈川	合計		
3	7月	4,250	2,430	2,200	3,500	12,380		
4	8月	3,800	1,970	1,750	3,100	10,620		
5	9月	3,960	2,050	2,010	3,300	11,320		
6	合計	12,010	6,450	5,960	9,900	34,320		
7	月平均	4,003	2,150	1,987	3,300	11,440		
8	売上目標	10,000	6,500	5,000	10,000	31,500		
9	差額	2,010	-50	960	-100	2,820		
10	達成率	120%	99%	119%	99%	109%		
11								
12								

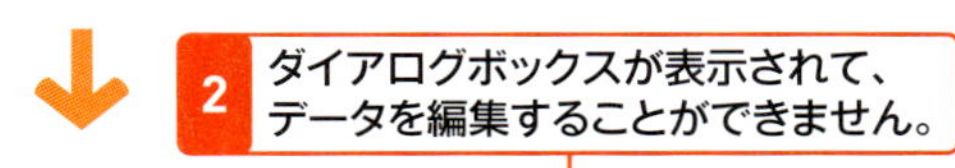

2 ダイアログボックスが表示されて、データを編集することができません。

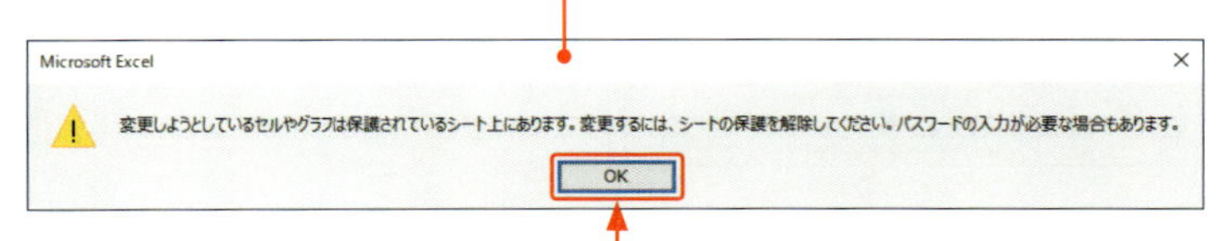

3 <OK>をクリックして、編集を中止します。

シートの保護

シートの保護を設定すると、セルに対する操作が制限され、設定したパスワードを入力しない限り、データを編集できなくなります。セルに対して制限されるのは、設定時に許可した操作（前ページの手順**5**の図）以外のすべての操作です。

シートの保護を解除するには？

シートの保護を解除するには、<校閲>タブをクリックして、<シート保護の解除>をクリックします。パスワードを設定している場合はパスワードの入力が要求されます。

1 <シート保護の解除>をクリックして、

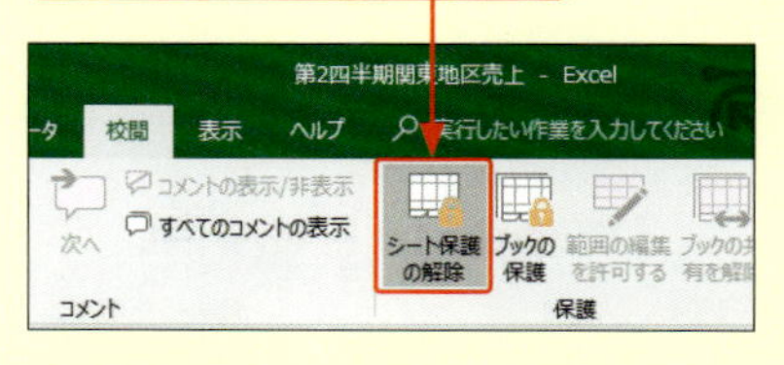

2 パスワードを入力し、

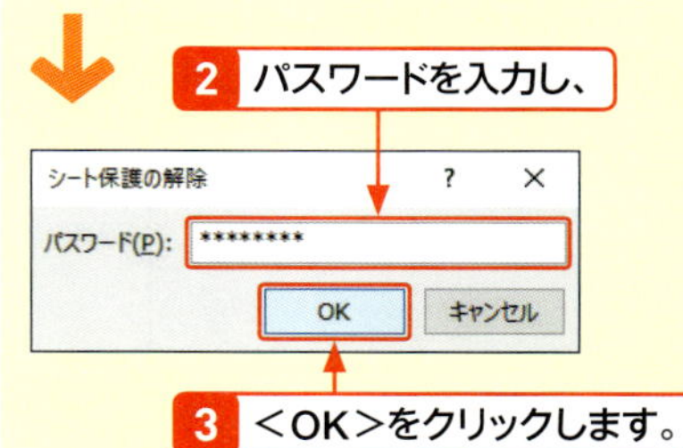

3 <OK>をクリックします。

4 ブックを保護する

メモ ブックの保護対象

＜シート構成とウィンドウの保護＞ダイアログボックスの＜シート構成＞では、次のような要素が保護されます。

- 非表示にしたワークシートの表示
- ワークシートの移動、削除、非表示、名前の変更
- 新しいワークシートやグラフシートの挿入
- ほかのブックへのシートの移動やコピー

1 ＜校閲＞タブをクリックして、

2 ＜ブックの保護＞をクリックします。

	A	B	C	D	E	F
1	第2四半期関東地区売上					
2		東京	千葉	埼玉	神奈川	合計
3	7月	4,250	2,430	2,200	3,500	12,380
4	8月	3,800	1,970	1,750	3,100	10,620
5	9月	3,960	2,050	2,010	3,300	11,320
6	合計	12,010	6,450	5,960	9,900	34,320
7	月平均	4,003	2,150	1,987	3,300	11,440
8	売上目標	10,000	6,500	5,000	10,000	31,500
9	差額	2,010	-50	960	-100	2,820
10	達成率	120%	99%	119%	99%	109%

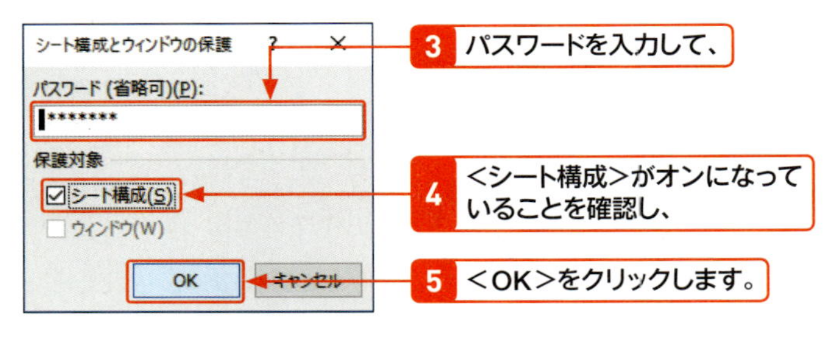

3 パスワードを入力して、

4 ＜シート構成＞がオンになっていることを確認し、

5 ＜OK＞をクリックします。

6 確認のために同じパスワードを再度入力して、

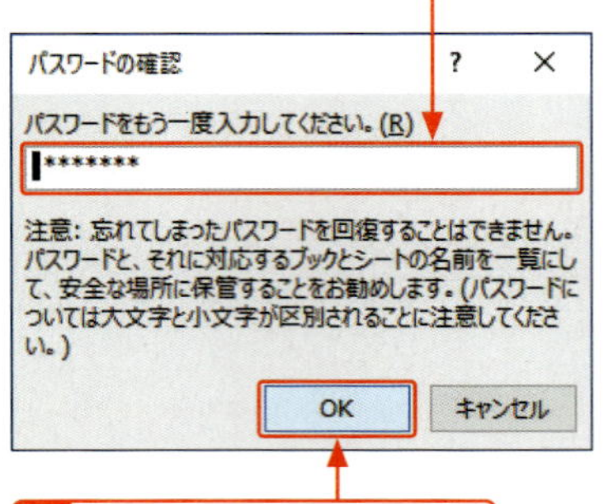

7 ＜OK＞をクリックすると、ブックが保護されます。

ヒント ブックの保護を解除するには？

ブックの保護を解除するには、＜校閲＞タブをクリックして、＜ブックの保護＞をクリックします。パスワードを設定している場合はパスワードの入力が要求されます。

1 ＜ブックの保護＞をクリックして、

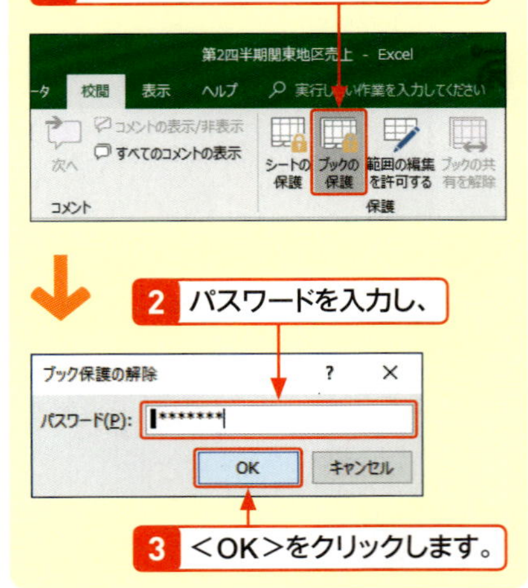

2 パスワードを入力し、

3 ＜OK＞をクリックします。

Chapter 05

第5章

数式や関数の利用

Section 53

数式と関数の基本を知る

覚えておきたいキーワード
- 関数
- 引数
- 戻り値

Excelの数式とは、セルに入力する計算式のことです。数式では、＊、／、＋、－などの算術演算子と呼ばれる記号や、Excelにあらかじめ用意されている関数を利用することができます。数式と関数の記述には基本的なルールがあります。実際に使用する前に、ここで確認しておきましょう。

1 数式とは？

「数式」とは、さまざまな計算をするための計算式のことです。「＝」（等号）と数値データ、算術演算子と呼ばれる記号（＊、／、＋、－など）を入力して結果を求めます。数値を入力するかわりにセルの位置を指定したり、後述する関数を指定して計算することもできます。

数式を入力して計算する

計算結果を表示したいセルに「＝」（等号）を入力し、算術演算子を付けて対象となる数値を入力します。「＝」や数値、算術演算子などは、すべて半角で入力します。

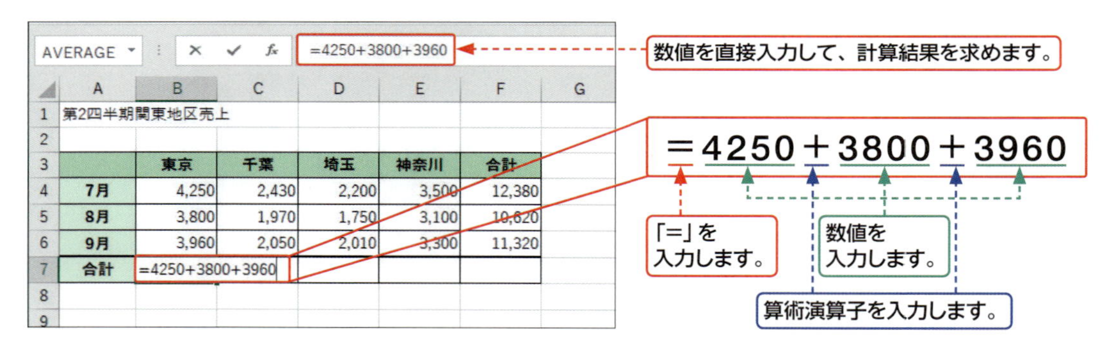

数式にセル参照を利用する

数式の中で数値のかわりにセルの位置を指定することを「セル参照」といいます。セル参照を利用すると、参照先のデータを修正した場合でも計算結果が自動的に更新されます。

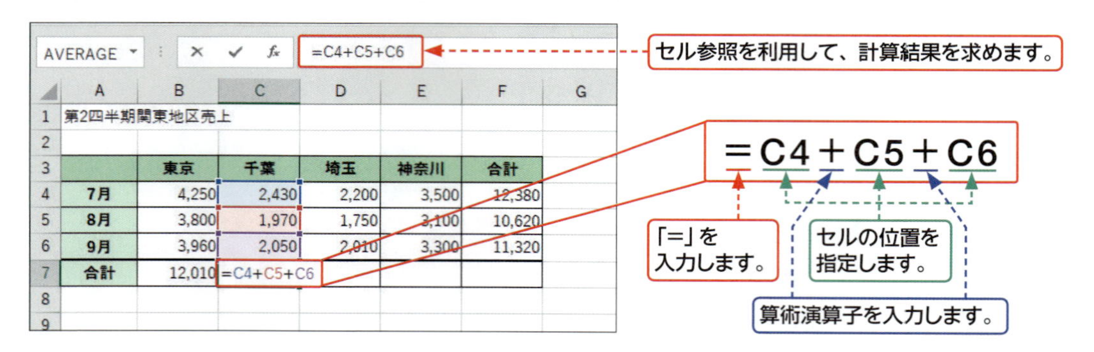

2 関数とは？

「関数」とは、特定の計算を行うためにExcelにあらかじめ用意されている機能のことです。計算に必要な「引数」（ひきすう）を指定するだけで、計算結果をかんたんに求めることができます。引数とは、計算や処理に必要な数値やデータのことで、種類や指定方法は関数によって異なります。計算結果として得られる値を「戻り値」（もどりち）と呼びます。

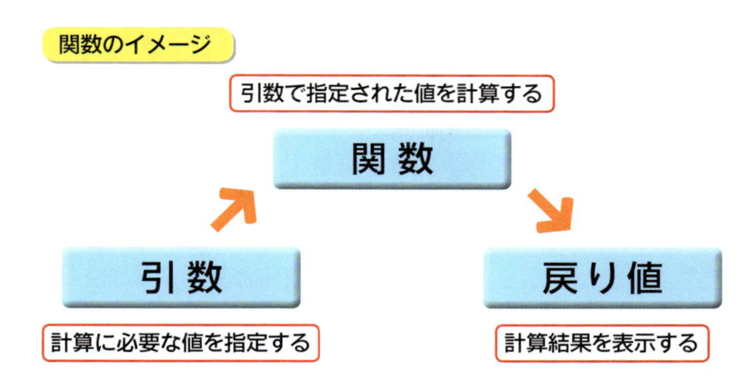

3 関数の書式

関数は、先頭に「=」（等号）を付けて関数名を入力し、後ろに引数をかっこ「( )」で囲んで指定します。引数の数が複数ある場合は、引数と引数の間を「,」（カンマ）で区切ります。引数に連続する範囲を指定する場合は、開始セルと終了セルを「:」（コロン）で区切ります。関数名や「=」「(」「,」「)」などはすべて半角で入力します。また、数式の中で、数値やセル参照のかわりに関数を指定することもできます。

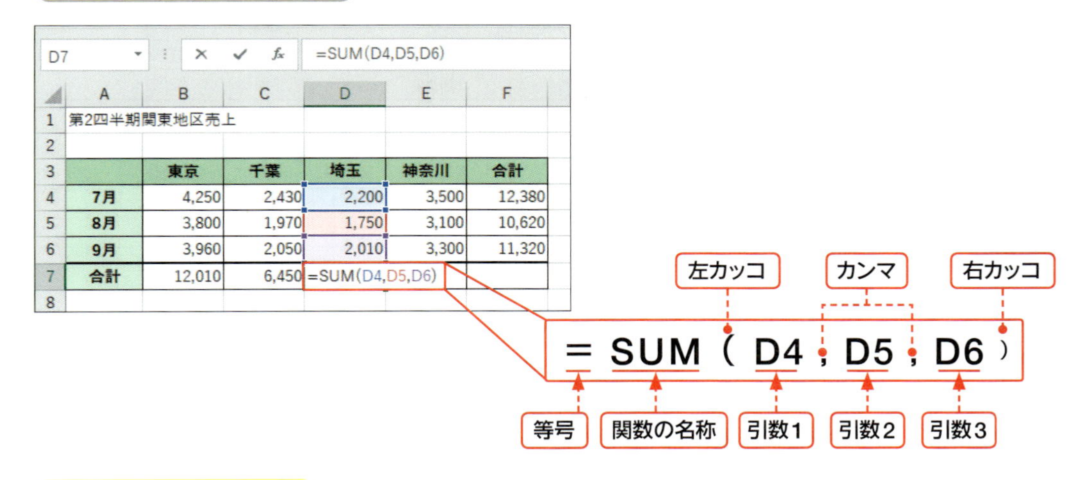

	A	B	C	D	E	F
3		東京	千葉	埼玉	神奈川	合計
4	7月	4,250	2,430	2,200	3,500	12,380
5	8月	3,800	1,970	1,750	3,100	10,620
6	9月	3,960	2,050	2,010	3,300	11,320
7	合計	12,010	6,450	=SUM(D4,D5,D6)		

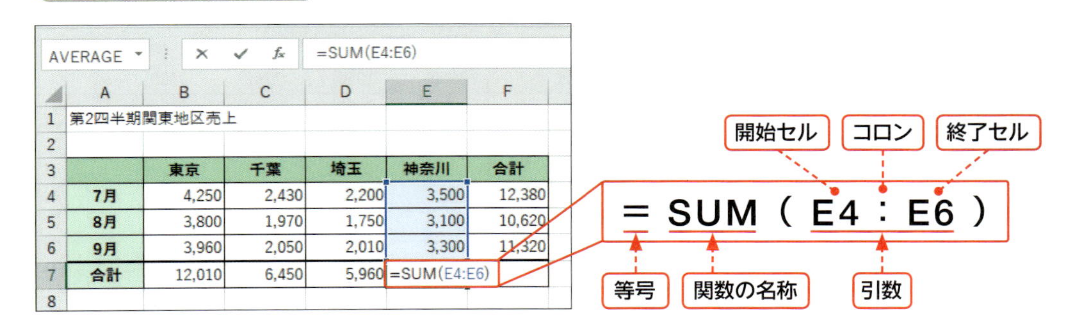

	A	B	C	D	E	F
3		東京	千葉	埼玉	神奈川	合計
4	7月	4,250	2,430	2,200	3,500	12,380
5	8月	3,800	1,970	1,750	3,100	10,620
6	9月	3,960	2,050	2,010	3,300	11,320
7	合計	12,010	6,450	5,960	=SUM(E4:E6)	

Section 54

数式を入力する

覚えておきたいキーワード
- 数式
- 算術演算子
- ＝（等号）

数値を計算するには、計算結果を表示するセルに数式を入力します。数式を入力する方法はいくつかありますが、ここでは、セル内に直接、数値や算術演算子を入力して計算する方法を解説します。結果を表示するセルに「＝」を入力し、対象となる数値と算術演算子を入力します。

1 数式を入力して計算する

セル［B9］にセル［B6］（合計）とセル［B8］（売上目標）の差額を計算します。

1 数式を入力するセルをクリックして、半角で「=」を入力します。

AVERAGE　=

	A	B	C	D	E	F
1	第2四半期関東地区売上					
2		東京	千葉	埼玉	神奈川	合計
3	7月	4250	2430	2200	3500	
4	8月	3800	1970	1750	3100	
5	9月	3960	2050	2010	3300	
6	合計	12010	6450	5960	9900	
7	月平均					
8	売上目標	10000	6500	5000	10000	
9	差額	=				
10	達成率					
11						

2 「12010」と入力して、

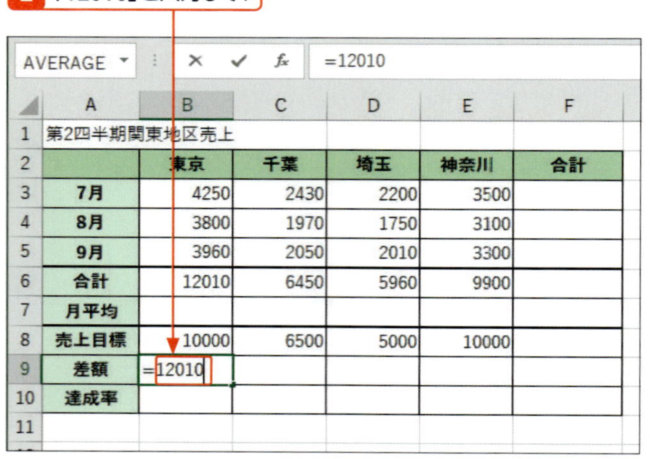

メモ 数式の入力

数式の始めには必ず「=」（等号）を入力します。「=」を入力することで、そのあとに入力する数値や算術演算子が数式として認識されます。「=」や数値、算術演算子などは、すべて半角で入力します。

キーワード 算術演算子

「算術演算子」とは、数式の中の算術演算に用いられる記号のことです。算術演算子には下表のようなものがあります。同じ数式内に複数の種類の算術演算子がある場合は、優先順位の高いほうから計算が行われます。

なお、「べき乗」とは、ある数を何回かかけ合わせることです。たとえば、2を3回かけ合わせることは2の3乗といい、Excelでは2^3と記述します。

記号	処理	優先順位
%	パーセンテージ	1
^	べき乗	2
＊、／	かけ算、割り算	3
＋、－	足し算、引き算	4

3 半角で「-」(マイナス)を入力し、

	A	B	C	D	E	F
1	第2四半期関東地区売上					
2		東京	千葉	埼玉	神奈川	合計
3	7月	4250	2430	2200	3500	
4	8月	3800	1970	1750	3100	
5	9月	3960	2050	2010	3300	
6	合計	12010	6450	5960	9900	
7	月平均					
8	売上目標	10000	6500	5000	10000	
9	差額	=12010-				
10	達成率					
11						

4 「10000」と入力します。

5 Enter を押すと、

	A	B	C	D	E	F
1	第2四半期関東地区売上					
2		東京	千葉	埼玉	神奈川	合計
3	7月	4250	2430	2200	3500	
4	8月	3800	1970	1750	3100	
5	9月	3960	2050	2010	3300	
6	合計	12010	6450	5960	9900	
7	月平均					
8	売上目標	10000	6500	5000	10000	
9	差額	=12010-10000				
10	達成率					
11						

6 計算結果が表示されます。

	A	B	C	D	E	F
1	第2四半期関東地区売上					
2		東京	千葉	埼玉	神奈川	合計
3	7月	4250	2430	2200	3500	
4	8月	3800	1970	1750	3100	
5	9月	3960	2050	2010	3300	
6	合計	12010	6450	5960	9900	
7	月平均					
8	売上目標	10000	6500	5000	10000	
9	差額	2010				
10	達成率					
11						

ステップアップ 数式を数式バーに入力する

数式は、数式バーに入力することもできます。数式を入力したいセルをクリックしてから、数式バーをクリックして入力します。数式が長くなる場合は、数式バーを利用したほうが入力しやすいでしょう。

	A	B	C	D
1	第2四半期関東地区売上			
2		東京	千葉	埼玉
3	7月	4250	2430	2200
4	8月	3800	1970	1750
5	9月	3960	2050	2010
6	合計	12010	6450	5960
7	月平均			
8	売上目標	10000	6500	5000
9	差額	=12010-10		
10	達成率			
11				

数式は、数式バーに入力することもできます。

Section 55

数式にセル参照を利用する

覚えておきたいキーワード
- セル参照
- セルの位置
- カラーリファレンス

数式は、セル内に直接数値を入力するかわりに、セルの位置を指定して計算することができます。数値のかわりにセルの位置を指定することをセル参照といいます。セル参照を利用すると、参照先の数値を修正した場合でも計算結果が自動的に更新されます。

1 セル参照を利用して計算する

セル[C9]にセル[C6](合計)とセル[C8](売上目標)の差額を計算します。

1 計算するセルをクリックして、半角で「=」を入力します。

AVERAGE　×　✓　fx　=

	A	B	C	D	E	F
1	第2四半期関東地区売上					
2		東京	千葉	埼玉	神奈川	合計
3	7月	4250	2430	2200	3500	
4	8月	3800	1970	1750	3100	
5	9月	3960	2050	2010	3300	
6	合計	12010	6450	5960	9900	
7	月平均					
8	売上目標	10000	6500	5000	10000	
9	差額	2010	=			
10	達成率					
11						

2 参照するセルをクリックすると、

3 クリックしたセルのセルの位置が入力されます。

C6　×　✓　fx　=C6

	A	B	C	D	E	F
1	第2四半期関東地区売上					
2		東京	千葉	埼玉	神奈川	合計
3	7月	4250	2430	2200	3500	
4	8月	3800	1970	1750	3100	
5	9月	3960	2050	2010	3300	
6	合計	12010	6450	5960	9900	
7	月平均					
8	売上目標	10000	6500	5000	10000	
9	差額	2010	=C6			
10	達成率					
11						

キーワード セル参照

「セル参照」とは、数式の中で数値のかわりにセルの位置を指定することをいいます。セル参照を使うと、そのセルに入力されている値を使って計算することができます。

ヒント カラーリファレンス

セル参照を利用すると、数式内のセルの位置とそれに対応するセル範囲に同じ色が付きます。これを「カラーリファレンス」といい、対応関係がひとめで確認できます(Sec.56参照)。

4 「-」(マイナス)を入力して、

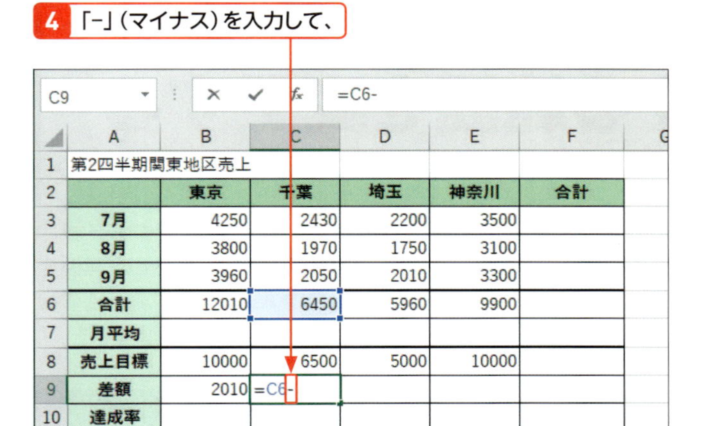

C9 | =C6-

	A	B	C	D	E	F
1	第2四半期関東地区売上					
2		東京	千葉	埼玉	神奈川	合計
3	7月	4250	2430	2200	3500	
4	8月	3800	1970	1750	3100	
5	9月	3960	2050	2010	3300	
6	合計	12010	6450	5960	9900	
7	月平均					
8	売上目標	10000	6500	5000	10000	
9	差額	2010	=C6-			
10	達成率					
11						

5 参照するセルをクリックし、

6 Enter を押すと、

C8 | =C6-C8

	A	B	C	D	E	F
1	第2四半期関東地区売上					
2		東京	千葉	埼玉	神奈川	合計
3	7月	4250	2430	2200	3500	
4	8月	3800	1970	1750	3100	
5	9月	3960	2050	2010	3300	
6	合計	12010	6450	5960	9900	
7	月平均					
8	売上目標	10000	6500	5000	10000	
9	差額	2010	=C6-C8			
10	達成率					
11						

7 計算結果が表示されます。

B10 | =B6/B8

	A	B	C	D	E	F
1	第2四半期関東地区売上					
2		東京	千葉	埼玉	神奈川	合計
3	7月	4250	2430	2200	3500	
4	8月	3800	1970	1750	3100	
5	9月	3960	2050	2010	3300	
6	合計	12010	6450	5960	9900	
7	月平均					
8	売上目標	10000	6500	5000	10000	
9	差額	2010	-50			
10	達成率	1.201				
11						

8 同様にセル参照を使って、セル[B10]に数式「=B6/B8」を入力し、達成率を計算します。

ヒント 数式の入力を取り消すには？

数式の入力を途中で取り消したい場合は、Esc を押します。

Section 56

計算する範囲を変更する

覚えておきたいキーワード
- カラーリファレンス
- 数式の参照範囲
- 参照範囲の変更

数式内のセルの位置に対応するセル範囲はカラーリファレンスで囲まれて表示されるので、対応関係をひとめで確認できます。数式の中で複数のセル範囲を参照している場合は、それぞれのセル範囲が異なる色で表示されます。この枠をドラッグすると、参照先や範囲をかんたんに変更することができます。

1 参照先のセル範囲を広げる

キーワード カラーリファレンス

「カラーリファレンス」とは、数式内のセルの位置とそれに対応するセル範囲に色を付けて、対応関係を示す機能です。セルの位置とセル範囲の色が同じ場合、それらが対応関係にあることを示しています。

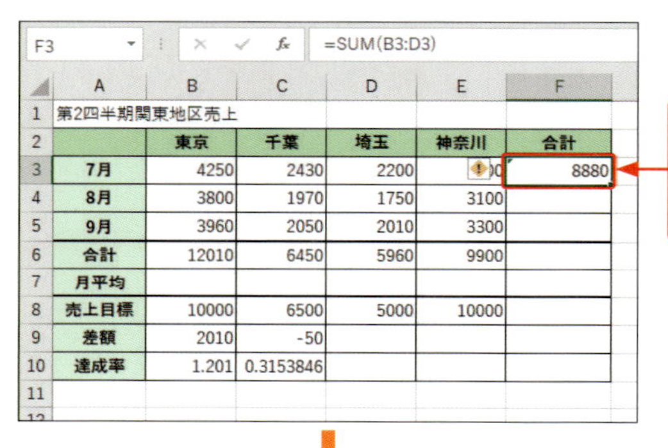

F3 =SUM(B3:D3)

	A	B	C	D	E	F
1	第2四半期関東地区売上					
2		東京	千葉	埼玉	神奈川	合計
3	7月	4250	2430	2200	00	8880
4	8月	3800	1970	1750	3100	
5	9月	3960	2050	2010	3300	
6	合計	12010	6450	5960	9900	
7	月平均					
8	売上目標	10000	6500	5000	10000	
9	差額	2010	-50			
10	達成率	1.201	0.3153846			
11						

1 数式が入力されているセルをダブルクリックすると、

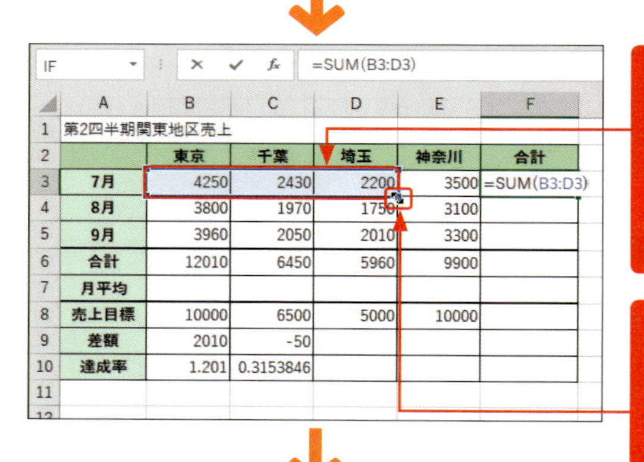

IF =SUM(B3:D3)

	A	B	C	D	E	F
1	第2四半期関東地区売上					
2		東京	千葉	埼玉	神奈川	合計
3	7月	4250	2430	2200	3500	=SUM(B3:D3)
4	8月	3800	1970	1750	3100	
5	9月	3960	2050	2010	3300	
6	合計	12010	6450	5960	9900	
7	月平均					
8	売上目標	10000	6500	5000	10000	
9	差額	2010	-50			
10	達成率	1.201	0.3153846			
11						

2 数式が参照しているセル範囲が色付きの枠(カラーリファレンス)で囲まれて表示されます。

3 枠のハンドルにマウスポインターを合わせ、ポインターの形が変わった状態で、

IF =SUM(B3:E3)

	A	B	C	D	E	F
1	第2四半期関東地区売上					
2		東京	千葉	埼玉	神奈川	合計
3	7月	4250	2430	2200	3500	=SUM(B3:E3)
4	8月	3800	1970	1750		
5	9月	3960	2050	2010	3300	
6	合計	12010	6450	5960	9900	
7	月平均					
8	売上目標	10000	6500	5000	10000	
9	差額	2010	-50			
10	達成率	1.201	0.3153846			
11						

4 セル[E3]までドラッグすると、

5 参照するセル範囲が変更されます。

ヒント 参照先はどの方向にも広げられる

カラーリファレンスには、四隅にハンドルが表示されます。ハンドルにマウスポインターを合わせて、水平、垂直方向にドラッグすると、参照先をどの方向にも広げることができます。

AVERAGE =SUM(C5:D7)

	A	B	C	D	E	F
1	関東地区累計売上		=SUM(C5:D7)			
2						
3		東京	千葉	埼玉	神奈川	合計
4	4月	3,450	2,050	1,780	2,840	10,120
5	5月	3,680	1,850	1,350	2,980	9,860
6	6月	3,030	1,540	1,140	2,550	8,260
7	7月	4,250	2,430	2,200	3,500	12,380
8	8月	3,800	1,970	1,750	3,100	10,620
9	9月	3,960	2,050	2,010	3,300	11,320

2 参照先のセル範囲を移動する

1 数式が入力されているセルをダブルクリックすると、

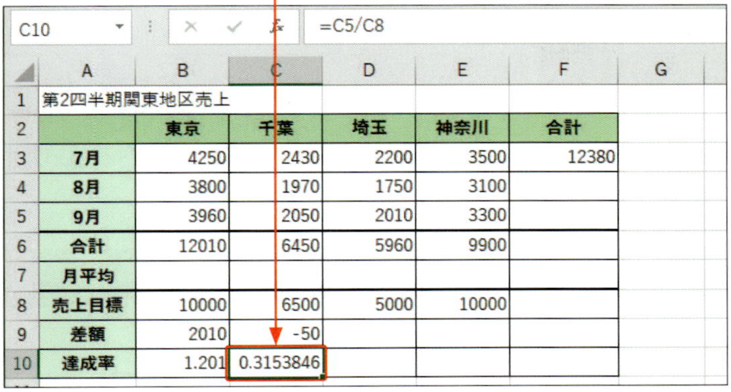

C10 =C5/C8

	A	B	C	D	E	F	G
1	第2四半期関東地区売上						
2		東京	千葉	埼玉	神奈川	合計	
3	7月	4250	2430	2200	3500	12380	
4	8月	3800	1970	1750	3100		
5	9月	3960	2050	2010	3300		
6	合計	12010	6450	5960	9900		
7	月平均						
8	売上目標	10000	6500	5000	10000		
9	差額	2010	-50				
10	達成率	1.201	0.3153846				

2 数式が参照しているセル範囲が色付きの枠（カラーリファレンス）で囲まれて表示されます。

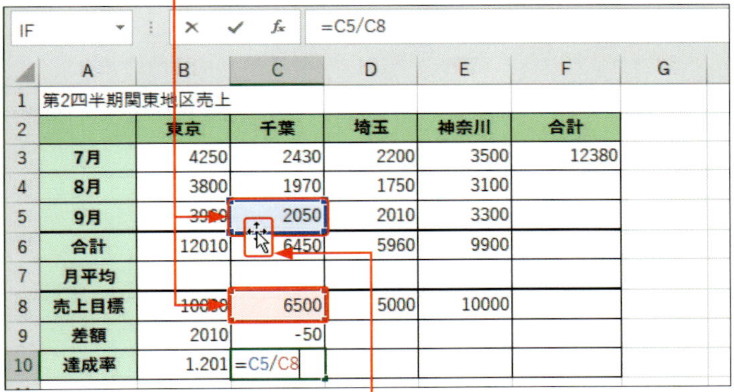

IF =C5/C8

	A	B	C	D	E	F	G
1	第2四半期関東地区売上						
2		東京	千葉	埼玉	神奈川	合計	
3	7月	4250	2430	2200	3500	12380	
4	8月	3800	1970	1750	3100		
5	9月	3960	2050	2010	3300		
6	合計	12010	6450	5960	9900		
7	月平均						
8	売上目標	10000	6500	5000	10000		
9	差額	2010	-50				
10	達成率	1.201	=C5/C8				

3 枠にマウスポインターを合わせると、ポインターの形が変わります。

4 そのまま、セル［C6］まで枠をドラッグします。

5 枠を移動すると、数式のセルの位置も変更されます。

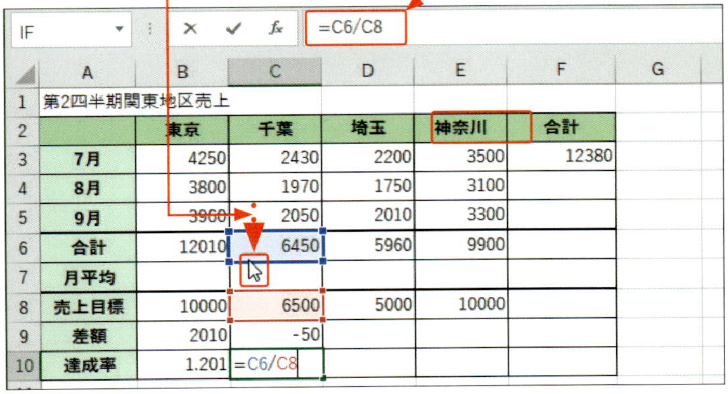

IF =C6/C8

	A	B	C	D	E	F	G
1	第2四半期関東地区売上						
2		東京	千葉	埼玉	神奈川	合計	
3	7月	4250	2430	2200	3500	12380	
4	8月	3800	1970	1750	3100		
5	9月	3960	2050	2010	3300		
6	合計	12010	6450	5960	9900		
7	月平均						
8	売上目標	10000	6500	5000	10000		
9	差額	2010	-50				
10	達成率	1.201	=C6/C8				

メモ 参照先を移動する

色付きの枠（カラーリファレンス）にマウスポインターを合わせると、ポインターの形が ✥ に変わります。この状態で色付きの枠をほかの場所へドラッグすると、参照先を移動することができます。

メモ 数式の中に複数のセル参照がある場合

1つの数式の中で複数のセル範囲を参照している場合、数式内のセルの位置はそれぞれが異なる色で表示され、対応するセル範囲も同じ色で表示されます。これにより、目的のセル参照を修正するにはどこを変更すればよいのかが、枠の色で判断できます。

ステップアップ カラーリファレンスを利用しない場合

カラーリファレンスを利用せずに参照先を変更するには、数式バーまたはセルで直接数式を編集します（Sec.54参照）。

Section 57

ほかのセルに数式をコピーする

覚えておきたいキーワード
- ☑ 数式のコピー／貼り付け
- ☑ セル参照
- ☑ オートフィル

行や列で同じ数式を利用するときは、数式をコピーすると効率的です。セル参照を利用した数式をコピーすると、通常は、コピー先のセル位置に合わせて参照するセルが自動的に変更されます。数式をコピーするには、コピー・貼り付けを利用する方法と、オートフィル機能を利用する方法があります。

1 数式をコピーする

メモ 数式をコピーする

数式をコピーするには、<コピー>と<貼り付け>を利用するほかに、次ページのようにオートフィル機能（Sec.16参照）を利用して実行することもできます。

メモ 右クリックでコピー／貼り付けする

数式をコピーするには右の手順のほかに、セルを右クリックすると表示されるショートカットメニューの<コピー>と<貼り付け>を利用する方法があります。

メモ セルの表示形式の変更

右で使用している表には、桁区切りスタイルを設定しています。「達成率」は、小数点以下の桁数を調整しています（Sec.27参照）。

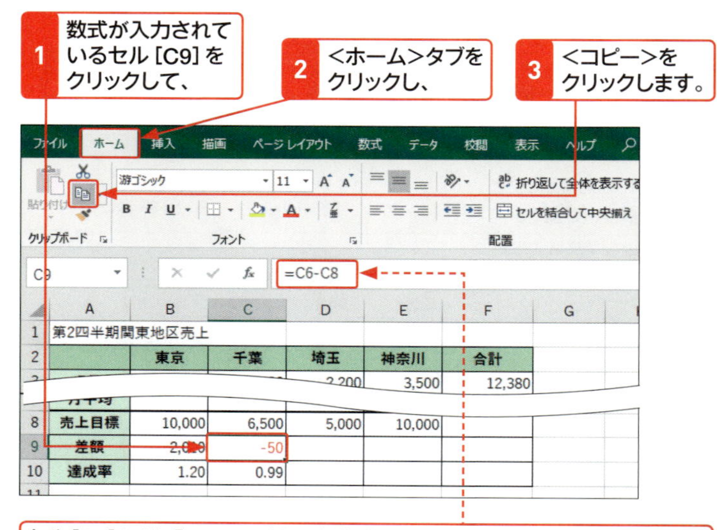

1 数式が入力されているセル[C9]をクリックして、
2 <ホーム>タブをクリックし、
3 <コピー>をクリックします。
=C6-C8
第2四半期関東地区売上
東京
千葉
埼玉
神奈川
合計
売上目標
差額
達成率

セル[C9]には、「=C6-C8」という数式が入力されています（Sec.55参照）。

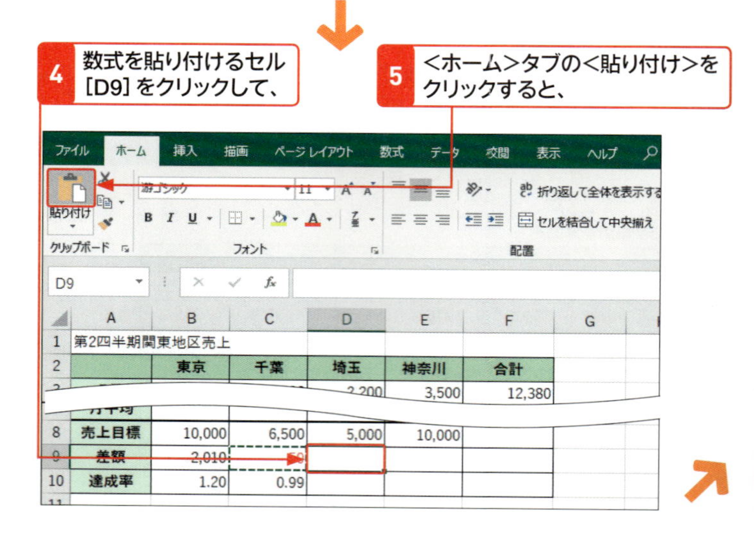

4 数式を貼り付けるセル[D9]をクリックして、
5 <ホーム>タブの<貼り付け>をクリックすると、
第2四半期関東地区売上
東京
千葉
埼玉
神奈川
合計
売上目標
差額
達成率

6 数式がコピーされ、計算結果が正しく表示されます。

D9 =D6-D8

	A	B	C	D	E	F	G
1	第2四半期関東地区売上						
2		東京	千葉	埼玉	神奈川	合計	
3	7月	4,250	2,430	2,200	3,500	12,380	
4	8月	3,800	1,970	1,750	3,100		
5	9月	3,960	2,050	2,010	3,300		
6	合計	12,010	6,450	5,960	9,900		
7	月平均						
8	売上目標	10,000	6,500	5,000	10,000		
9	差額	2,010	-50	960			
10	達成率	1.20	0.99				

セル[D9]の数式は、相対的な位置関係が保たれるように、「=D6-D8」に変更されています。

メモ 数式が入力されているセルのコピー

数式が入力されているセルをほかのセルにコピーすると、参照先のセルもそのセルと相対的な位置関係が保たれるように、セル参照が自動的に変更されています。これを「相対参照」といいます（Sec.58参照）。左の手順では、コピー元の「=C6-C8」という数式が、セル[D9]では「=D6-D8」という数式に変更されています。

2 数式を複数のセルにコピーする

セル[C10]には、「=C6/C8」という数式が入力されています。

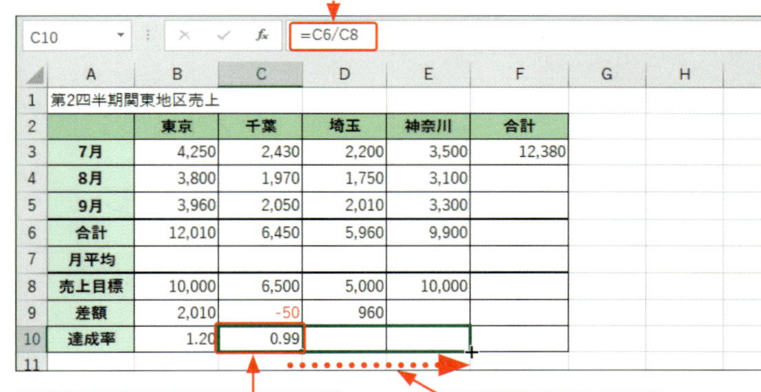

C10 =C6/C8

	A	B	C	D	E	F	G	H
1	第2四半期関東地区売上							
2		東京	千葉	埼玉	神奈川	合計		
3	7月	4,250	2,430	2,200	3,500	12,380		
4	8月	3,800	1,970	1,750	3,100			
5	9月	3,960	2,050	2,010	3,300			
6	合計	12,010	6,450	5,960	9,900			
7	月平均							
8	売上目標	10,000	6,500	5,000	10,000			
9	差額	2,010	-50	960				
10	達成率	1.20	0.99					
11								

1 数式が入力されているセル[C10]をクリックして、

2 フィルハンドルをセル[E10]までドラッグすると、

3 数式がコピーされます。

D10 =D6/D8

	A	B	C	D	E	F	G	H
1	第2四半期関東地区売上							
2		東京	千葉	埼玉	神奈川	合計		
3	7月	4,250	2,430	2,200	3,500	12,380		
4	8月	3,800	1,970	1,750	3,100			
5	9月	3,960	2,050	2,010	3,300			
6	合計	12,010	6,450	5,960	9,900			
7	月平均							
8	売上目標	10,000	6,500	5,000	10,000			
9	差額	2,010	-50	960				
10	達成率	1.20	0.99	1.19	0.99			
11								

セル[D10]の数式は、相対的な位置関係が保たれるように、「=D6/D8」に変更されています。

メモ 数式を複数のセルにコピーする

数式を複数のセルにコピーするには、オートフィル機能（Sec.16参照）を利用します。数式が入力されているセルをクリックし、フィルハンドル（セルの右下隅にあるグリーンの四角形）をコピー先までドラッグします。

Section 58 数式をコピーしたときのセルの参照先について──参照方式

覚えておきたいキーワード
- ☑ 相対参照
- ☑ 絶対参照
- ☑ 複合参照

数式が入力されたセルをコピーすると、もとの数式の位置関係に応じて、参照先のセルも相対的に変化します。セルの参照方式には、相対参照、絶対参照、複合参照があり、目的に応じて使い分けることができます。ここでは、3種類の参照方式の違いと、参照方式の切り替え方法を確認しておきましょう。

1 相対参照・絶対参照・複合参照の違い

キーワード 参照方式

「参照方式」とは、セル参照の方式のことで、3種類の参照方式があります。数式をほかのセルへコピーする際は、参照方式によって、コピー後の参照先が異なります。

キーワード 相対参照

「相対参照」とは、数式が入力されているセルを基点として、ほかのセルの位置を相対的な位置関係で指定する参照方式のことです。数式が入力されたセルをコピーすると、自動的にセル参照が変更されます。

キーワード 絶対参照

「絶対参照」とは、参照するセルの位置を固定する参照方式のことです。数式をコピーしても、参照するセルの位置は変更されません。絶対参照では、行番号と列番号の前に、それぞれ半角の「$」(ドル)を入力します。

相対参照

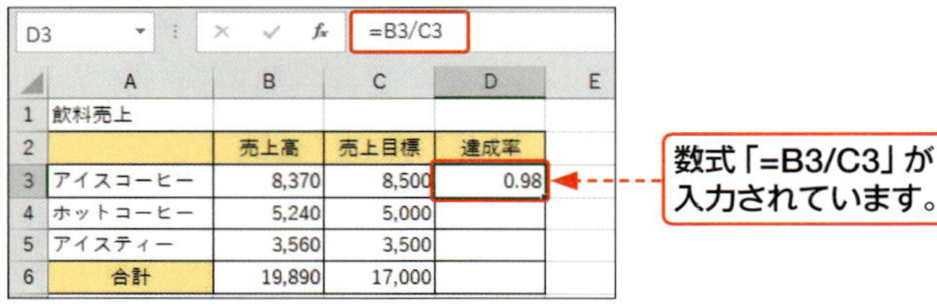

D3
=B3/C3
数式「=B3/C3」が入力されています。

	A	B	C	D	E
1	飲料売上				
2		売上高	売上目標	達成率	
3	アイスコーヒー	8,370	8,500	0.98	
4	ホットコーヒー	5,240	5,000		
5	アイスティー	3,560	3,500		
6	合計	19,890	17,000		

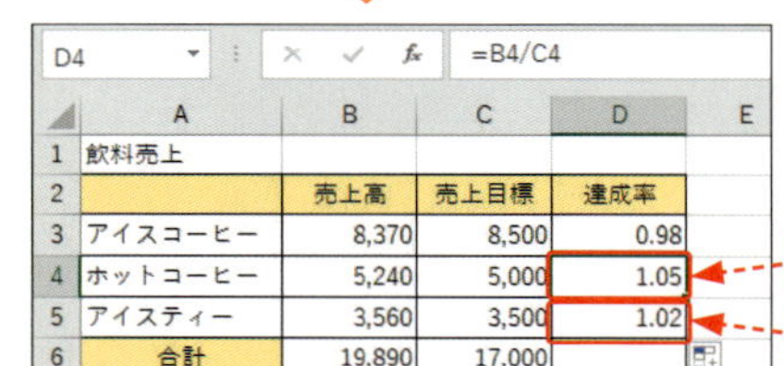

D4
=B4/C4
数式をコピーすると、参照先が自動的に変更されます。
=B4/C4
=B5/C5

	A	B	C	D	E
1	飲料売上				
2		売上高	売上目標	達成率	
3	アイスコーヒー	8,370	8,500	0.98	
4	ホットコーヒー	5,240	5,000	1.05	
5	アイスティー	3,560	3,500	1.02	
6	合計	19,890	17,000		

絶対参照

C3 =B3/$B$6

	A	B	C	D
1	飲料売上			
2		売上高	構成比	
3	アイスコーヒー	8,370	0.42	
4	ホットコーヒー	5,240		
5	アイスティー	3,560		
6	合計	19,890		

数式「=B3/$B$6」が入力されています。

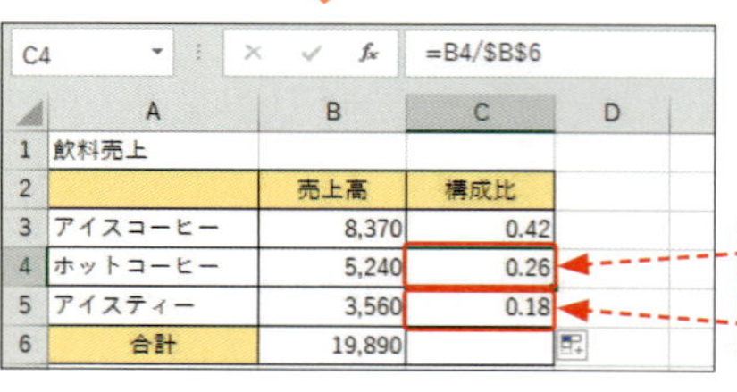

C4
=B4/$B$6
数式をコピーすると、「$」が付いた参照先は[B6]のまま固定されます。
=B4/$B$6
=B5/$B$6

	A	B	C	D
1	飲料売上			
2		売上高	構成比	
3	アイスコーヒー	8,370	0.42	
4	ホットコーヒー	5,240	0.26	
5	アイスティー	3,560	0.18	
6	合計	19,890		

複合参照

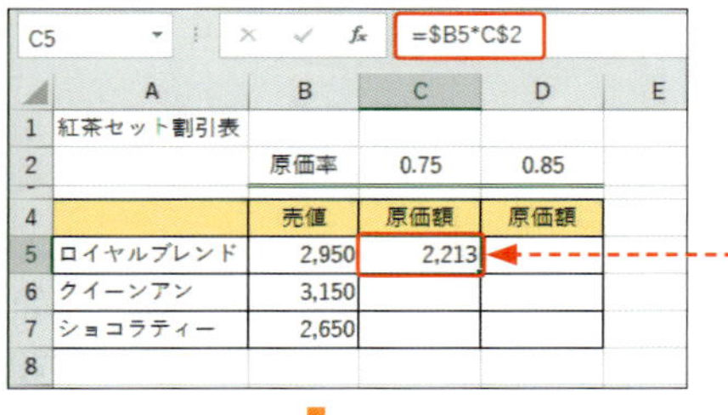

数式「=$B5＊C$2」が入力されています。

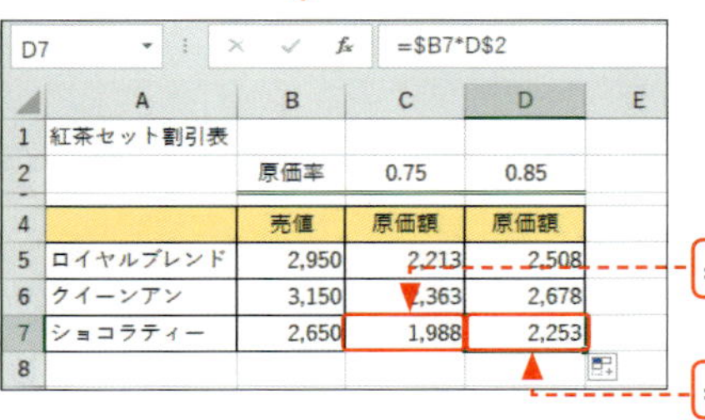

数式をコピーすると、参照列と参照行だけが固定されます。

=$B7＊C$2

=$B7＊D$2

2 参照方式を切り替える

数式の入力されたセル [B2] の参照方式を切り替えます。

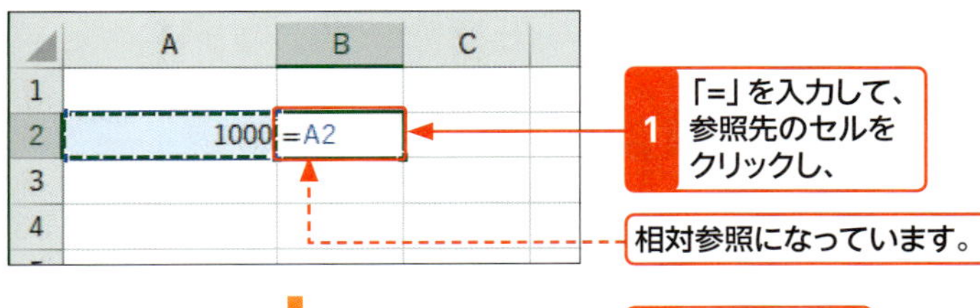

1 「=」を入力して、参照先のセルをクリックし、

相対参照になっています。

2 F4を押すと、

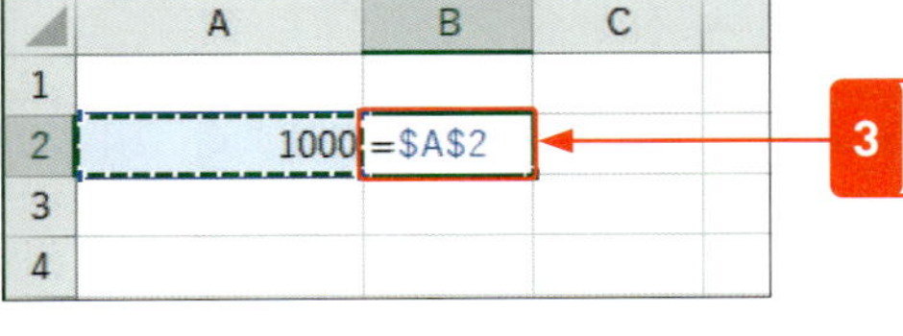

3 参照方式が絶対参照に切り替わります。

4 続けてF4を押すと、

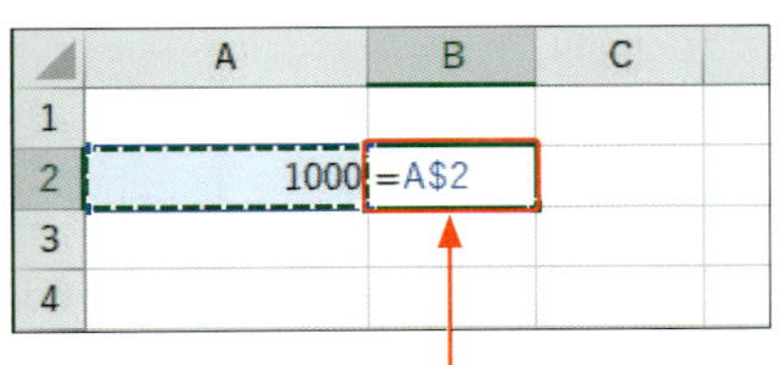

5 参照方式が「列が相対参照、行が絶対参照」の複合参照に切り替わります。

キーワード 複合参照

「複合参照」とは、相対参照と絶対参照を組み合わせた参照方式のことです。「列が相対参照、行が絶対参照」「列が絶対参照、行が相対参照」の2種類があります。

ヒント あとから参照方式を変更するには？

入力を確定してしまったセルの位置の参照方式を変更するには、目的のセルをダブルクリックしてから、変更したいセルの位置をドラッグして選択し、F4を押します。

メモ 参照方式の切り替え

参照方式の切り替えは、F4を使ってかんたんに行うことができます。下図のようにF4を押すごとに参照方式が切り替わります。

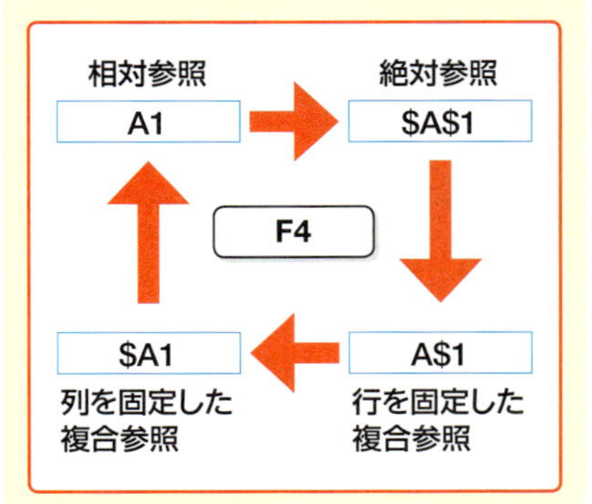

Section 59

数式をコピーしてもセルの位置が変わらないようにする――絶対参照

覚えておきたいキーワード
- 相対参照
- 絶対参照
- 参照先セルの固定

Excelの初期設定では相対参照が使用されているので、セル参照で入力された数式をコピーすると、コピー先のセルの位置に合わせて参照先のセルが自動的に変更されます。特定のセルを常に参照させたい場合は、絶対参照を利用します。絶対参照に指定したセルは、コピーしても参照先が変わりません。

1 数式を相対参照でコピーした場合

数式を複数のセルにコピーする

複数のセルに数式をコピーするには、オートフィルを使います。数式が入力されているセルをクリックし、フィルハンドル（セルの右下隅にあるグリーンの四角形）をコピー先までドラッグします。

相対参照の利用

右の手順で割引額のセル［C5］をセル範囲［C6:C9］にコピーすると、相対参照を使用しているために、セル［C2］へのセル参照も自動的に変更されてしまい、計算結果が正しく求められません。

コピー先のセル	コピーされた数式
C6	＝B6＊C3
C7	＝B7＊C4
C8	＝B8＊C5
C9	＝B9＊C6

数式をコピーしても、参照するセルを常に固定したいときは、絶対参照を利用します（次ページ参照）。

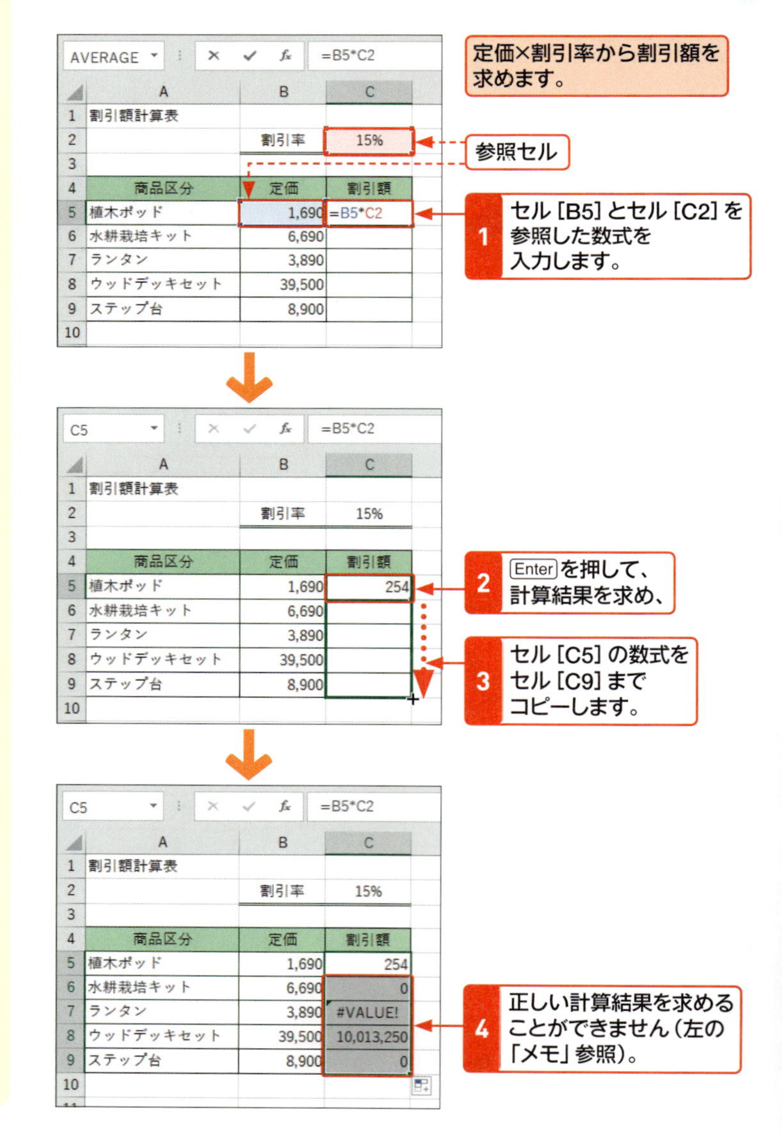

第5章 数式や関数の利用

2 数式を絶対参照にしてコピーする

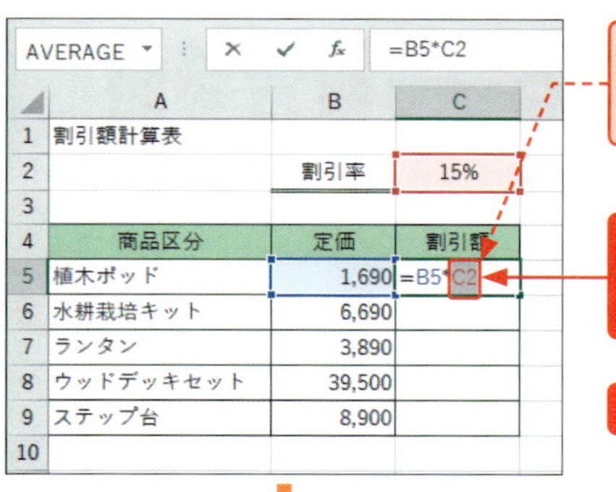
割引率のセルを参照させるために、セル[C2]を固定します。
1 参照を固定したいセルの位置[C2]をドラッグして選択し、
2 F4を押すと、

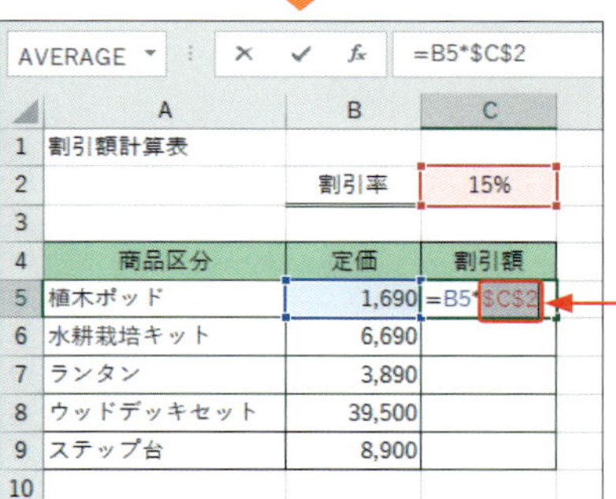
3 セル[C2]が[$C$2]に変わり、絶対参照になります。

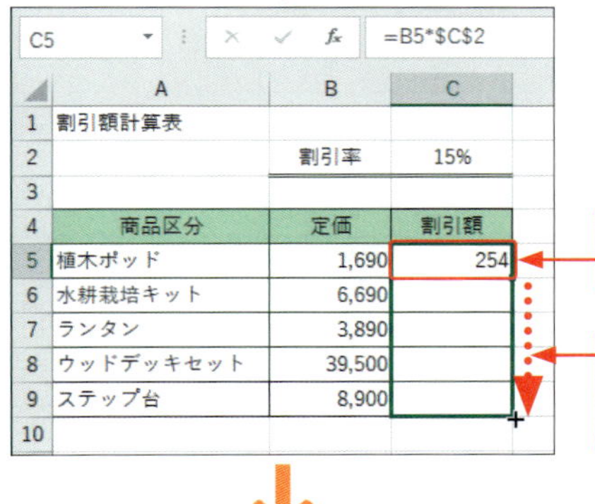
4 Enterを押して、計算結果を求めます。
5 セル[C5]の数式をセル[C9]までコピーすると、

6 正しい計算結果を求めることができます（右下の「メモ」参照）。

メモ　エラーを回避する

相対参照によって生じるエラーを回避するには、参照先のセルの位置を固定します。これを「絶対参照」と呼びます。数式が参照するセルを固定したい場合は、行と列の番号の前に「$」（ドル）を入力します。F4を押すことで、自動的に「$」が入力されます。

メモ　絶対参照の利用

絶対参照を使用している数式をコピーしても、絶対参照で参照しているセルの位置は変更されません。左の手順では、参照を固定したい割引率のセル[C2]を絶対参照に変更しているので、セル[C5]の数式をセル範囲[C6:C9]にコピーしても、セル[C2]へのセル参照が保持され、計算が正しく行われます。

コピー先のセル	コピーされた数式
C6	=B6 ＊ $C$2
C7	=B7 ＊ $C$2
C8	=B8 ＊ $C$2
C9	=B9 ＊ $C$2

Section 60

数式をコピーしても行／列が変わらないようにする──複合参照

覚えておきたいキーワード
- 複合参照
- 参照列の固定
- 参照行の固定

セル参照が入力されたセルをコピーするときに、行と列のどちらか一方を絶対参照にして、もう一方を相対参照にしたい場合は複合参照を利用します。複合参照は、相対参照と絶対参照を組み合わせた参照方式のことです。列を絶対参照にする場合と、行を絶対参照にする場合があります。

1 複合参照でコピーする

メモ 複合参照の利用

右のように、列［B］に「定価」、行［3］に「割引率」を入力し、それぞれの項目が交差する位置に割引額を求める表を作成する場合、割引率を求める数式は、常に列［B］と行［3］のセルを参照する必要があります。このようなときは、列または行のいずれかの参照先を固定する複合参照を利用します。

割引率「10%」と「15%」を定価にかけて、それぞれの割引額を求めます。

1 「=B4」と入力して、F4を3回押すと、

2 列［B］が絶対参照、行［4］が相対参照になります。

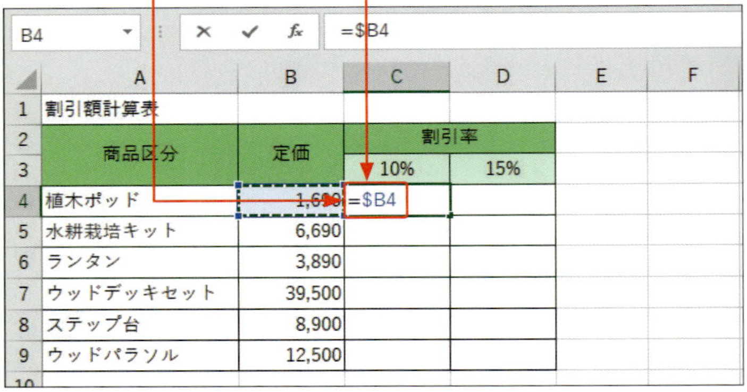

B4 =$B4

	A	B	C	D	E	F
1	割引額計算表					
2	商品区分	定価	割引率			
3			10%	15%		
4	植木ポッド	1,690	=$B4			
5	水耕栽培キット	6,690				
6	ランタン	3,890				
7	ウッドデッキセット	39,500				
8	ステップ台	8,900				
9	ウッドパラソル	12,500				

3 「*C3」と入力して、F4を2回押すと、

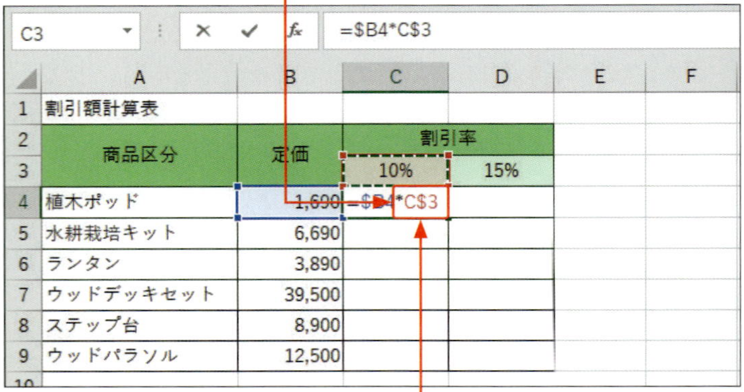

C3 =$B4*C$3

	A	B	C	D	E	F
1	割引額計算表					
2	商品区分	定価	割引率			
3			10%	15%		
4	植木ポッド	1,690	=$B4*C$3			
5	水耕栽培キット	6,690				
6	ランタン	3,890				
7	ウッドデッキセット	39,500				
8	ステップ台	8,900				
9	ウッドパラソル	12,500				

4 列［C］が相対参照、行［3］が絶対参照になります。

メモ 3種類の参照方法を使い分ける

相対参照、絶対参照、複合参照の3つのセル参照の方式を組み合わせて使用すると、複雑な集計表などを効率的に作成することができます。

5 Enterを押して、計算結果を求めます。

C5

	A	B	C	D	E	F
1	割引額計算表					
2	商品区分	定価	割引率			
3			10%	15%		
4	植木ポッド	1,690	169			
5	水耕栽培キット	6,690				
6	ランタン	3,890				
7	ウッドデッキセット	39,500				
8	ステップ台	8,900				
9	ウッドパラソル	12,500				
10						

6 セル[C4]の数式を、計算するセル範囲にコピーします。

C4　=$B4*C$3

	A	B	C	D	E	F
1	割引額計算表					
2	商品区分	定価	割引率			
3			10%	15%		
4	植木ポッド	1,690	169	254		
5	水耕栽培キット	6,690	669	1,004		
6	ランタン	3,890	389	584		
7	ウッドデッキセット	39,500	3,950	5,925		
8	ステップ台	8,900	890	1,335		
9	ウッドパラソル	12,500	1,250	1,875		
10						

数式を表示して確認する

このセルをダブルクリックして、セルの参照方式を確認します。

AVERAGE　=$B9*D$3

	A	B	C	D	E	F
1	割引額計算表					
2	商品区分	定価	割引率			
3			10%	15%		
4	植木ポッド	1,690	169	254		
5	水耕栽培キット	6,690	669	1,004		
6	ランタン	3,890	389	584		
7	ウッドデッキセット	39,500	3,950	5,925		
8	ステップ台	8,900	890	1,335		
9	ウッドパラソル	12,500	1,250	=$B9*D$3		
10						

参照列だけが固定されています。

=$B9*D$3

参照行だけが固定されています。

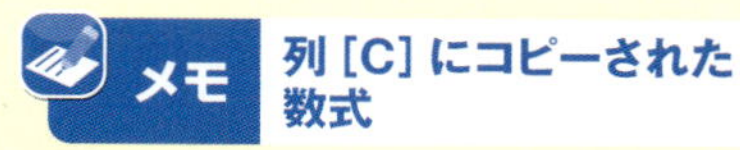

メモ　列[C]にコピーされた数式

数式中の[B4]のセルの位置は行方向（縦方向）には固定されていないので、「定価」はコピー先のセルの位置に応じて移動します。他方、[C3]のセルの位置は行方向（縦方向）に固定されているので、「割引率」は移動しません。

コピー先のセル	コピーされた数式
C5	=$B5 * C$3
C6	=$B6 * C$3
C7	=$B7 * C$3
C8	=$B8 * C$3
C9	=$B9 * C$3

メモ　列[D]にコピーされた数式

数式中の[C3]のセルの位置は列方向（横方向）には固定されていないので、参照されている「割引率」は右に移動します。また、セル[B4]からセル[B9]までのセル位置は列方向（横方向）に固定されているので、参照されている「定価」は変わりません。

コピー先のセル	コピーされた数式
D4	=$B4 * D$3
D5	=$B5 * D$3
D6	=$B6 * D$3
D7	=$B7 * D$3
D8	=$B8 * D$3
D9	=$B9 * D$3

ヒント　セルの数式の確認

セルに入力した数式を確認する場合は、セルをダブルクリックするか、セルを選択してF2を押します。また、<数式>タブの<ワークシート分析>グループの<数式の表示>をクリックすると、セルに入力したすべての数式を一度に確認することができます。

Section 61

関数を入力する

覚えておきたいキーワード
- 関数
- 関数ライブラリ
- 関数の挿入

関数とは、特定の計算を行うためにExcelにあらかじめ用意されている機能のことです。関数を利用すれば、面倒な計算や各種作業をかんたんに効率的に行うことができます。関数の入力には、<数式>タブの<関数ライブラリ>グループのコマンドや、<関数の挿入>コマンドを使用します。

1 関数の入力方法

Excelで関数を入力するには、以下の方法があります。

① <数式>タブの<関数ライブラリ>グループの各コマンドを使う。
② <数式>タブや<数式バー>の<関数の挿入>コマンドを使う。
③ 数式バーやセルに直接関数を入力する（Sec.62参照）。

また、<関数ライブラリ>グループの<最近使った関数>をクリックすると、最近使用した関数が10個表示されます。そこから関数を入力することもできます。

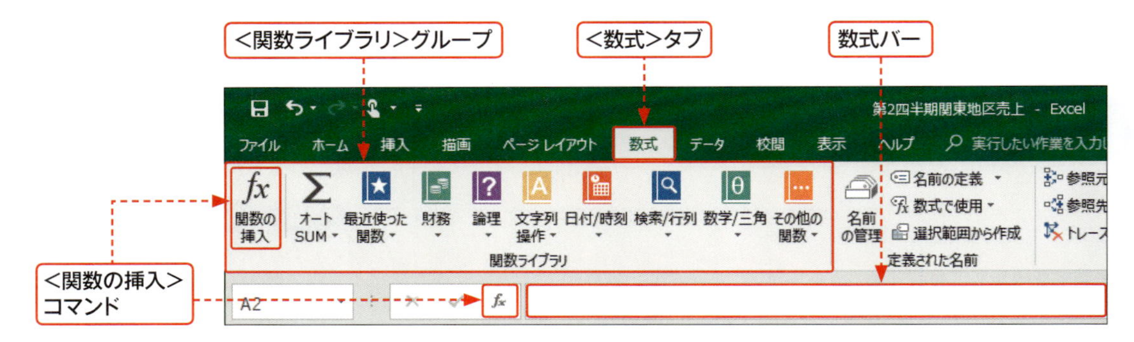

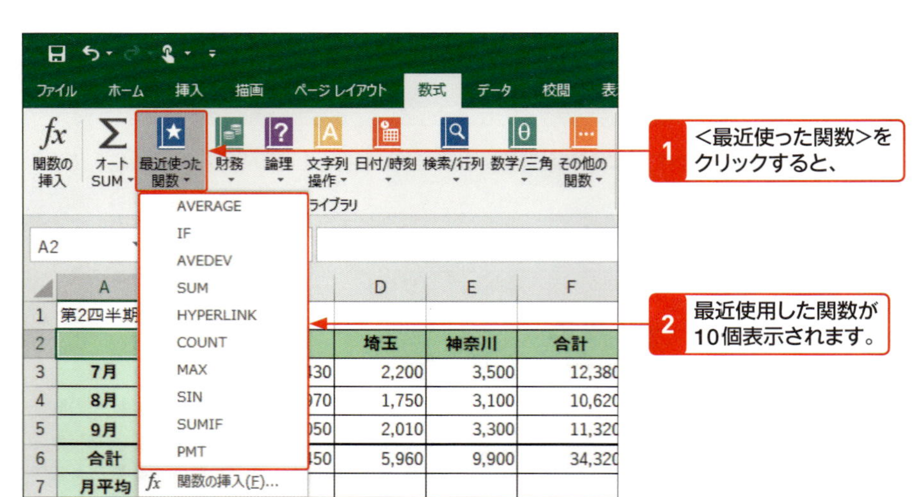

2 よく使う関数

＜ホーム＞タブの＜オートSUM＞や＜数式＞タブの＜オートSUM＞コマンドには、とくに使用頻度の高い以下の5個の関数が用意されています。

① 合計（SUM関数）
② 平均（AVERAGE関数）
③ 数値の個数（COUNT関数）
④ 最大値（MAX関数）
⑤ 最小値（MIN関数）

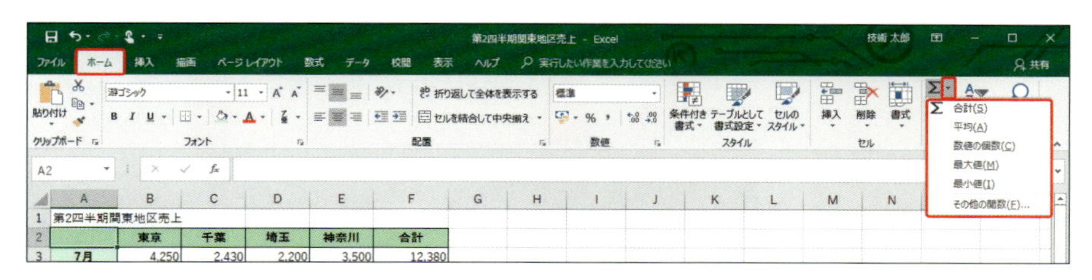

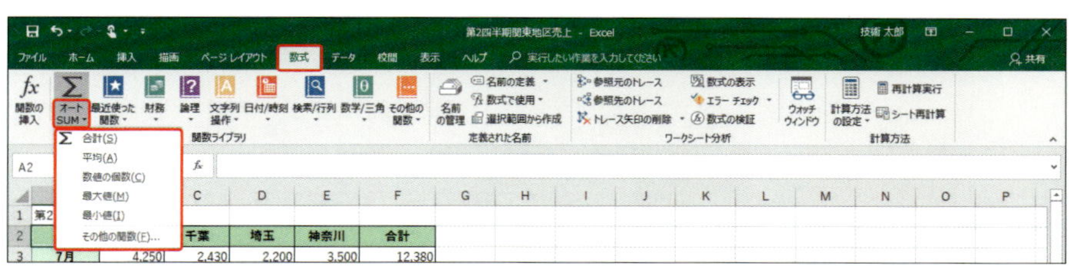

関数の使用例

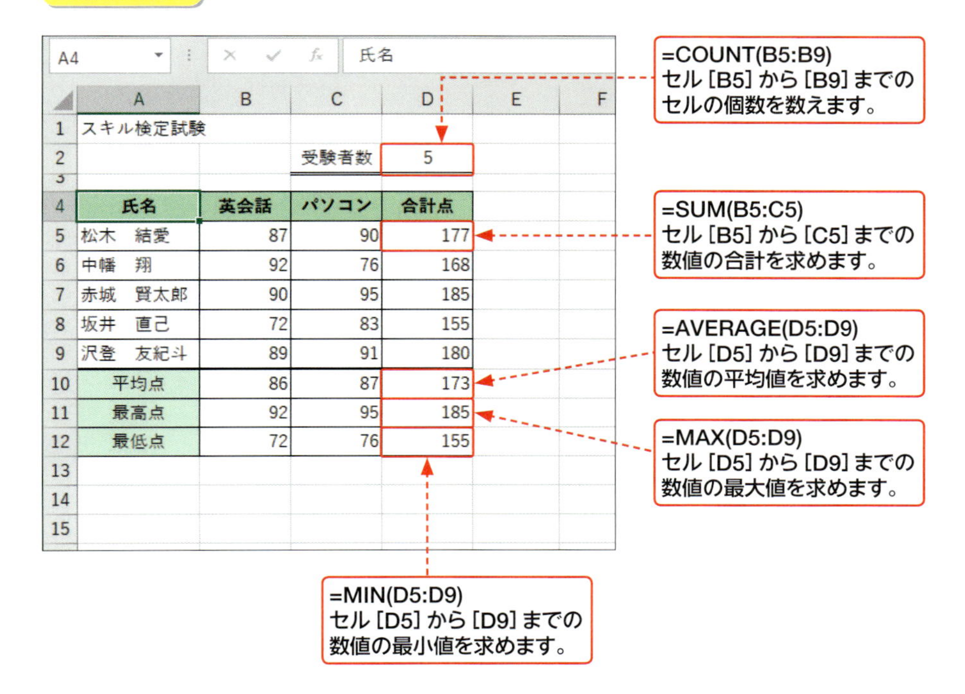

3 ＜関数ライブラリ＞のコマンドを使う

メモ ＜関数ライブラリ＞の利用

＜数式＞タブの＜関数ライブラリ＞グループには、関数を選んで入力するためのコマンドが用意されています。コマンドをクリックすると、その分類に含まれている関数が表示され、目的の関数を選択できます。AVERAGE関数は、＜その他の関数＞の＜統計＞に含まれています。

キーワード AVERAGE関数

「AVERAGE関数」は、引数に指定された数値の平均を求める関数です。

書式：＝AVERAGE（数値1, 数値2, …）

メモ 引数の指定

関数が入力されたセルの上方向または左方向のセルに数値や数式が入力されていると、それらのセルが自動的に引数として選択されます。手順7では、合計を計算したセル［B6］がセルに含まれているため、引数を修正します。

AVERAGE関数を使って月平均を求めます。

	A	B	C	D	E
1	第2四半期関東地区売上				
2		東京	千葉	埼玉	神奈川
3	7月	4,250	2,430	2,200	3,50
4	8月	3,800	1,970	1,750	3,10
5	9月	3,960	2,050	2,010	3,30
6	合計	12,010	6,450	5,960	9,90
7	月平均				
8	売上目標	10,000	6,500	5,000	10,00
9	差額	2,010	-50	960	-10
10	達成率	1.20	0.99	1.19	0.9

1 関数を入力するセルをクリックします。

2 ＜数式＞タブをクリックして、

3 ＜その他の関数＞をクリックし、

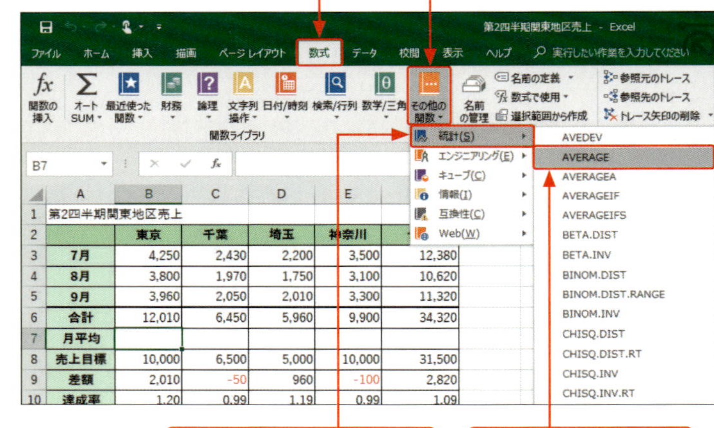

4 ＜統計＞にマウスポインターを合わせて、

5 ＜AVERAGE＞をクリックします。

6 ＜関数の引数＞ダイアログボックスが表示され、関数が自動的に入力されます。

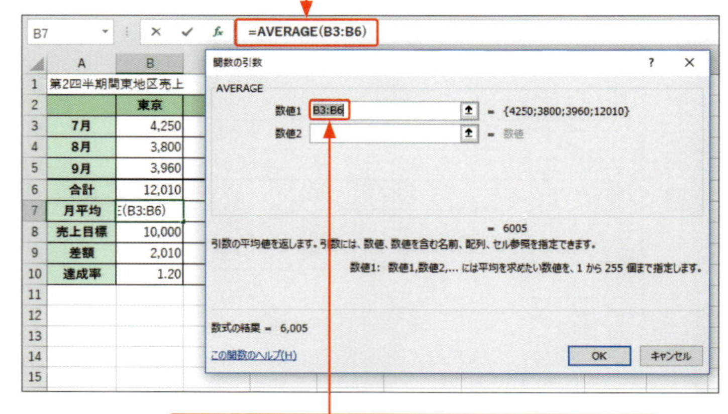

7 合計を計算したセル［B6］が含まれているため、引数を修正します。

8 引数に指定するセル範囲［B3:B5］をドラッグして選択し直します。

セル範囲のドラッグ中は、ダイアログボックスが折りたたまれます。

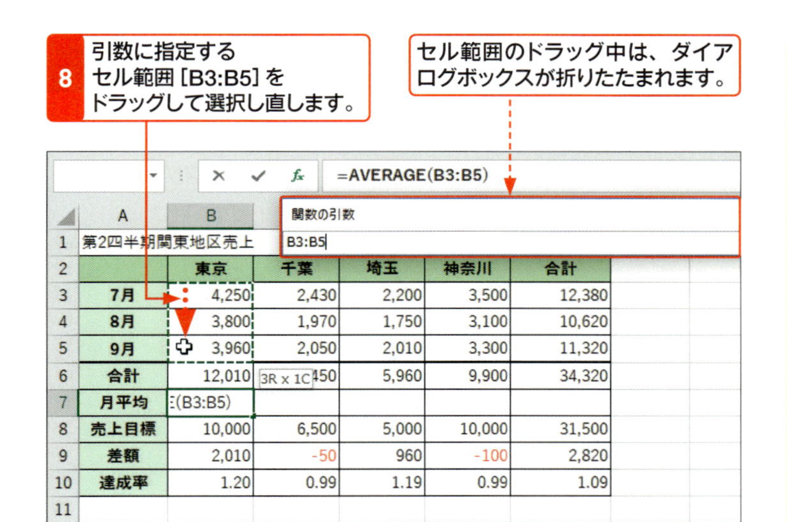

9 引数が修正されたことを確認して、

B7　=AVERAGE(B3:B5)

関数の引数

AVERAGE

数値1　B3:B5　= {4250;3800;3960}

数値2　　= 数値

= 4003.333333

引数の平均値を返します。引数には、数値、数値を含む名前、配列、セル参照を指定できます。

数値1:　数値1,数値2,... には平均を求めたい数値を、1 から 255 個まで指定します。

数式の結果 = 4,003

この関数のヘルプ(H)　OK　キャンセル

10 <OK>をクリックすると、

11 関数が入力され、計算結果が表示されます。

B7　=AVERAGE(B3:B5)

	A	B	C	D	E	F
1	第2四半期関東地区売上					
2		東京	千葉	埼玉	神奈川	合計
3	7月	4,250	2,430	2,200	3,500	12,380
4	8月	3,800	1,970	1,750	3,100	10,620
5	9月	3,960	2,050	2,010	3,300	11,320
6	合計	12,010	6,450	5,960	9,900	34,320
7	月平均	4,003				
8	売上目標	10,000	6,500	5,000	10,000	31,500
9	差額	2,010	-50	960	-100	2,820
10	達成率	1.20	0.99	1.19	0.99	1.09

ヒント　ダイアログボックスが邪魔な場合は？

引数に指定するセル範囲をドラッグする際に、ダイアログボックスが邪魔になる場合は、ダイアログボックスのタイトルバーをドラッグすると移動できます。

ヒント　引数をあとから修正するには？

入力した引数をあとから修正するには、引数を編集するセルをクリックして、数式バー左横の<関数の挿入>をクリックし、表示される<関数の引数>ダイアログボックスで設定し直します。また、数式バーに入力されている式を直接修正することもできます。

4 <関数の挿入>ダイアログボックスを使う

メモ <関数の挿入>ダイアログボックスの利用

<関数の挿入>ダイアログボックスでは、<関数の分類>と<関数名>から入力したい関数を選択します。関数の分類が不明な場合は、<関数の分類>で<すべて表示>を選択して、一覧から関数名を選択することもできます。

なお、<関数の挿入>ダイアログボックスは、<数式>タブの<関数の挿入>をクリックしても表示されます。

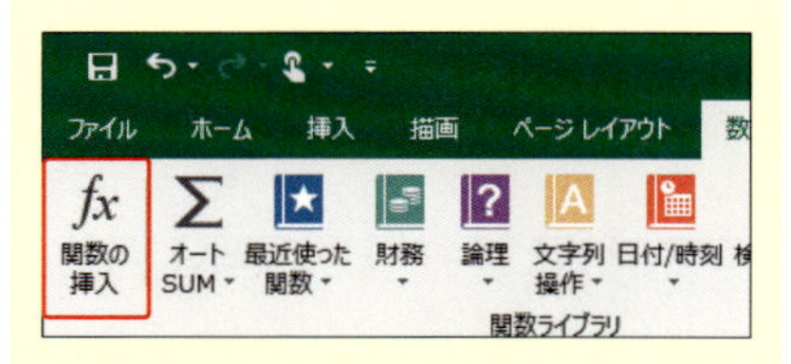

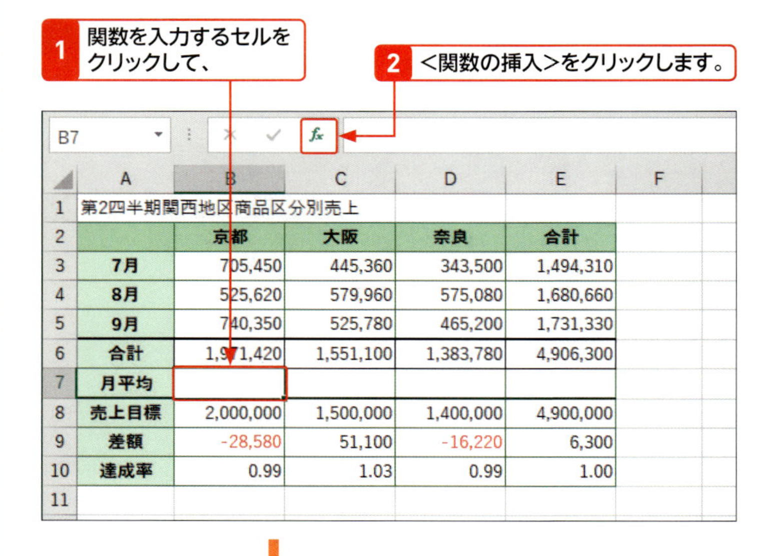

	A	B	C	D	E
1	第2四半期関西地区商品区分別売上				
2		京都	大阪	奈良	合計
3	7月	705,450	445,360	343,500	1,494,310
4	8月	525,620	579,960	575,080	1,680,660
5	9月	740,350	525,780	465,200	1,731,330
6	合計	1,9[illegible]1,420	1,551,100	1,383,780	4,906,300
7	月平均				
8	売上目標	2,000,000	1,500,000	1,400,000	4,900,000
9	差額	-28,580	51,100	-16,220	6,300
10	達成率	0.99	1.03	0.99	1.00
11					

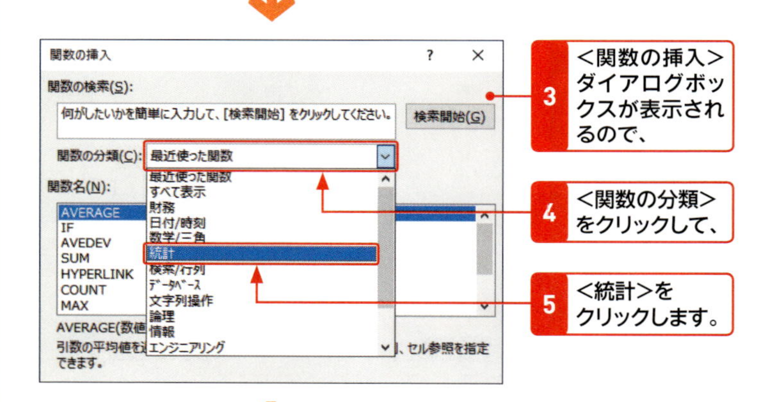

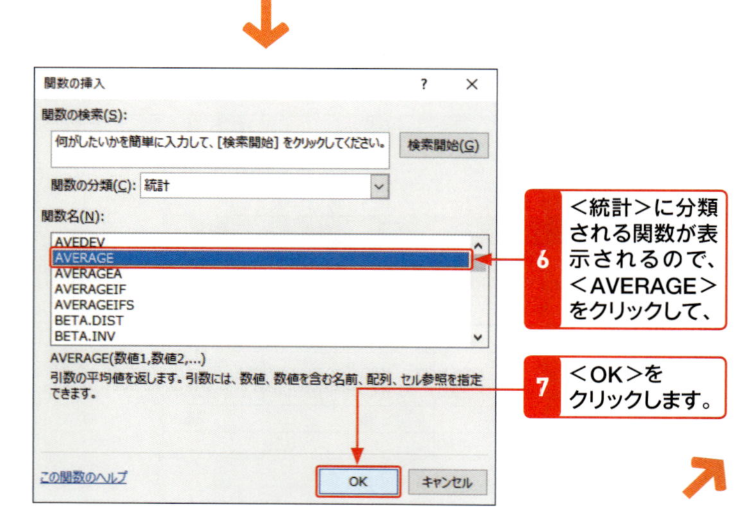

8 ＜関数の引数＞ダイアログボックスが表示されるので、セル範囲［B3:B5］をドラッグして引数を指定します。

=AVERAGE(B3:B5)
関数の引数
B3:B5

	A	B	C	D	E
1	第2四半期関西地区商品区分				
2		京都	大阪	奈良	合計
3	7月	705,450	445,360	343,500	1,494,310
4	8月	525,620	579,960	575,080	1,680,660
5	9月	740,350	525,780	465,200	1,731,330
6	合計	1,971,420	3R x 1C 1,100	1,383,780	4,906,300
7	月平均	E(B3:B5)			
8	売上目標	2,000,000	1,500,000	1,400,000	4,900,000
9	差額	-28,580	51,100	-16,220	6,300
10	達成率	0.99	1.03	0.99	1.00
11					

9 引数を確認して、

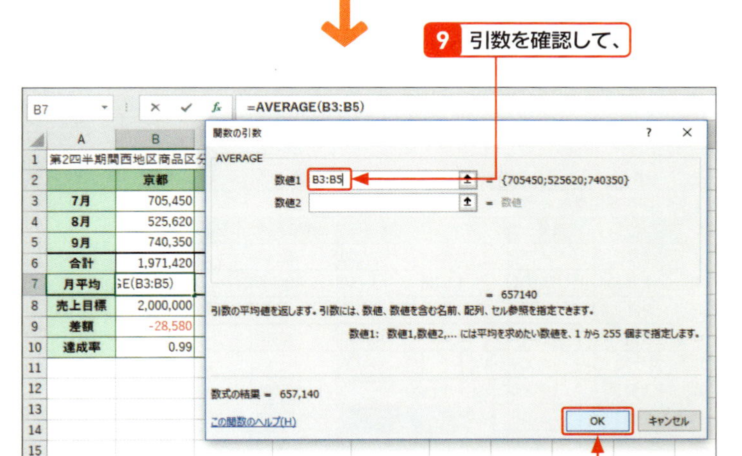

10 ＜OK＞をクリックすると、

B7 =AVERAGE(B3:B5)

	A	B	C	D	E	F	G
1	第2四半期関西地区商品区分別売上						
2		京都	大阪	奈良	合計		
3	7月	705,450	445,360	343,500	1,494,310		
4	8月	525,620	579,960	575,080	1,680,660		
5	9月	740,350	525,780	465,200	1,731,330		
6	合計	1,971,420	1,551,100	1,383,780	4,906,300		
7	月平均	657,140					
8	売上目標	2,000,000	1,500,000	1,400,000	4,900,000		
9	差額	-28,580	51,100	-16,220	6,300		
10	達成率	0.99	1.03	0.99	1.00		
11							

11 関数が入力され、計算結果が表示されます。

ヒント 引数の指定方法

左の手順**8**では、引数に指定するセル範囲をドラッグして指定していますが、＜関数の引数＞ダイアログボックスの＜数値1＞に直接入力することもできます。

ヒント 使用したい関数がわからない場合は？

使用したい関数がわからないときは、＜関数の挿入＞ダイアログボックスで、目的の関数を探すことができます。＜関数の検索＞ボックスに、関数を使って何を行いたいのかを簡潔に入力し、＜検索開始＞をクリックすると、条件に該当する関数の候補が＜関数名＞に表示されます。

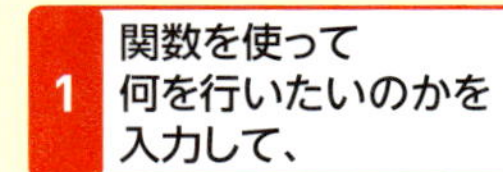

2 ＜検索開始＞をクリックすると、

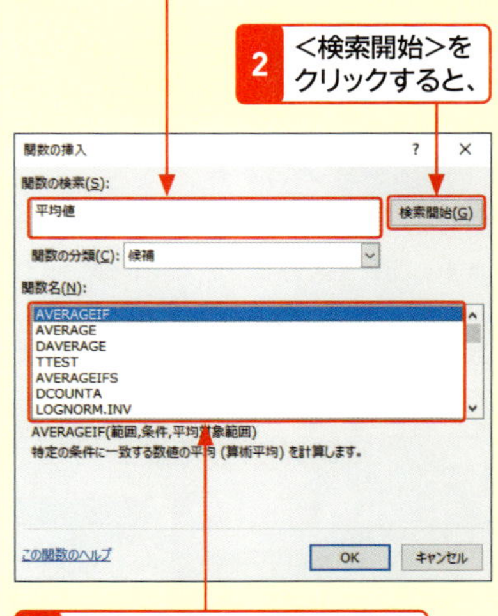

3 条件に該当する関数の候補が表示されます。

Section 62

キーボードから関数を入力する

覚えておきたいキーワード
- 数式オートコンプリート
- 数式バー
- ＜関数＞ボックス

関数を入力する方法には、Sec.61で解説した＜数式＞タブの＜関数ライブラリ＞や＜関数の挿入＞を利用するほかに、キーボードから関数を直接入力する方法もあります。かんたんな関数や引数を必要としない関数の場合は、直接入力したほうが効率的な場合もあります。

1 キーボードから関数を直接入力する

AVERAGE関数を使って月平均を求めます。

1 関数を入力するセルをクリックし、「=」（等号）に続けて関数を1文字以上入力すると、

AVERAGE　=AV

	A	B	C	D	E	F	G	H
1	第2四半期関東地区売上							
2		東京	千葉	埼玉	神奈川	合計		
3	7月	4,250	2,430	2,200	3,500	12,380		
4	8月	3,800	1,970	1,750	3,100	10,620		
5	9月	3,960	2,050	2,010	3,300	11,320		
6	合計	12,010	6,450	5,960	9,900	34,320		
7	月平均	4,003	=AV					
8	売上目標	10,000	AVEDEV		10,000	31,500		
9	差額	2,010	AVERAGE	引数の平均値を返します。引数には、数値、数値を含む名前				
10	達成率	1.20	AVERAGEA		0.99	1.09		
11			AVERAGEIF					
12			AVERAGEIFS					

2 「数式オートコンプリート」が表示されます。

3 入力したい関数をダブルクリックすると、

4 関数名と「(」（左カッコ）が入力されます。

AVERAGE　=AVERAGE(

	A	B	C	D	E	F	G
1	第2四半期関東地区売上						
2		東京	千葉	埼玉	神奈川	合計	
3	7月	4,250	2,430	2,200	3,500	12,380	
4	8月	3,800	1,970	1,750	3,100	10,620	
5	9月	3,960	2,050	2,010	3,300	11,320	
6	合計	12,010	6,450	5,960	9,900	34,320	
7	月平均	4,003	=AVERAGE(				
8	売上目標	10,000	AVERAGE(数値1, [数値2], ...)		10,000	31,500	
9	差額	2,010	-50	960	-100	2,820	
10	達成率	1.20	0.99	1.19	0.99	1.09	

メモ 数式オートコンプリートが表示される

キーボードから関数を直接入力する場合、関数を1文字以上入力すると、「数式オートコンプリート」が表示されます。入力したい関数をダブルクリックすると、その関数と「(」（左カッコ）が入力されます。

メモ 数式バーに関数を入力する

関数は、数式バーに入力することもできます。関数を入力したいセルをクリックしてから、数式バーに関数を入力します。数式バーに関数を入力する場合も、数式オートコンプリートが表示されます。

AVERAGE　=AV

	A	B	C	
1	第2四半期関東地区売上			AVEDEV
2		東京	千葉	AVERAGE
3	7月	4,250	2,430	AVERAGEA
4	8月	3,800	1,970	AVERAGEIF
5	9月	3,960	2,050	2,010 / AVERAGEIFS
6	合計	12,010	6,450	5,960

第5章 数式や関数の利用

5 セル範囲［C3:C5］をドラッグして引数を指定し、

=AVERAGE(C3:C5

	A	B	C	D	E	F
1	第2四半期関東地区売上					
2		東京	千葉	埼玉	神奈川	合計
3	7月	4,250	2,430	2,200	3,500	12,380
4	8月	3,800	1,970	1,750	3,100	10,620
5	9月	3,960	2,050	2,010	3,300	11,320
6	合計	12,010	6,450	3R x 1C 960	9,900	34,320
7	月平均	4,003	=AVERAGE(C3:C5			
8	売上目標	10,000	AVERAGE(数値1, [数値2], ...)		10,000	31,500
9	差額	2,010	-50	960	-100	2,820
10	達成率	1.20	0.99	1.19	0.99	1.09

6 「)」（右カッコ）を入力して Enter を押すと、

C7 =AVERAGE(C3:C5)

	A	B	C	D	E	F
1	第2四半期関東地区売上					
2		東京	千葉	埼玉	神奈川	合計
3	7月	4,250	2,430	2,200	3,500	12,380
4	8月	3,800	1,970	1,750	3,100	10,620
5	9月	3,960	2,050	2,010	3,300	11,320
6	合計	12,010	6,450	5,960	9,900	34,320
7	月平均	4,003	=AVERAGE(C3:C5)			
8	売上目標	10,000	6,500	5,000	10,000	31,500
9	差額	2,010	-50	960	-100	2,820
10	達成率	1.20	0.99	1.19	0.99	1.09

7 関数が入力され、計算結果が表示されます。

C8 6500

	A	B	C	D	E	F
1	第2四半期関東地区売上					
2		東京	千葉	埼玉	神奈川	合計
3	7月	4,250	2,430	2,200	3,500	12,380
4	8月	3,800	1,970	1,750	3,100	10,620
5	9月	3,960	2,050	2,010	3,300	11,320
6	合計	12,010	6,450	5,960	9,900	34,320
7	月平均	4,003	2,150			
8	売上目標	10,000	6,500	5,000	10,000	31,500
9	差額	2,010	-50	960	-100	2,820
10	達成率	1.20	0.99	1.19	0.99	1.09

ヒント 連続したセル範囲を指定する

引数に連続するセル範囲を指定するときは、上端と下端（あるいは左端と右端）のセルの位置の間に「:」（コロン）を記述します。左の例では、セル［C3］、［C4］、［C5］の値の平均値を求めているので、引数に「C3:C5」を指定しています。

ステップアップ <関数>ボックスの利用

関数を入力するセルをクリックして「=」を入力すると、<名前ボックス>が<関数>ボックスに変わり、前回利用した関数が表示されます。また、▾をクリックすると、最近利用した10個の関数が表示されます。いずれかの関数をクリックすると、<関数の引数>ダイアログボックスが表示されます。

1 関数を入力するセルをクリックして「=」を入力すると、

2 <名前ボックス>が<関数>ボックスに変わり、前回使用した関数が表示されます。

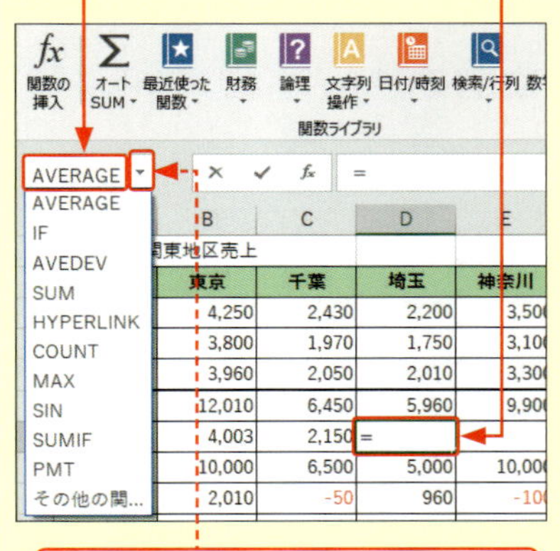

ここをクリックすると、最近使用した10個の関数が表示されます。

Section 63 計算結果を切り上げる／切り捨てる

覚えておきたいキーワード
- ROUND 関数
- ROUNDUP 関数
- ROUNDDOWN 関数

数値を指定した桁数で四捨五入したり、切り上げたり、切り捨てたりする処理は頻繁に行われます。これらの処理は、関数を利用することでかんたんに行うことができます。四捨五入はROUND関数を、切り上げはROUNDUP関数を、切り捨てはROUNDDOWN関数を使います。

1 数値を四捨五入する

キーワード ROUND関数

「ROUND関数」は、数値を四捨五入する関数です。引数「数値」には、四捨五入の対象にする数値や数値を入力したセルを指定します。

「桁数」には、四捨五入した結果の小数点以下の桁数を指定します。「0」を指定すると小数点以下第1位で、「1」を指定すると小数点以下第2位で四捨五入されます。1の位で四捨五入する場合は「−1」を指定します。

書式：＝ROUND（数値，桁数）

関数の分類：数学／三角

1 結果を表示するセル（ここでは［D3］）をクリックして、<数式>タブの<数学／三角>から<ROUND>をクリックします。

2 <数値>に、もとデータのあるセルを指定して、

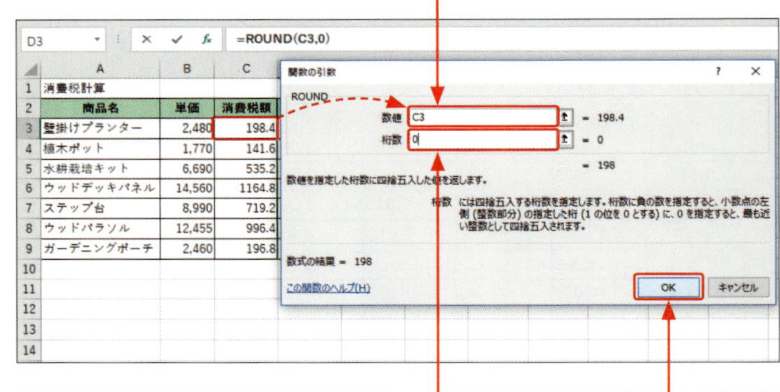

3 <桁数>に小数点以下の桁数（ここでは「0」）を入力します。

4 <OK>をクリックすると、

5 数値が四捨五入されます。

6 ほかのセルに数式をコピーします。

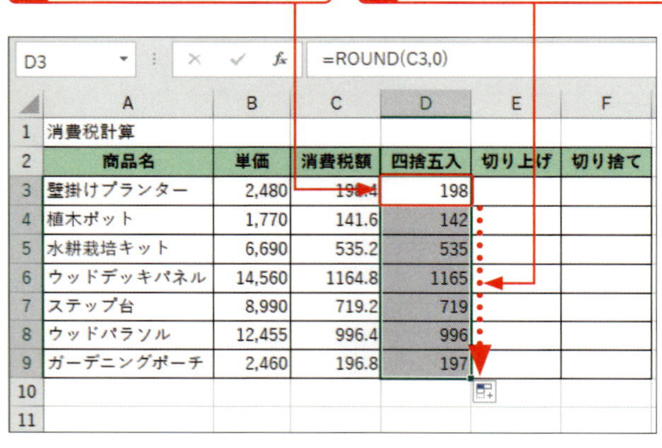

D3 =ROUND(C3,0)

	A	B	C	D	E	F
1	消費税計算					
2	商品名	単価	消費税額	四捨五入	切り上げ	切り捨て
3	壁掛けプランター	2,480	198.4	198		
4	植木ポット	1,770	141.6	142		
5	水耕栽培キット	6,690	535.2	535		
6	ウッドデッキパネル	14,560	1164.8	1165		
7	ステップ台	8,990	719.2	719		
8	ウッドパラソル	12,455	996.4	996		
9	ガーデニングポーチ	2,460	196.8	197		

メモ 関数を入力する

関数を入力する方法はいくつかありますが（Sec.61、62参照）、これ以降では、<数式>タブの<関数ライブラリ>グループのコマンドを使います。

2 数値を切り上げる

1 結果を表示するセル（ここでは［E3］）をクリックして、＜数式＞タブの＜数学／三角＞から＜ROUNDUP＞をクリックします。

E3　=ROUNDUP(C3,0)

	A	B	C	D	E	F
1	消費税計算					
2	商品名	単価	消費税額	四捨五入	切り上げ	切り捨て
3	壁掛けプランター	2,480	198.4	198	199	
4	植木ポット	1,770	141.6	142	142	
5	水耕栽培キット	6,690	535.2	535	536	
6	ウッドデッキパネル	14,560	1164.8	1165	1165	
7	ステップ台	8,990	719.2	719	720	
8	ウッドパラソル	12,455	996.4	996	997	
9	ガーデニングポーチ	2,460	196.8	197	197	

2 前ページの手順**2**～**6**と同様に操作すると、数値が切り上げられます。

キーワード ROUNDUP関数

「ROUNDUP関数」は、数値を切り上げる関数です。引数「数値」には、切り上げの対象にする数値や数値を入力したセルを指定します。「桁数」には、切り上げた結果の小数点以下の桁数を指定します。「0」を指定すると小数点以下第1位で、「1」を指定すると小数点以下第2位で切り上げられます。1の位で切り上げる場合は「−1」を指定します。

書式：＝ROUNDUP（数値，桁数）
関数の分類：数学／三角

3 数値を切り捨てる

1 結果を表示するセル（ここでは［F3］）をクリックして、＜数式＞タブの＜数学／三角＞から＜ROUNDDOWN＞をクリックします。

F3　=ROUNDDOWN(C3,0)

	A	B	C	D	E	F
1	消費税計算					
2	商品名	単価	消費税額	四捨五入	切り上げ	切り捨て
3	壁掛けプランター	2,480	198.4	198	199	198
4	植木ポット	1,770	141.6	142	142	141
5	水耕栽培キット	6,690	535.2	535	536	535
6	ウッドデッキパネル	14,560	1164.8	1165	1165	1164
7	ステップ台	8,990	719.2	719	720	719
8	ウッドパラソル	12,455	996.4	996	997	996
9	ガーデニングポーチ	2,460	196.8	197	197	196

2 前ページの手順**2**～**6**と同様に操作すると、数値が切り捨てられます。

キーワード ROUNDDOWN関数

「ROUNDDOWN関数」は、数値を切り捨てる関数です。引数「数値」には、切り捨ての対象にする数値や数値を入力したセルを指定します。「桁数」には、切り捨てた結果の小数点以下の桁数を指定します。「0」を指定すると小数点以下第1位で、「1」を指定すると小数点以下第2位で切り捨てられます。1の位で切り捨てる場合は「−1」を指定します。

書式：＝ROUNDDOWN（数値，桁数）
関数の分類：数学／三角

INT関数を使って数値を切り捨てる

小数点以下を切り捨てる関数には「INT関数」も用意されています。INT関数は、引数「数値」に指定した値を超えない最大の整数を求める関数です。「桁数」の指定は必要ありませんが、負の数を扱うときは注意が必要です。たとえば、「−12.3」の場合は、小数点以下を切り捨ててしまうと「−12」となり「−12.3」より値が大きくなるため、結果は「−13」になります。

書式：＝INT（数値）
関数の分類：数学／三角

INT関数には＜桁数＞の指定は必要ありません。

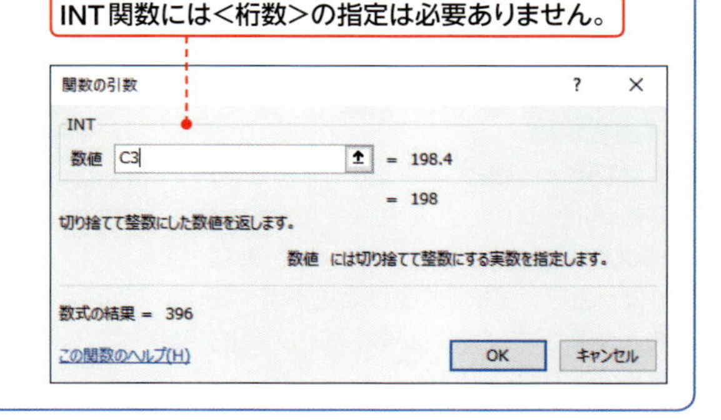

第5章 数式や関数の利用

Section 64

条件に応じて処理を振り分ける

覚えておきたいキーワード
- IF 関数
- 条件分岐
- 比較演算子

指定した条件を満たすかどうかで処理を振り分けたいときは、IF関数を使います。IF関数は、「論理式」に「もし〜ならば」という条件を指定し、条件が成立する場合は引数に指定した「真の場合」の処理を、成立しない場合は「偽の場合」の処理を実行します。

1 指定した条件に応じて処理を振り分ける

キーワード IF関数

「IF関数」は、条件を満たすかどうかで処理を振り分ける関数です。条件を「論理式」で指定し、その条件が満たされる場合に「真の場合」で指定した値を返し、満たされない場合に「偽の場合」で指定した値を返します。

書式：＝IF(論理式, 真の場合, 偽の場合)
関数の分類：論理

条件分岐の流れ

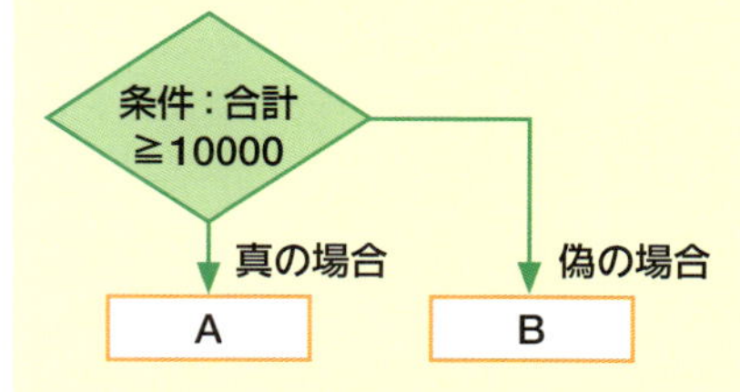

メモ 条件式の意味

手順5の<論理式>では、「セル[D3]の値が10000以上」を意味する「D3>=10000」を入力します。「>=」は、左辺の値が右辺の値以上であることを示す比較演算子です(右ページの「キーワード」参照)。

ここでは、「平均売上」が10000以上の場合は「A」、それ以外は「B」と表示します。

1 結果を表示するセル(ここではセル[E3])をクリックします。

2 <数式>タブをクリックして、

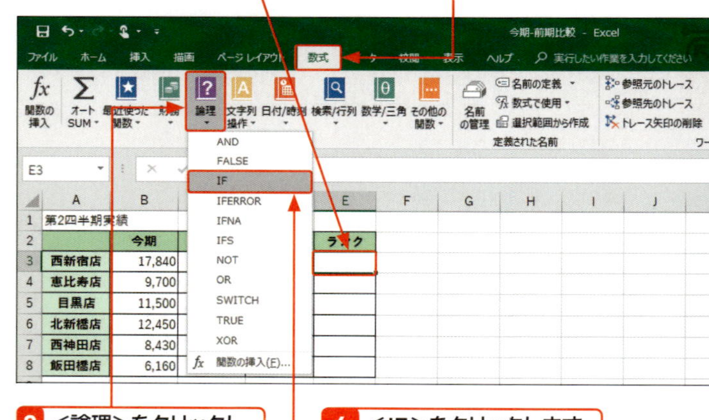

3 <論理>をクリックし、

4 <IF>をクリックします。

5 <論理式>に「D3>=10000」と入力して(左の「メモ」参照)、

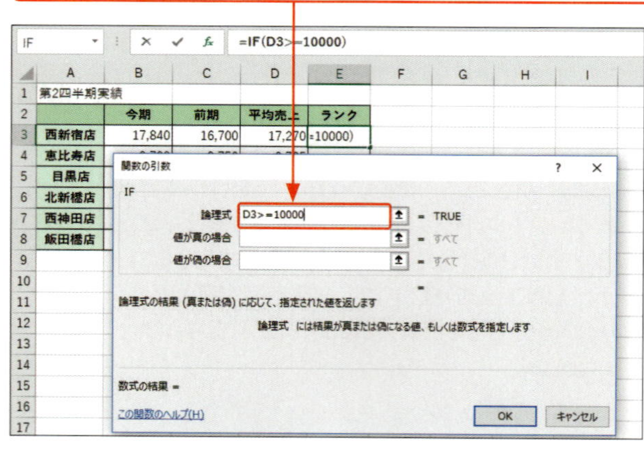

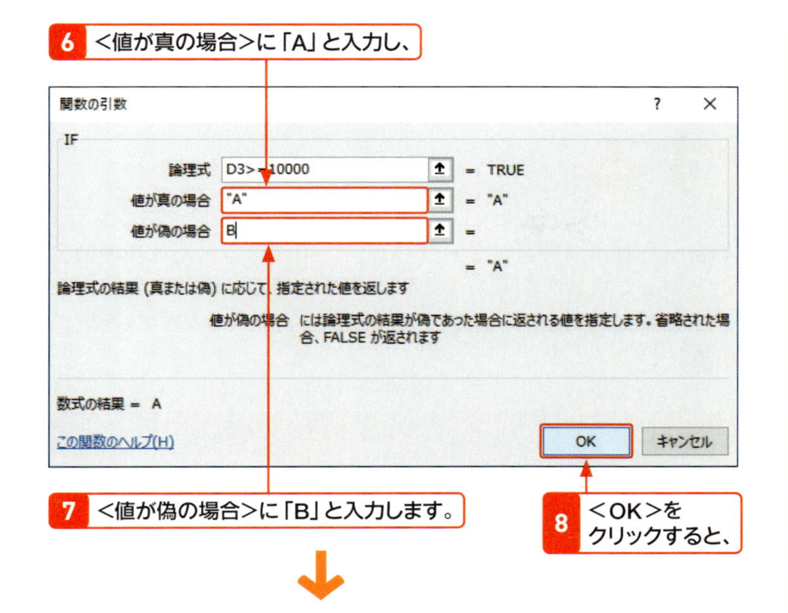

9 条件に応じて処理が振り分けられます。

E3 =IF(D3>=10000,"A","B")

	A	B	C	D	E	F	G
1	第2四半期実績						
2		今期	前期	平均売上	ランク		
3	西新宿店	17,840	16,700	17,270	A		
4	恵比寿店	9,700	9,750	9,725			
5	目黒店	11,500	10,300	10,900			
6	北新橋店	12,450	12,750	12,600			
7	西神田店	8,430	7,350	7,890			
8	飯田橋店	6,160	5,810	5,985			
9							
10							

10 セル [E3] に入力した数式をコピーします。

E3 =IF(D3>=10000,"A","B")

	A	B	C	D	E	F	G
1	第2四半期実績						
2		今期	前期	平均売上	ランク		
3	西新宿店	17,840	16,700	17,270	A		
4	恵比寿店	9,700	9,750	9,725	B		
5	目黒店	11,500	10,300	10,900	A		
6	北新橋店	12,450	12,750	12,600	A		
7	西神田店	8,430	7,350	7,890	B		
8	飯田橋店	6,160	5,810	5,985	B		
9							
10							

メモ 「"」の入力

引数の中で文字列を指定する場合は、半角の「"」(ダブルクォーテーション)で囲む必要があります。<関数の引数>ダイアログボックスを使った場合は、<値が真の場合><値が偽の場合>に文字列を入力してカーソルを移動したり、<OK>をクリックすると、「"」が自動的に入力されます。

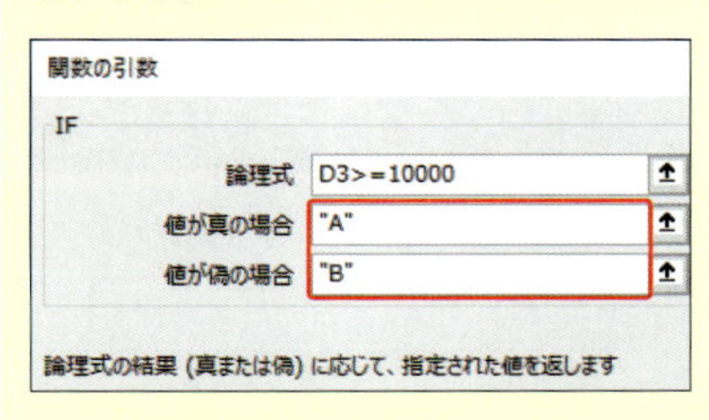

キーワード 比較演算子

「比較演算子」とは、2つの値を比較するための記号のことです。Excelの比較演算子は下表のとおりです。

記号	意味
=	左辺と右辺が等しい
>	左辺が右辺よりも大きい
<	左辺が右辺よりも小さい
>=	左辺が右辺以上である
<=	左辺が右辺以下である
<>	左辺と右辺が等しくない

Section 65

条件を満たす値を合計する

覚えておきたいキーワード
- SUMIF 関数
- 検索条件
- COUNTIF 関数

表の中から条件に合ったセルの値だけを合計したい、条件に合ったセルの個数を数えたい、などといった場合も関数を使えばかんたんです。条件に合ったセルの値の合計を求めるにはSUMIF関数を、条件に合ったデータの個数を求めるにはCOUNTIF関数を使います。

1 条件を満たす値の合計を求める

ここでは、「関東」地区の販売数を合計します。

1 結果を表示するセル（ここでは［F3］）をクリックして、<数式>タブの<数学／三角>から<SUMIF>をクリックします。

2 <範囲>に検索対象となるセル範囲を指定して、

3 <検索条件>に条件を入力したセルを指定します。

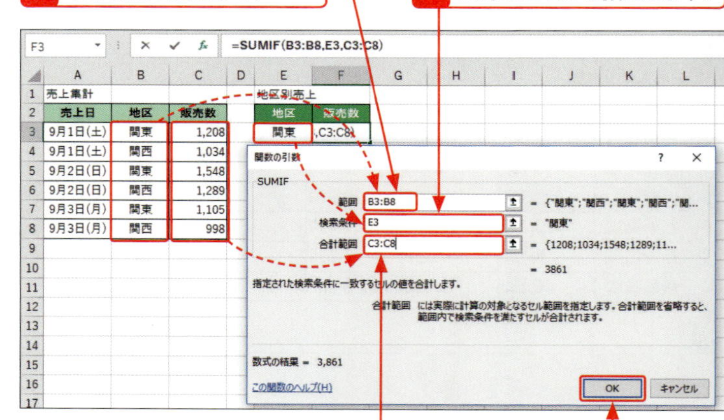

4 <合計範囲>に計算の対象となるセル範囲を指定して、

5 <OK>をクリックすると、

6 条件に一致したセルの合計が求められます。

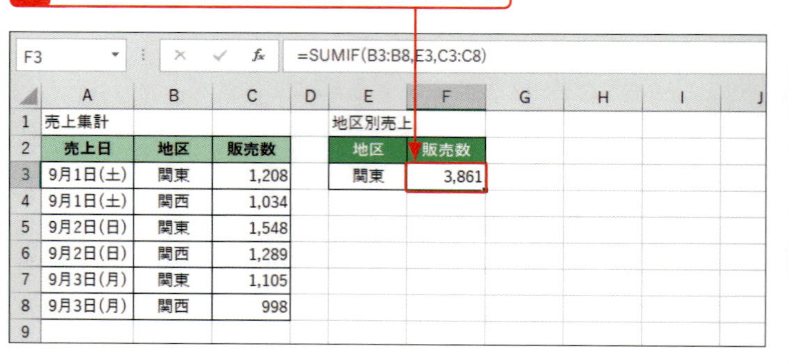

キーワード SUMIF関数

「SUMIF関数」は、引数に指定したセル範囲から、検索条件に一致するセルの値の合計値を求める関数です。引数「範囲」を指定すると、検索条件に一致するセルに対応する「合計範囲」のセルの値を合計します。

書式：＝SUMIF（範囲，検索条件，合計範囲）

関数の分類：数学／三角

ステップアップ SUMIFS関数

検索条件を1つしか設定できない「SUMIF関数」に対して、複数の条件を設定できる「SUMIFS関数」も用意されています。

書式：＝SUMIFS（合計対象範囲，条件範囲1，条件1，条件範囲2，条件2，…）

関数の分類：数学／三角

2 条件を満たすセルの個数を求める

ここでは、「合計点」が160点以上のセルの個数を求めます。

1 結果を表示するセル（ここでは［F3］）をクリックして、<数式>タブの<その他の関数>→<統計>→<COUNTIF>をクリックします。

2 <範囲>にセルの個数を求めるセル範囲を指定して、

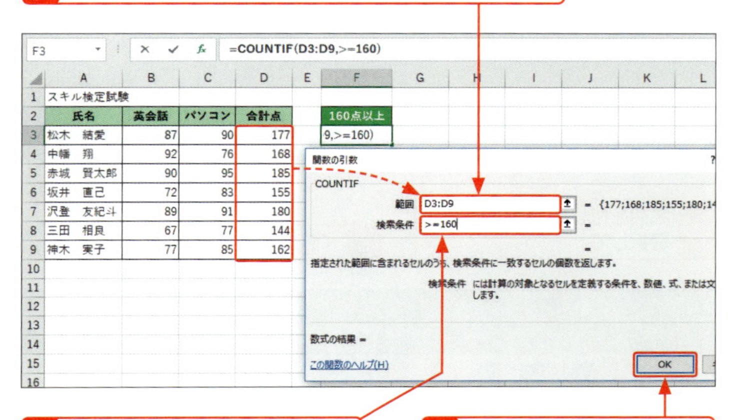

F3 =COUNTIF(D3:D9,>=160)

	A	B	C	D	E	F
1	スキル検定試験					
2	氏名	英会話	パソコン	合計点		160点以上
3	松木　結愛	87	90	177		9,>=160)
4	中幡　翔	92	76	168		
5	赤城　賢太郎	90	95	185		
6	坂井　直己	72	83	155		
7	沢登　友紀斗	89	91	180		
8	三田　相良	67	77	144		
9	神木　実子	77	85	162		

3 <検索条件>に「>=160」と入力します（右の「メモ」参照）。

4 <OK>をクリックすると、

5 条件に一致したセルの個数が求められます。

F3 =COUNTIF(D3:D9,">=160")

	A	B	C	D	E	F
1	スキル検定試験					
2	氏名	英会話	パソコン	合計点		160点以上
3	松木　結愛	87	90	177		5
4	中幡　翔	92	76	168		
5	赤城　賢太郎	90	95	185		
6	坂井　直己	72	83	155		
7	沢登　友紀斗	89	91	180		
8	三田　相良	67	77	144		
9	神木　実子	77	85	162		

キーワード COUNTIF関数

「COUNTIF関数」は、引数に指定した範囲から条件を満たすセルの個数を数える関数です。引数「範囲」には、セルの個数を求めるセル範囲を指定します。また、引数「検索条件」には、数える対象となるセルの条件を、数値、式、または文字列で指定します。

書式：＝COUNTIF（範囲，検索条件）

関数の分類：統計

メモ 検索条件

<検索条件>では、検索対象が指定する条件と等しい場合は、「=」を付けずに数値や文字列、セルの位置を指定します。それ以外の場合は、比較演算子を付けて指定します。

手順**3**の<検索条件>では、160点以上を意味する「>=160」を入力しています。「>=」は、左辺の値が右辺の値以上であることを意味する比較演算子です。

ステップアップ COUNTIFS関数

検索条件を1つしか設定できない「COUNTIF関数」に対して、右図のように複数の条件を設定できる「COUNTIFS関数」も用意されています。

書式：＝COUNTIFS（検索条件範囲1，検索条件1，
検索条件範囲2，検索条件2，…）

関数の分類：統計

F4 =COUNTIFS(B3:C9,">=60",B3:C9,"<=80")

	A	B	C	D	E	F
1	スキル検定試験					
2	氏名	英会話	パソコン	合計点		点数が60点以上
3	松木　結愛	87	90	177		80点以下
4	中幡　翔	92	76	168		5
5	赤城　賢太郎	90	95	185		
6	坂井　直己	72	83	155		
7	沢登　友紀斗	89	91	180		
8	三田　相良	67	77	144		
9	神木　実子	77	85	162		
10						

Section 66 表に名前を付けて計算に利用する

覚えておきたいキーワード
- 名前の定義
- 名前ボックス
- 名前の管理

Excel では、特定のセルやセル範囲に名前を付けることができます。セル範囲に付けた名前は、数式の中でセル参照のかわりに利用することができるので、数式がわかりやすくなります。セル範囲の名前は＜新しい名前＞ダイアログボックスや＜名前ボックス＞を利用して設定します。

1 セル範囲に名前を付ける

メモ ＜名前ボックス＞を利用する

右の手順では、＜新しい名前＞ダイアログボックスを利用しましたが、＜名前ボックス＞で付けることもできます。名前を付けたいセル範囲を選択し、名前ボックスに名前を入力して Enter を押します。

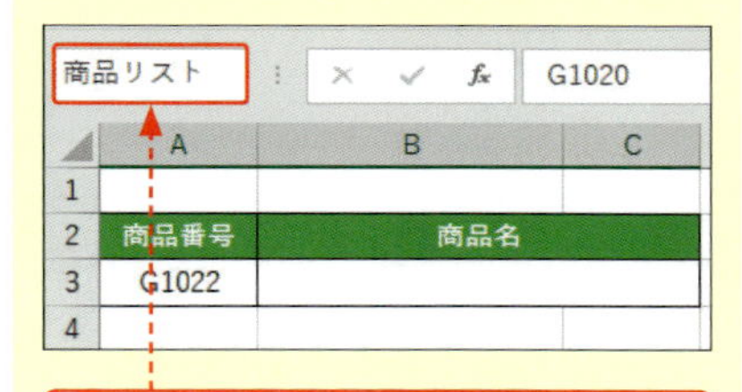

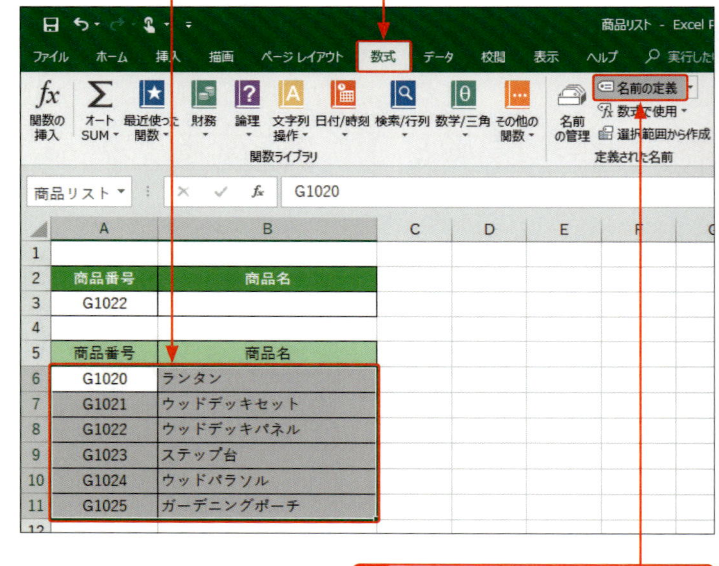

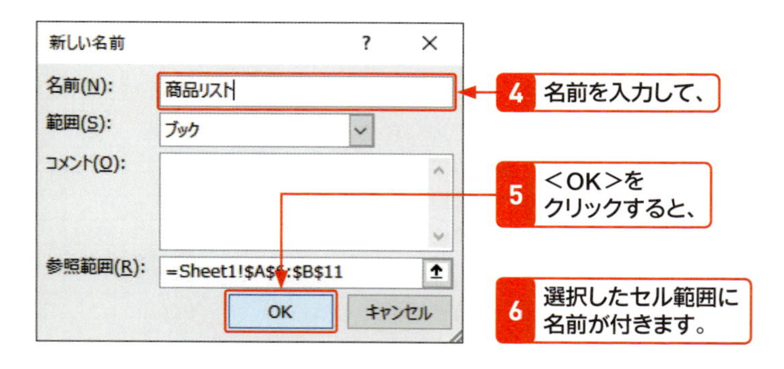

メモ 範囲名に使えない文字

範囲名にの先頭には数字は使えません。また、「A1」や「$A$1」のようなセル参照と同じ形式の名前やExcelの演算子として使用されている記号、スペース、感嘆符（！）は使えません。

2 数式に名前を利用する

ここでは、名前を付けたセル範囲から「商品番号」に該当する「商品名」を取り出して表示します。

1 商品名を取り出すセルに「=VLOOKUP(A3,」と入力して、

IF　×　✓　fx　=VLOOKUP(A3,

	A	B	C	D	E	F	G
1							
2	商品番号	商品名					
3	G1022	=VLOOKUP(A3,					
4		VLOOKUP(検索値, 範囲, 列番号, [検索方法])					
5	商品番号	商品名					
6	G1020	ランタン					
7	G1021	ウッドデッキセット					
8	G1022	ウッドデッキパネル					
9	G1023	ステップ台					
10	G1024	ウッドパラソル					
11	G1025	ガーデニングポーチ					
12							

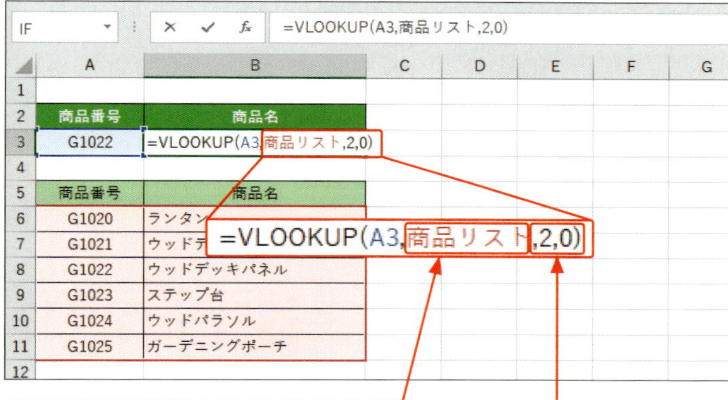

2 セル範囲[A6:B11]のかわりに、前ページで付けた名前を入力します。

3 「,2,0)」と入力して、Enterを押すと、

4 商品名が取り出されて表示されます。

	A	B	C	D	E	F	G
1							
2	商品番号	商品名					
3	G1022	ウッドデッキパネル					
4							
5	商品番号	商品名					
6	G1020	ランタン					
7	G1021	ウッドデッキセット					
8	G1022	ウッドデッキパネル					
9	G1023	ステップ台					
10	G1024	ウッドパラソル					
11	G1025	ガーデニングポーチ					
12							

キーワード VLOOKUP関数

「VLOOKUP関数」は、引数「範囲」で指定した表の左端列を基準に検索し、引数「検索値」と一致する値がある行と、引数「列番号」で指定した列とが交差するセルの値を返す関数です。

「検索方法」には、「検索値」が見つからない場合の対処を「1」か「0」で指定します。「1」と指定すると「検査値」未満の最大の値を返し、「0」と指定すると値のかわりにエラー値「#N/A」を返します。

書式：＝VLOOKUP（検索値, 範囲, 列番号, 検索方法）

関数の分類：検索／行列

ステップアップ 名前を変更／削除する

セル範囲に付けた名前を変更したり、不要になった名前を削除したりするには、<数式>タブの<名前の管理>をクリックすると表示される<名前の管理>ダイアログボックスで行います。名前を変更するときは、変更する名前をクリックして<編集>をクリックし、新しい名前を入力します。削除したいときは、<削除>をクリックします。

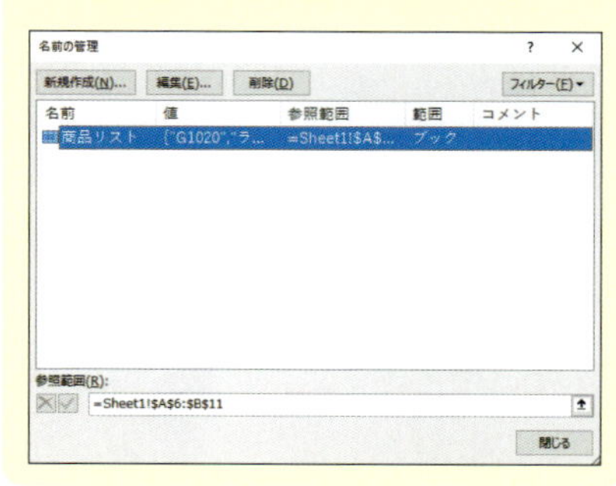

Section 67

2つの関数を組み合わせる

覚えておきたいキーワード
- 関数のネスト
- 関数の入れ子
- <関数>ボックス

関数の引数には、数値や文字列、論理値、セル参照のほかに関数を指定することもできます。引数に関数を指定することを関数のネスト(入れ子)といいます。関数を組み合わせると、1つの関数ではできない複雑な処理を行うことができます。関数を組み合わせるには、いくつかのポイントがあります。

1 ここで入力する関数

ここでは、「IF関数」の引数に平均点を求めて判断する論理式を入力します。AVERAGE関数で求めた平均点と、セル[B3]の数値を比較して、平均点以上の場合は「合格」を、平均点未満の場合は「再受講」を表示します。

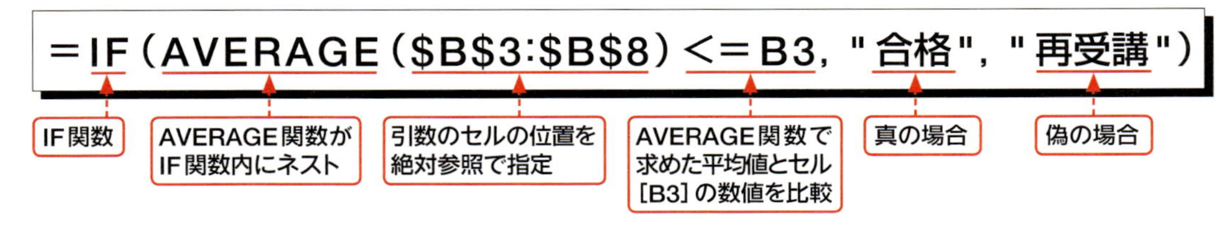

2 最初の関数を入力する

キーワード 関数のネスト

「関数のネスト(入れ子)」とは、関数の引数に関数を指定することをいいます。ここでは、IF関数の中にAVERAGE関数をネストします。

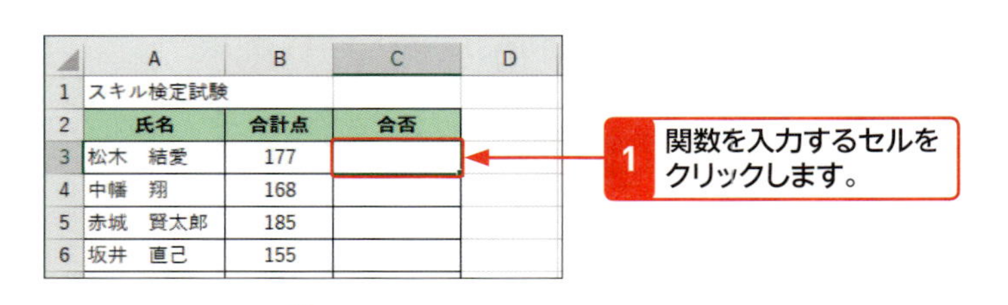

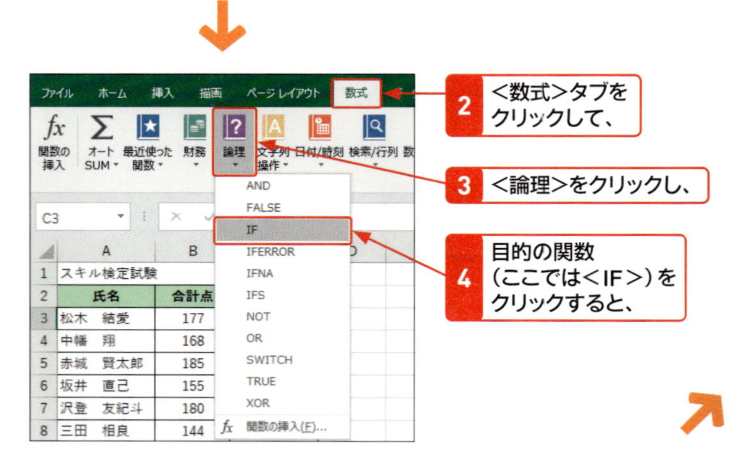

第5章 数式や関数の利用

5 <関数の引数>ダイアログボックスが表示されます。

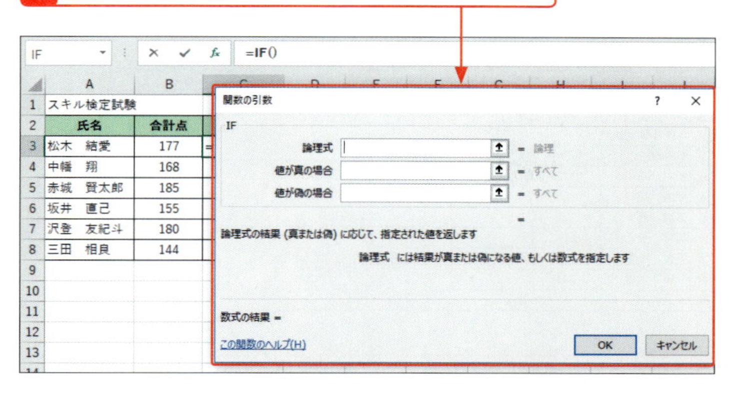

> **メモ　IF関数・AVERAGE関数**
>
> IF関数は、指定した条件を満たすかどうかで処理を振り分ける関数(Sec.64参照)、AVERAGE関数は、指定した数値の平均を求める関数です(P.180参照)。

3 内側に追加する関数を入力する

1 <関数>ボックスのここをクリックして、

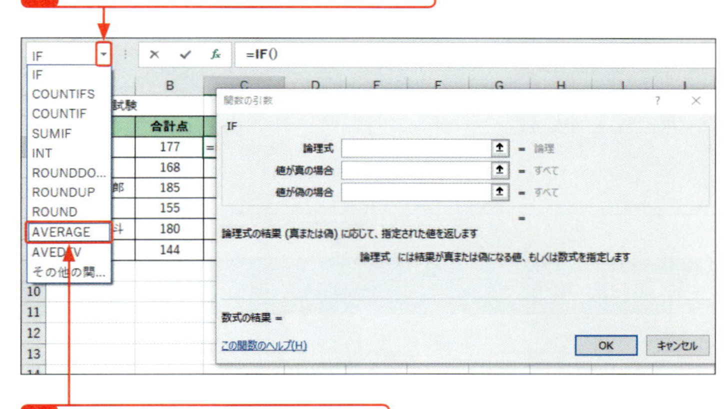

2 <AVERAGE>をクリックすると、

3 <関数の引数>ダイアログボックスの内容がAVERAGE関数のものに変わります。

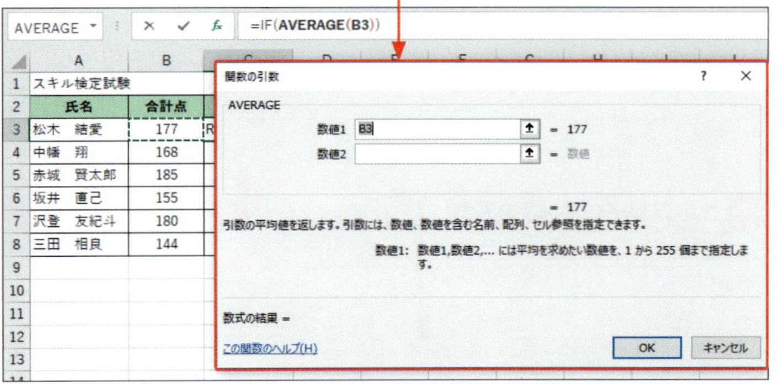

複数の関数をネストさせる場合は、<関数の挿入>コマンドは利用できません。左図のように、<関数>ボックスから関数を選択してください。

> **ヒント　<関数>ボックスに目的の関数がない場合**
>
> <関数>ボックスの<最近使った関数>の一覧に目的の関数が表示されない場合は、メニューの最下段にある<その他の関数>をクリックし(手順**2**の図参照)、<関数の挿入>ダイアログボックスから目的の関数を選択します。

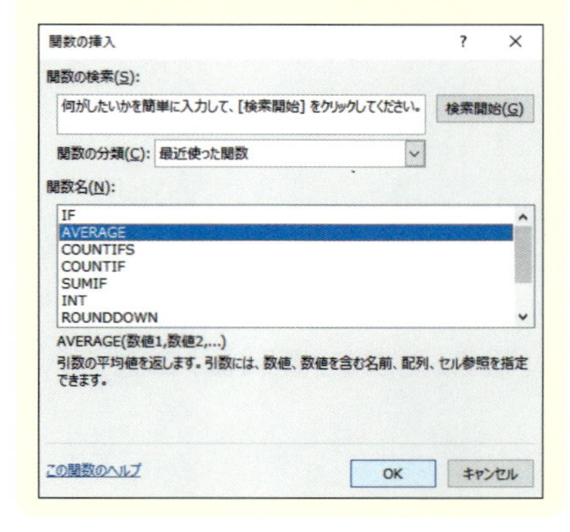

キーワード 絶対参照

「絶対参照」とは、参照するセルの位置を行番号、列番号ともに固定する参照方式のことです。数式をコピーしても、参照するセルの位置は変わりません。行番号や列番号の前に「$」(ドル) を入力すると、絶対参照になります (Sec.59参照)。

4 AVERAGE関数に指定するセル範囲をドラッグして、

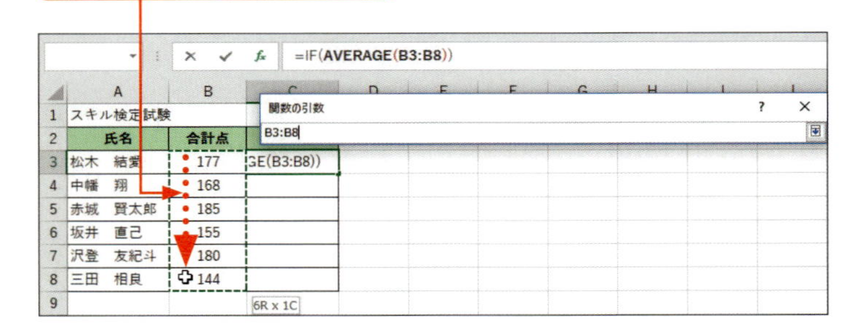

5 合計点の平均を求めるために、F4を1回押して、引数を絶対参照に切り替えます。

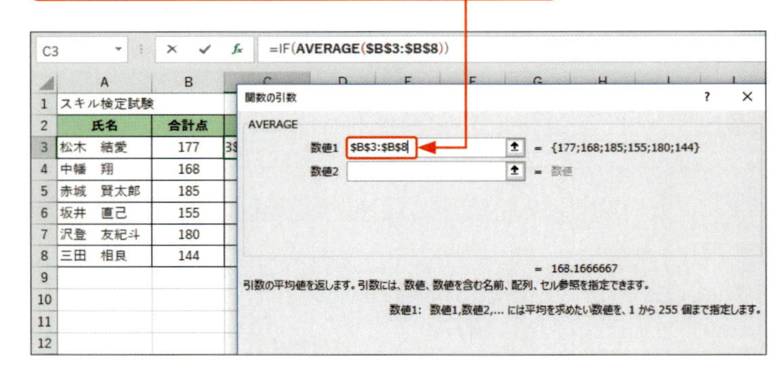

4 最初の関数に戻って引数を指定する

ヒント <関数の引数>ダイアログボックスの切り替え

関数をネストした場合は、手順1のように、数式バーの関数名をクリックするか、数式の最後をクリックして、<関数の引数>ダイアログボックスの内容を切り替えるのがポイントです。右の場合は、AVERAGE関数からIF関数のダイアログボックスに切り替えています。

1 数式バーの「IF」をクリックすると、

2 <関数の引数>ダイアログボックスの内容がIF関数のものに変わります。

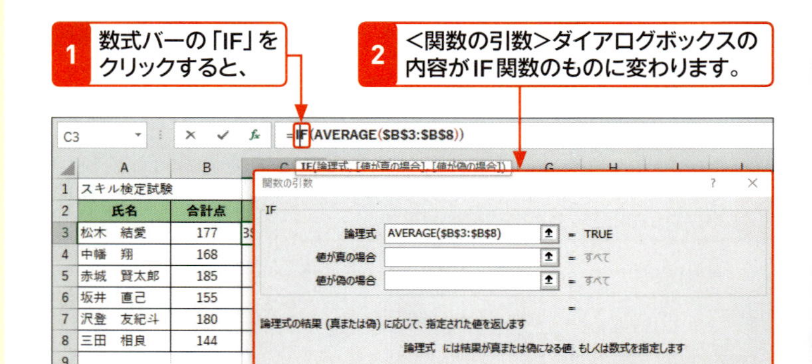

3 比較演算子の「<=」を入力して、

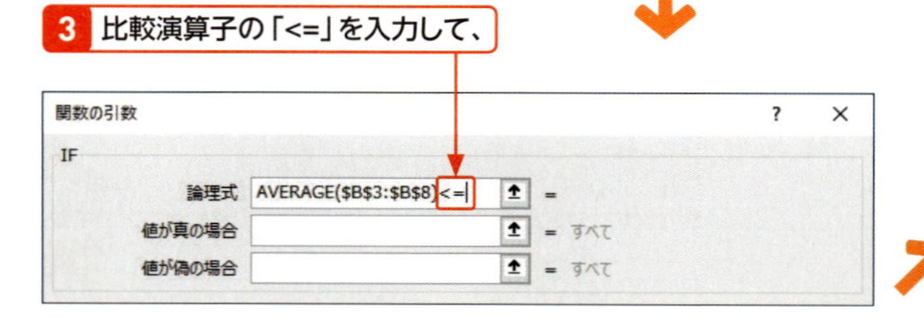

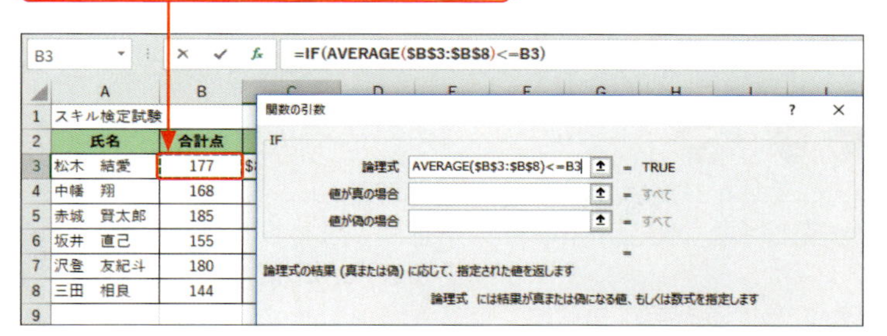

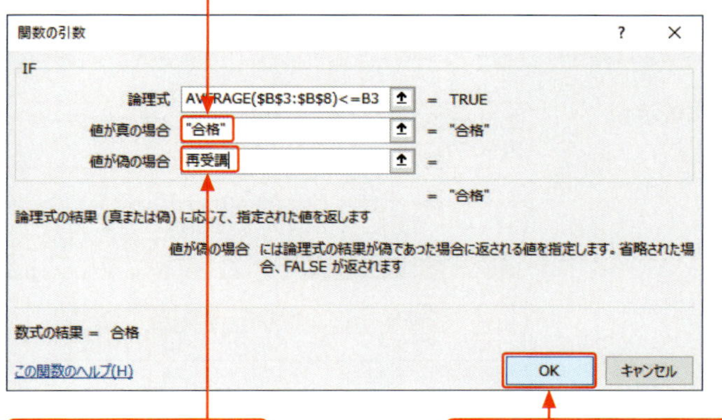

6 <値が偽の場合>に「再受講」と入力し、

7 <OK>をクリックすると、

8 IF関数が入力されて、計算結果が表示されます。

C3 =IF(AVERAGE($B$3:$B$8)<=B3,"合格","再受講"

	A	B	C
1	スキル検定試験		
2	氏名	合計点	合否
3	松木　結愛	177	合格
4	中幡　翔	168	
5	赤城　賢太郎	185	
6	坂井　直己	155	
7	沢登　友紀斗	180	
8	三田　相良	144	

9 セル [C3] に入力した数式をコピーします。

	A	B	C
1	スキル検定試験		
2	氏名	合計点	合否
3	松木　結愛	177	合格
4	中幡　翔	168	再受講
5	赤城　賢太郎	185	合格
6	坂井　直己	155	再受講
7	沢登　友紀斗	180	合格
8	三田　相良	144	再受講

メモ 「"」の入力

引数の中で文字列を指定する場合は、半角の「"」(ダブルクォーテーション)で囲む必要があります。<関数の引数>ダイアログボックスを使った場合は、<値が真の場合><値が偽の場合>に文字列を入力してカーソルを移動したり、<OK>をクリックすると、「"」が自動的に入力されます。

Section 68 計算結果のエラーを解決する

覚えておきたいキーワード
- ☑ エラーインジケーター
- ☑ エラー値
- ☑ エラーチェックオプション

入力した計算式が正しくない場合や計算結果が正しく求められない場合などには、セル上にエラーインジケーターやエラー値が表示されます。このような場合は、表示されたエラー値を手がかりにエラーを解決します。ここでは、これらのエラー値の代表的な例をあげて解決方法を解説します。

1 エラーインジケーターとエラー値

エラーインジケーターは、次のような場合に表示されます（表示するかどうか個別に指定できます）。

①エラー結果となる数式を含むセルがある
②集計列に矛盾した数式が含まれている
③2桁の文字列形式の日付が含まれている
④文字列として保存されている数値がある
⑤領域内に矛盾する数式がある
⑥データへの参照が数式に含まれていない
⑦数式が保護のためにロックされていない
⑧空白セルへの参照が含まれている
⑨テーブルに無効なデータが入力されている

数式の結果にエラーがあるセルにはエラー値が表示されるので、エラーの内容に応じて修正します。エラー値には8種類あり、それぞれの原因を知っておくと、エラーの解決に役立ちます。

エラーのあるセルには、エラーインジケーターが表示されます。

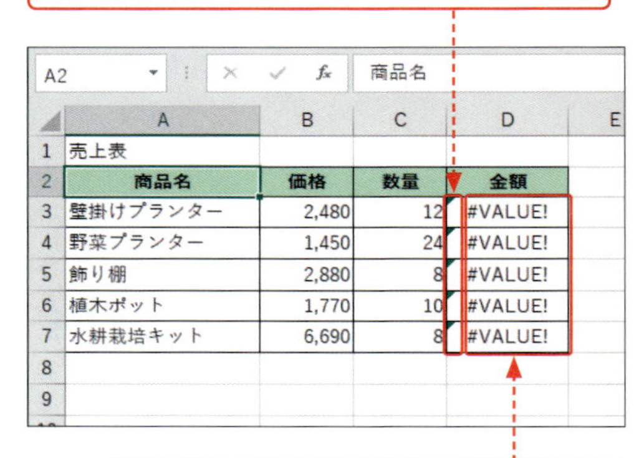

数式のエラーがあるセルには、エラー値が表示されます。

エラーチェックオプション

エラーインジケーターが表示されたセルをクリックすると、<エラーチェックオプション>が表示されます。この<エラーチェックオプション>を利用すると、エラーの内容に応じた修正を行うことができます。

	A	B	C	D
1	売上表			
2	商品名	価格	数量	金額
3	壁掛けプランター	2,480		#VALUE!
4	野菜		24	#VALUE!
5	飾り棚	2,880	8	#VALUE!
6	植木ポット	1,770	10	#VALUE!
7	水耕栽培キット	6,690	8	#VALUE!

数式で使用されるデータの形式が正しくありません。

<エラーチェックオプション>にマウスポインターを合わせると、エラーの内容を示すヒントが表示されます。

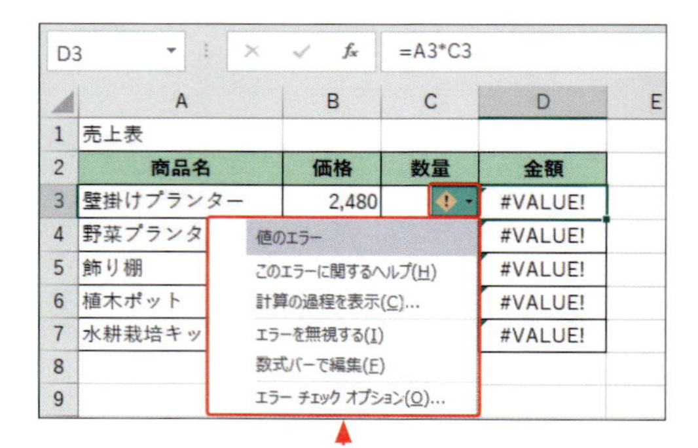

<エラーチェックオプション>をクリックすると、エラーの内容に応じた修正を行うことができます。

第5章 数式や関数の利用

2 エラー値「#VALUE!」が表示された場合

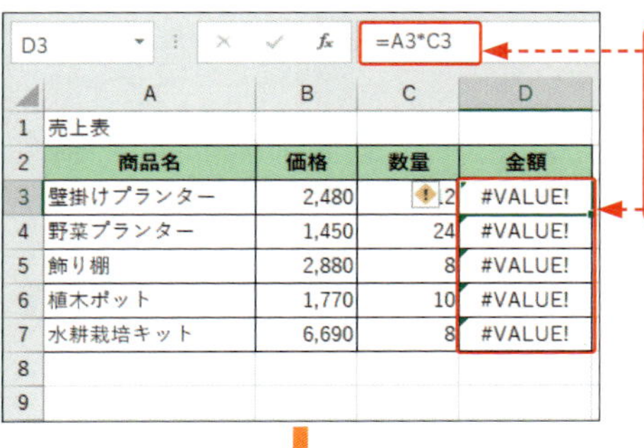
D3
=A3*C3
文字列が入力されているセル[A3]を参照して計算を行おうとしているため、「#VALUE!」が表示されます。

	A	B	C	D
1	売上表			
2	商品名	価格	数量	金額
3	壁掛けプランター	2,480	12	#VALUE!
4	野菜プランター	1,450	24	#VALUE!
5	飾り棚	2,880	8	#VALUE!
6	植木ポット	1,770	10	#VALUE!
7	水耕栽培キット	6,690	8	#VALUE!
8				
9				

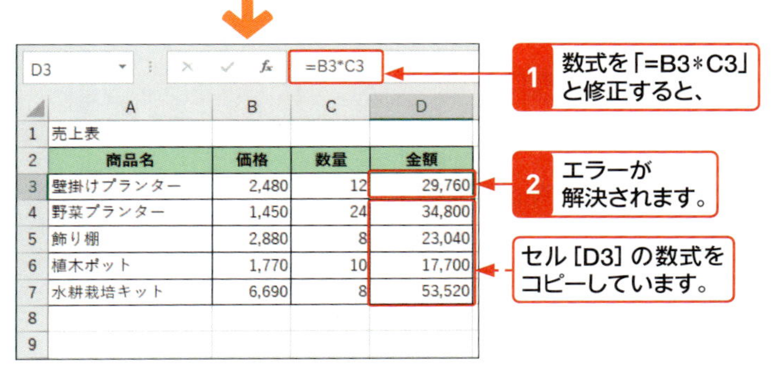
D3
=B3*C3
1 数式を「=B3*C3」と修正すると、
2 エラーが解決されます。
セル[D3]の数式をコピーしています。

	A	B	C	D
1	売上表			
2	商品名	価格	数量	金額
3	壁掛けプランター	2,480	12	29,760
4	野菜プランター	1,450	24	34,800
5	飾り棚	2,880	8	23,040
6	植木ポット	1,770	10	17,700
7	水耕栽培キット	6,690	8	53,520
8				
9				

キーワード エラー値「#VALUE!」

エラー値「#VALUE!」は、数式の参照先や関数の引数の型、演算子の種類などが間違っている場合に表示されます。間違っている参照先や引数などを修正すると、解決されます。

3 エラー値「#####」が表示された場合

セルの幅が狭くて数式の計算結果が表示しきれないため、「#####」が表示されます。

	A	B	C	D	E	F	G
1	上半期商品区分別売上						
2		埼玉	千葉	東京	神奈川	合計	
3	オフィスチェア	1,061,610	3,900,350	5,795,280	5,344,780	########	
4	デスク	1,351,800	3,162,200	4,513,520	4,333,520	########	
5	テーブル	1,481,130	2,727,560	3,627,400	3,307,400	########	
6	オフィス家具	1,423,800	614,560	613,400	572,400	3,224,160	
7	文房具	1,701,030	611,300	7,109,000	7,520,900	########	
8	合計	7,019,370	########	########	########	########	

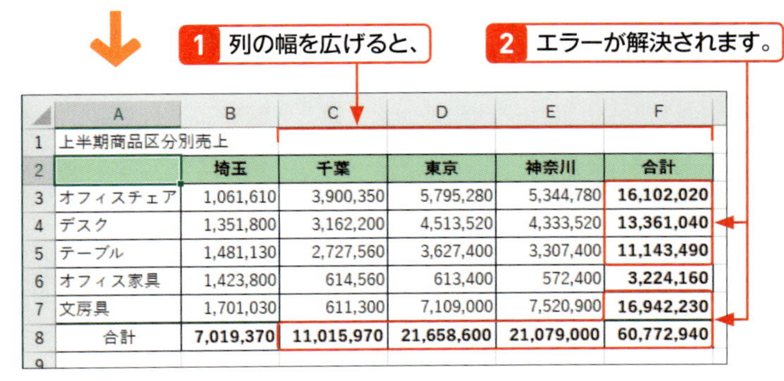
1 列の幅を広げると、
2 エラーが解決されます。

	A	B	C	D	E	F
1	上半期商品区分別売上					
2		埼玉	千葉	東京	神奈川	合計
3	オフィスチェア	1,061,610	3,900,350	5,795,280	5,344,780	16,102,020
4	デスク	1,351,800	3,162,200	4,513,520	4,333,520	13,361,040
5	テーブル	1,481,130	2,727,560	3,627,400	3,307,400	11,143,490
6	オフィス家具	1,423,800	614,560	613,400	572,400	3,224,160
7	文房具	1,701,030	611,300	7,109,000	7,520,900	16,942,230
8	合計	7,019,370	11,015,970	21,658,600	21,079,000	60,772,940

キーワード エラー値「#####」

エラー値「#####」は、セルの幅が狭くて計算結果を表示できない場合に表示されます。セルの幅を広げたり（Sec.31参照）、表示する小数点以下の桁数を減らしたりすると（Sec.27参照）、解決されます。また、時間の計算が負になった場合にも表示されます。

4 エラー値「#NAME?」が表示された場合

キーワード エラー値「#NAME?」

エラー値「#NAME?」は、関数名が間違っていたり、数式内の文字列を「"」で囲んでいなかったり、セル範囲の「:」が抜けていたりした場合に表示されます。関数名や数式内の文字列を修正すると、解決されます。

B7 =ABERAGE(B3:B6)

	A	B	C	D	E
1	第2四半期関東地区売上				
2		7月	8月	9月	合計
3	東京	4,250	3,800	3,960	12,010
4	千葉	2,430	1,970	2,050	6,450
5	埼玉	2,200	1,750	2,010	5,960
6	神奈川	3,500	3,100	3,300	9,900
7	平	#NAME?			
8					

関数名が間違っているため（正しくは「AVERAGE」）、「#NAME?」が表示されます。

B7 =AVERAGE(B3:B6)

	A	B	C	D	E
1	第2四半期関東地区売上				
2		7月	8月	9月	合計
3	東京	4,250	3,800	3,960	12,010
4	千葉	2,430	1,970	2,050	6,450
5	埼玉	2,200	1,750	2,010	5,960
6	神奈川	3,500	3,100	3,300	9,900
7	平均	3,095			
8					

1 正しい関数名を入力すると、

2 エラーが解決されます。

5 エラー値「#DIV/0!」が表示された場合

キーワード エラー値「#DIV/0!」

エラー値「#DIV/0!」は、割り算の除数（割るほうの数）の値が「0」または未入力で空白の場合に表示されます。除数として参照するセルの値または参照先そのものを修正すると、解決されます。

D4 =B4/C4

	A	B	C	D	E
1		今期	前期	前期比	
2	西新宿店	17,840	16,700	107%	
3	恵比寿店	9,700	9,750	99%	
4	目黒店	11,500		#DIV/0!	
5	北新橋店	12,450	12,750	98%	
6	西神田店	8,430	7,350	115%	
7	飯田橋店	6,160	5,810	106%	
8					

割り算の除数となるセル［C4］が空白のため、「#DIV/0!」が表示されます。

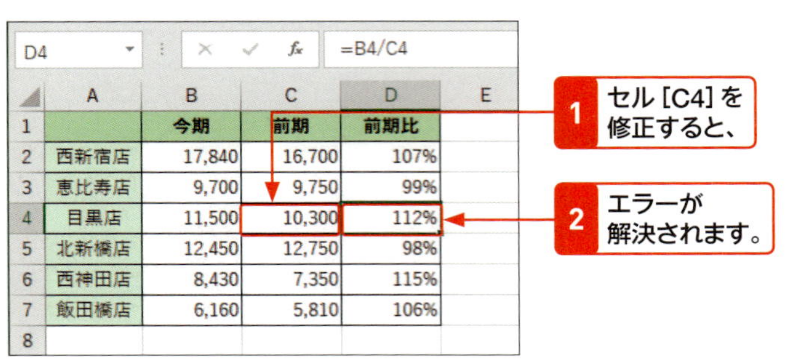

D4 =B4/C4

	A	B	C	D	E
1		今期	前期	前期比	
2	西新宿店	17,840	16,700	107%	
3	恵比寿店	9,700	9,750	99%	
4	目黒店	11,500	10,300	112%	
5	北新橋店	12,450	12,750	98%	
6	西神田店	8,430	7,350	115%	
7	飯田橋店	6,160	5,810	106%	
8					

1 セル［C4］を修正すると、

2 エラーが解決されます。

6 エラー値「#N/A」が表示された場合

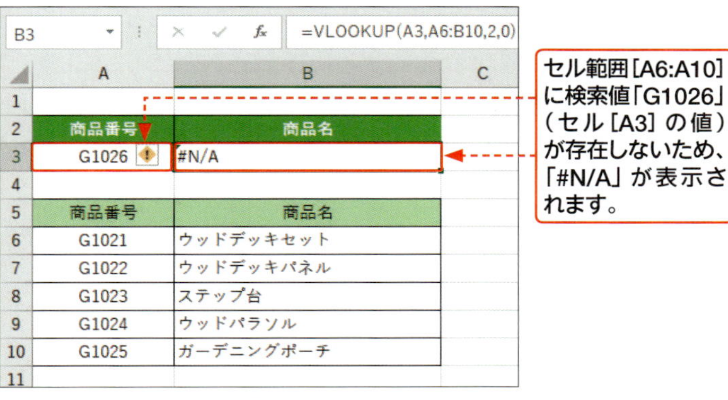

	A	B	C
1			
2	商品番号	商品名	
3	G1026	#N/A	
4			
5	商品番号	商品名	
6	G1021	ウッドデッキセット	
7	G1022	ウッドデッキパネル	
8	G1023	ステップ台	
9	G1024	ウッドパラソル	
10	G1025	ガーデニングポーチ	
11			

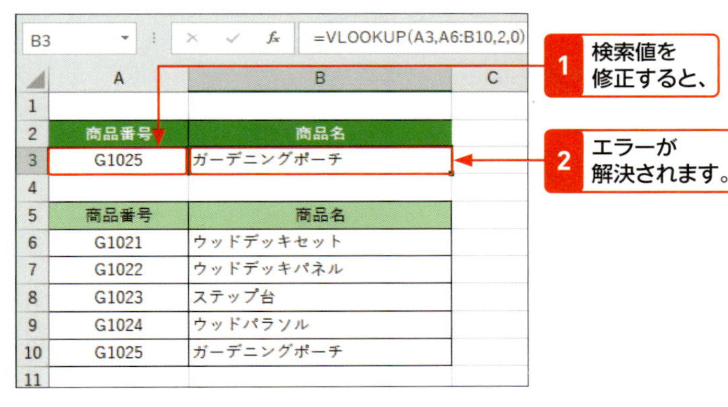

	A	B	C
1			
2	商品番号	商品名	
3	G1025	ガーデニングポーチ	
4			
5	商品番号	商品名	
6	G1021	ウッドデッキセット	
7	G1022	ウッドデッキパネル	
8	G1023	ステップ台	
9	G1024	ウッドパラソル	
10	G1025	ガーデニングポーチ	
11			

キーワード エラー値「#N/A」

エラー値「#N/A」は、VLOOKUP関数、LOOKUP関数、HLOOKUP関数、MATCH関数などの検索／行列関数で、検索した値が検索範囲内に存在しない場合に表示されます。検索値を修正すると、解決されます（VLOOKUP関数については、P.193参照）。

ステップアップ そのほかのエラー値

● #NULL!

指定したセル範囲に共通部分がない場合や、参照するセル範囲が間違っている場合に表示されます（例では「,」が抜けている）。参照しているセル範囲を修正すると、解決されます。

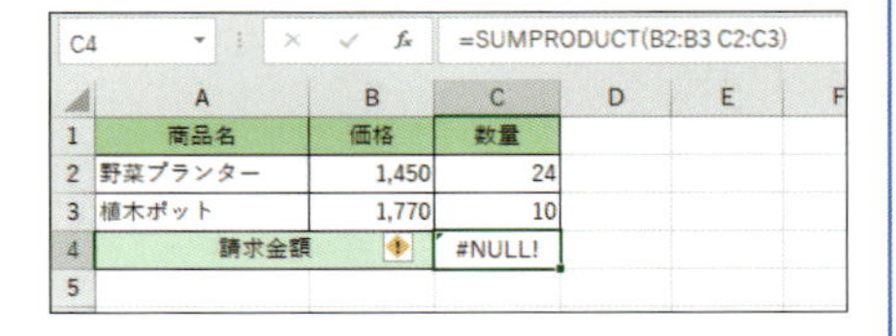

	A	B	C	D	E
1	商品名	価格	数量		
2	野菜プランター	1,450	24		
3	植木ポット	1,770	10		
4	請求金額		#NULL!		
5					

● #NUM!

引数として指定できる数値の範囲を超えている場合に表示されます（例では「入社年」に「9999」より大きい値を指定している）。Excelで処理できる数値の範囲に収まるように修正すると、解決されます。

E3 =DATE(B3,C3,D3)

	A	B	C	D	E	F
1	名前	年	月	日	入社年月日	
2	松木　結愛	2018	4	5	2018/4/5	
3	上田　隼也	20018	9	10	#NUM!	

● #REF!

数式中で参照しているセルが、行や列の削除などで削除された場合に表示されます。参照先を修正すると、解決されます。

C2 =$B2*#REF!

	A	B	C	D	E
1	商品区分	定価	割引額		
2	ウッドデッキセット	39,900	#REF!		
3	ステップ台	8,900	#REF!		

7 数式を検証する

メモ エラーチェックオプション

＜エラーチェックオプション＞をクリックして表示されるメニューを利用すると、エラーの原因を調べたり、数式を検証したり、エラーの内容に応じた修正を行ったりすることができます。

ヒント エラーインジケーターを表示しないようにするには?

＜エラーチェックオプション＞をクリックすると表示されるメニューから＜エラーチェックオプション＞をクリックして、＜Excelのオプション＞ダイアログボックスの＜数式＞を表示します。＜バックグラウンドでエラーチェックを行う＞をクリックしてオフにすると、エラーインジケーターが表示されなくなります。

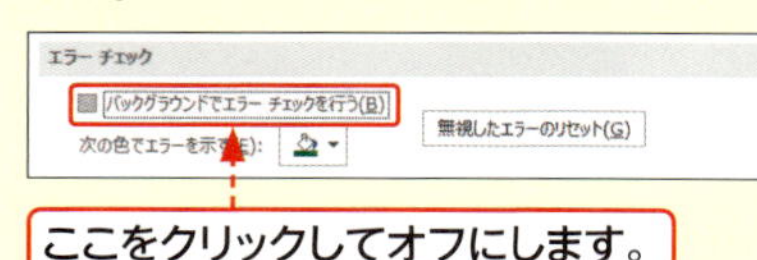

ここをクリックしてオフにします。

1 エラーが表示されたセル（ここではセル［C3］）をクリックして、＜エラーチェックオプション＞をクリックし、

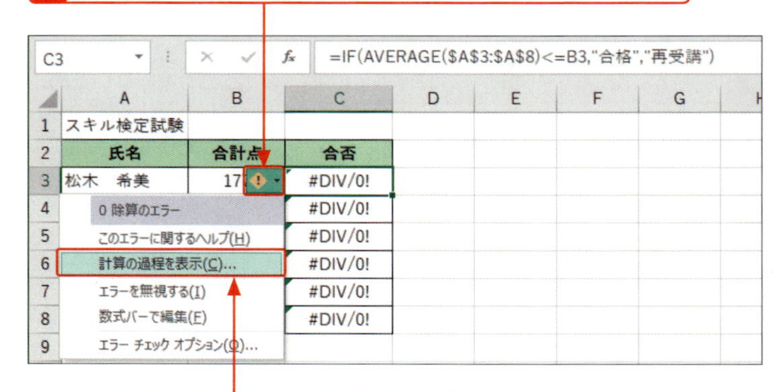

2 ＜計算の過程を表示＞をクリックすると、

3 エラー値の検証内容が表示されます。

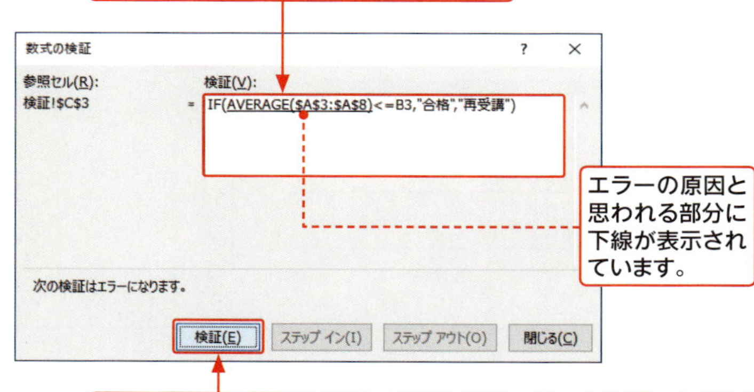

エラーの原因と思われる部分に下線が表示されています。

4 ＜検証＞をクリックすると、下線が引かれた部分の計算結果が表示され、エラーの原因が確認できます。

ステップアップ ワークシート全体のエラーをチェックする

＜数式＞タブの＜ワークシート分析＞グループの＜エラーチェック＞をクリックすると、＜エラーチェック＞ダイアログボックスが表示されます。このダイアログボックスを利用すると、ワークシート全体のエラーを順番にチェックしたり、修正したりすることができます。

エラーのある最初のセルが選択され、エラーの説明が表示されます。

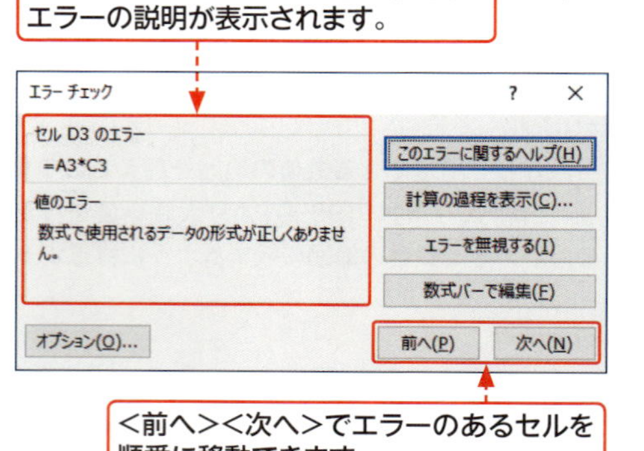

＜前へ＞＜次へ＞でエラーのあるセルを順番に移動できます。

Chapter 06

第6章

表の印刷

Section 69

印刷機能の基本を知る

覚えておきたいキーワード
- ☑ ＜印刷＞画面
- ☑ 印刷プレビュー
- ☑ ＜ページレイアウト＞タブ

作成した表やグラフなどを思いどおりに印刷するには、印刷に関する基本を理解しておくことが大切です。Excelでは、印刷プレビューで印刷結果を確認しながら各種設定が行えるので、効率的に印刷できます。ここでは、印刷画面各部の名称と機能、印刷画面で設定できる各種機能を確認しておきましょう。

1 ＜印刷＞画面各部の名称と機能

＜ファイル＞タブをクリックして＜印刷＞をクリックすると、下図の＜印刷＞画面が表示されます。この画面に、印刷プレビューやプリンターの設定、印刷内容に関する各種設定など、印刷を実行するための機能がすべてまとめられています。

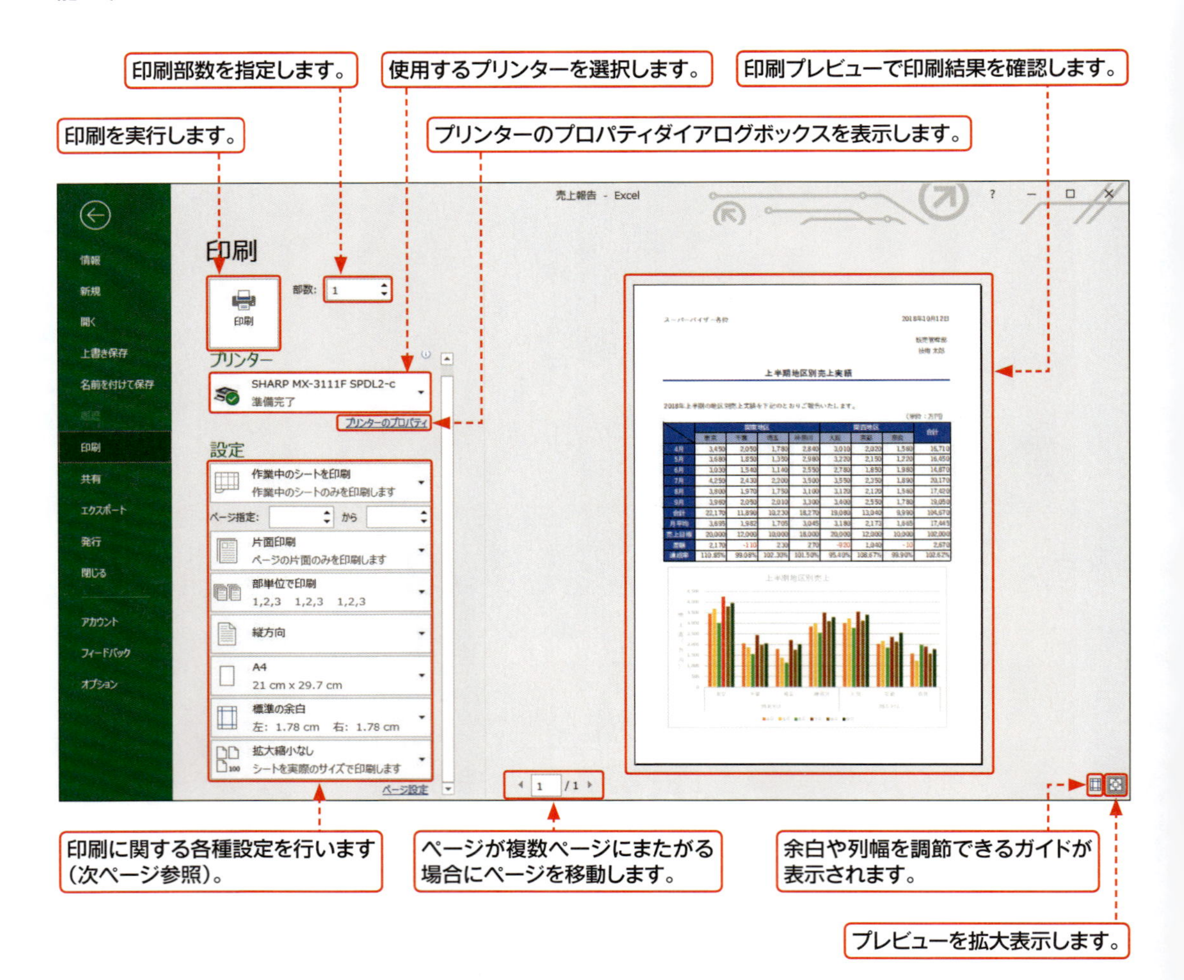

2 <印刷>画面の印刷設定機能

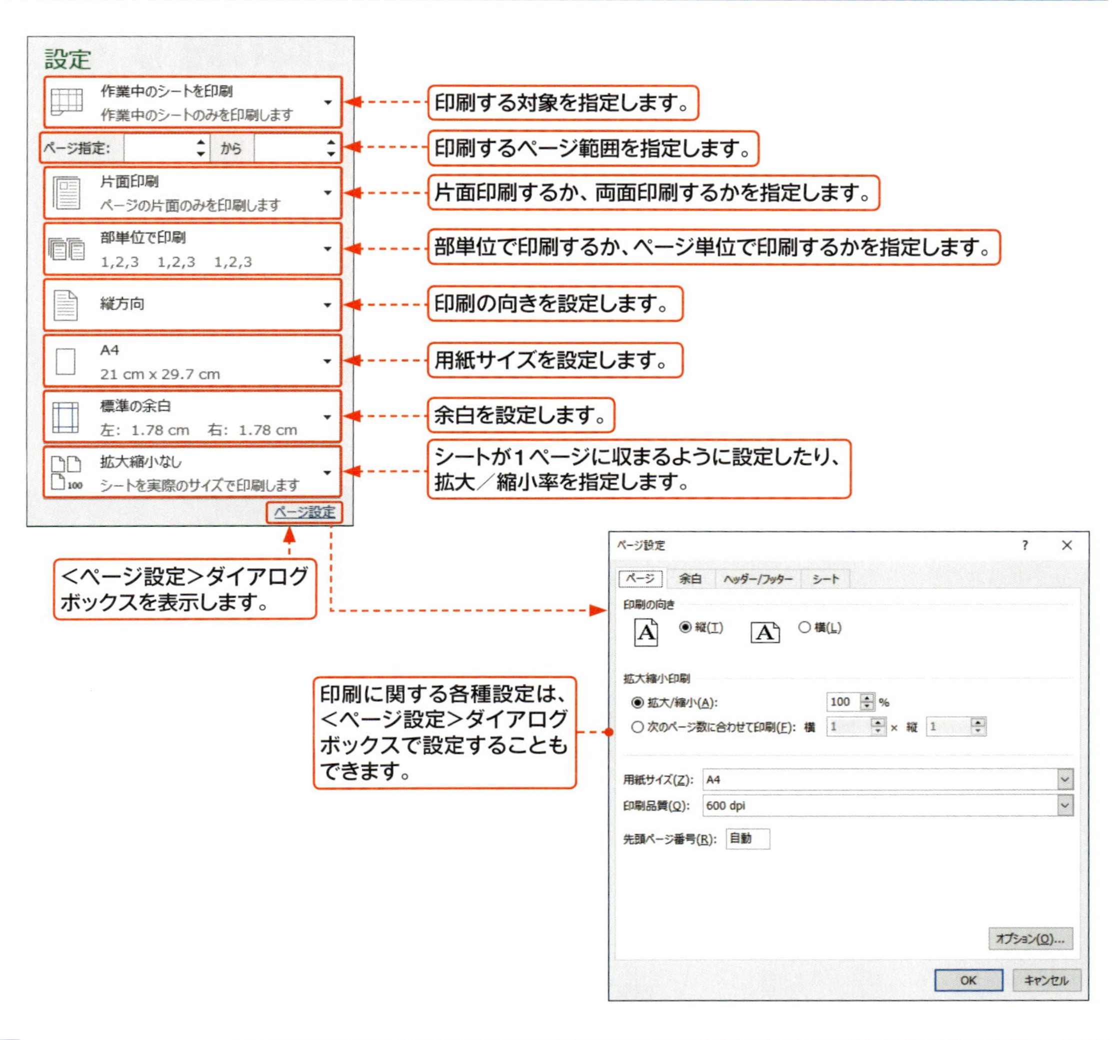

3 <ページレイアウト>タブの利用

余白や印刷の向き、用紙サイズは、<ページレイアウト>タブの<ページ設定>グループでも設定できます。

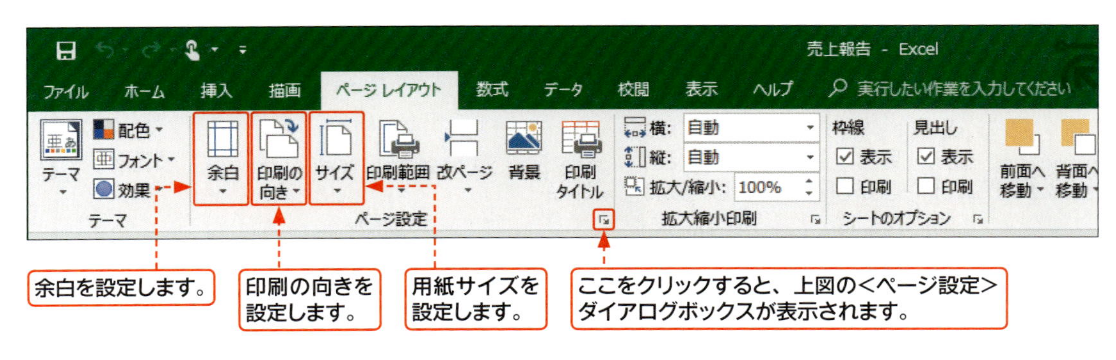

Section 70

ワークシートを印刷する

覚えておきたいキーワード
- ☑ 印刷プレビュー
- ☑ ページ設定
- ☑ 印刷

作成したワークシートを印刷する前に、印刷プレビューで印刷結果のイメージを確認すると、意図したとおりの印刷が行えます。Excel では、<印刷>画面で印刷結果を確認しながら、印刷の向きや用紙、余白などの設定を行うことができます。設定内容を確認したら、印刷を実行します。

1 印刷プレビューを表示する

1 <ファイル>タブをクリックして、

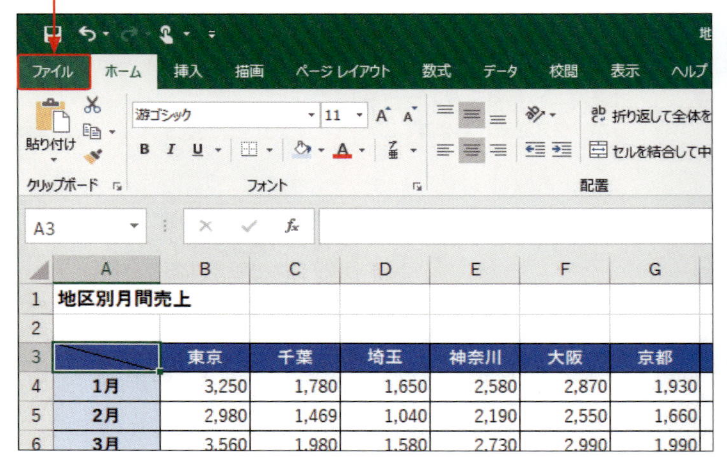

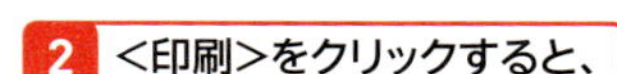

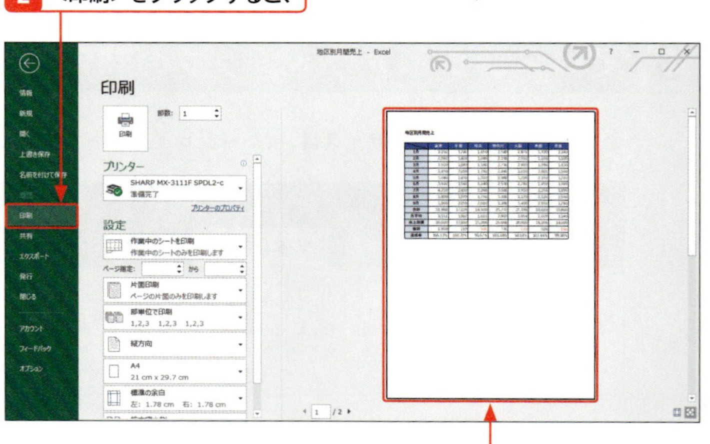

3 <印刷>画面が表示され、右側に印刷プレビューが表示されます。

メモ プレビューの拡大・縮小の切り替え

印刷プレビューの右下にある<ページに合わせる>をクリックすると、プレビューが拡大表示されます。再度クリックすると、縮小表示に戻ります。

<ページに合わせる>をクリックすると、プレビューが拡大表示されます。

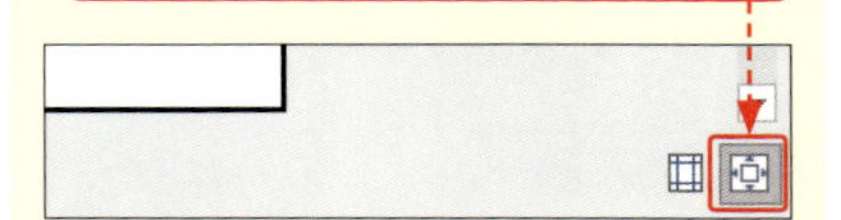

ヒント 複数ページのイメージを確認するには？

ワークシートの印刷が複数ページにまたがる場合は、印刷プレビューの左下にある<次のページ>、<前のページ>をクリックすると、次ページや前ページの印刷イメージを確認できます。

前のページ　次のページ

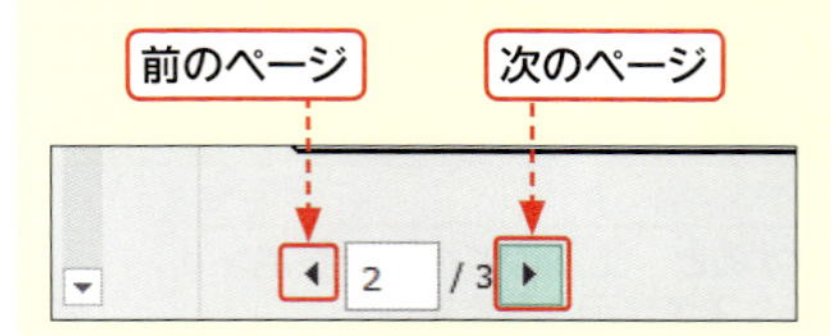

2 印刷の向きや用紙サイズ、余白の設定を行う

1 <印刷>画面を表示しています(前ページ参照)。

2 ここをクリックして、

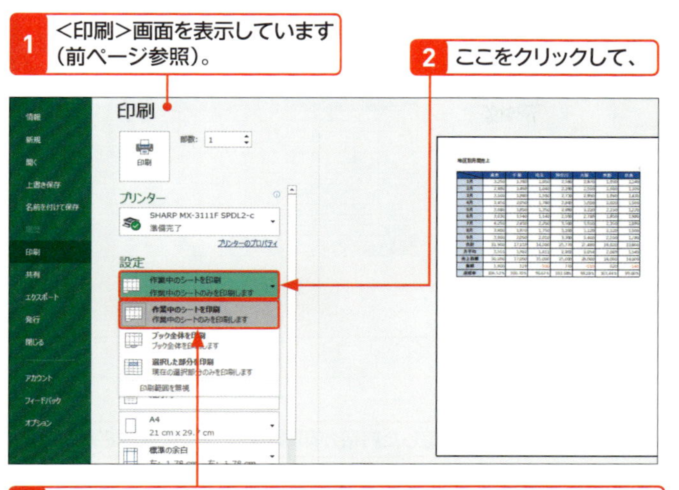

3 印刷する対象(ここでは<作業中のシートを印刷>)を指定します。

4 ここをクリックして、

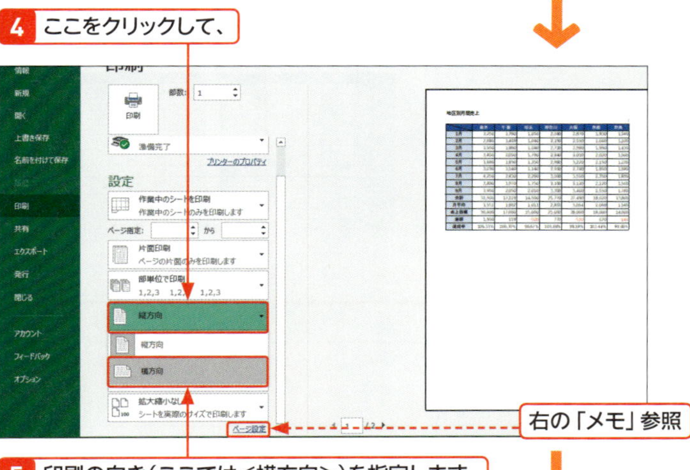

右の「メモ」参照

5 印刷の向き(ここでは<横方向>)を指定します。

6 ここをクリックして、

7 使用する用紙(ここでは<B5>)を指定します。

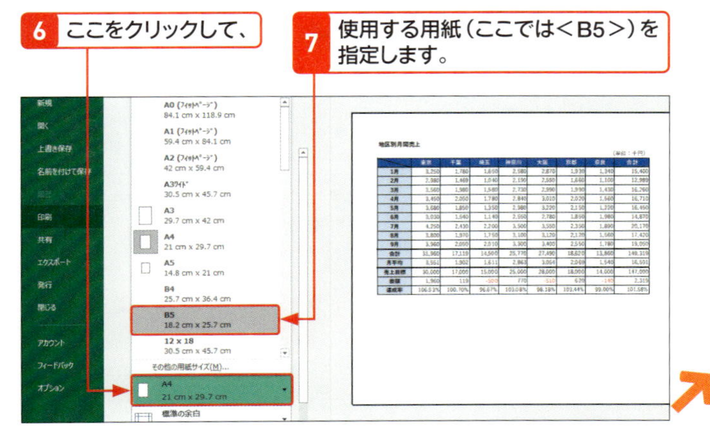

メモ そのほかのページ設定の方法

ページ設定は、左の手順のほか、<印刷>画面の下側にある<ページ設定>をクリックすると表示される<ページ設定>ダイアログボックス(P.208の「メモ」参照)や、<ページレイアウト>タブの<ページ設定>グループのコマンドからも行うことができます。

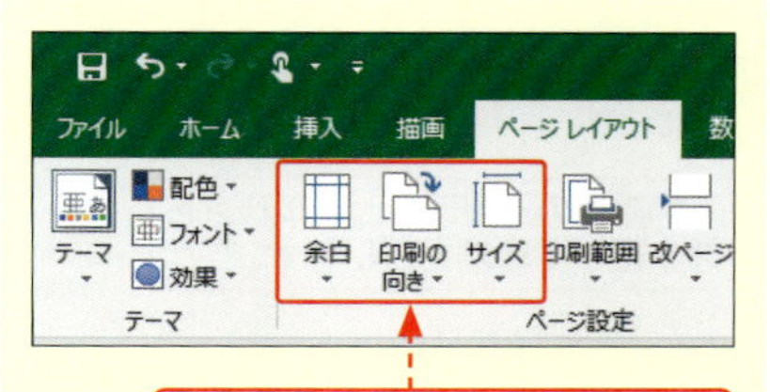

これらのコマンドを利用します。

ヒント 複数のシートをまとめて印刷するには?

ブックに複数のシートがあるとき、すべてのシートをまとめて印刷したい場合は、手順3で<ブック全体を印刷>を指定します。

ヒント ワークシートの枠線を印刷するには?

通常、ユーザーが罫線を設定しなければ、表の罫線は印刷されませんが、罫線を設定していなくても、表に枠線を付けて印刷したい場合は、<ページレイアウト>タブの<枠線>の<表示>と<印刷>をクリックしてオンにし、印刷を行います。

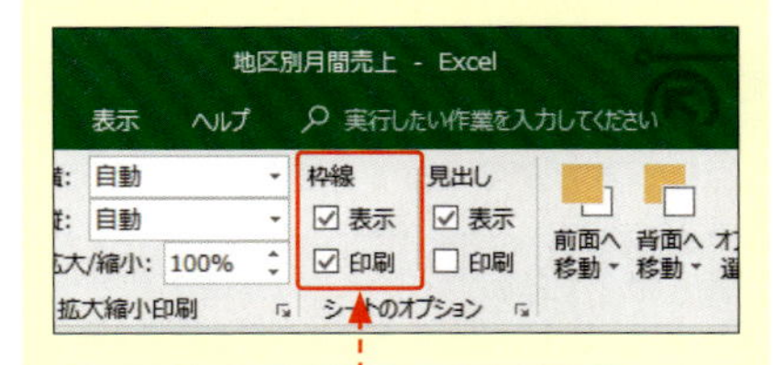

<枠線>の<表示>と<印刷>をオンにして印刷を行います。

8 ここをクリックして、

9 余白(ここでは<広い>)を指定します。

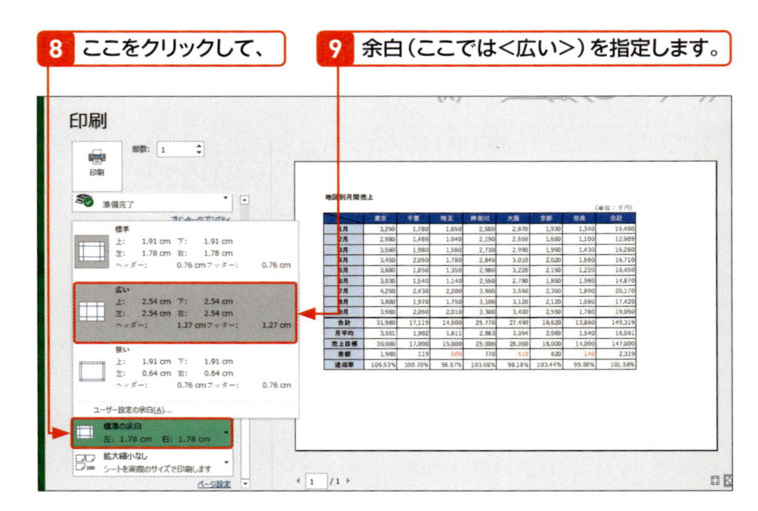

10 設定した内容が印刷プレビューに反映されます。

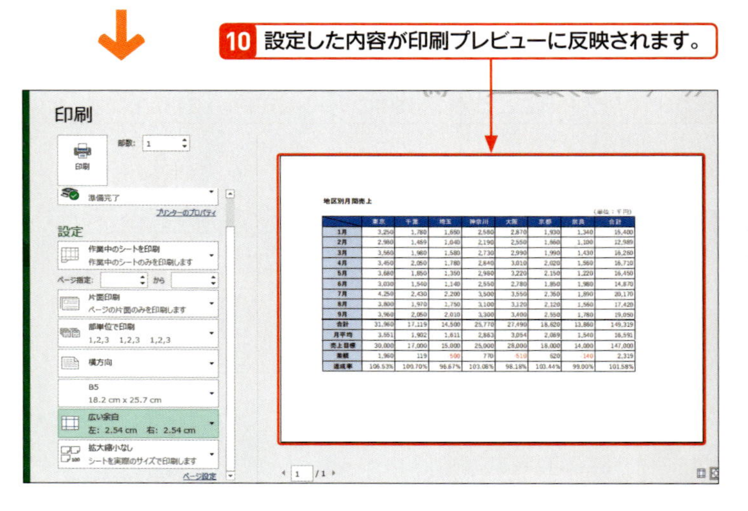

メモ <ページ設定>ダイアログボックスの利用

印刷の向きや用紙サイズ、余白などのページ設定は、<ページ設定>ダイアログボックスでも行うことができます。また、拡大/縮小率を指定することもできます。

<ページ設定>ダイアログボックスは、<印刷>画面の下側にある<ページ設定>をクリックするか、<ページレイアウト>タブの<ページ設定>グループにある をクリックすると表示されます。

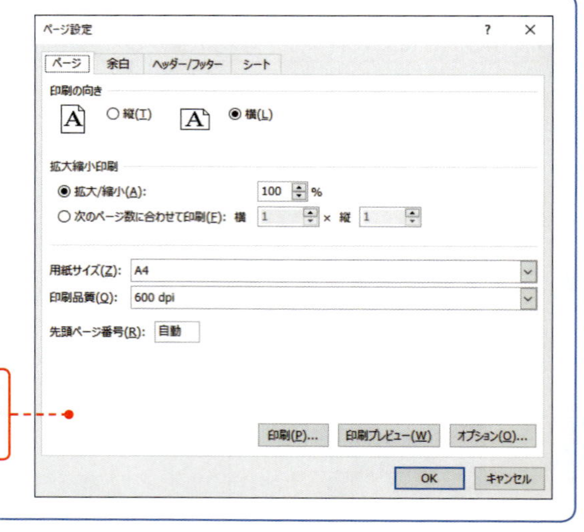

印刷の向きや用紙サイズ、拡大・縮小率、余白などのページ設定を行うことができます。

3 印刷を実行する

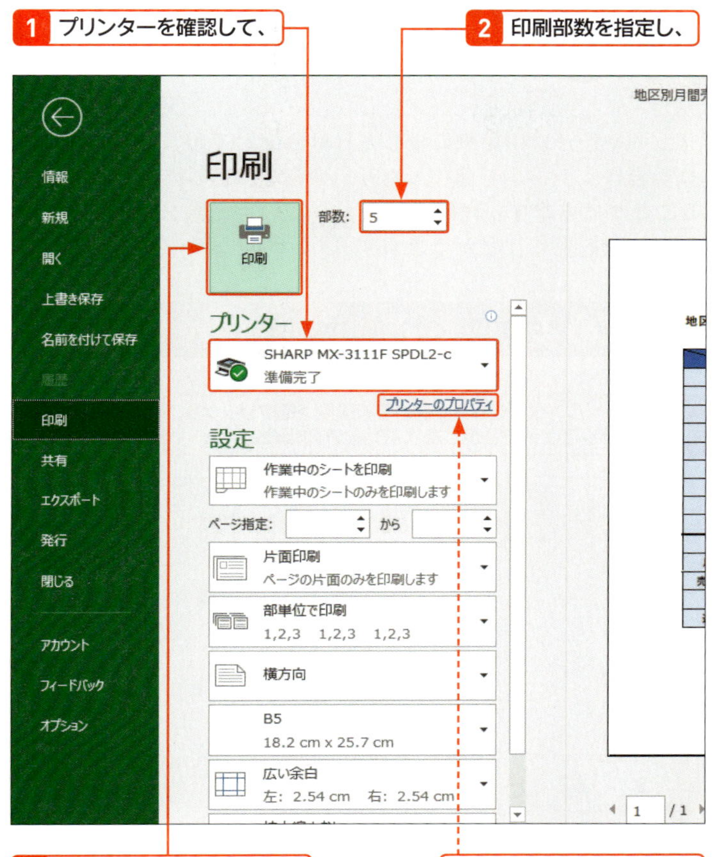

メモ 印刷を実行する

各種設定が完了したら、<印刷>をクリックして印刷を実行します。

ステップアップ プリンターの設定を変更する

プリンターの設定を変更する場合は、<プリンターのプロパティ>をクリックして、プリンターのプロパティダイアログボックスを表示します。

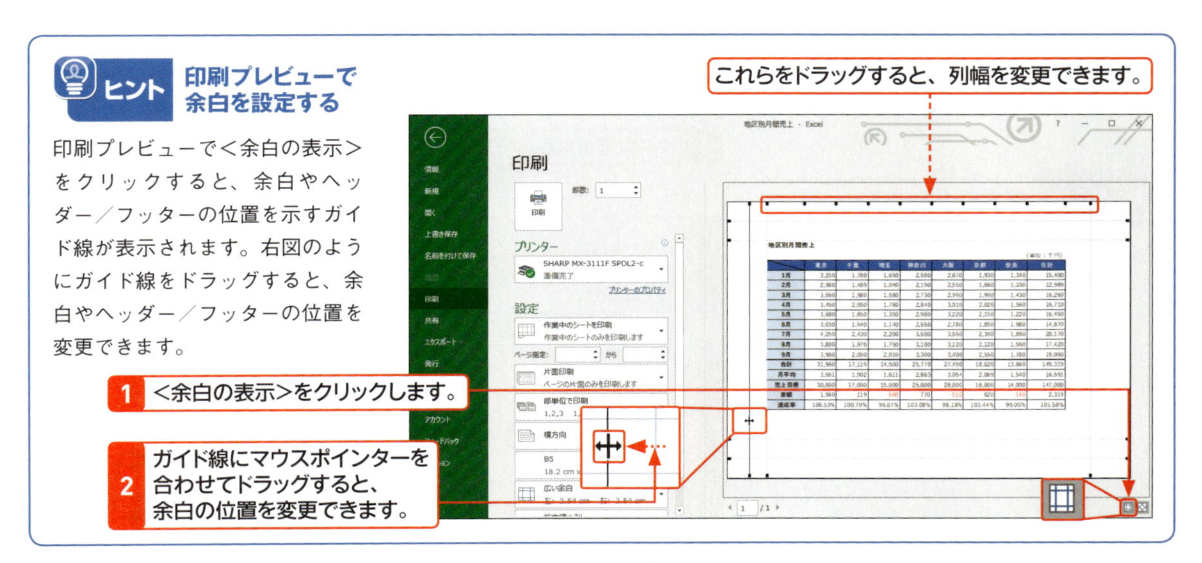

ヒント 印刷プレビューで余白を設定する

印刷プレビューで<余白の表示>をクリックすると、余白やヘッダー／フッターの位置を示すガイド線が表示されます。右図のようにガイド線をドラッグすると、余白やヘッダー／フッターの位置を変更できます。

Section 71

1ページに収まるように印刷する

覚えておきたいキーワード
- 拡大縮小
- 余白
- ページ設定

表を印刷したとき、列や行が次の用紙に少しだけはみ出してしまう場合があります。このような場合は、シートを縮小したり、余白を調整したりすることで1ページに収めることができます。印刷プレビューで設定結果を確認しながら調整すると、印刷の無駄を省くことができます。

1 はみ出した表を1ページに収める

メモ 印刷状態の確認

表が2ページに分割されているかどうかは、印刷プレビューの左下にあるページ番号で確認できます。<次のページ>をクリックすると、分割されているページが確認できます。

1 <ファイル>タブをクリックして<印刷>をクリックし、印刷プレビューを表示します（Sec.70参照）。

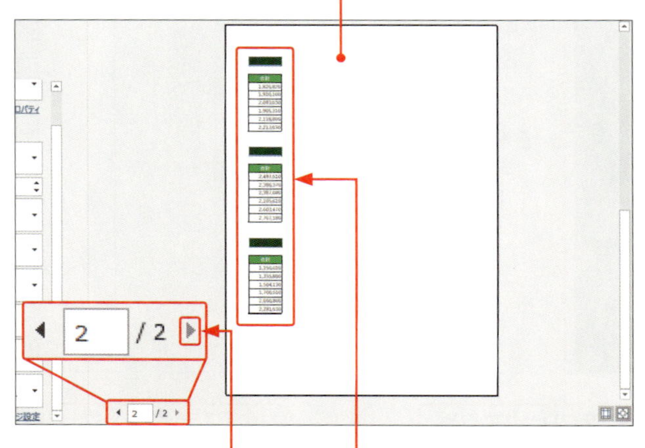

2 <次のページ>をクリックすると、

3 表の右側が2ページ目にはみ出していることが確認できます。

シートを縮小する

1 <拡大縮小なし>をクリックして、

2 <すべての列を1ページに印刷>をクリックすると、

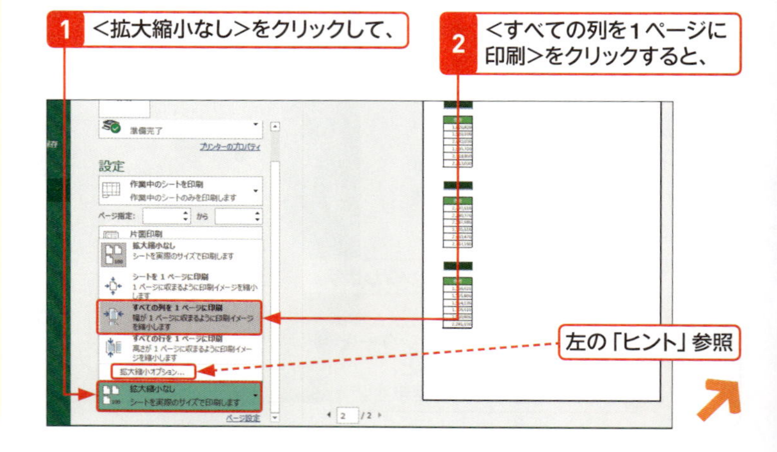

左の「ヒント」参照

ヒント 拡大縮小の設定

右の例では、列幅が1ページに収まるように設定しましたが、行が下にはみ出す場合は、<すべての行を1ページに印刷>を、行と列の両方がはみ出す場合は、<シートを1ページに印刷>をクリックします。なお、<拡大縮小オプション>をクリックすると、<ページ設定>ダイアログボックスが表示され、拡大／縮小率を細かく設定することができます。

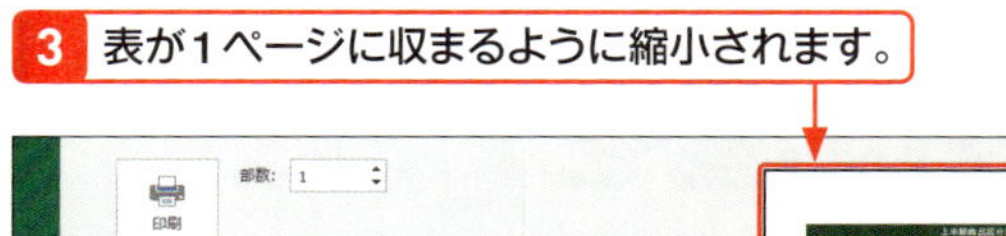

3 表が1ページに収まるように縮小されます。

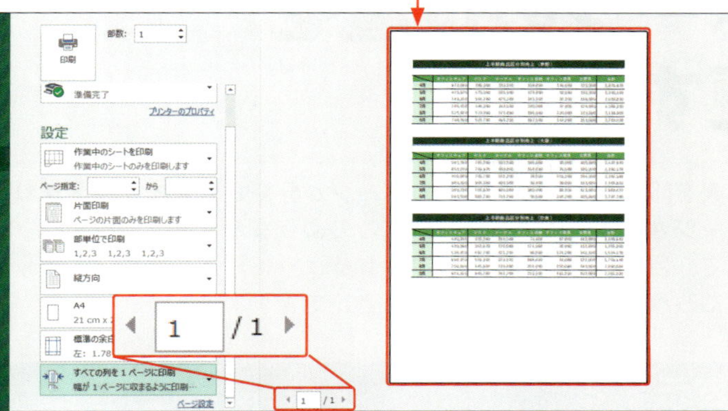

余白を調整する

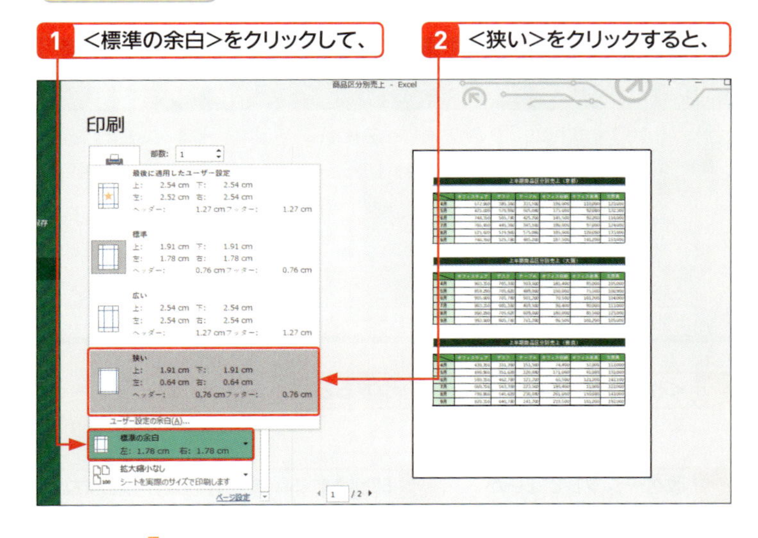

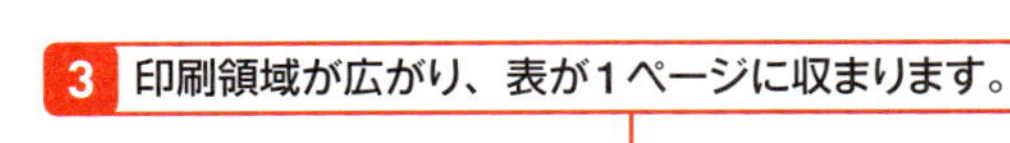

3 印刷領域が広がり、表が1ページに収まります。

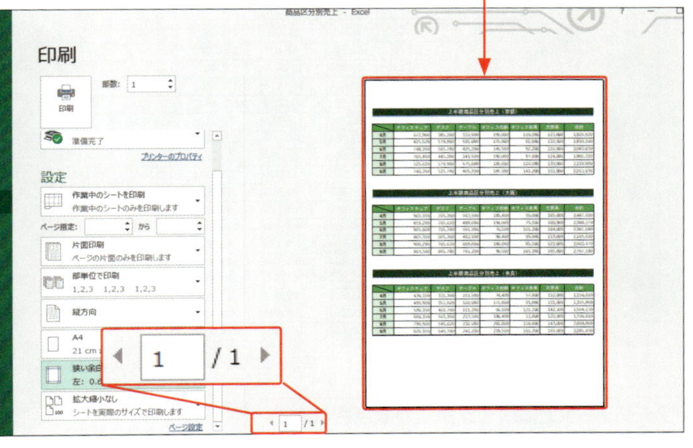

メモ 余白を調整する

<印刷>画面の下側にある<ページ設定>をクリックすると表示される<ページ設定>ダイアログボックスの<余白>を利用すると、余白を細かく設定することができます。

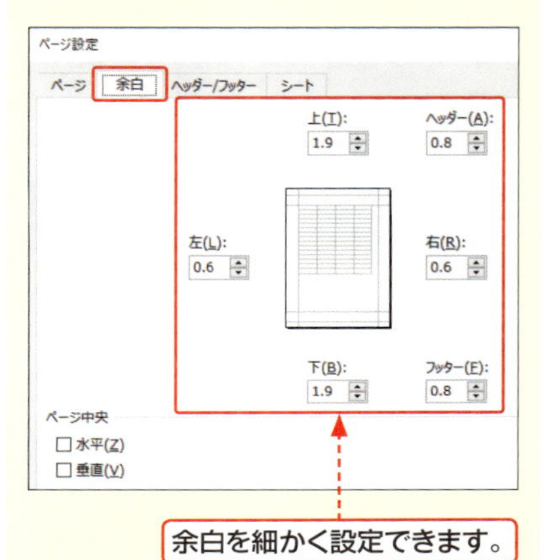

ヒント 表を用紙の中央に印刷するには？

<ページ設定>ダイアログボックスの<余白>にある<水平>をクリックしてオンにすると表を用紙の左右中央に、<垂直>をクリックしてオンにすると表を用紙の上下中央に印刷することができます。

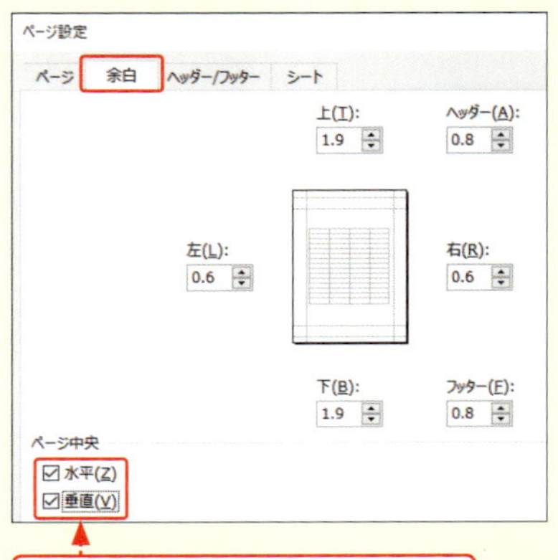

Section 72

改ページの位置を変更する

覚えておきたいキーワード
- ☑ 改ページプレビュー
- ☑ 改ページ位置
- ☑ 標準ビュー

サイズの大きい表を印刷すると、自動的にページが分割されますが、区切りのよい位置で改ページされるとは限りません。このようなときは、改ページプレビューを利用して、目的の位置で改ページされるように設定します。ドラッグ操作でかんたんに改ページ位置を変更することができます。

1 改ページプレビューを表示する

キーワード 改ページプレビュー

改ページプレビューでは、ページ番号や改ページ位置がワークシート上に表示されるので、どのページに何が印刷されるかを正確に把握することができます。また、印刷するイメージを確認しながらセルのデータを編集することもできます。

メモ 改ページプレビューの表示

改ページプレビューは、右の手順のほかに、画面の右下にある<改ページプレビュー>をクリックしても表示できます。

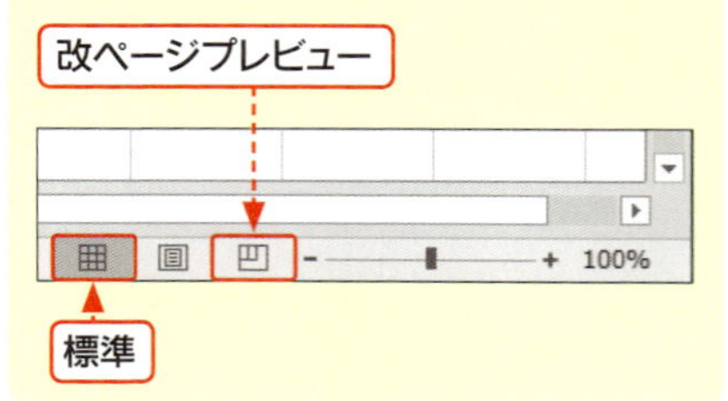

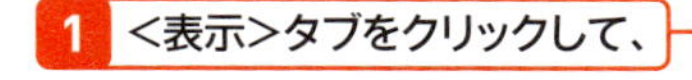

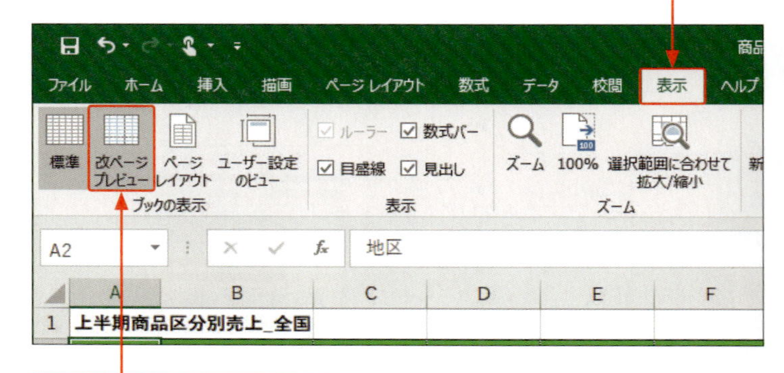

2 <改ページプレビュー>をクリックすると、

3 改ページプレビューが表示されます。

4 印刷される領域が青い太枠で囲まれ、改ページ位置に破線が表示されます。

	A	B	C	D	E	F	G	H	I
24		オフィスチェア	692,960	445,620	750,350	715,450	545,620	750,350	3,900,350
25		デスク	405,360	589,960	575,780	455,360	589,960	545,780	3,162,200
26		テーブル	353,500	515,080	445,200	353,500	585,080	485,200	2,737,560
27		オフィス収納	190,000	165,060	125,500	180,000	175,060	177,500	1,013,120
28		オフィス家具	106,000	90,080	91,200	96,000	100,080	131,200	614,560
29		文房具	113,000	12,300	106,000	114,000	123,000	143,000	611,300
30	千葉 集計		1,860,820	1,818,100	2,094,030	1,914,310	2,118,800	2,233,030	12,039,090
31	東京	オフィスチェア	953,350	909,290	985,000	903,350	1,009,290	1,035,000	5,795,280
32		デスク	745,360	775,620	765,780	615,360	775,620	835,780	4,513,520
33		テーブル	523,500	509,000	591,200	523,500	699,000	781,200	3,627,400
34		オフィス収納	205,400	180,060	78,500	95,400	200,060	98,500	857,920
35		オフィス家具	105,000	80,500	111,200	95,000	90,500	131,200	613,400
36		文房具	115,000	100,900	134,000	93,000	123,000	145,000	710,900
37	東京 集計		2,647,610	2,555,370	2,665,680	2,325,610	2,897,470	3,026,680	16,118,420
38	神奈川	オフィスチェア	913,350	869,290	915,000	813,350	910,290	923,500	5,344,780
39		デスク	715,360	725,620	715,780	615,360	735,620	825,780	4,333,520
40		テーブル	513,500	499,000	521,200	433,500	619,000	721,200	3,307,400
41		オフィス収納	195,400	160,060	[illegible]	91,400	190,060	91,500	799,920
42		オフィス家具	96,000	76,500	111,200	91,000	86,500	111,200	572,400
43		文房具	115,000	110,900	124,000	133,000	113,000	125,000	720,900
44	神奈川 集計		2,548,610	2,441,370	2,458,680	2,177,610	2,654,470	2,798,180	15,078,920

2ページ

Sheet1

ワークシート上にページ番号が表示されます。

第6章 表の印刷

2 改ページ位置を移動する

1 改ページ位置を示す青い破線にマウスポインターを合わせて、

	A	B	C	D	E	F	G	H	I
19	埼玉	テーブル	151,500	120,080	121,200	223,500	190,080	181,200	987,560
20		オフィス収納	75,400	170,060	68,500	185,400	190,060	78,500	767,920
21		オフィス家具	56,000	90,080	101,200	95,000	100,080	131,200	573,560
22		文房具	12,000	121,000	132,100	102,000	123,000	142,000	632,100
23	埼玉 集計		1,061,610	1,351,800	1,481,130	1,364,610	1,423,800	1,701,030	8,383,980
24	千葉	オフィスチェア	692,960	445,620	750,350	715,450	545,620	750,350	3,900,350
25		デスク	405,360	589,960	575,780	455,360	589,960	545,780	3,162,200
26		テーブル	353,500	515,080	445,200	353,500	585,080	485,200	2,737,560
27		オフィス収納	190,000	165,060	125,500	180,000	175,060	177,500	1,013,120
28		オフィス家具	106,000	90,080	91,200	96,000	100,080	131,200	614,560
29		文房具	113,000	12,300	106,000	114,000	123,000	143,000	611,300
30	千葉 集計		1,860,820	1,818,100	2,094,030	1,914,310	2,118,800	2,233,030	12,039,090
31	東京	オフィスチェア	953,350	909,290	985,000	903,350	1,009,290	1,035,000	5,795,280
32		デスク	745,360	775,620	765,780	615,360	775,620	835,780	4,513,520
33		テーブル	523,500	509,000	591,200	523,500	699,000	781,200	3,627,400
34		オフィス収納	205,400	180,060	78,500	95,400	200,060	98,500	857,920
35		オフィス家具	105,000	80,500	111,200	95,000	90,500	131,200	613,400
36		文房具	115,000	100,900	134,000	93,000	123,000	145,000	710,900
37	東京 集計		2,647,610	2,555,370	2,665,680	2,325,610	2,897,470	3,026,680	16,118,420

2 改ページする位置までドラッグすると、

	A	B	C	D	E	F	G	H	I
19	埼玉	テーブル	151,500	120,080	121,200	223,500	190,080	181,200	987,560
20		オフィス収納	75,400	170,060	68,500	185,400	190,060	78,500	767,920
21		オフィス家具	56,000	90,080	101,200	95,000	100,080	131,200	573,560
22		文房具	12,000	121,000	132,100	102,000	123,000	142,000	632,100
23	埼玉 集計		1,061,610	1,351,800	1,481,130	1,364,610	1,423,800	1,701,030	8,383,980
24	千葉	オフィスチェア	692,960	445,620	750,350	715,450	545,620	750,350	3,900,350
25		デスク	405,360	589,960	575,780	455,360	589,960	545,780	3,162,200
26		テーブル	353,500	515,080	445,200	353,500	585,080	485,200	2,737,560
27		オフィス収納	190,000	165,060	125,500	180,000	175,060	177,500	1,013,120
28		オフィス家具	106,000	90,080	91,200	96,000	100,080	131,200	614,560
29		文房具	113,000	12,300	106,000	114,000	123,000	143,000	611,300
30	千葉 集計		1,860,820	1,818,100	2,094,030	1,914,310	2,118,800	2,233,030	12,039,090
31	東京	オフィスチェア	953,350	909,290	985,000	903,350	1,009,290	1,035,000	5,795,280
32		デスク	745,360	775,620	765,780	615,360	775,620	835,780	4,513,520
33		テーブル	523,500	509,000	591,200	523,500	699,000	781,200	3,627,400
34		オフィス収納	205,400	180,060	78,500	95,400	200,060	98,500	857,920
35		オフィス家具	105,000	80,500	111,200	95,000	90,500	131,200	613,400
36		文房具	115,000	100,900	134,000	93,000	123,000	145,000	710,900
37	東京 集計		2,647,610	2,555,370	2,665,680	2,325,610	2,897,470	3,026,680	16,118,420

3 変更した改ページ位置が青い太線で表示されます。

	A	B	C	D	E	F	G	H	I
19	埼玉	テーブル	151,500	120,080	121,200	223,500	190,080	181,200	987,560
20		オフィス収納	75,400	170,060	68,500	185,400	190,060	78,500	767,920
21		オフィス家具	56,000	90,080	101,200	95,000	100,080	131,200	573,560
22		文房具	12,000	121,000	132,100	102,000	123,000	142,000	632,100
23	埼玉 集計		1,061,610	1,351,800	1,481,130	1,364,610	1,423,800	1,701,030	8,383,980
24	千葉	オフィスチェア	692,960	445,620	750,350	715,450	545,620	750,350	3,900,350
25		デスク	405,360	589,960	575,780	455,360	589,960	545,780	3,162,200
26		テーブル	353,500	515,080	445,200	353,500	585,080	485,200	2,737,560
27		オフィス収納	190,000	165,060	125,500	180,000	175,060	177,500	1,013,120
28		オフィス家具	106,000	90,080	91,200	96,000	100,080	131,200	614,560
29		文房具	113,000	12,300	106,000	114,000	123,000	143,000	611,300
30	千葉 集計		1,860,820	1,818,100	2,094,030	1,914,310	2,118,800	2,233,030	12,039,090
31	東京	オフィスチェア	953,350	909,290	985,000	903,350	1,009,290	1,035,000	5,795,280
32		デスク	745,360	775,620	765,780	615,360	775,620	835,780	4,513,520
33		テーブル	523,500	509,000	591,200	523,500	699,000	781,200	3,627,400
34		オフィス収納	205,400	180,060	78,500	95,400	200,060	98,500	857,920
35		オフィス家具	105,000	80,500	111,200	95,000	90,500	131,200	613,400
36		文房具	115,000	100,900	134,000	93,000	123,000	145,000	710,900
37	東京 集計		2,647,610	2,555,370	2,665,680	2,325,610	2,897,470	3,026,680	16,118,420

メモ 改ページ位置を示す線

ユーザーが改ページ位置を指定していない場合、改ページプレビューには、自動的に設定された改ページ位置が青い破線で表示されます（手順**1**の図参照）。ユーザーが改ページ位置を指定すると、改ページ位置が青い太線で表示されます（手順**3**の図参照）。

ヒント 画面表示を標準ビューに戻すには？

改ページプレビューから標準の画面表示（標準ビュー）に戻すには、<表示>タブの<標準>をクリックするか（下図参照）、画面右下にある<標準> をクリックします（前ページの「メモ」参照）。

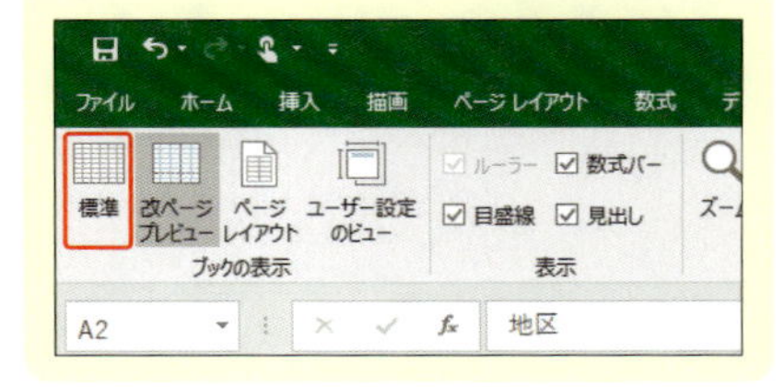

Section 73

指定した範囲だけを印刷する

覚えておきたいキーワード
- 印刷範囲の設定
- 印刷範囲のクリア
- 選択した部分を印刷

大きな表の中の一部だけを印刷したい場合、方法は2とおりあります。いつも同じ部分を印刷したい場合は、あらかじめ印刷範囲を設定しておきます。選択したセル範囲を一度だけ印刷したい場合は、<印刷>画面で<選択した部分を印刷>を指定して印刷を行います。

1 印刷範囲を設定する

ヒント 印刷範囲を解除するには?

設定した印刷範囲を解除するには、<印刷範囲>をクリックして、<印刷範囲のクリア>をクリックします(手順3の図参照)。印刷範囲を解除すると、<名前ボックス>に表示されていた「Print_Area」も解除されます。

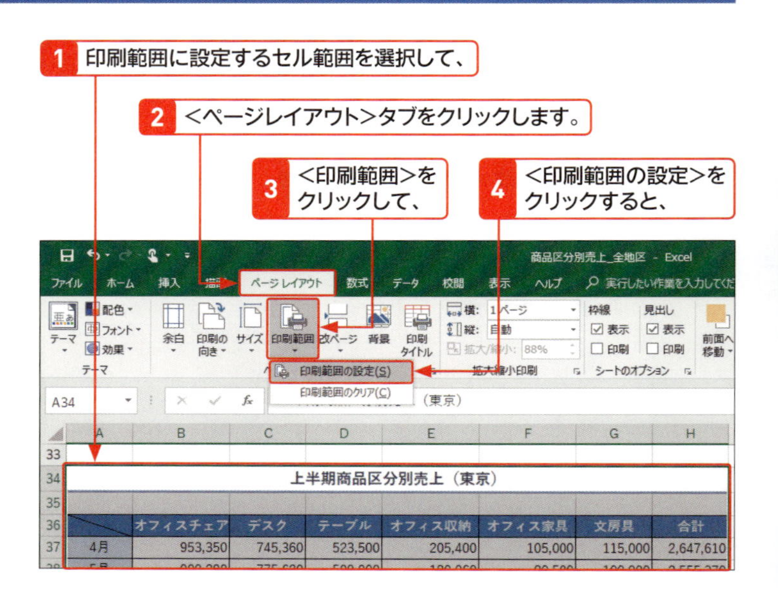

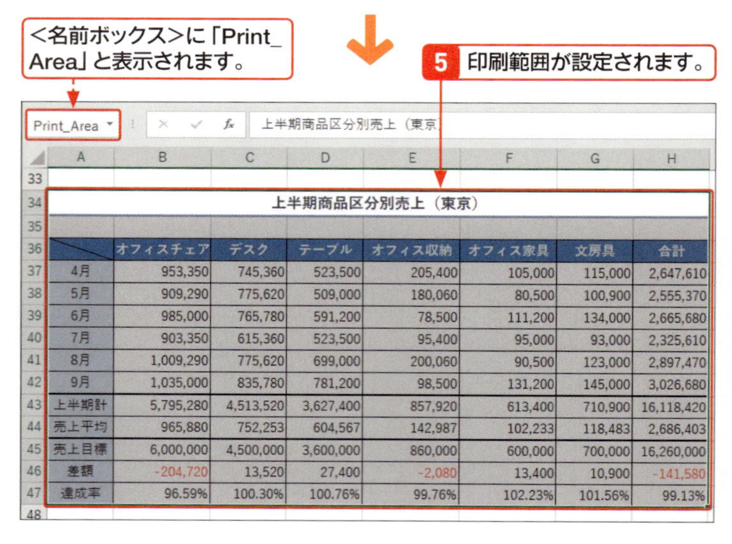

上半期商品区分別売上（東京）

	オフィスチェア	デスク	テーブル	オフィス収納	オフィス家具	文房具	合計
4月	953,350	745,360	523,500	205,400	105,000	115,000	2,647,610
5月	909,290	775,620	509,000	180,060	80,500	100,900	2,555,370
6月	985,000	765,780	591,200	78,500	111,200	134,000	2,665,680
7月	903,350	615,360	523,500	95,400	95,000	93,000	2,325,610
8月	1,009,290	775,620	699,000	200,060	90,500	123,000	2,897,470
9月	1,035,000	835,780	781,200	98,500	131,200	145,000	3,026,680
上半期計	5,795,280	4,513,520	3,627,400	857,920	613,400	710,900	16,118,420
売上平均	965,880	752,253	604,567	142,987	102,233	118,483	2,686,403
売上目標	6,000,000	4,500,000	3,600,000	860,000	600,000	700,000	16,260,000
差額	-204,720	13,520	27,400	-2,080	13,400	10,900	-141,580
達成率	96.59%	100.30%	100.76%	99.76%	102.23%	101.56%	99.13%

ステップアップ 印刷範囲の設定を追加する

印刷範囲を設定したあとに、別のセル範囲を印刷範囲に追加するには、追加するセル範囲を選択して<印刷範囲>をクリックし、<印刷範囲に追加>をクリックします。

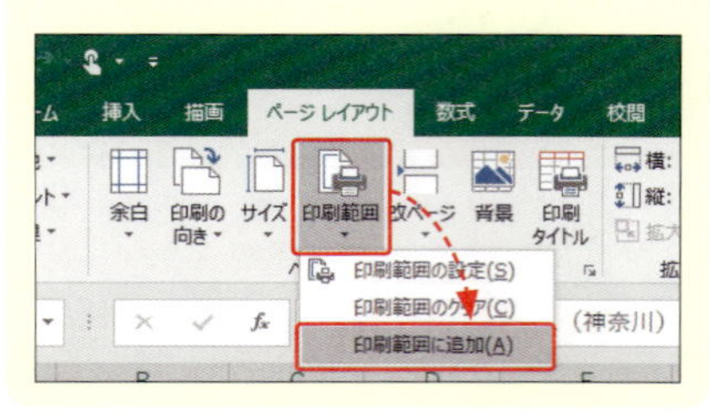

2 特定のセル範囲を一度だけ印刷する

P.214のヒントを参考にして、あらかじめ印刷範囲を解除しておきます。

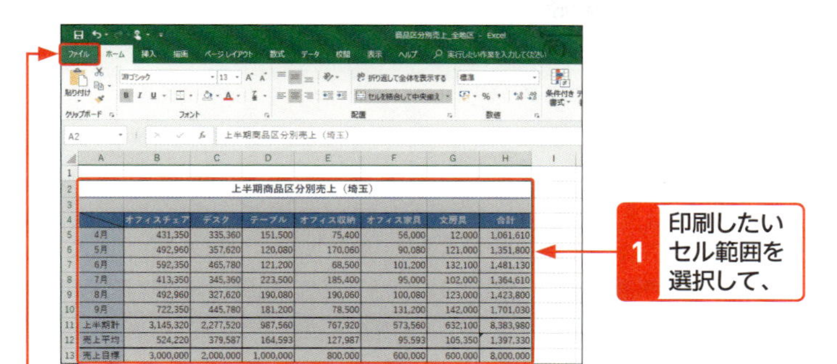

上半期商品区分別売上（埼玉）

	オフィスチェア	デスク	テーブル	オフィス収納	オフィス家具	文房具	合計
4月	431,350	335,360	151,500	75,400	56,000	12,000	1,061,610
5月	492,960	357,620	120,080	170,060	90,080	121,000	1,351,800
6月	592,350	465,780	121,200	68,500	101,200	132,100	1,481,130
7月	413,350	345,360	223,500	185,400	95,000	102,000	1,364,610
8月	492,960	327,620	190,080	190,060	100,080	123,000	1,423,800
9月	722,350	445,780	181,200	78,500	131,200	142,000	1,701,030
上半期計	3,145,320	2,277,520	987,560	767,920	573,560	632,100	8,383,980
売上平均	524,220	379,587	164,593	127,987	95,593	105,350	1,397,330
売上目標	3,000,000	2,000,000	1,000,000	800,000	600,000	600,000	8,000,000

1 印刷したいセル範囲を選択して、

2 <ファイル>タブをクリックします。

3 <印刷>をクリックして、

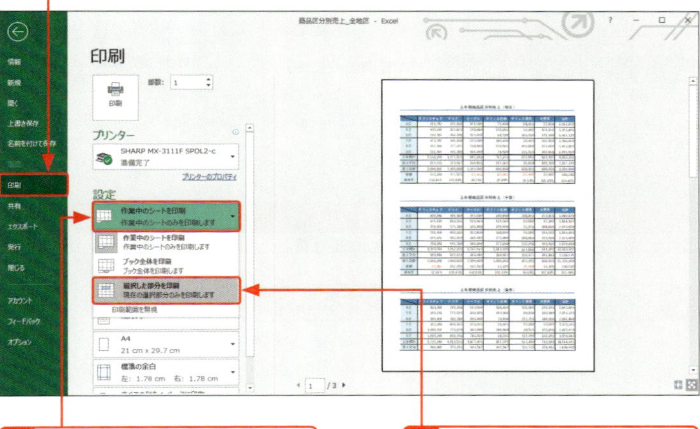

4 <作業中のシートを印刷>をクリックし、

5 <選択した部分を印刷>をクリックすると、

6 選択した範囲だけが印刷されます。

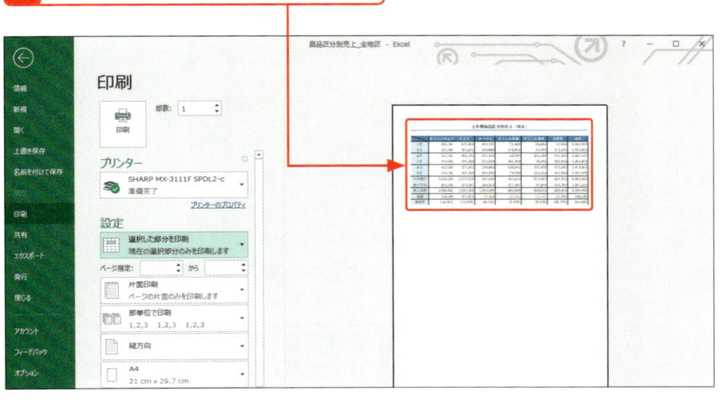

ステップアップ 離れたセル範囲を印刷範囲として設定する

離れた場所にある複数のセル範囲を印刷範囲として設定するには、Ctrl を押しながら複数のセル範囲を選択します。そのあとで印刷範囲を設定するか、選択した部分を印刷します。この場合、選択したセル範囲ごとに別のページに印刷されます。

Section 74

印刷イメージを見ながらページを調整する

覚えておきたいキーワード
- ページレイアウト
- ページレイアウトビュー
- 拡大・縮小印刷

ページレイアウトビューを利用すると、レイアウトを確認しながら、セル幅や余白などを調整することができます。また、はみ出している部分をページに収めたり、拡大・縮小印刷の設定も行うことができます。データの編集もできるので、編集するために標準ビューに切り替える必要がありません。

1 ページレイアウトビューを表示する

キーワード ページレイアウトビュー

ページレイアウトビューは、表などを用紙の上にバランスよく配置するために用いるレイアウトです。ページレイアウトビューを利用すると、印刷イメージを確認しながらデータの編集やセル幅の調整、余白の調整などが行えます。

ヒント ページ中央への配置

ページレイアウトビューで作業をするときは、<ページ設定>ダイアログボックスの<余白>でページを左右中央に設定しておくと、ページをバランスよく調整することができます(P.211の「ヒント」参照)。

メモ ページレイアウトビューの表示

ページレイアウトビューは、右の手順のほかに、画面の右下にある<ページレイアウト>をクリックしても表示できます。

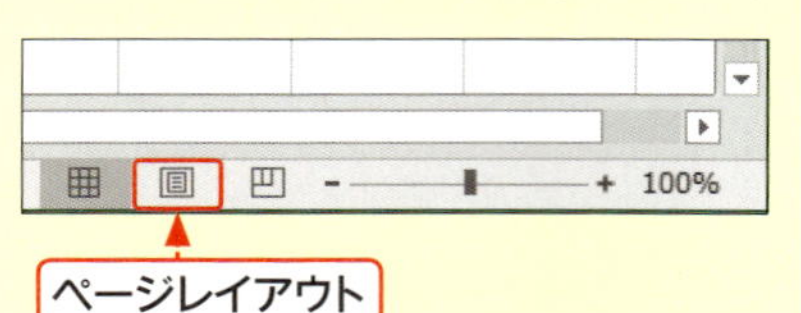

1 <表示>タブをクリックして、

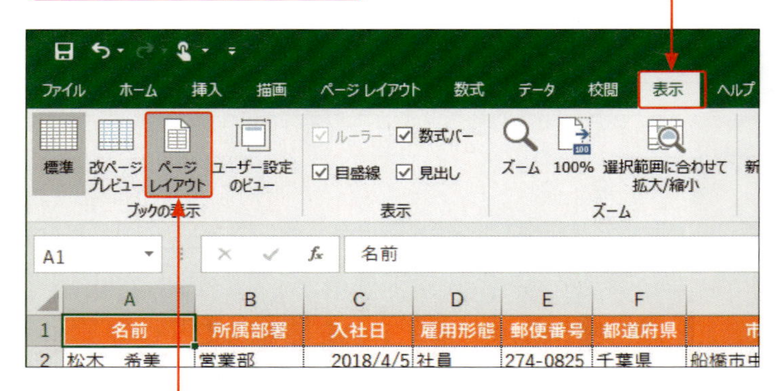

2 <ページレイアウト>をクリックすると、

3 ページレイアウトビューが表示されます。

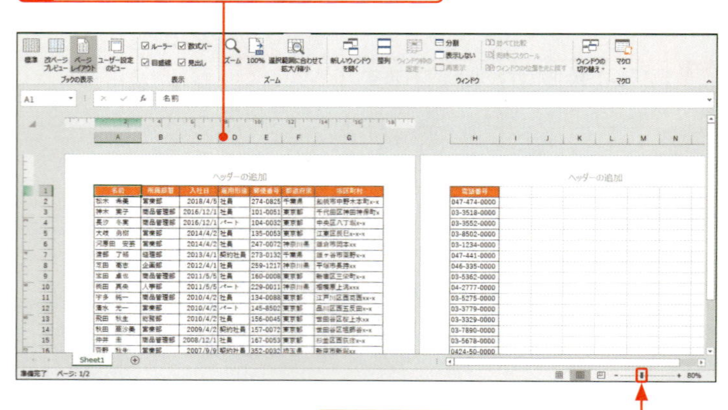

4 全体が見づらい場合は、<ズーム>をドラッグして表示倍率を変更します。

第6章 表の印刷

2 ページの横幅を調整する

列がはみ出しているのを1ページに収める

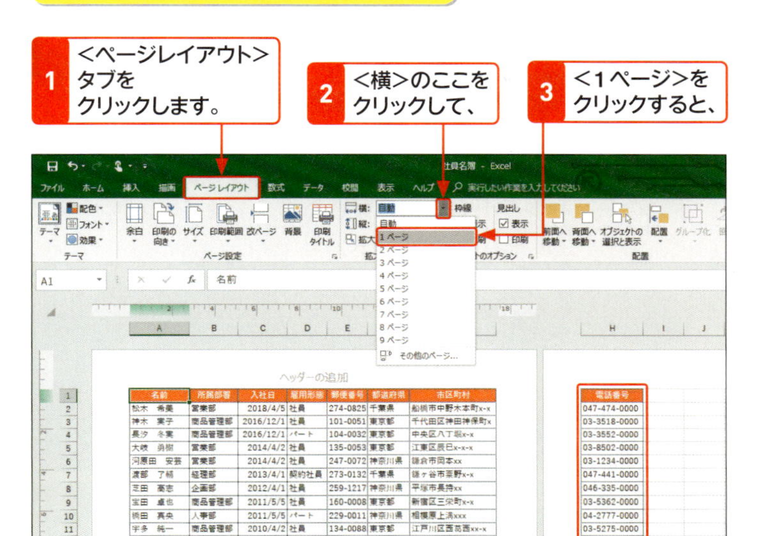
1 <ページレイアウト>タブをクリックします。
2 <横>のここをクリックして、
3 <1ページ>をクリックすると、

この部分があふれています。

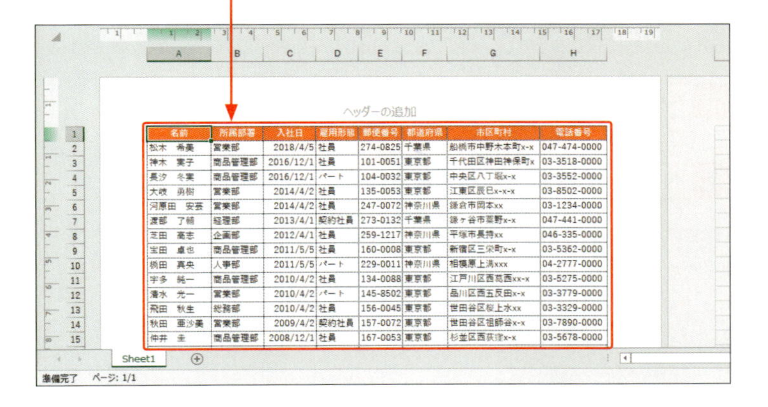
4 表の横幅が1ページに収まります。

ヒント 行がはみ出している場合は?

行がはみ出している場合は、<縦>の▾をクリックして、<1ページ>をクリックします。

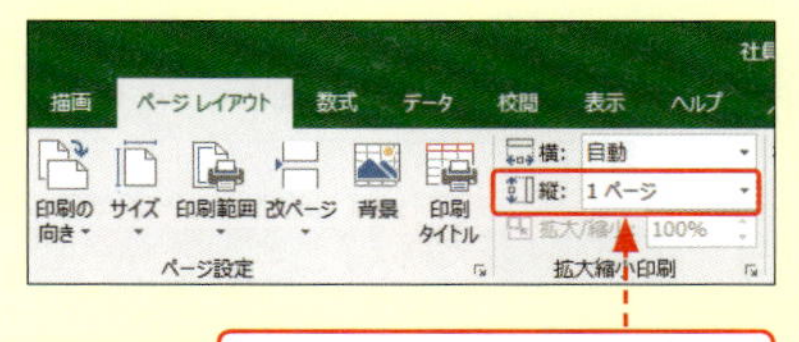
行がはみ出している場合は、ここで設定します。

ヒント 拡大・縮小率の指定

拡大・縮小の設定をもとに戻すには、<横>や<縦>を<自動>に設定し、<拡大/縮小>を「100%」に戻します。<拡大/縮小>では、拡大率や縮小率を設定することもできます。

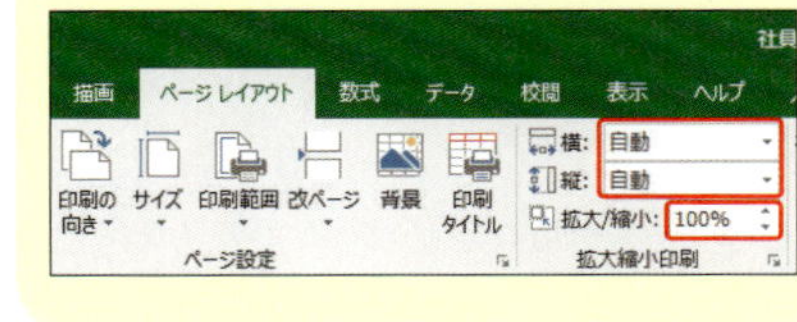

ステップアップ 列幅をドラッグして調整する

表の横や縦があふれている場合、ドラッグして列幅や高さを調整し、ページに収めることもできます。縮めたい列や行の境界をドラッグします。

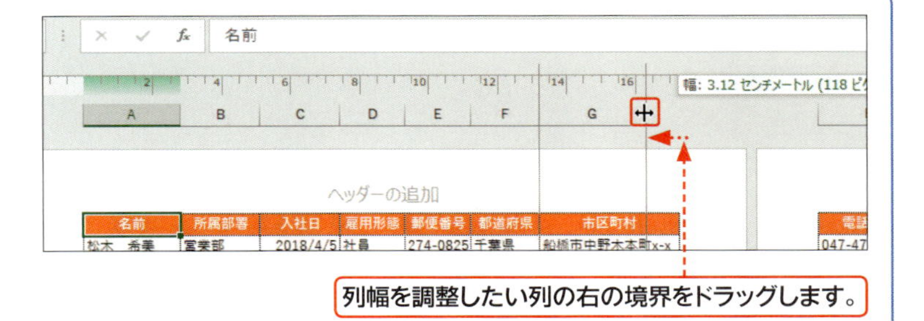
列幅を調整したい列の右の境界をドラッグします。

Section 75

ヘッダーとフッターを挿入する

覚えておきたいキーワード
- ヘッダー
- フッター
- ページレイアウトビュー

シートの上部や下部にファイル名やページ番号などの情報を印刷したいときは、ヘッダーやフッターを挿入します。シートの上部余白に印刷される情報をヘッダー、下部余白に印刷される情報をフッターといいます。ファイル名やページ番号のほかに、現在の日時やシート名、画像なども挿入できます。

1 ヘッダーを設定する

キーワード ヘッダー／フッター

「ヘッダー」とは、シートの上部余白に印刷されるファイル名やページ番号などの情報のことをいいます。「フッター」とは、下部余白に印刷される情報のことをいいます。

メモ ヘッダー／フッターの設定

ヘッダーやフッターを挿入するには、右の手順で操作します。画面のサイズが大きい場合は、<挿入>タブの<テキスト>グループの<ヘッダーとフッター>を直接クリックします。また、<表示>タブの<ページレイアウト>をクリックしてページレイアウトビューに切り替え（Sec.74参照）、画面上のヘッダーかフッターをクリックしても同様に設定できます。

ヒント ヘッダーの挿入場所を変更するには？

手順5では、ヘッダーの中央のテキストボックスにカーソルが表示されますが、ヘッダーの位置を変えたいときは、左側あるいは右側のテキストボックスをクリックして、カーソルを移動します。

ヘッダーにファイル名を挿入する

1 <挿入>タブをクリックして、

2 <テキスト>をクリックし、

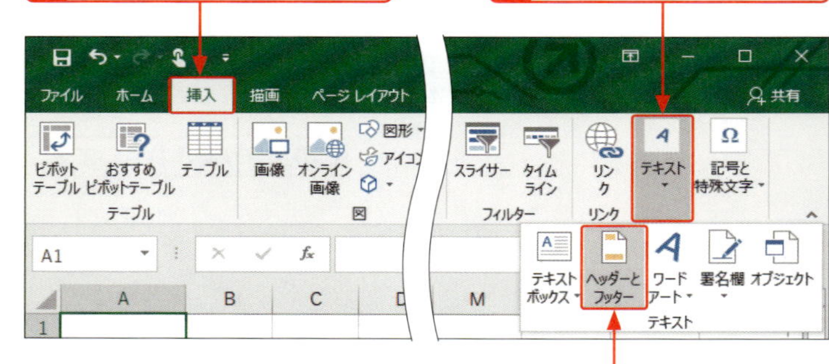

3 <ヘッダーとフッター>をクリックします。

4 ページレイアウトビューに切り替わり、

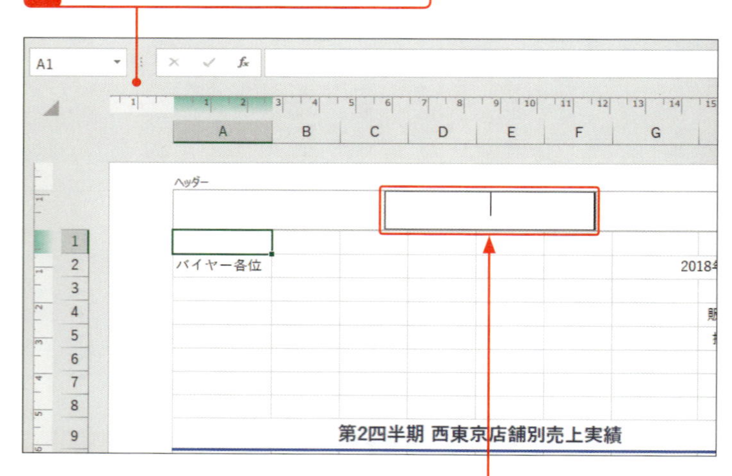

5 ヘッダー領域の中央のテキストボックスにカーソルが表示されます。

第6章 表の印刷

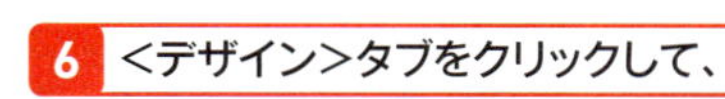

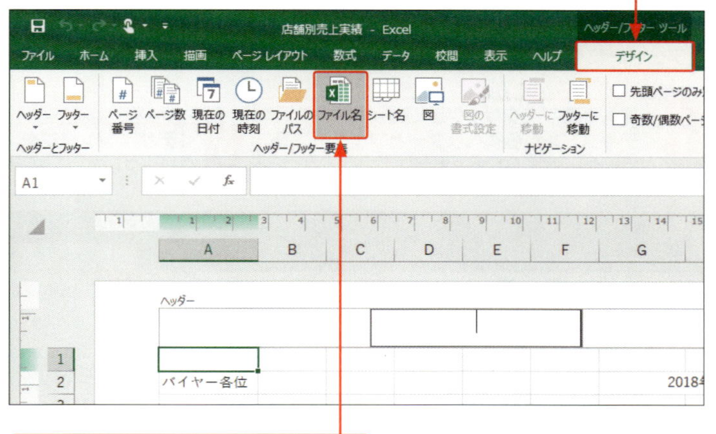

7 <ファイル名>をクリックすると、

8 「&[ファイル名]」と挿入されます。

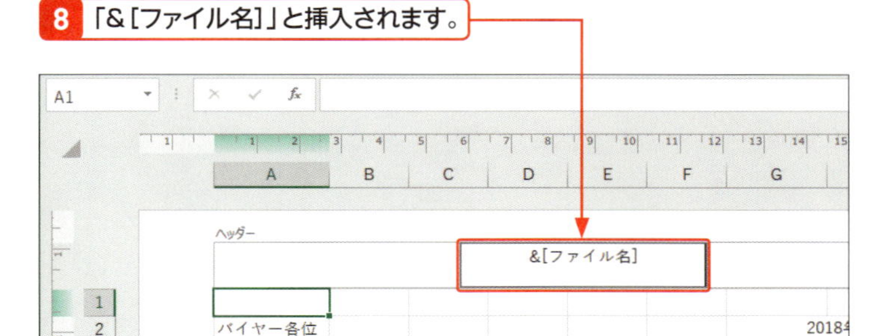

9 ヘッダー領域以外の部分をクリックすると、

10 実際のファイル名が表示されます。

11 <表示>タブをクリックして、

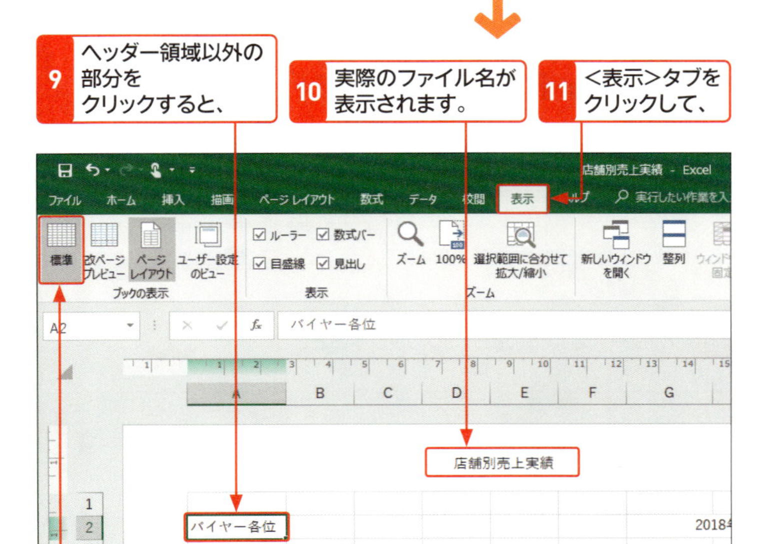

12 <標準>をクリックし、標準ビューに戻ります。

ステップアップ 定義済みのヘッダー／フッターの設定

あらかじめ定義済みのヘッダーやフッターを設定することもできます。ヘッダーは、<デザイン>タブの<ヘッダー>をクリックして表示される一覧から設定します。フッターの場合は、<フッター>をクリックして設定します。

1 <ヘッダー>をクリックして、

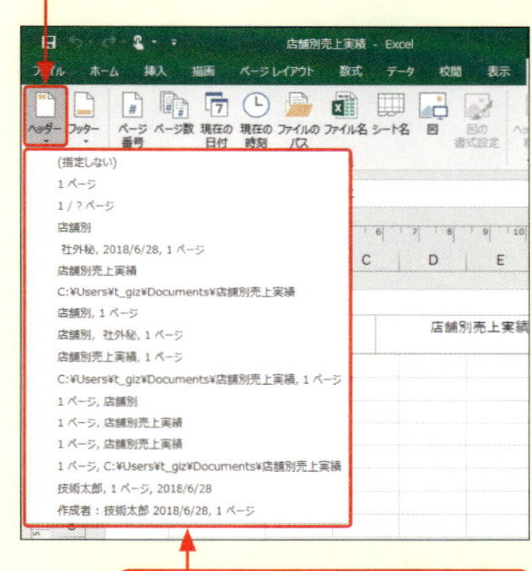

2 ヘッダーに表示する要素を指定します。

ヒント 画面表示を標準ビューに戻すには？

画面を標準ビューに戻すには、左の手順11、12のように操作するか、画面の右下にある<標準>をクリックします。なお、カーソルがヘッダーあるいはフッター領域にある場合は、<標準>コマンドは選択できません。

2 フッターを設定する

メモ ヘッダーとフッターを切り替える

ヘッダーとフッターの位置を切り替えるには、<デザイン>タブの<フッターに移動><ヘッダーに移動>をクリックします。

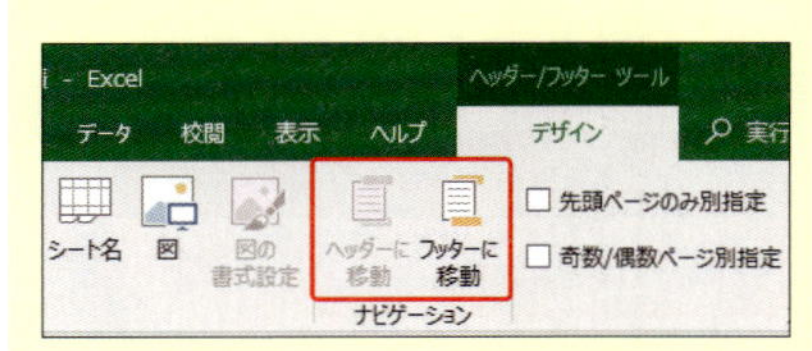

ヒント フッターの挿入場所を変更するには?

手順4では、フッターの中央のテキストボックスにカーソルが表示されますが、フッターの位置を変えたいときは、左側あるいは右側のテキストボックスをクリックして、カーソルを移動します。

ステップアップ 先頭ページに番号を付けたくない場合は?

先頭ページにページ番号などを付けたくない場合は、<デザイン>タブの<オプション>グループの<先頭ページのみ別指定>をクリックしてオンにします。

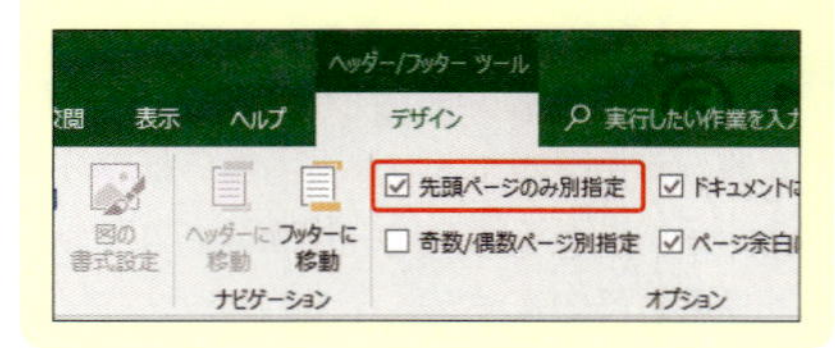

フッターにページ番号を挿入する

1 <挿入>タブをクリックして、<テキスト>から<ヘッダーとフッター>をクリックします(P.218参照)。

2 <デザイン>タブをクリックして、

3 <フッターに移動>をクリックすると、

4 フッター領域の中央のテキストボックスにカーソルが表示されます。

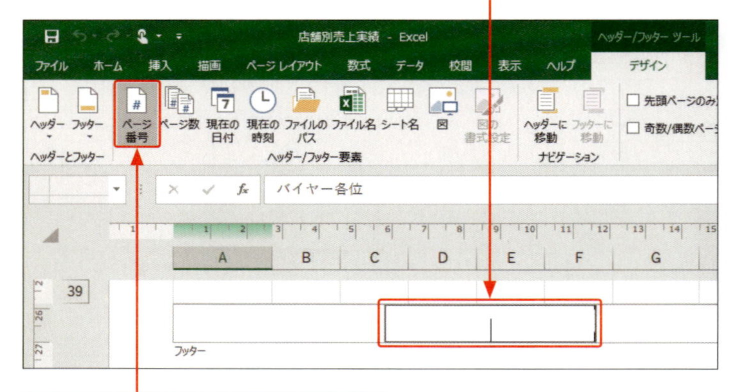

5 <ページ番号>をクリックすると、

6 「&[ページ番号]」と挿入されます。

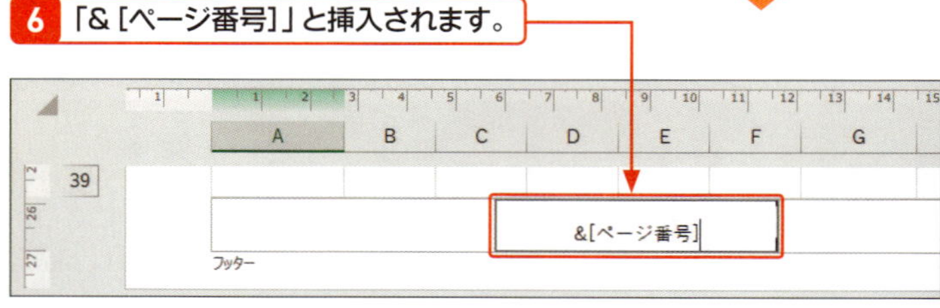

7 フッター領域以外の部分をクリックすると、

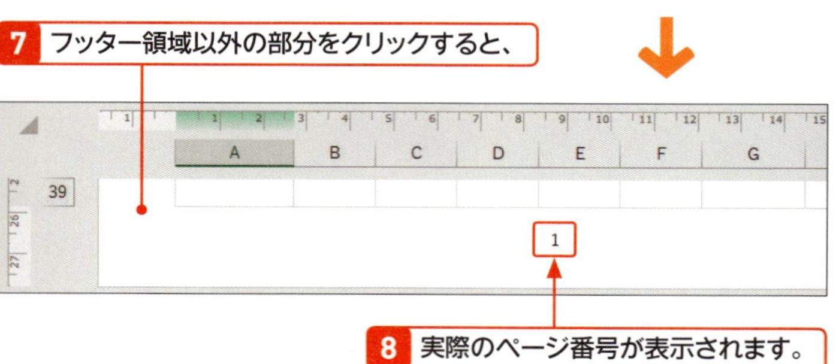

8 実際のページ番号が表示されます。

3 印刷結果を確認する

1 <ファイル>タブをクリックして、

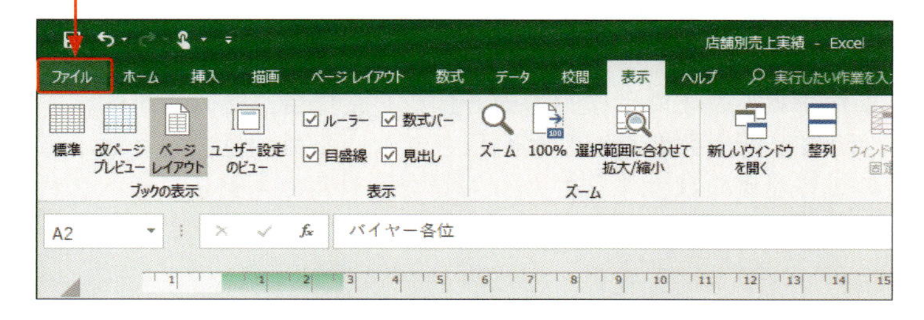

2 <印刷>をクリックすると、

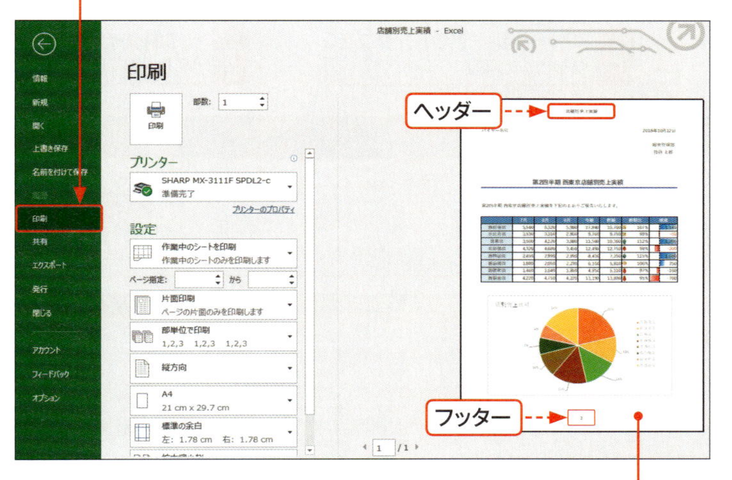

3 設定したヘッダーやフッターを確認できます。

ステップアップ <ページ設定>ダイアログボックスを利用する

ヘッダー／フッターは、<ページ設定>ダイアログボックスの<ヘッダー／フッター>を利用して設定することもできます。また、<余白>を利用すると、ヘッダーやフッターの印刷位置を指定することもできます。
<ページ設定>ダイアログボックスは、<ページレイアウト>タブの<ページ設定>グループにある  をクリックすると表示されます。

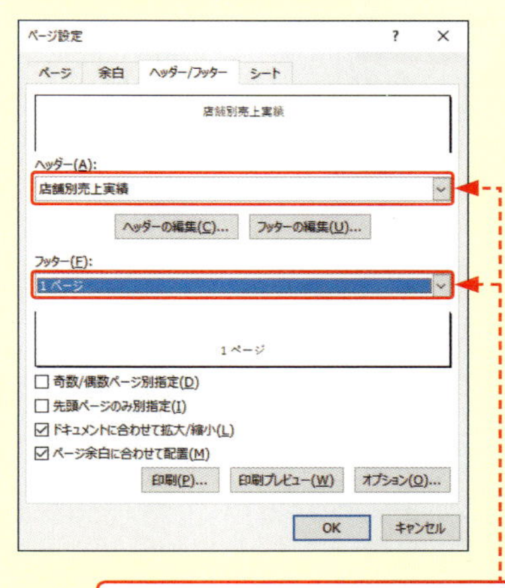

<ヘッダー>や<フッター>をクリックして、要素を指定します。

ヒント ヘッダーやフッターに設定できる項目

ヘッダーやフッターは、<デザイン>タブにある9種類のコマンドを使って設定することができます。それぞれのコマンドの機能は右図のとおりです。これ以外に、任意の文字や数値を直接入力することもできます。

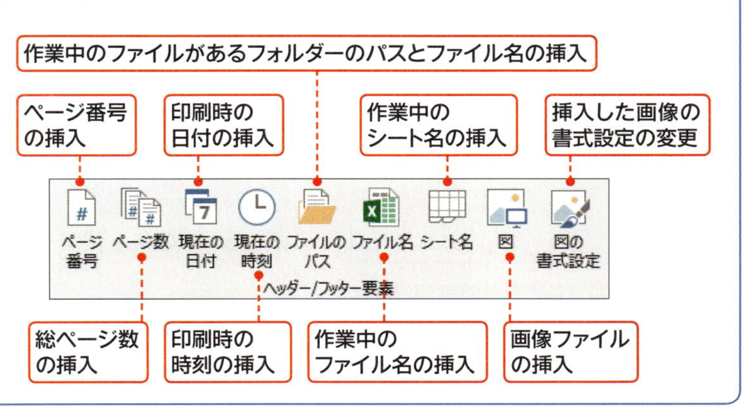

Section 76

2ページ目以降に見出しを付けて印刷する

覚えておきたいキーワード
- 印刷タイトル
- タイトル行
- タイトル列

複数のページにまたがる縦長または横長の表を作成した場合、そのまま印刷すると2ページ目以降には行や列の見出しが表示されないため、見づらくなってしまいます。このような場合は、すべてのページに行や列の見出しが印刷されるように設定します。

1 列見出しをタイトル行に設定する

メモ 印刷タイトルの設定

行見出しや列見出しを印刷タイトルとして利用するには、右の手順で<ページ設定>ダイアログボックスの<シート>を表示して、<タイトル行>に目的の行を指定します。

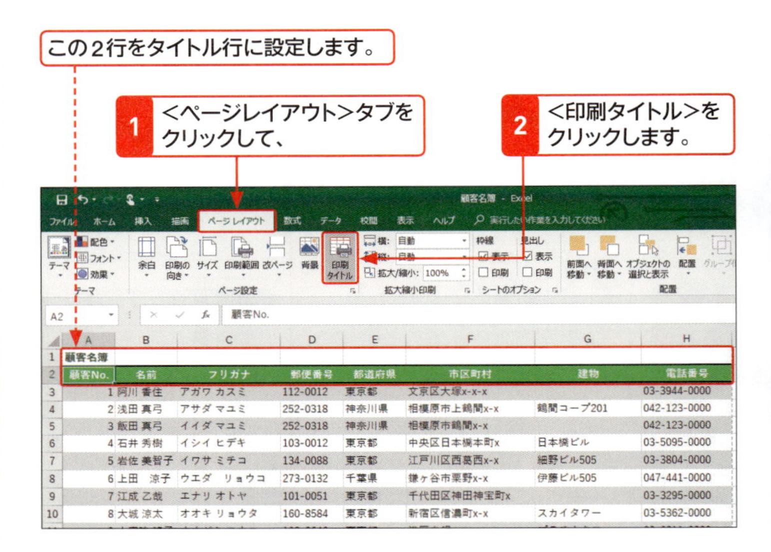

この2行をタイトル行に設定します。
1 <ページレイアウト>タブをクリックして、
2 <印刷タイトル>をクリックします。

3 <タイトル行>のボックスをクリックして、

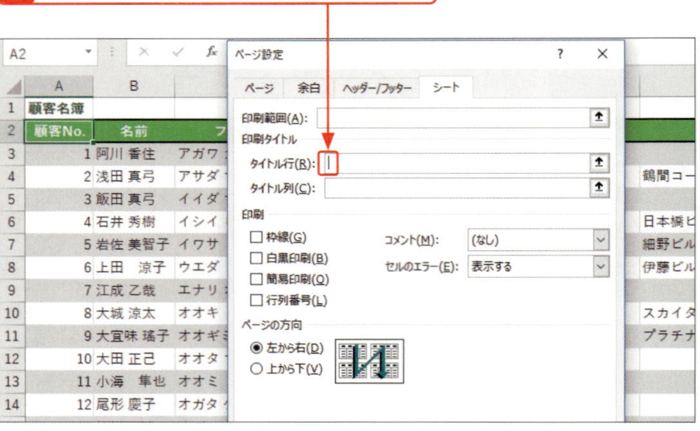

メモ タイトル列を設定する

タイトル列を設定する場合は、手順3で<タイトル列>のボックスをクリックして、見出しに設定したい列を指定します。

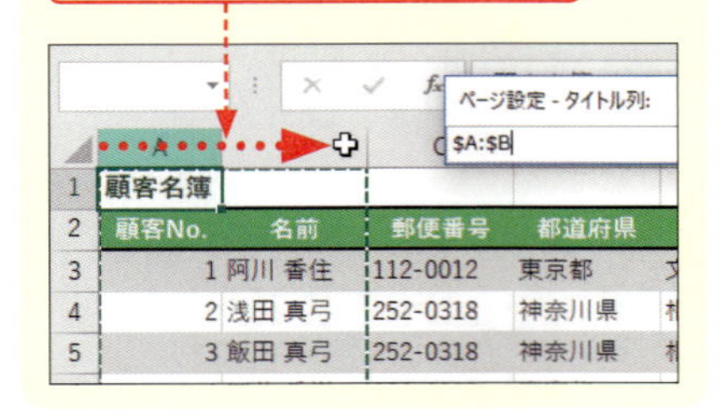

見出しにしたい列を指定します。
ページ設定 - タイトル列:
$A:$B

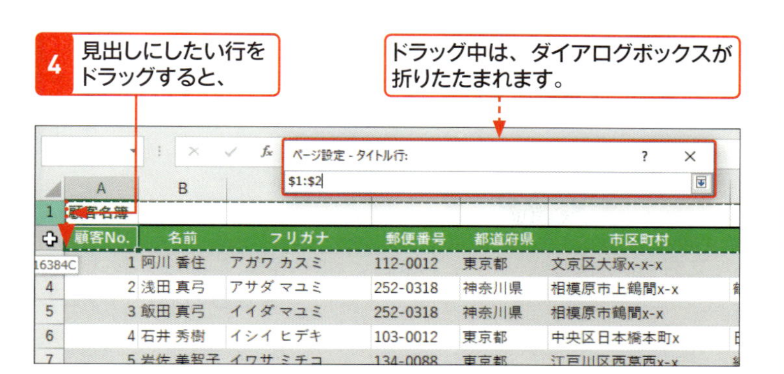

4 見出しにしたい行をドラッグすると、

ドラッグ中は、ダイアログボックスが折りたたまれます。

5 タイトル行が指定されます。

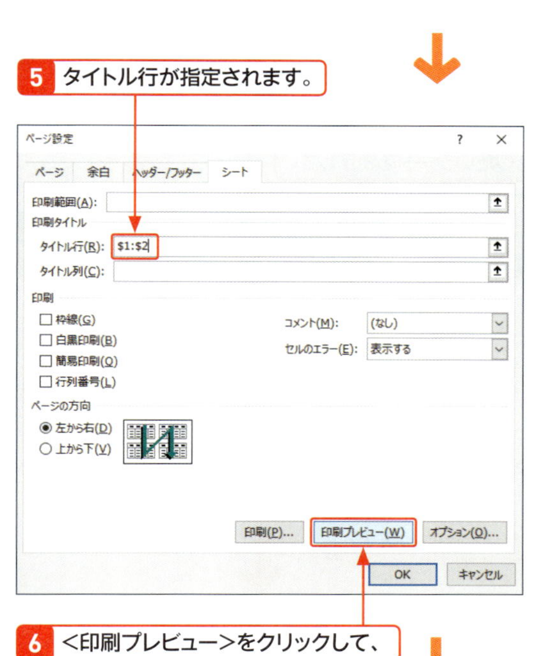

6 <印刷プレビュー>をクリックして、

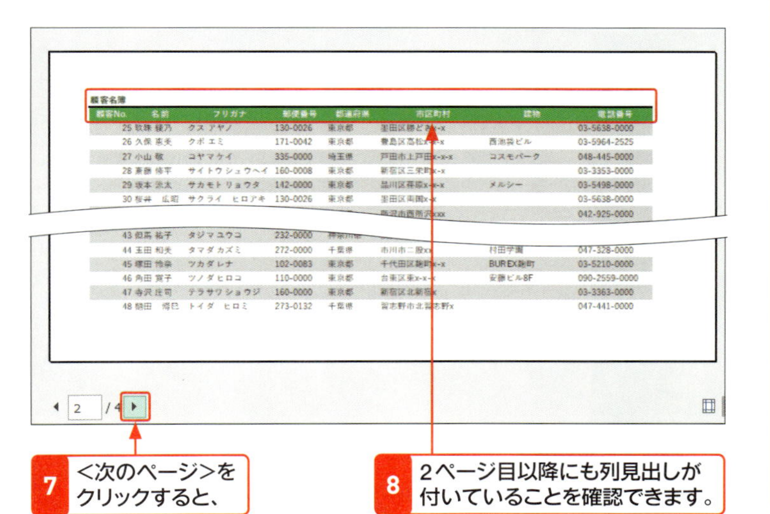

7 <次のページ>をクリックすると、

8 2ページ目以降にも列見出しが付いていることを確認できます。

ヒント <ページ設定>ダイアログボックスが邪魔な場合は?

<ページ設定>ダイアログボックスが邪魔で見出しにしたい行を指定しづらい場合は、ダイアログボックスのタイトルバーをドラッグすると、移動できます。

ステップアップ 行番号や列番号を印刷する

Excelの標準設定では、画面に表示されている行番号や列番号は印刷されません。行番号や列番号を印刷したい場合は、<ページレイアウト>タブの<見出し>の<印刷>をクリックしてオンにします。

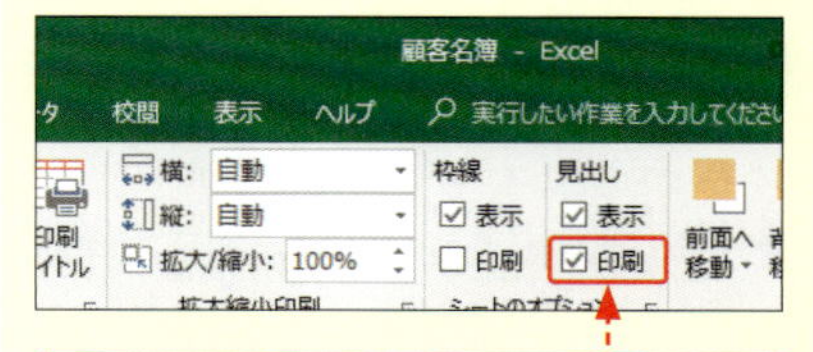

<見出し>の<印刷>をオンにすると、行番号や列番号が印刷されます。

Section 77

ワークシートをPDFで保存する

覚えておきたいキーワード
- PDF形式
- エクスポート
- PDF／XPSの作成

Excelで作成した文書をPDF形式で保存することができます。PDF形式で保存すると、レイアウトや書式、画像などがそのまま維持されるので、パソコン環境に依存せずに、同じ見た目で文書を表示することができます。Excelを持っていない人とのやりとりに利用するとよいでしょう。

1 ワークシートをPDF形式で保存する

1 PDF形式で保存したいシートを表示して、

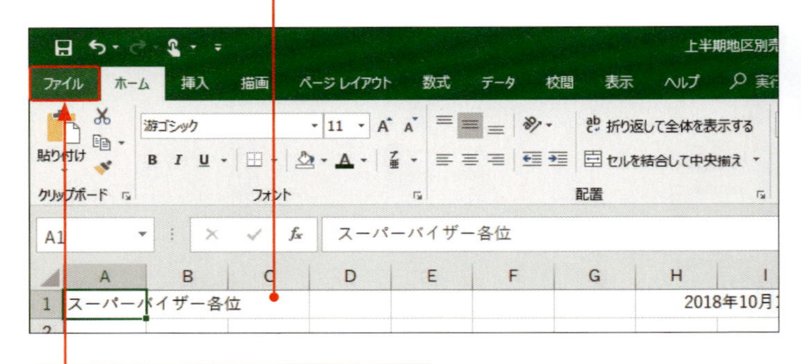

2 ＜ファイル＞タブをクリックします。

3 ＜エクスポート＞をクリックして、

4 ＜PDF／XPSドキュメントの作成＞をクリックし、

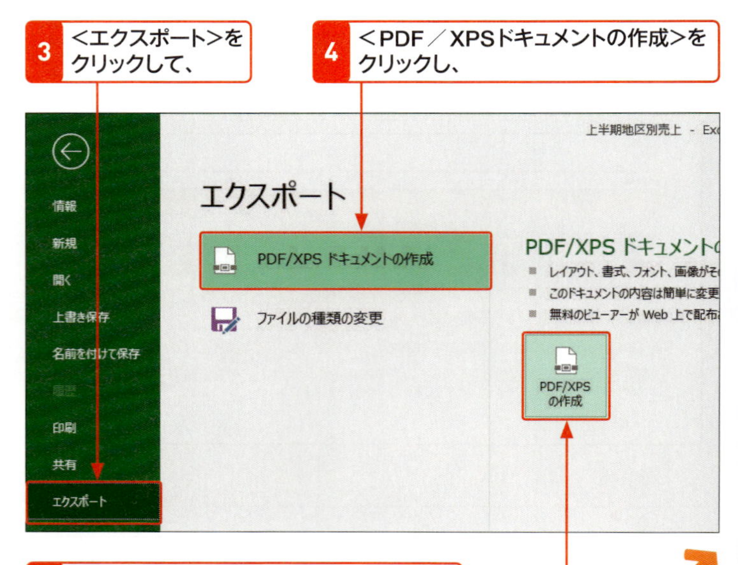

5 ＜PDF／XPSの作成＞をクリックします。

キーワード PDFファイル

「PDFファイル」は、アドビシステムズ社によって開発された電子文書の規格の1つです。レイアウトや書式、画像などがそのまま維持されるので、パソコン環境に依存せずに、同じ見た目で文書を表示することができます。

メモ PDF形式で保存するそのほかの方法

ワークシートをPDF形式で保存するには、ここで解説したほかにも以下の2つの方法があります。

①通常の保存時のように＜名前を付けて保存＞ダイアログボックスを表示して（P.40参照）、＜ファイルの種類＞を＜PDF＞にして保存します。

②＜印刷＞画面を表示して（P.204参照）、＜プリンター＞を＜Microsoft Print to PDF＞に設定し、＜印刷＞をクリックして保存します。

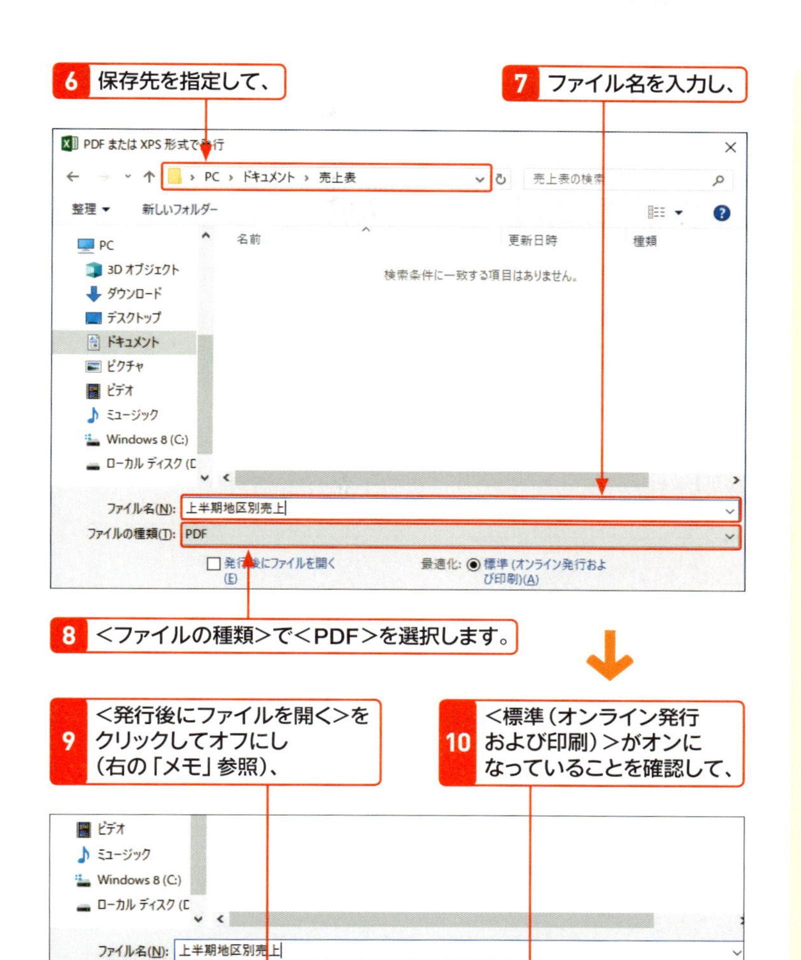

メモ 発行後にファイルを開く

<発行後にファイルを開く>をオンにすると、手順11で<発行>をクリックしたあとにPDFファイルが開きます。その際、<このファイルを開く方法を選んでください>という画面が表示された場合は、<Microsoft Edge>をクリックして<OK>をクリックします。

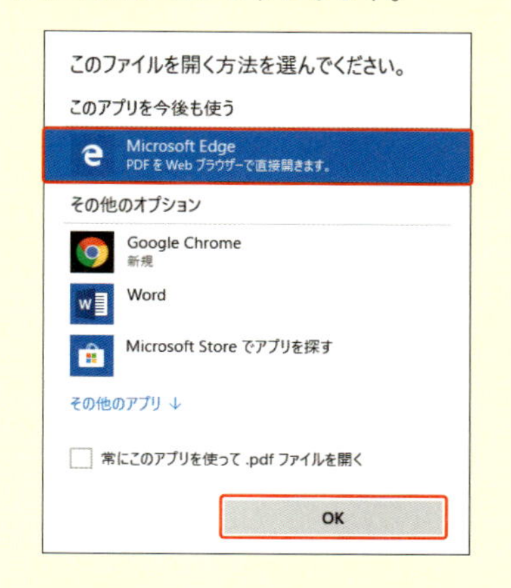

ヒント 最適化とは?

<最適化>では、発行するPDFファイルの印刷品質を指定します。印刷品質を高くしたい場合は、<標準（オンライン発行および印刷）>をオンにします。印刷品質よりもファイルサイズを小さくしたい場合は、<最小サイズ（オンライン発行）>をオンにします。

ステップアップ 発行対象を指定する

標準では、選択しているワークシートのみがPDFファイルとして保存されますが、ブック全体や選択した部分のみをPDFファイルにすることもできます。<PDFまたはXPS形式で発行>ダイアログボックスで<オプション>をクリックして、発行対象を指定します。

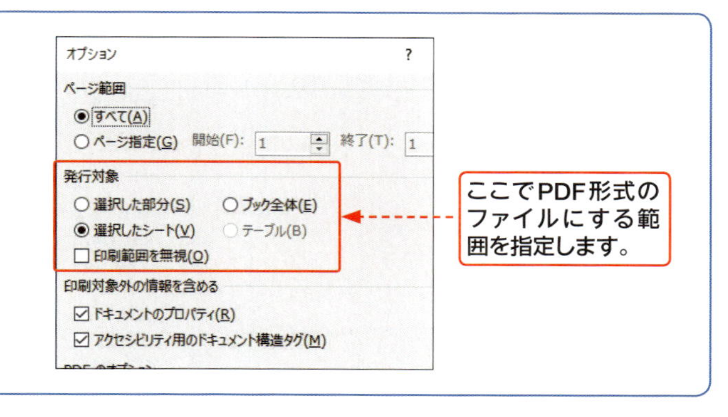

2 PDFファイルを開く

メモ PDFファイルを開く

PDFファイルをダブルクリックすると、PDFファイルに関連付けられたアプリが起動して、ファイルが表示されます。右の手順ではMicrosoft Edgeが起動していますが、パソコン環境によっては、Adobe Acrobat Reader DCなど、別のアプリが起動する場合もあります。

1 タスクバーにある<エクスプローラー>をクリックします。

2 PDFファイルの保存先を表示すると、

3 PDFファイルが保存されているのが確認できます。ダブルクリックすると、

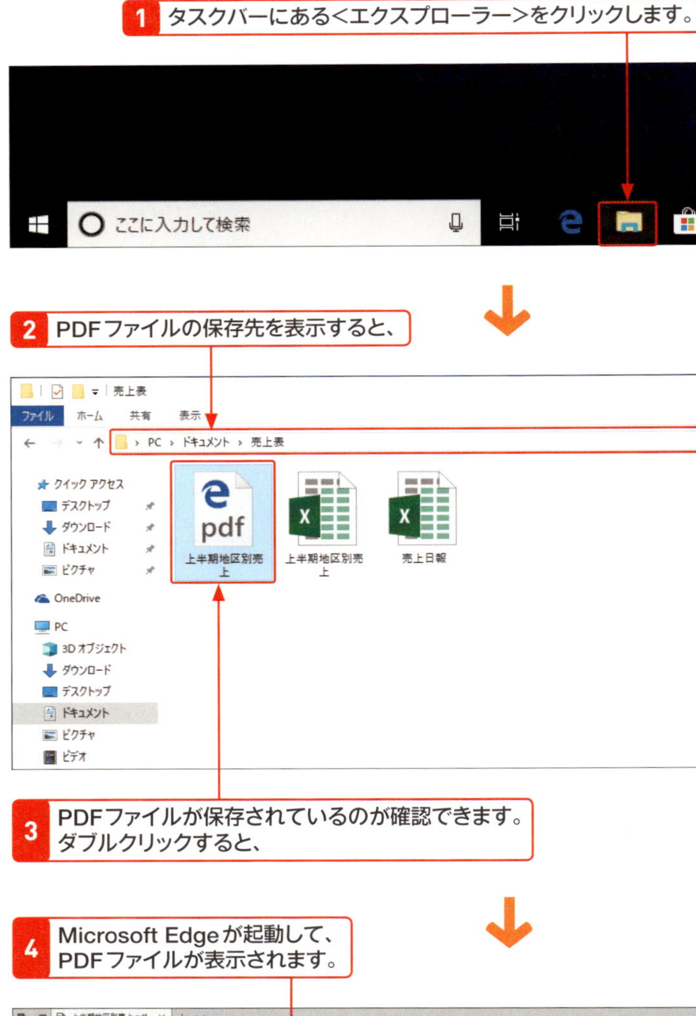

4 Microsoft Edgeが起動して、PDFファイルが表示されます。

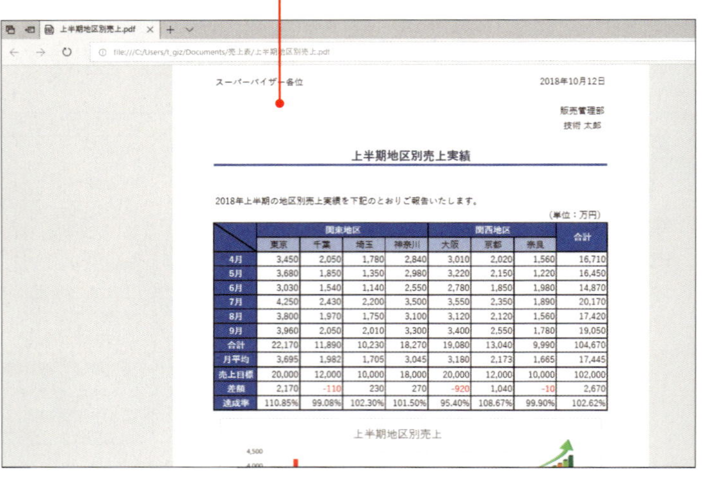

スーパーバイザー各位

2018年10月12日

販売管理部
技術 太郎

上半期地区別売上実績

2018年上半期の地区別売上実績を下記のとおりご報告いたします。

（単位：万円）

	関東地区				関西地区			合計
	東京	千葉	埼玉	神奈川	大阪	京都	奈良	
4月	3,450	2,050	1,780	2,840	3,010	2,020	1,560	16,710
5月	3,680	1,850	1,350	2,980	3,220	2,150	1,220	16,450
6月	3,030	1,540	1,140	2,550	2,780	1,850	1,980	14,870
7月	4,250	2,430	2,200	3,500	3,550	2,350	1,890	20,170
8月	3,800	1,970	1,750	3,100	3,120	2,120	1,560	17,420
9月	3,960	2,050	2,010	3,300	3,400	2,550	1,780	19,050
合計	22,170	11,890	10,230	18,270	19,080	13,040	9,990	104,670
月平均	3,695	1,982	1,705	3,045	3,180	2,173	1,665	17,445
売上目標	20,000	12,000	10,000	18,000	20,000	12,000	10,000	102,000
差額	2,170	-110	230	270	-920	1,040	-10	2,670
達成率	110.85%	99.08%	102.30%	101.50%	95.40%	108.67%	99.90%	102.62%

上半期地区別売上

ヒント PDFファイルをWordで開く

PDFファイルはWordで開くこともできます。WordでPDFファイルを開く場合は、注意を促すダイアログボックスが表示されます。<OK>をクリックすると、Wordで編集可能なファイルに変換されて表示されます。ただし、グラフィックなどを多く使っている場合は、もとのPDFとまったく同じ表示にはならない場合があります。

Chapter 07

第7章

グラフの利用

Section 78

グラフの種類と用途を知る

覚えておきたいキーワード
- グラフ
- グラフの種類
- グラフの用途

Excelでは、棒グラフや折れ線グラフ、レーダーチャートなど、機能や見た目の異なるグラフが数多く用意されています。目的にあったグラフを作成するには、それぞれのグラフの特徴を理解しておくことが重要です。ここでは、Excelで作成できる主なグラフとその用途を確認しておきましょう。

1 主なグラフの種類と用途

棒グラフ

「棒グラフ」は、棒の長さで値の大小を比較するグラフです。項目間の比較や一定期間のデータの変化を示すのに適しています。棒を伸ばす方向によって「縦棒グラフ」と「横棒グラフ」があります。

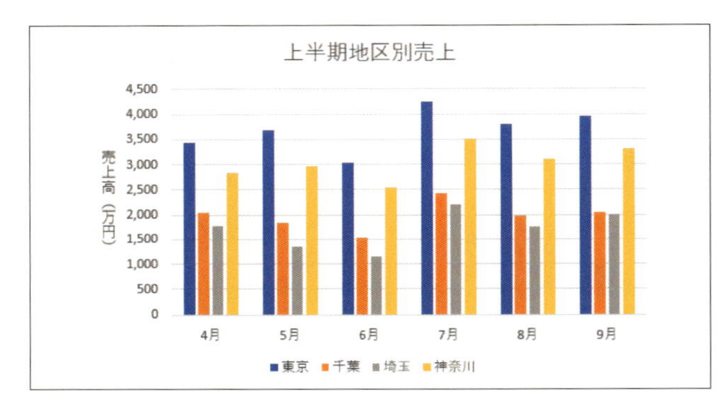

折れ線グラフ

「折れ線グラフ」は、時間の経過に伴うデータの変化や推移を折れ曲がった線で表すグラフです。一般に時間の経過を横軸に、データの推移を縦軸に表します。

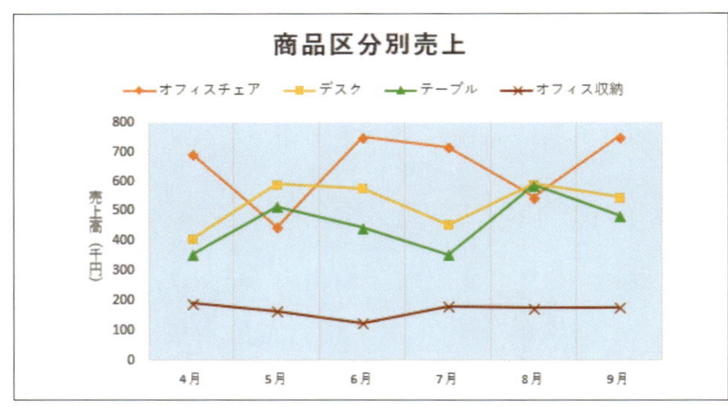

複合グラフ

「複合グラフ」は、異なる種類のグラフを組み合わせたグラフです。折れ線と棒、棒と面などの組み合わせがよく使われます。量と比率のような単位が違うデータや、比較と推移のような意味合いが違う情報をまとめて表現したいときに利用します。

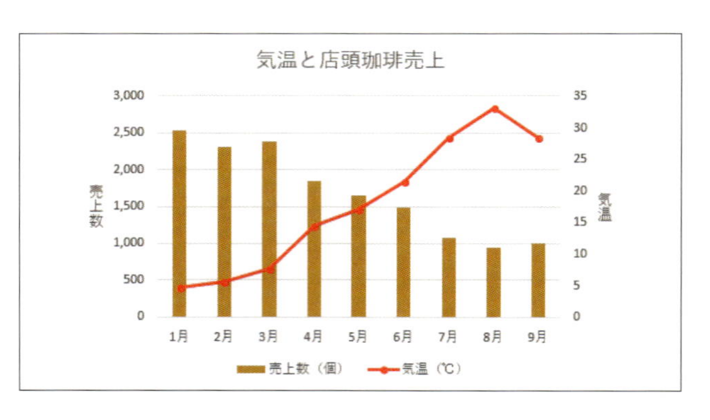

円グラフ

「円グラフ」は、すべてのデータの総計を100（100%）として、円を構成する扇形の大きさでそれぞれのデータの割合を表します。表の1つの列または1つの行にあるデータだけを円グラフにします。

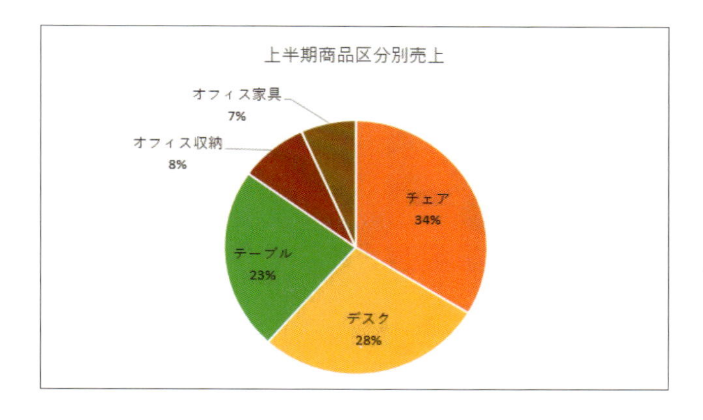

散布図

「散布図」は、2つの項目の関連性を点の分布で表すグラフです。ばらつきのあるデータに対して、データの相関関係を確認するときに利用されます。近似曲線といわれる線を引くことで、データの傾向を視覚的に把握することもできます。

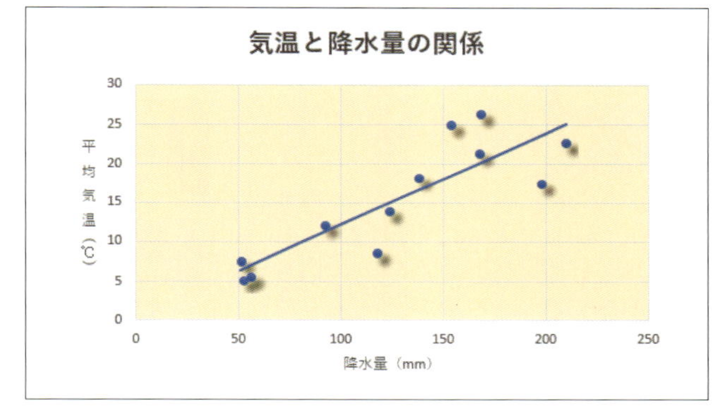

レーダーチャート

「レーダーチャート」は、中心から放射状に伸ばした線の上にデータ系列を描くグラフです。中心点を基準にして相対的なバランスを見たり、ほかの系列と比較したりするときに利用します。

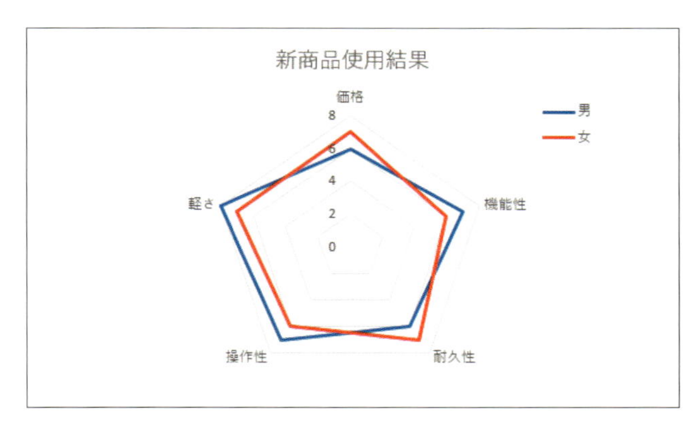

ツリーマップ

「ツリーマップ」は、データの階層構造を示すグラフです。色と類似性によってカテゴリを表示し、同じカテゴリのデータの大きさを長方形の面積で表します。階層間の値を比較したり、階層内の割合を把握・比較するときに利用します。

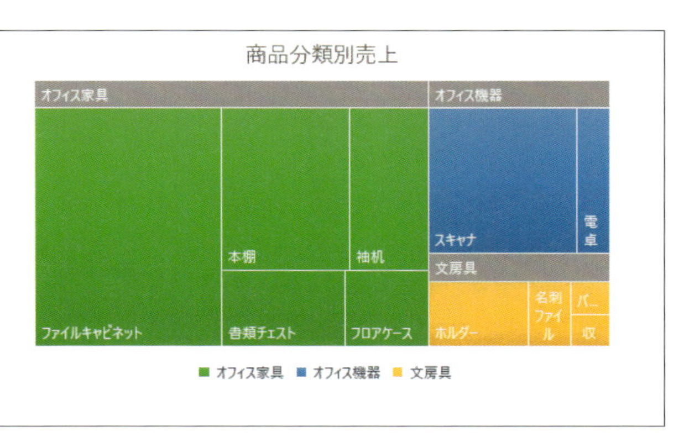

Section 79

グラフを作成する

覚えておきたいキーワード
- おすすめグラフ
- すべてのグラフ
- クイック分析

＜挿入＞タブの＜おすすめグラフ＞を利用すると、表の内容に適したグラフをかんたんに作成することができます。また、＜グラフ＞グループに用意されているコマンドや、グラフにするセル範囲を選択すると表示される＜クイック分析＞を利用してグラフを作成することもできます。

1 ＜おすすめグラフ＞を利用してグラフを作成する

メモ おすすめグラフ

＜おすすめグラフ＞を利用すると、利用しているデータに適したグラフをすばやく作成することができます。グラフにする範囲を選択して、＜挿入＞タブの＜おすすめグラフ＞をクリックすると、ダイアログボックスの左側に＜おすすめグラフ＞が表示されます。グラフをクリックすると、右側にグラフがプレビューされるので、利用したいグラフを選択します。

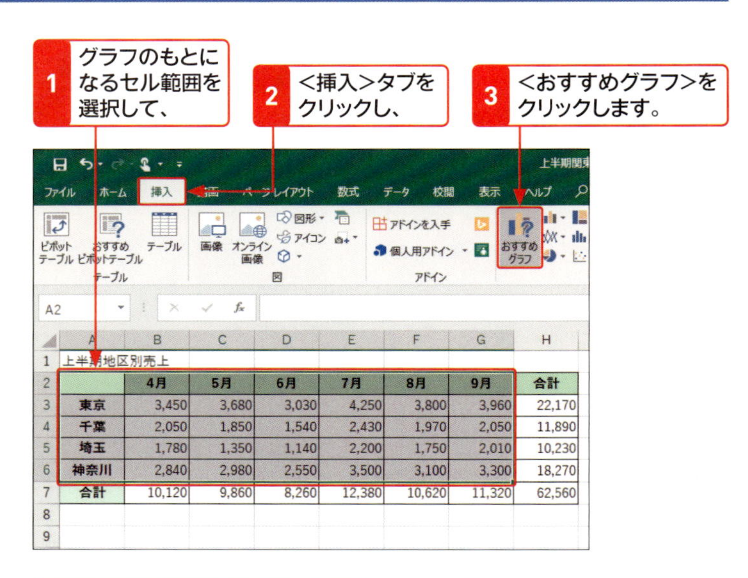

	A	B	C	D	E	F	G	H
1	上半期地区別売上							
2		4月	5月	6月	7月	8月	9月	合計
3	東京	3,450	3,680	3,030	4,250	3,800	3,960	22,170
4	千葉	2,050	1,850	1,540	2,430	1,970	2,050	11,890
5	埼玉	1,780	1,350	1,140	2,200	1,750	2,010	10,230
6	神奈川	2,840	2,980	2,550	3,500	3,100	3,300	18,270
7	合計	10,120	9,860	8,260	12,380	10,620	11,320	62,560

4 作成したいグラフ（ここでは＜集合縦棒＞）をクリックして、

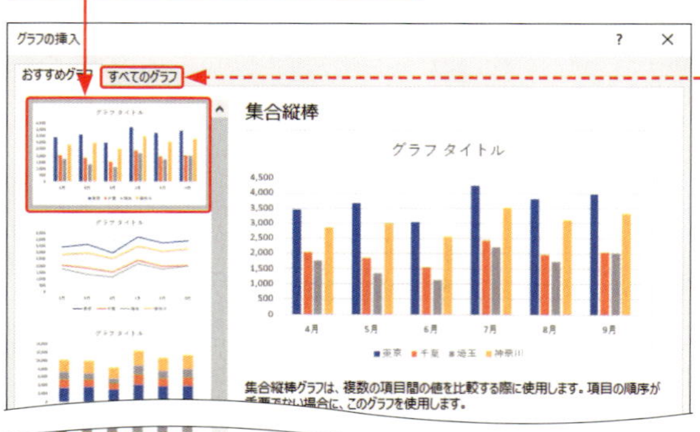

左の「ヒント」参照

5 ＜OK＞をクリックすると、

ヒント すべてのグラフ

＜グラフの挿入＞ダイアログボックスで＜すべてのグラフ＞をクリックすると、Excelで利用できるすべてのグラフの種類が表示されます。＜おすすめグラフ＞に目的のグラフがない場合は、＜すべてのグラフ＞から選択することができます。

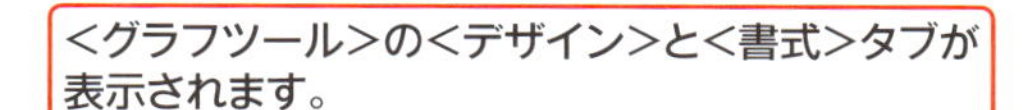
<グラフツール>の<デザイン>と<書式>タブが表示されます。

右の「ヒント」参照

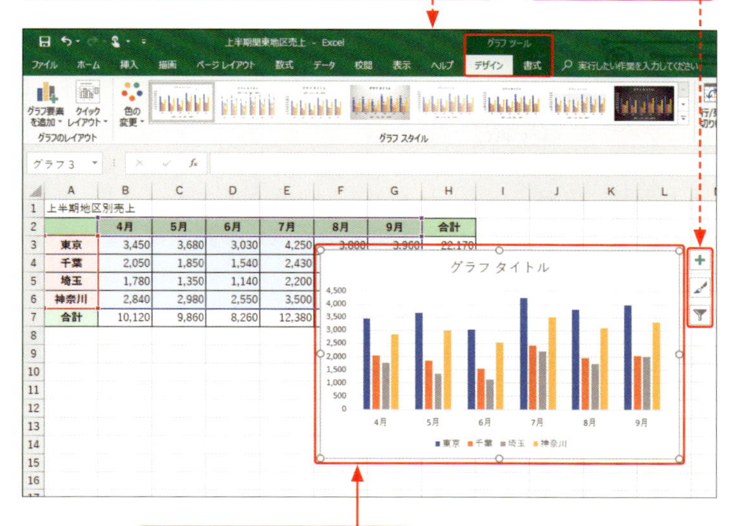

	A	B	C	D	E	F	G	H
1	上半期地区別売上							
2		4月	5月	6月	7月	8月	9月	合計
3	東京	3,450	3,680	3,030	4,250	3,800	3,960	22,170
4	千葉	2,050	1,850	1,540	2,430			
5	埼玉	1,780	1,350	1,140	2,200			
6	神奈川	2,840	2,980	2,550	3,500			
7	合計	10,120	9,860	8,260	12,380			

6 グラフが作成されます。

7 「グラフタイトル」と表示されている部分をクリックしてタイトルを入力し、

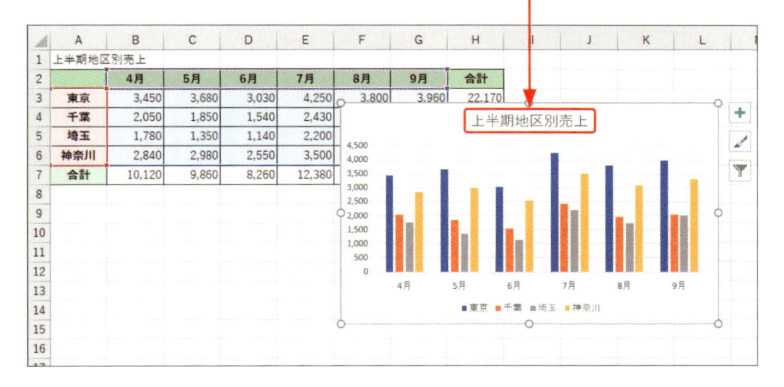

	A	B	C	D	E	F	G	H
1	上半期地区別売上							
2		4月	5月	6月	7月	8月	9月	合計
3	東京	3,450	3,680	3,030	4,250	3,800	3,960	22,170
4	千葉	2,050	1,850	1,540	2,430			
5	埼玉	1,780	1,350	1,140	2,200			
6	神奈川	2,840	2,980	2,550	3,500			
7	合計	10,120	9,860	8,260	12,380			

8 タイトル以外をクリックすると、タイトルが表示されます。

ヒント グラフの右上に表示されるコマンド

作成したグラフをクリックすると、グラフの右上に<グラフ要素><グラフスタイル><グラフフィルター>の3つのコマンドが表示されます。これらのコマンドを利用して、グラフ要素を追加したり（Sec.81参照）、グラフのスタイルを変更したり（Sec.82参照）することができます。

メモ <グラフ>グループにあるコマンドを使う

グラフは、<グラフ>グループに用意されているコマンドを使っても作成することができます。<挿入>タブをクリックして、グラフの種類に対応したコマンドをクリックし、目的のグラフを選択します。

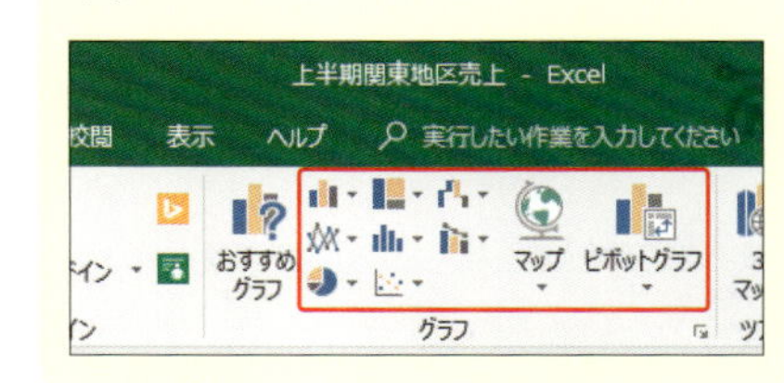

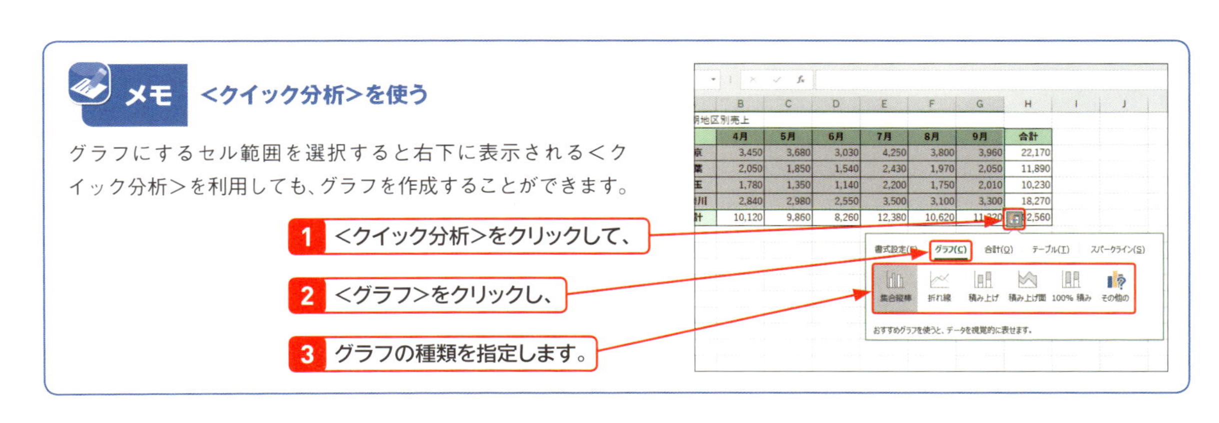

メモ <クイック分析>を使う

グラフにするセル範囲を選択すると右下に表示される<クイック分析>を利用しても、グラフを作成することができます。

1 <クイック分析>をクリックして、

2 <グラフ>をクリックし、

3 グラフの種類を指定します。

Section 80

グラフの位置やサイズを変更する

覚えておきたいキーワード
- グラフの移動
- グラフのサイズ変更
- グラフシート

グラフは、グラフのもととなるデータが入力されたワークシートの中央に作成されますが、任意の位置に移動したり、ほかのシートやグラフだけのシートに移動したりすることができます。それぞれの要素を個別に移動することもできます。また、グラフ全体のサイズを変更することもできます。

1 グラフを移動する

メモ グラフの選択

グラフの移動や拡大／縮小など、グラフ全体の変更を行うには、グラフを選択します。グラフエリア（Sec.81 参照）の何もないところをクリックすると、グラフが選択されます。

1 グラフエリアの何もないところをクリックしてグラフを選択し、

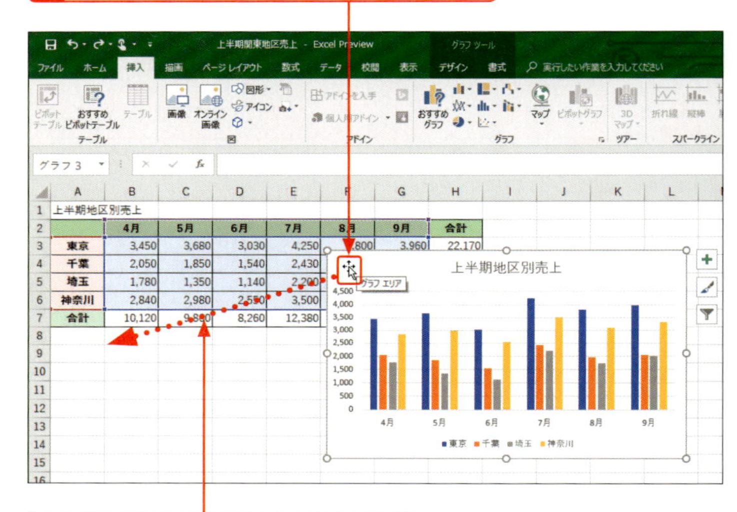

2 移動したい場所までドラッグすると、

3 グラフが移動されます。

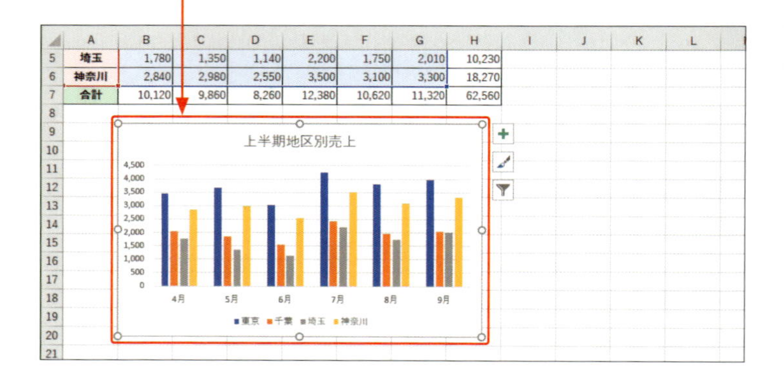

ステップアップ グラフをコピーする

グラフをほかのシートにコピーするには、グラフをクリックして選択し、<ホーム>タブの<コピー>をクリックします。続いて、貼り付け先のシートを表示して貼り付けるセルをクリックし、<ホーム>タブの<貼り付け>をクリックします。

2 グラフのサイズを変更する

1 サイズを変更したいグラフをクリックします。

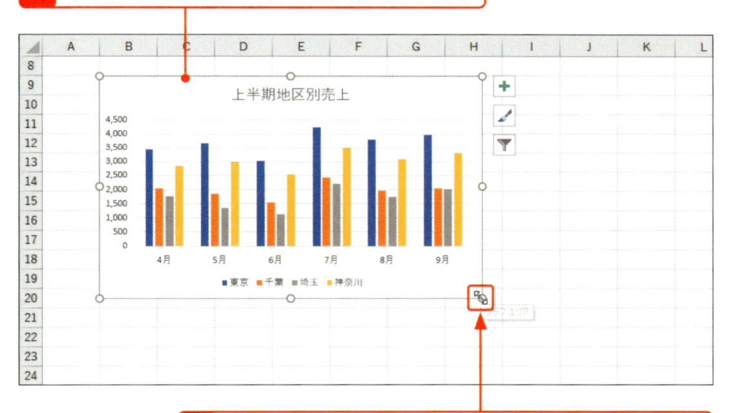

2 サイズ変更ハンドルにマウスポインターを合わせて、

3 変更したい大きさになるまでドラッグすると、

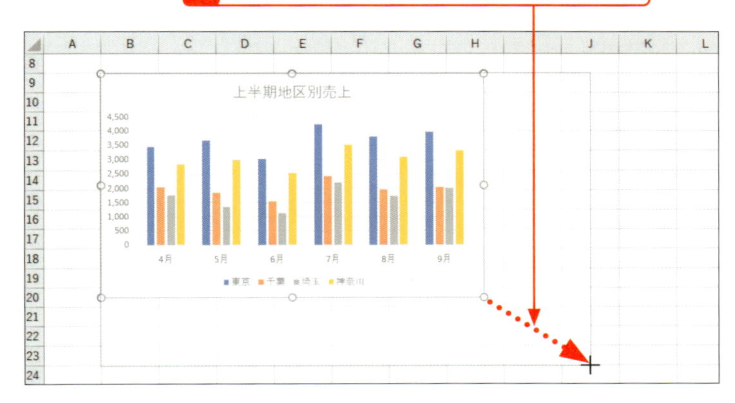

4 グラフのサイズが変更されます。

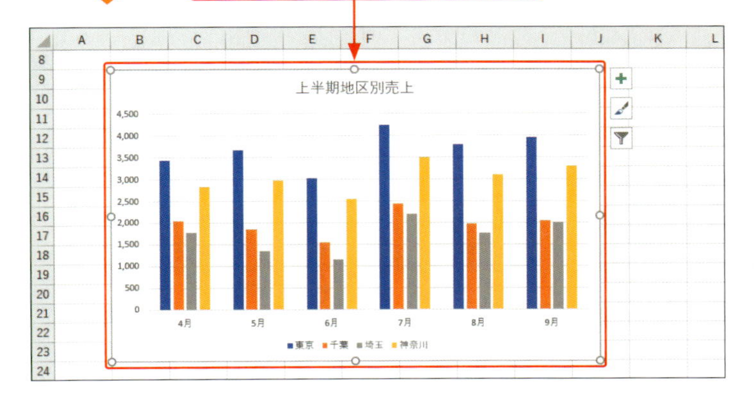

グラフのサイズを変更しても、文字サイズや凡例などの表示はもとのサイズのままです（右下の「ヒント」参照）。

キーワード サイズ変更ハンドル

「サイズ変更ハンドル」とは、グラフエリアを選択すると周りに表示される丸いマークのことです（手順1の図参照）。マウスポインターをサイズ変更ハンドルに合わせると、ポインターが両方に矢印の付いた形に変わります。その状態でドラッグすると、グラフのサイズを変更することができます。

ヒント 縦横比を変えずに拡大／縮小するには？

グラフの縦横比を変えずに拡大／縮小するには、Shift を押しながら、グラフの四隅のサイズ変更ハンドルをドラッグします。また、Alt を押しながらグラフの移動やサイズ変更を行うと、グラフをセルの境界線に揃えることができます。

ヒント グラフの文字サイズを変更する

グラフ内の文字サイズを変更する場合は、＜ホーム＞タブの＜フォントサイズ＞を利用します。グラフ全体の文字サイズを一括で変更したり、特定の要素の文字サイズを変更したりすることができます。

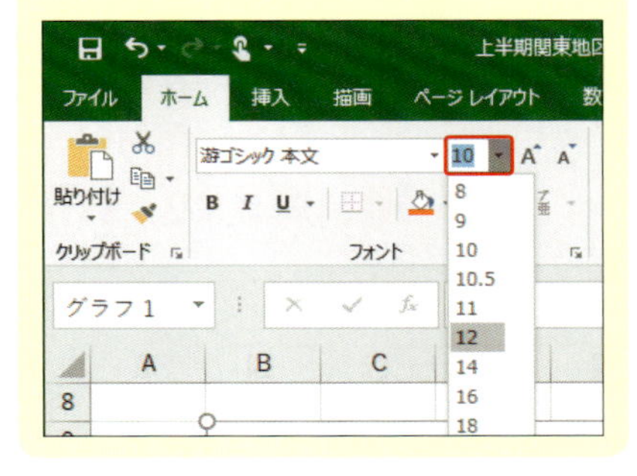

3 グラフをほかのシートに移動する

ヒント グラフの移動先

グラフは、ほかのシートに移動したり、グラフだけが表示されるグラフシートに移動したりすることができます。どちらも<グラフの移動>ダイアログボックス（次ページ参照）で移動先を指定します。ほかのシートに移動する場合は、移動先のシートをあらかじめ作成しておく必要があります。

ステップアップ グラフ要素を移動する

グラフエリアにあるすべてのグラフ要素（Sec.81参照）は、移動することができます。グラフ要素を移動するには、グラフ要素をクリックして、周囲に表示される枠線上にマウスポインターを合わせ、ポインターの形が ✥ に変わった状態でドラッグします。

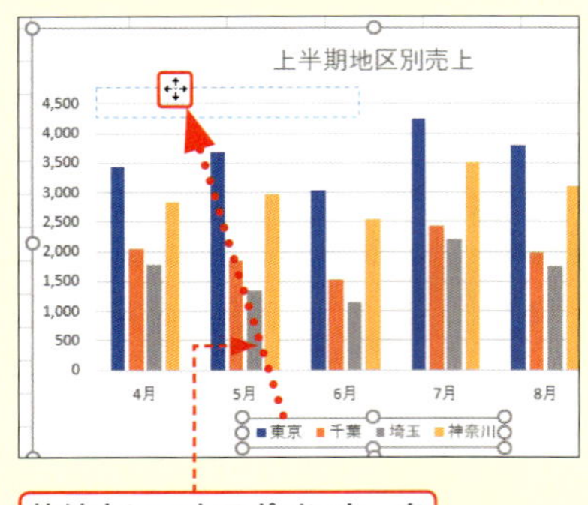

枠線上にマウスポインターを合わせてドラッグします。

1 <新しいシート>をクリックして、

2 新しいシートを作成しておきます。

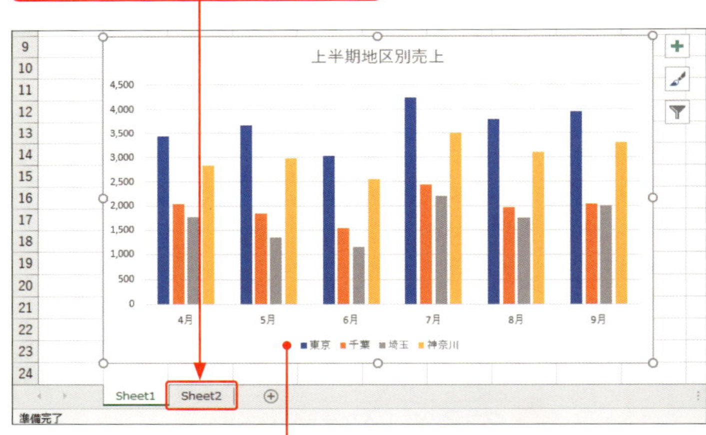

3 移動したいグラフをクリックして、

4 <デザイン>タブをクリックし、

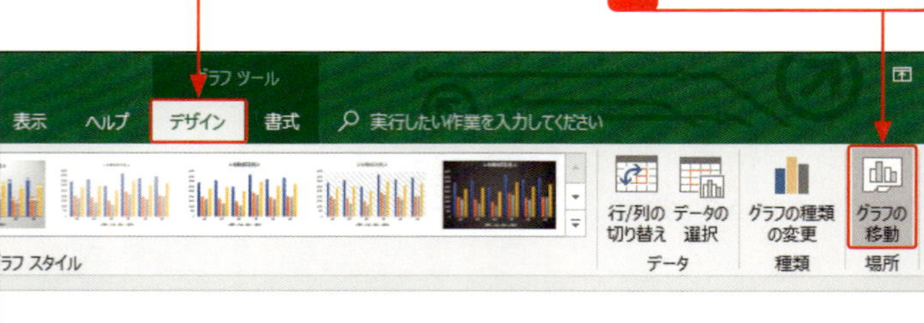

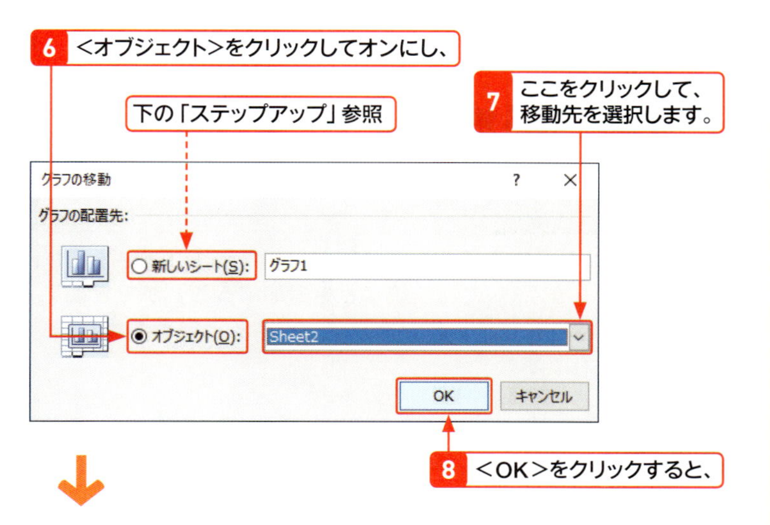

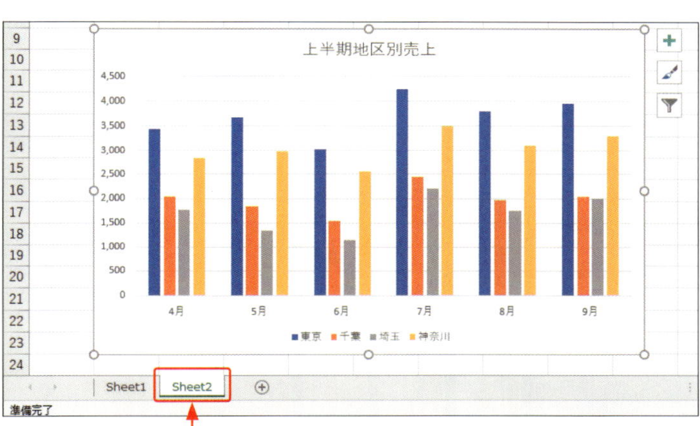

9 指定したシートにグラフが移動します。

キーワード グラフシート

「グラフシート」とは、グラフのみが表示されるワークシートのことです。グラフだけを印刷する場合などに使用します。

メモ もとデータの変更はグラフに反映される

グラフのもとデータの数値を変更すると、グラフにも変更が反映されます。

ステップアップ グラフシートの作成

<グラフの移動>ダイアログボックスでグラフの移動先を<新しいシート>にすると、指定したシート名で新しいグラフシートが作成され、グラフが移動されます。

新しく作成されたグラフシートに移動したグラフ

グラフ1

Section 81

グラフ要素を追加する

覚えておきたいキーワード
- グラフ要素
- 軸ラベル
- 目盛線

作成した直後のグラフには、グラフタイトルと凡例だけが表示されていますが、必要に応じて軸ラベルやデータラベル、目盛線などを追加することができます。これらのグラフ要素を追加するには、ブラフをクリックすると表示される<グラフ要素>を利用すると便利です。

1 軸ラベルを表示する

縦軸ラベルを表示する

1 グラフをクリックして、

2 <グラフ要素>をクリックします。

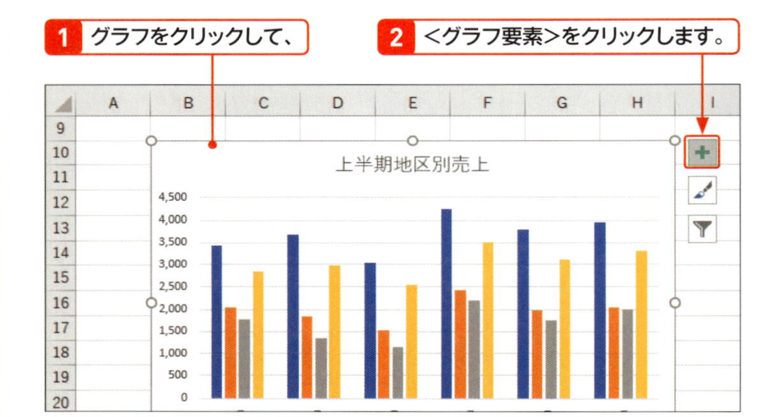

3 <軸ラベル>にマウスポインターを合わせて、

4 ここをクリックし、

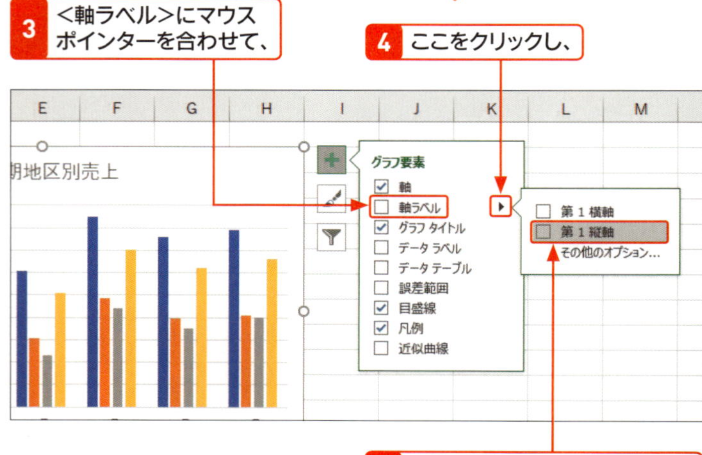

5 <第1縦軸>をクリックすると、

メモ グラフ要素

グラフをクリックすると、グラフの右上に3つのコマンドが表示されます。一番上の<グラフ要素>を利用すると、タイトルや凡例、軸ラベルや目盛線、データラベルなどの追加や削除、変更が行えます。

キーワード 軸ラベル

「軸ラベル」とは、グラフの横方向と縦方向の軸に付ける名前のことです。縦棒グラフの場合は、横方向（X軸）を「横（項目）軸」、縦方向（Y軸）を「縦（値）軸」と呼びます。

ヒント 横軸ラベルを表示するには

横軸ラベルを表示するには、手順5で<第1横軸>をクリックします。

6 グラフエリアの左側に「軸ラベル」と表示されます。

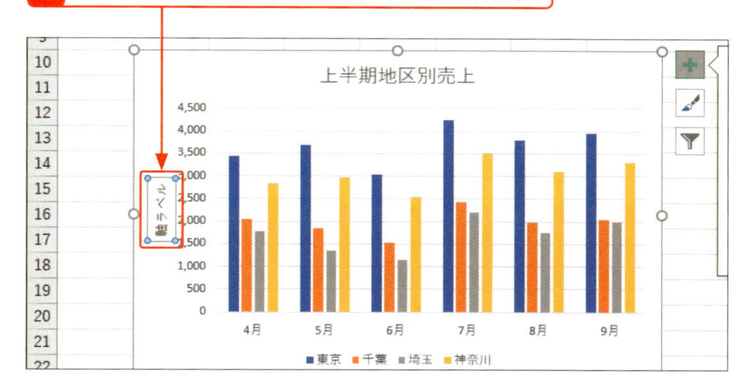

グラフの外のセルや軸ラベルをクリックすると、グラフ要素のメニューが閉じます。

7 クリックして軸ラベルを入力し、

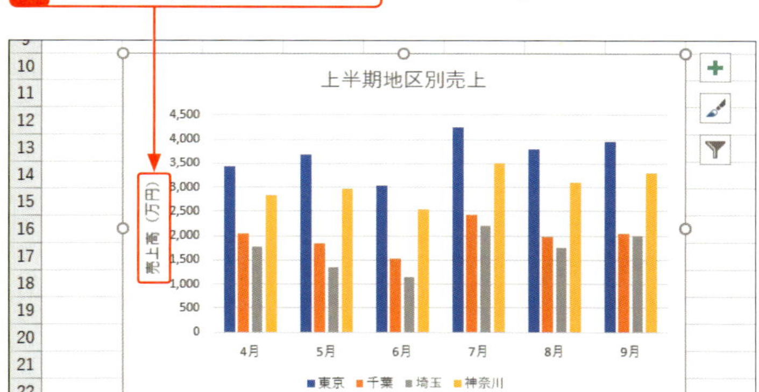

8 軸ラベル以外をクリックすると、軸ラベルが表示されます。

メモ 軸ラベルを表示するそのほかの方法

軸ラベルは、<デザイン>タブの<グラフ要素を追加>から表示することもできます。<グラフ要素を追加>をクリックして、<軸ラベル>にマウスポインターを合わせ、<第1縦軸>をクリックします。

1 <グラフ要素を追加>をクリックして、

2 <軸ラベル>にマウスポインターを合わせ、

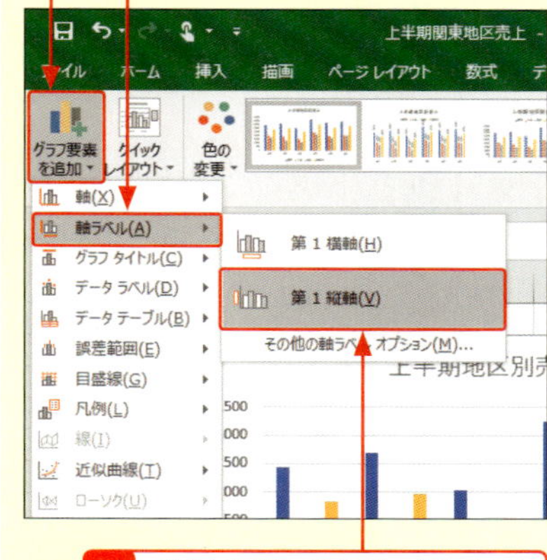

3 <第1縦軸>をクリックします。

ヒント グラフの構成要素

グラフを構成する部品のことを「グラフ要素」といいます。それぞれのグラフ要素は、グラフのもとになったデータと関連しています。ここで、各グラフ要素の名称を確認しておきましょう。

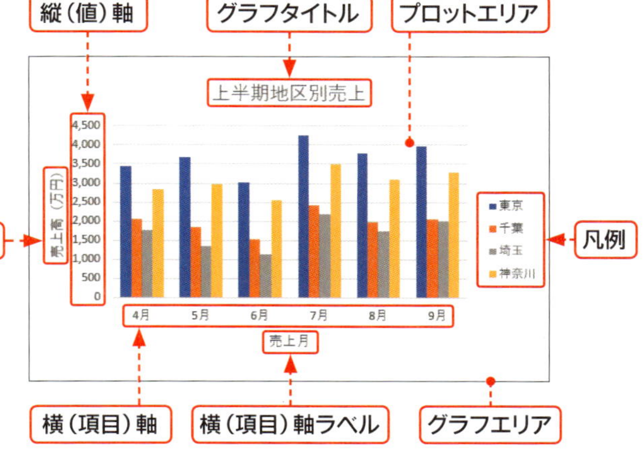

2 軸ラベルの文字方向を変更する

メモ 軸ラベルの書式設定

右の手順では<軸ラベルの書式設定>作業ウィンドウが表示されますが、作業ウィンドウの名称と内容は、選択したグラフ要素によって変わります。作業ウィンドウを閉じるときは、右上の<閉じる>☒をクリックします。

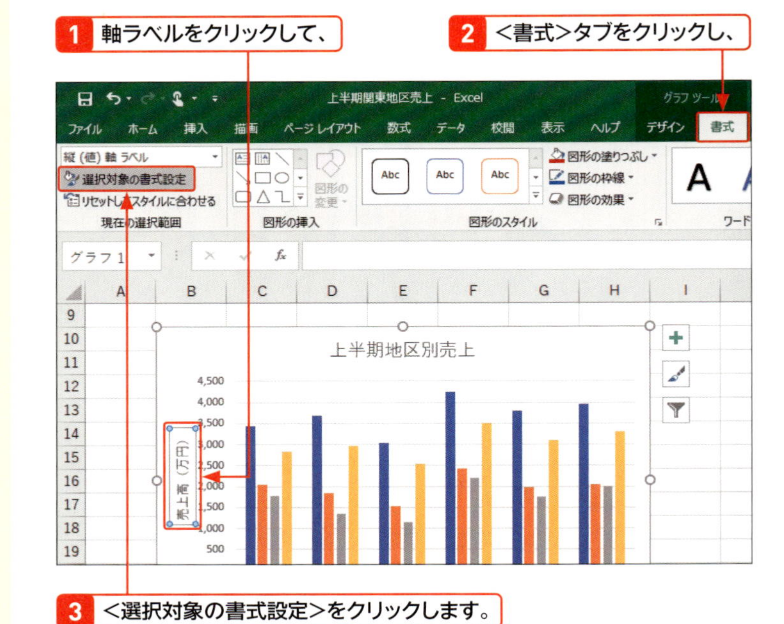

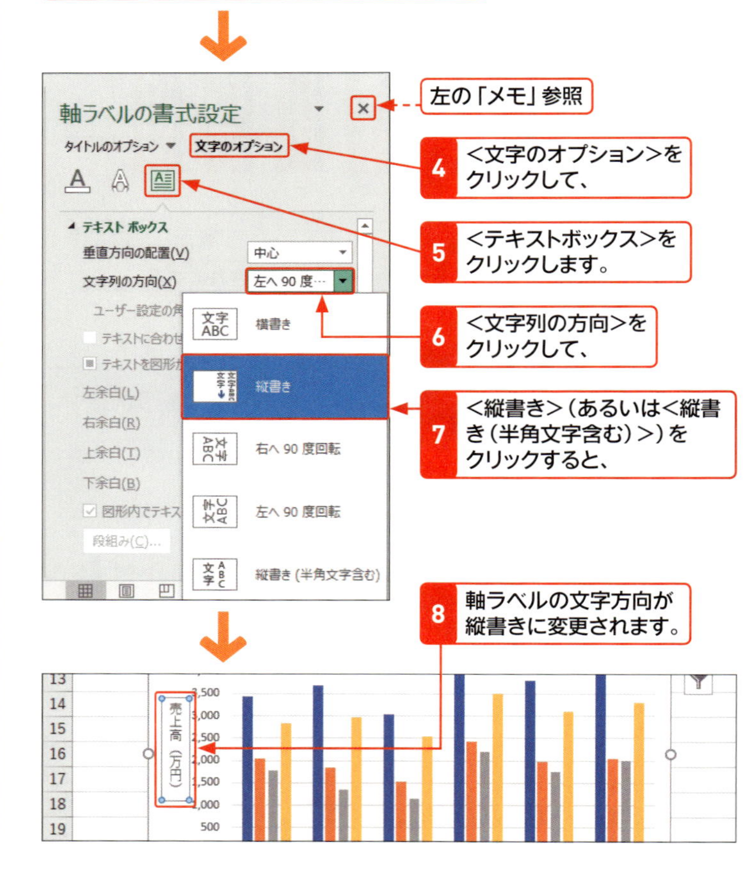

ステップアップ データラベルを表示する

グラフにデータラベル（もとデータの値）を表示することもできます。<グラフ要素>をクリックして、<データラベル>にマウスポインターを合わせて▶をクリックし、表示する位置を指定します（P.239手順3の図参照）。特定の系列だけにラベルを表示したい場合は、表示したいデータ系列を選択してからデータラベルを設定します。吹き出しや引き出し線を使ってデータラベルをグラフに接続することもできます。

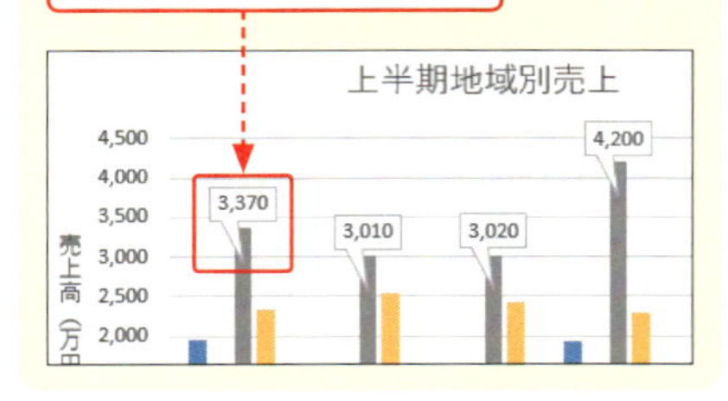

3 目盛線を表示する

主縦軸目盛線を表示する

1 グラフをクリックして、 2 <グラフ要素>をクリックします。

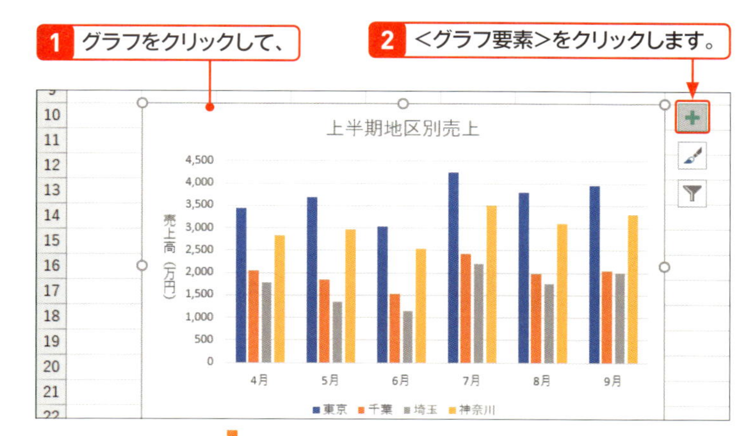

3 <目盛線>にマウスポインターを合わせて、 4 ここをクリックし、

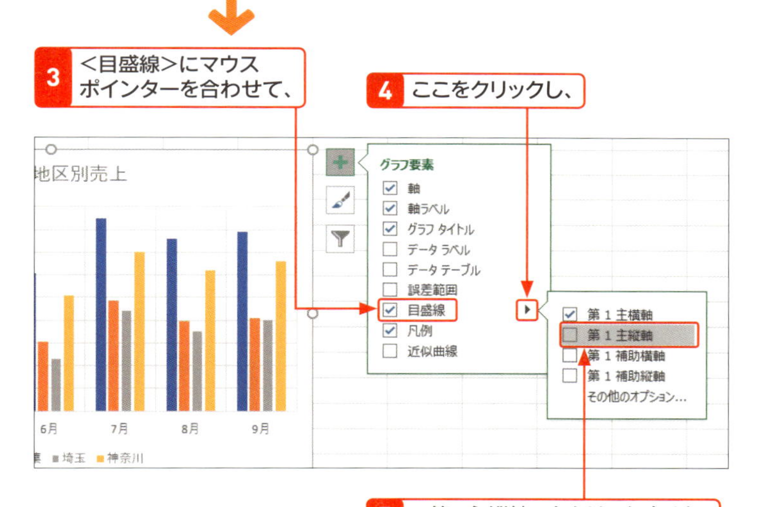

5 <第1主縦軸>をクリックすると、

6 主縦軸目盛線が表示されます。

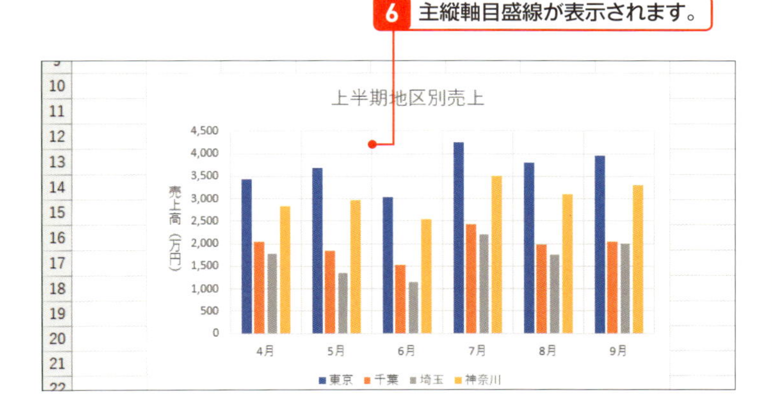

キーワード 目盛線

「目盛線」とは、データを読み取りやすいように表示する線のことです。グラフを作成すると、自動的に主横軸目盛線が表示されますが、グラフを見やすくするために、主縦軸に目盛線を表示させることができます。また、下図のように補助目盛線を表示することもできます。

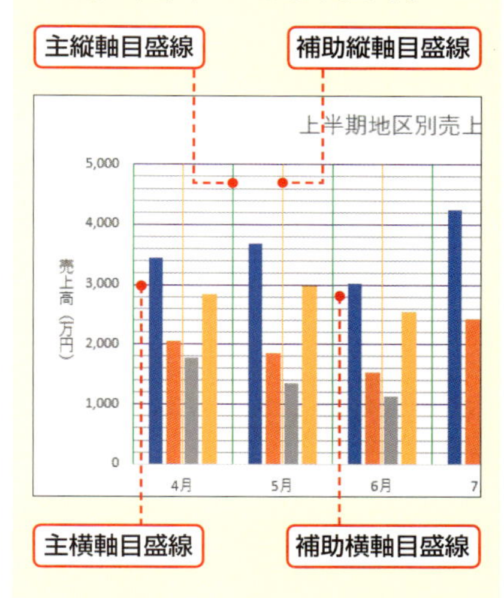

ヒント グラフ要素のメニューを閉じるには？

<グラフ要素>をクリックすると表示されるメニューを閉じるには、グラフの外のセルをクリックします。

Section 82

グラフのレイアウトやデザインを変更する

覚えておきたいキーワード
- クイックレイアウト
- グラフスタイル
- 色の変更

グラフのレイアウトやデザインは、あらかじめ用意されている＜クイックレイアウト＞や＜グラフスタイル＞から好みの設定を選ぶだけで、かんたんに変えることができます。また、＜色の変更＞でグラフの色とスタイルをカスタマイズすることもできます。

1 グラフ全体のレイアウトを変更する

1 グラフをクリックして、＜デザイン＞タブをクリックします。

2 ＜クイックレイアウト＞をクリックして、

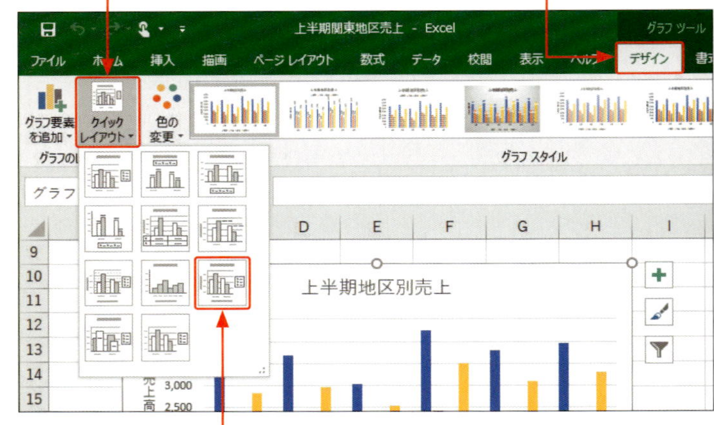

3 使用したいレイアウト（ここでは＜レイアウト9＞）をクリックすると、

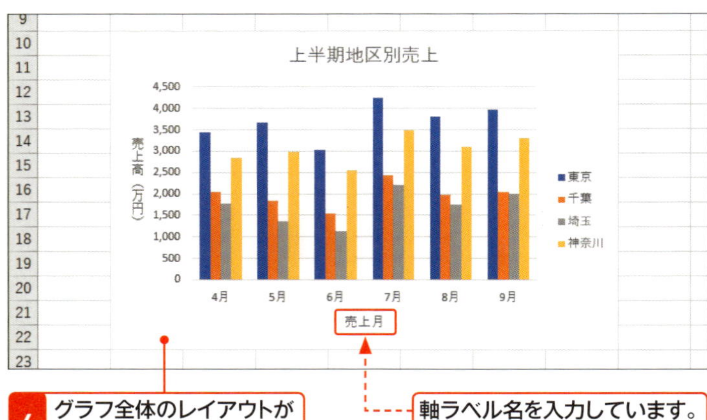

4 グラフ全体のレイアウトが変更されます。

軸ラベル名を入力しています。

ヒント グラフ要素に書式を設定する

グラフエリア、プロットエリア、グラフタイトル、凡例などの要素にも個別に書式を設定することができます。書式を設定したいグラフ要素をクリックして＜書式＞タブをクリックし、＜選択対象の書式設定＞をクリックして、目的の書式を設定します。

ステップアップ 行と列を切り替える

＜デザイン＞タブの＜行／列の切り替え＞をクリックすると、グラフの行と列を入れ替えることができます。

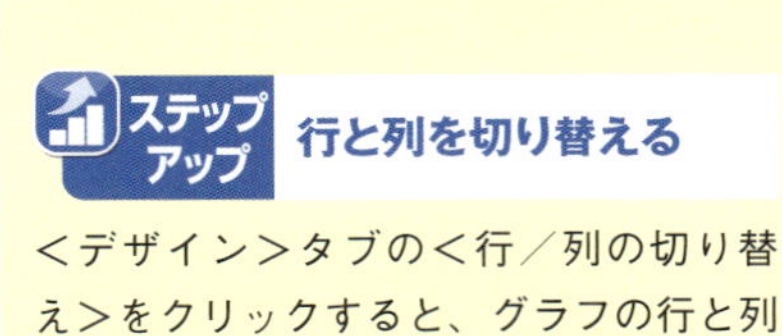

2 グラフのスタイルを変更する

1 グラフをクリックして、
2 <デザイン>タブをクリックし、
3 <その他>をクリックします。

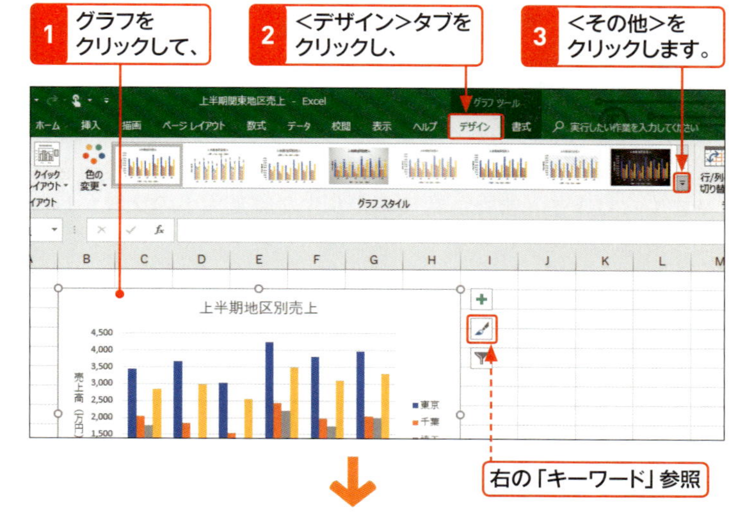

右の「キーワード」参照

4 使用したいスタイル（ここでは<スタイル4>）をクリックすると、
5 グラフのスタイルが変更されます。

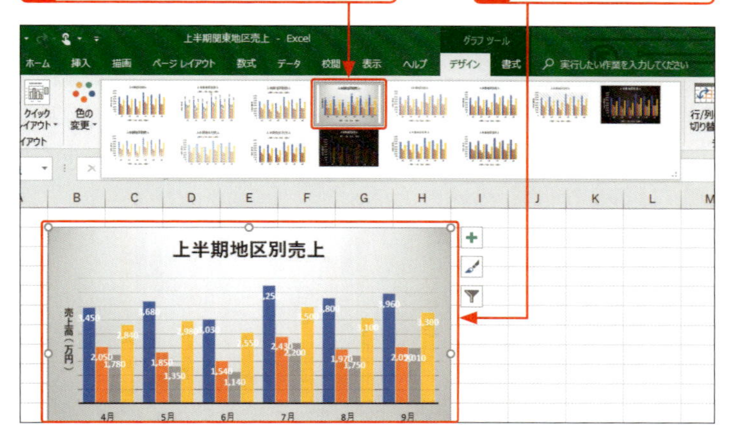

キーワード グラフスタイル

「グラフスタイル」は、グラフの色やスタイル、背景色などの書式があらかじめ設定されているものです。グラフのスタイルは、グラフをクリックすると表示される<グラフスタイル>から変更することもできます。

メモ スタイルを設定する際の注意

Excelに用意されている「グラフスタイル」を適用すると、それまでに設定していたグラフ全体の文字サイズやフォント、タイトルやグラフエリアなどの書式が変更されてしまうことがあります。グラフのスタイルを適用する場合は、これらを設定する前に適用するとよいでしょう。

ステップアップ グラフの色を変更する

グラフの色とスタイルをカスタマイズすることもできます。グラフをクリックして、<デザイン>タブの<色の変更>をクリックすると、色の一覧が表示されます。一覧から使用したい色をクリックすると、グラフ全体の色味が変更されます。

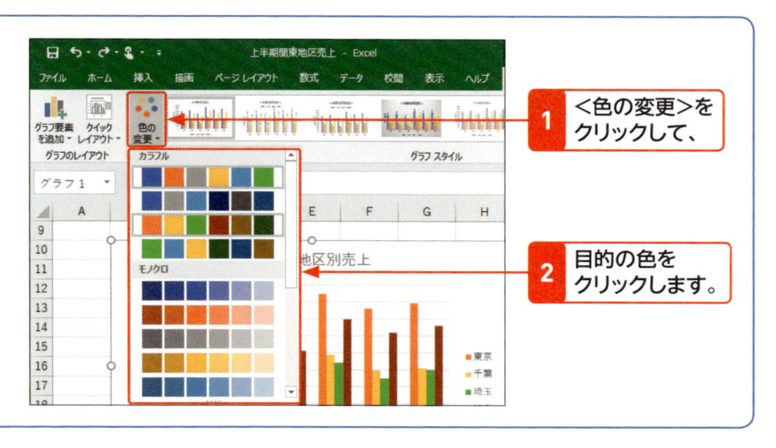

1 <色の変更>をクリックして、
2 目的の色をクリックします。

Section 83

目盛と表示単位を変更する

覚えておきたいキーワード
- ＜書式＞タブ
- 軸の書式設定
- 表示単位の設定

グラフの縦軸に表示される数値の桁数が多いと、プロットエリアが狭くなり、グラフが見にくくなります。このような場合は、縦（値）軸ラベルの表示単位を変更すると見やすくなります。また、数値の差が少なくて大小の比較がしにくい場合は、目盛の範囲や間隔などを変更すると比較がしやすくなります。

1 縦（値）軸の目盛範囲と表示単位を変更する

ヒント　縦（値）軸の範囲や間隔

縦（値）軸の範囲や間隔は、＜軸の書式設定＞作業ウィンドウで変更できます。＜境界線＞の＜最小値＞や＜最大値＞の数値を変更すると、設定した範囲で表示できます。また、＜単位＞の＜主＞や＜補助＞の数値を変更すると、設定した間隔で表示できます。

ヒント　指定した範囲や間隔をもとに戻すには？

右の手順で変更した軸の＜最小値＞や＜最大値＞、＜単位＞をもとの＜自動＞に戻すには、再度＜軸の書式設定＞作業ウィンドウを表示して、数値ボックスの右に表示されている＜リセット＞をクリックします。

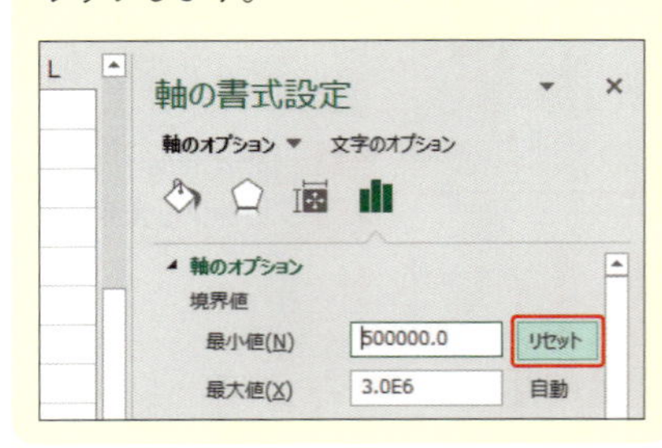

1 縦（値）軸をクリックして、

2 ＜書式＞タブをクリックし、

3 ＜選択対象の書式設定＞をクリックします。

4 ここでは、＜境界値＞の＜最小値＞の数値を「500000」に変更します。

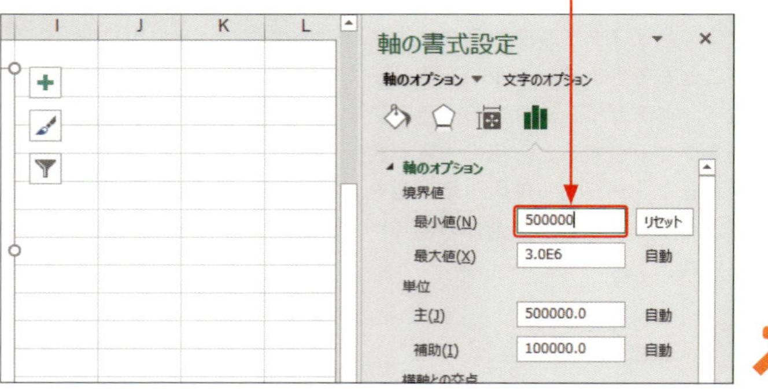

5 スクロールバーをドラッグして、ウィンドウの下方向を表示し、

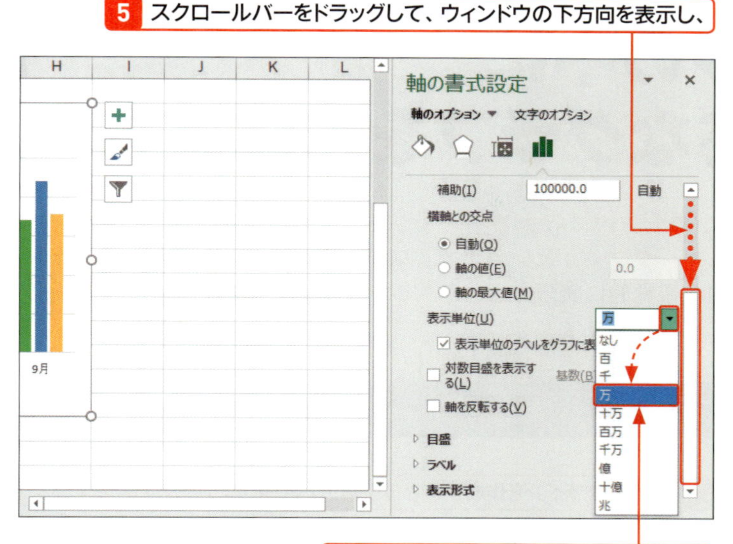

6 ▾をクリックして、表示単位（ここでは<万>）をクリックします。

7 <表示単位のラベルをグラフに表示する>をクリックしてオフにし、

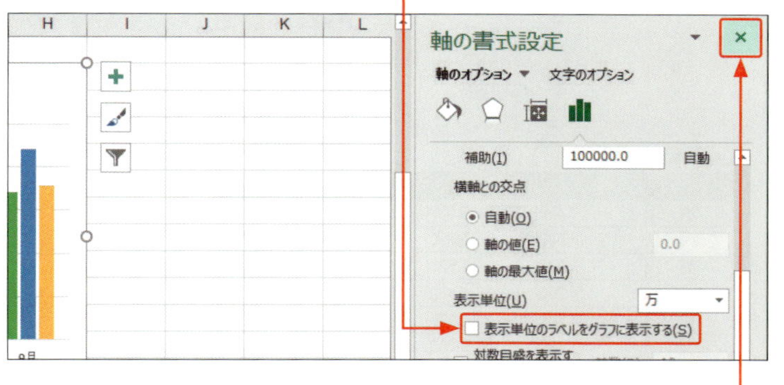

8 <閉じる>をクリックすると、

9 軸の最小値と表示単位が変更されます。

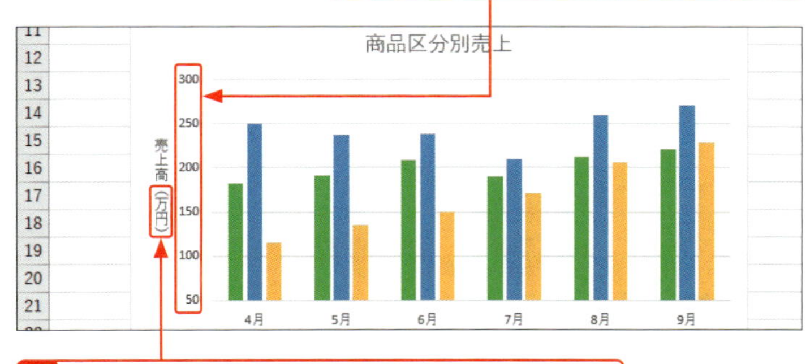

10 軸ラベルに合うように、「円」を「万円」に変更します（右の「メモ」参照）。

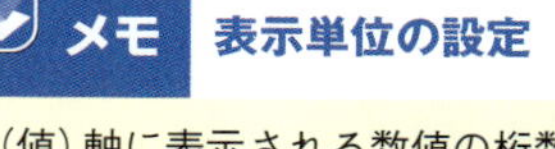

メモ 表示単位の設定

縦（値）軸に表示される数値の桁数が多くてグラフが見にくい場合は、表示単位を変更すると、数値の桁数が減りグラフを見やすくすることができます。左の例では、データの表示単位を「万」にすることで、「500,000」を「50」と表示します。なお、手順**7**で<表示単位のラベルをグラフに表示する>をオンにすると、<表示単位>で選択した単位がグラフ上に表示されます。軸ラベルを表示していない場合はオンにするとよいでしょう。

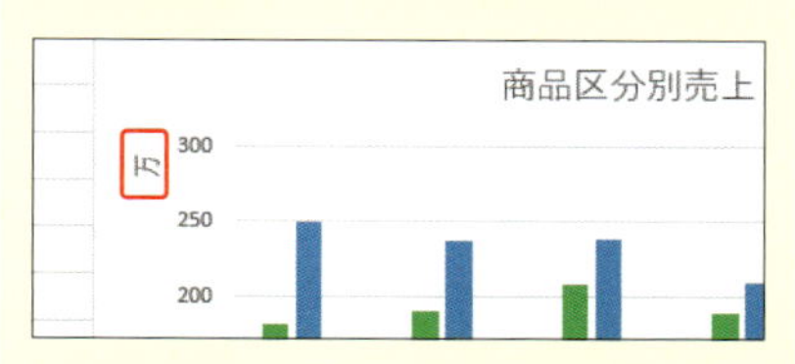

ステップアップ <グラフフィルター>の利用

グラフをクリックすると右上に表示される<グラフフィルター>をクリックすると、グラフに表示する系列やカテゴリを設定することができます。

1 <グラフフィルター>をクリックすると、

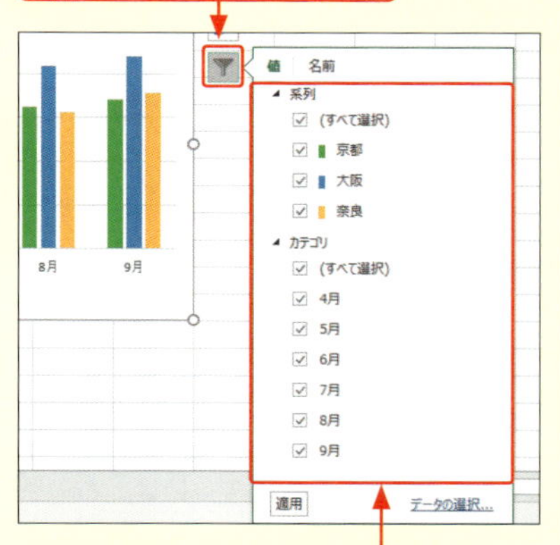

2 表示する系列やカテゴリを設定できます。

Section 84

セルの中に小さなグラフを作成する

覚えておきたいキーワード
- スパークライン
- スタイル
- 頂点（山）の表示／非表示

Excelでは、1つのセル内に収まる小さなグラフを作成することができます。このグラフをスパークラインといいます。スパークラインを利用すると、データの推移や傾向が視覚的に表現でき、データが変更された場合でも、スパークラインに瞬時に反映されます。

1 スパークラインを作成する

キーワード スパークライン

「スパークライン」とは、1つのセル内に収まる小さなグラフのことで、折れ線、縦棒、勝敗の3種類が用意されています。それぞれのスパークラインは、選択範囲の中の1行分（1列分）のデータに相当します。スパークラインを使用すると、データ系列の傾向を視覚的に表現することができます。

メモ スパークラインの作成

スパークラインを作成するには、右の手順のように、グラフの種類、もとになるデータのセル範囲、グラフを描く場所を指定します。

1 スパークラインを作成するセルをクリックします。

2 <挿入>タブをクリックして、

3 <スパークライン>グループにあるグラフの種類をクリックします。

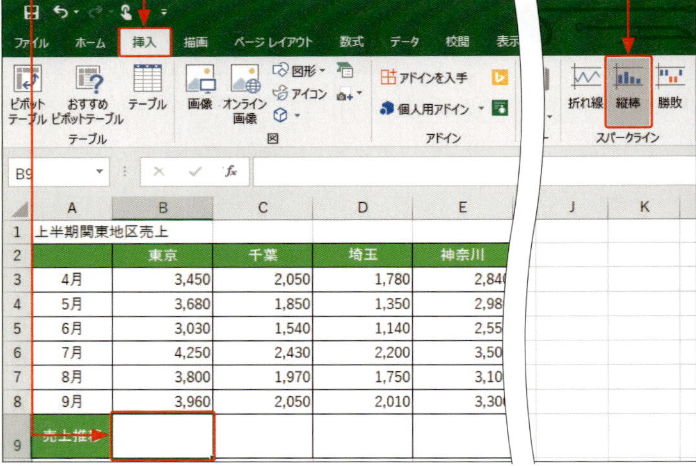

4 スパークラインを作成するデータ範囲を指定し、

5 作成する場所を確認して、

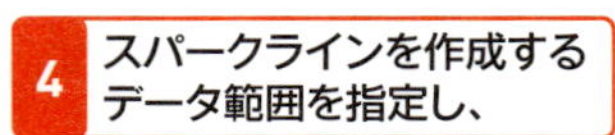

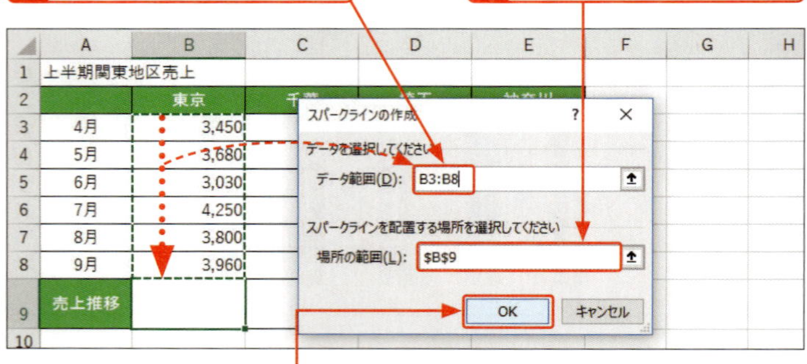

6 <OK>をクリックすると、

7 セルの中にグラフが作成されます。

第7章 グラフの利用

2 スパークラインのスタイルを変更する

1 作成したスパークラインをクリックして、

2 <デザイン>タブをクリックし、

3 <その他>をクリックします。

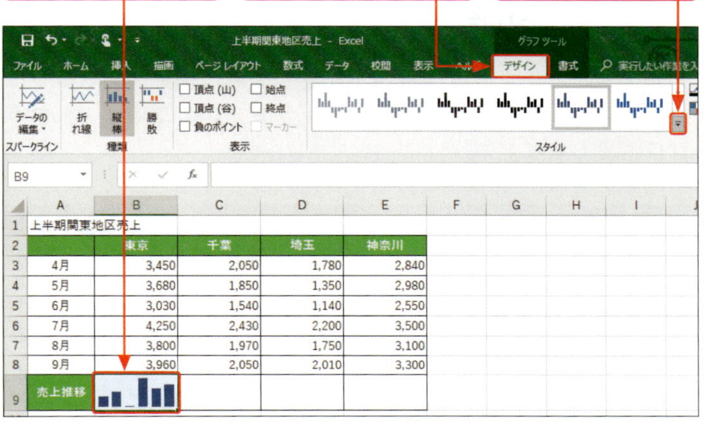

4 使用したいスタイルをクリックすると、

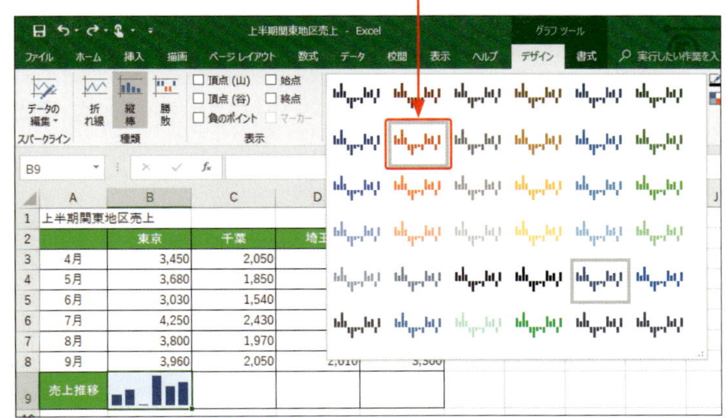

5 スパークラインのスタイルが変更されます。

	A	B	C	D	E
1	上半期関東地区売上				
2		東京	千葉	埼玉	神奈川
3	4月	3,450	2,050	1,780	2,840
4	5月	3,680	1,850	1,350	2,980
5	6月	3,030	1,540	1,140	2,550
6	7月	4,250	2,430	2,200	3,500
7	8月	3,800	1,970	1,750	3,100
8	9月	3,960	2,050	2,010	3,300
9	売上推移				

6 フィルハンドルをドラッグして、スパークラインをほかのセルにも作成します。

ヒント スパークラインの色を変更する

スパークラインは、左の手順のようにあらかじめ用意されているスタイルを適用するほかに、<デザイン>タブの<スパークラインの色>や<マーカーの色>で、色や太さ、マーカーの色などを個別に変更することもできます。

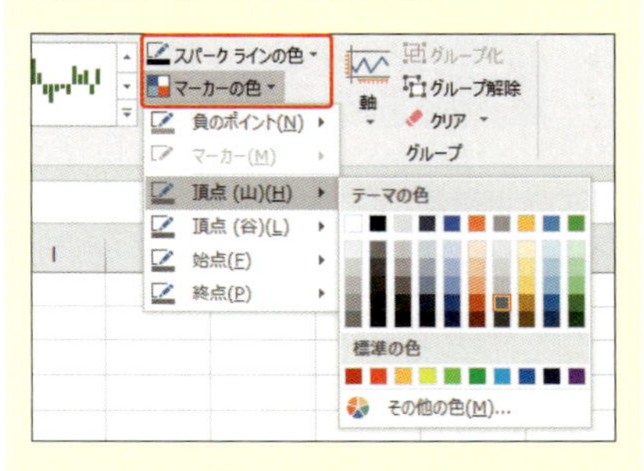

ステップアップ スパークラインの表示を変更する

<デザイン>タブの<表示>グループのコマンドを利用すると、スパークライングループのデータの頂点（山）や頂点（谷）、始点や終点の色を変えたり、折れ線の場合はマーカーを付けたりして強調表示させることができます。

1 <頂点（山）>をクリックしてオンにすると、

	A	B	C	D	E
2		東京	千葉	埼玉	神奈川
3	4月	3,450	2,050	1,780	2,840
4	5月	3,680	1,850	1,350	2,980
5	6月	3,030	1,540	1,140	2,550
6	7月	4,250	2,430	2,200	3,500
7	8月	3,800	1,970	1,750	3,100
8	9月	3,960	2,050	2,010	3,300
9	売上推移				

2 最高値のグラフの色を変えて表示されます。

Section 85

グラフの種類を変更する

覚えておきたいキーワード
- グラフの種類の変更
- 折れ線グラフ
- グラフスタイル

グラフの種類は、グラフを作成したあとでも、＜グラフの種類の変更＞を利用して変更することができます。グラフの種類を変更しても、変更前のグラフに設定したレイアウトやスタイルはそのまま引き継がれます。ここでは、棒グラフを折れ線グラフに変更します。

1 グラフ全体の種類を変更する

1 グラフをクリックして、

2 ＜デザイン＞タブをクリックし、

3 ＜グラフの種類の変更＞をクリックすると、

4 ＜グラフの種類の変更＞ダイアログボックスの＜すべてのグラフ＞が表示されます。

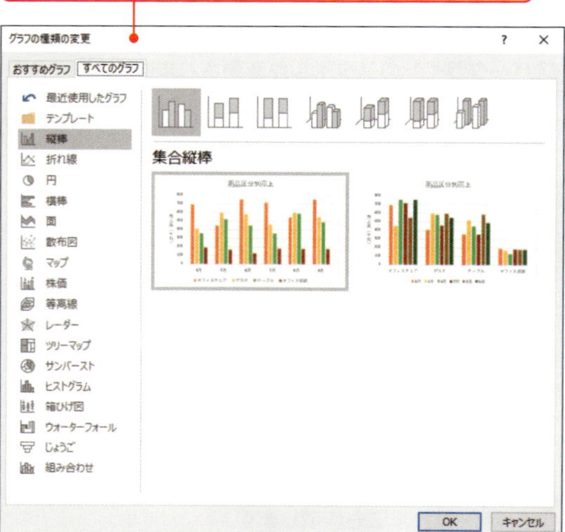

メモ ほかのグラフへの変更

作成したグラフの種類を変更するには、＜グラフの種類の変更＞ダイアログボックスを利用します。＜グラフの種類の変更＞ダイアログボックスは、右の手順のほかに、グラフエリアまたはプロットエリアを右クリックして、＜グラフの種類の変更＞をクリックしても表示できます。

メモ すべてのグラフ

＜グラフの種類の変更＞ダイアログボックスの＜すべてのグラフ＞には、Excelで利用できるすべてのグラフの種類が表示されます。ダイアログボックスの左側でグラフの種類を、右側でそのグラフで使用できるグラフを指定します。

5 グラフの種類をクリックして、

6 目的のグラフをクリックし、

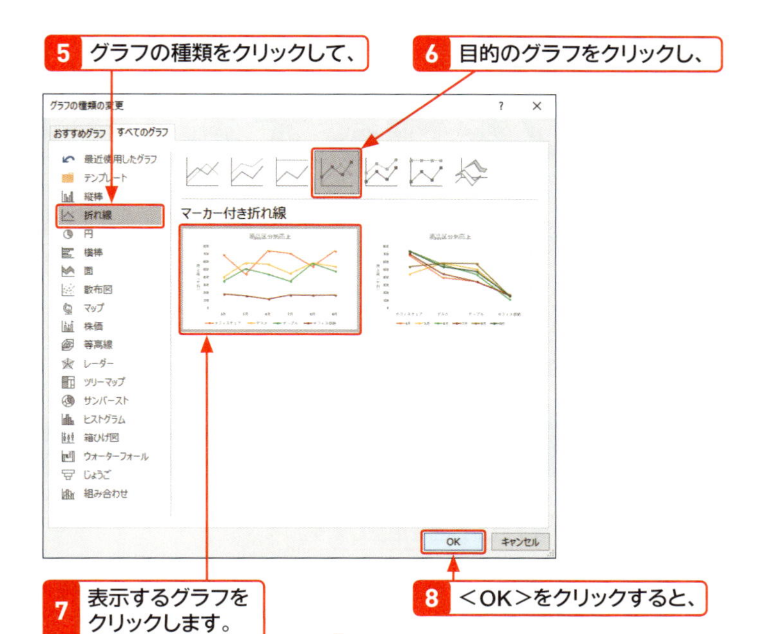

7 表示するグラフをクリックします。

8 <OK>をクリックすると、

9 グラフの種類が変更されます。

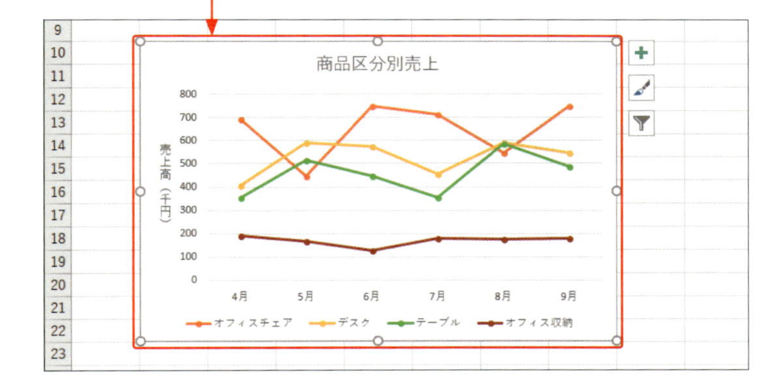

新機能 グラフの種類

Excel 2019では、大きく分けて17種類のグラフを作成することができます。新たに以下の2種類のグラフが追加されました。

①マップ
②じょうご

メモ グラフのスタイル

変更前のグラフに設定したレイアウトやスタイルは、グラフの種類を変更してもそのまま引き継がれます。グラフの種類を変更すると、<グラフスタイル>に表示されるスタイル一覧も、グラフの種類に合わせたものに変更されます。グラフの種類を変更したあとで、好みに応じてスタイルを変更するとよいでしょう。

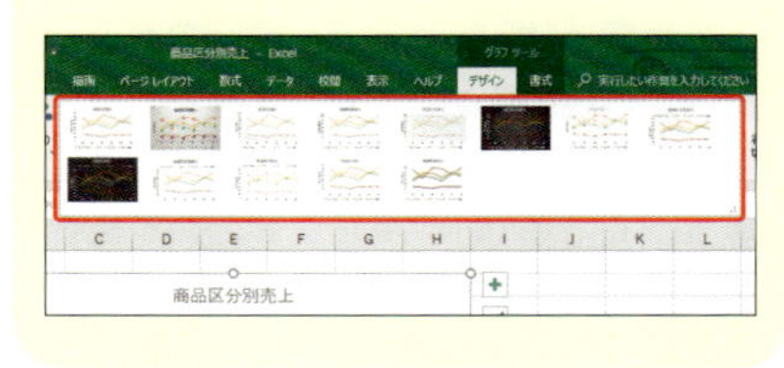

ステップアップ 1つのデータ系列を異なるグラフに変更する

ここでは、グラフ全体の種類を変更しましたが、1つのデータ系列を異なるグラフの種類に変更することもできます。この場合は、複合グラフが作成できます（Sec.86参照）。

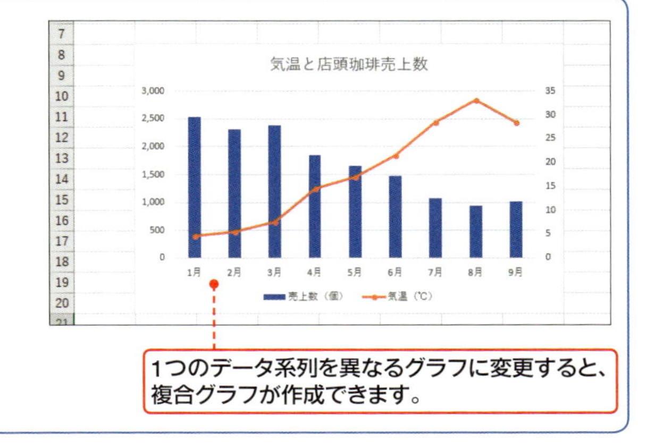

1つのデータ系列を異なるグラフに変更すると、複合グラフが作成できます。

Section 86

複合グラフを作成する

覚えておきたいキーワード
- 複合グラフ
- 複合グラフの挿入
- 第２軸

単位や種類が異なる2種類のデータを1つのグラフ上に表示して、データの関係性などを分析する場合は、複合グラフを利用すると便利です。複合グラフは、棒と折れ線など、異なる種類のグラフを組み合わせたグラフで、量と比率のような単位が違うデータまとめて表現したいときに利用します。

1 ユーザー設定の複合グラフを作成する

キーワード 複合グラフ

「複合グラフ」とは、1つのグラフで縦棒と折れ線などの異なる種類のグラフを組み合わせたグラフのことです。複合グラフは、値の範囲が大きく異なる場合や複数の種類のデータがある場合に使用します。

ヒント 複合グラフの挿入

右の手順では、<ユーザー設定の複合グラフを作成する>を選択しましたが、手順3で表示される<組み合わせ>から、あらかじめExcelに用意されている複合グラフを作成することもできます。<組み合わせ>の下に表示されているグラフのいずれかにマウスポインターを合わせると、そのグラフがプレビューされるので、作成したいグラフをクリックします。

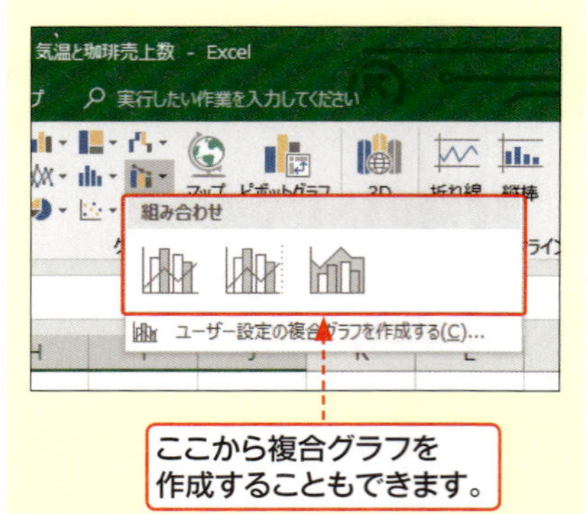

1 グラフのもとになるセル範囲を選択します。

2 <挿入>タブをクリックして、

3 <複合グラフの挿入>をクリックし、

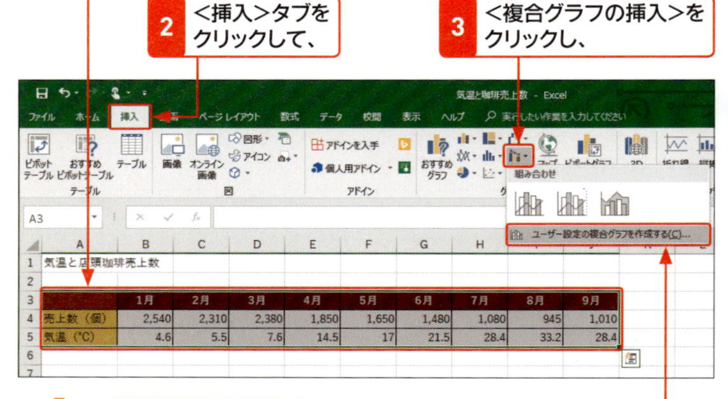

	1月	2月	3月	4月	5月	6月	7月	8月	9月
売上数（個）	2,540	2,310	2,380	1,850	1,650	1,480	1,080	945	1,010
気温（℃）	4.6	5.5	7.6	14.5	17	21.5	28.4	33.2	28.4

4 <ユーザー設定の複合グラフを作成する>をクリックします。

5 <グラフの挿入>ダイアログボックスの<すべてのグラフ>の<組み合わせ>が表示されるので、

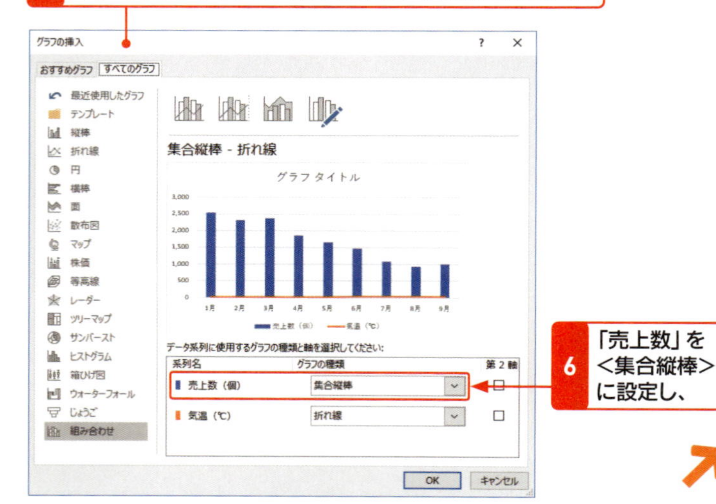

6 「売上数」を<集合縦棒>に設定し、

7 「気温」のここをクリックして、

8 <マーカー付き折れ線>をクリックします。

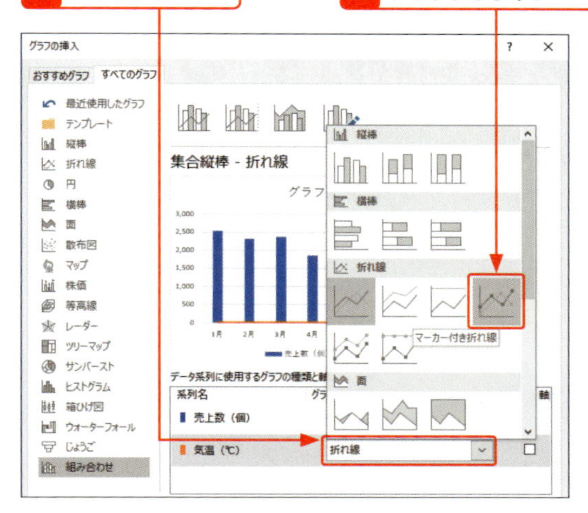

9 「気温」の<第2軸>をクリックしてオンにし、

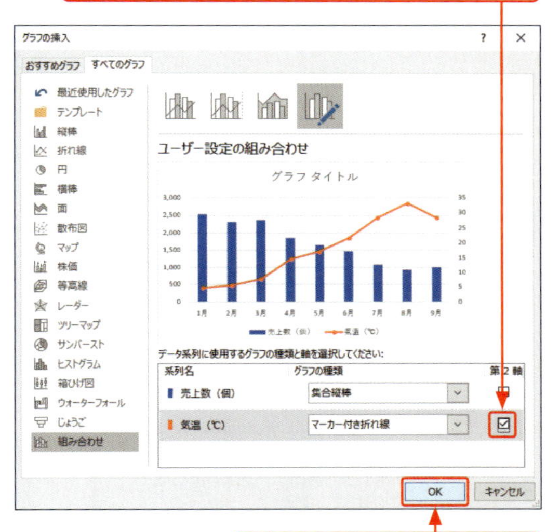

10 <OK>をクリックすると、

11 縦棒とマーカー付き折れ線の複合グラフが作成されます。

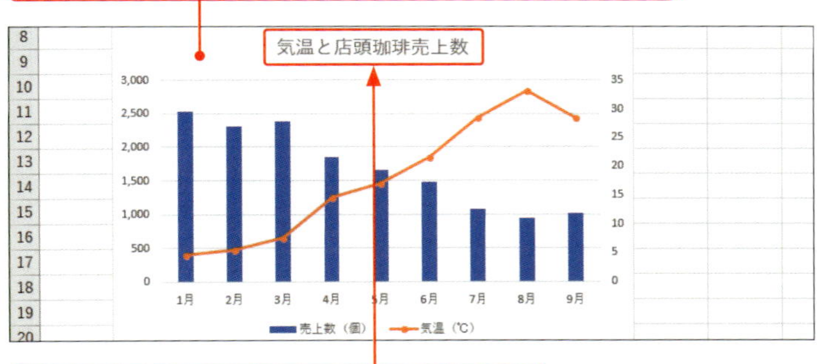

12 グラフタイトルを入力します（Sec.79参照）。

メモ 第２軸

１つの複合グラフの中に値の範囲が大きく異なるデータや単位が異なるデータがある場合は、左の例のように第２軸を表示すると見やすくなります。

ステップアップ 折れ線や棒の色を個別に変更する

折れ線や棒をクリックして、<書式>タブの<図形の塗りつぶし>をクリックすると、マーカーや棒の色を変更することができます。折れ線をクリックして<図形の枠線>をクリックすると、折れ線の色を変更することができます。

折れ線やマーカー、棒の色を変更することができます。

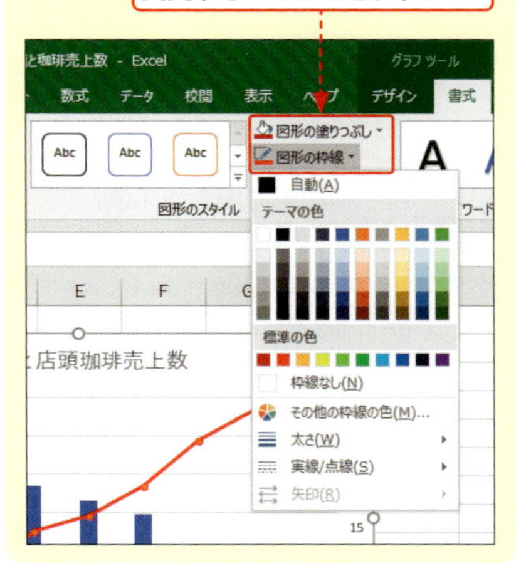

Section 87 グラフのみを印刷する

覚えておきたいキーワード
- グラフの選択
- 印刷
- 選択したグラフを印刷

表のデータをもとにグラフを作成すると、グラフは表と同じワークシートに作成されるので、そのまま印刷すると、表とグラフがいっしょに印刷されます。グラフだけを印刷したい場合は、グラフをクリックして選択してから、印刷を実行します。

1 グラフを印刷する

メモ グラフのみを印刷する

グラフのもとになった表とグラフをいっしょに印刷するのではなく、グラフだけを印刷したい場合は、グラフを選択してから印刷を実行します。

1 グラフエリアの何もないところをクリックしてグラフを選択し、

2 <ファイル>タブをクリックして、

上半期地区別売上

	4月	5月	6月	7月	8月	9月	合計
東京	3,450	3,680	3,030	4,250	3,800	3,960	22,170
千葉	2,050	1,850	1,540	2,430	1,970	2,050	11,890
埼玉	1,780	1,350	1,140	2,200	1,750	2,010	10,230
神奈川	2,840	2,980	2,550	3,500	3,100	3,300	18,270
合計	10,120	9,860	8,260	12,380	10,620	11,320	62,560

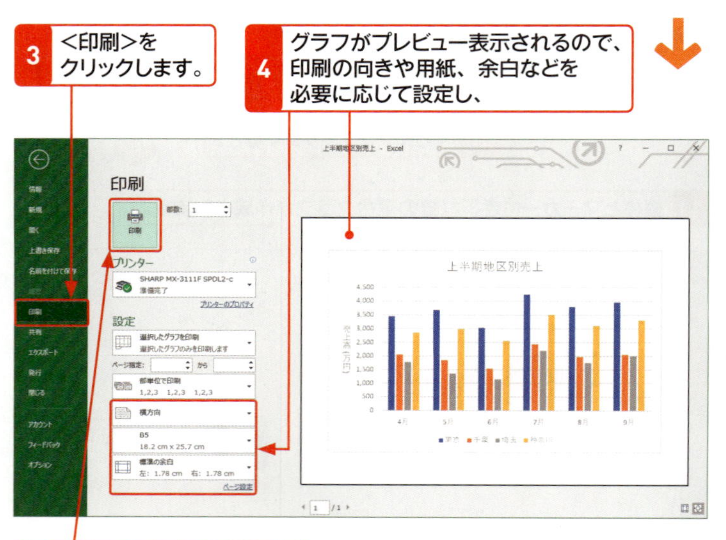

5 <印刷>をクリックします。

メモ 印刷の向きや用紙、余白の設定

グラフを選択して<印刷>画面を表示すると、初期設定では、グラフのサイズに適した用紙が選択され、グラフが用紙いっぱいに印刷されるように拡大されます。必要に応じて用紙や印刷の向き、余白などを設定するとよいでしょう（Sec.70参照）。

Chapter 08

第8章

データベースとしての利用

Section 88

データベース機能の基本を知る

覚えておきたいキーワード
- ☑ 列ラベル
- ☑ レコード
- ☑ フィールド

データベースとは、さまざまな情報を一定のルールに従って集積したデータの集まりのことです。Excel はデータベース専用のアプリではありませんが、表を規則に従った形式で作成すると、特定の条件に合ったデータを抽出したり、並べ替えたりするデータベース機能を利用することができます。

1 データベース形式の表とは？

データベース機能を利用するには、表を作るときにあらかじめデータをデータベース形式で入力しておく必要があります。データベース形式の表とは、列ごとに同じ種類のデータが入力され、先頭行に列の見出しとなる列ラベル（列見出し）が入力されている一覧表のことです。

データベース形式の表

	A	B	C	D	E	F	G	H
1	名前	所属部署	入社日	雇用形態	郵便番号	都道府県	市区町村	電話番号
2	松木　結愛	営業部	2018/4/5	社員	274-0825	千葉県	船橋市中野木本町x-x	047-474-0000
3	神木　実子	商品部	2016/12/1	社員	101-0051	東京都	千代田区神田神保町x	03-3518-0000
4	長汐　冬実	商品部	2016/12/1	パート	104-0032	東京都	中央区八丁堀x-x	03-3552-0000
5	大岐　勇樹	営業部	2014/4/2	契約社員	135-0053	東京都	江東区辰巳x-x-x	03-8502-0000
6	河原田　安芸	営業部	2014/4/2	社員	247-0072	神奈川県	鎌倉市岡本xx	03-1234-0000
7	渡部　了輔	経理部	2013/4/1	社員	273-0132	千葉県	鎌ヶ谷市粟野x-x	047-441-0000
8	芝田　高志	商品企画部	2012/4/1	社員	259-1217	神奈川県	平塚市長持xx	046-335-0000
9	宝田　卓也	商品部	2011/5/5	社員	160-0008	東京都	新宿区三栄町x-x	03-5362-0000
10	橋田　真央	人事部	2011/5/5	パート	229-0011	神奈川県	相模原上溝xxx	04-2777-0000
11	宇多　純一	商品部	2010/4/2	社員	134-0088	東京都	江戸川区西葛西xx-x	03-5275-0000
12	清水　光一	営業部	2010/4/2	パート	145-8502	東京都	品川区西五反田x-x	03-3779-0000
13	飛田　秋生	総務部	2010/4/2	社員	156-0045	東京都	世田谷区桜上水xx	03-3329-0000
14	秋田　亜沙美	営業部	2009/4/2	契約社員	157-0072	東京都	世田谷区祖師谷x-x	03-7890-0000
15	仲井　圭	商品部	2008/12/1	社員	167-0053	東京都	杉並区西荻窪x-x	03-5678-0000
16	菅野　秋生	営業部	2007/9/9	契約社員	352-0032	埼玉県	新座市新堀xx	0424-50-0000
17	秋月　寛人	商品企画部	2007/9/9	社員	130-0026	東京都	墨田区両国x-x	03-5638-0000

列ラベル（列見出し）

レコード（1件分のデータ）

フィールド（1列分のデータ）

データベース形式の表を作成する際の注意点

項　目	注意事項
表形式	データベース機能は、1つの表に対してのみ利用することができます。ただし、データベース形式の表から作成したテーブル（次ページ参照）の場合は、複数のテーブルに対してデータベース機能を利用することができます。
	データベース形式の表とそれ以外のデータを区別するためには、最低1つの空白列か空白行が必要です。ただし、テーブルでは、空白列や空白行で表を区別する必要はありません。
	データベース形式の表には、空白列や空白行は入れないようにします。ただし、テーブルでは、空白列や空白行がある場合でも、並べ替えや集計を行うことができます。
列ラベル	列ラベルは、表の先頭行に作成します。
	列ラベルには、各フィールドのフィールド名を入力します。
フィールド	それぞれの列を指します。同じフィールドには、同じ種類のデータを入力します。
	各フィールドの先頭には、並べ替えや検索に影響がないように、余分なスペースを挿入しないようにします。
レコード	1行のデータを1件として扱います。

2 データベース機能とは？

Excelのデータベース機能では、データの並べ替え、抽出、加工など、さまざまなデータ処理を行うことができます。また、ピボットテーブルやピボットグラフを作成すると、データをいろいろな角度から分析して必要な情報を得ることができます。

データを並べ替える

	A	B	C	D	E	F	G	H
1	名前	所属部署	入社日	雇用形態	郵便番号	都道府県	市区町村	電話番号
2	松木　結愛	営業部	2018/4/5	社員	274-0825	千葉県	船橋市中野木本町x-x	047-474-0000
3	大岐　勇樹	営業部	2014/4/2	契約社員	135-0053	東京都	江東区辰巳x-x-x	03-8502-0000
4	河原田　安芸	営業部	2014/4/2	社員	247-0072	神奈川県	鎌倉市岡本xx	03-1234-0000
5	清水　光一	営業部	2010/4/2	パート	145-8502	東京都	品川区西五反田x-x	03-3779-0000
6	秋田　亜沙美	営業部	2009/4/2	契約社員	157-0072	東京都	世田谷区祖師谷x-x	03-7890-0000
7	菅野　秋生	営業部	2007/9/9	契約社員	352-0032	埼玉県	新座市新堀xx	0424-50-0000
8	来原　聖人	営業部	2003/4/2	社員	252-0318	神奈川県	相模原市鶴間x-x	042-123-0000
9	堀田　真琴	営業部	2003/4/2	社員	224-0025	神奈川県	横浜市都筑xx	045-678-0000
10	渡部　了輔	経理部	2013/4/1	社員	273-0132	千葉県	鎌ヶ谷市粟野x-x	047-441-0000
11	佐島　峻弥	経理部	2006/4/2	社員	274-0825	千葉県	船橋市前原南x-x	047-890-0000
12	芝田　高志	商品企画部	2012/4/1	社員	259-1217	神奈川県	平塚市長持xx	046-335-0000
13	秋月　寛人	商品企画部	2007/9/9	社員	130-0026	東京都	墨田区両国x-x	03-5638-0000
14	宮田　穂希	商品企画部	2006/4/2	社員	166-0013	東京都	杉並区堀の内x-x	03-5678-0000
15	神木　実子	商品部	2016/12/1	社員	101-0051	東京都	千代田区神田神保町x	03-3518-0000
16	長汐　冬実	商品部	2016/12/1	パート	104-0032	東京都	中央区八丁堀x-x	03-3552-0000
17	宝田　卓也	商品部	2011/5/5	社員	160-0008	東京都	新宿区三栄町x-x	03-5362-0000

特定のフィールドを基準にデータを並べ替えることができます。

レコードを抽出する

	A	B	C	D	E	F	G	H
1	日付	店舗名	商品名	単価	数量	売上金額		
3	9/1	恵比寿	本棚	5,450	12	65,400		
9	9/3	恵比寿	プロアケース	2,755	5	13,775		
15	9/5	恵比寿	ファイルキャビネット	19,050	6	114,300		
17	9/6	恵比寿	バインダー	700	24	16,800		

オートフィルターを利用して、条件に合ったレコードを抽出することができます。

3 テーブルとは？

「テーブル」とは、データを効率的に管理するための機能です。データベース形式の表をテーブルに変換すると、データの並べ替えや抽出、集計列の追加や列ごとの集計などをすばやく行うことができます。

データベース形式の表から作成したテーブル

	日付	店舗	商品名	単価	数量	売上金額	G	H
13	9/5	西新宿	スキャナ	9,900	6	59,400		
14	9/5	目黒	電卓	2,150	8	17,200		
15	9/5	恵比寿	ファイルキャビネット	19,050	6	114,300		
16	9/6	西新宿	本棚	8,890	5	44,450		
17	9/6	恵比寿	バインダー	700	24	16,800		
18	9/6	西神田	収納ボックス	689	24	16,536		
19	9/7	目黒	電卓	2,150	10	21,500		
20	9/7	飯田橋	袖机	5,450	12	65,400		
21	9/8	恵比寿	スキャナ	9,900	6	59,400		
22	9/8	西新宿	書籍チェスト	4,055	24	97,320		
23	集計				21	902,162		
24								

オートフィルターを利用するためのボタンが追加され、いろいろな条件でデータを絞り込むことができます。

集計行を追加すると、平均や合計、個数などを瞬時に求めることができます。

フィールド（列）を追加して、集計結果をかんたんに求めることができます。

Section 89 データを並べ替える

覚えておきたいキーワード
- ☑ データの並べ替え
- ☑ 昇順
- ☑ 降順

データベース形式の表では、データを昇順や降順で並べ替えたり、新しい順や古い順で並べ替えたりすることができます。並べ替えを行う際は、基準となるフィールドを指定しますが、フィールドは1つだけでなく、複数指定することができます。また、オリジナルの順序で並べ替えることも可能です。

1 データを昇順や降順に並べ替える

メモ データの並べ替え

データベース形式の表を並べ替えるには、基準となるフィールドのセルをあらかじめ指定しておく必要があります。なお、右の手順では昇順で並べ替えましたが、降順で並べ替える場合は、手順3で<降順>をクリックします。

ヒント データが正しく並べ替えられない!

表内のセルが結合されていたり、空白の行や列があったりする場合は、表全体のデータを並べ替えることはできません。並べ替えを行う際は、表内にこのような行や列、セルがないかどうかを確認しておきます。また、ほかのアプリケーションで作成したデータをコピーした場合は、ふりがな情報が保存されていないため、日本語が正しく並べ替えられないことがあります。

データを昇順に並べ替える

1 並べ替えの基準となるフィールド（ここでは「名前」）の任意のセルをクリックします。

2 <データ>タブをクリックして、

3 <昇順>をクリックすると、

	A	B	C	D	E	F	G	H
1	名前	所属部署	入社日	雇用形態	郵便番号	都道府県	市区町村	電話番号
2	松木　結愛	営業部	2018/4/5	社員	274-0825	千葉県	船橋市中野木本町x-x	047-474-0000
3	神木　実子	商品部	2016/12/1	社員	101-0051	東京都	千代田区神田神保町x	03-3518-0000
4	長汐　冬実	商品部	2016/12/1	パート	104-0032	東京都	中央区八丁堀x-x	03-3552-0000
5	大岐　勇樹	営業部	2014/4/2	契約社員	135-0053	東京都	江東区辰巳x-x-x	03-8502-0000
6	河原田　安芸	営業部	2014/4/2	社員	247-0072	神奈川県	鎌倉市岡本xx	03-1234-0000
7	渡部　了輔	経理部	2013/4/1	社員	273-0132	千葉県	鎌ヶ谷市粟野x-x	047-441-0000
8	芝田　高志	商品企画部	2012/4/1	社員	259-1217	神奈川県	平塚市長持xx	046-335-0000
9	宝田　卓也	商品部	2011/5/5	社員	160-0008	東京都	新宿区三栄町x-x	03-5362-0000
10	橋田　真央	人事部	2011/5/5	パート	229-0011	神奈川県	相模原上溝xxx	04-2777-0000
11	宇多　純一	商品部	2010/4/2	社員	134-0088	東京都	江戸川区西葛西xx-x	03-5275-0000

4 「名前」の五十音順に表全体が並べ替えられます。

	A	B	C	D	E	F	G	H
1	名前	所属部署	入社日	雇用形態	郵便番号	都道府県	市区町村	電話番号
2	秋田　亜沙美	営業部	2009/4/2	契約社員	157-0072	東京都	世田谷区祖師谷x-x	03-7890-0000
3	秋月　寛人	商品企画部	2007/9/9	社員	130-0026	東京都	墨田区両国x-x	03-5638-0000
4	宇多　純一	商品部	2010/4/2	社員	134-0088	東京都	江戸川区西葛西xx-x	03-5275-0000
5	大岐　勇樹	営業部	2014/4/2	契約社員	135-0053	東京都	江東区辰巳x-x-x	03-8502-0000
6	神木　実子	商品部	2016/12/1	社員	101-0051	東京都	千代田区神田神保町x	03-3518-0000
7	河原田　安芸	営業部	2014/4/2	社員	247-0072	神奈川県	鎌倉市岡本xx	03-1234-0000
8	菅野　秋生	営業部	2007/9/9	契約社員	352-0032	埼玉県	新座市新堀xx	0424-50-0000
9	来原　聖人	営業部	2003/4/2	社員	252-0318	神奈川県	相模原市鶴間x-x	042-123-0000
10	佐久間　葉	総務部	2005/4/2	社員	180-0000	東京都	武蔵野市吉祥寺西町x	03-5215-0000
11	[illegible]	経理部	2006/4/2	社員	274-0825	千葉県	船橋市前原南x-x	047-890-0000

2 2つの条件でデータを並べ替える

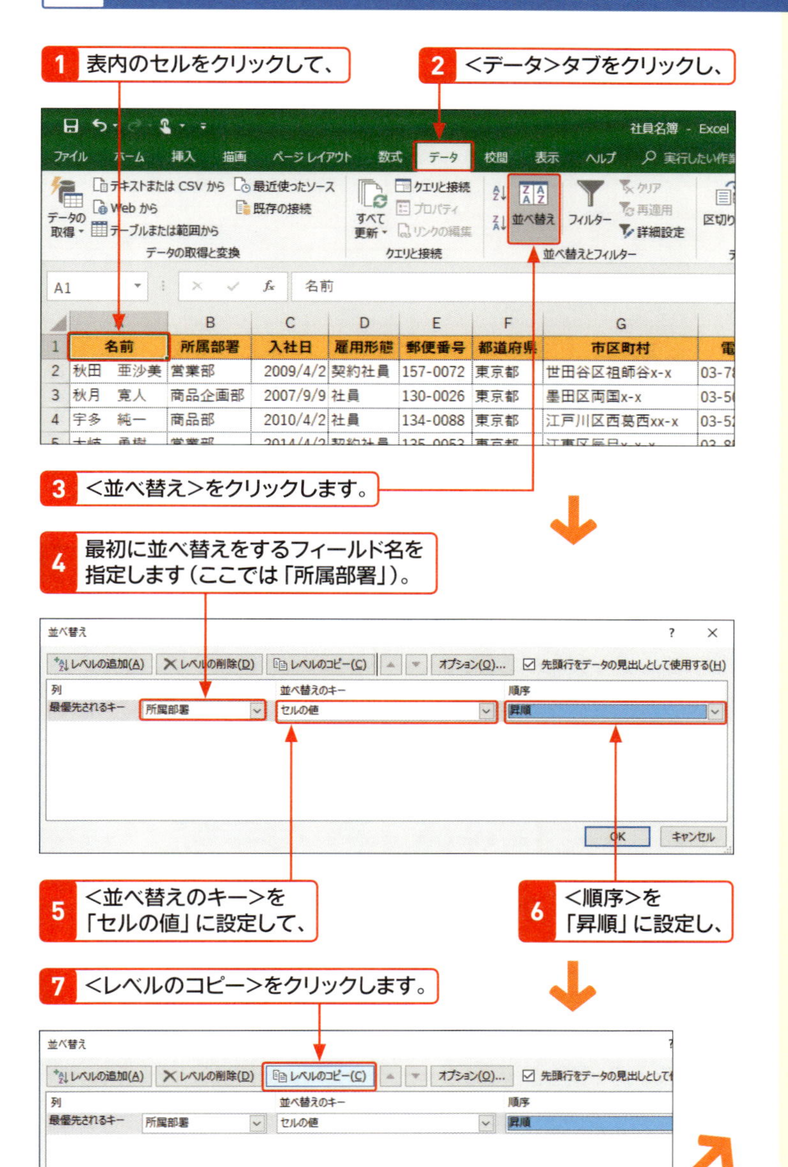

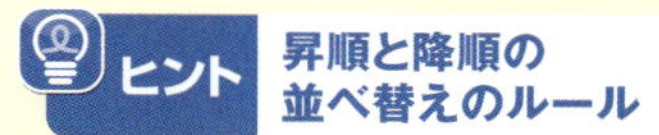

ヒント
昇順と降順の並べ替えのルール

昇順では、0～9、A～Z、日本語の順で並べ替えられ、降順では逆の順番で並べ替えられます。また、初期設定では、日本語は漢字・ひらがな・カタカナの種類に関係なく、ふりがなの五十音順で並べ替えられます。アルファベットの大文字と小文字は区別されません。

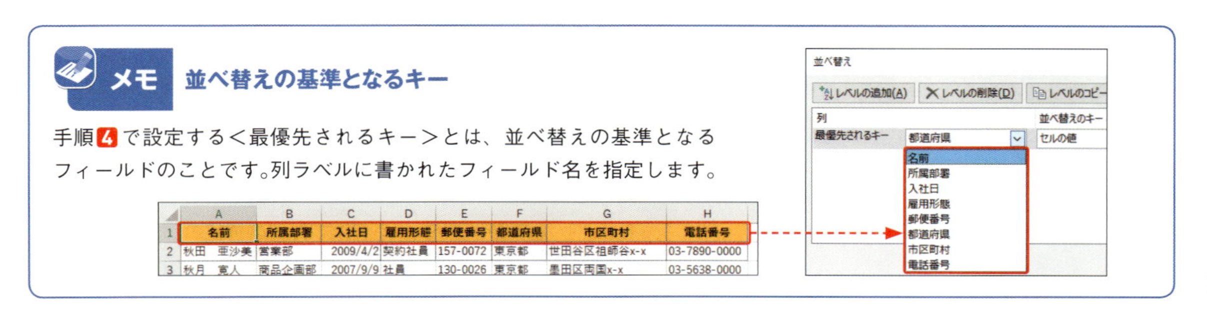

メモ 並べ替えの基準となるキー

手順4で設定する<最優先されるキー>とは、並べ替えの基準となるフィールドのことです。列ラベルに書かれたフィールド名を指定します。

ヒント　2つ以上の基準で並べ替えたい場合は？

2つ以上のフィールドを基準に並べ替えたい場合は、＜並べ替え＞ダイアログボックスの＜レベルのコピー＞をクリックして、並べ替えの条件を設定する行を追加します。最大で64の条件を設定できます。並べ替えの優先順位を変更する場合は、＜レベルのコピー＞の右横にある＜上へ移動＞▲や＜下へ移動＞▼で調整することができます。

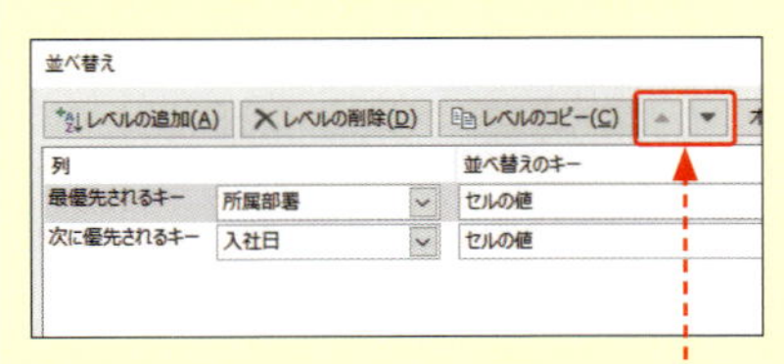

優先順位を変更する場合は、これらをクリックします。

8 2番目に並べ替えをするフィールド名を指定して（ここでは「入社日」）、

9 ＜並べ替えのキー＞を「セルの値」に設定し、

10 ＜順序＞を「新しい順」に設定します。

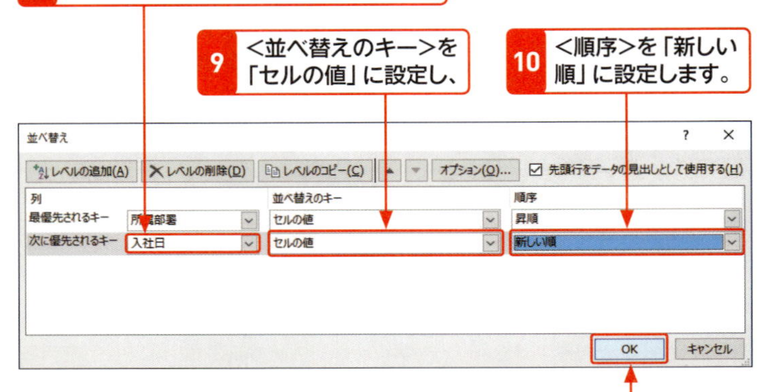

11 ＜OK＞をクリックすると、

12 指定した2つのフィールド（「所属部署」と「入社日」）を基準に、表全体が並べ替えられます。

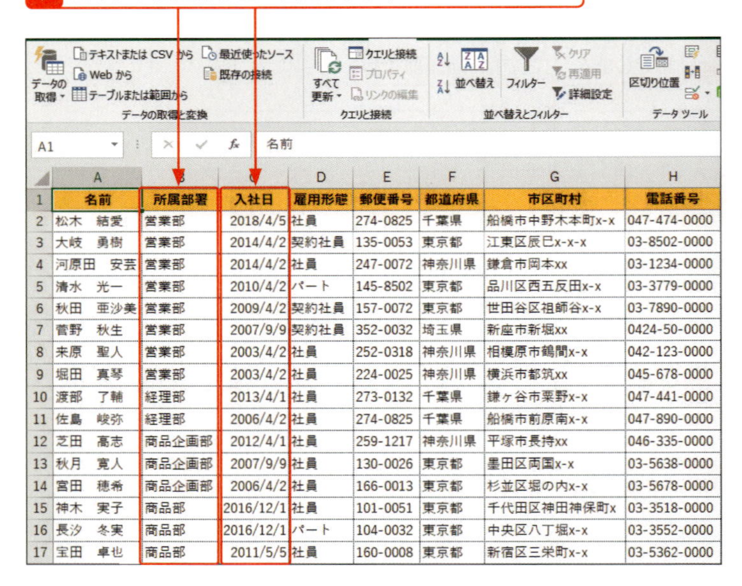

	A	B	C	D	E	F	G	H
1	名前	所属部署	入社日	雇用形態	郵便番号	都道府県	市区町村	電話番号
2	松木　結愛	営業部	2018/4/5	社員	274-0825	千葉県	船橋市中野木本町x-x	047-474-0000
3	大岐　勇樹	営業部	2014/4/2	契約社員	135-0053	東京都	江東区辰巳x-x-x	03-8502-0000
4	河原田　安芸	営業部	2014/4/2	社員	247-0072	神奈川県	鎌倉市岡本xx	03-1234-0000
5	清水　光一	営業部	2010/4/2	パート	145-8502	東京都	品川区西五反田x-x	03-3779-0000
6	秋田　亜沙美	営業部	2009/4/2	契約社員	157-0072	東京都	世田谷区祖師谷x-x	03-7890-0000
7	菅野　秋生	営業部	2007/9/9	契約社員	352-0032	埼玉県	新座市新堀xx	0424-50-0000
8	来原　聖人	営業部	2003/4/2	社員	252-0318	神奈川県	相模原市鶴間x-x	042-123-0000
9	堀田　真琴	営業部	2003/4/2	社員	224-0025	神奈川県	横浜市都筑xx	045-678-0000
10	渡部　了輔	経理部	2013/4/1	社員	273-0132	千葉県	鎌ヶ谷市粟野x-x	047-441-0000
11	佐島　峻弥	経理部	2006/4/2	社員	274-0825	千葉県	船橋市前原南x-x	047-890-0000
12	芝田　高志	商品企画部	2012/4/1	社員	259-1217	神奈川県	平塚市長持xx	046-335-0000
13	秋月　寛人	商品企画部	2007/9/9	社員	130-0026	東京都	墨田区両国x-x	03-5638-0000
14	宮田　穂希	商品企画部	2006/4/2	社員	166-0013	東京都	杉並区堀の内x-x	03-5678-0000
15	神木　実子	商品部	2016/12/1	社員	101-0051	東京都	千代田区神田神保町x	03-3518-0000
16	長汐　冬実	商品部	2016/12/1	パート	104-0032	東京都	中央区八丁堀x-x	03-3552-0000
17	宝田　卓也	商品部	2011/5/5	社員	160-0008	東京都	新宿区三栄町x-x	03-5362-0000

ステップアップ　セルに設定した色やアイコンで並べ替えることもできる

上の手順では、＜並べ替えのキー＞に「セルの値」を指定しましたが、セルに入力した値だけでなく、塗りつぶしの色やフォントの色、条件付き書式で設定したアイコンなどを条件に並べ替えを行うこともできます。

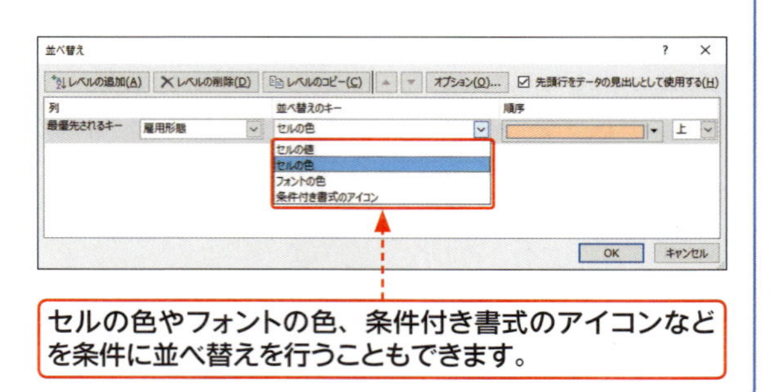

セルの色やフォントの色、条件付き書式のアイコンなどを条件に並べ替えを行うこともできます。

3 独自の順序でデータを並べ替える

1 表内のセルをクリックして、<データ>タブの<並べ替え>をクリックします。

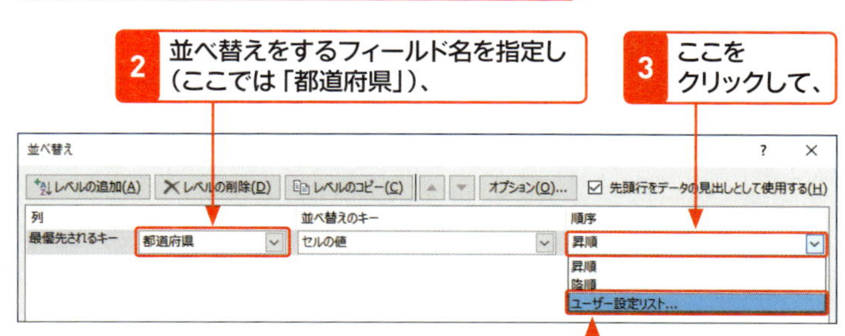

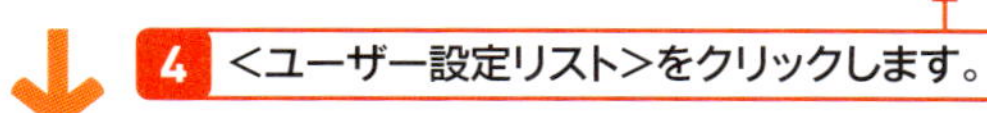

4 <ユーザー設定リスト>をクリックします。

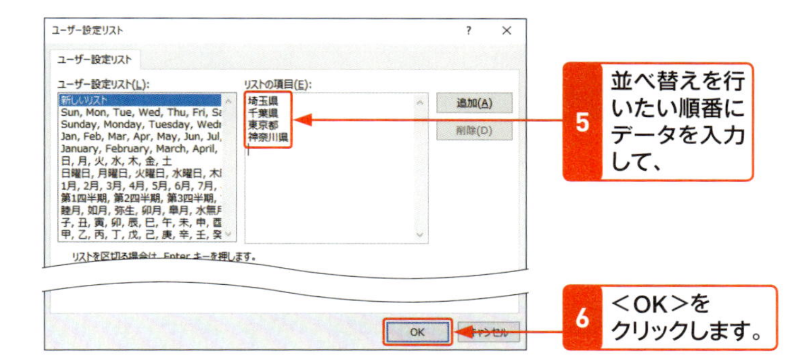

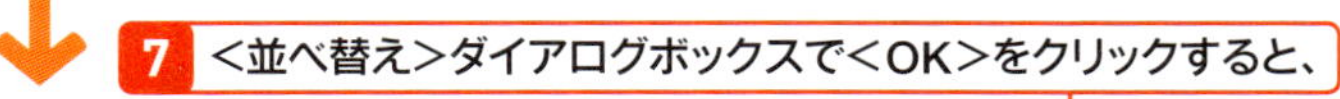

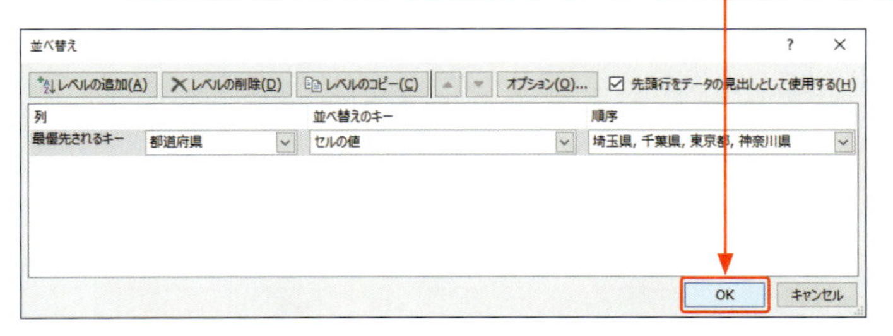

8 手順5で入力した項目の順に表全体が並べ替えられます。

	A	B	C	D	E	F	G	H
1	名前	所属部署	入社日	雇用形態	郵便番号	都道府県	市区町村	電話番号
2	菅野　秋生	営業部	2007/9/9	契約社員	352-0032	埼玉県	新座市新堀xx	0424-50-0000
3	佐島　峻弥	経理部	2006/4/2	社員	274-0825	千葉県	船橋市前原南x-x	047-890-0000
4	松木　結愛	営業部	2018/4/5	社員	274-0825	千葉県	船橋市中野木本町x-x	047-474-0000
5	渡部　了輔	経理部	2013/4/1	社員	273-0132	千葉県	鎌ヶ谷市粟野x-x	047-441-0000
6	秋田　亜沙美	営業部	2009/4/2	契約社員	157-0072	東京都	世田谷区祖師谷x-x	03-7890-0000
7	秋月　寛人	商品企画部	2007/9/9	社員	130-0026	東京都	墨田区両国x-x	03-5638-0000
8	宇多　純一	商品部	2010/4/2	社員	134-0088	東京都	江戸川区西葛西xx-x	03-5275-0000
9	大岐　勇樹	営業部	2014/4/2	契約社員	135-0053	東京都	江東区辰巳x-x-x	03-8502-0000
10	神木　実子	商品部	2016/12/1	社員	101-0051	東京都	千代田区神田神保町x	03-3518-0000
11	佐久間　葉	総務部	2005/4/2	社員	180-0000	東京都	武蔵野市吉祥寺西町x	03-5215-0000

メモ　リストの項目の入力

手順5では、Enterを押して改行をしながら、並べ替えを行いたい順に1行ずつデータを入力します。

ヒント　設定したリストを削除するには?

設定したリストを削除するには、左の手順で<ユーザー設定リスト>ダイアログボックスを表示します。削除するリストをクリックして<削除>をクリックし、確認のダイアログボックスで<OK>をクリックします。

1 削除するリストをクリックして、

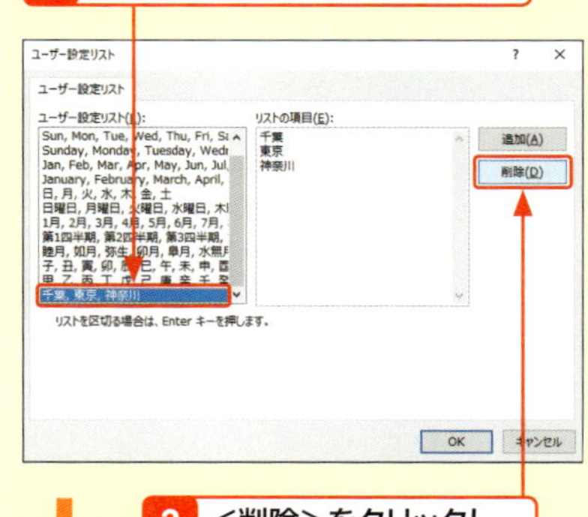

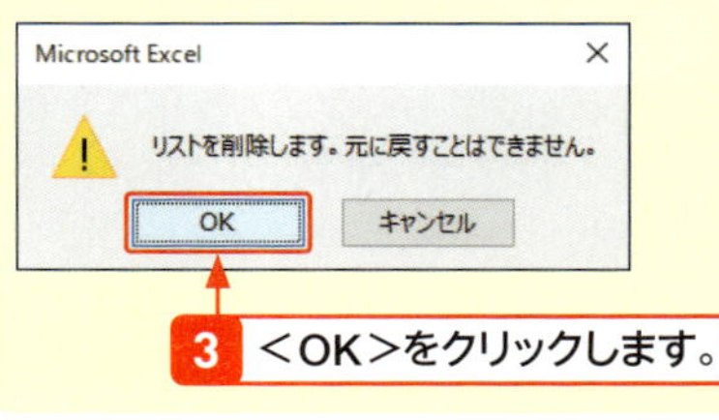

3 <OK>をクリックします。

Section 90

条件に合ったデータを抽出する

覚えておきたいキーワード
- ☑ フィルター
- ☑ オートフィルター
- ☑ トップテンオートフィルター

データベース形式の表にフィルターを設定すると、オートフィルターが利用できるようになります。オートフィルターは、フィールド（列）に含まれるデータのうち、指定した条件に合ったものだけを表示する機能です。日付やテキスト、数値など、さまざまなフィルターを利用できます。

1 オートフィルターを利用してデータを抽出する

キーワード オートフィルター

「オートフィルター」は、任意のフィールドに含まれるデータのうち、指定した条件に合ったものだけを抽出して表示する機能です。1つのフィールドに対して、細かく条件を設定することもできます。たとえば、日付を指定して抽出したり、指定した値や平均より上、または下の値だけといった抽出をすばやく行うことができます。

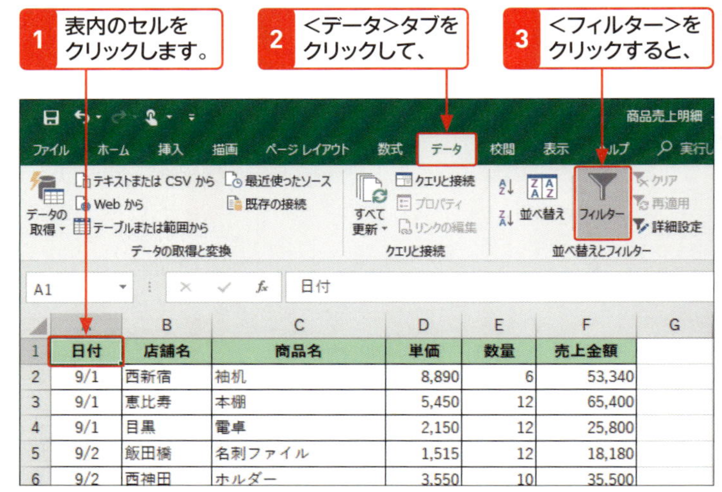

4 すべての列ラベルに ▾ が表示され、オートフィルターが利用できるようになります。

	A	B	C	D	E	F
1	日付	店舗名	商品名	単価	数量	売上金額
2	9/1	西新宿	袖机	8,890	6	53,340
3	9/1	恵比寿	本棚	5,450	12	65,400
4	9/1	目黒	電卓	2,150	12	25,800
5	9/2	飯田橋	名刺ファイル	1,515	12	18,180
6	9/2	西神田	ホルダー	3,550	10	35,500
7	9/2	西新宿	収納ボックス	689	24	16,536
8	9/3	飯田橋	スキャナ	9,900	5	49,500
9	9/3	恵比寿	フロアケース	2,755	5	13,775
10	9/3	目黒	書類チェスト	4,055	15	60,825
11	9/4	西神田	バインダー	700	12	8,400
12	9/4	飯田橋	ホルダー	3,550	12	42,600
13	9/5	西新宿	スキャナ	9,900	6	59,400
14	9/5	目黒	電卓	2,150	8	17,200
15	9/5	恵比寿	ファイルキャビネット	19,050	6	114,300

メモ オートフィルターの設定と解除

＜データ＞タブの＜フィルター＞をクリックすると、オートフィルターが設定されます。オートフィルターを解除する場合は、再度＜フィルター＞をクリックします。

5 ここでは、「店舗名」のここをクリックして、

6 <検索>ボックスに抽出したいデータ（ここでは「恵比寿」）を入力し、

7 <OK>をクリックすると、

フィルターを適用すると、ボタンの表示が変わります。

8 店舗名が「恵比寿」のデータが抽出されます。

	A	B	C	D	E	F	G
1	日付	店舗名	商品名	単価	数量	売上金額	
3	9/1	恵比寿	本棚	5,450	12	65,400	
9	9/3	恵比寿	フロアケース	2,755	5	13,775	
15	9/5	恵比寿	ファイルキャビネット	19,050	6	114,300	
17	9/6	恵比寿	バインダー	700	24	16,800	
21							

9 ここをクリックして、

10 <"店舗名"からフィルターをクリア>をクリックすると、

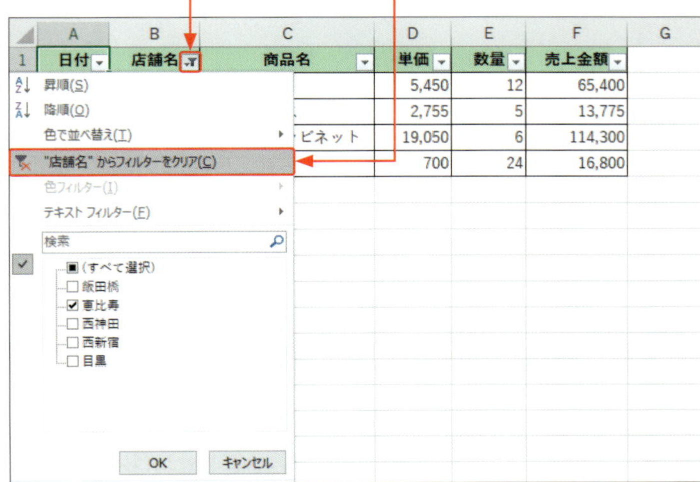

11 フィルターがクリアされます。

メモ データを抽出するそのほかの方法

左の手順では、<検索>ボックスを使いましたが、その下にあるデータの一覧で抽出条件を指定することもできます。抽出したいデータのみをオンにし、そのほかのデータをオフにして<OK>をクリックします。

1 抽出したいデータのみをクリックしてオンにし、

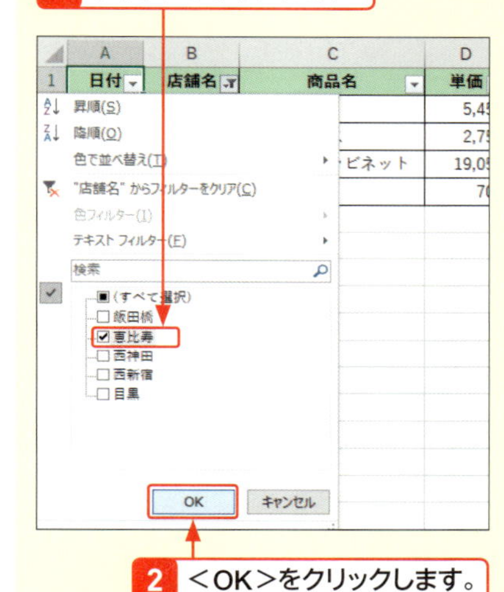

2 <OK>をクリックします。

ヒント フィルターの条件をクリアするには？

フィルターの条件をクリアしてすべてのデータを表示するには、オートフィルターのメニューを表示して、<"○○"からフィルターをクリア>をクリックします（手順10参照）。

2 トップテンオートフィルターを利用してデータを抽出する

メモ トップテンオートフィルターの利用

フィールドの内容が数値の場合は、トップテンオートフィルターを利用することができます。トップテンオートフィルターを利用すると、フィールド中の数値データを比較して、「上位5位」「下位5位」などのように、表示するデータを絞り込むことができます。

ヒント 上位と下位

手順4では＜上位＞と＜下位＞を指定できます。＜上位＞は数値の大きいものを、＜下位＞は数値の小さいものを表示します。

ヒント 項目とパーセント

手順6では＜項目＞と＜パーセント＞を指定できます。＜項目＞を指定すると上または下から、いくつのデータを表示するかを設定できます。＜パーセント＞を指定すると、上位または下位何パーセントのデータを表示するかを設定できます。たとえば、データが30個あるフィールドで、「上位10項目」を設定すると上から10個のデータが表示され、「上位10パーセント」を設定すると30個あるデータ内の上位10パーセント、つまり3個が表示されます。

「売上金額」の上位5位までを抽出する

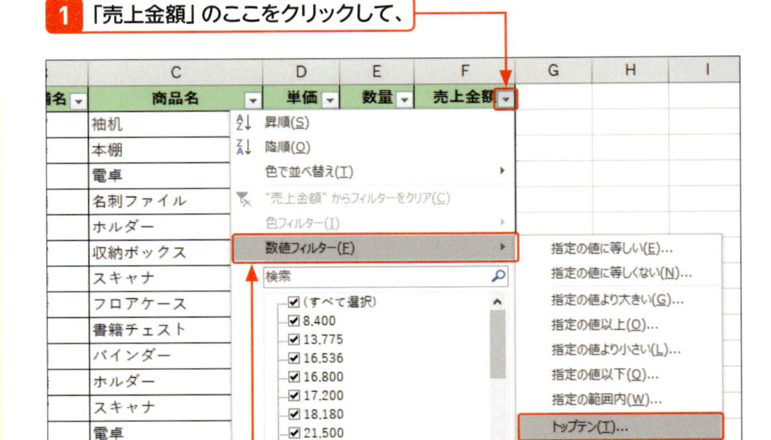

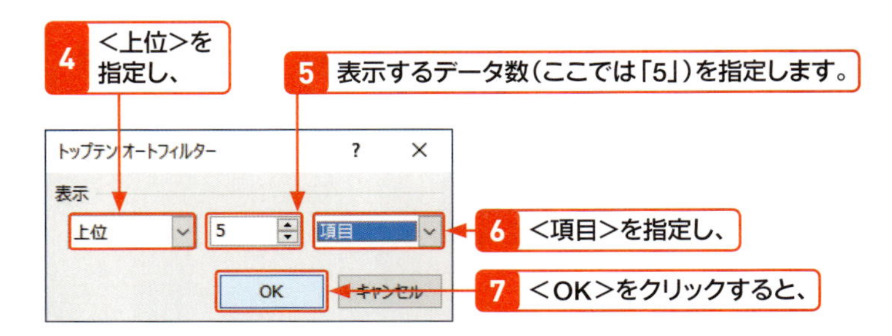

8 「売上金額」の上位5位までのデータが抽出されます。

	A	B	C	D	E	F	G
1	日付	店舗名	商品名	単価	数量	売上金額	
3	9/1	恵比寿	本棚	5,450	12	65,400	
10	9/3	目黒	書籍チェスト	4,055	15	60,825	
13	9/5	西新宿	スキャナ	9,900	6	59,400	
15	9/5	恵比寿	ファイルキャビネット	19,050	6	114,300	
20	9/7	飯田橋	袖机	5,450	12	65,400	
21							
22							

3 複数の条件を指定してデータを抽出する

1 「価格」のここをクリックして、

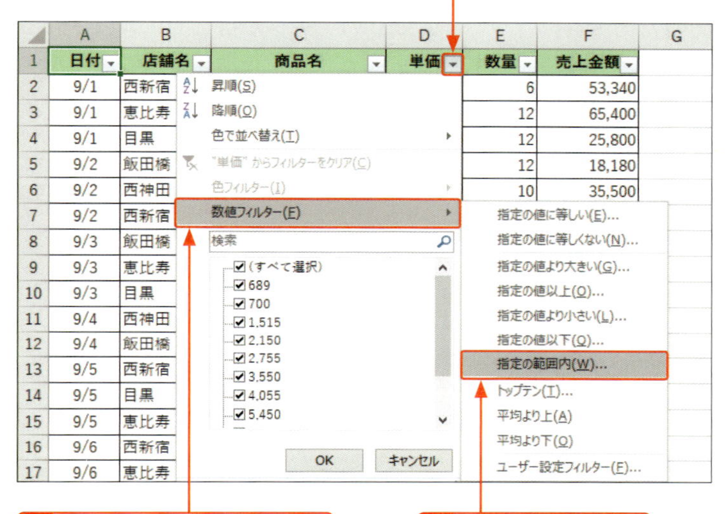

2 <数値フィルター>にマウスポインターを合わせ、

3 <指定の範囲内>をクリックします。

4 ここに「5000」と入力して、

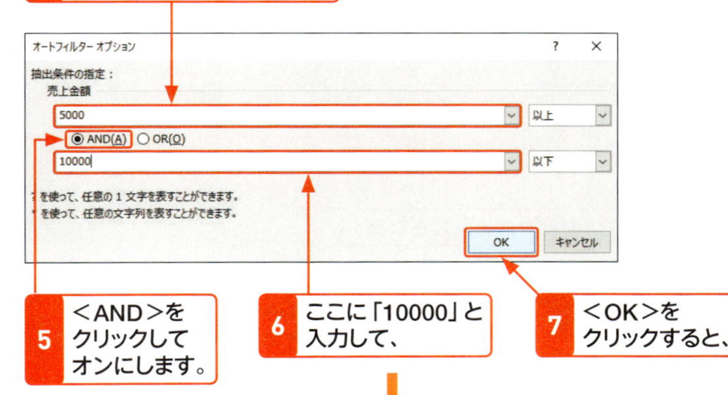

5 <AND>をクリックしてオンにします。

6 ここに「10000」と入力して、

7 <OK>をクリックすると、

8 「単価」が「5,000以上かつ10,000以下」のデータが抽出されます。

	A	B	C	D	E	F	G
1	日付	店舗名	商品名	単価	数量	売上金額	
2	9/1	西新宿	袖机	8,890	6	53,340	
3	9/1	恵比寿	本棚	5,450	12	65,400	
8	9/3	飯田橋	スキャナ	9,900	5	49,500	
13	9/5	西新宿	スキャナ	9,900	6	59,400	
16	9/6	西新宿	本棚	8,890	5	44,450	
20	9/7	飯田橋	袖机	5,450	12	65,400	

メモ 2つの条件を指定してデータを抽出する

<オートフィルターオプション>ダイアログボックスでは、1つの列に2つの条件を設定することができます。左の例では手順5で<AND>をオンにしましたが、<OR>をオンにすると、「10,000以上または5,000以下」などの2つの条件を組み合わせたデータを抽出することができます。ANDは「かつ」、ORは「または」と読み替えるとわかりやすいでしょう。

ステップアップ ワイルドカード文字の利用

オートフィルターメニューの検索ボックスや、<オートフィルターオプション>ダイアログボックスで条件を入力する場合は、「?」や「*」などのワイルドカード文字が使用できます。「?」は任意の1文字を、「*」は任意の長さの任意の文字を表します。ワイルドカード文字は、半角で入力します。

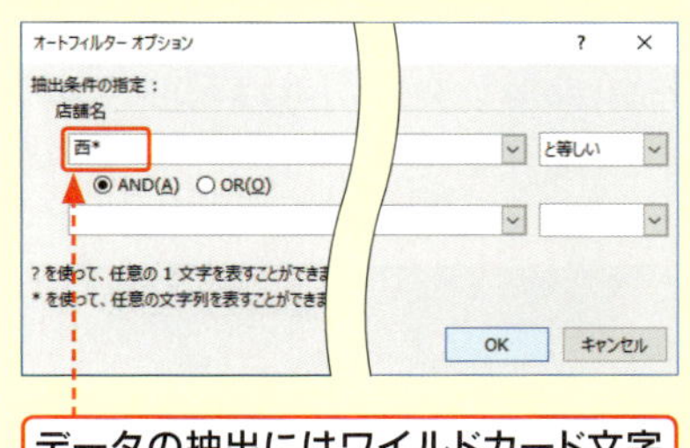

データの抽出にはワイルドカード文字が使用できます。

Section 91 フラッシュフィル機能でデータを自動的に加工する

覚えておきたいキーワード
- ☑ フラッシュフィル
- ☑ フラッシュフィルオプション
- ☑ 区切り位置

Excelには、入力したデータに基づいて、残りのデータが自動的に入力されるフラッシュフィル機能が搭載されています。たとえば、住所録の姓と名を別々のセルに分割したり、電話番号の表示形式を変換したりと、ある一定のルールに従って文字列を加工する場合に利用できます。

1 データを分割する

キーワード フラッシュフィル

「フラッシュフィル」は、データをいくつか入力すると、入力したデータのパターンに従って残りのデータが自動的に入力される機能です。

ヒント フラッシュフィルが使えない場合は？

フラッシュフィルが利用できるのは、ここで紹介した例のように、データになんらかの一貫性がある場合です。データに一貫性がない場合は、関数を利用したり、<データ>タブの<区切り位置>を利用してデータを分割しましょう。

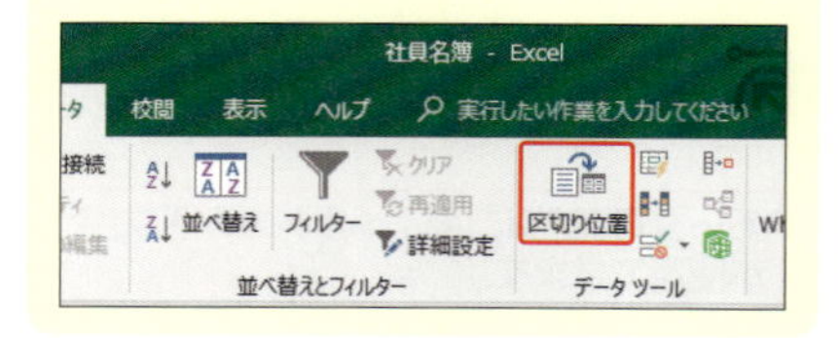

名前を「姓」と「名」に分割する

1 分割するデータ（ここでは「名前」から「姓」を取り出したもの）を入力して、Enterを押します。

2 <データ>タブをクリックして、

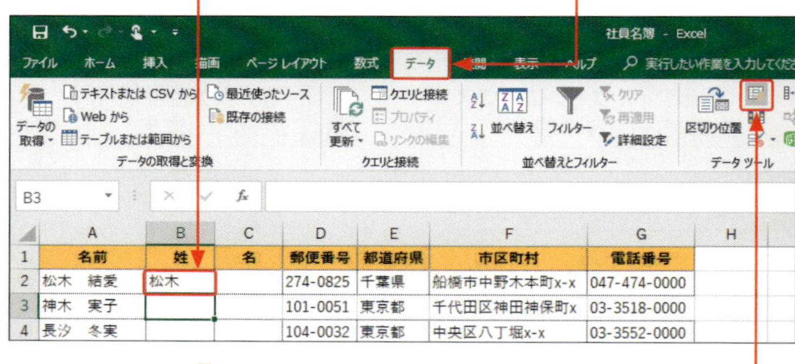

3 <フラッシュフィル>をクリックすると、

4 残りの「姓」が自動的に入力されます。

	A	B	C	D	E	F	G	H
1	名前	姓	名	郵便番号	都道府県	市区町村	電話番号	
2	松木　結愛	松木	結愛	274-0825	千葉県	船橋市中野木本町x-x	047-474-0000	
3	神木　実子	神木	実子	101-0051	東京都	千代田区神田神保町x	03-3518-0000	
4	長汐　冬実	長汐	冬実	4-0032	東京都	中央区八丁堀x-x	03-3552-0000	
5	大岐　勇樹	大岐	勇樹	135-0053	東京都	江東区辰巳x-x-x	03-8502-0000	
6	河原田　安芸	河原田	安芸	247-0072	神奈川県	鎌倉市岡本xx	03-1234-0000	
7	渡部　了輔	渡部	了輔	273-0132	千葉県	鎌ケ谷市粟野x-x	047-441-0000	
8	芝田　高志	芝田	高志	259-1217	神奈川県	平塚市長持xx	046-335-0000	
9	宝田　卓也	宝田	卓也	160-0008	東京都	新宿区三栄町x-x	03-5362-0000	
10	橋田　真央	橋田	真央	229-0011	神奈川県	相模原上溝xxx	04-2777-0000	
11	宇多　純一	宇多	純一	134-0088	東京都	江戸川区西葛西xx-x	03-5275-0000	
12	清水　光一	清水	光一	145-8502	東京都	品川区西五反田x-x	03-3779-0000	
13	飛田　秋生	飛田	秋生	156-0045	東京都	世田谷区桜上水xx	03-3329-0000	
14	秋田　亜沙美	秋田	亜沙美	157-0072	東京都	世田谷区祖師谷x-x	03-7890-0000	
15	仲井　圭	仲井	圭	167-0053	東京都	杉並区西荻窪x-x	03-5678-0000	
16	菅野　秋生	菅野	秋生	352-0032	埼玉県	新座市新堀xx	0424-50-0000	

5 「名」のフィールド（列）も同様の方法で入力します。

2 データを一括で変換する

電話番号の形式を変換する

1 変換後のデータ（ここでは「電話番号」のハイフンをカッコに置き換えたもの）を入力し、Enterを押します。

	D	E	F	G	H	I	J	K
1	郵便番号	都道府県	市区町村	電話番号	電話番号変換			
2	274-0825	千葉県	船橋市中野木本町x-x	047-474-0000	047(474)0000			
3	101-0051	東京都	千代田区神田神保町x	03-3518-0000				
4	104-0032	東京都	中央区八丁堀x-x	03-3552-0000				
5	135-0053	東京都	江東区辰巳x-x-x	03-8502-0000				
6	247-0072	神奈川県	鎌倉市岡本xx	03-1234-0000				
7	273-0132	千葉県	鎌ヶ谷市粟野x-x	047-441-0000				
8	259-1217	神奈川県	平塚市長持xx	046-335-0000				
9	160-0008	東京都	新宿区三栄町x-x	03-5362-0000				
10	229-0011	神奈川県	相模原上溝xxx	04-2777-0000				
11	134-0088	東京都	江戸川区西葛西xx-x	03-5275-0000				
12	145-8502	東京都	品川区西五反田x-x	03-3779-0000				
13	156-0045	東京都	世田谷区桜上水xx	03-3329-0000				
14	157-0072	東京都	世田谷区祖師谷x-x	03-7890-0000				

2 <データ>タブをクリックして、

3 <フラッシュフィル>をクリックすると、

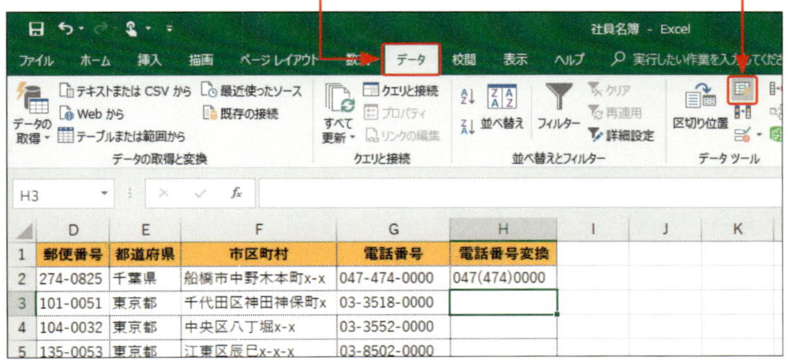

	D	E	F	G	H	I	J	K
1	郵便番号	都道府県	市区町村	電話番号	電話番号変換			
2	274-0825	千葉県	船橋市中野木本町x-x	047-474-0000	047(474)0000			
3	101-0051	東京都	千代田区神田神保町x	03-3518-0000				
4	104-0032	東京都	中央区八丁堀x-x	03-3552-0000				
5	135-0053	東京都	江東区辰巳x-x-x	03-8502-0000				

4 残りの電話番号が同じ形式に変換されて、自動的に入力されます。

	D	E	F	G	H	I	J	K
1	郵便番号	都道府県	市区町村	電話番号	電話番号変換			
2	274-0825	千葉県	船橋市中野木本町x-x	047-474-0000	047(474)0000			
3	101-0051	東京都	千代田区神田神保町x	03-3518-0000	03(3518)0000			
4	104-0032	東京都	中央区八丁堀x-x	03-3552-0000	03(3552)0000			
5	135-0053	東京都	江東区辰巳x-x-x	03-8502-0000	03(8502)0000			
6	247-0072	神奈川県	鎌倉市岡本xx	03-1234-0000	03(1234)0000			
7	273-0132	千葉県	鎌ヶ谷市粟野x-x	047-441-0000	047(441)0000			
8	259-1217	神奈川県	平塚市長持xx	046-335-0000	046(335)0000			
9	160-0008	東京都	新宿区三栄町x-x	03-5362-0000	03(5362)0000			
10	229-0011	神奈川県	相模原上溝xxx	04-2777-0000	04(2777)0000			
11	134-0088	東京都	江戸川区西葛西xx-x	03-5275-0000	03(5275)0000			
12	145-8502	東京都	品川区西五反田x-x	03-3779-0000	03(3779)0000			
13	156-0045	東京都	世田谷区桜上水xx	03-3329-0000	03(3329)0000			
14	157-0072	東京都	世田谷区祖師谷x-x	03-7890-0000	03(7890)0000			
15	167-0053	東京都	杉並区西荻窪x-x	03-5678-0000	03(5678)0000			

ヒント ショートカットキーを使う

手順**2**、**3**で<データ>タブの<フラッシュフィル>をクリックするかわりに、Ctrlを押しながらEを押しても、フラッシュフィルが実行できます。

メモ フラッシュフィルオプション

フラッシュフィルでデータを入力すると、右下に<フラッシュフィルオプション>が表示されます。このコマンドを利用すると、入力したデータをもとに戻したり、変更されたセルを選択したりすることができます。

F	G	H	I
市区町村	電話番号	電話番号変換	
橋市中野木本町x-x	047-474-0000	047(474)0000	
代田区神田神保町x	03-3518-0000	03(3518)0000	
央区八丁堀x-x	03-3552-0000	03(3552)0000	
東区辰巳x-x-x			
倉市岡本xx			
ヶ谷市粟野x-x			
塚市長持xx			

フラッシュ フィルを元に戻す(U)
候補の反映(A)
0 個のすべての空白セルを選択(B)
22 個のすべての変更されたセルを選択(C)

Section 92

テーブルを作成する

覚えておきたいキーワード
- テーブル
- オートフィルター
- テーブルスタイル

データベース形式の表をテーブルに変換すると、データの並べ替えや抽出、レコード（行）の追加やフィールド（列）ごとの集計などをすばやく行うことができます。また、書式が設定済みのテーブルスタイルも用意されているので、見栄えのする表をかんたんに作成することができます。

1 表をテーブルに変換する

キーワード テーブル

「テーブル」は、表をより効率的に管理するための機能です。表をテーブルに変換すると、レコードの追加やデータの集計、重複レコードの削除、抽出などがすばやく行えます。

1 表内のセルをクリックして、
2 <挿入>タブをクリックし、

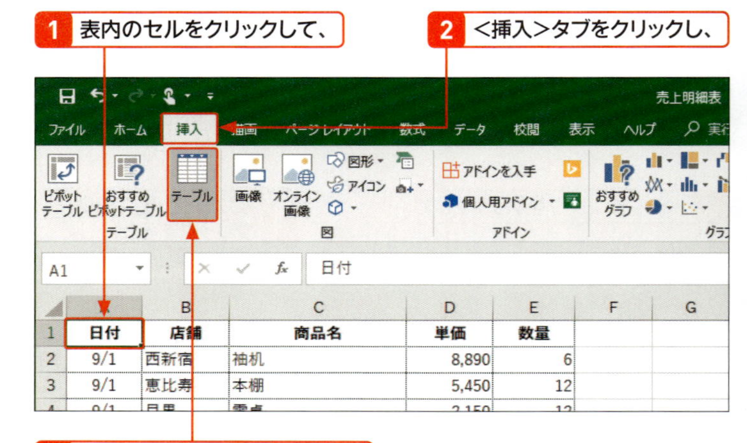

3 <テーブル>をクリックします。

4 テーブルに変換するデータ範囲を確認して、

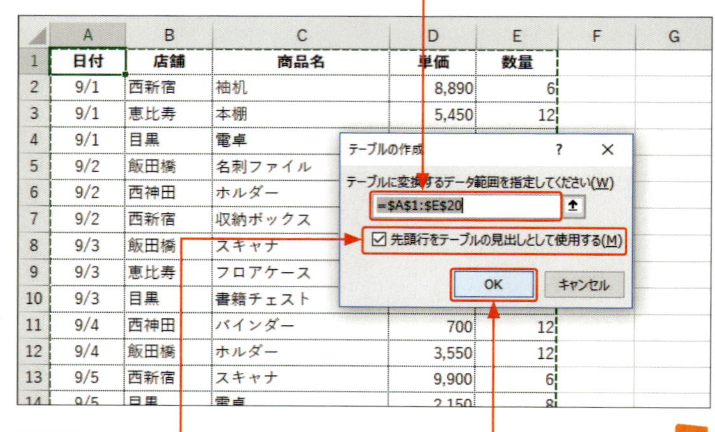

5 ここをクリックしてオンにし、
6 <OK>をクリックすると、

メモ 列見出しをテーブルの列ラベルとして利用する

データベース形式の表の列見出しを、テーブルの列ラベルとして利用する場合は、手順5の<先頭行をテーブルの見出しとして使用する>をオンにします。表に列見出しがない場合は、オフにすると先頭レコードの上に自動的に列ラベルが作成されます。

7 テーブルが作成されます。

	A	B	C	D	E
1	日付	店舗	商品名	単価	数量
2	9/1	西新宿	袖机	8,890	6
3	9/1	恵比寿	本棚	5,450	12
4	9/1	目黒	電卓	2,150	12
5	9/2	飯田橋	名刺ファイル	1,515	12
6	9/2	西神田	ホルダー	3,550	10
7	9/2	西新宿	収納ボックス	689	24
8	9/3	飯田橋	スキャナ	9,900	5
9	9/3	恵比寿	フロアケース	2,755	5
10	9/3	目黒	書籍チェスト	4,055	15
11	9/4	西神田	バインダー	700	12
12	9/4	飯田橋	ホルダー	3,550	12

列見出しにフィルターが設定され、オートフィルターを利用できるようになります（Sec.90参照）。

2 テーブルのスタイルを変更する

1 テーブル内のセルをクリックして、

2 ＜デザイン＞タブをクリックし、

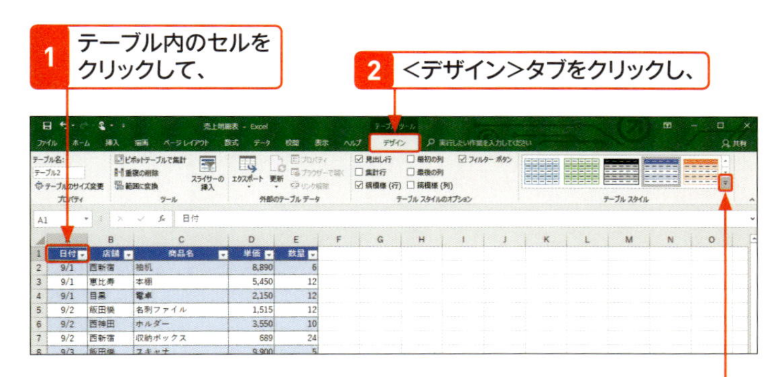

3 ＜テーブルスタイル＞の＜その他＞をクリックします。

4 使用したいスタイルをクリックすると、

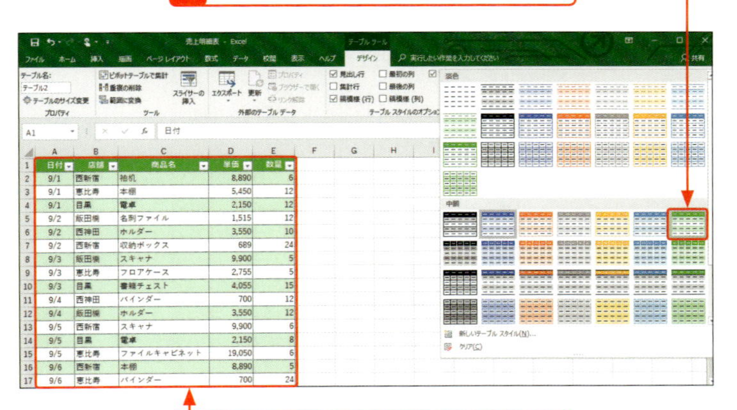

5 テーブルのスタイルが変更されます。

メモ ＜クイック分析＞コマンドの利用

＜クイック分析＞コマンドを利用してテーブルを作成することもできます。テーブルに変換する範囲を選択すると、右下に＜クイック分析＞が表示されるので、クリックして＜テーブル＞から＜テーブル＞をクリックします。

メモ テーブルのスタイル

テーブルには、色や罫線などの書式があらかじめ設定されたテーブルスタイルがたくさん用意されています。スタイルにマウスポインターを合わせると、そのスタイルが一時的に適用されるので、自分好みのスタイルを選ぶとよいでしょう。

ヒント テーブルを通常のセル範囲に戻すには？

作成したテーブルを通常のセル範囲に戻すには、＜デザイン＞タブの＜範囲に変換＞をクリックし、確認のダイアログボックスで＜はい＞をクリックします。ただし、セルの背景色は保持されます。

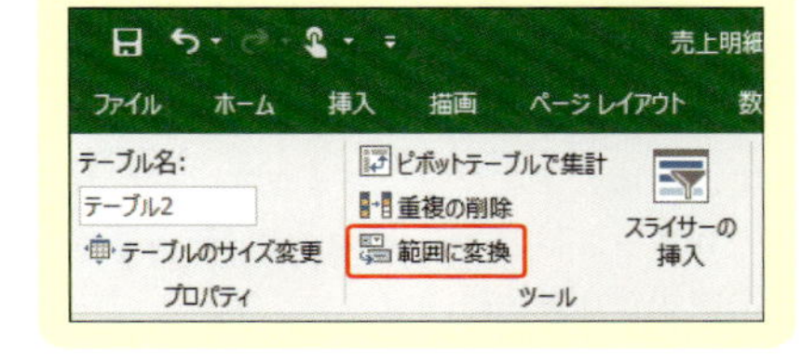

Section 93

テーブル機能を利用する

覚えておきたいキーワード
- レコードの追加
- フィールドの追加
- 集計行の追加

テーブル機能を利用すると、フィールド（列）やレコード（行）をかんたんに追加することができます。追加時には、設定されている書式も自動的に適用されます。また、データの集計、重複行の削除、データの絞り込みなどもすばやく行うことができます。

第8章 データベースとしての利用

1 テーブルにレコードを追加する

メモ 新しいレコードの追加

テーブルの最終行に新しいデータを入力すると、レコードが追加され、自動的にテーブルの範囲が拡張されます。追加した行には、テーブルの書式（右の例では背景色）が自動的に設定されます。

1 テーブルの最終行の下のセルにデータを入力して、

	A	B	C	D	E	F	G
10	9/3	目黒	書籍チェスト	4,055	15		
11	9/4	西神田	バインダー	700	12		
12	9/4	飯田橋	ホルダー	3,550	12		
13	9/5	西新宿	スキャナ	9,900	6		
14	9/5	目黒	電卓	2,150	8		
15	9/5	恵比寿	ファイルキャビネット	19,050	6		
16	9/6	西新宿	本棚	8,890	5		
17	9/6	恵比寿	バインダー	700	24		
18	9/6	西神田	収納ボックス	689	24		
19	9/7	目黒	電卓	2,150	10		
20	9/7	飯田橋	袖机	5,450	12		
21	9/8	恵比寿	スキャナ	9,900	6		
22	9/8						
23							

2 Tab を押すと、

3 新しい行が追加され、テーブルの範囲も拡張されます。

	日付	店舗	商品名	単価	数量	F	G
10	9/3	目黒	書籍チェスト	4,055	15		
11	9/4	西神田	バインダー	700	12		
12	9/4	飯田橋	ホルダー	3,550	12		
13	9/5	西新宿	スキャナ	9,900	6		
14	9/5	目黒	電卓	2,150	8		
15	9/5	恵比寿	ファイルキャビネット	19,050	6		
16	9/6	西新宿	本棚	8,890	5		
17	9/6	恵比寿	バインダー	700	24		
18	9/6	西神田	収納ボックス	689	24		
19	9/7	目黒	電卓	2,150	10		
20	9/7	飯田橋	袖机	5,450	12		
21	9/8	恵比寿	スキャナ	9,900	6		
22	9/8						
23							

ヒント テーブルの途中に行や列を追加するには？

テーブルの途中にレコードを追加するには、追加したい位置の下の行番号を右クリックして、<挿入>をクリックします。また、フィールドを追加するには、追加したい位置の右の列番号を右クリックして、<挿入>をクリックします。追加したレコードやフィールドには、テーブルの書式が自動的に設定されます。

2 集計用のフィールドを追加する

1 セル[F1]に「売上金額」と入力して、Enterを押すと、

	A	B	C	D	E	F	G
1	日付	店舗	商品名	単価	数量	売上金額	
2	9/1	西新宿	袖机	8,890	6		
3	9/1	恵比寿	本棚	5,450	12		
4	9/1	目黒	電卓	2,150	12		
5	9/2	飯田橋	名刺ファイル	1,515	12		
6	9/2	西神田	ホルダー	3,550	10		
7	9/2	西新宿	収納ボックス	689	24		
8	9/3	飯田橋	スキャナ	9,900	5		
9	9/3	恵比寿	フロアケース	2,755	5		

2 最終列に自動的に新しいフィールドが追加されます。

3 セル[F2]に半角で「=」と入力して、

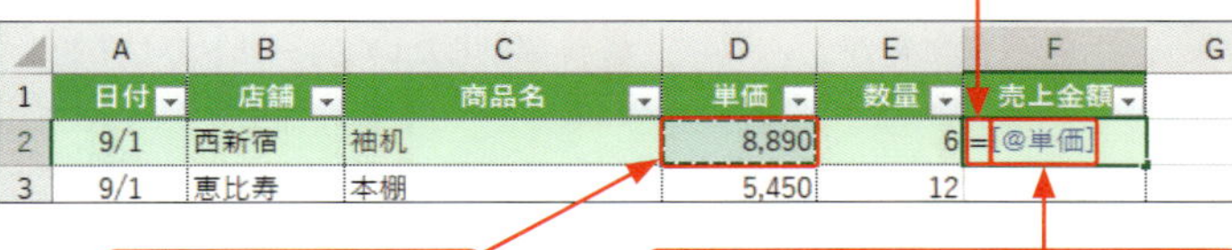

	A	B	C	D	E	F	G
1	日付	店舗	商品名	単価	数量	売上金額	
2	9/1	西新宿	袖机	8,890	6	=[@単価]	
3	9/1	恵比寿	本棚	5,450	12		

4 参照先をクリックすると、

5 列見出しの名前（[@単価]）が表示されます。

6 続けて「*」と入力して、

	A	B	C	D	E	F	G
1	日付	店舗	商品名	単価	数量	売上金額	
2	9/1	西新宿	袖机	8,890	6	=[@単価]*[@数量]	
3	9/1	恵比寿	本棚	5,450	12		

7 次の参照先をクリックすると、

8 列見出しの名前（[@数量]）が表示されます。

9 Enterを押すと、計算結果が求められます。

	A	B	C	D	E	F	G
1	日付	店舗	商品名	単価	数量	売上金額	
2	9/1	西新宿	袖机	8,890	6	53340	
3	9/1	恵比寿	本棚	5,450	12	65400	
4	9/1	目黒	電卓	2,150	12	25800	
5	9/2	飯田橋	名刺ファイル	1,515	12	18180	
6	9/2	西神田	ホルダー	3,550	10	35500	
7	9/2	西新宿	収納ボックス	689	24	16536	
8	9/3	飯田橋	スキャナ	9,900	5	49500	
9	9/3	恵比寿	フロアケース	2,755	5	13775	

10 ほかのレコードにも自動的に数式がコピーされて、計算結果が表示されます。

メモ 新しいフィールド（列）の追加

左の例のようにテーブルの最終列にデータを入力して確定すると、テーブルの最終列に新しい列が自動的に追加されます。また、数式を入力すると、ほかのレコードにも自動的に数式がコピーされて、計算結果が表示されます。

ヒント テーブルで数式を入力すると…

テーブルで数式を入力する際、引数となるセルを指定すると、セル参照ではなく、[@単価] [@数量] などの列の名前が表示されるので、何の計算をしているかがわかりやすくなります。

ステップアップ 列見出しをリストから指定する

手順**3**で「=[」と入力すると、列見出しの一覧が表示されるので、「単価」をダブルクリックして指定することもできます。続いて、「]*[」と入力すると、同様に列見出しの一覧が表示されるので、「数量」をダブルクリックして「]」を入力し、Enterを押します。

C	D	E	F	G
商品名	単価	数量	売上金額	
	8,890	6	=[	
	5,450	12	@ - この行	
	2,150	12	日付	
ァイル	1,515	12	店舗	
ー	3,550	10	商品名	
ックス	689	24	単価	
ナ	9,900	5	数量	
ケース	2,755	5	売上金額	

3 テーブルに集計行を追加する

メモ 集計行の作成

右の手順で表示される集計行では、フィールドごとにデータの合計や平均、個数、最大値、最小値などを求めることができます。なお、集計行を削除するには、手順3でオンにした＜集計行＞をクリックしてオフにします。

ステップアップ スライサーの挿入

テーブルにスライサーを追加することができます。スライサーとは、データを絞り込むための機能のことです。＜デザイン＞タブの＜スライサーの挿入＞をクリックすると、＜スライサーの挿入＞ダイアログボックスが表示されるので、絞り込みに利用する列見出しを指定します（P.278参照）。

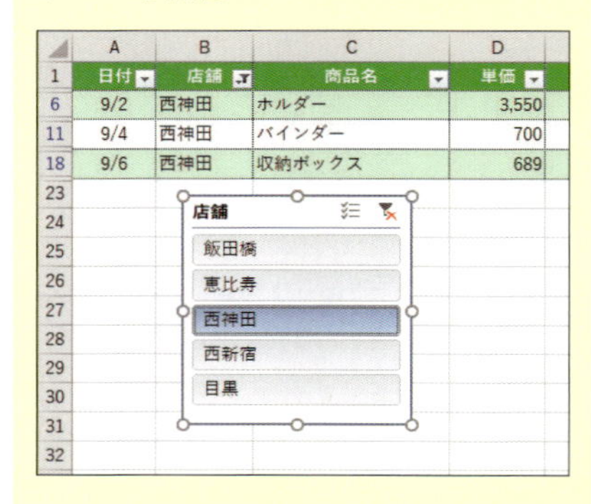

	A	B	C	D
1	日付	店舗	商品名	単価
6	9/2	西神田	ホルダー	3,550
11	9/4	西神田	バインダー	700
18	9/6	西神田	収納ボックス	689

メモ 右端のフィールドの集計結果

右の手順で集計行を表示すると、集計行の右端のセルには、そのフィールドの集計結果が自動的に表示されます。テーブルの右端のフィールドが数値の場合は合計値が、文字の場合はデータの個数が表示されます。

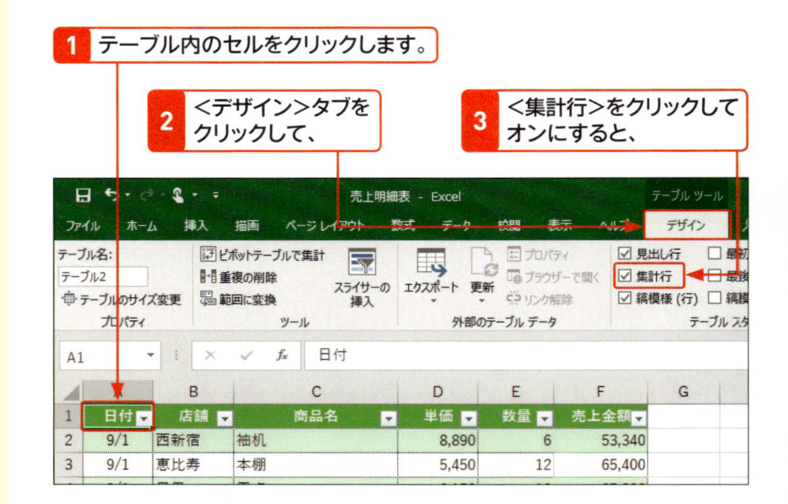

	A	B	C	D	E	F	G
1	日付	店舗	商品名	単価	数量	売上金額	
2	9/1	西新宿	袖机	8,890	6	53,340	
3	9/1	恵比寿	本棚	5,450	12	65,400	

4 集計行が追加されます。

5 集計したいフィールドのセルをクリックして、ここをクリックし、

	日付	店舗	商品名	単価	数量	売上金額	G
15	9/5	恵比寿	ファイルキャビネット	19,050	6	114,300	
16	9/6	西新宿	本棚	8,890	5	44,450	
17	9/6	恵比寿	バインダー	700	24	16,800	
18	9/6	西神田	収納ボックス	689	24	16,536	
19	9/7	目黒	電卓	2,150	10	21,500	
20	9/7	飯田橋	袖机	5,450	12	65,400	
21	9/8	恵比寿	スキャナ	9,900	6	59,400	
22	9/8	西新宿	書籍チェスト	4,055	24	97,320	
23	集計					902,162	

なし
平均
個数
数値の個数
最大
最小
合計
標本標準偏差
標本分散
その他の関数...

6 集計方法（ここでは「個数」）を指定すると、

左下の「メモ」参照

7 集計結果（ここではデータの個数）が表示されます。

	日付	店舗	商品名	単価	数量	売上金額	G
15	9/5	恵比寿	ファイルキャビネット	19,050	6	114,300	
16	9/6	西新宿	本棚	8,890	5	44,450	
17	9/6	恵比寿	バインダー	700	24	16,800	
18	9/6	西神田	収納ボックス	689	24	16,536	
19	9/7	目黒	電卓	2,150	10	21,500	
20	9/7	飯田橋	袖机	5,450	12	65,400	
21	9/8	恵比寿	スキャナ	9,900	6	59,400	
22	9/8	西新宿	書籍チェスト	4,055	24	97,320	
23	集計				21	902,162	
24							

4 重複したレコードを削除する

テーブル内に重複レコードがあります。

1 <デザイン>タブをクリックして、

2 <重複の削除>をクリックします。

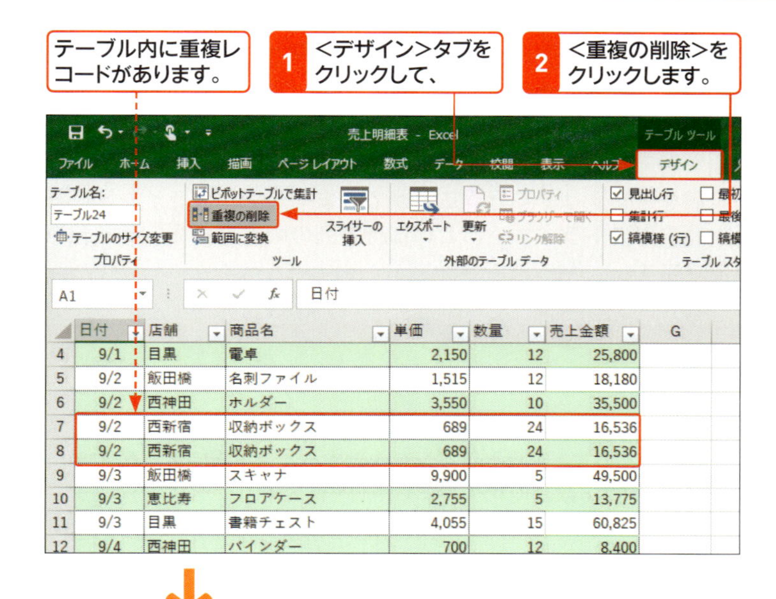

	日付	店舗	商品名	単価	数量	売上金額	G
4	9/1	目黒	電卓	2,150	12	25,800	
5	9/2	飯田橋	名刺ファイル	1,515	12	18,180	
6	9/2	西神田	ホルダー	3,550	10	35,500	
7	9/2	西新宿	収納ボックス	689	24	16,536	
8	9/2	西新宿	収納ボックス	689	24	16,536	
9	9/3	飯田橋	スキャナ	9,900	5	49,500	
10	9/3	恵比寿	フロアケース	2,755	5	13,775	
11	9/3	目黒	書籍チェスト	4,055	15	60,825	
12	9/4	西神田	バインダー	700	12	8,400	

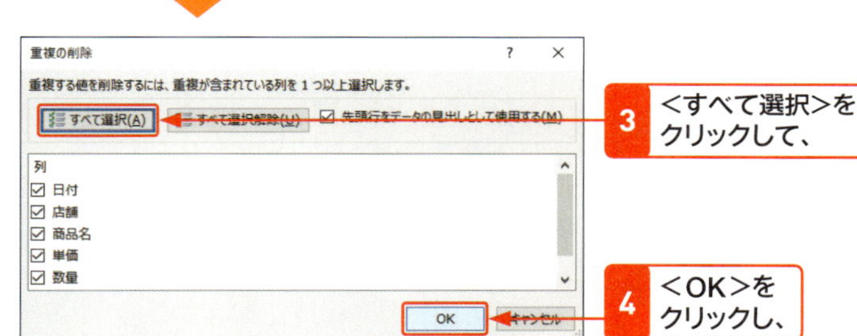

3 <すべて選択>をクリックして、

4 <OK>をクリックし、

5 <OK>をクリックすると、

6 重複していたレコードが削除されます。

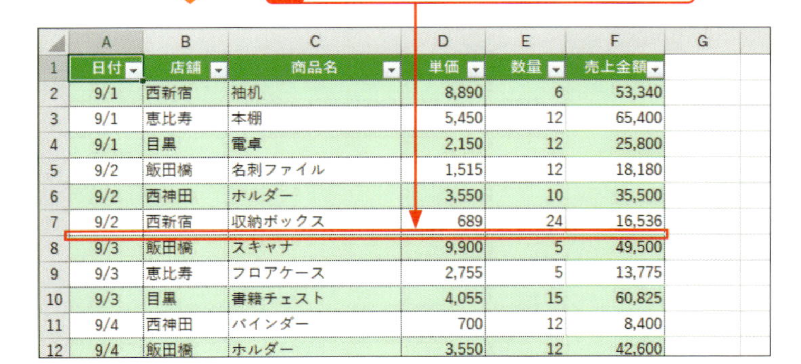

	A	B	C	D	E	F	G
1	日付	店舗	商品名	単価	数量	売上金額	
2	9/1	西新宿	袖机	8,890	6	53,340	
3	9/1	恵比寿	本棚	5,450	12	65,400	
4	9/1	目黒	電卓	2,150	12	25,800	
5	9/2	飯田橋	名刺ファイル	1,515	12	18,180	
6	9/2	西神田	ホルダー	3,550	10	35,500	
7	9/2	西新宿	収納ボックス	689	24	16,536	
8	9/3	飯田橋	スキャナ	9,900	5	49,500	
9	9/3	恵比寿	フロアケース	2,755	5	13,775	
10	9/3	目黒	書籍チェスト	4,055	15	60,825	
11	9/4	西神田	バインダー	700	12	8,400	
12	9/4	飯田橋	ホルダー	3,550	12	42,600	

メモ 重複レコードの削除

左の手順で操作すると重複データが自動的に削除されますが、どのデータが重複しているのか、どのデータが削除されたのかは明示されません。完全に同じレコードだけが削除されるように、手順3ではすべての項目を選択するとよいでしょう。

ヒント 通常の表で重複行を削除するには？

テーブルに変換していない通常の表でも、重複データを削除することができます。重複データを削除したい表を範囲指定して、<データ>タブの<重複の削除>をクリックします。

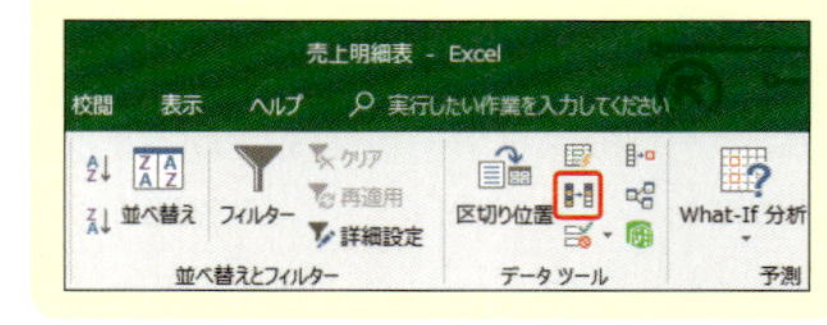

Section 94

アウトライン機能を利用する

覚えておきたいキーワード
- アウトライン
- グループ
- レベル

アウトライン機能を利用すると、集計行や集計列の表示、それぞれのグループの詳細データの参照などをすばやく行うことができます。アウトラインは、行のアウトライン、列のアウトライン、あるいは行と列の両方のアウトラインを作成することができます。

1 アウトラインとは？

「アウトライン」は、ワークシート上の行や列をレベルに分けて、下のレベルのデータの表示／非表示をかんたんに切り替えることができるしくみのことです。アウトラインを作成すると、下図のようなアウトライン記号が表示されます。アウトラインは、最大8段階のレベルまで作成可能です。

アウトラインの作成例

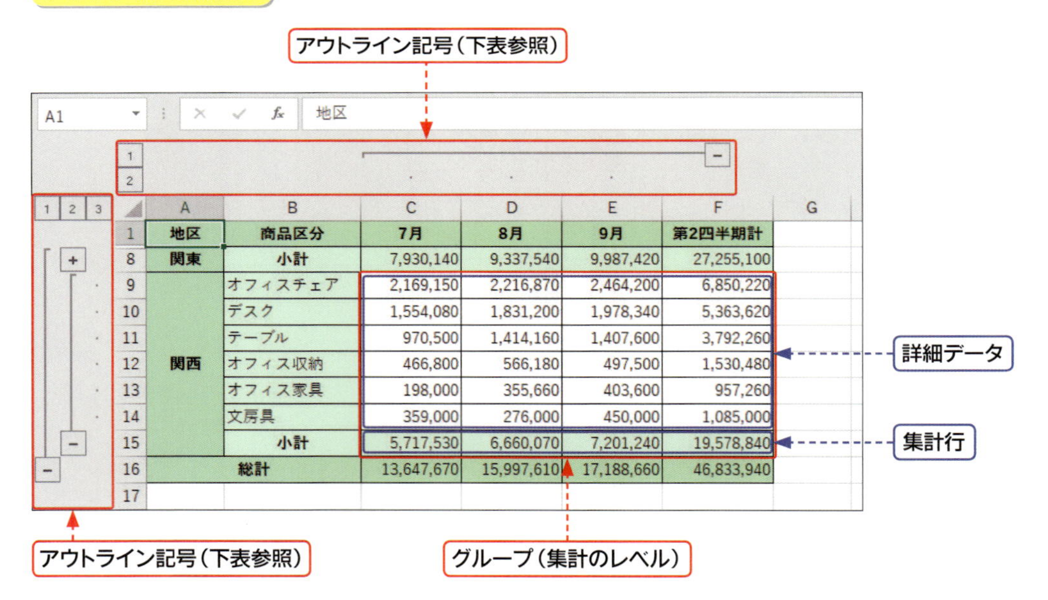

	A	B	C	D	E	F	G
1	地区	商品区分	7月	8月	9月	第2四半期計	
8	関東	小計	7,930,140	9,337,540	9,987,420	27,255,100	
9	関西	オフィスチェア	2,169,150	2,216,870	2,464,200	6,850,220	
10		デスク	1,554,080	1,831,200	1,978,340	5,363,620	
11		テーブル	970,500	1,414,160	1,407,600	3,792,260	
12		オフィス収納	466,800	566,180	497,500	1,530,480	
13		オフィス家具	198,000	355,660	403,600	957,260	
14		文房具	359,000	276,000	450,000	1,085,000	
15		小計	5,717,530	6,660,070	7,201,240	19,578,840	
16	総計		13,647,670	15,997,610	17,188,660	46,833,940	
17							

アウトラインの記号の意味

アウトライン記号	概　要
1 / 2	レベルごとの集計を表示します。
1 2 3	1 をクリックすると、総計が表示されます。番号のいちばん大きい記号をクリックすると、すべてのデータが表示されます。
-	グループの詳細データを非表示にします。
+	グループの詳細データを表示します。

2 集計行を自動作成する

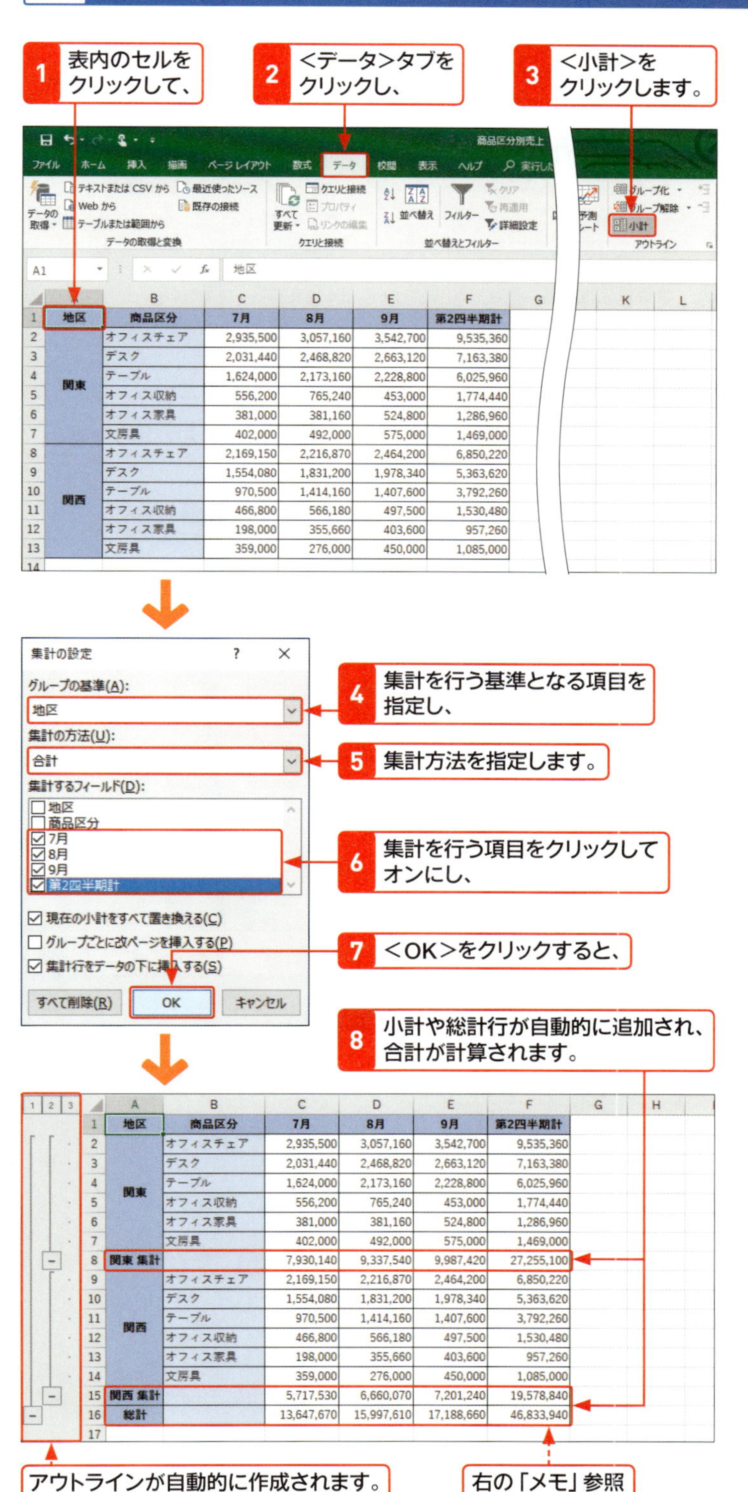

地区	商品区分	7月	8月	9月	第2四半期計
関東	オフィスチェア	2,935,500	3,057,160	3,542,700	9,535,360
	デスク	2,031,440	2,468,820	2,663,120	7,163,380
	テーブル	1,624,000	2,173,160	2,228,800	6,025,960
	オフィス収納	556,200	765,240	453,000	1,774,440
	オフィス家具	381,000	381,160	524,800	1,286,960
	文房具	402,000	492,000	575,000	1,469,000
関東 集計		7,930,140	9,337,540	9,987,420	27,255,100
関西	オフィスチェア	2,169,150	2,216,870	2,464,200	6,850,220
	デスク	1,554,080	1,831,200	1,978,340	5,363,620
	テーブル	970,500	1,414,160	1,407,600	3,792,260
	オフィス収納	466,800	566,180	497,500	1,530,480
	オフィス家具	198,000	355,660	403,600	957,260
	文房具	359,000	276,000	450,000	1,085,000
関西 集計		5,717,530	6,660,070	7,201,240	19,578,840
総計		13,647,670	15,997,610	17,188,660	46,833,940

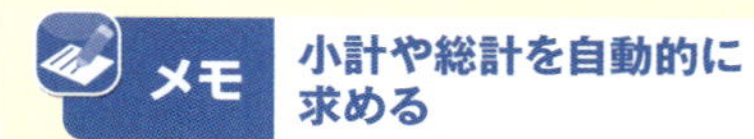

左の手順で操作すると、小計や総計行を自動挿入してデータを集計し、アウトラインを作成することができます。ただし、自動挿入されたセルの罫線は設定されません。左の例では、集計後に手動で罫線を引いています。

集計をクリアするには、左の手順1～3の操作で<集計の設定>ダイアログボックスを表示して、<すべて削除>をクリックします。

3 アウトラインを自動作成する

アウトラインの自動作成

すでに集計行や集計列が用意されている表の場合は、右の手順で操作すると、自動的にアウトラインを作成することができます。

1 表内のセルをクリックして、

2 <データ>タブをクリックします。

3 <グループ化>のここをクリックして、

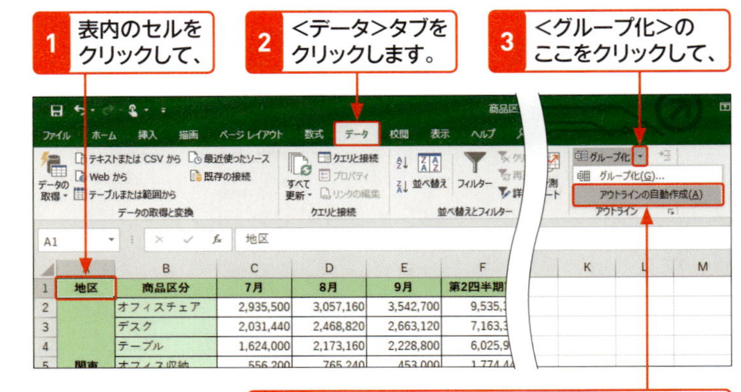

4 <アウトラインの自動作成>をクリックすると、

5 アウトラインが自動的に作成されます。

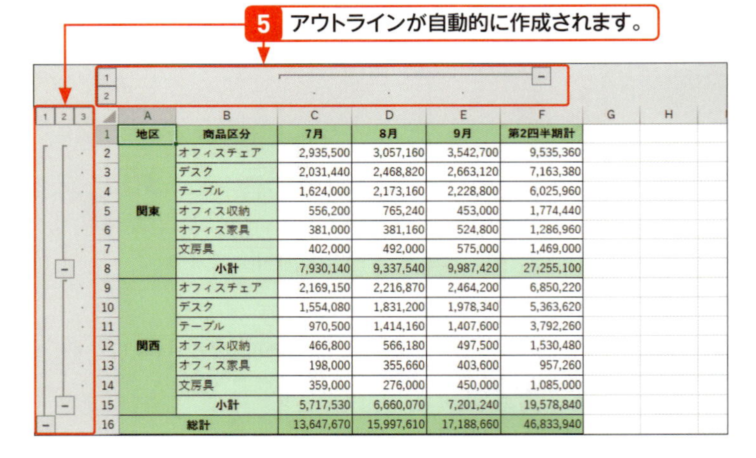

地区	商品区分	7月	8月	9月	第2四半期計
関東	オフィスチェア	2,935,500	3,057,160	3,542,700	9,535,360
	デスク	2,031,440	2,468,820	2,663,120	7,163,380
	テーブル	1,624,000	2,173,160	2,228,800	6,025,960
	オフィス収納	556,200	765,240	453,000	1,774,440
	オフィス家具	381,000	381,160	524,800	1,286,960
	文房具	402,000	492,000	575,000	1,469,000
	小計	7,930,140	9,337,540	9,987,420	27,255,100
関西	オフィスチェア	2,169,150	2,216,870	2,464,200	6,850,220
	デスク	1,554,080	1,831,200	1,978,340	5,363,620
	テーブル	970,500	1,414,160	1,407,600	3,792,260
	オフィス収納	466,800	566,180	497,500	1,530,480
	オフィス家具	198,000	355,660	403,600	957,260
	文房具	359,000	276,000	450,000	1,085,000
	小計	5,717,530	6,660,070	7,201,240	19,578,840
総計		13,647,670	15,997,610	17,188,660	46,833,940

アウトラインを手動で作成する

目的の部分だけにアウトラインを作成したい場合は、作成したい範囲を選択して、手順4で<グループ化>をクリックし、表示されるダイアログボックスで<行>あるいは<列>を指定し、<OK>をクリックします。

4 アウトラインを操作する

アウトラインを解除するには

アウトラインを解除するには、<データ>タブの<グループ解除>のをクリックして、<アウトラインのクリア>をクリックします。

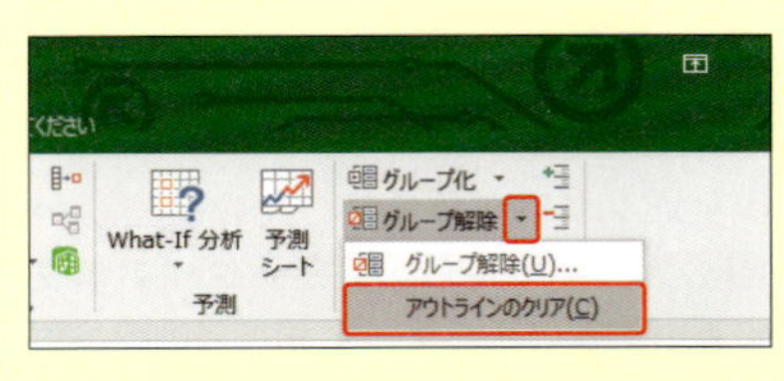

1 ここをクリックすると、

地区	商品区分	7月	8月	9月	第2四半期計
関東	オフィスチェア	2,935,500	3,057,160	3,542,700	9,535,360
	デスク	2,031,440	2,468,820	2,663,120	7,163,380
	テーブル	1,624,000	2,173,160	2,228,800	6,025,960
	オフィス収納	556,200	765,240	453,000	1,774,440
	オフィス家具	381,000	381,160	524,800	1,286,960
	文房具	402,000	492,000	575,000	1,469,000
	小計	7,930,140	9,337,540	9,987,420	27,255,100
関西	オフィスチェア	2,169,150	2,216,870	2,464,200	6,850,220
	デスク	1,554,080	1,831,200	1,978,340	5,363,620
	テーブル	970,500	1,414,160	1,407,600	3,792,260
	オフィス収納	466,800	566,180	497,500	1,530,480
	オフィス家具	198,000	355,660	403,600	957,260
	文房具	359,000	276,000	450,000	1,085,000
	小計	5,717,530	6,660,070	7,201,240	19,578,840
総計		13,647,670	15,997,610	17,188,660	46,833,940

2 クリックしたグループの詳細データが非表示になります。

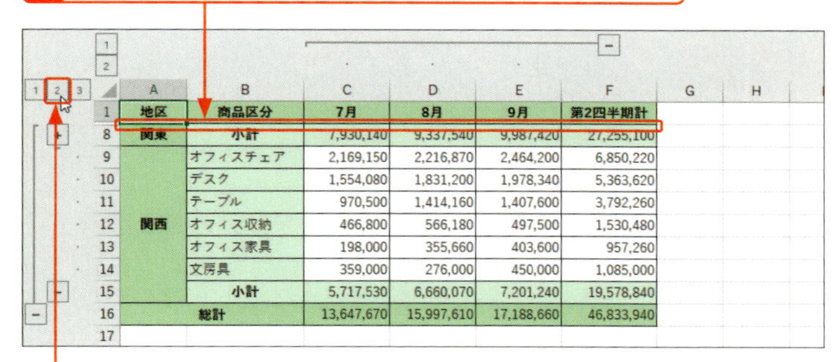

3 ここをクリックすると、

4 レベル2の集計行だけが表示されます。

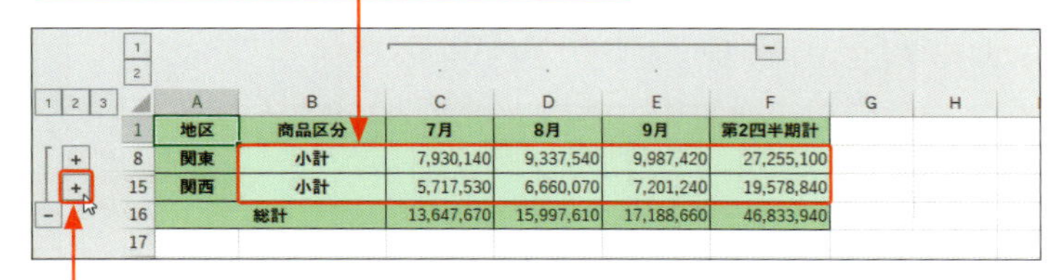

5 ここをクリックすると、

6 クリックしたグループの詳細データが表示されます。

7 ここをクリックすると、

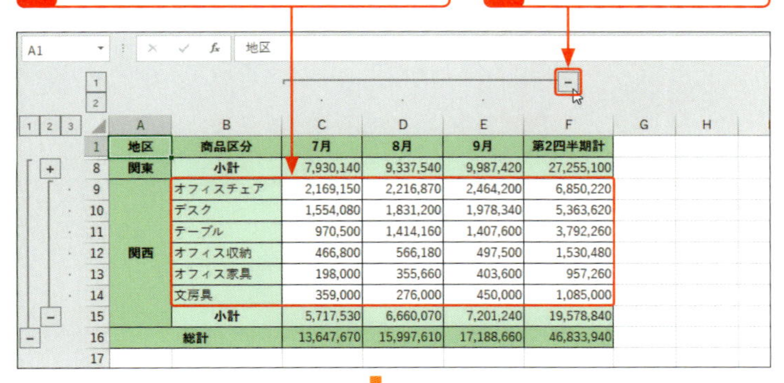

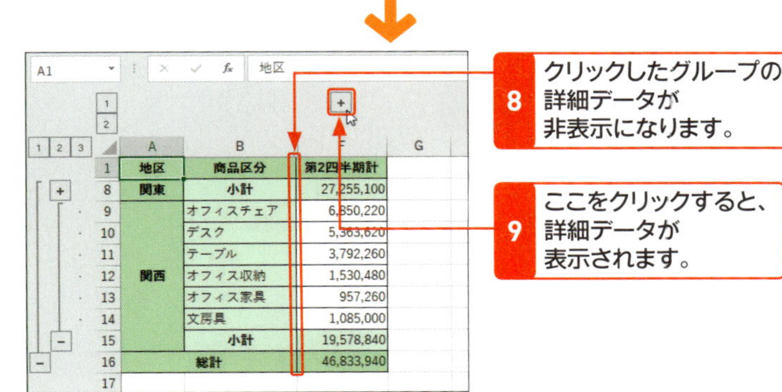

8 クリックしたグループの詳細データが非表示になります。

9 ここをクリックすると、詳細データが表示されます。

キーワード　レベル

「レベル」とは、グループ化の段階のことです。アウトラインには、最大8段階までのレベルを設定することができます。

ヒント　行や列を非表示にして印刷すると…

アウトラインを利用して、詳細データなどを非表示にした表を印刷すると、画面の表示どおりに印刷されます。

Section 95

ピボットテーブルを作成する

覚えておきたいキーワード
- ピボットテーブル
- フィールドリスト
- ピボットテーブルスタイル

データベース形式の表のデータをさまざまな角度から分析して必要な情報を得るには、ピボットテーブルが便利です。ピボットテーブルを利用すると、表の構成を入れ替えたり、集計項目を絞り込むなどして、違った視点からデータを見ることができます。

1 ピボットテーブルとは？

「ピボットテーブル」とは、データベース形式の表から特定のフィールドを取り出して集計した表です。スライサーやタイムラインを追加して、ピボットテーブルのデータを絞り込むこともできます。

データベース形式の表

売上月	店舗	商品名	単価	数量	売上金額
7月	西新宿	ウッドパラソル	12,500	12	150,000
7月	恵比寿	野菜プランター	1,450	12	17,400
7月	目黒	飾り棚	2,880	12	34,560
7月	西神田	ステップ台	8,900	6	53,400
7月	飯田橋	植木ポット	1,690	24	40,560
8月	西新宿	水耕栽培キット	6,690	12	80,280
8月	恵比寿	ランタン	3,890	24	93,360
8月	目黒	ステップ台	8,900	6	53,400
8月	西神田	植木ポット	1,690	24	40,560
8月	飯田橋	水耕栽培キット	6,690	12	80,280
9月	西新宿	野菜プランター	1,450	36	52,200
9月	恵比寿	飾り棚	2,880	12	34,560
9月	目黒	ウッドパラソル	12,500	10	125,000

ピボットテーブルの例

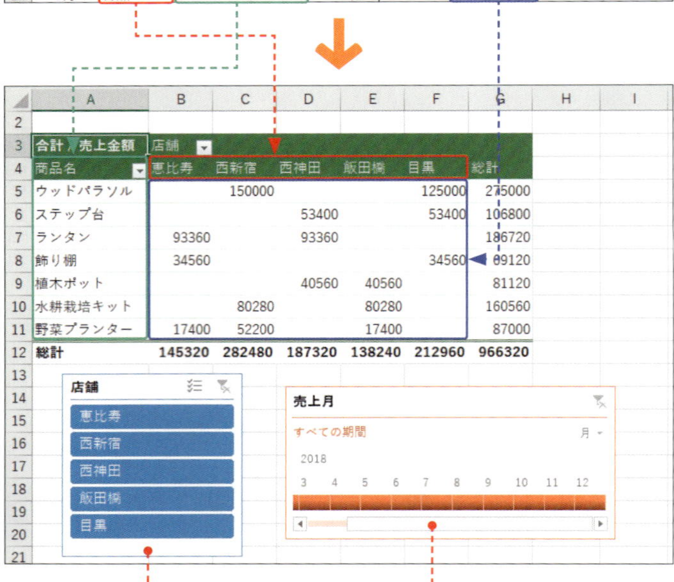

合計 / 売上金額	店舗					
商品名	恵比寿	西新宿	西神田	飯田橋	目黒	総計
ウッドパラソル		150000			125000	275000
ステップ台			53400		53400	106800
ランタン	93360		93360			186720
飾り棚	34560				34560	69120
植木ポット			40560	40560		81120
水耕栽培キット		80280		80280		160560
野菜プランター	17400	52200		17400		87000
総計	145320	282480	187320	138240	212960	966320

スライサーやタイムラインを追加すると、絞り込みを視覚的に実行できます（Sec.96参照）。

2 ピボットテーブルを作成する

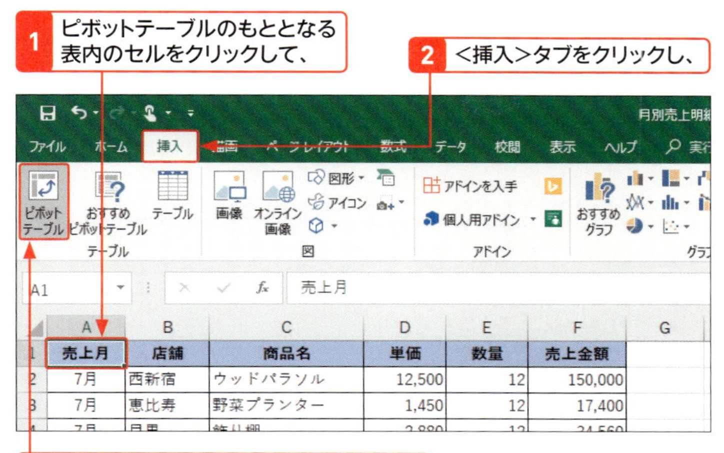
1 ピボットテーブルのもととなる表内のセルをクリックして、
2 <挿入>タブをクリックし、
3 <ピボットテーブル>をクリックします。

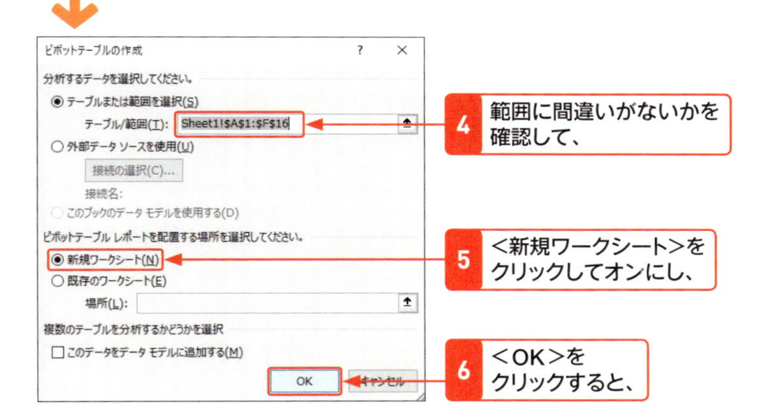
4 範囲に間違いがないかを確認して、
5 <新規ワークシート>をクリックしてオンにし、
6 <OK>をクリックすると、

7 フィールドが設定されていない空白のピボットテーブルが作成されます。
8 <ピボットテーブルのフィールドリスト>が表示されます。
新しいワークシートが追加されます。
ここに、表の各フィールドが表示されます。

ヒント そのほかのピボットテーブルの作成方法

<挿入>タブをクリックして、<おすすめピボットテーブル>をクリックすると表示される<おすすめピボットテーブル>ダイアログボックスを利用しても、ピボットテーブルを作成することができます。

ヒント 使用するデータ範囲を選択する

手順4では、選択していたセルを含むデータベース形式の表全体が自動的に選択されます。データの範囲を変更したい場合は、ワークシート上のデータ範囲をドラッグして指定し直します。

メモ ピボットテーブルのフィールドリスト

ピボットテーブルは、空のピボットテーブルのフィールドに、データベースの各フィールドを配置することで作成できます。フィールドを配置するには、次の3つの方法があります。

①<ピボットテーブルのフィールドリスト>で、表示するフィールド名をクリックしてオンにし、既定の領域に追加したあとで、適宜移動する（次ページ参照）。
②フィールド名を右クリックして、追加したい領域を指定する。
③フィールドを目的の領域にドラッグする。

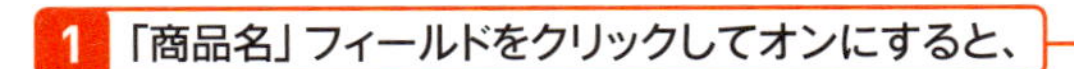

3 空のピボットテーブルにフィールドを配置する

メモ 行ボックス

<行>ボックス内のフィールドは、ピボットテーブルの縦方向に「行ラベル」として表示されます。<行>ボックスには、縦に行見出し名として並べたいアイテムのフィールドを設定します。Excelでは、最初にテキストデータのすべてのフィールドを<行>ボックスに並べて、そのあとで各ボックスに移動する、という方法でピボットテーブルを作成します。

メモ 値ボックス

<値>ボックス内のフィールドは、ピボットテーブルのデータ範囲に配置されます。<値>ボックスに設定した数値がピボットテーブルの集計の対象となり、集計結果がデータ範囲に表示されます。

メモ 列ボックス

<列>ボックス内のフィールドは、ピボットテーブルの横方向に「列ラベル」として表示されます。

メモ フィルターボックス

<フィルター>ボックス内のフィールドは、ピボットテーブルの上に表示されます。フィルターのアイテムを切り替えて、アイテムごとの集計結果を表示することができます。省略してもかまいません。

1 「商品名」フィールドをクリックしてオンにすると、

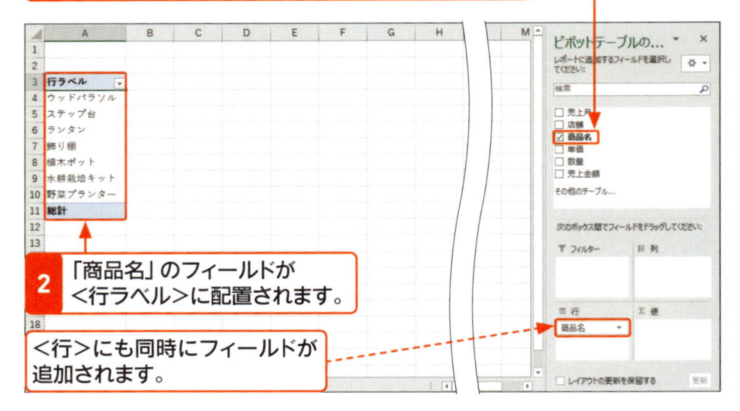

2 「商品名」のフィールドが<行ラベル>に配置されます。

<行>にも同時にフィールドが追加されます。

3 同様に、テーブルに表示する「店舗」と「売上金額」のフィールドをクリックしてオンにします。

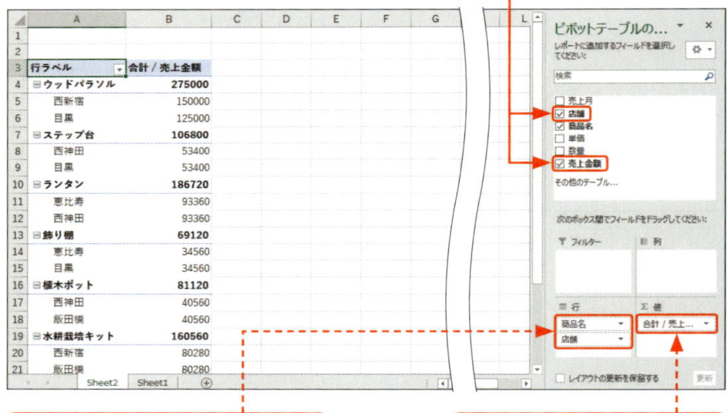

テキストデータのフィールドは<行>に追加されます。

数値データのフィールドは<値>に追加されます。

4 横に「店舗」を並べるために、

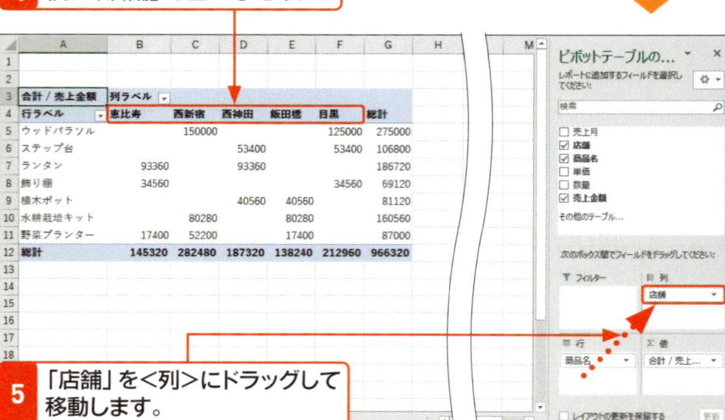

5 「店舗」を<列>にドラッグして移動します。

4 ピボットテーブルのスタイルを変更する

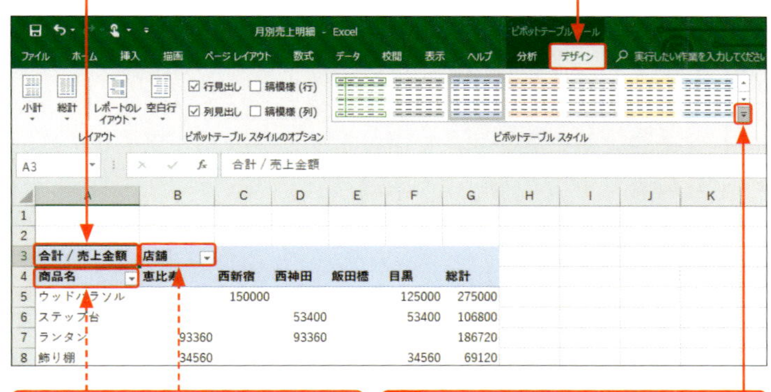

1 ピボットテーブル内をクリックして、
2 <デザイン>タブをクリックし、
行ラベルと列ラベルの文字を変更しています（右上の「メモ」参照）。
3 <ピボットテーブルスタイル>の<その他>をクリックします。

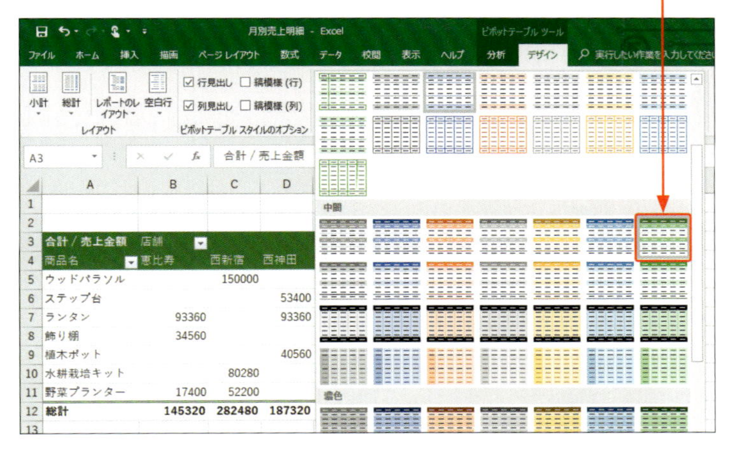

4 使用したいスタイルをクリックすると、

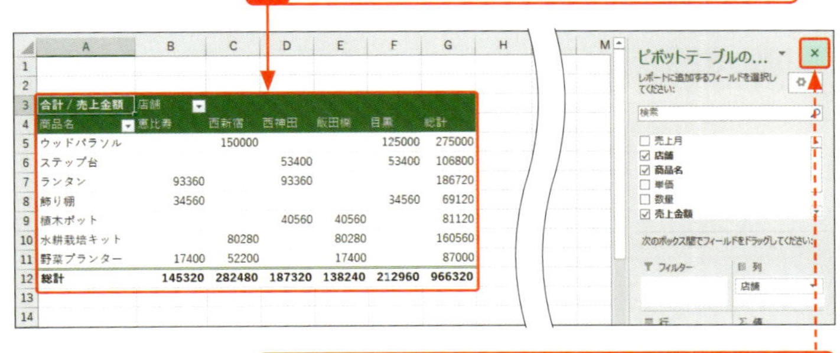

5 ピボットテーブルのスタイルが変更されます。
<閉じる>をクリックすると、<ピボットテーブルのフィールドリスト>が閉じます。

メモ 行や列ラベルの文字を変更する

行ラベルや列ラベルの文字を変更するには、<行ラベル>や<列ラベル>をクリックして数式バーに文字列を表示し、そこで変更するとかんたんに行えます。

ヒント フィールドリストの表示／非表示

<ピボットテーブルのフィールドリスト>を再び表示するには、<分析>タブをクリックして、<フィールドリスト>をクリックします。

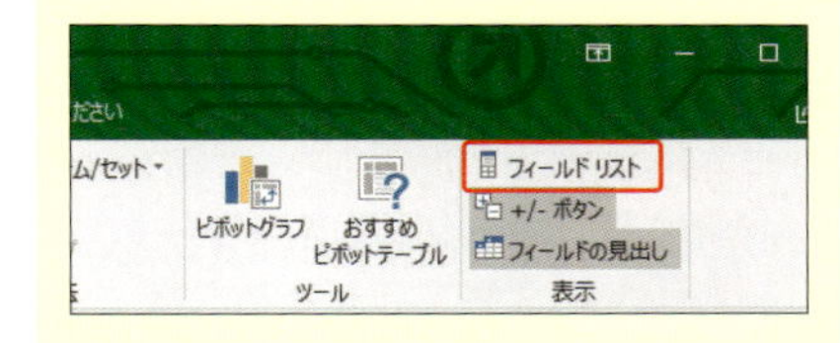

メモ 作成もとのデータが変更された場合は？

ピボットテーブルの作成もとのデータが変更された場合は、ピボットテーブルに変更を反映させることができます。<分析>タブをクリックして、<更新>をクリックします。

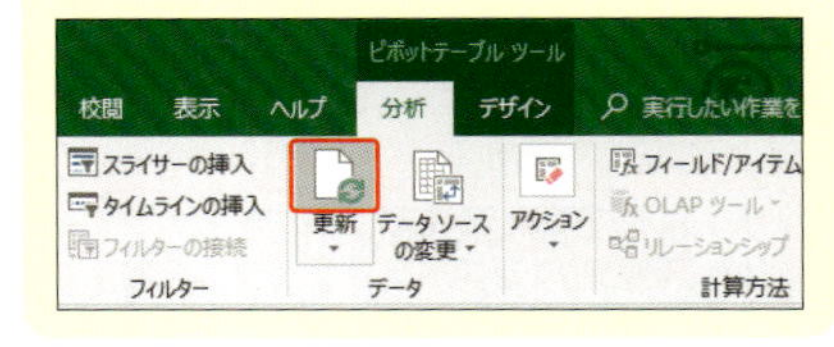

Section 96

ピボットテーブルを操作する

覚えておきたいキーワード
- スライサー
- タイムライン
- ピボットグラフ

ピボットテーブルには、データを絞り込むためのスライサーや、日付を絞り込むためのタイムラインを挿入することができます。また、ピボットテーブルの集計結果をグラフにすることもできます。ピボットグラフは、スライサーやタイムラインの動作と連動させることも可能です。

1 スライサーを追加する

キーワード スライサー

「スライサー」は、ピボットテーブルのデータを絞り込むための機能です。スライサーを追加すると、データの絞り込みが視覚的に実行できます。

ヒント スライサーのサイズを変更する／移動する

スライサーの大きさを変更するには、スライサーをクリックし、周囲に表示されるサイズ変更ハンドルをドラッグします。また、スライサーを移動するには、スライサーにマウスポインターを合わせ、ポインターの形が に変わった状態でドラッグします。

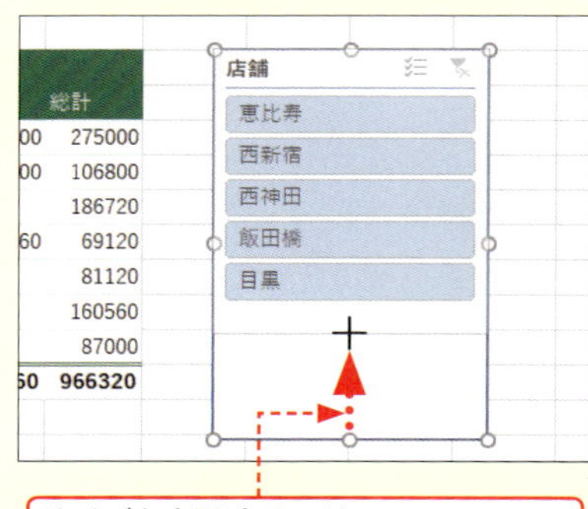

サイズを変更するには、サイズ変更ハンドルをドラッグします。

Sec.95で作成したピボットテーブルを使用します。

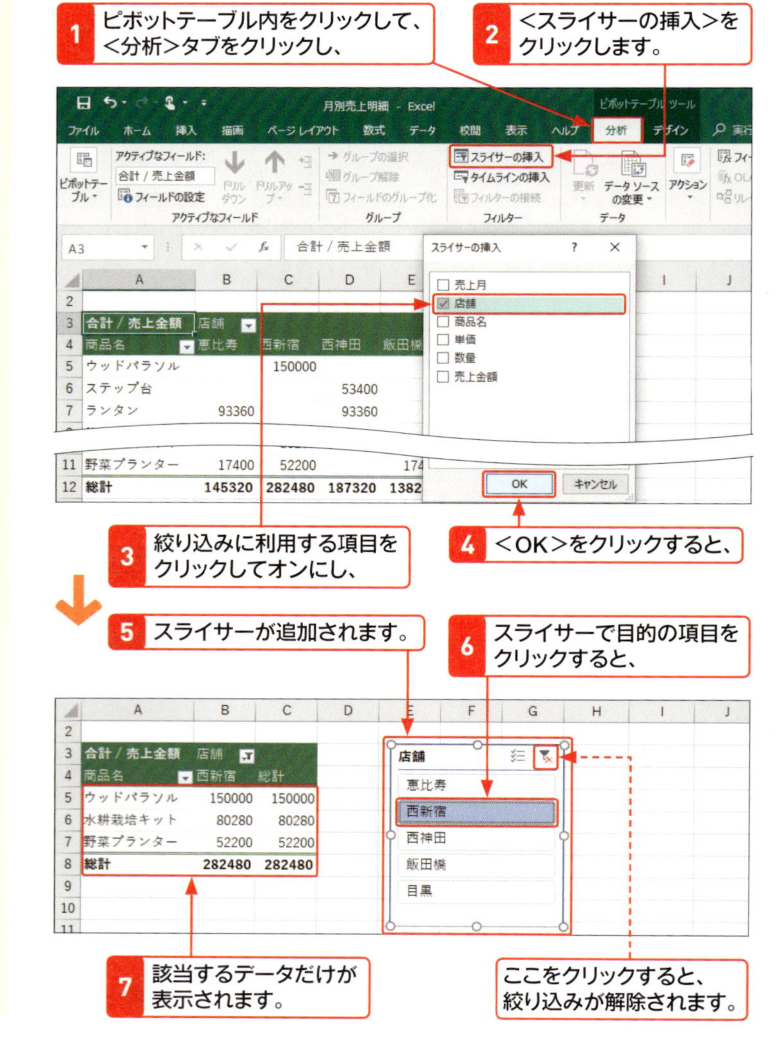

1 ピボットテーブル内をクリックして、<分析>タブをクリックし、

2 <スライサーの挿入>をクリックします。

3 絞り込みに利用する項目をクリックしてオンにし、

4 <OK>をクリックすると、

5 スライサーが追加されます。

6 スライサーで目的の項目をクリックすると、

7 該当するデータだけが表示されます。

ここをクリックすると、絞り込みが解除されます。

2 タイムラインを追加する

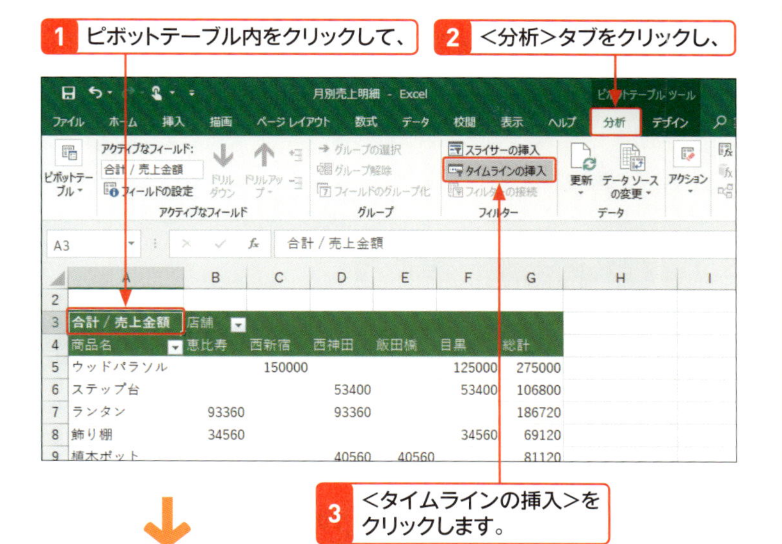

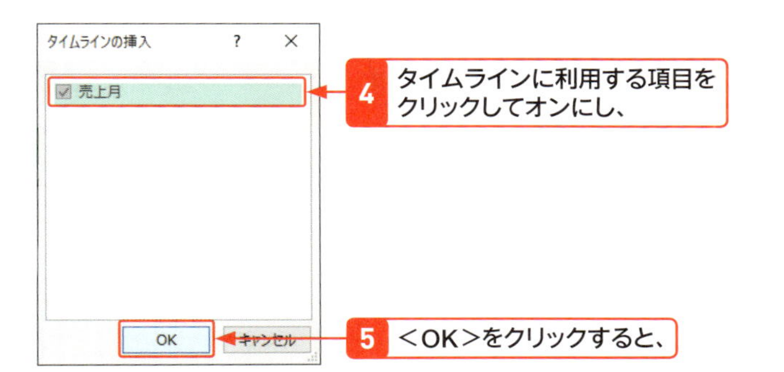

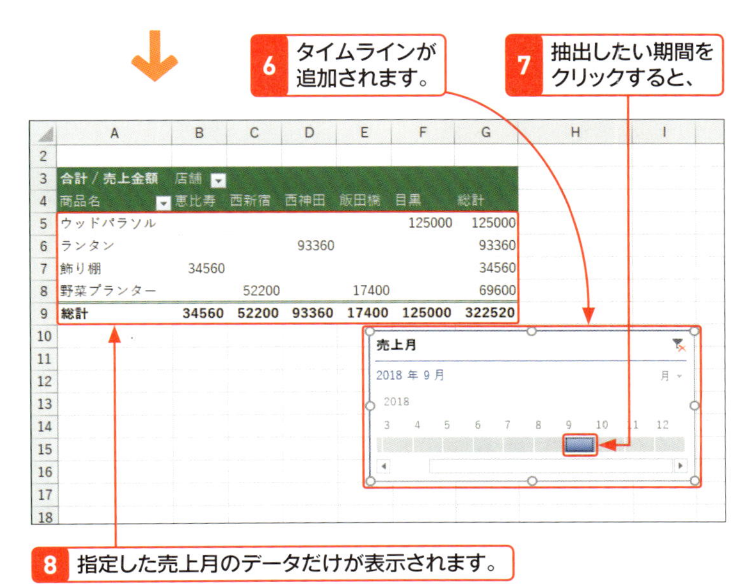

キーワード タイムライン

「タイムライン」は、日付データを絞り込むことができる機能です。タイムラインを追加すると、年、四半期、月、日のいずれかの期間でデータを絞り込むことができます。なお、タイムラインを利用するには、日付として書式設定されているフィールドが必要です。

ヒント 絞り込みを解除するには?

絞り込みを解除してすべてのデータを表示するには、タイムラインの右上にある<フィルターのクリア>をクリックします。なお、スライサーの場合も同様です。

ここをクリックすると、
絞り込みが解除されます。

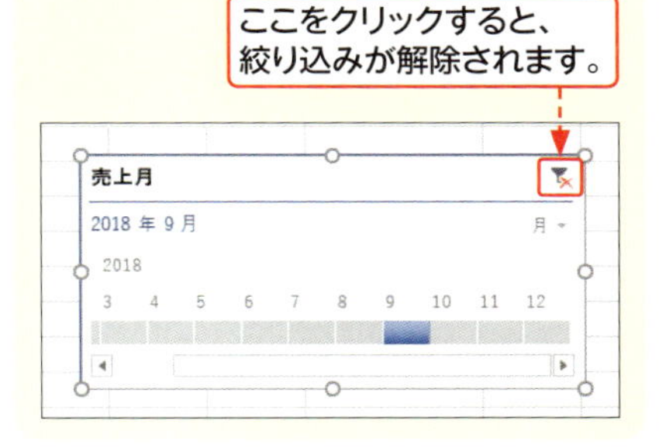

3 ピボットテーブルの集計結果をグラフ化する

メモ <フィールドボタン>の表示

ピボットテーブルの結果をグラフ化すると、<フィールドボタン>が自動的に追加されます。このコマンドを利用すると、表示データを絞り込んだり、並べ替えをしたりすることができます。結果はグラフにもすぐに反映されます。

ヒント <フィールドボタン>を非表示にする

グラフに表示される<フィールドボタン>は表示/非表示を切り替えることができます。<分析>タブの<表示/非表示>グループの<フィールドボタン>の下部をクリックして、切り替えるコマンド指定します。

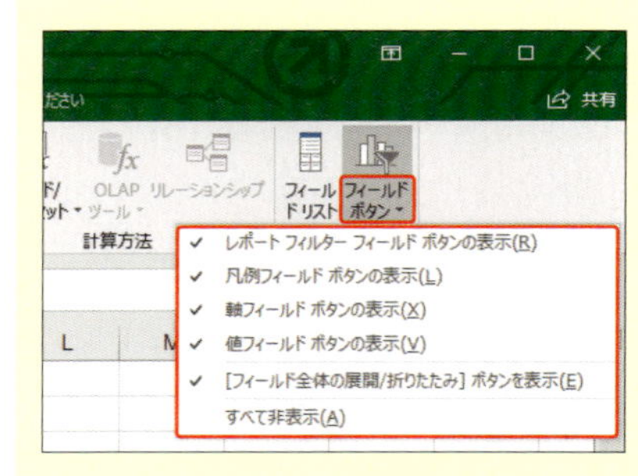

ヒント スライサーやタイムラインとの連動

ピボットグラフは、スライサーやタイムラインの動作と連動させることもできます。スライサーやタイムラインでデータを絞り込むと、グラフのデータにも反映されます。

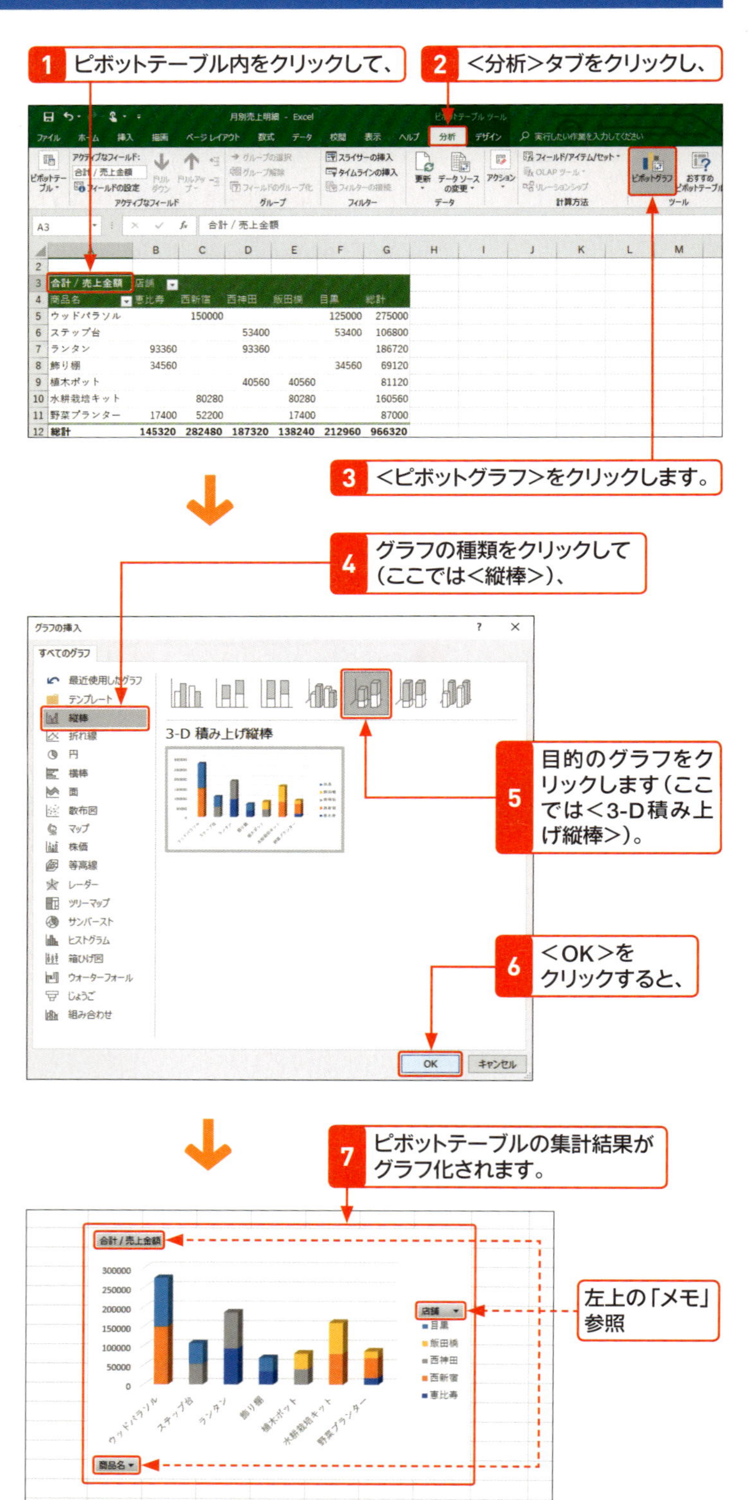

Chapter 09

第9章

イラスト・写真・図形の利用

Section 97 イラスト・写真・図形の基本を知る

覚えておきたいキーワード
- イラスト／アイコン／写真
- 3D モデル／図形／ SmartArt
- テキストボックス

ワークシート上には、さまざまな図形を描画したり、イラストやアイコン、3D モデル、写真、SmartArt などを挿入することができます。また、セルのサイズや位置に影響されずに文字が配置できるテキストボックスを挿入することもできます。用途に応じて適宜利用するとよいでしょう。

1 イラスト・アイコン・3D モデルを挿入する

<オンライン画像>を利用すると、Web上のさまざまな場所からイラストを検索して挿入することができます。また、アイコンを挿入したり、3D モデルを挿入したりすることもできます。

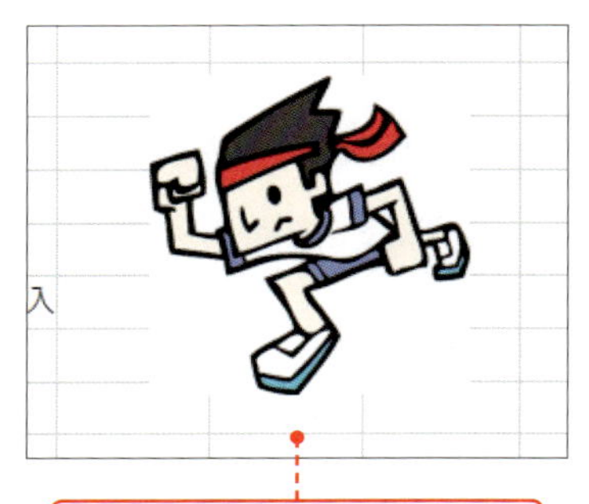

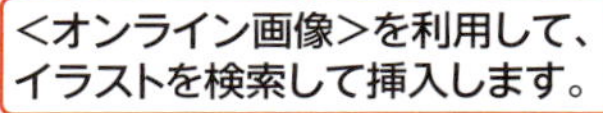
<オンライン画像>を利用して、イラストを検索して挿入します。

アイコンを挿入して、色やサイズを変更します。

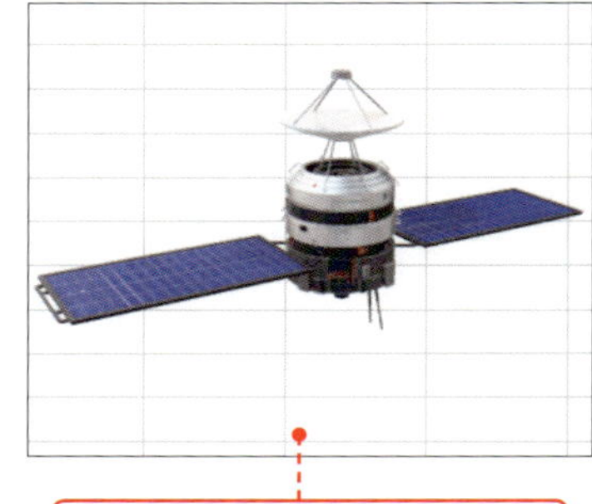
3D モデルを挿入して、360度回転させたり、角度を変えたりして表示します。

2 写真を挿入する

ワークシートに挿入した写真の明るさやコントラストを調整したり、スタイルを設定したり、アート効果を付けたりして、さまざまに加工することができます。また、写真の背景を自動的に認識して削除することもできます。

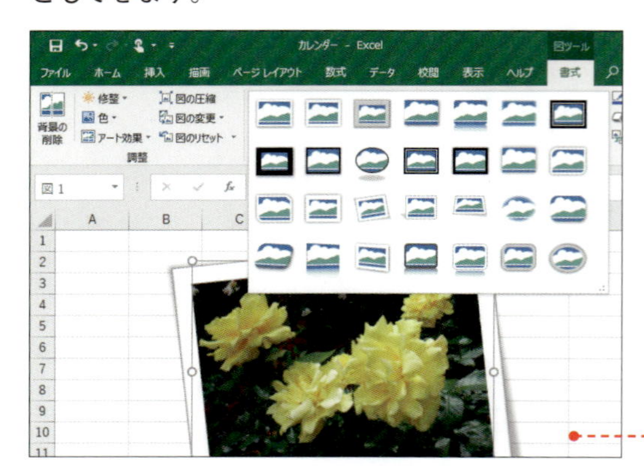

写真にいろいろなスタイルを設定できます。

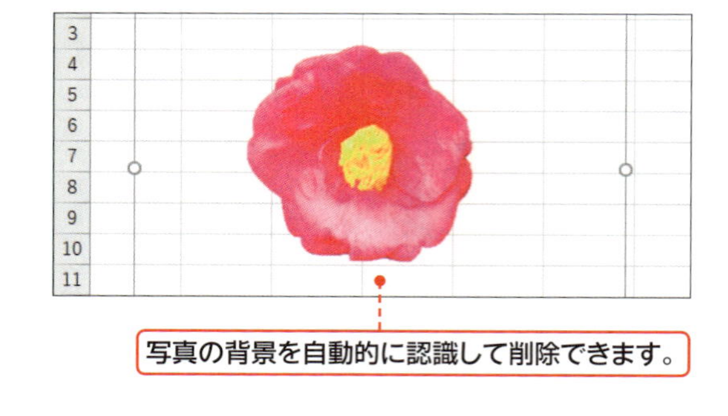
写真の背景を自動的に認識して削除できます。

3 図形を描く・編集する

ワークシート上には、さまざまな図形を描くことができます。描いた図形は、色や枠線の線種を変更したり、視覚効果を付けたりして、見た目を変えることができます。

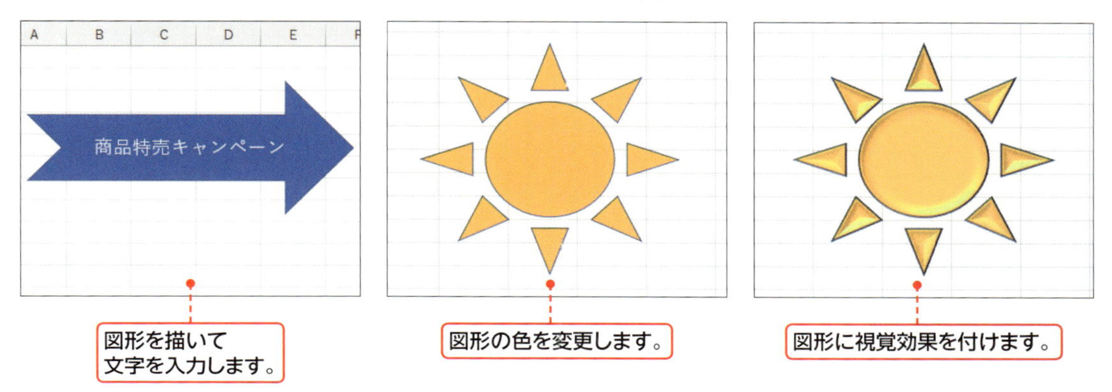
A
B
C
D
E
F
商品特売キャンペーン
図形を描いて
文字を入力します。
図形の色を変更します。
図形に視覚効果を付けます。

4 テキストボックスを挿入する

セルのサイズや位置などに影響されずに自由に文字を配置したいときは､テキストボックスを利用します。テキストボックスに入力した文字は、通常のセル内の文字と同様、フォントやサイズ、配置などを変更することができます。

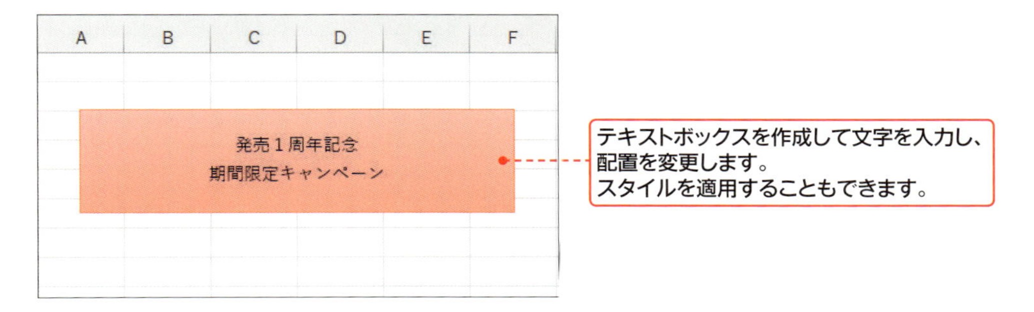
A
B
C
D
E
F
発売１周年記念
期間限定キャンペーン
テキストボックスを作成して文字を入力し、
配置を変更します。
スタイルを適用することもできます。

5 SmartArtを挿入する

SmartArtを利用すると、見栄えのするリストや循環図、ピラミッド型図表といった図をかんたんに作成することができます。画像を追加したり、色やスタイルを変更したりすることもできます。

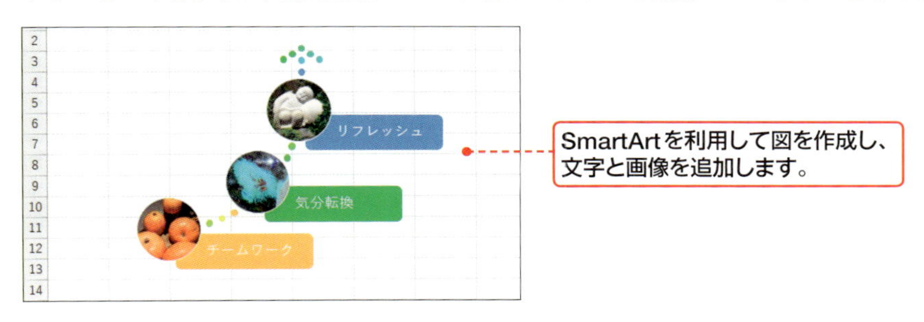
リフレッシュ
気分転換
チームワーク
SmartArtを利用して図を作成し、
文字と画像を追加します。

Section 98

イラストを挿入する

覚えておきたいキーワード
- オンライン画像
- フィルター
- ライセンスの確認

ワークシートにイラストを挿入したいときは、＜オンライン画像＞を利用すると便利です。オンライン画像を利用すると、Web上のさまざまな場所から目的のイラストを検索して、挿入することができます。Web上の画像を利用する場合は、ライセンスや利用条件を確認することが大切です。

1 イラストを検索して挿入する

メモ イラストの検索

＜挿入＞タブの＜オンライン画像＞をクリックすると、＜オンライン画像＞ダイアログボックスが表示されます。右の手順で検索ボックスにキーワードを入力して検索すると、検索結果の一覧が表示されます。

ヒント 画面のサイズが小さい場合

画面のサイズが小さい場合は、＜挿入＞タブをクリックして＜図＞をクリックし、＜オンライン画像＞をクリックします。

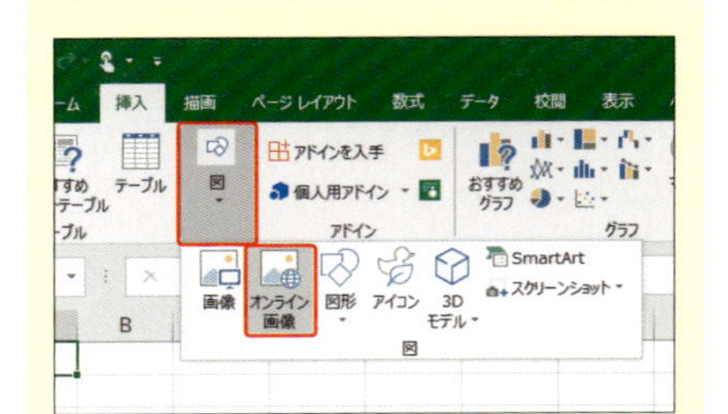

1 イラストを挿入するセルをクリックして、

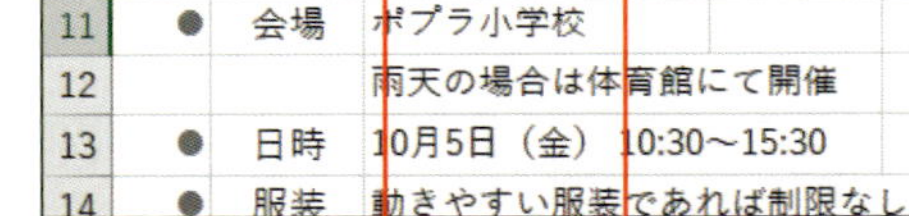

2 ＜挿入＞タブをクリックし、

3 ＜オンライン画像＞をクリックします。

4 ＜オンライン画像＞ダイアログボックスが表示されるので、キーワードを入力して検索するか、いずれかのカテゴリをクリックします。

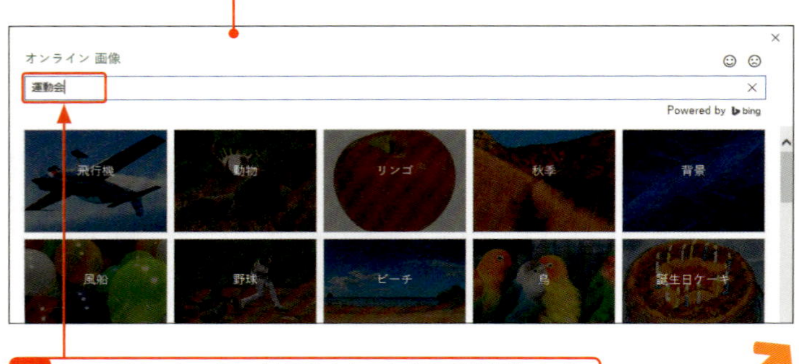

5 ここでは、キーワードを入力して、Enterを押します。

第9章 イラスト・写真・図形の利用

6 キーワードに該当するイラストが検索されるので、挿入したいイラストをクリックして（右上の「ヒント」参照）、

7 <挿入>をクリックすると、

8 クリックしていたセルを基点にイラストが挿入されます。

	A	B	C	D	E	F	G	H	I
9					記				
10									
11	●	会場	ポプラ小学校						
12			雨天の場合は体育館にて開催						
13	●	日時	10月5日（金） 10:30～15:30						
14	●	服装	動きやすい服装であれば制限なし						
15	●	種目	大縄跳び／ムカデ競争／大玉転がし／玉入						
16			綱引き／借り物競争／リレー etc.						
17	●	その他	家族での参加もOKです						
18									
19									
20		＊都合で急に不参加となった場合は、必ず総務の佐久間（内線1025）までご連絡く							
21									

9 サイズと位置を調整します。

ヒント 画像を絞り込む

検索結果画面の<フィルター>をクリックすると、検索結果を絞り込むことができます。たとえば、クリップアートだけを絞り込む場合は、<種類>の<クリップアート>をクリックします。

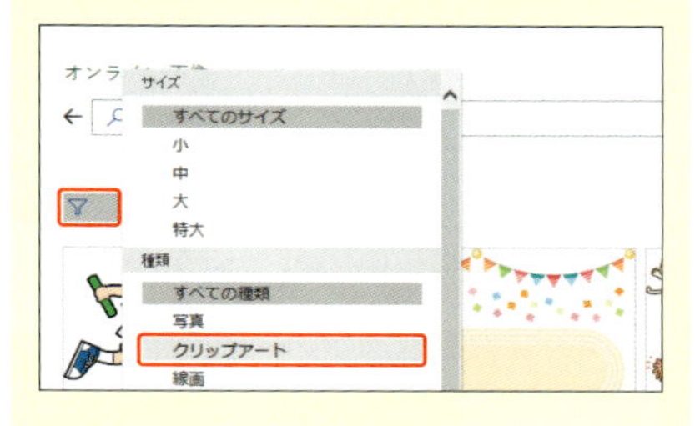

ヒント サイズと位置の調整

挿入したイラストをクリックすると、周囲にサイズ変更ハンドルが表示されます。このハンドルをドラッグすると、サイズを変更することができます。また、イラストをドラッグすると、位置を移動することができます。このとき、Alt を押しながらドラッグすると、セルの境界に沿った調整が可能です。

ヒント イラストを削除するには？

挿入したイラストを削除するには、イラストをクリックして選択し、Delete を押します。

注意 ライセンスを確認する

<オンライン画像>で検索した画像を利用する場合は、必ずライセンスや利用条件を確認してください。使用したい画像にマウスポインターを合わせると、画像の右下に<詳細とその他の操作>コマンドが表示されます。そのコマンドをクリックすると、画像の情報や提供元などが確認できます。

1 <詳細とその他の操作>をクリックすると、

2 画像の情報や提供元などが確認できます。

Section 99

アイコンを挿入する

覚えておきたいキーワード
- アイコン
- SVGファイル
- 図形に変換

Excelでは、アイコンを挿入することができます。人物、コミュニケーション、ビジネスなどのカテゴリ別に分類されたアイコンが用意されているので、目的に応じて利用できます。挿入したアイコンは、サイズや色を変更したり、回転したり、スタイルを設定したりと、カスタマイズも可能です。

1 アイコンを挿入してサイズと位置を調整する

新機能 SVGファイルの挿入

Excel 2019では、ワークシートにSVGファイルやアイコンを挿入できます。<挿入>タブの<アイコン>には、人物、コミュニケーション、ビジネスなどのカテゴリ別に分類されたSVGファイルのアイコンが大量に用意されています。目的に応じて利用するとよいでしょう。

キーワード SVGファイル

SVG (Scalable Vector Graphics) ファイルは、ベクターデータと呼ばれる点の座標とそれを結ぶ線で再現される画像です。JPEGやGIF画像などは、拡大／縮小すると画像が劣化したり、ギザギザになったりしますが、SVG画像は、拡大／縮小しても画質が劣化せずにきれいに表示されます。

メモ 画面のサイズが小さい場合

画面のサイズが小さい場合は、<挿入>タブをクリックして<図>をクリックし、<アイコン>をクリックします。

1 アイコンを挿入するセルをクリックして、

2 <挿入>タブをクリックし、

3 <アイコン>をクリックします。

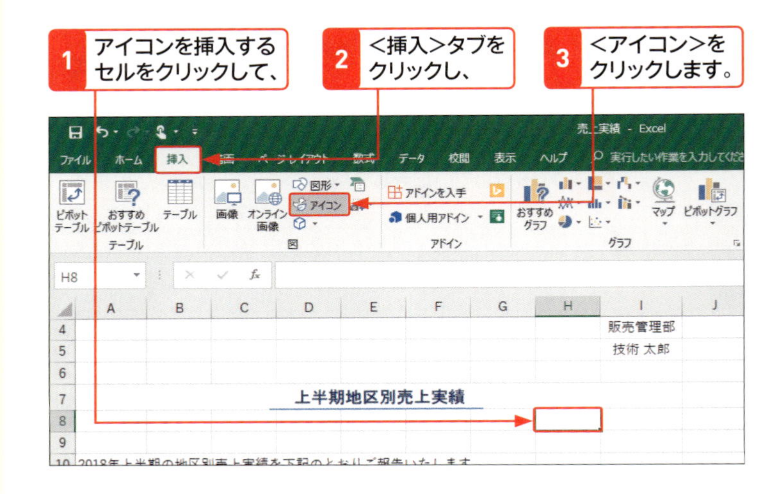

4 <アイコンの挿入>ダイアログボックスが表示されるので、分類をクリックして、

5 挿入するアイコンをクリックし、

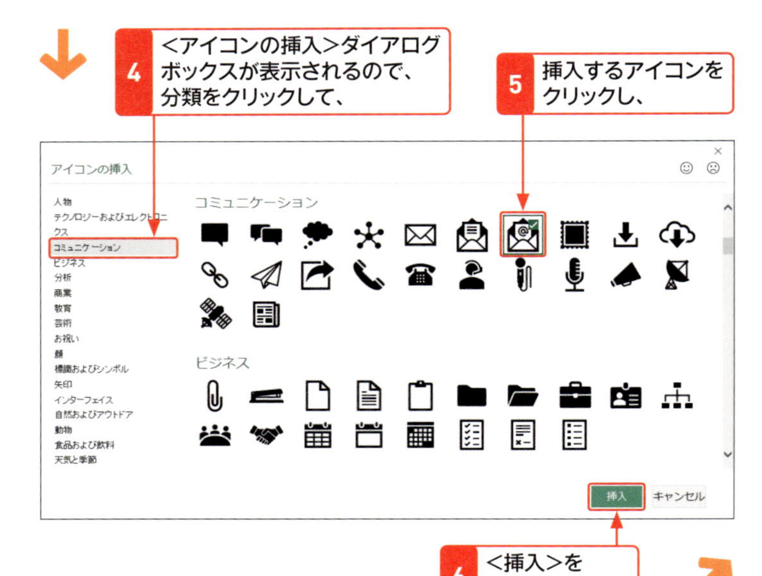

6 <挿入>をクリックします。

第9章 イラスト・写真・図形の利用

7 クリックしていたセルを基点にアイコンが挿入されるので、

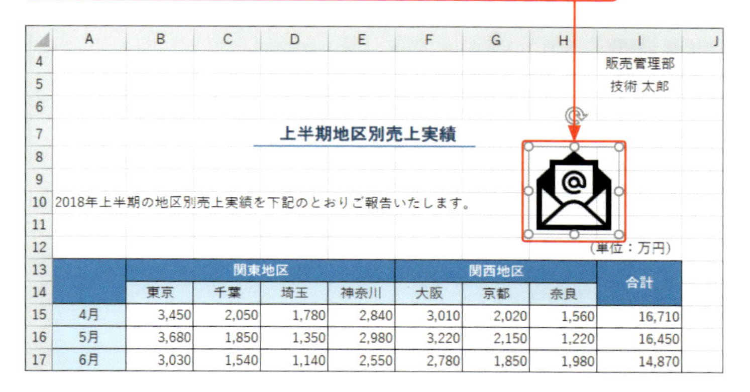

8 サイズ変更ハンドルをドラッグしてサイズを調整します。

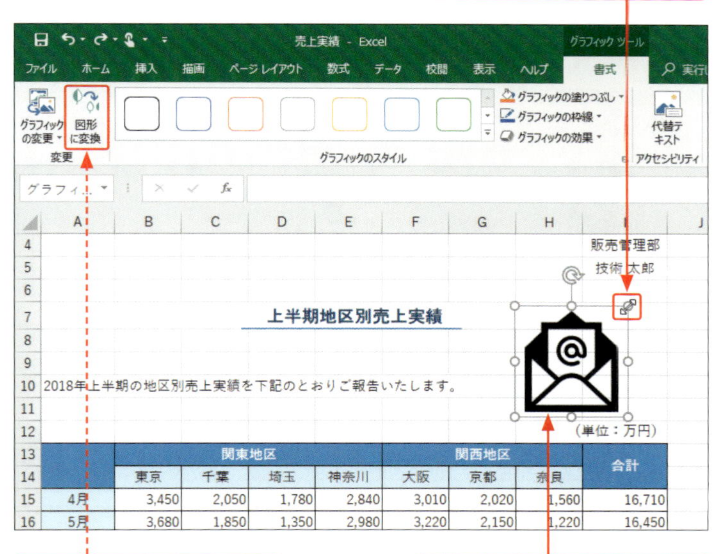

下の「ステップアップ」参照

9 必要に応じてドラッグして位置を調整します。

メモ アイコンをカスタマイズする

アイコンを挿入してクリックすると、<グラフィックツール>の<書式>タブが表示されます。この<書式>タブを利用すると、色を変更したり、スタイルを設定したり、視覚効果を付けたりして、アイコンをカスタマイズすることができます。

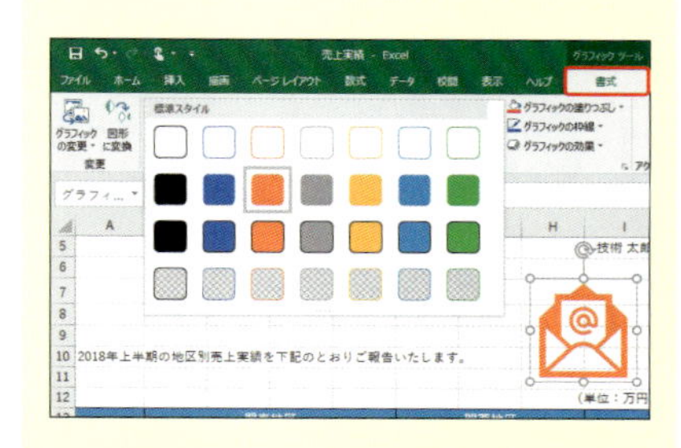

メモ アイコンを回転する

アイコンの上に表示されている回転ハンドルをドラッグすると、アイコンを回転させることができます。また、<書式>タブの<回転>をクリックし、表示される一覧で回転方向を指定することもできます。

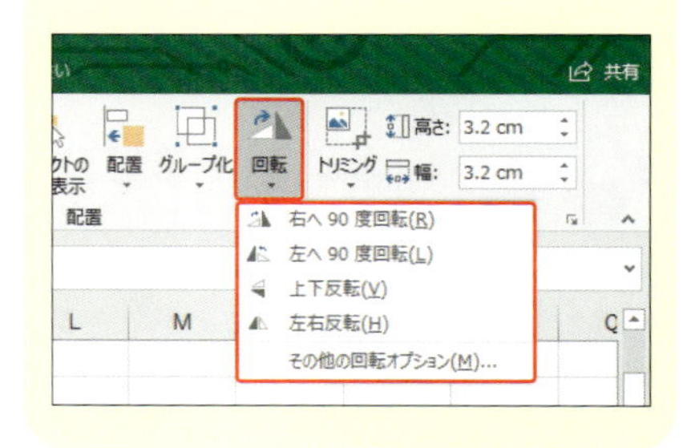

ステップアップ SVG画像を図形に変換する

アイコンを図形に変換すると、図形のパーツごとに位置や大きさ、色を変更するなど、より自由に編集ができるようになります。<書式>タブの<図形に変換>をクリックして、確認のダイアログボックスで<はい>をクリックすると、アイコンを図形に変換できます。

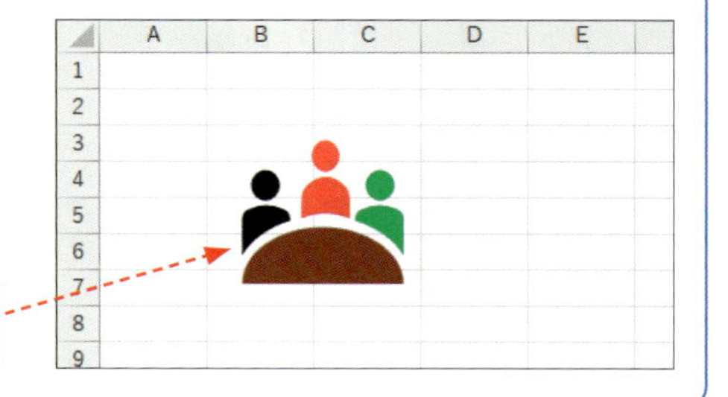

アイコンを図形に変換すると、より自由な編集が可能になります。

Section 100

3Dモデルを挿入する

覚えておきたいキーワード
- 3D モデル
- オンラインソース
- 3D コントロール

Excelでは、3Dモデルをワークシートに挿入することができます。挿入した3Dモデルは360度回転させたり、上下に傾けて表示させたりすることができます。オンラインソースを利用すると、Web上の共有サイトから3Dモデルをダウンロードして利用できます。

第9章 イラスト・写真・図形の利用

1 オンラインソースから3Dモデルを挿入する

新機能 3Dモデルの挿入

Excel 2019では、3Dモデルを挿入することができます。右の手順では、<オンラインソースから>をクリックして、オンライン3Dモデルをダウンロードして挿入します。

キーワード Remix 3D

「Remix 3D」は、3Dデータをアップロードしたり、共有したりすることができるWebサイトです。

メモ 画面のサイズが小さい場合

画面のサイズが小さい場合は、<挿入>タブをクリックして<図>をクリックし、<3Dモデル>の▾をクリックします。

1 <挿入>タブをクリックして、

2 <3Dモデル>のここをクリックし、

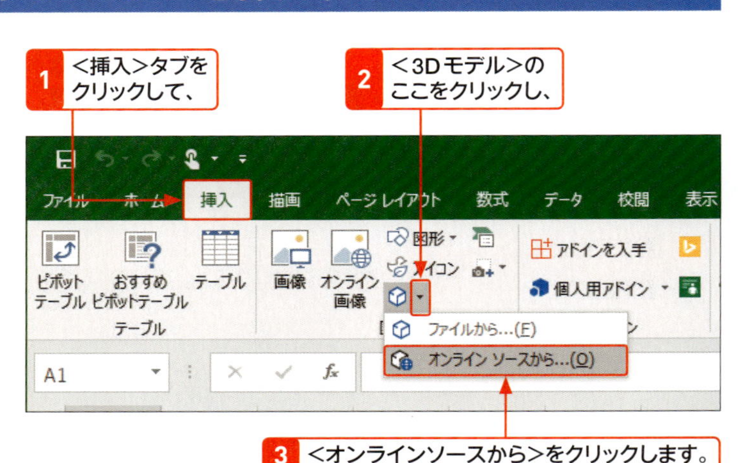

3 <オンラインソースから>をクリックします。

4 <オンライン3Dモデル>ダイアログボックスが表示されるので、キーワードを入力して検索するか、いずれかのカテゴリをクリックします。

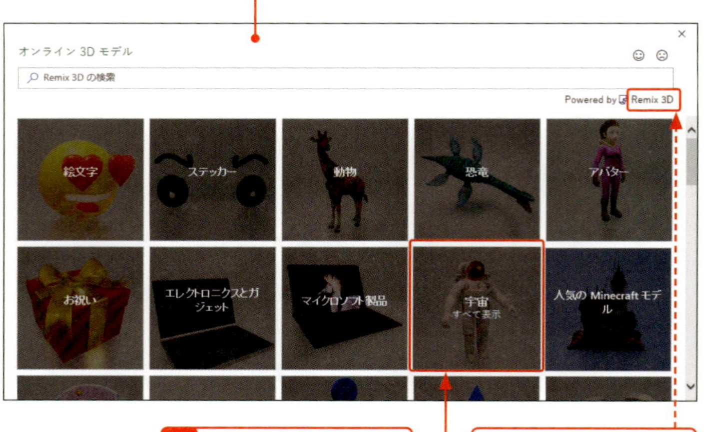

5 ここでは、<宇宙>をクリックします。

左の「キーワード」参照

6 クリックしたカテゴリ内の3Dモデルが表示されるので、挿入したい3Dモデルをクリックして、

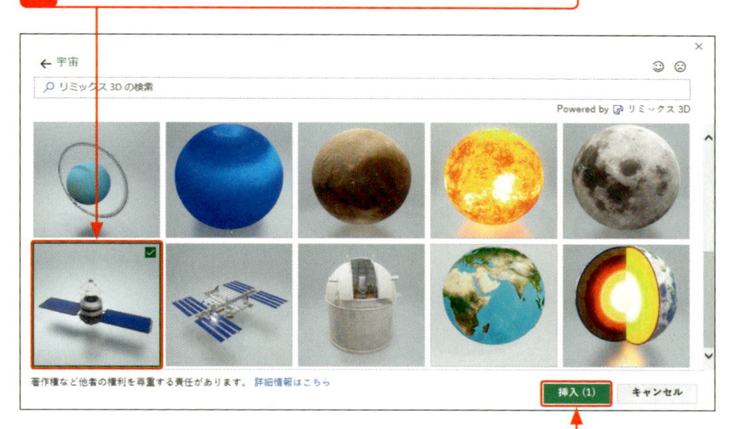

7 <挿入>をクリックすると、

8 3Dモデルが挿入されます。

9 サイズ変更ハンドルをドラッグすると、画像が拡大／縮小されます。

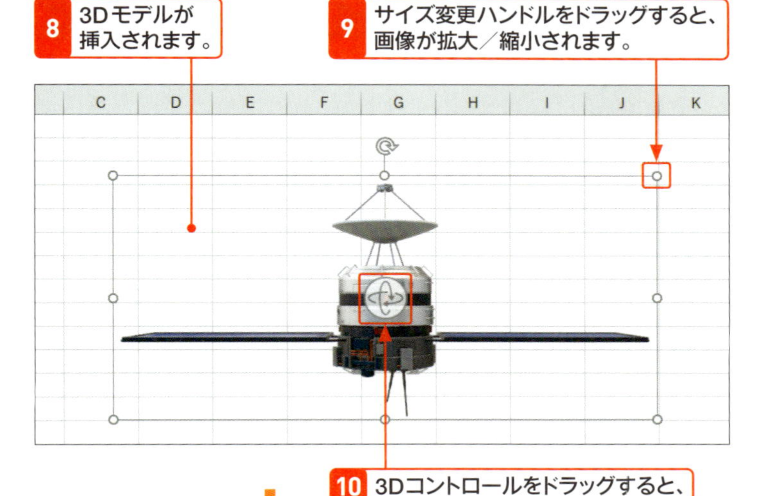

10 3Dコントロールをドラッグすると、

11 画像を任意に回転したり傾けたりすることができます。

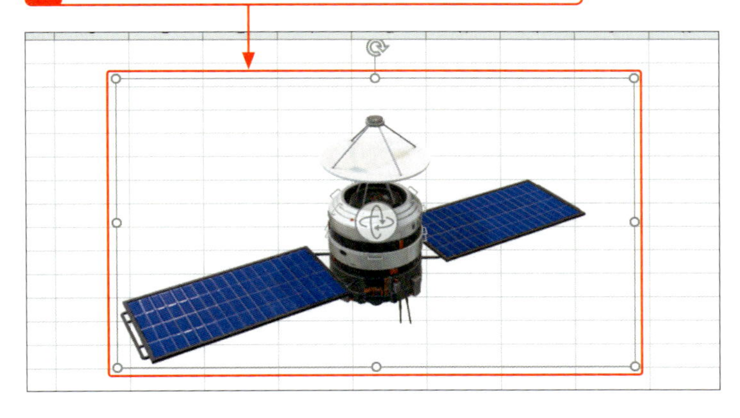

メモ 3Dモデルの外観を変更する

挿入した3Dモデルをクリックすると、<3Dモデルツール>の<書式設定>タブが表示されます。この<書式設定>タブの<3Dモデルビュー>を利用すると、3Dモデルを左、上、背面、右、下など、さまざまな角度で表示させることができます。

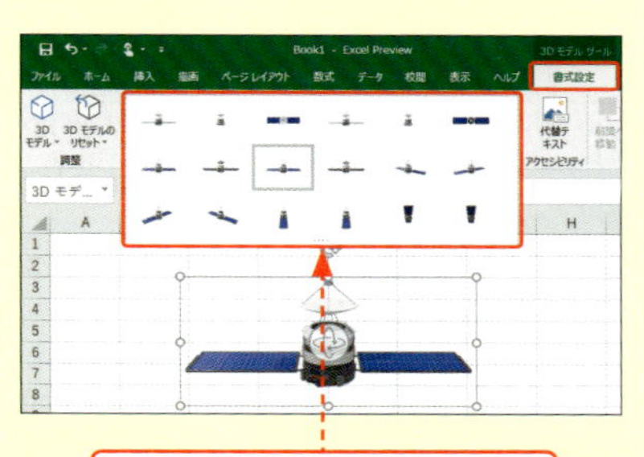

3Dモデルをさまざまな角度で表示させることができます。

ステップアップ パンとズーム

<書式設定>タブの<パンとズーム>をクリックすると、3Dモデルをフレーム内でドラッグして移動したり、拡大／縮小したりすることができます。フレーム内で拡大／縮小するには、フレームの右側に表示されるズームアイコンを上下にドラッグします。

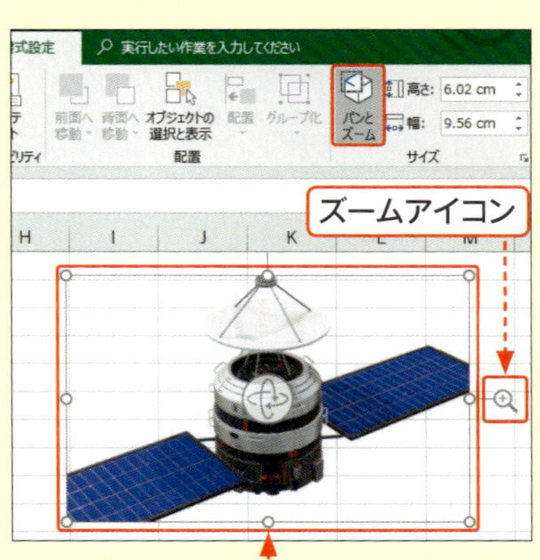

フレーム内で3Dモデルを移動したり、拡大／縮小したりできます。

Section 101 写真を挿入する／加工する

覚えておきたいキーワード
- 図の挿入
- 図のスタイル
- 背景の削除

文字や表だけの文書に写真を挿入すると、見栄えが違ってきます。挿入した写真は、移動やサイズ変更を自由に行えるほか、スタイルを設定したり、写真の背景を自動で削除したりすることができます。また、スケッチやペイント、水彩画風などのアート効果を付けることもできます。

1 写真を挿入する

メモ 挿入した写真を加工する

写真を挿入してクリックすると、<図ツール>の<書式>タブが表示されます。この<書式>タブを利用すると、写真を調整したり、スタイルを設定したり、トリミングしたりといったさまざまな加工を行うことができます。

ヒント 画面のサイズが小さい場合

画面のサイズが小さい場合は、<挿入>タブをクリックして<図>をクリックし、<画像>をクリックします。

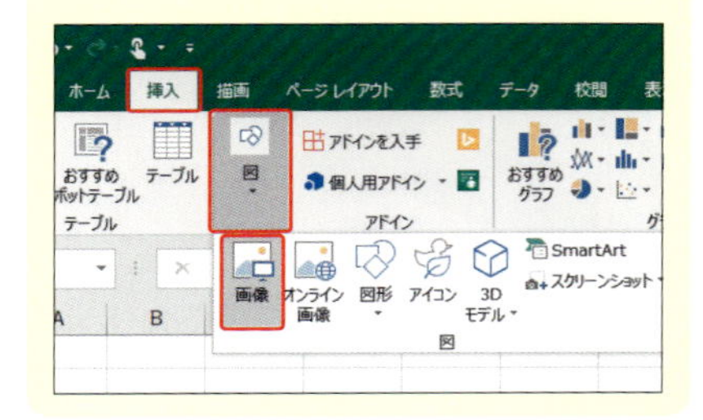

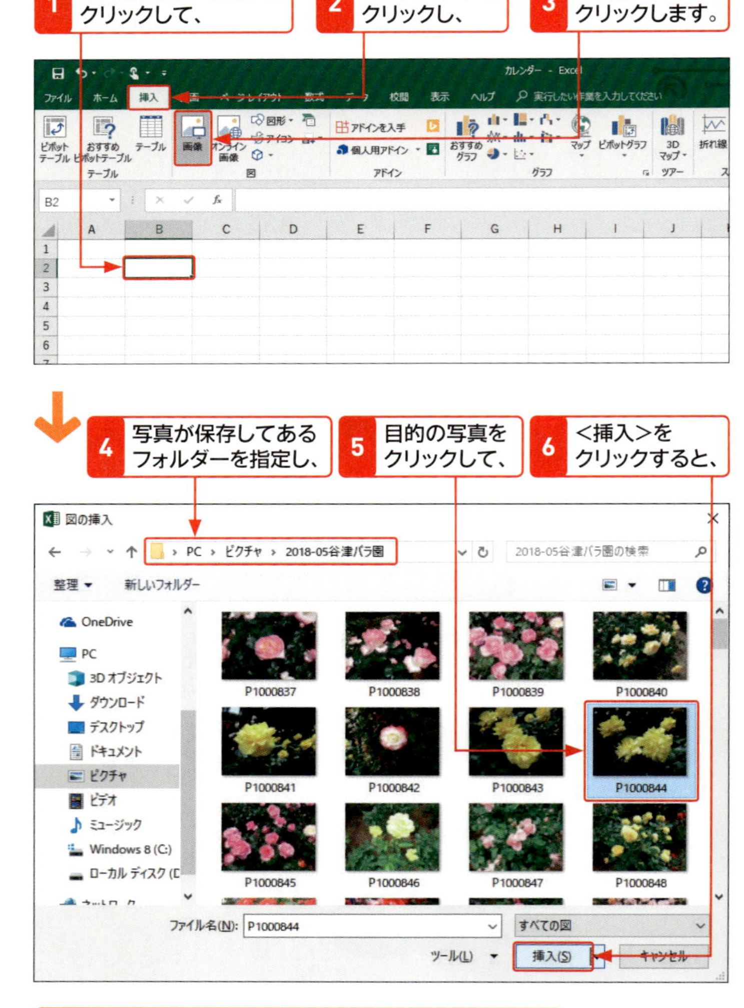
1 写真を挿入するセルをクリックして、
2 <挿入>タブをクリックし、
3 <画像>をクリックします。
4 写真が保存してあるフォルダーを指定し、
5 目的の写真をクリックして、
6 <挿入>をクリックすると、

7 クリックしていたセルを基点に写真が挿入されます。

2 写真を調整する

1 挿入した写真をクリックして、

2 <書式>タブをクリックし、

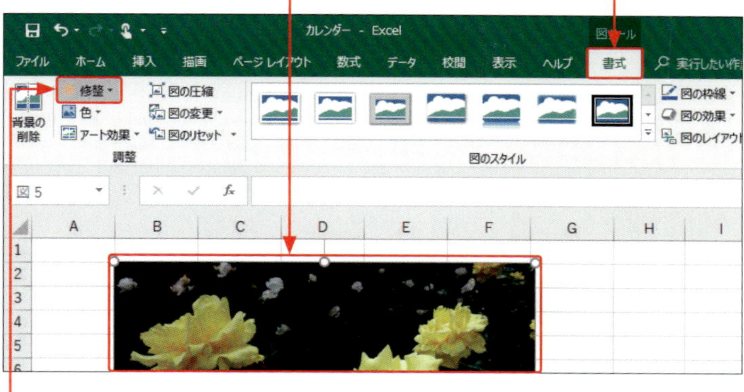

3 <修整>をクリックします。

4 <シャープネス>と<明るさ／コントラスト>を適宜調整します。

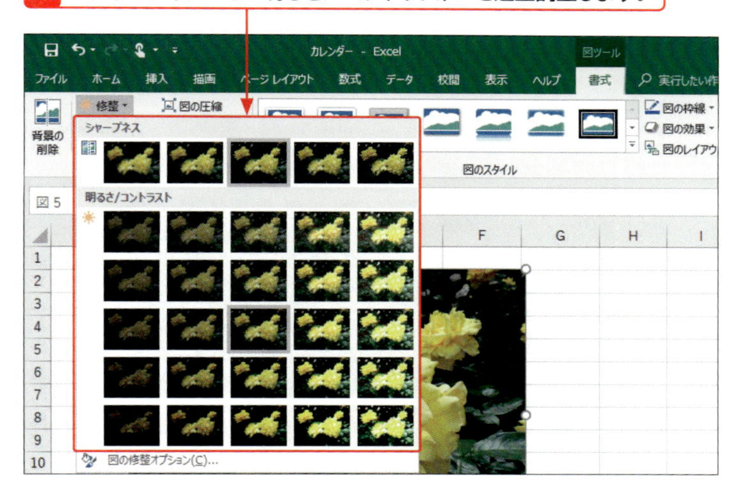

メモ 写真を調整する

<書式>タブの<調整>をクリックすると、左のようにシャープネスや明るさ、コントラスト（画像の明暗の差）を調整することができます。また、手順3で<色>をクリックすると、色の彩度やトーンを調整したり、色を変更したりすることができます。

ステップアップ 写真をトリミングする

写真の不要な部分を削除するには、<書式>タブの<トリミング>をクリックします。写真の周囲にハンドルが表示されるので、ハンドルをドラッグして、不要な部分をトリミングします。再度<トリミング>をクリックすると、トリミングが実行されます。

1 <トリミング>のここをクリックし、

2 表示されるハンドルをドラッグします。

3 写真にスタイルを設定する

メモ 図のスタイル

<書式>タブの<図のスタイル>を利用すると、写真に枠を付けたり、周囲をぼかしたりといった効果をかんたんに設定することができます。

ステップアップ 写真にアート効果を付ける

写真をクリックして、<書式>タブの<アート効果>をクリックすると、画像にスケッチやペイント、水彩画風などのさまざまなアート効果を付けることができます。設定したアート効果を取り消すには、一覧の左上の<なし>をクリックします。

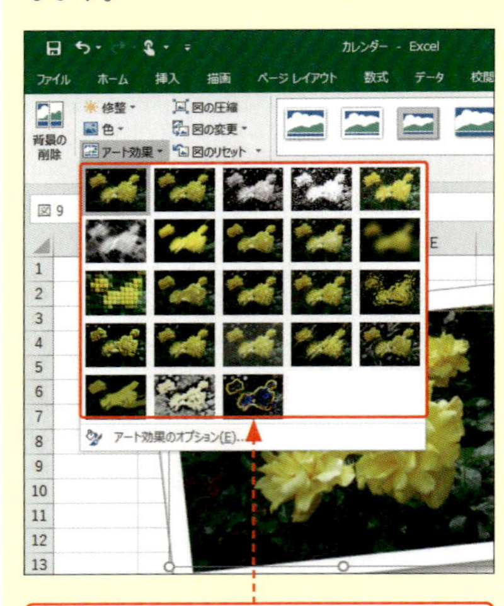

写真にさまざまなアート効果を付けることができます。

ヒント 設定を取り消すには？

写真に設定したスタイルを取り消すには、<書式>タブの<調整>グループの<図のリセット>をクリックします。

1 写真をクリックして、

2 <書式>タブをクリックし、

3 <図のスタイル>の<その他>をクリックします。

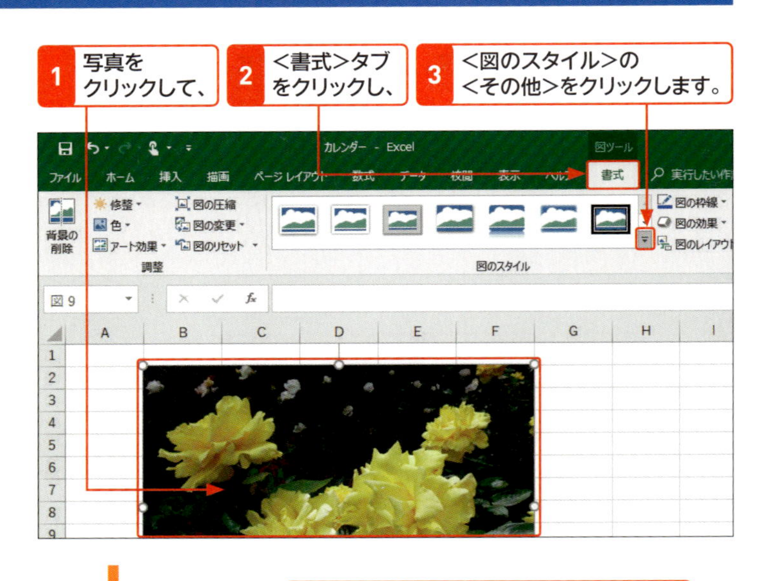

4 設定したいスタイルをクリックすると、

5 写真にスタイルが設定されます。

6 必要に応じてサイズと位置を調整します。

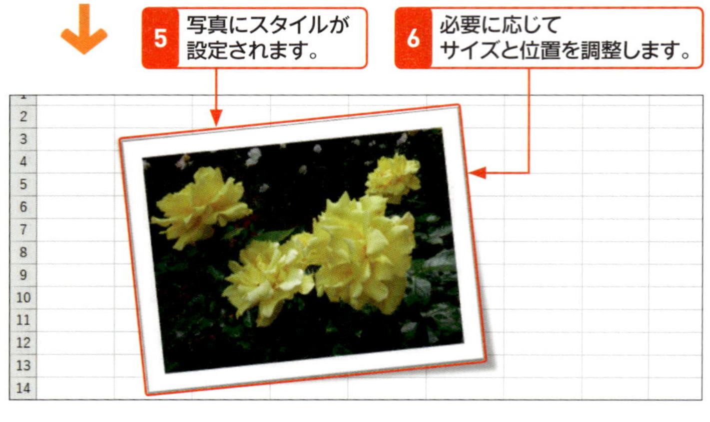

4 写真の背景を削除する

1 写真をクリックして、

2 ＜書式＞タブをクリックし、

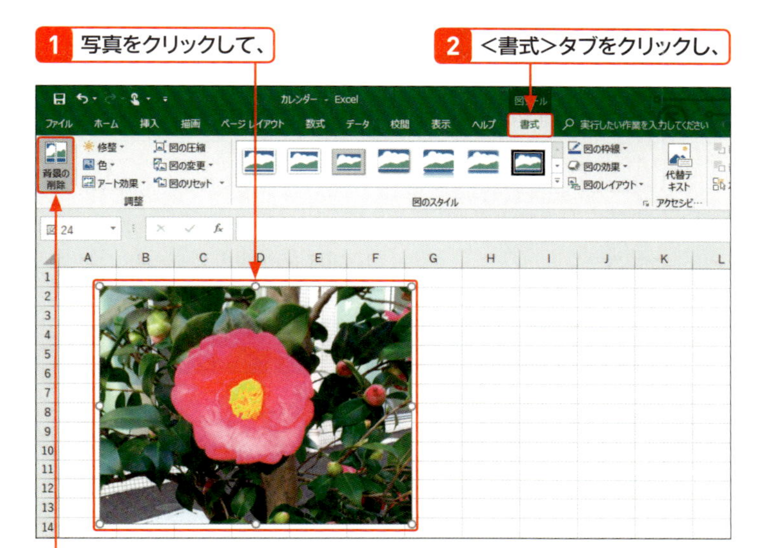

3 ＜背景の削除＞をクリックすると、

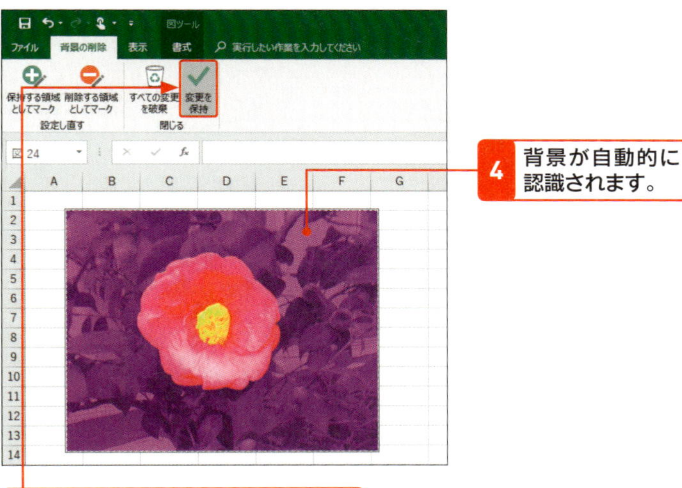

4 背景が自動的に認識されます。

5 ＜変更を保持＞をクリックすると、

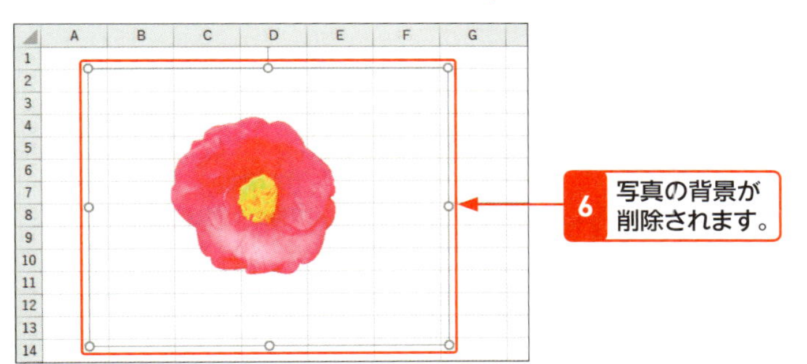

6 写真の背景が削除されます。

メモ 背景の削除

＜背景の削除＞を利用すると、写真の背景を自動的に削除することができます。ただし、写真によっては背景部分が正しく認識されず、削除できない場合もあります。

ヒント 背景が自動的に認識されない場合は？

削除したい部分や残したい部分が正しく認識されない場合は、＜保持する領域としてマーク＞や＜削除する領域としてマーク＞をクリックして、保持したい部分や削除したい部分をドラッグして指定します。

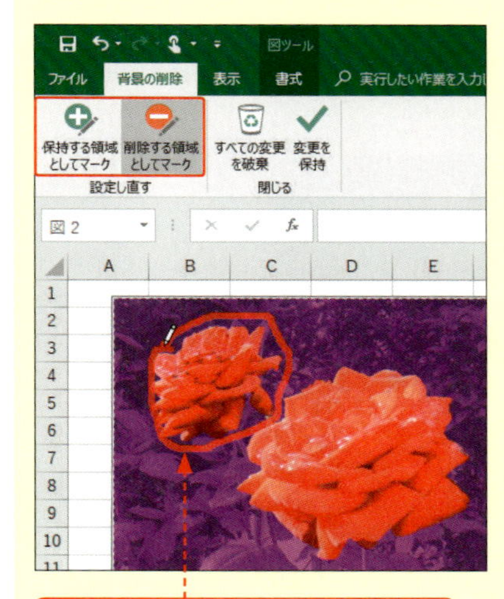

保持したい部分や削除したい部分をドラッグして指定します。

ヒント 削除した背景をもとに戻すには？

背景の削除を取り消したい場合は、写真をクリックして＜書式＞タブの＜背景の削除＞をクリックし、＜背景の削除＞タブの＜すべての変更を破棄＞をクリックします。

Section 102

線や図形を描く

覚えておきたいキーワード
- 直線
- 曲線
- 図形

Excelでは、線や四角形などの基本図形だけでなく、ブロック矢印やフローチャート、吹き出しなど、さまざまな図形を描くことができます。図形は一覧できるので、描きたい図形をかんたんに選ぶことができます。図形の中に文字を入力することも可能です。

1 直線を描く

メモ 画面のサイズが小さい場合

画面のサイズが小さい場合は、<挿入>タブをクリックして<図>をクリックし、<図形>から<線>をクリックします。

ヒント 水平線や垂直線を引く

直線を引くときに、Shift を押しながらドラッグすると、垂直線や水平線を描くことができます。また、斜線を45度の角度で描くこともできます。

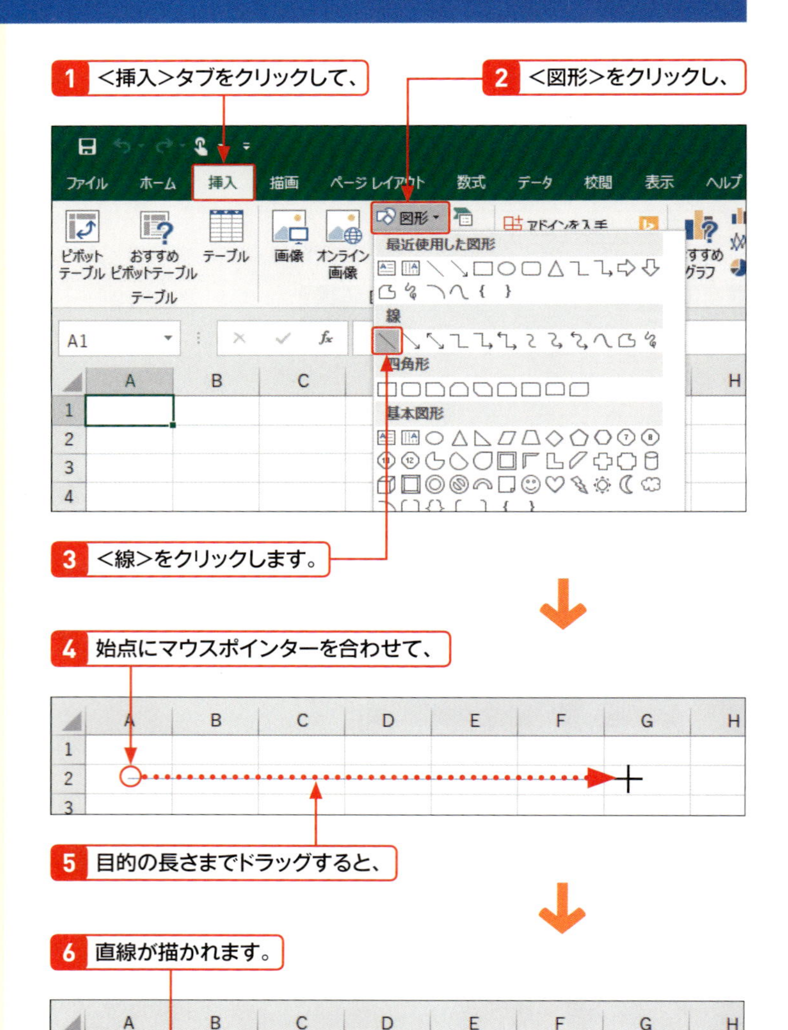

メモ 矢印を描く

矢印を描きたい場合は、手順3で<線矢印>や<線矢印:双方向>をクリックしてシート上をドラッグします。

ヒント 図形を削除するには?

図形を削除する場合は、図形をクリックして選択し、Delete を押します。

2 曲線を描く

1 <挿入>タブをクリックして、

2 <図形>をクリックし、

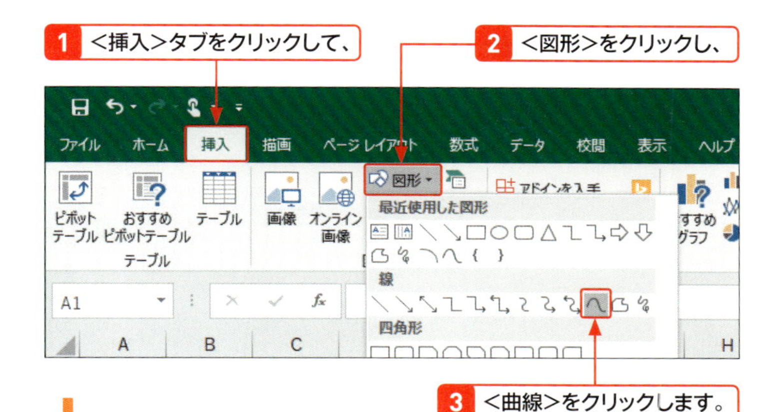

3 <曲線>をクリックします。

4 始点をクリックして、

5 マウスポインターを移動し、線を曲げる位置でクリックします。

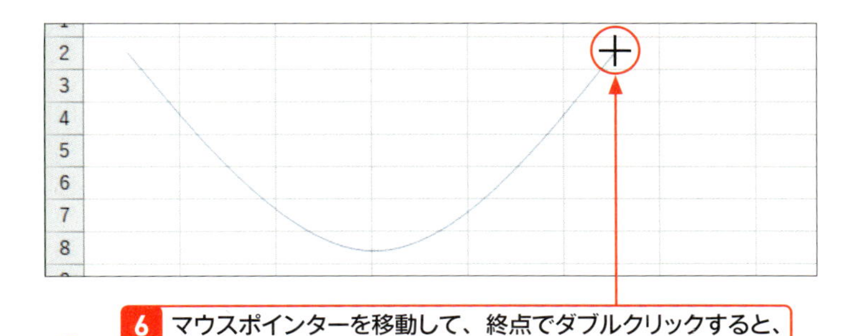

6 マウスポインターを移動して、終点でダブルクリックすると、

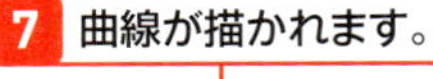

7 曲線が描かれます。

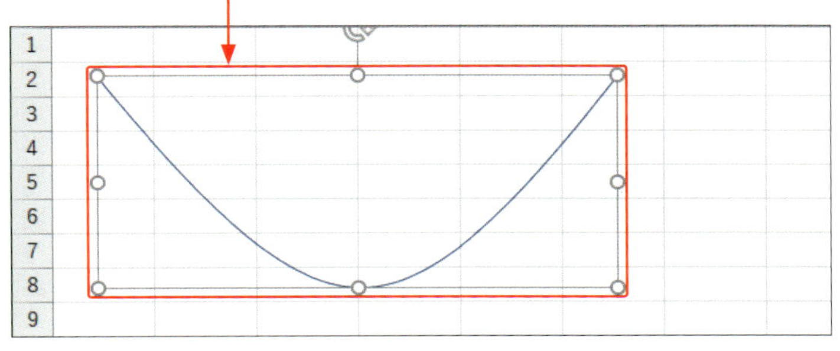

メモ 曲線を描く

曲線を描くときは、開始点や折り曲げたいところでクリックし、終了するときにダブルクリックします。

ヒント 点線を描く

点線を描くには、あらかじめ描いておいた直線をクリックして<書式>タブをクリックし、<図形の枠線>の右側をクリックします。<実線／点線>にマウスポインターを合わせると、点線の一覧が表示されるので目的の点線をクリックします。

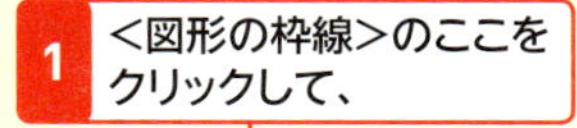

1 <図形の枠線>のここをクリックして、

2 <実線／点線>にマウスポインターを合わせ、

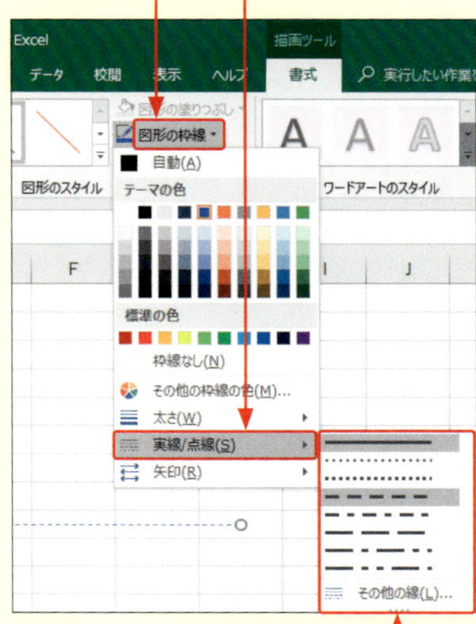

3 目的の点線をクリックします。

3 図形を描く

メモ 図形を描く

図形を描くには、描きたい図形を一覧から選んでクリックし、描きたい位置でドラッグします。Shift を押しながらドラッグすると、正円や正方形を描くことができます。

ヒント 同じ図形を続けて描くには？

同じ図形を続けて描く場合は、右の手順 3 で描きたい図形を右クリックして、<描画モードのロック>をクリックし、図形を描きます。描き終わったら、もう一度図形をクリックするか Esc を押すと、描画モードが解除されます。

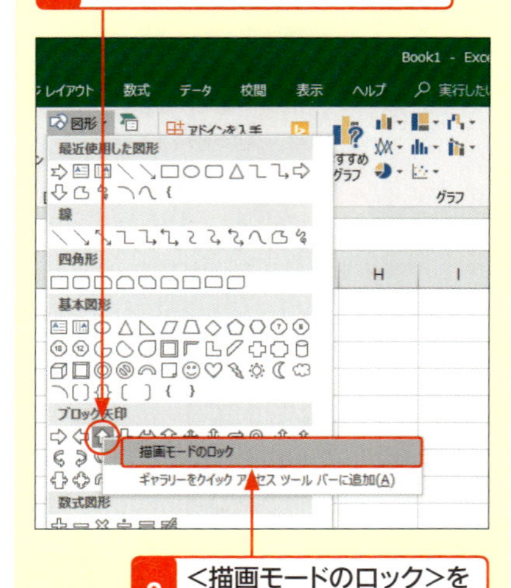
1 描きたい図形を右クリックして、
描画モードのロック
ギャラリーをクイック アクセス ツール バーに追加(A)
2 <描画モードのロック>をクリックします。

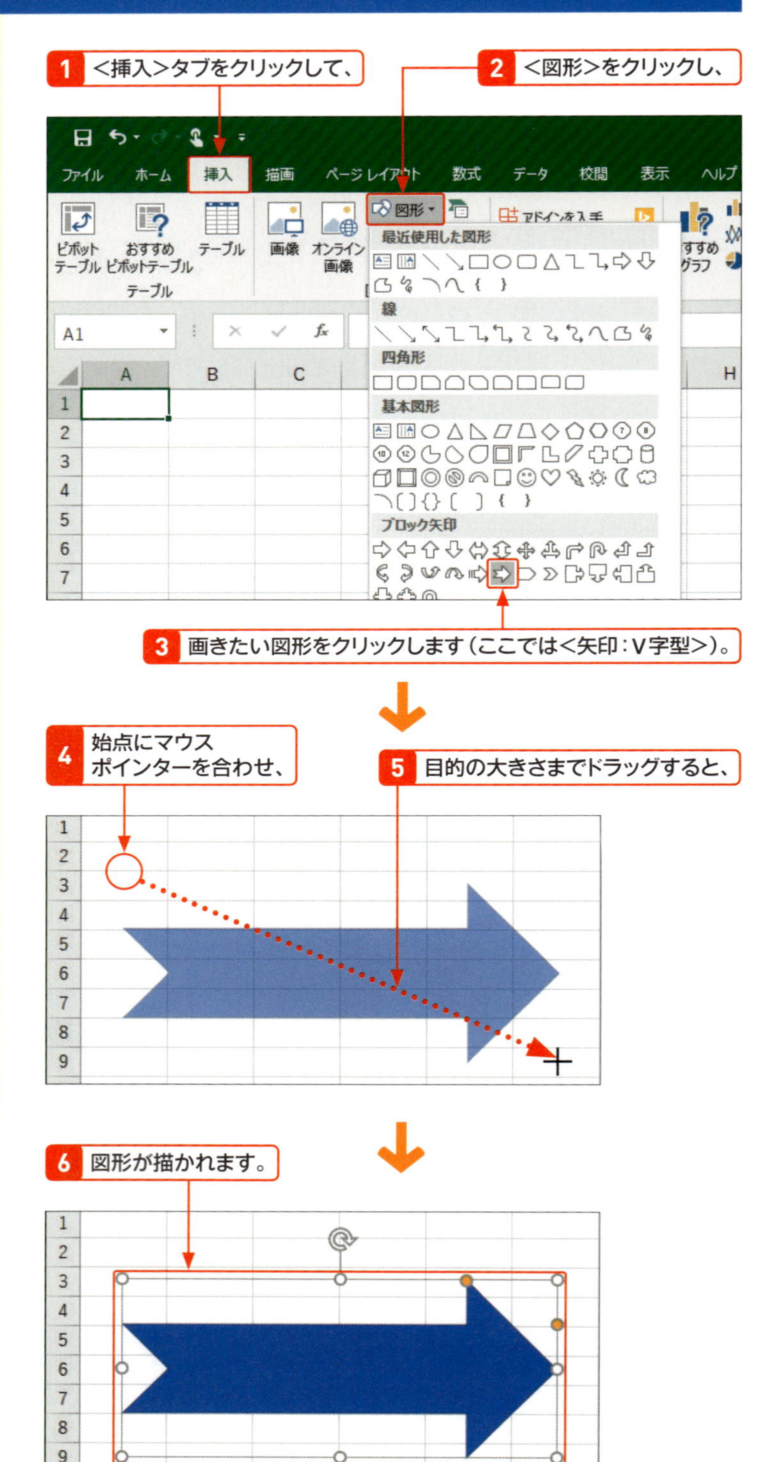
1 <挿入>タブをクリックして、
2 <図形>をクリックし、
ファイル ホーム 挿入 描画 ページ レイアウト 数式 データ 校閲 表示 ヘルプ
図形
最近使用した図形
線
四角形
基本図形
ブロック矢印
3 画きたい図形をクリックします（ここでは<矢印：V字型>）。
4 始点にマウスポインターを合わせ、
5 目的の大きさまでドラッグすると、
6 図形が描かれます。

4 図形の中に文字を入力する

1 図形をクリックして、

2 文字を入力すると、図形に文字が入力されます。

商品特売キャンペーン

文字サイズを変更して、文字の位置を移動しています。

メモ 図形内の文字の書式設定

図形に入力した文字は、本文用のフォント（游ゴシック）とサイズ（11ポイント）で、フォントの色は背景色に合わせて自動的に白か黒で入力されます。これらの書式は、通常の文字と同様に、＜ホーム＞タブの＜フォント＞グループのコマンドを使って変更することができます。

ヒント 文字の配置

図形内の文字配置は、セル内の配置と同様に、＜ホーム＞タブの＜配置＞グループのコマンドを使って設定します（P.303参照）。

ヒント 文字を縦書きにするには？

初期設定では、文字は横書きで挿入されます。文字を縦書きにしたい場合は、文字を選択して＜ホーム＞タブの＜方向＞をクリックし、＜縦書き＞をクリックします。

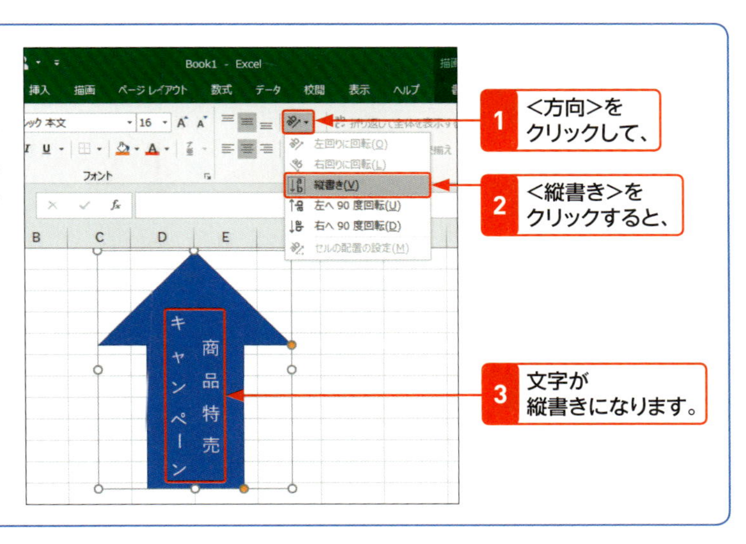

Section 103 図形を編集する

覚えておきたいキーワード
- 図形のコピー／移動
- サイズ変更／回転
- 図形の塗りつぶし

描画した図形は、コピーして増やしたり、位置を移動したり、サイズを変更したり、回転させたりと、必要に応じて編集することができます。また、図形の色を変更したり、影や反射、光彩、ぼかしなどの視覚効果を付けて見た目を変えることもできます。

1 図形をコピーする／移動する

メモ 図形をコピー／移動する

図形をドラッグすると、移動することができます。Ctrl を押しながらドラッグすると、図形をコピーすることができます。

ヒント 水平・垂直方向にコピー／移動するには？

Shift と Ctrl を押しながら図形をドラッグすると、図形を水平・垂直方向にコピーすることができます。水平・垂直方向に移動する場合は、Shift を押しながらドラッグします。

メモ 文字を入力した図形のコピー／移動

文字を入力した図形の場合、マウスポインターを合わせる場所によってはポインターの形が ✥ になりません。その場合は、マウスポインターを図形の枠に合わせてドラッグします。

図形をコピーする

1 図形をクリックします。

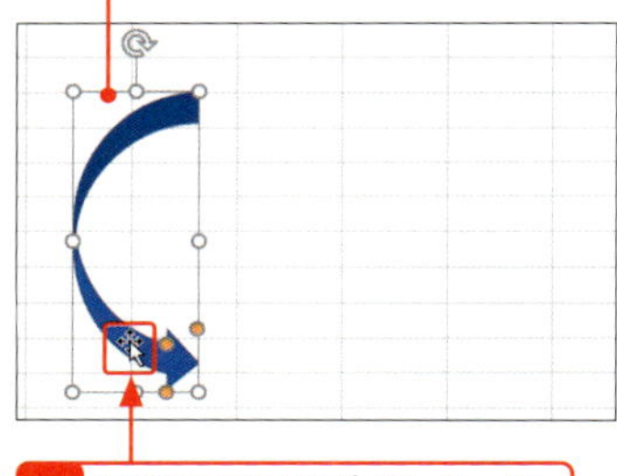

2 図形にマウスポインターを合わせ、ポインターの形が変わった状態で、

3 Ctrl を押しながらドラッグすると、

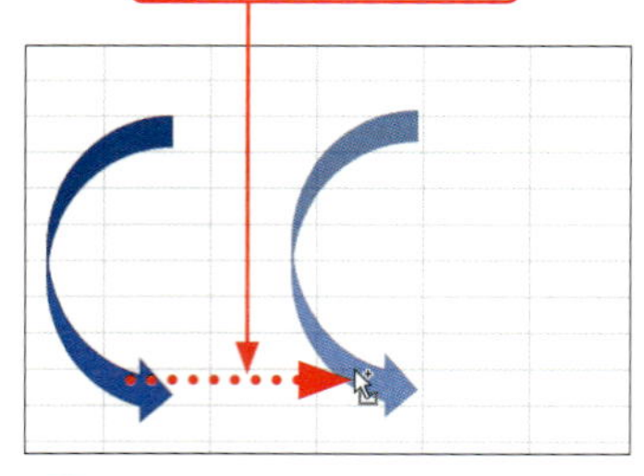

4 図形がコピーされます。

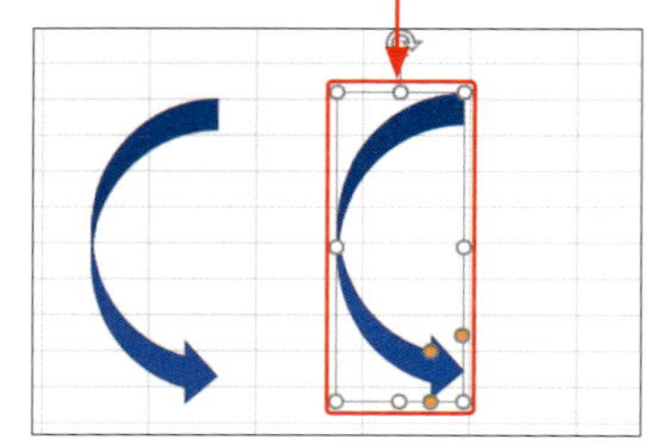

図形を移動する

1 図形をクリックします。

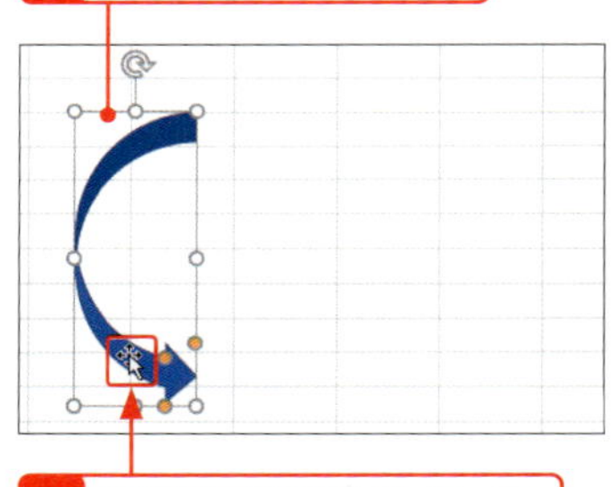

2 図形にマウスポインターを合わせ、ポインターの形が変わった状態で、

3 ドラッグすると、

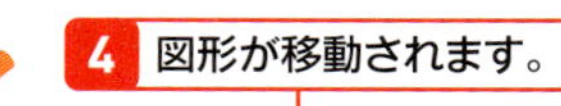

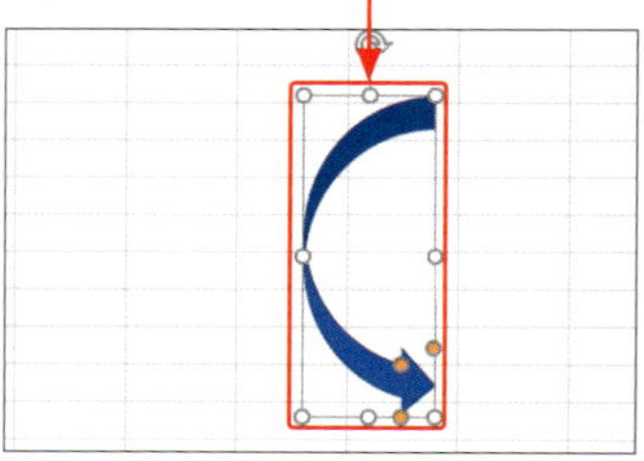

2 図形のサイズを変更する／回転する

図形のサイズを変更する

1 図形をクリックします。

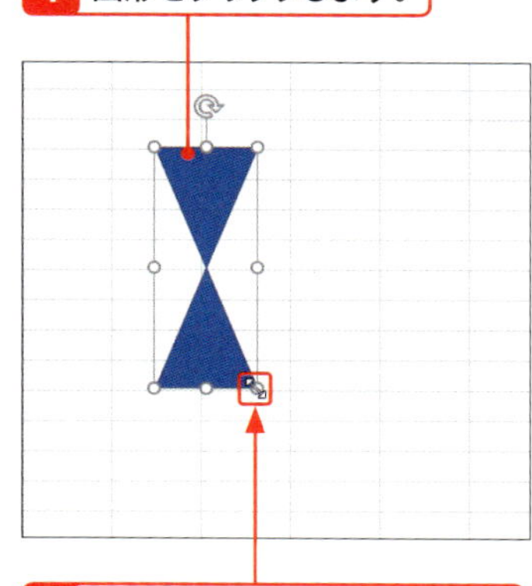

2 ハンドルにマウスポインターを合わせ、ポインターの形が変わった状態で、

3 外側あるいは内側にドラッグすると、

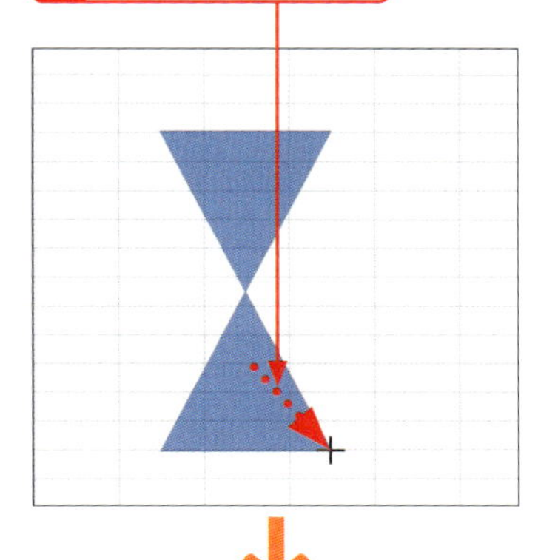

4 図形のサイズが変わります。

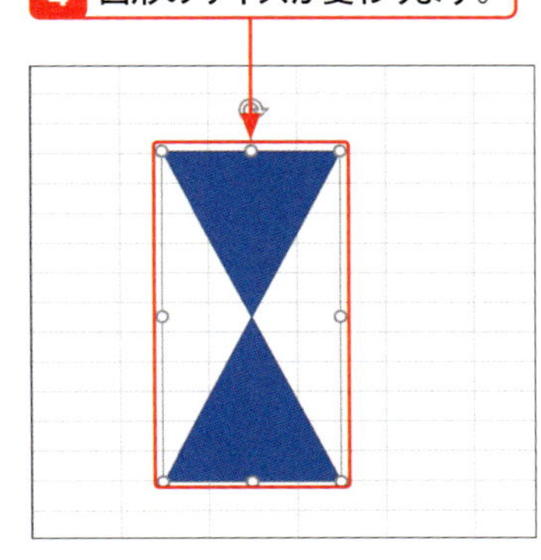

図形を回転する

1 図形をクリックします。

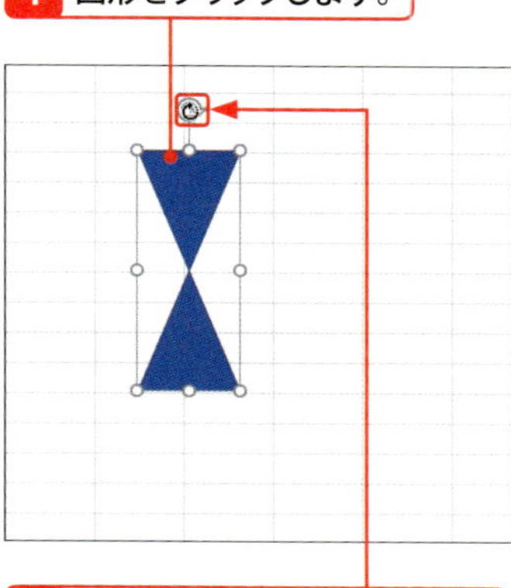

2 回転ハンドルにマウスポインターを合わせ、ポインターの形が変わった状態で、

3 回転したい方向にドラッグすると、

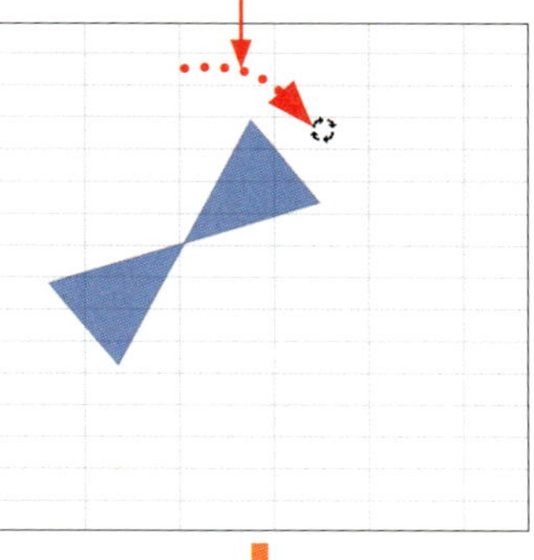

4 図形が回転されます。

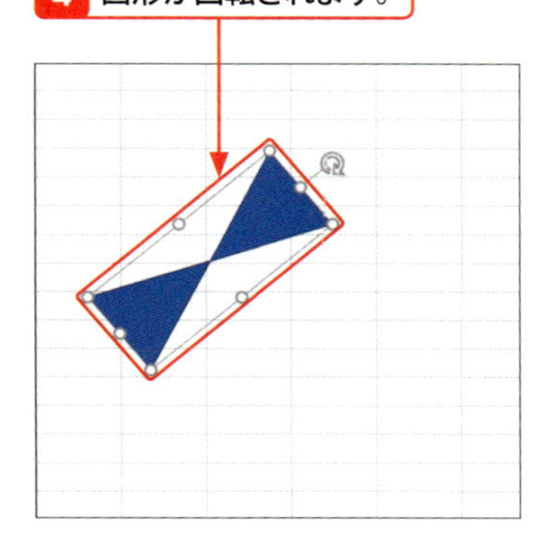

メモ ハンドルの利用

図形をクリックすると、周囲にハンドルが、上に回転ハンドルが表示されます。周囲のハンドルをドラッグするとサイズを変更することができます。回転ハンドルをドラッグすると図形を回転させることができます。
また、図形によっては調整ハンドルが表示されます。調整ハンドルをドラッグすると図形の形状が変更できます。複数の調整ハンドルが表示される場合は、調整ハンドルの位置やドラッグの方向によって変形する場所が異なります。

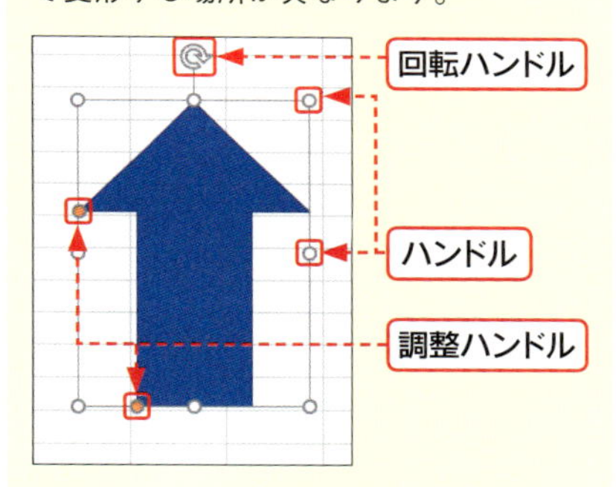

ステップアップ メニューを使って回転／反転する

図形は、＜書式＞タブの＜回転＞を利用して、回転したり反転したりすることもできます。クリックすると表示されるメニューから回転方向を指定します。また、メニュー最下段の＜その他の回転オプション＞をクリックすると、回転角度を指定することができます。

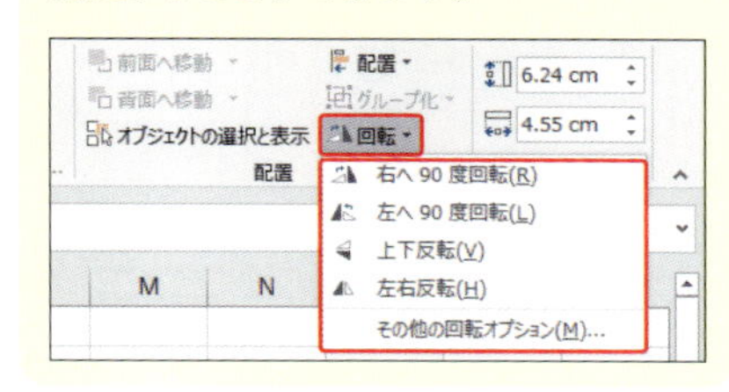

3 図形の色を変更する

プレビューが表示される

<図形の塗りつぶし>をクリックして表示される一覧の色にマウスポインターを合わせると、その色でプレビューが表示されます。次ページの図形の効果も同様です。クリックすると、その設定が適用されます。

ステップアップ 図形の枠線を変更する

図形の枠線の太さや線のスタイルを変更するには、図形をクリックして<書式>タブの<図形の枠線>の右側をクリックし、<太さ>や<実線／点線>にマウスポインターを合わせると表示される一覧から設定します。なお、枠線を表示したくない場合は、<枠線なし>をクリックします。

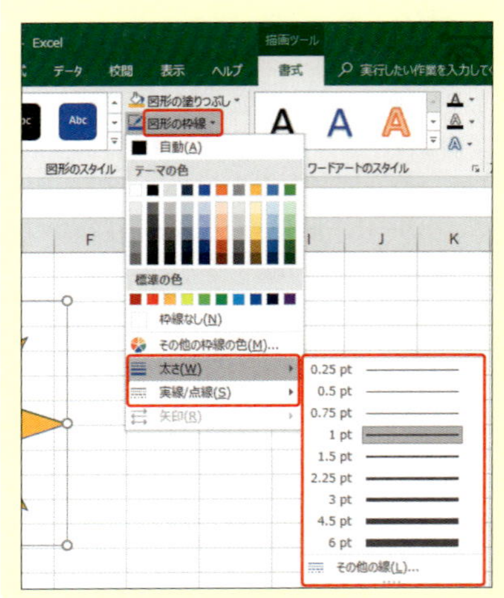

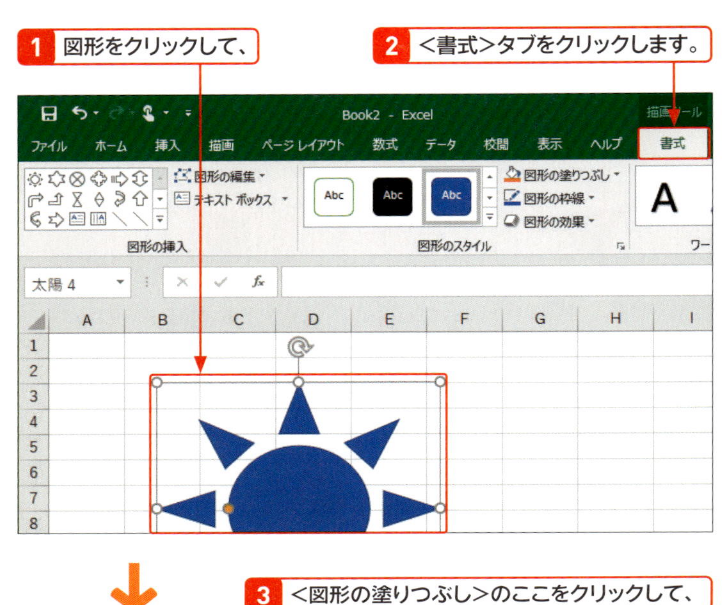

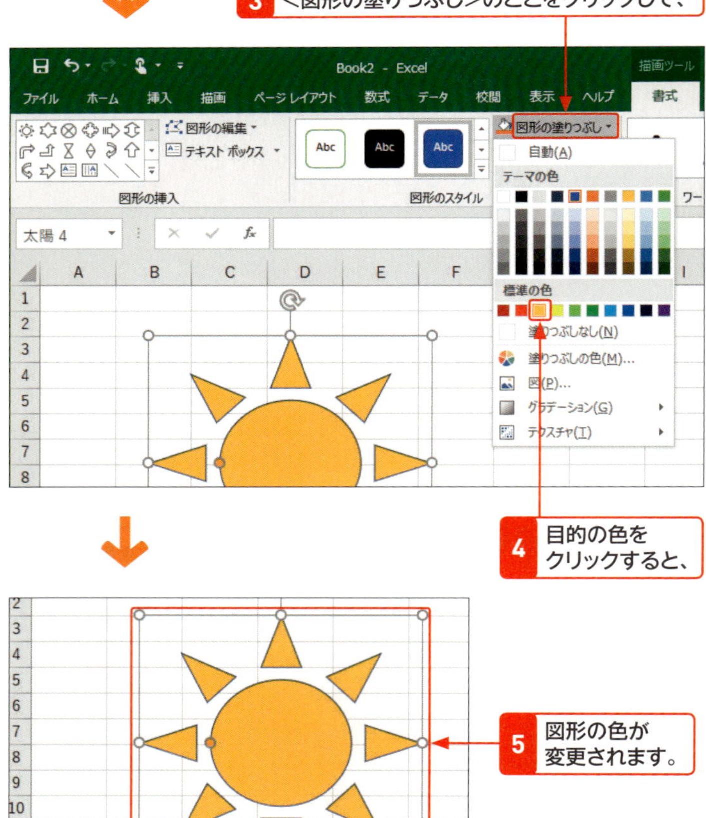

4 図形に効果を付ける

1 図形をクリックして、

2 <書式>タブをクリックし、

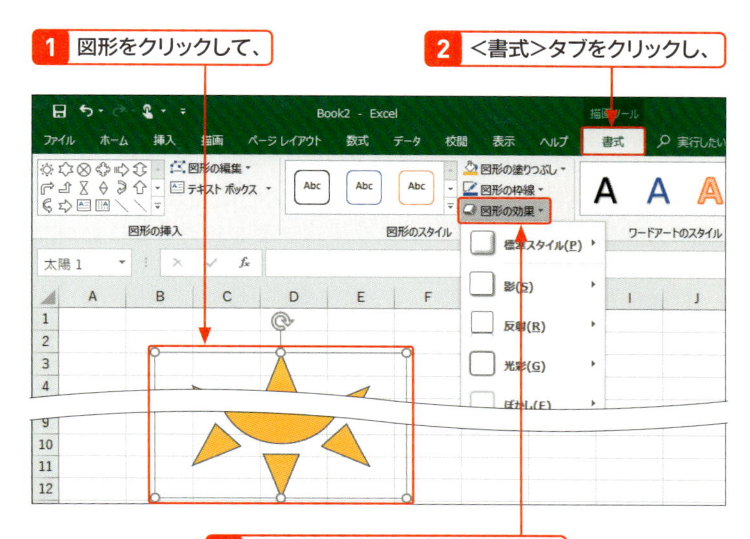

3 <図形の効果>をクリックします。

4 設定したい効果にマウスポインターを合わせ、

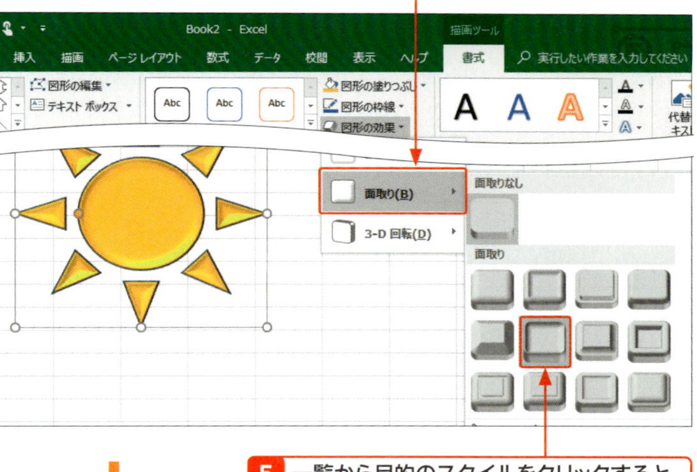

5 一覧から目的のスタイルをクリックすると、

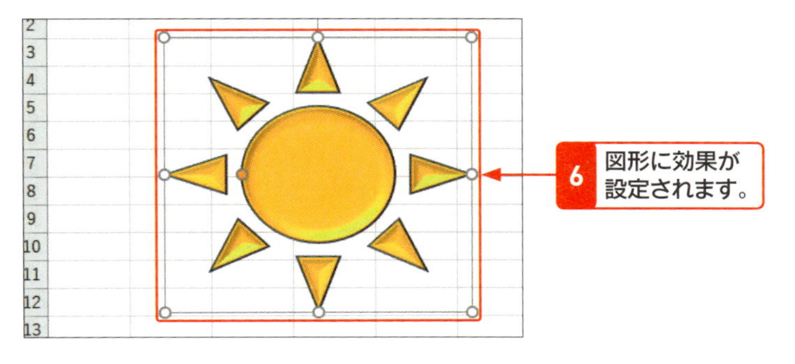

6 図形に効果が設定されます。

メモ 図形に効果を付ける

<書式>タブの<図形の効果>利用すると、図形に影や反射、光彩、ぼかし、面取り、3-D回転などの効果を付けることができます。効果を取り消すには、それぞれの一覧の上にある<○○なし>をクリックします。

ヒント 図形にスタイルを適用する

<書式>タブの<図形のスタイル>を利用すると、色や枠線などの書式があらかじめ設定されたスタイルを適用することができます。ただし、図形のスタイルを設定すると、それまでに設定していた枠線の太さや線種はスタイルに基づくものに変更されます。スタイルを利用する場合は先にスタイルを適用し、そのあとで線種や線の太さなどを変更するとよいでしょう。

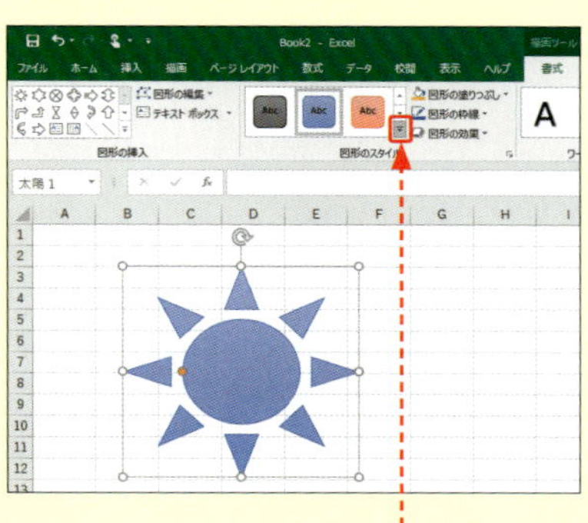

<図形のスタイル>のここをクリックして、スタイルを指定します。

Section 104

テキストボックスを挿入する

覚えておきたいキーワード
- テキストボックス
- 文字の配置
- 図形のスタイル

テキストボックスを利用すると、セルの位置やサイズに影響されることなく、自由に文字を配置することができます。テキストボックス内に入力した文字は、通常のセル内の文字と同様に配置やフォント、サイズなどを変更することができます。また、図形と同様にスタイルを設定することも可能です。

1 テキストボックスを作成して文字を入力する

キーワード テキストボックス

「テキストボックス」とは、文字を入力するための図形で、セルの位置、行や列のサイズなどに影響されないという特徴があります。

メモ 画面のサイズが大きい場合は

画面のサイズが大きい場合は、<挿入>タブをクリックして、直接<テキストボックス>の下部をクリックし、<横書きテキストボックスの描画>をクリックします。

ヒント 縦書きのテキストボックスを作成するには?

右の手順では、横書きのテキストボックスを作成しましたが、縦書きの文字を入力する場合は、手順4で<縦書きテキストボックス>をクリックします。

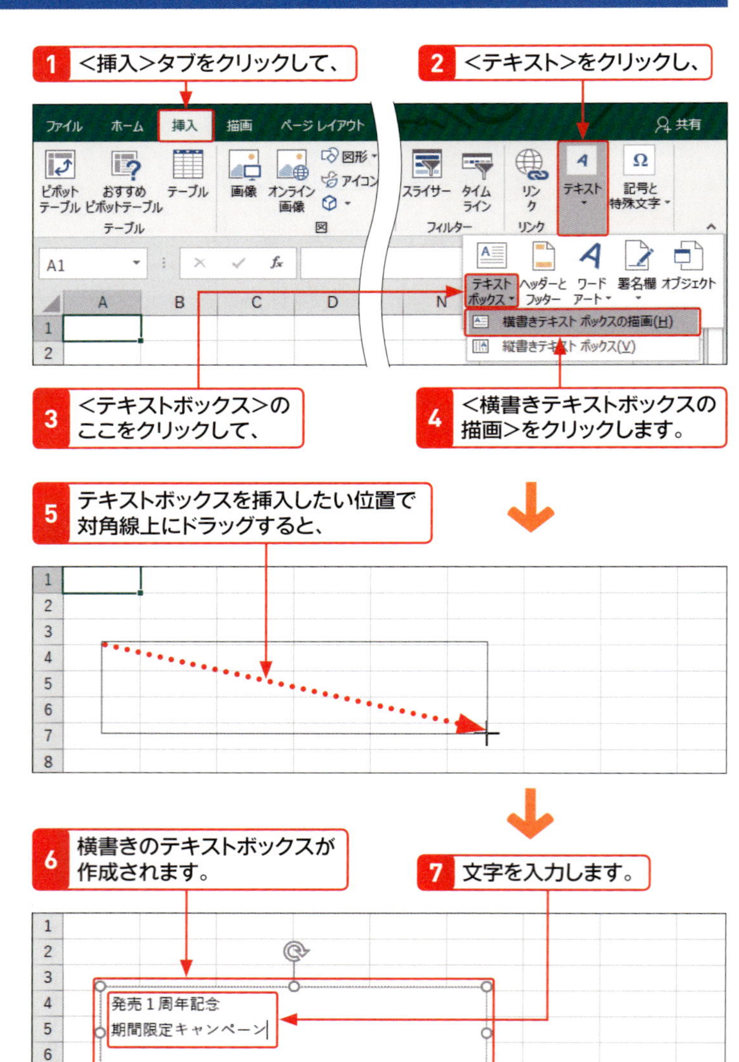

2 文字の配置を変更する

1 テキストボックス内をクリックして、

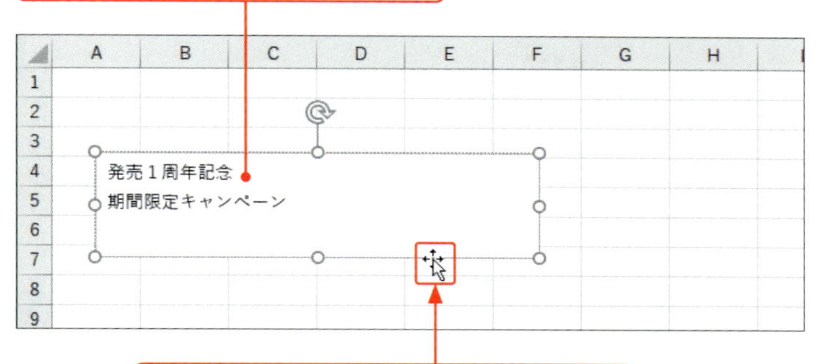

2 枠線上にマウスポインターを合わせ、形が に変わった状態でクリックします。

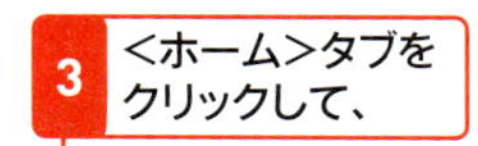

3 <ホーム>タブをクリックして、

4 <上下中央揃え>をクリックし、

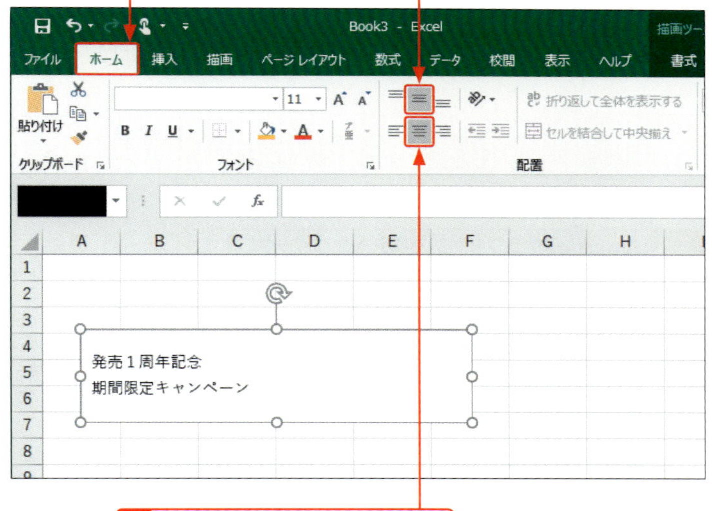

5 <中央揃え>をクリックすると、

6 テキストボックスの中央部に文字が表示されます。

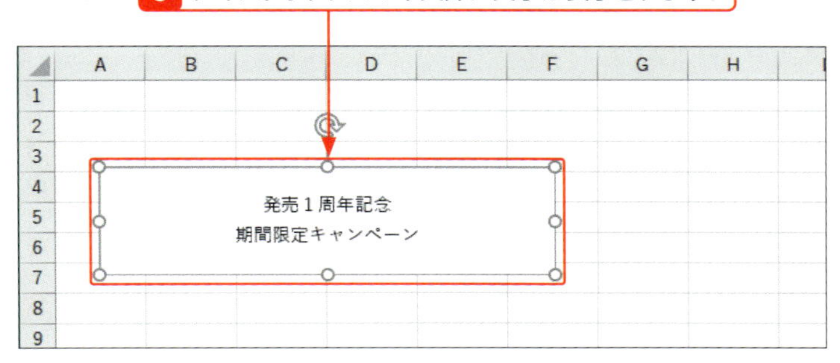

メモ テキストボックスを選択する

テキストボックス内の文字配置やフォント、文字サイズ、文字色を変更する際は、テキストボックスを選択する必要があります。テキストボックス内をクリックして、枠線上にマウスポインターを合わせ、ポインターの形が に変わった状態でクリックすると、テキストボックスが選択されます。

メモ テキストボックスの編集

テキストボックスは、ほかの図形と同じように扱うことができます。たとえば、図形と同様の方法で移動したり、スタイルを変更したりすることができます。また、Alt を押しながらドラッグすると、テキストボックスをセルの境界線に揃えて配置することもできます。

ヒント テキストボックスにスタイルを適用する

テキストボックスにも図形と同様に、あらかじめ書式が設定されたスタイルを適用することができます。<書式>タブの<図形のスタイル>の<その他>をクリックし、表示される一覧から指定します。

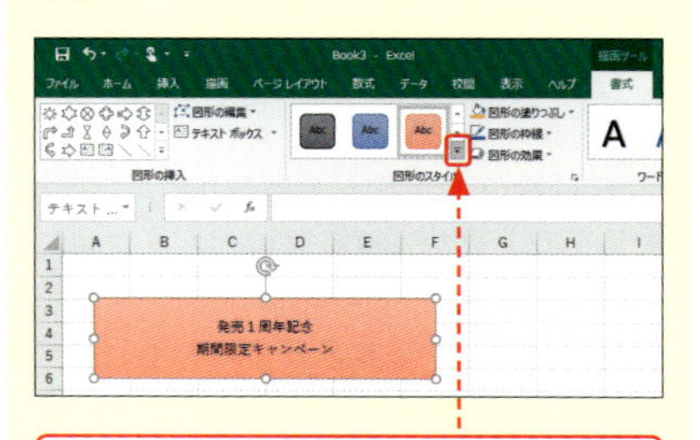

<図形のスタイル>のここをクリックして、スタイルを指定します。

Section 105 SmartArtを挿入する

覚えておきたいキーワード
- SmartArt
- テキストウィンドウ
- 図形の追加

SmartArtを利用すると、企画書やプレゼンテーションなどでよく使われるリストや循環図、ピラミッド型図表などのグラフィカルな図をかんたんに作成することができます。作成した図は、文字や画像などの構成内容を保ったままレイアウトやデザインを変更することができます。

1 SmartArtで図を作成する

1 ＜挿入＞タブをクリックして、

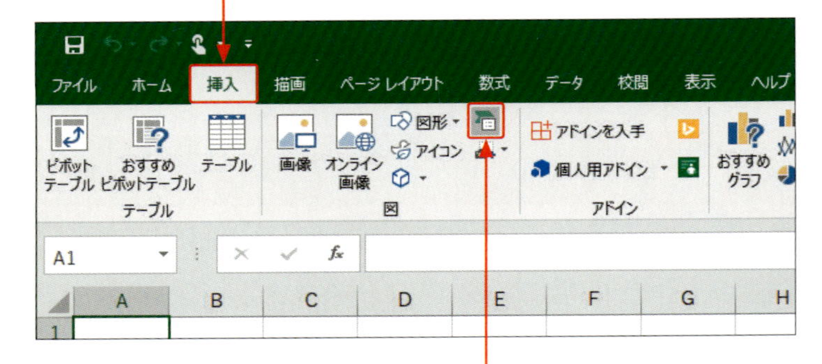

2 ＜SmartArtグラフィックの挿入＞をクリックします。

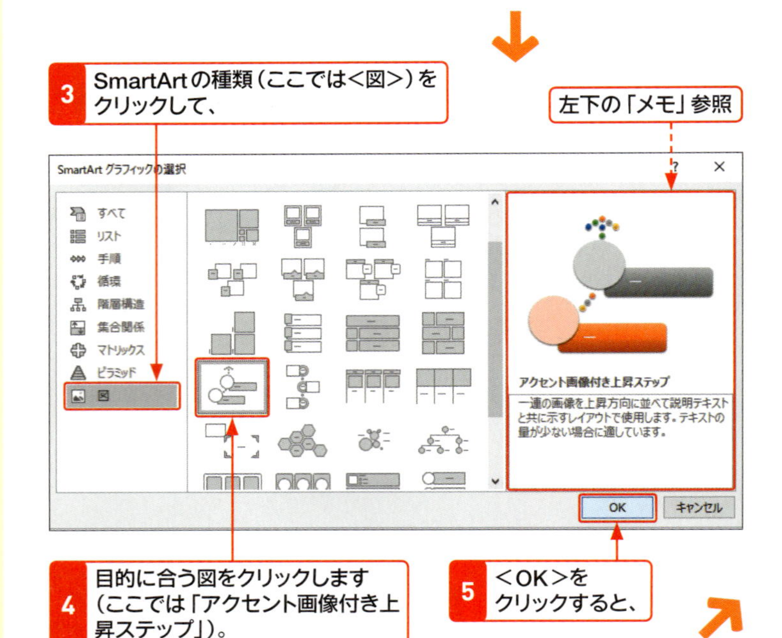

キーワード SmartArt

「SmartArt」は、アイディアや情報を視覚的な図として表現したものです。リストや循環図、階層構造図、マトリックスといった、よく利用される図がテンプレート（ひな形）として用意されています。

メモ 画面のサイズが小さい場合

画面のサイズが小さい場合は、＜挿入＞タブをクリックして＜図＞をクリックし、＜SmartArtグラフィックの挿入＞をクリックします。

メモ SmartArtグラフィックの選択

右の手順で表示される＜SmartArtグラフィックの選択＞ダイアログボックスには、＜リスト＞から＜図＞までの8種類のレイアウトが用意されています。レイアウトの種類を選択して、図をクリックすると、選択した図の用途が右側に表示されるので、参考にするとよいでしょう。

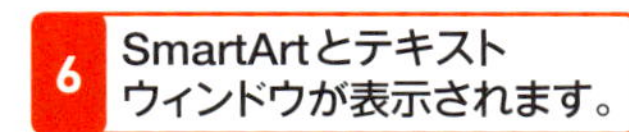
6 SmartArtとテキストウィンドウが表示されます。

<SmartArtツール>の<デザイン>と<書式>タブが表示されます。

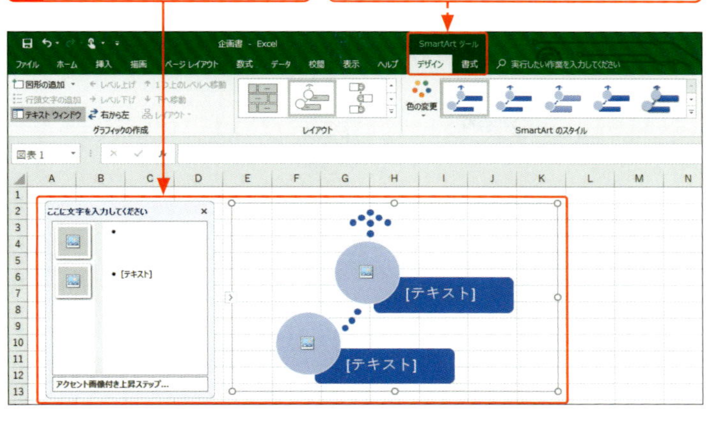

メモ テキストウィンドウの表示

SmartArtを挿入すると、通常は図と同時にテキストウィンドウが表示されます。テキストウィンドウが表示されない場合は、<デザイン>タブの<テキストウィンドウ>をクリックするか、SmartArtをクリックすると左側に表示される < をクリックします。テキストウィンドウを閉じるには、テキストウィンドウの<閉じる> ✕ をクリックします。

2 SmartArtに文字を入力する

1 ここをクリックして文字を入力すると、

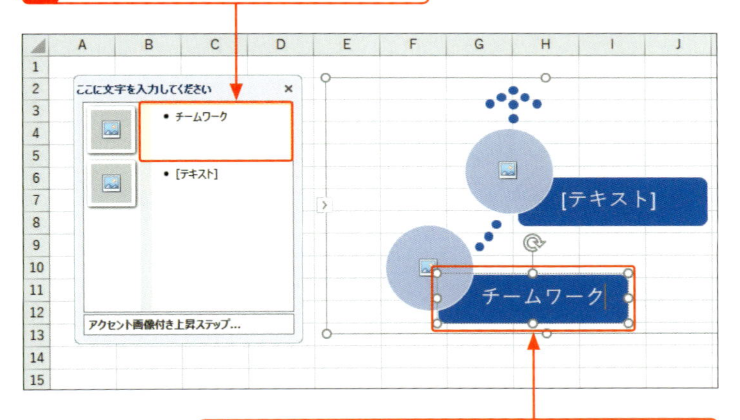

2 対応する図形内に、入力した文字が表示されます。

3 同様の手順で文字を入力します。

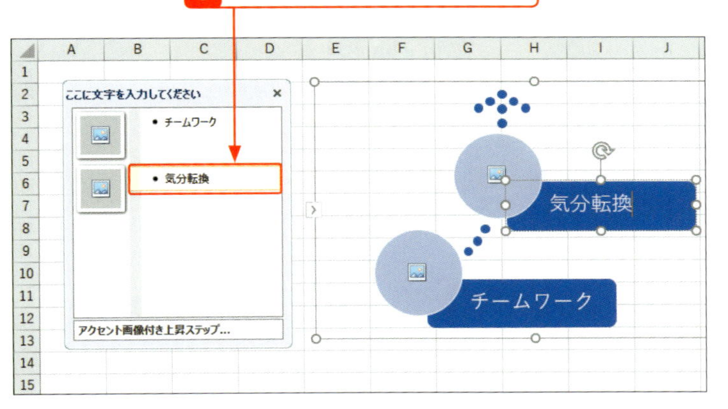

メモ SmartArtへの文字の入力

SmartArtのテキストウィンドウの項目は、図の配置に沿って並べられています。「テキスト」と表示されている部分をクリックして文字を入力すると、該当するSmartArtの図形に文字が入力されます。また、図形を直接クリックしても文字を入力することができます。

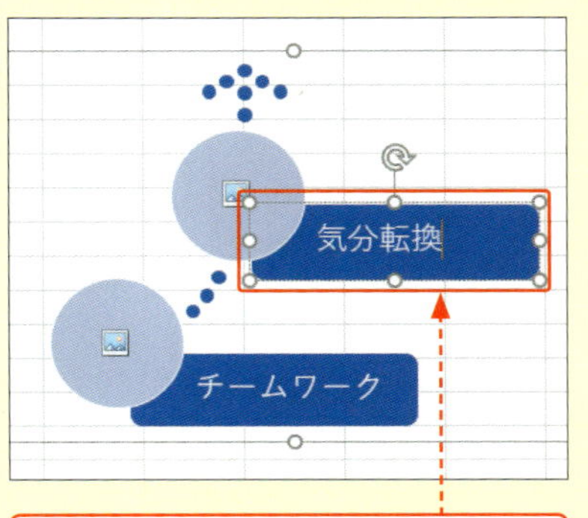

図形をクリックして、直接文字を入力することもできます。

3 SmartArtに画像を追加する

メモ 画像を追加する

SmartArtの種類が<図>の場合は、右の手順のように画像を挿入することができます。手順2で<オンライン画像>をクリックすると、Web上の画像を検索して挿入することができます(Sec.98参照)。<アイコンから>をクリックすると、アイコンを挿入することができます(Sec.99参照)。

ステップアップ SmartArtのレイアウトを変更する

SmartArtに文字や画像を配置したあとでも、SmartArtのレイアウトを変更することができます。<デザイン>タブの<レイアウト>の<その他>をクリックし、一覧から変更したいレイアウトを指定します。

1 別のレイアウトをクリックすると、

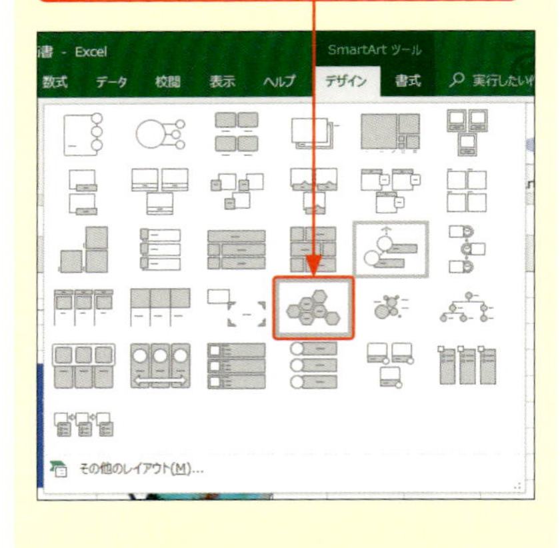

2 SmartArtのレイアウトが変わります。

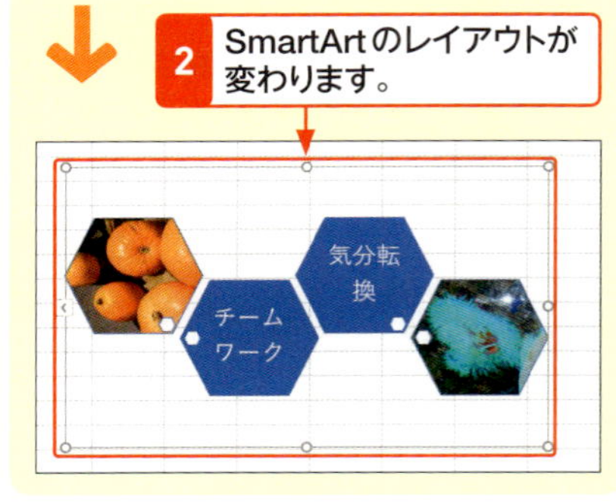

1 ここをクリックして、

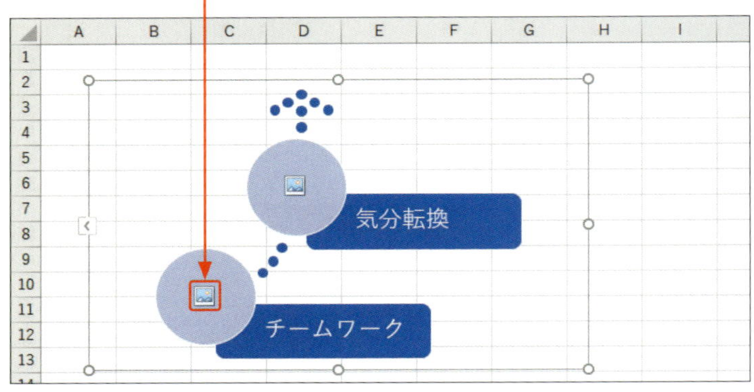

2 <ファイルから>をクリックします。

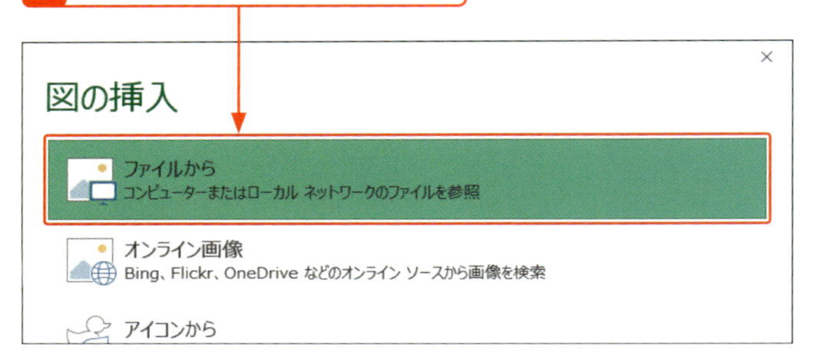

3 画像の保存先を指定して、

4 挿入する画像をクリックし、

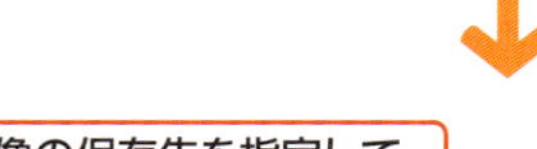

5 <挿入>をクリックすると、

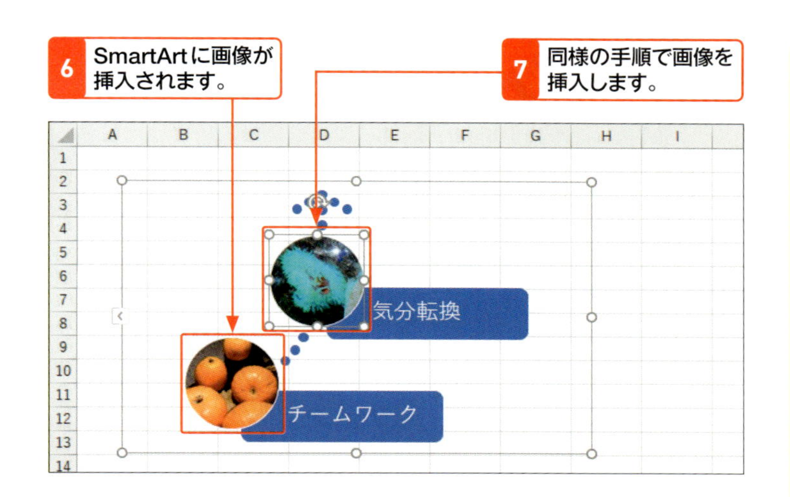

SmartArtの色やスタイルを変更する

<デザイン>タブの<色の変更>や<SmartArtのスタイル>を利用すると、SmartArtの色やスタイルを変更することができます。

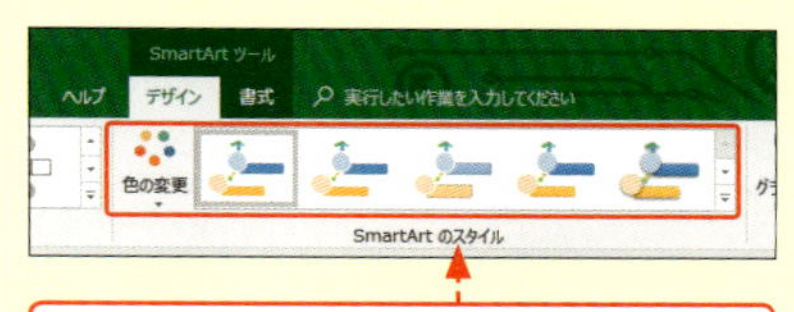

4 SmartArtに図形を追加する

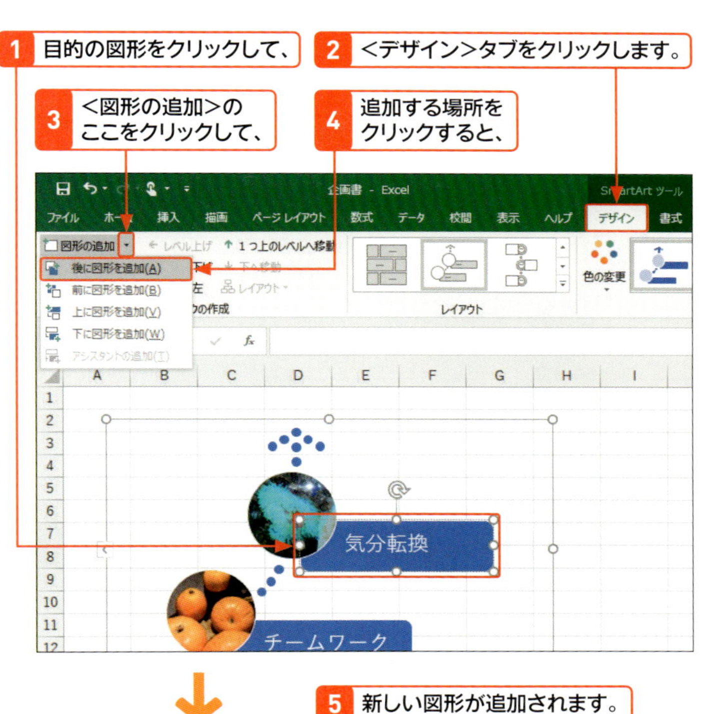

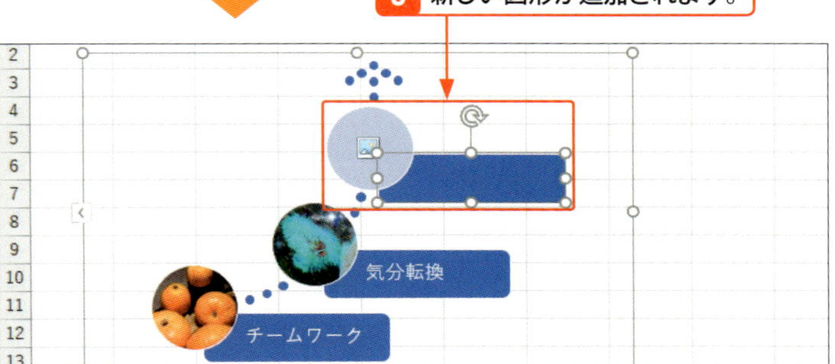

ヒント

図形の追加場所

図形を追加するには、左の手順で操作します。追加場所は以下の5種類から選択できます。ただし、SmartArtの種類によって選択できる項目は異なります。⑤の<アシスタントの追加>は、下図のような階層構造の組織図で使用できます。

①後に図形を追加
②前に図形を追加
③上に図形を追加
④下に図形を追加
⑤アシスタントの追加

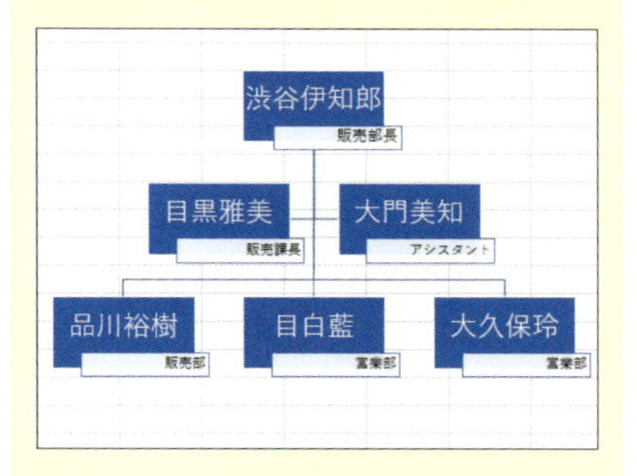

Appendix 1 クイックアクセスツールバーをカスタマイズする

覚えておきたいキーワード
- クイックアクセスツールバー
- コマンドの追加
- リボンの下に表示

クイックアクセスツールバーには、Excelで頻繁に使うコマンドが配置されています。初期設定では3つ（あるいは4つ）のコマンドが表示されていますが、必要に応じてコマンドを追加することができます。また、クイックアクセスツールバーをリボンの下に配置することもできます。

1 コマンドを追加する

キーワード クイックアクセスツールバー

「クイックアクセスツールバー」は、よく使用する機能をコマンドとして登録しておくことができる領域です。クリックするだけで必要な機能を呼び出すことができるので、リボンで機能を探すよりも効率的です。

メモ 初期設定のコマンド

初期の状態では、クイックアクセスツールバーに以下の3つのコマンドが配置されています。また、タッチスクリーンに対応したパソコンの場合は、以下に加えて<タッチ／マウスモードの切り替え> が配置されています。

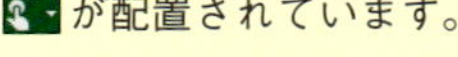

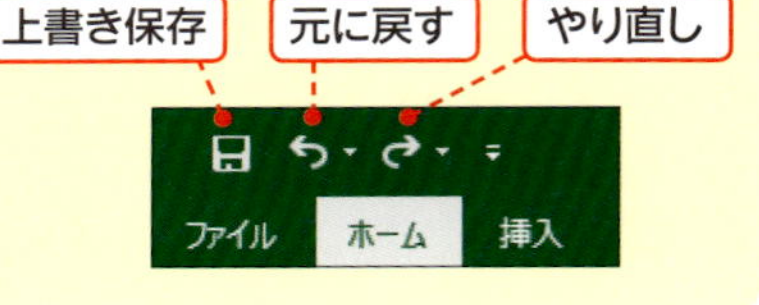

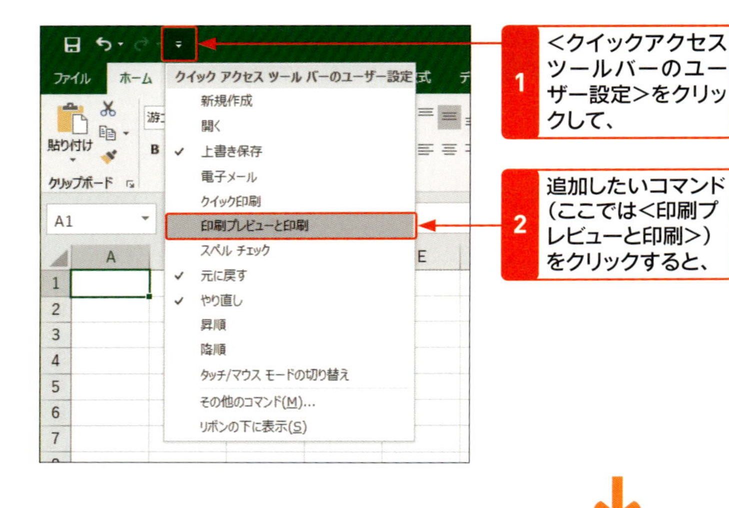

1 ＜クイックアクセスツールバーのユーザー設定＞をクリックして、

2 追加したいコマンド（ここでは＜印刷プレビューと印刷＞）をクリックすると、

3 クイックアクセスツールバーに＜印刷プレビューと印刷＞コマンドが追加されます。

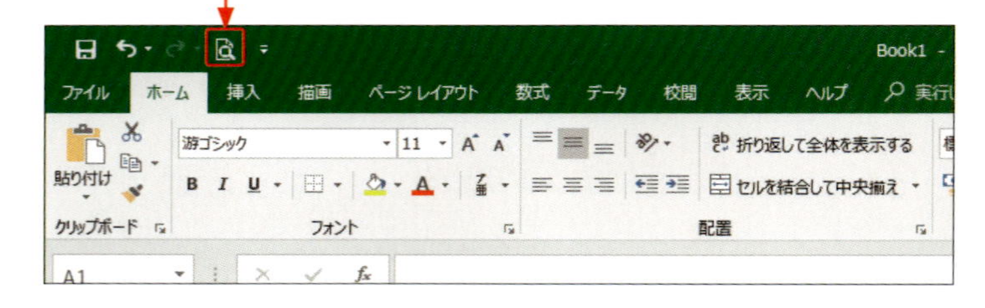

ヒント コマンドを追加するそのほかの方法

タブに表示されているコマンドの場合は、追加したいコマンドを右クリックして、＜クイックアクセスツールバーに追加＞をクリックすると追加できます。

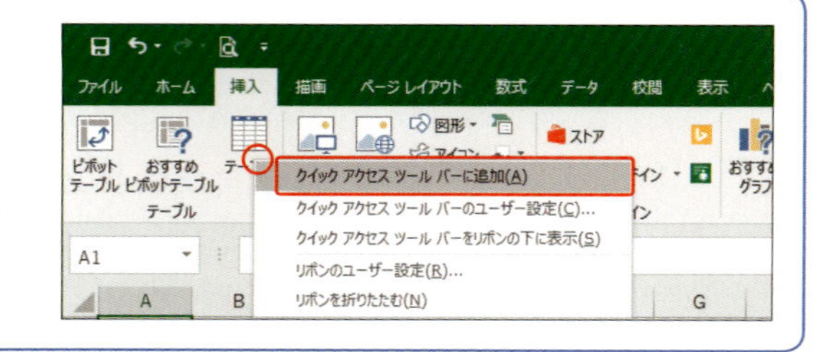

2 メニューやタブにないコマンドを追加する

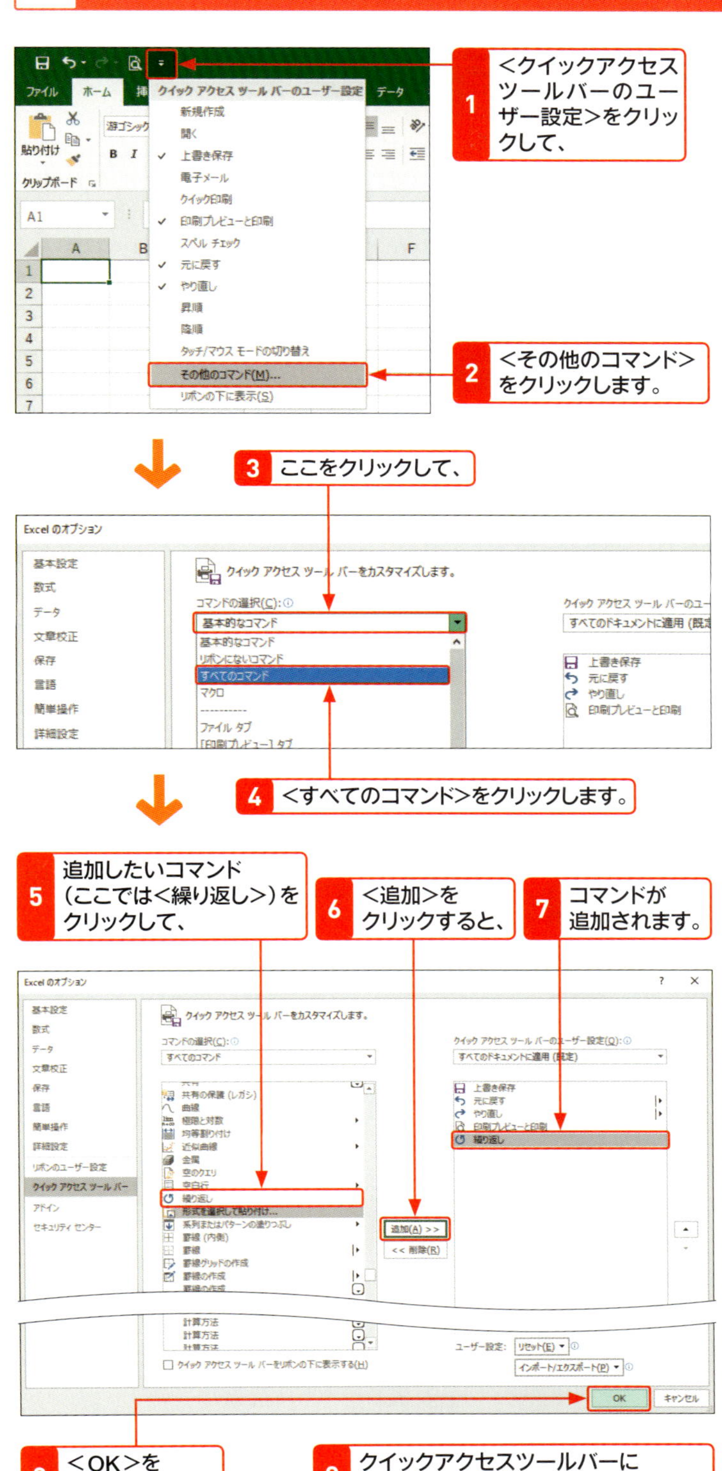

1 <クイックアクセスツールバーのユーザー設定>をクリックして、
2 <その他のコマンド>をクリックします。
3 ここをクリックして、
4 <すべてのコマンド>をクリックします。
5 追加したいコマンド(ここでは<繰り返し>)をクリックして、
6 <追加>をクリックすると、
7 コマンドが追加されます。
8 <OK>をクリックすると、
9 クイックアクセスツールバーに<繰り返し>コマンドが追加されます。

ステップアップ クイックアクセスツールバーを移動する

手順2で<リボンの下に表示>をクリックすると、クイックアクセスツールバーがリボンの下に表示されます。もとの位置に戻すには、<クイックアクセスツールバーのユーザー設定>をクリックして、<リボンの上に表示>をクリックします。

ヒント コマンドを削除するには?

クイックアクセスツールバーからコマンドを削除するには、削除したいコマンドを右クリックして、<クイックアクセスツールバーから削除>をクリックします。

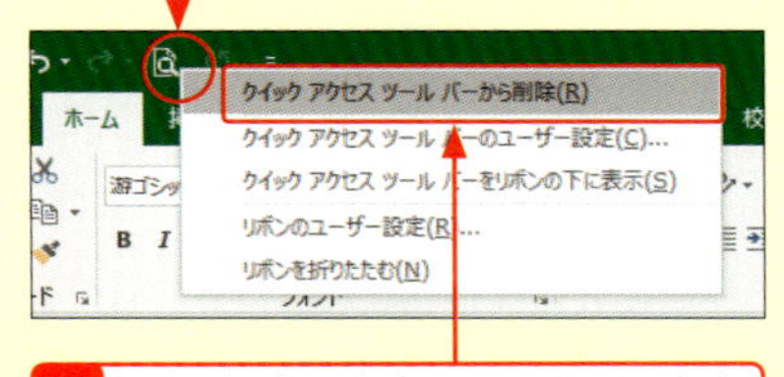

1 削除したいコマンドを右クリックして、
2 <クイックアクセスツールバーから削除>をクリックします。

Appendix 2

OneDriveを利用する

覚えておきたいキーワード
- OneDrive
- オンラインストレージ
- Excel Online

OneDriveを利用すると、自分のパソコンで作成したExcelのファイルをインターネット上に保存して、別のパソコンからファイルを閲覧、編集することができます。また、Office Onlineを利用すると、Excelがない環境でもWebブラウザーを利用してExcelのファイルを利用することができます。

1 ブックをOneDriveに保存する

キーワード OneDrive

「OneDrive」は、マイクロソフトが提供するオンラインストレージサービス（インターネット上にファイルを保存しておく場所）です。クラウドストレージサービスとも呼ばれます。インターネットを利用できる環境であれば、いつでもどこからでもファイルの閲覧や編集、保存、取り出しができます。

メモ OneDriveの利用

OneDriveを利用するには、Microsoftアカウントが必要です。Microsoftアカウントで Windows 10にサインインすると、Excelやエクスプローラーから OneDriveを利用できます。

メモ エクスプローラーから保存する

Excelのブックを OneDriveに保存するには、右の手順のほかに、エクスプローラーから行うこともできます。OneDriveに保存したいファイルをクリックして、＜ホーム＞タブの＜コピー＞をクリックします。続いて、OneDriveの保存先を表示して、＜ホーム＞タブの＜貼り付け＞をクリックします。

1 ＜ファイル＞タブをクリックして、

2 ＜名前を付けて保存＞をクリックし、

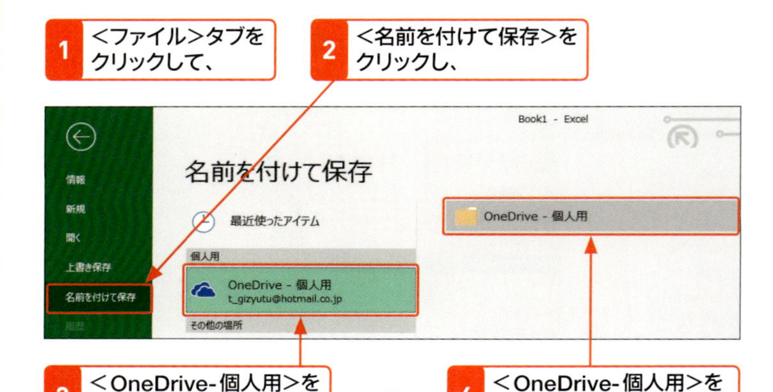

3 ＜OneDrive-個人用＞をクリックして、

4 ＜OneDrive-個人用＞をクリックします。

5 OneDrive内のフォルダーが表示されるので、＜ドキュメント＞をクリックします。

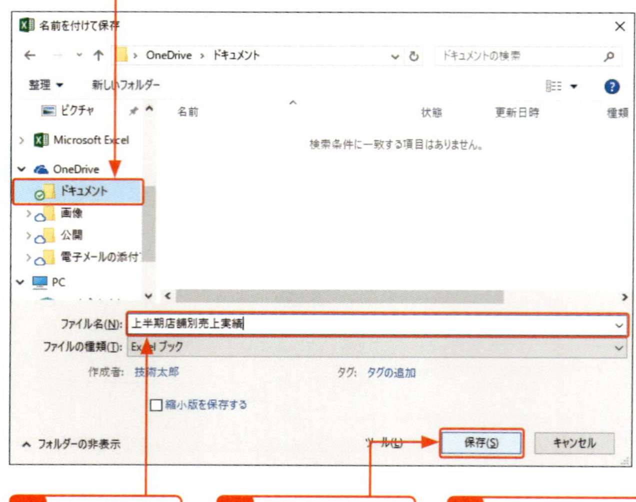

6 ファイル名を入力して、

7 ＜保存＞をクリックすると、

8 ブックがOneDriveに保存されます。

2 エクスプローラーでOneDriveのファイルを確認する

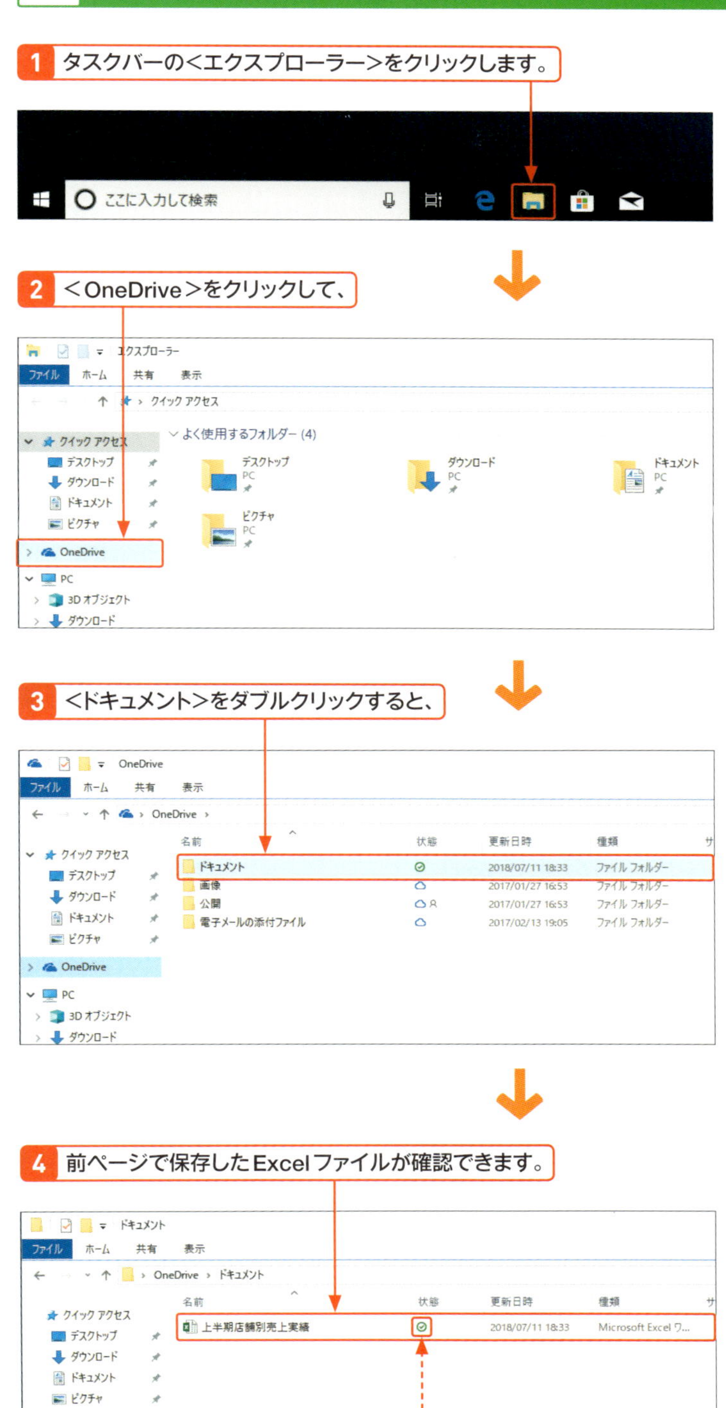

1 タスクバーの<エクスプローラー>をクリックします。
ここに入力して検索
2 <OneDrive>をクリックして、
3 <ドキュメント>をダブルクリックすると、
4 前ページで保存したExcelファイルが確認できます。
上半期店舗別売上実績
右の「メモ」参照

メモ ファイルの同期

OneDriveに保存したファイルとパソコン上にあるファイルは同期されており、どちらも常に最新の状態に保たれます。ファイルやフォルダーには同期の状態を示すマークが表示されます。

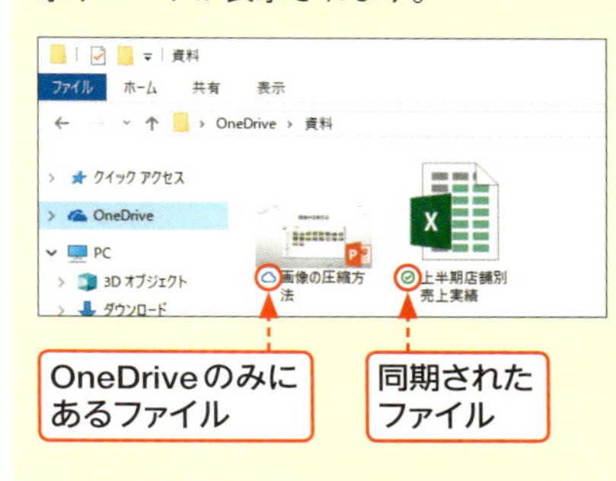

OneDriveのみにあるファイル
同期されたファイル

ステップアップ 通知領域のOneDriveアイコンから確認する

OneDriveに保存したファイルは、タスクバー右側の通知領域にあるOneDriveアイコンから確認することもできます。OneDriveアイコンを右クリックすると、OneDriveフォルダー内で最近使用したファイルが表示されます。また、<OneDriveフォルダーを開く>をクリックすると、エクスプローラーで<OneDrive>フォルダーが開きます。

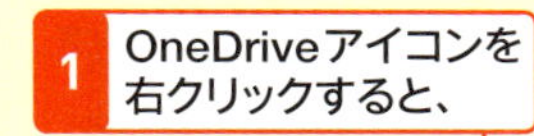

1 OneDriveアイコンを右クリックすると、

2 最近使用したファイルが表示されます。

Appendix

3 Excel Onlineでブックを開く

キーワード Excel Online

「Excel Online」は、インターネット上でExcel文書を閲覧、編集、作成、保存することができる無料のオンラインアプリです。Webブラウザーでインターネットに接続できる環境であればどこからでもアクセスでき、Excelがインストールされていないパソコンからでも利用することができます。OneDriveに保存したExcelのファイルをクリックすると、Excel Onlineが起動してExcel文書が表示されます。

ヒント OneDriveを表示するそのほかの方法

インターネット上のOneDriveは、エクスプローラーやタスクバー右側の通知領域にあるOneDriveアイコンから表示することもできます。エクスプローラーで<OneDrive>フォルダーを右クリックして、<オンラインで表示>をクリックするか、通知領域にあるOneDriveアイコンを右クリックして、<オンラインで表示>をクリックします。

1 OneDriveアイコンを右クリックして、

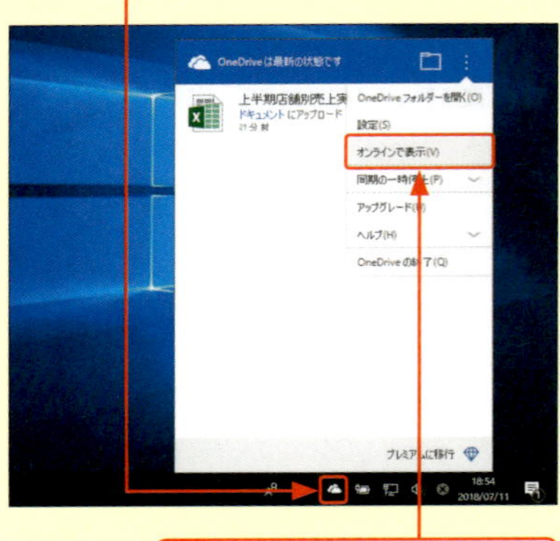

2 <オンラインで表示>をクリックします。

1 Webブラウザー（Microsoft Edge）を起動して、「https://onedrive.live.com」と入力し、Enterを押すと、OneDriveが表示されます。

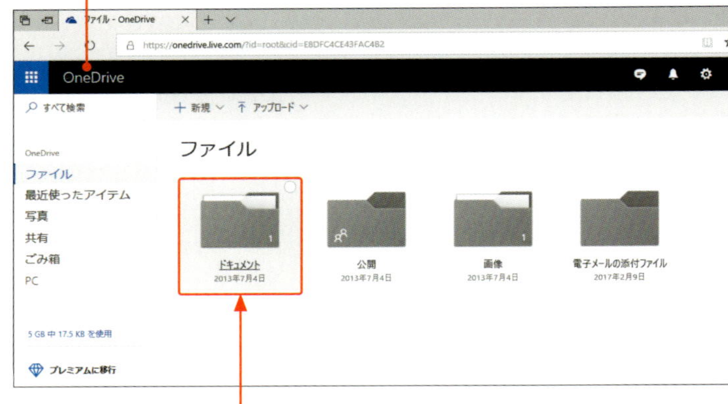

2 <ドキュメント>をクリックして、

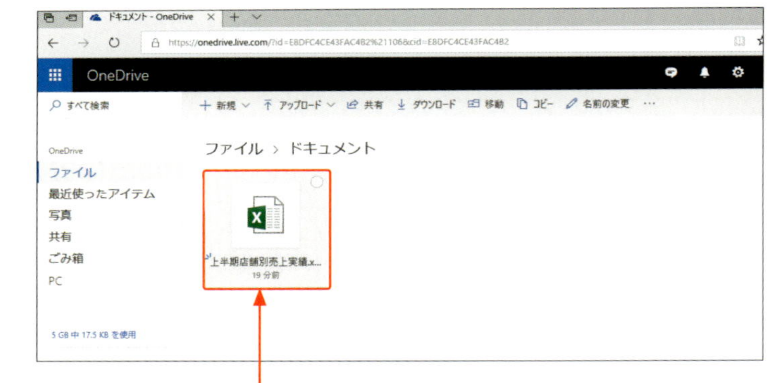

3 Excelファイルをクリックすると、

4 Excel Onlineが起動して、Excel文書が表示されます。

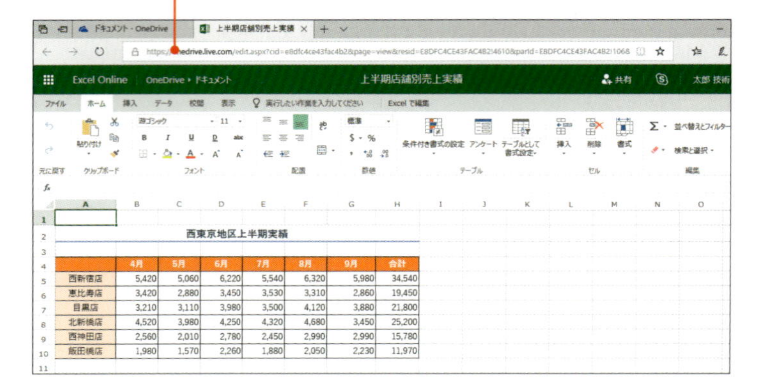

西東京地区上半期実績

	4月	5月	6月	7月	8月	9月	合計
西新宿店	5,420	5,060	6,220	5,540	6,320	5,980	34,540
恵比寿店	3,420	2,880	3,450	3,530	3,310	2,860	19,450
目黒店	3,210	3,110	3,980	3,500	4,120	3,880	21,800
北新橋店	4,520	3,980	4,250	4,320	4,680	3,450	25,200
西神田店	2,560	2,010	2,780	2,450	2,990	2,990	15,780
飯田橋店	1,980	1,570	2,260	1,880	2,050	2,230	11,970

Appendix 3

Excelの便利なショートカットキー

基本操作	
Ctrl + N	新しいブックを作成する。
Ctrl + O	＜ファイル＞タブの＜開く＞画面を表示する。
Ctrl + F12	＜ファイルを開く＞ダイアログボックスを表示する。
Ctrl + P	＜ファイル＞タブの＜印刷＞画面を表示する。
Ctrl + Z	直前の操作を取り消す。
Ctrl + Y	取り消した操作をやり直す。または直前の操作を繰り返す。
Ctrl + W	ファイルを閉じる。
Ctrl + F1	リボンを非表示／表示する。
Ctrl + S	上書き保存する。
F12	＜名前を付けて保存＞ダイアログボックスを表示する。
F1	＜ヘルプ＞作業ウィンドウを表示する。
Alt + F4	Excelを終了する。

データの入力・編集	
F2	セルを編集可能にする。
Shift + F3	＜関数の挿入＞ダイアログボックスを表示する。
Alt + Shift + =	SUM関数を入力する。
Ctrl + ;	今日の日付を入力する。
Ctrl + :	現在の時刻を入力する。
Ctrl + C	セルをコピーする。
Ctrl + X	セルを切り取る。
Ctrl + V	コピーまたは切り取ったセルを貼り付ける。
Ctrl + +（テンキー）	セルを挿入する。
Ctrl + -（テンキー）	セルを削除する。
Ctrl + D	選択範囲内で下方向にセルをコピーする。
Ctrl + R	選択範囲内で右方向にセルをコピーする。
Ctrl + F	＜検索と置換＞ダイアログボックスの＜検索＞を表示する。
Ctrl + H	＜検索と置換＞ダイアログボックスの＜置換＞を表示する。

セルの書式設定	
Ctrl + Shift + ^	＜標準＞スタイルを設定する。
Ctrl + Shift + 4	＜通貨＞スタイルを設定する。
Ctrl + Shift + 1	＜桁区切りスタイル＞を設定する。
Ctrl + Shift + 5	＜パーセンテージ＞スタイルを設定する。
Ctrl + Shift + 3	＜日付＞スタイルを設定する。
Ctrl + B	太字を設定／解除する。
Ctrl + I	斜体を設定／解除する。
Ctrl + U	下線を設定／解除する。

セル・行・列の選択	
Ctrl + A	ワークシート全体を選択する。
Ctrl + Shift + :	アクティブセルを含み、空白の行と列で囲まれるデータ範囲を選択する。
Ctrl + Shift + Home	選択範囲をワークシートの先頭のセルまで拡張する。
Ctrl + Shift + End	選択範囲をデータ範囲の右下隅のセルまで拡張する。
Shift + ↑（↓←→）	選択範囲を上（下、左、右）に拡張する。
Ctrl + Shift + ↑（↓←→）	選択範囲をデータ範囲の上（下、左、右）に拡張する。
Shift + Home	選択範囲を行の先頭まで拡張する。
Shift + BackSpace	選択を解除する。

ワークシートの挿入・移動・スクロール	
Shift + F11	新しいワークシートを挿入する。
Ctrl + Home	ワークシートの先頭に移動する。
Ctrl + End	データ範囲の右下隅のセルに移動する。
Ctrl + PageUp	前（左）のワークシートに移動する。
Ctrl + PageDown	後（右）のワークシートに移動する。
Alt + PageUp（PageDown）	1画面左（右）にスクロールする。
PageUp（PageDown）	1画面上（下）にスクロールする。

＊Home、End、PageUp、PageDownは、キーボードによってはFnと同時に押す必要があります。

索引

記号・数字

A～Z

あ行

か行

索引

Index

さ行

た行

索引

な行

は行

ま行

や行

ら行

わ行

お問い合わせについて

本書に関するご質問については、本書に記載されている内容に関するもののみとさせていただきます。本書の内容と関係のないご質問につきましては、一切お答えできませんので、あらかじめご了承ください。また、電話でのご質問は受け付けておりませんので、必ずFAXか書面にて下記までお送りください。
なお、ご質問の際には、必ず以下の項目を明記していただきますようお願いいたします。

1 お名前
2 返信先の住所またはFAX番号
3 書名(今すぐ使えるかんたん Excel 2019)
4 本書の該当ページ
5 ご使用のOSとソフトウェアのバージョン
6 ご質問内容

なお、お送りいただいたご質問には、できる限り迅速にお答えできるよう努力いたしておりますが、場合によってはお答えするまでに時間がかかることがあります。また、回答の期日をご指定なさっても、ご希望にお応えできるとは限りません。あらかじめご了承くださいますよう、お願いいたします。

問い合わせ先

〒162-0846
東京都新宿区市谷左内町21-13
株式会社技術評論社　書籍編集部
「今すぐ使えるかんたん Excel 2019」質問係
FAX番号　03-3513-6167

https://book.gihyo.jp/116

■お問い合わせの例

FAX

1 お名前
技術　太郎

2 返信先の住所またはFAX番号
03-XXXX-XXXX

3 書名
今すぐ使えるかんたん
Excel 2019

4 本書の該当ページ
146ページ

5 ご使用のOSとソフトウェアのバージョン
Windows 10 Pro
Excel 2019

6 ご質問内容
見出しの行が固定できない。

※ご質問の際に記載いただきました個人情報は、回答後速やかに破棄させていただきます。

今すぐ使えるかんたん Excel 2019

2019年2月23日　初版　第1刷発行

著　者●技術評論社編集部＋AYURA
発行者●片岡 巌
発行所●株式会社　技術評論社
東京都新宿区市谷左内町21-13
電話　03-3513-6150　販売促進部
03-3513-6160　書籍編集部
装丁●田邉 恵里香
本文デザイン●リンクアップ
編集／DTP●AYURA
担当●田中 秀春
製本／印刷●大日本印刷株式会社

定価はカバーに表示してあります。

ISBN978-4-297-10083-4 C3055
Printed in Japan